A VIAGEM
do
BEAGLE

O livro é a porta que se abre para a realização do homem.

JAIR LOT VIEIRA

CHARLES DARWIN

A VIAGEM
do
BEAGLE

Prefácio
HÉCTOR PALMA
Graduado em Filosofia pela Universidade de Buenos Aires, mestre
em Ciência, Tecnologia e Sociedade e doutor em Ciências Sociais e
Humanidades. Professor titular da Universidade Nacional de San Martin,
onde assumiu diversas diretorias e secretarias desde 2000, além de lecionar
e ministrar cursos e seminários em toda a América do Sul. Como pesquisador,
uma de suas áreas principais é o estudo do darwinismo e do evolucionismo.
É autor de *Salvajes y Civilizados*, um estudo relacionado ao impacto
da expedição de Darwin sobre os povos indígenas da América.

Tradução e notas
DANIEL MOREIRA MIRANDA
Graduado em Letras pela Universidade de São Paulo (USP),
com habilitações em Grego Antigo e em Sânscrito. Também é graduado
em Direito pela Universidade Presbiteriana Mackenzie.

Copyright da tradução e desta edição © 2024 by Edipro Edições Profissionais Ltda.

Título original: *The Narrative of the Surveying Voyages of His Majesty's Ships Adventure and Beagle, Describing Their Examination of the Southern Shores of South America, and the Beagle's Circumnavigation of the Globe.* Publicado pela primeira vez em 1839 em Londres (Inglaterra). Traduzido com base no terceiro volume de *The Narrative of the Surveying Voyages of His Majesty's Ships Adventure and Beagle.*

Todos os direitos reservados. Nenhuma parte deste livro poderá ser reproduzida ou transmitida de qualquer forma ou por quaisquer meios, eletrônicos ou mecânicos, incluindo fotocópia, gravação ou qualquer sistema de armazenamento e recuperação de informações, sem permissão por escrito do editor.

Grafia conforme o novo Acordo Ortográfico da Língua Portuguesa.

1ª edição, 2024.

Editores: Jair Lot Vieira e Maíra Lot Vieira Micales
Produção editorial: Carla Bettelli e Richard Sanches
Edição de textos: Marta Almeida de Sá
Assistente editorial: Thiago Santos
Preparação de texto: Thiago de Christo
Tradução do prefácio: Martha Argel
Revisão: Aline Canejo
Diagramação: Mioloteca
Capa: Marcela Badolatto

Dados Internacionais de Catalogação na Publicação (CIP)
(Câmara Brasileira do Livro, SP, Brasil)

Darwin, Charles, 1809-1882

   A viagem do Beagle / Charles Darwin ; tradução Daniel Moreira Miranda. — São Paulo : Edipro, 2024.

   Título original: *The Narrative of the Surveying Voyages of His Majesty's Ships Adventure and Beagle, Describing Their Examination of the Southern Shores of South America, and the Beagle's Circumnavigation of the Globe.*

   ISBN 978-65-5660-145-8 (impresso)
   ISBN 978-65-5660-146-5 (e-pub)

   1. Darwin, Charles, 1809-1882 2. Expedições científicas – História – Século 19 3. Relatos de viagens 4. Viagens e expedições I. Título.

24-190226   CDD-910.4

Índice para catálogo sistemático:
1. Relatos de viagens 910.4

Eliane de Freitas Leite – Bibliotecária – CRB 8/8415

São Paulo: (11) 3107-7050 • Bauru: (14) 3234-4121
www.edipro.com.br • edipro@edipro.com.br
@editoraedipro   @editoraedipro

SUMÁRIO

Prefácio da edição brasileira, *por Héctor Palma*   11
Prefácio   37

Capítulo I   41
Porto da Praia — Ribeira Grande — Atmosfera seca e clara — Efeito da lava na praia calcária — Hábitos da aplísia e do polvo — Rochedos não vulcânicos de São Paulo — Incrustações e estalactites de fosfato de cal — Insetos como os primeiros colonizadores — Fernando de Noronha — Bahia — Extensão do granito — Rochedos polidos — Hábitos do Diodon *— Confervas e infusórios pelágicos — Causas da mudança de cor do mar*

Capítulo II   60
Rio de Janeiro — Excursão ao norte de Cabo Frio — Grande evaporação — Escravidão — Baía de Botafogo — Planárias terrestres — Nuvens no Corcovado — Chuva forte — Rã (Hyla) musical — Lampirídeos e suas larvas — Elaterídeos, poder de saltar — Névoa azul — Ruído da borboleta — Entomologia — Formigas — Aranha assassina de vespas — Aranha parasita — Artifícios da Epeira *— Aranhas gregárias — Aranha com teia imperfeita*

Capítulo III   81
Montevidéu — Maldonado — Excursão ao Rio Polanco — Lazo e boleadeira — Perdizes — Geologia — Ausência de árvores — Cervus campestris *— Porco-do-rio — Tuco-tuco —* Molothrus, *hábitos semelhantes aos dos cucos — Tiranídeo papa-moscas — Mimídeos — Falcões necrófagos — Tubos formados por raios — Casa atingida*

Capítulo IV   109
Rio Negro — Estâncias atacadas por indígenas — Posição geológica dos lagos salgados — Flamingos — Do Rio Negro ao Colorado — Árvore sagrada

— *Lebre da Patagônia* — *Famílias indígenas* — *General Rosas* — *Saída para a Bahía Blanca* — *Dunas de areia* — *Tenente negro* — *Bahía Blanca* — *Solo incrustado com sal de Glauber* — *Punta Alta* — *Zorrillo*

Capítulo V   129

Bahía Blanca — *Geologia* — *Quadrúpedes extintos, quatro* Edentata, *cavalo,* Ctenomys — *Extinção recente* — *Longevidade das espécies* — *Animais de grande porte que não necessitam de vegetação exuberante* — *África Austral* — *Fósseis da Sibéria* — *Catálogo de quadrúpedes extintos na América do Sul* — *Duas espécies de avestruz e seus hábitos* — Tinochorus — Seiurus aurocapilla — *Tatus* — *Cobra venenosa, sapo, lagarto* — *Hibernação de animais* — *Hábitos da pena-do-mar* — *Guerras e massacres indígenas* — *Ponta de flecha, relíquias antigas*

Capítulo VI   157

Partida para Buenos Aires — *Rio Sauce* — *Sierra Ventana* — *Transporte de pedras* — *Terceira posta* — *Condução de cavalos* — *Boleadeira* — *Perdizes e raposas* — *Características da região* — *Caradriídeos de pernas longas* — *Quero-quero* — *Chuva de granizo* — *Cercados naturais na Sierra Tapalguen* — *Carne de puma* — *Dieta da carne* — *Guardia del Monte* — *Efeitos do gado na vegetação* — *Cardo* — *Buenos Aires* — *Curral em que animais são abatidos*

Capítulo VII   175

Excursão a Santa Fé — *Campos de cardo* — *Hábitos e variedade de bizcacha* — *Coruja-buraqueira* — *Riachos salinos* — *Planícies niveladas* — *Mastodonte* — *Santa Fé* — *Mudança na paisagem* — *Geologia* — *Dente de cavalo extinto* — *Quadrúpedes fósseis* — *Pampas cheios de restos* — *Efeitos de grandes secas* — *Secas periódicas* — *Paraná* — *Hábitos da onça-pintada* — *Talha-mar* — *Martim-pescador, papagaio e rabo-de-tesoura* — *Revolução* — *Buenos Aires* — *Estado de governo*

Capítulo VIII   200

Montevidéu — *Excursão à colônia de Sacramento* — *Cavalos nadando* — *Valor de uma estância* — *Gado, forma de contagem* — *Geologia* — *Grandes campos de cardo* — *Rio Negro* — *Pedregulhos perfurados* — *Cães pastores*

— *Doma de cavalos, gaúchos e sua montaria; destreza com o lazo — Toxodonte — Carapaça gigantesca semelhante à do tatu — Grande cauda — Retorno a Montevidéu — Característica dos habitantes*

Capítulo IX   217
Rio da Prata — Bandos de borboletas — Besouros vivos no mar — Aranhas aeronautas — Animais pelágicos — Fosforescência do mar — Puerto Deseado — Assentamentos espanhóis — Zoologia — Guanaco — Excursão à cabeceira do porto — Túmulo indígena — Puerto San Julián — Geologia da Patagônia, terraços sucessivos, transporte de pedregulhos — Lhama gigantesca, fóssil — Tipos de organização constante — Mudança na zoologia da América — Causas da extinção

Capítulo X   243
Santa Cruz — Expedição rio acima — Indígenas — Características da Patagônia — Plataforma basáltica — Imensos fluxos de lava — Rochas não carregadas pelo rio — Escavação do vale — Condor, hábitat e hábitos — Cordilheira — Rochas erráticas de grande porte — Relíquias indígenas — Retorno ao navio

Capítulo XI   256
Chegada à Terra do Fogo — Baía do Bom Sucesso — Entrevista com selvagens — Paisagem das florestas — A colina do Senhor J. Banks — Cabo Horn — Enseada de Wigwan — Condição miserável dos selvagens — Canal do Beagle — Fueguinos — Estreito de Ponsonby — Igualdade de condições entre os nativos — Bifurcação do Canal do Beagle — Geleiras — Volta ao navio

Capítulo XII   273
Ilhas Falkland — Excursão em torno da ilha — Aspecto — Gado, cavalos, coelho, raposa semelhante a lobo — Fogo feito de ossos — Arte na fabricação de fogo — Maneira de caçar gado selvagem — Geologia, conchas fósseis — Vales com grandes fragmentos, cenas de violência — Pinguim — Gansos — Ovos de Doris *— Zoófitos, coralina fosforescente — Animais compostos*

Capítulo XIII   290
Estreito de Magalhães — Puerto del Hambre — Geologia — Águas profundas nos canais — Blocos erráticos — Clima — Limite de árvores frutíferas

— Temperatura média — Florestas exuberantes — Rigor das ilhas antárticas — Contraste com o norte — Grande flexibilidade da linha de neve — Geleiras — Icebergs transportam fragmentos de rocha — Geleira em baixa latitude — Ausência de blocos erráticos em regiões intertropicais — Geleiras e vegetação tropical — Comparação com o Hemisfério Norte — Animais siberianos congelados — Fungo comestível — Zoologia — Fucus giganteus — Saída da Terra do Fogo

Capítulo XIV   331

Valparaíso — Excursão à base dos Andes — Estrutura do território — Escalada do Monte Bell de Quillota — Massas fragmentadas de pedra verde — Vales imensos — Minas — Condição dos mineiros — Santiago — Banhos termais de Cauquenes — Minas de ouro — Moinhos — Rochas perfuradas — Hábitos do puma — El turco e tapaculo — Beija-flores

Capítulo XV   355

Chiloé — Aspecto geral — Excursão de barco — Indígenas nativos — Castro — Grandes folhas de Gunnera scabra — Raposa mansa — Escalada do San Pedro — Arquipélago dos Chonos — Península de Três Montes — Área granítica — Porto de Lowe — Batata-brava — Floresta — Formação de turfa — Myopotamus, lontra e camundongos — Cheucau e a ave que late — Furnarius — Característica singular da ornitologia — Petréis

Capítulo XVI   377

San Carlos, Chiloé — Osorno, erupção — Passeio a Castro e Cucao — Florestas impenetráveis — Valdívia — Macieiras — Passeio a Llanos — Indígenas — Terremoto — Concepción — Grande terremoto — Efeitos das ondas — Rochas fissuradas — Aparência das cidades antigas — Água na baía, enegrecida e em ebulição — Direção das vibrações — Pedras deslocadas — Causa das ondas gigantes — Elevação permanente do território — Grande lago de rocha fluida sob a crosta do globo — Conexão entre os fenômenos vulcânicos — Elevação lenta das cadeias de montanhas, causa dos terremotos

Capítulo XVII   401

Valparaíso — Passagem dos Andes pelo passo de Portillo — Sagacidade das mulas — Rios de montanha — Descoberta das minas — Alúvio marinho em vales — Efeito da neve na superfície — Geologia, conchas fósseis, cadeias duplas, dois períodos de elevação — Neve vermelha — Ventos no cume — Neve descongelando nos cumes — Atmosfera seca e clara — Eletricidade — Pampas — Zoologia de lados opostos dos Andes — Uniformidade da Patagônia — Gafanhotos — Grandes insetos — Mendoza — Uspallata — Árvores silicificadas em posição vertical — Ruínas indígenas — Mudança do clima — Terremoto arqueando o leito do rio — Cumbre — Valparaíso

Capítulo XVIII   432

Monte Campana (Bell) — Mineiros — Grandes cargas transportadas pelos apires — Coquimbo — Terremoto — Geologia — Terraços — Excursão até o vale — Estrada para Huasco — Região desértica — Vale do Copiapó — Chuva e terremotos, meteoritos — Hidrofobia — Copiapó — Excursão à cordilheira — Vale seco — Vendavais frios — Ruídos de uma colina — Iquique, deserto completo — Aluvião salino — Nitrato de soda — Lima — Região insalubre — Ruínas de Callao, causadas por terremoto — Conchas elevadas na Ilha de San Lorenzo — Planície com fragmentos de cerâmica

Capítulo XIX   466

Ilhas vulcânicas — Muitas crateras — Arbustos sem folhas — Colônia na Ilha Charles [Floreana] — Ilha James [Santiago] — Lago salgado em uma cratera — Caráter da vegetação — Ornitologia, tentilhões curiosos — Grandes tartarugas, hábitos, caminhos até as nascentes — Lagarto marinho se alimenta de algas — Espécies terrestres, hábitos de escavação de tocas, herbívoros — Importância dos répteis no arquipélago — Poucos e pequenos insetos — Tipo americano de organização — Espécies confinadas a certas ilhas — Mansidão das aves — Ilhas Falkland — Medo de pessoas, um instinto adquirido

Capítulo XX   490

Taiti — Aspecto — Vegetação na encosta das montanhas — Vista de Eimeo — Excursão ao interior — Ravinas profundas — Sucessão de cachoeiras — Muitas plantas úteis e silvestres — Temperança dos habitantes — Estado moral — Parlamento convocado — Nova Zelândia — Baía das Ilhas — Hippahs — Ausência de governo — Excursão a Waimate — Colônia missionária — Plantas inglesas agora selvagens — Waiomio — Funeral — Partida da Nova Zelândia

Capítulo XXI   524

    Sydney — Prosperidade — Excursão a Bathurst — Aspecto das florestas — Grupo de nativos — Extinção gradual dos aborígenes — Montanhas azuis — Tábua de revestimento — Vista de um grande vale semelhante a um golfo — Fazenda de ovelhas — Formiga-leão — Bathurst, civilidade geral das camadas inferiores — Estado da sociedade — Terra de Van Diemen [Tasmânia] — Cidade de Hobart — Aborígenes, todos banidos — Monte Wellington — Estreito do Rei Jorge — Aparência alegre do país — Bald Head, moldes calcários como galhos de árvores — Grupo de nativos — Partida da Austrália

Capítulo XXII   547

    Ilhas Cocos (Keeling) — Aparência singular — Flora escassa — Transporte de sementes — Pássaros e insetos — Nascentes que fluem e refluem — Formações de corais que resistem à força do oceano — Campos de corais mortos — Pedras transportadas por raízes de árvores — Grande caranguejo — Corais pungentes — Estrutura das ilhas lagunares [atóis] — Recifes circundantes e barreira de corais — Provas gerais da subsidência no Pacífico — Teoria das ilhas lagunares causadas pela subsidência da terra — Oceanos Pacífico e Índico divididos em áreas alternativas de elevação e subsidência — Os pontos de erupção encontram-se dentro das áreas de elevação

Capítulo XXIII   576

    Ilhas Maurício, bela aparência — Hindus — Cabo da Boa Esperança — Santa Helena — Geologia — História das mudanças da vegetação, provável causa da extinção dos moluscos terrestres — Ascensão — Montanha Verde — Curiosas incrustações de formações calcárias sobre rochas lavadas pela maré — Bahia — Brasil — Esplendor da paisagem tropical — Pernambuco — Recife estranho — Açores — Suposta cratera — Dicas aos colecionadores — Revisão das partes mais impressionantes da viagem

Conselhos aos colecionadores   602
Conclusão   606
Anexo   613

PREFÁCIO DA EDIÇÃO BRASILEIRA
O Diário de Viagem de Charles Darwin

O presente livro constitui o diário da extensa viagem de cinco anos ao redor do mundo que o ainda jovem Charles Darwin realizou sem sequer suspeitar de que, com o tempo, iria se tornar um dos mais importantes cientistas do mundo moderno.

Entre 1826 e 1836, Sua Majestade Britânica enviou duas expedições marítimas (algo já habitual para a época). A primeira, sob o comando do capitão Philip P. King, retornou a Londres depois de chegar ao extremo sul da Patagônia. A segunda, comandada por Robert FitzRoy, tendo Charles Darwin como naturalista, também percorreu a América do Sul e completou a circum-navegação do planeta.

As experiências dessas duas extensas travessias foram publicadas em Londres, em 1839, como uma obra em três volumes, com o título *Narrative of the Surveying Voyages of His Majesty's Ships Adventure and Beagle (1826-1836)*. O volume I aborda a primeira expedição, comandada pelo capitão Philip Parker King, e aparece sob sua autoria, embora boa parte tenha sido escrita por Robert FitzRoy. O volume II corresponde à segunda viagem e foi inteiramente escrito por FitzRoy.[1] O volume III foi escrito por Charles Darwin, e a versão em português dessa primeira edição é esta que aqui se apresenta.[2] O terceiro volume foi também publicado posteriormente de forma separada, com modificações e sob diferentes títulos. Ainda, em 1839, saiu como *Journal of Researches into the Geology and Natural History of the Various Countries Visited by H.M.S.*

---

1. Um extenso apêndice ao volume II, escrito por FitzRoy, também foi publicado.
2. Nesta apresentação, e para identificar de forma clara o autor, nas citações textuais e conforme for o caso, indicaremos *Narrative* volumes I, II ou III.

Beagle from 1832-1836. Em 1845, a ordem dos temas citados no título foi modificada, e a obra passou a se chamar *Journal of Researches into the Natural History and Geology of...* O texto definitivo, de 1860, foi intitulado *Naturalist's Voyage Round the World* [*Viagem de um naturalista ao redor do mundo*].

Essas duas expedições britânicas fizeram parte de uma longa série de viagens por diferentes regiões do planeta e obedeceram a uma estratégia de expansão que foi planejada e executada ao longo do século XIX, o qual foi denominado por alguns historiadores como "século imperial" (ver Powell, 1993). As expedições das potências europeias a diferentes regiões do mundo (com objetivos militares, comerciais e também científicos), com os subsequentes relatos dos viajantes, remontam ao século XVI ou até mesmo a um período antes disso. No entanto, foi somente a partir do século XVIII que o pensamento iluminista vigente levou ao abandono da tendência de contar histórias fantásticas e de descrever seres fabulosos e monstros habitantes de terras distantes e desconhecidas, e tais diários se tornaram mais confiáveis segundo critérios científicos que incluíam observações sobre fauna, flora, geologia e grupos humanos. São famosos os diários de viagem do inglês James Cook — que em 1768 iniciou uma série de viagens pelo Taiti, pela Nova Zelândia, Antártida e Nova Caledônia — e dos franceses Louis-Antoine de Bougainville e Jean-François de La Pérouse e, um pouco mais tarde, de Alexander von Humboldt, o viajante mais famoso e reconhecido da época de Darwin.

As expedições do *Adventure* e do *Beagle*

Voltemos às expedições britânicas. A primeira delas, sob o comando do já citado Philip Parker King, teve a participação, como navios principais, do *Adventure* e do *Beagle*, aos quais se somaram outros navios por períodos diversos: algumas escunas como *Adelaide*, *La Paz* e *La Liebre* (a primeira para percorrer canais na Terra do Fogo e as duas últimas alugadas na cidade de Bahía Blanca para levantamento costeiro), dois navios para a caça de focas (o *Uxbridge* e o *Adeona*) e um barco com convés (o *Hope*), além de outras embarcações menores. O segundo comandante era Pringles Stokes, que cometeu suicídio, atormentado pelas exigências extremas da viagem; o jovem Robert FitzRoy, que a princípio participava como capitão-tenente, assumiu como imediato e recebeu o comando do *Beagle*.

Para a segunda expedição, foi destacado, a princípio, apenas o *Beagle*, com algumas modificações estruturais (mais tarde, foram acrescentados outros navios). Os objetivos da viagem eram, basicamente:[3] completar o reconhecimento da Patagônia e da Terra do Fogo, tarefa iniciada na primeira viagem; fazer um estudo das costas do Chile, do Peru e de algumas ilhas do Pacífico; e efetuar uma série de medições cronométricas por distintas regiões do mundo.

O navio zarpou com a seguinte tripulação a bordo, conforme enumerou FitzRoy: treze tripulantes — entre oficiais e seus assistentes —, um médico, um carpinteiro, sete particulares, trinta e quatro marinheiros, seis grumetes, o reverendo Richard Matthews, o pintor Augustus Earle (que abandonou a expedição em Montevidéu e foi substituído por Conrad Martens, autor de algumas das pinturas mais conhecidas dessa expedição, mas que também desistiu da viagem em 1834, no Chile), o jovem naturalista Charles Darwin e seu ajudante Syms Covington (que o acompanhou nas diversas viagens a cavalo no Uruguai, no Chile e na Argentina). Viajavam com eles, ainda, três nativos fueguinos que FitzRoy trouxera a bordo na viagem anterior e que agora pretendia devolver à sua terra natal, depois de passarem quase um ano em Londres.

A longa viagem de cinco anos ao redor do mundo seria lembrada por Darwin muitos anos depois. Assim expressou-se ele na autobiografia que escreveu já idoso:

> [...] foi, de longe, o acontecimento mais importante da minha vida e determinou toda a minha carreira [...] devo a essa jornada a primeira formação ou a educação real da minha mente; me vi obrigado a prestar muita atenção em vários ramos da história natural e, graças a isso, aperfeiçoei minha capacidade de observação, embora esta sempre tenha sido bastante desenvolvida [...] No presente, o que me vem à memória de forma mais vívida é

---

3. No capítulo II do volume II de *Narrative*, está transcrito o extenso e muito detalhado *Memorandum*, com as instruções que o Escritório Hidrográfico entregou a FitzRoy.

o esplendor da vegetação dos trópicos, embora a sensação de sublimidade em mim excitada pelos grandes desertos da Patagônia e pelas montanhas cobertas de bosques da Terra do Fogo tenha deixado em minha mente uma impressão indelével. A visão de um selvagem nu em sua terra natal é algo que não pode jamais ser esquecido. (Darwin, 1892, p. 91-95)

Desse modo, o diário de viagem aqui apresentado é um livro extraordinário em vários sentidos. Em primeiro lugar, pelo que aconteceu mais tarde com seu autor, que ao longo dos anos se tornou um dos mais importantes cientistas da modernidade, o precursor de uma revolução cultural e filosófica derivada de uma teoria científica que foi a mais importante da história. Em segundo lugar, por sua importância intrínseca. De fato, destacam-se as detalhadas descrições de geologia, flora e fauna dos locais visitados; as considerações meticulosas e lúcidas acerca dos povos e grupos humanos de diferentes regiões; e as reflexões e problematizações sobre alguns enigmas com que se deparou e que, com o correr dos anos, fariam parte do quebra-cabeça da teoria da evolução. Em terceiro lugar, e como o próprio Darwin observa, pela importância fundamental que a viagem teve para a formação de seu caráter científico e, sobretudo, pelo impacto emocional que alimentou suas inquietações a respeito da condição humana.

Quanto a este último ponto, houve um conjunto de episódios cuja lembrança acompanhou Darwin ao longo de sua vida, pois questionava a delicada e conflituosa intersecção entre evolução biológica e humanidade, em um contexto no qual o evolucionismo social e cultural (bem diferente do evolucionismo biológico) havia se estabelecido com o ponto de vista hegemônico das explicações das mudanças e da estrutura social. Trata-se das relações e do impacto que lhe causou o vínculo com os três já mencionados nativos fueguinos que FitzRoy levou de volta à sua terra originária.[4] O livro de Darwin fala por si só; então, convidamos o leitor a desfrutar de sua leitura. Contudo, o que aconteceu em torno de tais nativos merece ser visto com mais detalhamento. É isso que será discutido nas seções a seguir.

---

4. Abordei com detalhes a história dos fueguinos do *Beagle* em Palma, 2020.

Darwin e os fueguinos

O caso dos nativos da Terra do Fogo foi retomado pela história como um episódio menor no âmbito da viagem e recontado de novo e de novo em uma versão padrão. No entanto, esta contém erros e interpretações equivocadas que a convertem em uma fábula que precisa ser revista.

Captura e viagem para Londres

Entre janeiro e maio de 1830, em diversas circunstâncias, FitzRoy levou a bordo quatro fueguinos. Em fins de janeiro, enquanto o *Beagle* estava próximo da Terra do Fogo, foi enviado um bote baleeiro rumo ao Cabo Desolación para procurar um porto e fazer algumas medições. Poucos dias depois, apenas três dos homens retornaram, em uma cesta instável feita de vime, pano e barro, avisando que o baleeiro havia sido roubado. Prepararam outro barco e partiram para a mesma região com provisões e mais homens. Ao chegarem lá, FitzRoy iniciou uma busca obsessiva pela embarcação roubada; então, foram encontrando partes dela e as coisas que ela continha nas mãos de diferentes grupos de nativos. Nesses dias, FitzRoy registrou:

> [...] enquanto desconhecermos a língua fueguina e os nativos não conhecerem a nossa, jamais chegaremos a saber muito sobre eles ou sobre o interior de sua terra, nem haverá a menor possibilidade de que eles se elevem um nível acima do baixo degrau em que estavam para nós. (*Narrative*, vol. I, p. 407)

Eles capturaram um grupo de fueguinos para torná-lo refém, para forçá-los a devolver o bote, mas quase todos escaparam, deixando apenas três crianças a bordo. Um tanto desconcertado, FitzRoy enviou um de seus homens para deixar duas delas com algum nativo adulto que pudesse levá-las a suas famílias e manteve a bordo uma menina de cerca de 8 anos que "[...] parecia tão feliz e saudável que decidi mantê-la como refém por conta do barco roubado e ensinar-lhe inglês" (*Narrative*, vol. I, p. 409). Era Yokcushlu, do grupo *alacaluf* ("*alikhoolip*", segundo FitzRoy). Passaram a chamá-la Fuegia Basket, "em memória da canoa em forma de cesto por meio da qual recebemos a notícia da perda do nosso bote". A menina permaneceu a bordo.

Em 3 de março, enquanto parte da tripulação estava construindo um novo bote, alguns fueguinos se aproximaram. No início, o capitão tentou assustá-los dando tiros para o alto, para que fossem embora, mas, então, pensou que, se um deles estivesse a bordo, poderia aprender um pouco de inglês e atuar como intérprete para que recuperassem o bote. Assim, embarcaram El'leparu, também *alacaluf*, com cerca de 25 anos de idade, a quem chamaram de York Minster (nome de uma ilha próxima). Ele também permaneceu a bordo.

Poucos dias depois, capturaram o terceiro nativo, em um grupo que, segundo o capitão, era formado pelos ladrões do bote. Chamaram-no de Boat Memory; era um *alacaluf* com cerca de 20 anos, mas seu nome original não foi informado.

O quarto fueguino, de nome Orundellico, do grupo *yámana* ou *yagan*, com cerca de 15 anos, foi levado a bordo em maio em circunstâncias diferentes. É assim que FitzRoy relata:

> Demos a eles algumas contas e alguns botões em troca de peixes; e, sem ter planejado isso, eu pedi a um dos meninos que estavam na canoa que subisse em nosso barco e entreguei ao homem que estava com ele[5] um grande e brilhante botão de madrepérola. O menino veio para meu barco imediatamente e se sentou. Percebendo que ele e seus amigos pareciam muito satisfeitos, avancei com a embarcação e, com a leve brisa que começou a soprar, zarpei. Decidi aproveitar esse fato acidental porque achei que poderia ser útil tanto para os nativos quanto para nós. [...] Jemmy Button, como foi chamado pela tripulação em virtude de seu preço, parecia satisfeito com a mudança e imaginou que fosse caçar guanacos, ou *wanakaye*, como ele os chamou quando os encontraram ali perto. (*Narrative*, vol. I, p. 444)

Logo teria início a viagem rumo à Inglaterra. Já livre da obsessão pelo bote roubado, FitzRoy alterou seus planos iniciais de usar os nativos como reféns e amadureceu o projeto mais ambicioso de levá-los para a Inglaterra

---

5. Jemmy disse, depois, que era um de seus tios.

a fim de ensinar-lhes inglês, religião e alguns ofícios. Ele não expressou nenhuma dúvida a respeito do aspecto positivo da empreitada que teria pela frente, nem quanto ao fato de arrancar os fueguinos de sua cultura e de seu povo sem que eles soubessem de um modo consciente para onde estavam indo, para que ou por quanto tempo. Ele sequer manifestou algum escrúpulo em relação à garotinha, que fora afastada de sua família em uma idade tão tenra.

Logo depois de sua chegada, os fueguinos foram transferidos para uma casa de campo tranquila, onde FitzRoy esperava que "desfrutassem de mais liberdade e de ar puro e, ao mesmo tempo, corressem menos risco de contágio do que correriam se estivessem em uma cidade portuária populosa que pudesse despertar sua curiosidade" (*Narrative*, vol. II, p. 33). Eles haviam sido vacinados em Montevidéu e foram vacinados de novo ao desembarcarem em Londres. Apesar disso, pouco depois de chegarem, um deles (o chamado Boat Memory) foi contagiado com varíola e morreu.

Ansioso por "providenciar um plano para a educação e a manutenção" dos fueguinos, FitzRoy aproveitou a oferta do reverendo W. Wilson (da Church Missionary Society) para que fossem instalados em sua paróquia de Walthamstow (perto do centro de Londres). FitzRoy pagaria por suas acomodações, pela alimentação, pelo trabalho do mestre-escola e pelos gastos imprevistos.

Durante o ano em que estiveram em Londres, os fueguinos aprenderam os fundamentos do cristianismo e inglês e desenvolveram algumas habilidades e alguns ofícios. Receberam grande quantidade de presentes, sobretudo itens úteis e ferramentas, que levariam consigo quando retornassem à sua terra natal e que, esperava-se, contribuiriam para melhorar a vida em regiões tão inóspitas. Todavia, também acumularam objetos um tanto frívolos e inúteis para eles, como toalhas de mesa feitas de linho, conjuntos de chá feitos de porcelana, roupas europeias, etc. Chegaram a ter um amável encontro com o rei William IV e com sua esposa Adelaide, que presenteou Fuegia com um chapéu e dinheiro. Tanto que, na viagem de regresso, não foi fácil encontrar lugar no pequeno porão do *Beagle* para tantos presentes. Os próprios marinheiros "divertiam-se zombando daqueles que haviam encomendado conjuntos completos de louça sem desejar que fosse feita alguma seleção desses artigos" (*Narrative*, vol. II, p. 16).

Considerações sobre os fueguinos

Os testemunhos diretos de Darwin a respeito dos fueguinos merecem ser interpretados com algumas precauções. Não há dúvida de que refletem os preconceitos próprios da Europa conquistadora, dentro de um contexto racista, num clima da época sustentado pela ciência vigente e pela carência de reflexões antropológicas — que emergiram algum tempo depois — sobre a heterogeneidade e mesmo sobre uma certa incomensurabilidade entre as culturas. Com efeito, no já mencionado apêndice do volume II de *Narrative*, FitzRoy incluiu estudos fisiognômicos e frenológicos[6] dos três fueguinos, feitos por um frenologista cujo nome ele não mencionou.

Embora, em geral, sejam enfatizadas as abundantes e inequívocas expressões depreciativas e negativas de Darwin sobre os fueguinos, a verdade é que há também comentários com mais nuances, benevolentes e até elogiosos, sobretudo os que se referem aos quatro homens que participaram desta história. Desse modo, uma seleção estratégica e tendenciosa de citações poderia servir para corroborar teses opostas, sem problema algum. Vejamos alguns exemplos de tópicos relativos à suposta condição inferior e selvagem dos nativos: nudez/indumentária precária, pintura em corpos e faces, aparência "animalesca", propensão a roubar, canibalismo e linguagem supostamente inferior e primitiva.

Na Baía de Bom Sucesso, na primeira ocasião em que viu um grupo de fueguinos, Darwin escreveu na versão de 1860 do *Diário*:

> [...] Eu não imaginava quão grande era a diferença entre o homem selvagem e o civilizado [...] Quando viram um de nossos braços desnudos, expressaram a mais viva surpresa e admiração por sua brancura, da mesma forma como vi o orangotango [*orang-outang* no original] fazer nos Jardins Zoológicos. (Darwin, 1860, p. 209)

---

6. A fisionomia tinha o objetivo de detectar nas características faciais o caráter e as aptidões das pessoas. A frenologia, por sua vez, visava a identificar regiões do cérebro nas quais estariam localizadas com alguma precisão as diferentes funções, cujo desenvolvimento causaria a hipertrofia das respectivas regiões; posto que o crânio se ossifica sobre o cérebro durante sua formação, a análise craniana externa permitiria diagnosticar o estado das faculdades mentais, intelectuais e morais.

Ou ainda: "Ao ver homens assim, é difícil acreditar que sejam nossos semelhantes e que habitem o mesmo mundo" (*Narrative*, vol. III, p. 213). Alguns meses depois: "Acredito que, nesta parte extrema da América do Sul, o homem existe em um estado de desenvolvimento muito mais baixo do que em qualquer outra parte do mundo" (*Narrative*, vol. III, p. 230).

Mas há também opiniões diferentes: "[...] não creio que nossos fueguinos fossem mais supersticiosos do que alguns dos marinheiros" (*Narrative*, vol. III, p. 215).

Anos depois, em outro de seus textos fundamentais, Darwin também se expressou de forma ambivalente. Disse, por exemplo: "Aquele que viu um selvagem em seu país natal não terá muita vergonha de reconhecer que o sangue de alguma criatura muito inferior corre em suas próprias veias" (Darwin, 1871, vol. I, p. 404). Mas também: "[...] ficava incessantemente chocado, enquanto convivia com os fueguinos a bordo do *Beagle*, com muitos pequenos traços de caráter, o quão semelhantes eram suas mentes às nossas [...]" (Darwin, 1871, vol. II, p. 118).

Além disso, é perceptível como as opiniões mudam quando passam das descrições genéricas dos nativos para referências pessoais sobre os três que fizeram a viagem. As referências a York são muito escassas e quase sempre negativas. Também são poucas as referências a Fuegia, mas Darwin ressalta que a menina havia aprendido bastante português (durante sua estada no norte do Brasil, no início da viagem) e espanhol (em suas paradas em Buenos Aires e em Montevidéu), além do inglês que aprendeu em Londres. Jemmy parece ter sido seu preferido. Há muito sobre ele no *Diário*, e fica evidente que estabeleceu uma relação afetuosa com FitzRoy e Darwin, com seus mestres na Inglaterra e com alguns tripulantes do *Beagle*.

A referência aos índios como ladrões fazia parte das considerações usuais. De fato, tanto Darwin quanto FitzRoy relatam que, com o retorno dos três fueguinos à terra natal, seus próprios compatriotas foram roubando pouco a pouco os objetos que haviam trazido. Era algo muito comum. Inclusive, os grupos mais fortes ou mais numerosos de nativos sempre roubavam dos mais fracos. O povo de Jemmy temia o tempo todo que os onas[7] descessem das montanhas para roubá-los, o que acontecia com alguma frequência.

Na cultura europeia, o canibalismo, ou a antropofagia, era considerado uma característica típica dos povos primitivos e selvagens, assim como o sacrifício humano. Tais comportamentos eram atribuídos a muitos povos que foram sendo encontrados ao redor do mundo, algumas vezes, com documentação e referências confiáveis, mas versões sem muito fundamento também circularam (ver Gould, 1993; Harris, 1991; Hazlewood, 2000). Os relatos dos viajantes foram validando tal crença, e o recém-ocorrido "Massacre do Boyd"[8] havia sido um evento de grande repercussão. Os fueguinos, pintados e nus numa terra hostil, a milhares de quilômetros do "centro" do mundo, com uma tecnologia muito elementar, com costumes e línguas incompreensíveis para os europeus, eram candidatos esplêndidos a serem classificados como canibais. De fato, os zoológicos humanos, que na segunda metade do século XIX proliferaram na Europa, afirmavam, para chamar a atenção e atiçar a morbidade do público, que esses humanos expostos eram canibais. Darwin e FitzRoy, em seus respectivos diários, confirmam esta convicção:

> As diferentes tribos, quando estão em guerra, são canibais. A partir de dois testemunhos semelhantes e completamente independentes, o do menino indicado pelo senhor Low e o de Jemmy Button, é realmente verdade que, quando a fome os aperta no inverno, eles matam e devoram as mulheres idosas, antes de matar seus cães. O rapaz, questionado por Low sobre o motivo de fazerem isso, respondeu: "Os cachorros pegam as lontras, e velhas não". O menino descreveu a maneira como eles as matam, segurando-as sobre a fumaça, até que se asfixiem; ele imitava os gritos delas, de forma zombeteira, e apontava para as partes de seus corpos consideradas melhores para

---

7. Os selk'nams, também chamados de onas, formavam um povo que, a princípio, habitava a porção nordeste da Ilha Grande da Terra do Fogo, enquanto os yámanas habitavam mais a sul e os alacalufes, mais a oeste. (N.T.)
8. Em 1809, residentes maoris do norte da Nova Zelândia, segundo a versão mais conhecida, mataram e comeram cerca de setenta europeus, como vingança pelo castigo recebido por um chefe maori da parte da tripulação do *Boyd*, navio usado para transportar condenados. Disponível em: *The Sydney Gazette and New South Wales Advertiser*, https://trove.nla.gov.au/newspaper/article/2206419. Acesso em: 13 out. 2019.

ser comidas. Se tal morte é horrível, nas mãos de amigos e parentes, os temores das anciãs parecem ainda mais assustadores quando a fome começa a apertar! Disseram-me que, muitas vezes, elas fogem para as montanhas; mas são capturadas pelos homens, que as trazem de volta às suas próprias fogueiras para sacrificá-las. (*Narrative*, vol. III, p. 214)

No entanto, também aqui podem ser encontradas considerações contrárias. FitzRoy, por exemplo, disse que Jemmy: "[…] ao me contar essa história horrível como um grande segredo, parecia muito envergonhado de seus compatriotas, e disse que nunca o faria: preferiria comer suas próprias mãos" (*Narrative*, vol. II, p. 183). Da mesma forma, Lucas Bridges, um conhecedor das culturas e da idiossincrasia dos fueguinos, nega categoricamente que tivessem esse costume e acrescenta que eram incapazes de comer animais que pudessem ter ingerido carne humana anteriormente, como os urubus. Para Bridges, os preconceitos e a incompreensão mútua da linguagem teriam estabelecido essa crença (Bridges, 1952, p. 25).

Outro dos preconceitos vigentes referia-se à pobreza e à guturalidade da língua dos fueguinos. Darwin disse: "A linguagem dessas pessoas, de acordo com nossas noções, *mal merece ser chamada de articulada* […]" (*Narrative*, vol. III, p. 206). FitzRoy expressou a mesma opinião, certamente por influência do diário de Antonio de Viedma (parcialmente reproduzido no apêndice da *Narrative*). No entanto, Bridges ressalta que, longe de ser uma linguagem pobre ou simples, "o 'dicionário *yagan*' ou '*yámana*- inglês', escrito por meu pai, contém nada menos que 32 mil palavras e inflexões, que poderiam ter sido consideravelmente alteradas sem se afastar do idioma correto" (Bridges, 1952, p. 27).

O retorno à pátria

Houve um grande esforço em termos de pessoal e de recursos para reinstalar os fueguinos em sua terra, o que mostra o compromisso que FitzRoy tinha com essa tarefa, que durou mais de dois meses. Quando se aproximaram da região, Jemmy os guiou até uma enseada protegida que eles chamaram de Woollya, à qual chegaram em uma manhã ensolarada em fins de janeiro de 1833. Era a terra de Jemmy, a oeste da atual Ilha Navarino.

Centenas de nativos se aproximaram, em suas canoas, do imenso navio e, por meio de gritos e de fumaça, espalharam a notícia. Enquanto isso, um pequeno barco levava para a costa os três fueguinos que estavam retornando à terra natal depois de quase três anos de ausência. Para surpresa dos compatriotas que os receberam quase nus, com algum desdém e não sem alguma desconfiança, estes três usavam roupas europeias, luvas e sapatos polidos, tinham o cabelo cortado e falavam um pouco de inglês. Além disso, o barco estava abarrotado de jogos de chá de porcelana, roupas de cama, estojos de maquiagem feitos de mogno, tecidos coloridos, chapéus e vestidos que os nativos haviam recebido de presente em Londres.

A princípio, encontraram uma família da aldeia de Jemmy, mas não seus parentes, que chegaram no dia seguinte. Foi assim que Darwin relatou o encontro:

> Este reconheceu a voz retumbante de um de seus irmãos a uma grande distância. O encontro foi menos interessante do que o de um cavalo que, ao retornar do campo, encontrou seus velhos companheiros. Não houve a menor demonstração de afeto; eles se olharam por um instante, e a mãe imediatamente foi cuidar de sua canoa. Soubemos, no entanto, por intermédio de York, que a mãe havia ficado inconsolável com a perda de Jemmy e o procurara em todos os lugares, acreditando que talvez pudesse ter sido deixado em terra, apesar de ter ido embora com o barco. As mulheres, por outro lado, estavam muito interessadas em Fuegia e foram bastante gentis com ela. Já tínhamos notado que Jemmy havia se esquecido quase totalmente de sua própria língua. A meu ver, dificilmente se poderia encontrar um ser humano menos provido de idioma, pois seu inglês era muito imperfeito. Era cômico, embora desse pena ouvi-lo falar em inglês com seus irmãos e em seguida perguntar-lhes em espanhol ('*¿No sabe?*' [em castelhano no original]) se entendiam ou não. (*Narrative*, vol. III, p. 222)

FitzRoy se expressou de forma semelhante quanto a esse momento:

> [...] quando os animais se encontram, demonstram muito mais emoção e entusiasmo do que foi visto naquele encontro. [...] Jemmy estava claramente envergonhado e, somando-se a isso sua confusão e sua decepção,

assim como as minhas, era incapaz de falar com seus irmãos, exceto com frases entrecortadas, nas quais predominava o inglês. (*Narrative*, vol. II, p. 209)

Tanto Darwin quanto FitzRoy registraram mais de uma vez o fato dramático do esquecimento da própria língua. Muito se tem escrito sobre as relações assimétricas entre culturas. A antropologia tem abordado extensivamente esse tema, em especial desde finais do século XIX, época em que não restava mais nada a descobrir sobre a geografia do planeta ou sobre seus habitantes exóticos e na qual a expansão colonial europeia se completava com um de seus correlatos inevitáveis: a aculturação (ver Berry, 2006) em diferentes graus de povos ao redor do mundo. Obviamente, não houve um padrão uniforme desses processos; eles variaram desde a destruição pura e simples de sociedades inteiras até diferentes graus de sobrevivência, dominação, resistência, modificação e adaptação dessas culturas nativas após o contato com outras culturas exóticas dominantes. O caso de Jemmy é anterior ao dramático e rápido processo pelo qual muitos povos do sul da Patagônia simplesmente desapareceram, mas, com certeza, representa um episódio inequívoco de aculturação, ao regressar à sua terra com roupas de outros lugares, esquecendo-se de parte de sua língua e conhecendo muito pouco da língua estrangeira. Não há cultura que se imponha a outra; neste caso, só há perda.

Último encontro com Jemmy

Passados alguns dias, concluíram a construção de algumas cabanas, mais fortes e duráveis do que as que os fueguinos costumavam construir, e o *Beagle* continuou seus trabalhos pela região. Cerca de um mês depois, os viajantes voltaram a passar por Woollya, não encontraram ninguém e, então, souberam, por intermédio de outros nativos, que havia ocorrido uma briga com os onas, que tinham descido das montanhas para roubá-los. No entanto, disse Darwin,

Logo vimos aproximar-se uma canoa com uma bandeirinha hasteada e pudemos observar que um dos homens da tripulação lavava a pintura de seu rosto. Era o pobre Jemmy, novamente transformado em um selvagem abatido, com sua longa cabeleira em desordem e nu, exceto por um retalho de manta envolvendo a cintura. Não o reconhecemos até que ele estivesse muito próximo, porque tinha vergonha de si mesmo e estava de costas para o navio. Nós o havíamos deixado gordo, limpo e bem-vestido; nunca vi uma transformação tão completa e desastrosa. No entanto, assim que ele se vestiu e passou sua primeira perturbação, as coisas adquiriram um aspecto melhor. Ele jantou com o capitão FitzRoy, fazendo-o com a compostura de outros tempos. Disse-nos que tinha alimento de sobra; que não sentia o frio; que seus parentes eram muito bons, e que não desejava voltar para a Inglaterra; de tarde, descobrimos a causa dessa grande mudança nos sentimentos de Jemmy, quando chegou sua esposa, bonita e jovem. Com sua generosidade habitual, ele trouxe duas belas peles de lontra para dois de seus melhores amigos, e algumas flechas e arpões, feitos com suas próprias mãos, para o capitão. Disse que havia construído uma canoa para si e gabou-se de falar um pouco a sua própria língua! O mais curioso é que, segundo parece, ele ensinou um pouco de inglês a toda a sua tribo, pois um velho anunciou espontaneamente "a esposa de Jemmy Button" [fez isso em inglês, disse "Jemmy Button's wife"].

[...] Jemmy foi dormir em terra e na manhã seguinte regressou; permaneceu a bordo até que o navio levantou âncora, o que assustou sua esposa, que não parou de gritar até vê-lo retornar em sua canoa. Voltou carregado de objetos valiosos. Todos a bordo demonstraram sincero pesar ao lhe dar o último aperto de mãos. Não tenho dúvidas de que ele será muito feliz, talvez mais feliz do que seria se nunca tivesse saído de sua terra. Todos nós esperamos que as nobres aspirações do capitão FitzRoy se vejam realizadas e que os muitos e generosos sacrifícios que ele fez em favor desses fueguinos sejam recompensados na proteção que os descendentes de Jemmy Button e sua tribo concedam aos náufragos. Quando Jemmy chegou à praia, acendeu uma fogueira, e a fumaça subiu em espirais para nos dar uma longa despedida enquanto o barco navegava mar adentro. (*Narrative*, vol. III, p. 229)

Depois do *Beagle*

As vidas dos protagonistas de nossa história seguiram caminhos díspares. FitzRoy recebeu reconhecimento por seu trabalho no *Beagle* e por suas contribuições para a meteorologia. Suicidou-se em 1865. Darwin terminou por tornar-se um dos cientistas mais influentes da modernidade. Nunca mais viu Jemmy Button, embora, anos depois, tenha voltado a ter notícias dele por meio dos jornais londrinos, em circunstâncias infelizes e, curiosamente, no ano em que saiu publicada sua obra mais influente, *A origem das espécies* (1859). De York, só se sabe que foi assassinado por outros nativos. Sabe-se um pouco mais sobre Fuegia. Darwin escreveu que o capitão Sulivan, dedicado à exploração e ao estudo das Ilhas Malvinas, ouviu um caçador de focas contar que estava na parte ocidental do Estreito de Magalhães, em 1842, quando se surpreendeu com uma mulher selvagem que falava inglês. Era, sem dúvida, Fuegia. Em 1882, o capitão italiano Giacomo Bove, comandando o navio *Golden West* no âmbito da Expedição Científica Austral Argentina, teve um breve contato com ela. Também foi vista em 1873, em Ushuaia, num assentamento fundado pela South American Mission Society.[9] Lucas Bridges teve a oportunidade de vê-la em seu leito de morte, em 1883, cercada pelo amor de sua filha e de seu segundo marido.

Jemmy, por sua vez, continuou tragicamente ligado aos ingleses. Entre 1848 e 1851, um oficial britânico aposentado chamado Allen Gardiner, devotado à pregação religiosa na Patagônia e fundador, em 1844, da Patagonian Mission (daqui em diante, "Missão"), tentou encontrar Jemmy uma vez mais; no entanto, ele e todos os expedicionários morreram na região do Canal do Beagle.

Em outubro de 1854, a Missão enviou para a Terra do Fogo um navio batizado com o nome de Allen Gardiner para realizar a fracassada intenção de seu fundador. Uma tempestade obrigou os missionários a se refugiar na Ilha Keppel (no arquipélago das Malvinas), e lá se estabeleceram. Por fim, em novembro de 1855, o *Gardiner* chegou a Woollya para cumprir a segunda parte do plano e, então, encontrou Jemmy, que, segundo se conta, postou-se diante do comandante do navio — William Parker Snow — e falou algumas palavras em inglês, fato que surpreendeu a todos. Snow o convidou para que se mudasse com sua família para

---

9. Nome assumido, após duas décadas, pela *Patagonian Mission*, fundada por Allen Gardiner e à qual nos referiremos em breve.

Keppel, mas Jemmy, que naquela ocasião já tinha duas esposas e vários filhos, recusou o convite, e então o navio retornou para Keppel.

Diante da negativa de Jemmy e dos poucos resultados obtidos, a Missão fez o *Gardiner* regressar a Londres, mas pouco depois empreendeu uma nova tentativa de cumprir o objetivo duplamente frustrado de fundar um assentamento na Terra do Fogo. Agora, sob a orientação espiritual do reverendo George Despard, e apesar da recusa inicial de Jemmy em colaborar, parecia que esta segunda expedição seria muito mais bem-sucedida do que a primeira. Em pouco tempo, os *yaganes* foram aceitando o vínculo com os missionários ingleses, e alguns deles viajaram para Keppel; o próprio Jemmy, em novembro de 1857, concordou em viajar com sua família, mas logo depois começou a mostrar-se incomodado com as orientações dos missionários e pediu para retornar à sua terra. Sua relação com esses ingleses não se parecia em nada com aquela que se recordava de sua juventude.

De acordo com os relatos da Missão, os ingleses começaram a entender a língua *yagan* e os nativos aprenderam inglês. Por isso, em outubro de 1859, foi decidido dar o último passo: enviar o *Gardiner* para Woollya, com o objetivo de estabelecer uma missão. No entanto, nada saiu como o esperado. Em poucos dias, construíram uma cabana com a intenção de realizar ali a primeira missa na Terra do Fogo, a qual foi marcada para 6 de novembro. Mal tivera início a cerimônia, no entanto, foram atacados por um grande número de nativos que, em pouco tempo, acabaram com a vida de todos os ingleses, exceto pelo cozinheiro Cole, que havia permanecido no navio e, aterrorizado, observou tudo sem conseguir mais do que fugir e se esconder.

Algum tempo depois, outro navio foi investigar o que havia acontecido com o *Gardiner*, resgatou o cozinheiro Cole (que relatou o ocorrido) e voltou para Keppel levando Jemmy a bordo, que havia se oferecido voluntariamente para ir. Em uma espécie de julgamento, ele declarou que o massacre em Woollya havia sido obra dos onas. Aparentemente por pressão da Missão, decidiu-se encerrar o assunto dessa forma, sem punição para ninguém, para não interromper nem complicar o "plano civilizatório". O massacre de Woollya teve forte repercussão em Londres, e a maioria acreditou no relato completo de Cole. Embora muitos apoiassem o papel da Missão, esta também recebeu muitas críticas por usar os fueguinos como criados sem a preocupação de convertê-los ao cristianismo, o que teria gerado uma lógica reação violenta.

Depois de alguns anos, em 1864, Jemmy morreu em uma das tantas epidemias que começaram a aniquilar os fueguinos.

Revisando a história

O caso destes três fueguinos, sobretudo o de Jemmy Button, foi tão excepcional que as categorias de análise geral mais ou menos conhecidas com base nas quais se desejou interpretar o ocorrido são, no mínimo, insuficientes e tendenciosas. Pela mesma razão, o que aconteceu com Jemmy não pode funcionar como um fato que seja generalizado como caso canônico. A história padrão repete uma série de aspectos: os fueguinos foram levados como reféns; foi um experimento cultural filantrópico de FitzRoy; eles foram submetidos a um processo de aculturação sem o menor respeito por suas idiossincrasias; tudo foi parte do plano imperial, pelo fato de facilitar a comunicação com os nativos e avançar o controle e o domínio sobre diferentes regiões do planeta; foi mais uma demonstração da arrogância do império, que subjugou os direitos de pessoas as quais simplesmente considerava inferiores, e fez parte de uma longa saga de sequestros perpetrados por marinheiros europeus (ver Huxley & Kettlewell, 1965; Stone, 1981). Todas essas afirmações guardam algo de verdade, mas, ao mesmo tempo, são parciais e simplistas. A compreensão cabal dos fatos requer uma avaliação integral, embora também se depare com alguns limites. Em primeiro lugar, as poucas fontes diretas (principalmente Darwin e FitzRoy) foram perpassadas por todas as crenças e pelos preconceitos da época, embora possam ser consideradas honestas e transparentes. Por outro lado, não há testemunhos dos nativos, cujas experiências e cujos sentimentos só são acessíveis por uma empatia humana elementar, precária e insegura, graças à nossa distância cultural. Em segundo lugar, e talvez mais importante, essas fontes diretas são ambíguas, de modo que, se for feita uma adequada seleção estratégica de fragmentos, é possível defender um ponto de vista e seu oposto quase com o mesmo grau de contundência. Darwin (mais do que FitzRoy) manteve uma certa ambiguidade ou mudanças de opinião em diferentes momentos não apenas quanto ao caráter dos nativos como também quanto à possibilidade de "civilizá-los". Tais tensões e ambiguidades decorrem, a meu ver, do fato de que nesses homens habitavam, por sua vez, as profundas tensões do século XIX europeu. Eram ambos honestos e bem-intencionados, mas fortemente etnocêntricos; estavam convencidos da unidade da humanidade, mas eram incapazes de entender por que surgiu a enorme diferença que viam com os fueguinos; acreditavam estar oferecendo um grande benefício aos nativos, mas eram convictos da superioridade (e da responsabilidade) de sua própria cultura em relação ao restante dos povos; eram incapazes de entender o que é o respeito por outras culturas e outras idiossincrasias, mais ainda de julgar no âmbito crítico o plano imperial do qual faziam parte.

Um exemplo claro dessa tensão é expresso entre o Darwin que falava de raças inferiores, por um lado, mas que, por outro, era claramente antiescravista. De fato, é possível encontrar biógrafos e comentaristas que desejam apresentar um Darwin perverso, aristocrático, espião de Sua Majestade Britânica e tolo defensor do racismo mais vulgar; mas também há outros que imaginam um Darwin que se elevava acima de seu tempo e que também podia ser, além de antiescravista, um antirracista imaculado. Ele não foi, no entanto, nem uma coisa nem outra. Pelo contrário, Darwin não fez mais do que aceitar e repetir uma crença arraigada na Inglaterra vitoriana (e na Europa) quanto às desigualdades e hierarquias raciais. Ao mesmo tempo, contudo, longe de ser um determinista biológico no que diz respeito à desigualdade, ele foi, acima de tudo, um "meliorista"[10] e, de alguma forma, manifestava uma atitude paternalista. Por conta disso, ele poderia se expressar com desdém a respeito de certos povos ou grupos humanos, mas, ao mesmo tempo, reconhecer que tais grupos que considerava "selvagens" ou "primitivos" poderiam melhorar (ocidentalizar-se, para sermos mais precisos). FitzRoy também comungou dessa atitude paternalista ao levar consigo

---

10. Convicção de que o mundo tende a melhorar e que o homem pode contribuir para isso com seu esforço.

os fueguinos e tentar, com todos os preconceitos de seu tempo, ocidentalizá-los, mas ainda assim se opunha à escravização.

As manifestações de Darwin ao final do *Diário* são muito claras:

No dia 19 de agosto, deixamos, enfim, a costa do Brasil. Agradeço a Deus porque nunca voltarei a visitar um país escravocrata. Até o dia de hoje, sempre que chega a meus ouvidos algum lamento distante, lembro-me com profunda tristeza do que senti quando passei por uma casa em Pernambuco e ouvi os gritos mais angustiantes, proferidos, segundo inferi, pois nada mais era possível, por um pobre escravizado submetido a tormentos, e apesar de tudo me senti impotente para protestar contra aquele procedimento tão desumano, como se fosse um garotinho de tenra idade. Suspeitei de que aqueles gritos vinham de um escravo torturado, porque essa é a explicação que me foi dada em um caso análogo. Nas vizinhanças do Rio de Janeiro, eu morava em frente à casa de uma senhora idosa que apertava com parafusos os dedos de suas escravas. Na residência onde me hospedei, havia um criado mulato que todo dia e a toda hora era insultado, espancado e perseguido de tal forma que o animal mais inferior não poderia ter resistido. Vi terríveis chicotadas serem infligidas à cabeça nua de um garotinho de 6 ou 7 anos (antes que eu pudesse intervir), por ter me oferecido um copo de água pouco limpa; e vi o pai daquela criança tremer ante um simples olhar de seu mestre. Essas últimas crueldades foram testemunhadas por mim em uma colônia espanhola, onde, segundo a fama, os escravos eram mais bem tratados do que entre os portugueses, ingleses e outros europeus. Diante de mim, no Rio de Janeiro, um negro de porte atlético começou a tremer à espera de um golpe que pensou ser dirigido a seu rosto. Encontrava-me presente quando um homem de bons sentimentos esteve a ponto de separar para sempre os homens, as mulheres e as crianças de muitas famílias que viviam juntas havia muito tempo. Nem quero mencionar as horríveis atrocidades de que tenho notícias confiáveis; nem teria relatado as anteriores se não tivesse conhecido pessoas tão ofuscadas pela alegria habitual dos negros, que falam da escravidão como um mal tolerável. Essas pessoas visitaram as casas de famílias ricas, onde os escravos costumam ser bem tratados; mas não viveram, como eu, entre aqueles das classes mais baixas. Creem inteirar-se da realidade e conhecer a situação dos escravos perguntando a estes, esquecendo-se de que o escravo, se não é um tolo, deve levar em conta a contingência de que suas palavras cheguem aos ouvidos do senhor. Argumenta-se que o interesse dos proprietários evita a crueldade excessiva; como se esse interesse protegesse nossos animais domésticos, menos passíveis que os escravos aviltados a despertar a ira de seus senhores selvagens. Há protestos contra esse argumento do interesse há muito tempo, com a inspiração de sentimentos mais nobres, e contra ele o sempre ilustre Humboldt apresentou exemplos notáveis. Muitas vezes, houve tentativas de minimizar os males da escravidão, fazendo-se uma comparação da condição dos escravos com a dos trabalhadores rurais ingleses; e se a miséria desses infelizes fosse devida não às leis da natureza, mas a nossas instituições, grave seria a nossa responsabilidade. [...] Aqueles que olham com afetuosa consideração os senhores e com fria indiferença os escravos parecem nunca se colocar no lugar destes últimos. Existe situação mais triste do que não ter sequer uma esperança de melhorar no futuro? Imagine o leitor a angústia de viver sob a ameaça constante de ver serem arrancados de seu lado sua mulher, seus filhinhos — seres que o escravo ama pelo imperativo irresistível da natureza — para serem vendidos como animais pelo melhor lance! E tais atos são executados e defendidos por aqueles que professam amar ao próximo como a si mesmos e creem em Deus e rezam o pai-nosso pedindo que se faça Sua vontade na Terra! Faz ferver o sangue e estremecer o coração pensar que nós, ingleses, e nossos descendentes na América, em meio às nossas orgulhosas manifestações pela liberdade, fomos e somos tão culpados. Permanece, porém, um consolo, que é pensar que, no fim, fizemos o maior sacrifício que alguma nação já fez para expiar nosso pecado. (*Narrative*, vol. III, p. 500)

Ainda, a história dos três fueguinos, repetida vezes sem fim, merece algumas revisões.

Em primeiro lugar, não há dúvida de que foi um episódio importante no contexto das duas viagens do *Beagle*, e não um simples sequestro de nativos como os muitos cometidos pelos europeus. Nos três volumes de *Narrative*, por exemplo — uma publicação oficial da Marinha Britânica —, os fatos ocorridos com os fueguinos ocupam extensas passagens e vários capítulos onde são descritos de forma minuciosa o roubo do bote, a busca que se seguiu e o embarque dos fueguinos no *Beagle*. No volume II, FitzRoy recorda em detalhe o caso dos fueguinos e a estada deles em Londres; resgata o conhecimento disponível sobre os nativos de acordo com diferentes autores (incluindo a já mencionada análise frenológica do apêndice) e, em seguida, o complexo e longo processo de repatriação. Darwin também trata com profundidade do assunto. Além disso, deve-se considerar que FitzRoy estava disposto a pagar com seu próprio dinheiro não apenas pela educação como também pela dispendiosa viagem de repatriação. Embora seja verdade que foram expostos a um doloroso e injusto processo de aculturação, também foram bem tratados e bem cuidados e internados em uma escola de um modo discreto. Não fizeram parte do incipiente costume europeu de expor os nativos como atrações ou fenômenos exóticos nas feiras e nos zoológicos humanos que tristemente começavam a surgir na Europa.[11]

Ficou claro que os fueguinos foram meros reféns. Embora FitzRoy tenha declarado, a princípio, sua intenção de efetivamente tomar alguns nativos como reféns, algumas questões devem ser levadas em conta. Primeiro, FitzRoy foi mudando de ideia até decidir levá-los para a Inglaterra para seu projeto "civilizatório", e, de fato, não faria nenhum sentido levar reféns para a Inglaterra. Segundo, apenas os três primeiros foram levados a bordo, em virtude da questão do bote roubado, embora Jemmy tenha embarcado três meses depois em outras circunstâncias.

Outro elemento que se estabeleceu na historiografia e na literatura é que FitzRoy "comprou" um nativo pagando por ele com um botão de madrepérola. Talvez o gosto dos fueguinos pelas bugigangas que os ingleses carregavam e lhes davam de presente tenha contribuído para reforçar a interpretação desse episódio. Entretanto, L. Bridges, conhecedor

---

11. Na segunda metade do século XIX, proliferaram verdadeiros zoológicos humanos, que expunham nativos de diversas procedências. A "Vênus hotentote" (seu nome verdadeiro era Sara Baartman, da nação nama) foi exibida em Londres até sua morte, em 1815. Em 1881, onze fueguinos sequestrados na região do Estreito de Magalhães por um marinheiro alemão começaram a ser exibidos em Paris, no Jardim de Aclimatação, e depois em diferentes cidades alemãs. Em Paris, no centenário da Revolução Francesa, foi realizada a Exposição Universal, onde foram expostos onze indígenas de uma família em uma gaiola em condições miseráveis para acentuar o aspecto selvagem (ver Blancel et al., 2002).

da cultura fueguina, observou: "[...] nenhum índio teria vendido seu filho nem mesmo pelo próprio *Beagle* com tudo o que ele continha a bordo" (Bridges, 1952, p. 22). O relato de FitzRoy sobre esse episódio é muito breve e um tanto ambíguo, mas suas palavras podem ser reinterpretadas levando-se em conta o que Bridges afirmou, além das dificuldades de comunicação entre ingleses e fueguinos e de diferenças culturais e peculiares. Eles estavam trocando objetos com os fueguinos, e o botão de madrepérola foi um dos objetos entregues, mas não constituiu o pagamento pelo garoto que embarcou no navio. Foram apenas eventos sucessivos, correlatos no tempo, mas não necessariamente relacionados, e não faziam parte estrita de alguma troca comercial. Tais situações bastante frequentes em que eram jogados peixes dos botes para dentro do navio e retalhos de tecidos, pregos e algumas bugigangas do navio para dentro das canoas eram, como se pode imaginar, caóticas e espontâneas o suficiente para que se imaginasse que o preço do menino fosse um botão. A repetição, pela tripulação, dessa interpretação forçada, zombeteira e equivocada da situação, o testemunho de FitzRoy seguindo na mesma linha e o nome que deram ao rapaz contribuíram para estabelecer esta história, certamente falsa.

Um homem de lugar nenhum

Dos quatro fueguinos que iniciaram essa história, o caso de Jemmy Button é o mais importante; por isso, talvez valha a pena debruçar-nos um pouco sobre ele.

Dezenas ou centenas de nativos de diferentes regiões do mundo foram levados por barcos europeus ao longo da história, mas o caso de Jemmy Button é diferente pelas próprias características de sua história, por sua longa (e trágica) relação com os ingleses e por sua inserção de duzentos anos em uma história que volta de novo e de novo a ser contada.

Jemmy (que já na adolescência havia deixado de ser Orundellico) é uma figura construída e reconstruída por terceiros sem nenhuma intervenção de si mesmo, sem a sua palavra, uma figura na qual convergem elementos diversos e importantes: os desejos e o voluntarismo frustrado do plano missionário-religioso-evangelizador de FitzRoy em tensão com seus preconceitos raciais e etnocêntricos; o impacto emocional do jovem Darwin quando conheceu os nativos da Terra do Fogo; interesses e estratégias políticas do Império Britânico na América do Sul; as releituras de cientistas sociais que acreditaram ter encontrado um exemplo com nome e sobrenome da subjugação e da aniquilação sistemática dos povos originários; o interesse literário por sua figura. Jemmy certamente não é o mitológico e romântico "bom selvagem" que alguns pensavam ser, nem o selvagem sem limites nem escrúpulos que outros enxergaram.

É claro que Jemmy estabeleceu uma relação de afeto e até de amizade com FitzRoy, com Darwin e alguns tripulantes do *Beagle* e alguns ingleses com quem conviveu em Londres. Uma amizade que o levou, no último encontro com FitzRoy, a entregar presentes identificados para este e para outras pessoas; presentes feitos e guardados para a ocasião, não apenas peixes, como era o costume, e aos quais os nativos atribuíam pouquíssimo valor. Jemmy pediu roupas para se vestir como um europeu naquele último encontro com FitzRoy.[12] Uma amizade difícil e assimétrica, com certa submissão por um lado e muita condescendência e paternalismo por outro; mas amizade e afeto, enfim.

Jemmy, como não poderia deixar de ser, ficou profundamente impactado por sua passagem por Londres, um mundo estranho e deslumbrante no qual ele foi recebido e, de certa forma, cuidado. Um mundo ao qual ele não pertencia e nunca pertenceria, mas que o atraía e que ele considerava melhor do que sua terra inóspita. Várias vezes, ele tentou convencer FitzRoy e os ingleses de que seu povo era maravilhoso e repleto de qualidades, mas a realidade o frustrava, e ele então atacava os seus como uma espécie de desculpa, como alguém que sente que tem de prestar contas a um estranho pelo que uma criança faz. Uma ruptura irreparável havia dominado o estranho Jemmy; os quase três anos em que ele esteve distante de sua terra natal ocorreram em plena adolescência, em plena busca de sua identidade e de seu lugar no mundo. Jemmy voltou quase como um homem de lugar nenhum. Ele havia se esquecido de boa parte de sua linguagem, mas ensinou a seu povo algumas palavras em inglês.

---

12. Ele faria o mesmo anos depois, para encontrar-se com o capitão Snow.

Na última vez em que viu FitzRoy, seu irmão, temendo que de novo ele não descesse do *Beagle*, chamou-o por seu nome em inglês. Será que ele sempre se fazia chamar de "Jemmy Button"? Que tipo de ascendência sobre seu povo lhe garantiria o fato de falar inglês, ainda que, passados mais de vinte anos, aqueles estranhos viessem em busca dele, chamando-o por seu (falso) nome? Jemmy construiu sua identidade aprisionado naquela impactante experiência juvenil que o apartou definitivamente de sua vida anterior, mas que não lhe deu outra, apenas alguns fragmentos da língua, algumas anedotas e reconhecimentos de estrangeiros, certamente ampliados pelo tempo e pela ausência de testemunhas. Ele teria contado a seus conterrâneos histórias maravilhosas (reais ou fabuladas) de sua grande jornada e daquelas pessoas que conheceu, aqueles novos e distantes amigos? Teria ele se gabado de que se tratavam como se fossem velhos amigos, e que ele conversava de igual para igual com o chefe máximo daqueles estranhos?

Não é difícil imaginar que Jemmy se sentiu poderoso quando foram procurá-lo; reforçavam-se suas histórias sobre seus amigos ingleses, com os quais ainda conseguia se entender e que foram procurá-lo porque precisavam dele. Mas ele cooperou pouco e de forma relutante com aqueles ingleses que não conhecia de antes e que tampouco tinham as intenções ou as qualidades humanas de FitzRoy e de seus outros antigos amigos. Aqueles que o levaram para as Malvinas esperavam dele algo inaceitável — que ele trabalhasse como um servo e permanecesse por muito tempo em um mesmo lugar. Ele esperava deles um tratamento especial, afetuoso e exclusivo como havia recebido mais de 25 anos antes. Mas isso não aconteceu.

Quando voltou a Woollya, em 1858, deixando definitivamente as Malvinas, guardava esse ressentimento pelos ingleses da Missão, mas ao mesmo tempo precisava manter vivo aquele aspecto de herói mitológico que tinha sido construído e que estava se enfraquecendo em seu foro interior e diante de seu próprio povo. Sentia-se decepcionado, humilhado; já não podia mais fantasiar diante de seus conterrâneos o poder que tinha sobre os ingleses. Nunca se saberá se, afinal, Jemmy liderou o massacre de Woollya. Talvez o ressentimento acumulado por sentir que não havia sido reconhecido como merecia, e sua incapacidade de conter seu povo, o tenham levado a aprovar, por omissão, o desenrolar dos fatos brutais. Mas podemos supor que a crença de que o inglês o respeitava e o reconhecia havia explodido em mil pedaços na mente de Jemmy. Como nas antigas tragédias gregas, os personagens inevitavelmente viram-se confrontados. Neste caso, por causa de algo que começara a tomar forma muitos anos antes, de forma silenciosa e irremediável, na mente daquele jovenzinho que, aprisionado em seu limbo cultural, deixou para sempre de ser o que era, mas nunca chegou a ser o que imaginava poder se tornar.

Héctor Palma
Setembro de 2023

Referências bibliográficas

Berry, J. W. Acculturation: a conceptual overview. In: Bornstein, M. H.; Cote, L. R. (org.). *Acculturation and Parent-child Relationships:* Measurement and Development. Mahwah: Lawrence Erlbaum, 2006. p. 13-30.

Blancel, N. et al. *Zoos humains*. Paris: La Découverte, 2002.

Bridges, L. *El último confín de la Tierra*. Buenos Aires: Emecé, 1952.

Darwin, C. *Descent of Man, and Selection in Relation to Sex*. London: J. Murray, 1871.

Darwin, C. *Naturalist's Voyage Round the World*. London: J. Murray, 1860.

Darwin, C. *On the Origin of Species by Means of Natural Selection or the Preservation of the Favored Races in the Struggle for Life*. London: J. Murray, 1859.

Darwin, F. (org.). *The Autobiography of Charles Darwin and Selected Letters*. London: J. Murray, 1982.

Gould, S. J. *The Mismeasure of Man*. New York: W. W. Norton Company, 1993.

Harris, M. *Cannibals and Kings:* Origins of Cultures. New York: Vintage Books, 1991.

Hazlewood, N. *Savage: Survival, Revenge and the Theory of Evolution*. London: Sceptre, 2000.

Huxley, J.; Kettlewell, H. *Charles Darwin and His World*. London: Thames & Hudson, 1965.

King, Philip; Fitz Roy, Robert; Darwin, Charles. *Narrative of the Surveying Voyages of His Majesty's Ships Adventure and Beagle (1826-1836)*. London: Henry Colburn, 1839.

Palma, H. *Salvajes y civilizados. Darwin, Fitz Roy y los fueguinos*. Buenos Aires: Biblos, 2020. Versão em inglês: *Savage and Civilized. Darwin, Fitz Roy and the Fuegians*. Buenos Aires: Biblos, 2021.

Powell, J. *Britain's Imperial Century, 1815-1914. A Study of Empire and Expansion*. New York: Barnes & Noble, 1993.

Stone, I. *The Origin: A Biographical Novel of Charles Darwin*. New York: Doubleday, 1981.

Taladoire, E. *Cuando los indígenas descubrieron el viejo mundo* (1493-1892). Ciudad de México: Fondo de Cultura Económica, 2017.

PREFÁCIO

Afirmei, no prefácio a *Zoologia da viagem do Beagle*, que um desejo manifestado pelo capitão FitzRoy[13] de ter alguém versado em ciências a bordo e a sua oferta de compartilhar, comigo, suas próprias acomodações levaram-me a oferecer-lhe meus serviços, os quais, graças à delicadeza do hidrógrafo, capitão Beaufort,[14] os lordes do Almirantado sancionaram. Como sinto que devo inteiramente ao capitão FitzRoy as oportunidades de estudar a história natural dos diferentes países que visitamos, espero que eu possa, aqui, expressar-lhe minha gratidão; e também preciso dizer que, nos cinco anos em que estivemos juntos, por todo o tempo recebi sua ajuda e a mais cordial amizade. Serei sempre imensamente grato, tanto ao capitão FitzRoy como a todos os oficiais do *Beagle*,[15] pela constante gentileza com que me trataram durante nossa longa viagem.

O presente livro contém, na forma de um diário, um esboço das observações em geologia e história natural que considerei terem algum interesse geral. Dado que o meu relato inicial era mais minucioso e que se tornou inevitável atrasar sua publicação, desculpo-me pela falta de detalhes e pela imprecisão em algumas partes. Compilei uma lista de erros que afetam o significado (ocorridos, em parte, quando me ausentei da cidade durante a impressão de algumas páginas) e acrescentei um apêndice com fatos adicionais (especialmente sobre a teoria do transporte de blocos erráticos) que descobri, por acaso, no último ano. Em breve, espero publicar minhas observações geológicas; a primeira parte abordará as ilhas

---

13. Robert FitzRoy (1805-1865), cientista e oficial da Marinha Real Britânica. (N.T.)
14. Francis Beaufort (1774-1857), hidrógrafo irlandês. (N.T.)
15. Também devo aproveitar esta oportunidade para registrar meus sinceros agradecimentos ao senhor Bynoe, o médico do *Beagle*, por ter sido tão atencioso quando fiquei doente em Valparaíso. (N.A.)

vulcânicas dos oceanos Atlântico e Pacífico, bem como as formações de corais; a segunda tratará da América do Sul. Já foram publicados vários artigos sobre a *Zoologia da viagem do Beagle*, graças ao zelo imparcial de nossos principais naturalistas. Só se pôde empreender esses trabalhos em virtude da generosidade e da cortesia dos lordes comissários do Tesouro de Sua Majestade, que, representados pelo honorável chanceler do Tesouro, concederam a soma de mil libras para ajudar a custear as despesas de publicação. Neste volume, decidi repetir meu relato sobre os hábitos de algumas aves e alguns quadrúpedes da América do Sul, pois pensei que tais observações pudessem interessar os leitores que talvez não tivessem acesso a uma obra mais extensa. No entanto, gostaria de ressaltar que os naturalistas devem ter em mente que apresento apenas esboços sobre vários assuntos, que já foram tratados com profundidade ou o serão no futuro. Por exemplo, embora meus relatos sobre os estranhos quadrúpedes fósseis das planícies orientais da América do Sul estejam incompletos, é importante observar que o admirável relato do senhor Owen[16] sobre esses animais agora integra a primeira parte da *Zoologia da viagem do Beagle*.

Fico muito feliz em reconhecer a grande ajuda que recebi de vários naturalistas, no curso desta obra e das subsequentes; mas permitam-me, aqui, dedicar os meus mais sinceros agradecimentos ao reverendo professor Henslow.[17] Quando eu era estudante em Cambridge, ele me despertou algumas das principais motivações pelas quais adquiri o gosto pela história natural; durante minha ausência, assumiu a responsabilidade pelas coleções de espécimes que enviei à Inglaterra e orientou meus esforços por correspondência; por fim, desde que retornei, tem me dado toda a assistência que apenas o mais gentil amigo pode prestar.

CHARLES DARWIN

---

16. Richard Owen (1804-1892), biólogo, anatomista e paleontólogo britânico. (N.T.)
17. John Stevens Henslow (1796-1861), botânico e geólogo britânico. (N.T.)

DIÁRIO DE CHARLES DARWIN, NATURALISTA DO *BEAGLE*

CAPÍTULO I

Porto da Praia — Ribeira Grande — Atmosfera seca e clara — Efeito da lava na praia calcária — Hábitos da aplísia e do polvo — Rochedos não vulcânicos de São Paulo — Incrustações e estalactites de fosfato de cal — Insetos como os primeiros colonizadores — Fernando de Noronha — Bahia — Extensão do granito — Rochedos polidos — Hábitos do *Diodon* — Confervas e infusórios pelágicos — Causas da mudança de cor do mar

SANTIAGO — ARQUIPÉLAGO DE CABO VERDE

16 DE JANEIRO DE 1832 — Visto do mar, o entorno de Porto da Praia aparenta desolação. O fogo vulcânico das eras passadas e o calor escaldante do sol tropical esterilizaram o solo e tornaram-no, na maioria dos lugares, impróprio para a vegetação. A ilha ergue-se em sucessivos altiplanos, intercalados com alguns montes cônicos e truncados, e o horizonte finda em uma irregular cadeia montanhosa de maior elevação. A cena chama bastante a atenção ao ser observada através da nebulosidade atmosférica característica deste clima, mas é verdade que uma pessoa talvez não seja capaz de julgar qualquer coisa, além de sua própria felicidade, quando chega do mar e caminha por um bosque de coqueiros pela primeira vez. Para qualquer um acostumado somente à paisagem inglesa, a grandeza dessa perspectiva nova de uma terra toda estéril se arruinaria caso houvesse nela mais vegetação; em geral, porém, essa ilha seria considerada muito desinteressante. Quase não há uma única folha verde sobre a vasta extensão das planícies de lava; ainda assim, rebanhos de cabras

e algumas vacas encontram formas de sobreviver. As chuvas são raras, mas, durante uma pequena parte do ano, caem de forma torrencial; então, logo depois, de cada fresta da ilha surge uma pequena vegetação, que seca rapidamente. E é dessa forragem, criada de forma tão natural, que os animais vivem. No momento, já não chove há um ano. Os vales amplos e de fundo plano, dos quais muitos dos cursos d'água se servem durante apenas alguns dias da temporada de chuvas, estão cobertos por matagais de arbustos sem folhas. Poucas criaturas habitam esses vales. O pássaro mais comum é o martim-pescador (*Dacelo iagoensis*), que pousa mansamente nos ramos da mamona e dali mergulha sobre gafanhotos e lagartos. É colorido, mas não tão bonito quanto a espécie europeia. Há também grande diferença em seu voo, seu comportamento e seu local de habitação, que costuma ser nos vales mais secos.

Um dia, dois oficiais e eu fomos a cavalo à Ribeira Grande, uma vila alguns quilômetros a leste de Porto da Praia. Até chegarmos ao vale de São Martinho, a região expunha a mesma aparência marrom-clara de sempre; naquele lugar, entretanto, às margens diferentes de um regato muito pequeno, produzia-se uma vegetação exuberante. Levamos uma hora para chegar a Ribeira Grande e, ao nos aproximarmos, fomos surpreendidos pelas ruínas de um grande forte e de uma catedral. Essa pequena cidade, antes de seu porto ter sido assoreado, era a principal localidade da ilha; agora, porém, seu aspecto é melancólico, mas muito pitoresco. Após a contratação de um guia (um padre negro) e um intérprete (um espanhol que havia servido na Guerra da Península), visitamos um grupo de edifícios com uma igreja antiga como parte principal. Aqui haviam sido enterrados os governadores e os capitães-generais das ilhas. Algumas das lápides registravam datas do século XVI.[18]

Os ornamentos heráldicos eram as únicas coisas nesse lugar afastado que nos faziam lembrar da Europa. A igreja ou capela ocupava um dos lados de um quadrilátero, no meio do qual crescia um grande grupo de bananeiras. Do outro lado, havia um hospital, com cerca de uma dúzia de pacientes de feições miseráveis.

---

18. As Ilhas de Cabo Verde foram descobertas em 1449. (N.A.)

Voltamos à venda para jantar. Um número considerável de homens, mulheres e crianças, todos negros como o azeviche, reuniu-se para nos observar. Nossos companheiros eram extremamente alegres; e a tudo que dizíamos ou fazíamos seguiam-se gargalhadas profusas. Antes de deixarmos a cidade, visitamos a catedral; não parece tão rica como a igreja menor, mas se gaba de um pequeno órgão, que gera lamentos de desarmonia singular. Demos ao padre negro alguns xelins, e o espanhol, dando-lhe tapinhas na cabeça e com muita franqueza, disse-lhe que, afinal, sua cor não fazia muita diferença. Voltamos, então, tão rápido quanto nos permitiram nossos pôneis, para Porto da Praia.

No outro dia, fomos à vila de São Domingos, situada perto do centro da ilha. Em uma pequena planície que cruzamos, cresciam poucas acácias mirradas; as copas, pela ação dos ventos alísios constantes, curvavam-se de forma singular — algumas delas até mesmo em um ângulo reto em relação ao tronco. A direção dos ramos era exatamente NE por N e SO por S. Esses cata-ventos naturais devem indicar a direção predominante dos fortes ventos alísios. A viagem deixara impressões tão sutis no solo estéril que nos perdemos de nossa trilha e tomamos a que leva a Fuentes. Não percebemos isso até chegar lá, mas nosso erro foi compensado pela felicidade. Fuentes é uma bela vila, com um pequeno córrego. Tudo parece prosperar, exceto, de fato, quem mais deveria: seus habitantes. As crianças negras, completamente nuas e de compleição miserável, carregavam fardos de lenha que tinham a metade do tamanho de seus corpos.

Próximo a Fuentes, vimos um grande bando de galinhas-d'angola — cerca de cinquenta ou sessenta delas. Sua extrema cautela não permitia que nos aproximássemos. Assim, correndo com as cabeças levantadas, nos evitavam, como perdizes em um dia chuvoso de setembro; quando perseguidas, logo levantavam voo.

Em São Domingos, a paisagem é de uma beleza inesperada, contrariando o caráter predominantemente sombrio do restante da ilha. A vila localiza-se no fundo de um vale e delimita-se por irregulares paredões elevados de lava estratificada. Rochas negras proporcionam um contraste bastante marcante com a vegetação muito verde que segue às margens de um pequeno córrego de águas claras. A aldeia estava apinhada de gente, pois era dia de uma grande celebração. Em nosso caminho de volta, encontramos um grupo de mais ou menos vinte jovens negras muito bem-vestidas. As cores vivas de seus turbantes e seus grandes xales combinavam com a pele escura e as roupas brancas impecáveis. Assim que nos aproximamos, elas rapidamente vieram em nossa direção e, usando seus xales, cobriram o caminho. Então, com grande fervor, entoaram uma canção selvagem, ritmada pelas batidas de suas mãos contra as pernas. Receberam com gritos de alegria alguns vinténs que a elas jogamos, e, ao deixá-las, redobrou-se o volume de sua canção.

Já comentei que a atmosfera é, em geral, muito nebulosa; isso parece ser causado, principalmente, por uma poeira impalpável que cai, constantemente, mesmo nos navios distantes no mar. Esta é de cor marrom e, sob o maçarico, funde-se em um esmalte negro com facilidade. Acredito que seja produzida pela erosão das rochas vulcânicas e deve vir da costa da África. Numa certa manhã, a visibilidade estava singularmente clara; as montanhas distantes projetavam-se com o contorno bastante nítido contra um conjunto pesado de nuvens azul-escuras. A julgar pela aparência, e por casos semelhantes na Inglaterra, supus que o ar estivesse saturado de umidade, no entanto, a realidade não era essa. O higrômetro mostrava uma diferença de 29,6 °F [16,3 °C] entre a temperatura do ar e o ponto de precipitação do orvalho, quase o dobro do que eu havia observado nas manhãs anteriores. Esse nível extraordinário de secura atmosférica era acompanhado por relâmpagos contínuos. Não será, então, algo incomum encontrar um notável grau de transparência do ar em tais condições climáticas?

A geologia da ilha é a parte mais interessante de sua história natural. Ao entrar no porto, pode-se ver, defronte à falésia, uma faixa branca perfeitamente horizontal que segue por alguns quilômetros ao longo da costa e atinge a altura de cerca de 13 metros acima do nível da água. Após inspeção, verifica-se que o estrato branco é formado por uma matéria calcária com numerosas conchas incrustadas, semelhante ao que hoje existe na costa vizinha. O estrato repousa sobre rochas vulcânicas antigas e foi coberto por um fluxo de basalto, que deve ter chegado ao mar quando o leito branco de conchas jazia na parte inferior. É interessante traçar as mudanças produzidas, pelo calor da lava sobrejacente, na massa quebradiça.

Com espessura de vários centímetros, converteu-se, em algumas partes, em pedra firme, tão dura quanto o melhor arenito; e o material terroso, antes misturado com o calcário, foi separado em pequenas nódoas, deixando aparecer o calcário branco e puro. Em outras partes, formou-se um mármore muito cristalino, e os cristais de carbonato de cálcio são tão perfeitos que podem ser facilmente medidos pelo goniômetro de reflexão. A mudança é ainda mais extraordinária quando a cal é apanhada pelos fragmentos escoriáceos da superfície inferior da corrente, pois ali é convertida em grupos de fibras com um belo irradiar que se assemelham à aragonita. Os leitos de lava elevam-se em planícies sucessivas com inclinação suave em direção ao interior, de onde procedem originalmente os fluxos de pedra derretida. Em tempos históricos, nenhum sinal de atividade vulcânica se manifestou em qualquer parte de Santiago. É provável que este estado de quiescência se deva às frequentes erupções da vizinha Terra do Fogo. Mesmo a forma de uma cratera é descoberta apenas raramente nos cumes das colinas cobertas de cinzas vermelhas; entretanto, é possível distinguir as correntes mais recentes na costa, que organizam falésias mais baixas em uma linha e se estendem diante daquelas pertencentes a uma série mais antiga: assim, a altura da falésia indica uma medida aproximada de sua idade.

Durante nossa estadia, observei os hábitos de alguns animais marinhos. A grande aplísia é muito comum. Essa lesma marinha mede cerca de 13 centímetros de comprimento; é de uma cor amarelada suja e raiada de violeta. Na extremidade anterior, tem dois pares de antenas, sendo que as superiores se assemelham, em forma, às orelhas de um quadrúpede. Em cada lado da superfície inferior, ou pé, há uma membrana grande, que às vezes parece funcionar como um abano, fazendo com que uma corrente de água flua por suas brânquias dorsais. Alimenta-se de delicadas algas que crescem entre as pedras de águas lamacentas e rasas; encontrei em seu estômago várias pedras pequenas, como na moela de pássaros. Essa lesma, quando perturbada, lança um fluido vermelho-arroxeado muito fino, que tinge a água em um espaço de 30 centímetros ao redor. Além desse mecanismo de defesa, espalha sobre seu corpo uma secreção acre, que causa uma sensação aguda e ardente, semelhante à produzida pela *Physalia*, ou caravela-portuguesa.

Fiquei intrigado em inúmeras ocasiões ao observar o comportamento de um polvo, ou uma sépia.[19] Embora sejam comuns nas poças de água deixadas pela maré vazante, esses animais não são fáceis de capturar. Por meio de seus tentáculos longos e de suas ventosas, conseguem arrastar seus corpos até fendas muito estreitas. E, quando assim se fixam, é necessário grande força para removê-los. Outras vezes, se arremessam, primeiro a cauda, com a rapidez de uma flecha, de um lado para o outro da poça, no mesmo instante que mudam a cor da água com uma tinta marrom-escura. Além disso, essas criaturas têm uma admirável capacidade camaleônica de alterar sua cor, o que lhes permite evitar a detecção. Parecem mudar de tonalidade de acordo com a natureza do solo sobre o qual passam: quando em águas profundas, sua cor predominante é o violeta-acastanhado, mas, quando colocadas na terra ou em águas rasas, esse tom escuro se transforma em verde-amarelado. A cor, ao ser examinada mais cuidadosamente, é um cinza-francês com uma grande quantidade de pequenos pontos amarelos brilhantes: a primeira varia em intensidade; a última desaparece por completo e reaparece alternadamente. Essas mudanças ocorrem de tal forma que contínuas nuvens passam por seu corpo, cuja tonalidade varia entre o vermelho-arroxeado e o marrom-acastanhado.[20] Qualquer parte que seja submetida a um leve choque galvânico torna-se quase negra: um efeito semelhante, mas em menor grau, ocorre quando arranhamos sua pele com uma agulha. Se observadas sob uma lente de aumento, as nuvens ou o rubor que aparecem podem ser atribuídos à expansão rítmica e à contração de pequenas vesículas cheias de fluidos de cores diferentes.[21]

A sépia exibe sua camuflagem tanto durante o ato de nadar como quando permanece parada no fundo. Muito me entretive com as diversas artes utilizadas por um dos indivíduos para não ser encontrado — parecia plenamente consciente de que eu o observava. Permanecendo imóvel por

---

19. Molusco da classe dos cefalópodes, semelhante à lula. (N.T.)
20. Assim chamado de acordo com a nomenclatura de Patrick Syme. (N.A.) Syme (1774-1845) foi um artista escocês nascido em Edimburgo. Em 1814, traduziu e ilustrou o livro *Nomenclature of Colours*, de Abraham Gottlob Werner, listando 108 cores para artistas e naturalistas. As cores mencionadas são descritas na nomenclatura como *hyacinth red* e *chestnut brown*. (N.T.)
21. Ver *Enciclopédia de anatomia e fisiologia*, verbete *Cephalopoda*. (N.A.)

um tempo, avançava furtivamente 2,5 ou 5 centímetros, como um gato perseguindo um rato; vez ou outra mudando de cor, assim prosseguia até que, chegando a uma parte mais profunda, escapou, deixando uma trilha escura de tinta a esconder o buraco para o qual conseguiu se arrastar.

Enquanto procurava animais marinhos, com meus olhos a uns 61 centímetros acima da margem rochosa, fui mais de uma vez saudado por um jato de água acompanhado de um leve chiado. A princípio, eu não sabia o que era, mas depois notei que a sépia, embora estivesse escondida em um buraco, dessa forma, me levava, muitas vezes, a encontrá-la. Não há dúvida de que o que animal pode ejetar água; além disso, me parecia certo que também tinha boa mira ao direcionar o tubo ou sifão existente na parte inferior de seu corpo. Pela dificuldade que esses animais têm de sustentar suas cabeças, eles não conseguem se movimentar com facilidade quando colocados no chão. Notei que aquele que mantive em minha cabine se tornava meio fosforescente no escuro.

ROCHEDOS DE SÃO PAULO — Ao cruzarmos o Atlântico, ancoramos, durante a manhã de 16 de fevereiro, perto da Ilha de São Paulo.[22] O conjunto de rochedos está situado a 0°58' de latitude norte e a 29°15' de longitude oeste. Fica a cerca de 1.000 quilômetros da costa da América e a 648 da Ilha de Fernando de Noronha. Seu ponto mais alto está a apenas 15 metros acima do nível do mar, e a circunferência total é inferior a 1,3 quilômetro. Esse pequeno ponto emerge abruptamente das profundezas do oceano. Sua constituição mineralógica não é simples; em algumas partes, o rochedo é de sílex, em outras, de feldspato, e, neste último caso, contém veios finos de serpentina[23] misturados com matéria calcária.

É curioso notar que estas rochas não são de origem vulcânica, pois a maioria das ilhas localizadas nos vastos oceanos, com apenas algumas exceções, normalmente se forma desse modo. Uma vez que os altos picos das grandes cadeias montanhosas eram provavelmente ilhas outrora isoladas, distantes de qualquer massa terrestre, seria razoável prever que elas

---

22. Atual Arquipélago de São Pedro e São Paulo, pertencente ao estado de Pernambuco. (N.T.)
23. As serpentinas são um grupo de filossilicatos de magnésio hidratado gerados pela alteração de silicatos de magnésio. (N.T.)

deveriam ser com muita probabilidade compostas de materiais vulcânicos. Torna-se, portanto, um ponto curioso especularmos sobre a quantidade de mudanças pelas quais muitas das ilhas atuais tiveram de passar, durante as inúmeras eras, que seriam necessárias para elevá-las a cumes cobertos de neve. Poderíamos, com razão, inferir, com base em exemplos como as Ilhas de Ascensão e Santa Helena, que permaneceram intocadas por muito tempo, que a fundação essencial de uma ilha perdura, apesar da erosão contínua e do desgaste de sua superfície, durante um longo período. É possível que, depois de toda a rocha porosa ter se decomposto, um bloco sólido de pedra, como o fonólito, ou pedra verde, criasse o pico de um hipotético novo Chimborazo.[24]

De certa distância, os rochedos de São Paulo parecem ter uma cor branca intensa. Isso se deve, em parte, ao esterco de uma vasta multidão de aves marinhas e, em parte, a uma substância branca que reveste a ilha e está intimamente ligada à superfície dos rochedos. Quando vemos essa substância mais de perto, podemos observar que ela consiste em numerosas camadas muito finas; sua espessura total é de cerca de 2,54 milímetros. A superfície é lisa e brilhante e tem um lustro perolado; é consideravelmente mais dura que o espato calcário, embora possa ser arranhada com uma faca: sob o maçarico, ela calcina, escurece levemente e emite um odor fétido. Consiste em fosfato de cal misturado com algumas impurezas; sua origem se deve, sem dúvida, à ação da chuva ou espuma do mar sobre os excrementos dos pássaros. Devo aqui mencionar que, em algumas cavidades nas rochas de lava da Ilha de Ascensão, encontrei massas relevantes da substância chamada *guano*, que, na costa oeste das partes intertropicais da América do Sul, ocorre em grandes camadas, com alguns metros de espessura, nas ilhotas frequentadas por aves marinhas. De acordo com a análise de Fourcroy e Vauquelin,[25] é formada por uratos, fosfatos e oxalatos de cal, amônia e potassa, juntamente a alguns outros sais e alguma gordura e material terroso. Acredito não haver dúvida de que este é o estrume mais rico já descoberto até hoje. Em Ascensão, perto

---

24. Chimborazo ou Chimboraço é um vulcão em forma de cone do Equador. Extinto, já foi considerado o cume mais alto da Terra. (N.T.)
25. Louis Nicolas Vauquelin (1763-1829) foi um químico e farmacêutico francês, assistente do químico francês Antoine François Fourcroy (1755-1809). (N.T.)

do *guano*, massas estalactíticas ou botrioides de fosfato de cal impuro aderiram ao basalto. A parte basal delas tinha uma textura terrosa, mas as extremidades eram lisas, polidas e suficientemente duras para arranhar o vidro comum. Essas estalactites pareciam ter encolhido, talvez por causa da remoção de alguma matéria solúvel no ato de consolidação; e, por esse motivo, tinham uma forma irregular. Embora eu não esteja ciente de que massas estalactíticas similares[26] já tenham sido encontradas, acredito que não sejam, de forma alguma, de ocorrência incomum.

Nós só observamos dois tipos de aves: atobás e viuvinhas. A primeira é uma espécie de ave guaneira, e a segunda, um tipo de andorinha. Ambas são mansas e estúpidas, e estão tão desacostumadas aos visitantes que eu poderia ter matado quantas aves quisesse com meu martelo geológico. O atobá põe seus ovos na rocha nua; mas a viuvinha faz um ninho muito simples com algas marinhas. Ao lado de muitos desses ninhos encontrei pequenos peixes-voadores, os quais, suponho, haviam sido trazidos pelo pássaros machos para suas parceiras. Era divertido ver com que rapidez um caranguejo grande e ativo (*Graspus*), que habita as fendas da rocha, roubava os peixes que estavam ao lado dos ninhos sempre que perturbávamos os pássaros. Nem uma única planta, nem mesmo um líquen, cresce nessa ilha; no entanto, é habitada por vários insetos e aranhas. Esta é a lista completa, creio eu, da fauna terrestre: uma espécie de ferônia (mosca) e um ácaro, que devem ter chegado aqui como parasitas das aves; uma pequena mariposa marrom, pertencente a um gênero que se alimenta de penas; um besouro do gênero *Staphylinus* (*Quedius*) e um tatuzinho-de-jardim que vive debaixo dos excrementos; e, por fim, numerosas aranhas, que suponho serem predadoras desses pequenos acompanhantes e necrófagas de aves marinhas. A descrição repetida com frequência sobre os primeiros colonos das ilhotas de corais dos mares do sul está, provavelmente, um tanto incorreta: temo que se possa destruir a poesia da história quando se descobre que esses

---

26. Devo mencionar que, em Ascensão, mostraram-me algumas estalactites muito belas, compostas de sulfato de cal, que haviam sido retiradas de uma caverna. Em geral, por sua aparência externa, poderiam ser confundidas com as do tipo comum de calcário. Foi interessante observar, em um espécime fraturado, a clivagem dupla cruzando com seus planos uniformes, as camadas irregulares de deposição sucessiva. (N.A.)

pequenos insetos vis tomaram posse do local antes do aparecimento dos coqueiros e de outras plantas nobres.

A menor rocha dos mares tropicais serve de base para o crescimento de inúmeros tipos de algas e colônias de pequenos animais e sustenta, também, muitos peixes. Tubarões e marinheiros vivem em uma luta incessante para descobrir quem ficará com a maior parte da pesca capturada pelas linhas. Ouvi dizer que um rochedo perto das Bermudas, situado a muitos quilômetros, no alto-mar, e coberto por uma profundidade considerável de água, foi descoberto após notar-se a presença de peixes em sua vizinhança.

FERNANDO DE NORONHA, 20 DE FEVEREIRO — Na medida em que pude observar, durante as poucas horas em que permanecemos neste lugar, a constituição da ilha é vulcânica, mas é provável que não seja recente. A característica mais notável é um monte cônico com cerca de 304 metros de altura, cuja parte superior é extremamente íngreme e um dos lados pende sobre sua base. A rocha é um fonólito e divide-se em colunas irregulares. A primeira impressão, ao ver uma dessas massas isoladas, leva-nos a acreditar que o conjunto todo foi subitamente empurrado para cima em um estado semifluido. Em Santa Helena, no entanto, verifiquei que alguns picos, de aparência e constituição quase semelhantes, haviam sido criados pela injeção de rocha fundida entre os estratos que cediam, formando, assim, o modelo para esses obeliscos gigantescos. A ilha toda é coberta de bosques, mas, em virtude da secura do clima, não há exuberância. Em uma certa altitude, grandes massas da rocha em forma de colunas, sombreadas por loureiros e ornamentadas por árvores cobertas por belas flores cor-de-rosa, semelhantes às da dedaleira, porém sem uma única folha, criavam um efeito agradável às partes mais próximas do cenário.

BAHIA, OU SÃO SALVADOR. BRASIL, 29 DE FEVEREIRO — O dia foi muito agradável. No entanto, o termo "agradável" não expressa as emoções sentidas por um naturalista que vaga sozinho em uma floresta brasileira pela primeira vez. Em meio a uma vasta gama de paisagens admiráveis, a exuberância geral da vegetação se destaca como a mais proeminente: a elegância das gramíneas, a novidade das plantas parasitárias, a beleza das flores, o verde lustroso da folhagem, tudo serve a esse fim. A mais paradoxal mistura de som e silêncio permeia as partes sombrias do bosque. O ruído dos insetos é tão alto que se pode ouvi-lo mesmo em um navio ancorado a várias centenas de metros da costa; e, ainda assim, parece reinar um silêncio universal no interior da floresta. Para quem gosta de história natural, um dia como esse traz consigo um prazer excepcionalmente profundo, quase impossível de ser experimentado de novo. Depois de vagar por algumas horas, voltei para o local de desembarque, mas, antes de chegar, fui alcançado por uma tempestade tropical. Tentei encontrar abrigo sob uma árvore cuja folhagem era tão densa que nunca teria sido atravessada pela chuva comum que cai na Inglaterra; aqui, contudo, em alguns minutos, um pequeno veio já escorria pelo tronco. É a essa violência da chuva que devemos atribuir o verdor existente na base das florestas mais densas; se as precipitações fossem como as de um clima mais frio, a maior parte seria absorvida ou evaporaria antes de chegar ao solo. Não tentarei, agora, descrever esta nobre baía, seu cenário fantástico, porque, em nossa viagem de volta à Inglaterra, aportamos aqui uma segunda vez; direi mais sobre ela, então, em outra ocasião.

A geologia da região circundante é de interesse limitado. Em toda a costa brasileira, e certamente por meio de uma área significativa de terra que segue para o interior, desde o Rio da Prata até o Cabo de São Roque (latitude 5° S), e que se estende por mais de 3.700 quilômetros, as formações rochosas sólidas são quase exclusivamente constituídas de granito. O fato de essa enorme área ser formada por materiais que quase todo geólogo acredita terem sido cristalizados pela ação do calor sob pressão gera muitas reflexões curiosas. Será que se obteve esse resultado nas profundezas do oceano? Ou será que, sobre essa superfície, a princípio, se estendeu uma camada de estratos que, desde então, foram desaparecendo? Poderíamos acreditar que alguma força, agindo por um período muito longo, seria capaz de ter desnudado o granito por tantos milhares de quilômetros quadrados?

Observei um fenômeno, relacionado a um tópico discutido por Humboldt,[27] em um local próximo à cidade, onde um pequeno riacho

---

27. *Personal narrative*, vol. V, parte I, p. 18. (N.A.)

corria para o oceano. Nas cataratas dos grandes rios Orinoco, Nilo e Congo, as rochas sieníticas são revestidas por uma substância negra, que lhes dá a aparência de ter sido polidas com plumbagina [grafite]. A camada é extremamente fina; e, em uma análise realizada por Berzelius,[28] descobriu-se ser constituída pelos óxidos de manganês e ferro. No Orinoco, isso ocorre nas rochas periodicamente lavadas pelas enchentes, e apenas nessas partes, onde a corrente é rápida; ou, como dizem os índios, "as rochas são negras onde as águas são brancas". O revestimento aqui, em vez de negro, é marrom vivo e parece ser composto apenas por matéria ferruginosa. Os pequenos espécimes recolhidos não dão uma ideia correta dessas pedras marrons e polidas que brilham com os raios do sol. Ocorrem apenas dentro dos limites da ação das marés; e, na medida em que o riacho escorre com lentidão, a arrebentação deve oferecer a força para o polimento das cataratas nos grandes rios. Da mesma forma, é provável que o movimento da maré corresponda às inundações periódicas; e, portanto, as mesmas causas estão presentes em circunstâncias aparentemente muito diferentes. No entanto, a verdadeira origem desses revestimentos de óxidos metálicos, que parecem cimentados às rochas, não é compreendida; e nenhuma razão, acredito, pode ser atribuída à consistência de sua espessura.

Certo dia, me divertia a observar os hábitos de um *Diodon*,[29] que foi pego nadando perto da margem. Esse peixe é bem conhecido por conseguir se distender de maneira inusitada até atingir uma forma quase esférica. Depois de ser retirado da água por um curto período, e então ser novamente imerso nela, uma quantidade relevante de água e ar é absorvida por sua boca e, talvez, da mesma forma, pelas aberturas branquiais. Esse processo é realizado por dois métodos: o ar é engolido e, em seguida, forçado para dentro da cavidade do corpo, sendo seu retorno impedido por uma contração muscular externamente visível, mas a água, conforme observei, entrava em uma rajada pela boca, que estava aberta e imóvel. Esta última ação deve, portanto, depender da sucção. A pele sobre

---

28. Jöns Jacob Berzelius (1779-1848) foi um químico sueco considerado um dos fundadores da química moderna. (N.T.)
29. O *Diodon* (Lineu, 1758) é um gênero de peixe-balão. (N.A.)

o abdômen é muito mais solta do que a das costas, portanto, durante a expansão do corpo, a superfície inferior torna-se muito mais distendida do que a superior; e o peixe, em consequência, flutua com as costas para baixo. Cuvier[30] não acredita que o *Diodon* possa nadar nessa posição, porém, além de conseguir avançar em linha reta, ele também é capaz de virar-se para ambos os lados. Este último movimento é realizado somente com auxílio das barbatanas peitorais; a cauda permanece colapsada e não é usada. Já que o corpo flutua com tanto ar, as aberturas branquiais ficam fora d'água, mas um fluxo, sorvido pela boca, flui constantemente através delas.

Depois de permanecer nesse estado distendido por um curto período, o peixe expele o ar e a água com considerável força pelas aberturas branquiais e pela boca. Vi que era capaz de expelir, sempre que quisesse, uma certa porção de água; e parece provável, portanto, que esse fluido é ingerido, em parte, para regular sua densidade relativa. Esse *Diodon* conta com vários mecanismos de defesa. Ele pode morder com força e é capaz de lançar água de sua boca a alguma distância, ao mesmo tempo que faz um barulho curioso pelo movimento de suas mandíbulas. Com a expansão de seu corpo, as papilas que cobrem sua pele ficam eretas e pontiagudas. No entanto, a circunstância mais curiosa é que o peixe expele da pele de sua barriga, quando esta é manuseada, a mais bela secreção vermelho--carmim e fibrosa, que mancha tanto o marfim quanto o papel de forma tão permanente que a tonalidade se mantém por um longo período com todo o seu brilho. Ignoro a natureza e o uso dessa secreção.

18 DE MARÇO — Deixamos a Bahia. Alguns dias depois, quando não estávamos muito distante de Abrolhos, me chamou a atenção uma mudança de cor no mar. Toda a superfície da água, ao ser analisada sob uma lente de aumento de pouca magnitude, parecia coberta por pedaços picados de feno com extremidades irregulares. Uma das partículas maiores media 0,07 centímetro de comprimento e 0,022 de largura. Examinadas com mais atenção, vê-se que cada uma é composta por vinte a sessenta

---

30. Georges Cuvier (1769-1832) foi um naturalista e zoologista francês com contribuições muito importantes para a anatomia comparada, a taxonomia e a paleontologia. (N.T.)

filamentos cilíndricos com extremidades perfeitamente arredondadas, que estão divididas em intervalos regulares por septos transversais que contêm uma matéria floculenta verde-acastanhada. Os filamentos devem estar envoltos em algum fluido viscoso, pois os feixes aderiam entre si sem contato real. Não saberia afirmar com precisão a que família esses corpos pertencem, mas, em geral, se assemelham em sua formação às confervas[31] que crescem em quaisquer poças. Esses vegetais simples, assim constituídos para flutuar em mar aberto, devem, em determinados lugares, existir em número incontável. O navio passou por várias colônias deles, uma com cerca de 9 metros de largura, e, a julgar pela cor enlameada da água, pelo menos 4 quilômetros de comprimento. Em quase todas as viagens longas, há algum relato sobre as confervas. Parecem ser muito comuns no mar próximo à Austrália. Ao largo do Cabo Leeuwin,[32] encontrei algumas muito semelhantes às acima descritas; diferiam sobretudo por suas colônias serem um pouco menores e compostas por um número menor de filamentos. O capitão Cook,[33] em sua terceira viagem, observou que os marinheiros deram o nome de serragem marinha a essas aparições.

Posso aqui mencionar que, durante os dois dias anteriores à nossa chegada às Ilhas Cocos (Keeling),[34] no Oceano Índico, vi em muitas áreas massas de matéria floculenta, de uma cor verde-acastanhada, flutuando no mar. Variavam de tamanho — entre 3 e 19 ou 25 centímetros quadrados — e tinham formas bastante irregulares. Em um recipiente opaco, mal podiam ser distinguidas, mas eram claramente visíveis em um recipiente de vidro. Sob o microscópio, a matéria floculenta consistia em dois tipos de confervas, entre os quais ignoro totalmente se existe alguma conexão. Corpos cilíndricos minúsculos, cônicos em ambas as extremidades, estão envolvidos, em grande número, em uma massa de fios finos. Esses

---

31. Confervas pertencem a um gênero botânico de plantas que se criam sobre a água parada e formam o chamado limo. (N.E.)
32. O Cabo Leeuwin está situado no sudoeste da Austrália. Faz parte dos quatro principais cabos da circum-navegação, a saber, Cabo Branco (Paraíba, Brasil), Cabo da Boa Esperança (Cidade do Cabo, África do Sul), Cabo Leeuwin e Cabo Horn (Terra do Fogo, Chile). (N.T.)
33. James Cook (1728-1779), explorador britânico, fez três viagens ao Oceano Pacífico e à Austrália entre 1768 e 1779. (N.T.)
34. As ilhas, atualmente pertencentes à Austrália, são chamadas de Ilhas Cocos (Keeling). (N.T.)

filamentos têm um diâmetro de cerca de 0,0017 centímetro, dispõem de um forro interno e estão divididos em intervalos irregulares e muito amplos por septos transversais; seu comprimento é tão extenso que eu nunca poderia verificar com precisão a forma da extremidade ilesa. São todos curvilíneos e semelhantes, em massa, a um punhado de cabelos enrolados e espremidos. No meio desses filamentos, e provavelmente conectados por algum fluido viscoso, o outro tipo, isto é, os corpos cilíndricos transparentes, flutuam em grande número. Estes têm suas duas extremidades terminadas por cones, produzidas nos pontos mais finos: seu diâmetro é razoavelmente constante entre 0,015 e 0,020 centímetro, mas seu comprimento varia consideravelmente de 0,10 a 0,15, e, até mesmo, às vezes, a 0,20. Perto de uma das extremidades da parte cilíndrica, pode-se ver, em geral, um septo verde formado de matéria granular e mais denso no meio. Acredito que essa é a parte inferior de uma bolsa extremamente delicada e incolor composta com uma substância pulposa que reveste a cápsula exterior, mas não se estende dentro das pontas cônicas extremas. Em alguns espécimes, esferas pequenas e perfeitas de matéria granular acastanhada desempenhavam a função do septo; eu observei o curioso processo de sua produção. A matéria pulposa do revestimento interno agrupou-se subitamente em linhas, algumas das quais irradiavam de um centro comum; prosseguiu, com um movimento irregular e rápido, até se contrair, de modo que, no decorrer de um segundo, o conjunto se uniu em uma pequena esfera perfeita, a qual ocupou a posição do septo em uma das extremidades da cápsula, agora bastante vazia. Era como se uma membrana elástica, por exemplo, um balão de borracha fina, tivesse sido inflado com ar e, então, estourasse, caso em que as bordas iriam se encolher e contrair instantaneamente em direção a um ponto. A formação da esfera granular era acelerada por qualquer lesão acidental. Devo acrescentar que frequentemente dois desses corpos anexavam-se um ao outro, conforme representado no esboço [abaixo], cone ao lado de cone, na extremidade em que ocorre o septo.

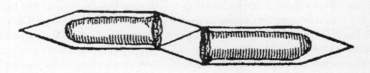

Quando flutuam ilesas no mar, a formação das gêmulas esféricas talvez só ocorra quando duas das plantas (ou melhor, animais, segundo Bory de Saint-Vincent)[35] se unem e se casam. No entanto, observei esse fenômeno interessante em vários indivíduos quando estavam sozinhos, sem qualquer causa aparente de distúrbio. De qualquer forma, considerando a estrutura fixa do septo, parece improvável que todo o material granular seja transferido de um corpo para o outro, como ocorre nos verdadeiros conjugados.

Acrescentarei aqui algumas outras observações ligadas à mudança de cor do mar por causas orgânicas. Na costa do Chile, algumas léguas ao norte de Concepción, o *Beagle*, certo dia, passou por grandes faixas de águas lamacentas; e, novamente, um grau ao sul de Valparaíso, a mesma coloração se mostrava ainda mais extensa. Embora estivéssemos a quase 90 quilômetros da costa, a princípio, atribuí essa ocorrência a verdadeiros fluxos de água lamacenta trazida pelo Rio Maipo. O senhor Sulivan,[36] no entanto, tendo recolhido um pouco desta água em uma tigela, acreditou ter notado pontos em movimento com a ajuda de uma lente. A água estava meio manchada, como se estivesse misturada a uma poeira vermelha; e, depois de deixá-la descansando por algum tempo, uma nuvem formou-se na parte inferior. Usando uma lente com distância focal de 0,625 centímetro, pequenos pontos transparentes podiam ser vistos movimentando-se com grande rapidez e, com frequência, explodindo. Ao examiná-los com uma lente muito mais poderosa, percebeu-se que sua forma era oval e contraída no meio por um anel; dessa linha surgiam pequenos cílios curvos de todos os lados, que eram seus órgãos de movimento. Uma extremidade do corpo era mais estreita e mais pontiaguda que a outra. De acordo com Bory de Saint-Vincent, são animais microscópicos pertencentes à família dos *Trichodes*: era, no entanto, muito difícil examiná-los com cuidado, pois, quase no mesmo instante em que o movimento cessava, mesmo enquanto atravessavam o campo de visão, seus corpos explodiam. Às vezes, ambas as extremidades irrompiam ao mesmo tempo, às vezes, apenas uma, e uma quantidade de matéria grosseira, granular e acastanhada era

---

35. Jean-Baptiste Geneviève Marcellin Bory de Saint-Vincent (1778-1846) foi um naturalista francês.
36. Bartholomew James Sulivan (1810-1890) foi oficial da Marinha Britânica e um hidrógrafo que esteve a serviço de Robert FitzRoy nesta segunda viagem do *Beagle*. (N.T.)

ejetada e se mantinha meio coerente. O anel com os cílios, às vezes, mantinha sua irritabilidade por um tempo após o conteúdo do corpo ter sido esvaziado e, depois, continuava em um movimento desigual e ondulado. O animal, um instante antes de estourar, dilatava-se para mais da metade de seu tamanho natural; essa explosão ocorria cerca de quinze segundos depois de o rápido movimento progressivo ter cessado; em alguns casos, era precedida, durante um curto intervalo, por um movimento de rotação no eixo mais longo. Dessa forma, cerca de dois minutos depois de alguns desses corpos terem sido isolados em uma gota de água, eles pereciam. Os animais se movem com a extremidade mais estreita para a frente, com o auxílio de seus cílios vibratórios e, em geral, por solavancos rápidos. Eles são extremamente pequenos e invisíveis a olho nu; ocupam um espaço de apenas o quadrado de uma milésima polegada (0,0254 mm). Seu número era incontável, pois havia muitos, mesmo na menor gota de água que consegui separar. Certo dia, passamos por duas regiões marinhas que estavam assim pigmentadas, sendo que uma delas se estendia por vários quilômetros quadrados. Que números incalculáveis desses animais microscópicos! A cor da água, quando vista a certa distância, era como a de um rio que tivesse atravessado uma área de argila vermelha; mas, na sombra da lateral do navio, era tão escura quanto chocolate. A linha onde se uniam a água vermelha e a azul estava claramente definida. O tempo estava calmo já havia alguns dias, e o oceano fervilhava, em um grau incomum, de criaturas vivas. No livro de Ulloa,[37] há o relato do encontro, na mesma latitude, com alguma mudança de cor da água, que foi confundida com um cardume: não foram obtidas sondagens, e não tenho dúvidas, pela descrição, de que estes animais minúsculos foram a causa do alarme.[38]

---

37. Antonio de Ulloa (1716-1795) foi oficial da Marinha Espanhola e cientista. O relato consta em seu livro *Viagem à América do Sul,* publicado em francês (1752) e inglês (1758). (N.T.)
38. Lesson (*Voyage de la Coquille*, vol. I, p. 255) menciona a água vermelha do mar de Lima, aparentemente produzida pela mesma causa. Péron, o distinto naturalista, em *Voyage aux Terres Australes*, oferece nada menos que doze referências a viajantes que fizeram alusão à mudança de cor das águas do mar (vol. II, p. 239). Era sua intenção escrever um ensaio sobre o assunto. Às referências oferecidas por Péron podem ser adicionadas as de Humboldt (*Personal Narrative* vol. VI, p. 804); de Flinder (*Voyage*, vol. I, p. 92); Labillardière, vol. I, p. 287; de Ulloa (*Voyage*); *Voyage of the Astrolabe and of the Coquille*; do capitão King (*Survey of Australia*), etc. (N.A.)

No mar em torno da Terra do Fogo, e não muito longe do continente, vi linhas estreitas de água num tom de vermelho vivo por causa do grande número de crustáceos, os quais, por sua forma, se assemelham um pouco a camarões grandes. Os caçadores de focas os chamam de comida de baleia. Se as baleias se alimentam deles, eu não sei, mas as andorinhas-do--mar, os biguás e gigantescos rebanhos de grandes focas desajeitadas, em algumas partes da costa, obtêm seu sustento principal desses caranguejos nadadores. Os marinheiros costumam atribuir a mudança de cor da água à desova, mas descobri que isso acontecia em apenas um caso. À distância de várias léguas do Arquipélago das Galápagos, o barco navegou por três faixas de uma água amarelado-escura, meio semelhante a lama; essas faixas tinham alguns quilômetros de comprimento, mas apenas alguns metros de largura, e estavam separadas da superfície circundante por uma margem sinuosa, mas distinta. A coloração era causada por pequenas bolas gelatinosas com cerca de 5 milímetros de diâmetro, nas quais numerosos óvulos esféricos minúsculos se incrustavam: eram de dois tipos distintos, sendo um de cor avermelhada e com uma forma diferente do outro. Não sou capaz de conjecturar a quais tipos de animais os dois pertenciam. O capitão Colnett[39] observa que essa coloração é muito comum nas Ilhas Galápagos e que a direção das faixas indica a das correntes; no caso descrito, no entanto, a linha foi causada pelo vento. A única outra coloração que tenho para relatar é a de uma fina camada oleosa na superfície que exibe cores iridescentes. Vi uma área considerável do oceano assim coberta na costa do Brasil; os marinheiros atribuíram-na à carcaça putrefata de alguma baleia, que provavelmente flutuava por perto. Não menciono aqui as partículas gelatinosas minúsculas que estão, com frequência, dispersas por toda a água, pois não são suficientemente abundantes para criar alguma mudança de cor.

Os relatos acima descrevem duas circunstâncias notáveis: primeiro, como os diferentes corpos que compõem as faixas com bordas bem-definidas permanecem juntos? No caso dos caranguejos parecidos com camarão, seus movimentos eram tão coordenados como se estivessem em

---

39. James Colnett (1753-1806) foi oficial da Marinha Britânica e esteve em Galápagos em 1792. (N.T.)

um regimento de soldados; entretanto, por não serem capazes de ação voluntária, isso não pode ocorrer com óvulos, confervas e, nem é provável, entre os infusórios. Em segundo lugar, o que causa o comprimento e a estreiteza das faixas? A aparência se assemelha tanto à que pode ser vista em todo curso de água veloz — em que o fluxo de água se desenrola em longos rastros e a espuma se acumula nos redemoinhos — que me levou a atribuir o efeito a uma ação semelhante à das correntes de ar ou do mar. Se admitíssemos que esse é o caso, então, precisaríamos acreditar que os vários organismos são gerados em locais particularmente favoráveis, e que são, então, levados pelo movimento do vento ou da água. Devo admitir, no entanto, que é muito difícil conceber qualquer lugar como o berçário de milhões e milhões de animais microscópicos e confervas, pois não sabemos como os germes teriam chegado a tais pontos, uma vez que os corpos dos pais foram espalhados por todo o vasto oceano por ventos e ondas. No entanto, não posso compreender seu agrupamento linear de nenhuma outra forma. Vale observar que Scoresby[40] relata que a água verde, repleta de animais pelágicos, é constantemente encontrada em uma determinada região do Oceano Ártico.

---

40. William Scoresby (1789-1857) foi um caçador de baleias inglês e explorador do Ártico. (N.T.)

CAPÍTULO II

Rio de Janeiro — Excursão ao norte de Cabo Frio — Grande evaporação — Escravidão — Baía de Botafogo — Planárias terrestres — Nuvens no Corcovado — Chuva forte — Rã (*Hyla*) musical — Lampirídeos e suas larvas — Elaterídeos, poder de saltar — Névoa azul — Ruído da borboleta — Entomologia — Formigas — Aranha assassina de vespas — Aranha parasita — Artifícios da *Epeira* — Aranhas gregárias — Aranha com teia imperfeita

RIO DE JANEIRO

4 DE ABRIL A 5 DE JULHO DE 1832 — Poucos dias depois de nossa chegada, conheci um inglês que estava indo visitar sua propriedade, situada a mais de 160 quilômetros da capital, ao norte de Cabo Frio. Como eu ainda não havia feito nenhuma viagem por terra, aceitei com prazer sua oferta gentil de me permitir acompanhá-lo.

8 DE ABRIL — Sete pessoas compunham nosso grupo, e a primeira etapa de nossa jornada foi muito interessante. O dia estava extremamente quente e, enquanto passávamos pela mata, tudo se encontrava imóvel, exceto as grandes e brilhantes borboletas que tremulavam preguiçosamente. O cenário que se via ao atravessar os morros por detrás da Praia Grande era lindo, as cores, intensas, e a tonalidade predominante era o azul-escuro; o céu e as águas calmas da baía rivalizavam em esplendor. Depois, passamos por um campo cultivado e entramos em uma floresta incomparável, magnífica em todos os detalhes. Ao meio-dia, chegamos à pequena vila de

"Ithacaia".[41] Ela se encontra em uma planície; ali, a casa central é rodeada pelas cabanas dos negros escravizados, e estas, pela posição e pelo formato regular, fizeram-me lembrar das habitações dos hotentotes,[42] no sul da África. A lua apareceu cedo, então, decidimos rumar até nossa próxima parada, na Lagoa de Maricá, onde dormiríamos. Quando a escuridão caiu, cavalgamos sob uma das colinas maciças, áridas e íngremes de granito tão abundantes nesta região. O local é conhecido por ter abrigado negros fugitivos que haviam sido escravizados; por muito tempo, eles cultivaram um pequeno pedaço de terra no topo e, com muita dificuldade, conseguiram sobreviver. Foram descobertos mais tarde, e enviou-se um grupo de soldados para capturá-los; todos os negros foram presos, com exceção de uma senhora idosa que, para não retornar à escravidão, jogou-se do cume da montanha. Se fosse consumado por uma matrona romana, esse ato seria considerado exemplo do nobre amor à liberdade, mas, como ocorreu com uma pobre negra, considerou-se mera obstinação brutal. Continuamos cavalgando por algumas horas, e, nos últimos quilômetros, conforme avançávamos por uma extensão desolada de pântanos e lagoas, a estrada se tornava cada vez mais intrincada. Sob a luz tênue da lua, a paisagem era muito triste. Alguns vaga-lumes cintilavam à nossa volta, e a narceja solitária, ao levantar voo, emitia seu grito melancólico. O rugido distante e monótono do mar mal cortava o silêncio da noite.

9 DE ABRIL — Antes do nascer do sol, deixamos o miserável local em que dormimos. A estrada que percorremos passava por uma estreita planície arenosa entre o mar e as lagunas interiores de água salgada. Um bando de aves pescadoras belíssimas, como garças e grous, e as plantas suculentas, que assumiam formas fantásticas, davam à paisagem um encanto particular. As poucas árvores atrofiadas estavam carregadas de plantas parasitárias, e, entre elas, podiam-se admirar algumas orquídeas exuberantes de fragrância deliciosa. À medida que o sol se elevava em seu curso, o

---

41. Trata-se da fazenda Itaocaia, tombada em 2013 pela prefeitura de Maricá, no estado do Rio de Janeiro. (N.T.)
42. Darwin emprega aqui e no capítulo XXIII o termo "hotentote" para se referir ao povo *khoisan* (ou coisã). O termo era usado e aceito na época de Darwin, mas atualmente é considerado ofensivo. (N.T.)

dia esquentava muito, e o calor e a luz refletida pela areia branca nos angustiavam. Jantamos em "Mandetiba";[43] o termômetro marcava 29 °C na sombra. A bela vista dos morros distantes, cobertos de árvores e refletidos na água perfeitamente calma de uma extensa lagoa, foi bastante revigorante. Como a venda[44] aqui era muito boa, e tenho a lembrança agradável e rara de um excelente almoço, devo demonstrar meu agradecimento e descrevê-la como o protótipo de sua classe. Essas casas costumam ser grandes, construídas com grossos postes verticais, que são entrelaçados com galhos e, depois, rebocados. Em geral, não têm outros andares, e nunca possuem janelas com vidraças; no entanto, são muito bem cobertas. A parte da frente de todas elas é aberta e forma uma espécie de varanda, na qual se colocam mesas e bancos. Os dormitórios são contíguos, e, neles, o hóspede pode dormir de forma bastante confortável em uma plataforma de madeira com um fino tapete de palha por cima.[45] A venda fica em um pátio onde os cavalos são alimentados. Ao chegarmos, costumávamos tirar as selas dos cavalos e dar-lhes seu milho *flint*; então, nos inclinávamos em uma grande reverência e pedíamos ao senhor para nos fazer o favor de nos dar algo para comer. "Qualquer coisa que queiram, senhores" era a resposta habitual. Nas primeiras vezes, em vão, agradeci à Providência por nos ter levado a um homem tão bom. Quando a conversa prosseguia, no entanto, em geral, tornava-se deplorável. "Poderia nos servir peixe, por favor?" "Ah! Não, senhor." "Sopa?". "Não, senhor." "Algum pão?" "Ah! Não, senhor." "Carne-seca?" "Ah! Não, senhor."

Quando tínhamos sorte, conseguíamos aves, arroz e farinha, depois de esperarmos por umas duas horas. Não raro, fomos obrigados a matar, com pedras, as aves de nosso próprio jantar. Quando estávamos completamente exaustos pela fadiga e pela fome, indicávamos com humildade que ficaríamos felizes em receber nossa refeição; a resposta pomposa e muito insatisfatória, embora verdadeira, era: "Estará pronta quando estiver pronta!". Se ousássemos reclamar mais, éramos orientados a prosseguir nossa viagem por sermos demasiadamente impertinentes. Os anfitriões

---

43. Manitiba, em Saquarema, no estado do Rio de Janeiro. (N.T.)
44. Venda, grafado em português no original, é o nome que se dava às pousadas. (N.T.)
45. O que conhecemos no Brasil como esteiras. (N.E.)

têm modos muito desagradáveis e indelicados; eles e suas casas costumam ser imundos, e a falta da comodidade de garfos, facas e colheres é comum: tenho certeza de que nunca se encontraria na Inglaterra nenhuma cabana ou choça tão completamente desprovida de todos os confortos. Em Campos Novos,[46] no entanto, passamos muito bem; almoçamos arroz e aves, bolacha, vinho e licores; nos serviram café à noite e peixe com café em nosso desjejum. Tudo isso, com boa comida para os cavalos, custou apenas 2 xelins e 6 pence por pessoa. Entretanto, quando perguntamos ao anfitrião da venda se ele havia visto o chicote que um dos membros de nossa comitiva perdera, ele respondeu rispidamente: "Como posso saber? Por que vocês não cuidaram dele? Talvez os cães o tenham comido".

Saindo de Mandetiba [Manitiba], continuamos por uma complexa vastidão de lagoas; em algumas delas havia conchas de água doce, em outras, de água salgada. Entre as primeiras, encontrei muitas *Lymnaea* em uma das lagoas, na qual, segundo me asseguraram os habitantes, o mar entrava uma vez por ano e, às vezes, com mais frequência, o que tornava a água bem salobra. Não tenho dúvidas de que muitos fatos interessantes em relação aos animais marinhos e de água doce podem ser observados nessa cadeia de lagoas que contorna o litoral do Brasil. O senhor Claude Gay[47] afirmou ter encontrado, no entorno do Rio de Janeiro, conchas marinhas dos gêneros *Solen* e *Mytilus* e *Ampullariidae* de água doce vivendo juntas em água salgada. Diversas vezes, observei, na lagoa perto do Jardim Botânico, onde a água é apenas um pouco menos salobra que a do mar, uma espécie de *Hydrophilus* muito semelhante a uma espécie comum existente nos canais da Inglaterra; a única concha dessa lagoa pertencia a um gênero geralmente encontrado em estuários.

Deixando a costa por um tempo, entramos de novo na floresta.[48] As árvores eram altíssimas e, comparadas com as da Europa, notáveis pela brancura de seus troncos. Vejo em meu caderno de anotações que

---

46. Trata-se da antiga fazenda Campos Novos, situada em Cabo Frio, no estado do Rio de Janeiro. (N.T.)
47. *Annales des Sciences Naturelles* de 1833. (N.A.) [Ver Claude Gay, "Aperçu sur les recherches d'histoire naturelle faites dans l'Amérique du Sud, et principalement dans le Chili, pendant les années 1830 et 1831". *Annales des Sciences Naturelles* v. 28, p. 369-393, 1833. (N.T.)]
48. Araruama, no estado do Rio de Janeiro. (N.T.)

as "maravilhosas e lindas parasitas floridas" por certo me pareciam ser a maior novidade destas paisagens grandiosas. Seguindo viagem, passamos por trechos de pastagens muito prejudicados pelos enormes formigueiros cônicos, que chegavam a quase 3,6 metros de altura. Davam à planície a aparência exata dos vulcões de lama encontrados no Jorullo,[49] conforme desenhados por Humboldt. Chegamos ao Engenho quando já era noite, depois de cavalgarmos durante cerca de dez horas. Nunca, durante toda a jornada, deixei de me surpreender com a quantidade de trabalho que os cavalos eram capazes de suportar; além disso, pareciam se recuperar de qualquer lesão muito mais rápido do que os animais de raça inglesa. Os morcegos-vampiros podem ser a causa de muitos problemas ao morder o garrote dos cavalos; a lesão que causam geralmente não se deve tanto à perda de sangue, mas à inflamação produzida, depois, pela pressão da sela. Esses fatos foram recentemente postos em dúvida na Inglaterra; tive, portanto, sorte de estar presente quando um[50] deles foi realmente capturado nas costas de um cavalo. Em certa ocasião, estávamos acampando perto de Coquimbo, no Chile, quando, tarde da noite, meu criado, percebendo que um dos cavalos estava muito agitado, foi verificar qual era o problema e, acreditando ver algo, colocou a mão rapidamente no garrote do animal e agarrou o morcego. Pela manhã, o local da mordida foi facilmente reconhecido por estar ligeiramente inchado e ensanguentado. Após o terceiro dia do incidente, montamos o cavalo sem nenhum efeito prejudicial.

13 DE ABRIL — Depois de três dias de viagem, chegamos a Sossego,[51] propriedade do senhor Manuel Figuireda, parente de um membro de nosso grupo. A casa era simples e, embora parecesse um celeiro, adequava-se bem ao clima. Na sala de estar, as cadeiras e os sofás dourados contrastavam de um modo estranho com as paredes caiadas, o telhado de palha e as janelas sem vidraças. A casa, os celeiros, os estábulos e as oficinas

---

49. El Jorullo é um vulcão cônico situado na parte central do México, em Michoacán. Foi visitado pela expedição científica de Alexander von Humboldt em 19 de setembro de 1803. (N.T.)
50. Este morcego pertence ao gênero *Edostoma* de D'Orbigny, porém, é uma nova espécie. (N.A.)
51. Fazenda São José do Sossego em Macabu da Conceição, no estado do Rio de Janeiro. O nome do proprietário foi provavelmente grafado errado por Darwin e deve ser Manuel Figueiredo.

para os negros — que haviam aprendido vários ofícios — formavam um quadrilátero grosseiro, em cujo centro havia uma grande pilha de café secando. Essas construções ficam em uma pequena colina, com vista para o terreno cultivado, e são completamente cercadas pelo verde-escuro de uma floresta luxuriosa. O principal produto dessa parte do país é o café. Cada pé deve render, por ano e em média, 1 quilo, mas alguns chegam a produzir até 4 quilos. A mandioca também é cultivada em grande quantidade. Utilizam-se todas as partes dessa planta: as folhas e os talos são comidos pelos cavalos; as raízes são moídas em uma polpa que, após ser pressionada até secar, é assada e transformada em farinha, o principal artigo de subsistência no Brasil. Curioso, embora bem conhecido, é o fato de o suco dessa planta tão nutritiva ser altamente venenoso. Alguns anos atrás, uma vaca morreu nessa fazenda por ter bebido um pouco dele. O senhor Figuireda contou-me que, no ano anterior, plantara um saco de feijão e três de arroz; o primeiro produziu oitenta vezes mais, e o segundo, trezentas e vinte. O pasto é capaz de sustentar um rebanho de gado de alta qualidade, e as florestas estavam repletas de vida selvagem, a ponto de um veado ter sido caçado com sucesso em cada um dos três dias anteriores. Essa abundância de comida era evidente na hora da refeição, na qual, embora as mesas não estivessem rangendo, os comensais certamente estavam gemendo, pois, como era de costume, se compeliam os convidados a provar todos os pratos. Em um determinado dia, acreditei ter feito cálculos cuidadosos para garantir que eu experimentasse tudo o que fosse oferecido. Entretanto, para meu completo choque, um peru assado e um porco foram apresentados diante de mim em toda a sua sólida e suculenta glória. Durante as refeições, havia um homem cuja única função era expulsar da sala os cães velhos e as dezenas de crianças negras que adentravam juntas a cada oportunidade possível. A noção de viver de forma simples e patriarcal era um grande atrativo, desde que todo o conceito de escravidão se ausentasse: seria uma forma perfeita de isolar-se e ser independente do resto do mundo. Assim que se avistava algum estranho chegando, um grande sino era tocado e, na maior parte das vezes, alguns pequenos canhões eram disparados. E assim se anunciava o evento para as rochas e os bosques, para mais ninguém. Certa manhã, saí uma hora antes do amanhecer para admirar a quietude solene do local;

por fim, o silêncio foi quebrado pelo hino matinal executado por todos os negros; e, dessa forma, começavam, em geral, sua labuta diária. Em fazendas como essas, não tenho dúvidas de que os escravos levam vidas felizes e contentes. Nos sábados e domingos, eles trabalham para si próprios, e, neste ambiente fértil, o trabalho de dois dias é suficiente para sustentar um homem e sua família durante toda a semana.

14 DE ABRIL — Saindo de Sossego, fomos para outra propriedade no Rio Macaé, que marcou a extensão mais distante de terras cultivadas naquela área. A propriedade tinha tinha 4 quilômetros de comprimento, mas o proprietário não se lembrava de sua largura. Apenas uma parte muito pequena estava limpa e desobstruída, mas a maior parte da região era capaz de produzir todas as várias riquezas de uma terra tropical. Considerando a enorme área do Brasil, a proporção de terras cultivadas mal pode ser considerada como significante em comparação às que ainda se encontram em estado de natureza: em alguma era futura, que vasta população elas poderão sustentar! Durante o segundo dia de viagem, encontramos a estrada tão fechada que foi necessário mandar um homem à frente com um facão para cortar as trepadeiras. A floresta abundava de belos objetos; entre os quais as samambaias arborescentes [fetos arborescentes] que, embora pequenas, eram as mais dignas de admiração, por sua folhagem verde brilhante e as curvas elegantes de sua fronde. À noite choveu muito forte, e, embora o termômetro marcasse 18 °C, senti muito frio. Assim que a chuva cessou, achei curioso observar a extraordinária evaporação que começou em toda a extensão da floresta. A uma altura de 30 metros, as colinas estavam enterradas em um denso vapor branco, que se erguia como colunas de fumaça das partes mais fechadas da mata, especialmente dos vales. Observei esse fenômeno em várias ocasiões: suponho que ocorra em virtude da grande superfície da folhagem previamente aquecida pelos raios solares.

Durante minha estada nesta propriedade, quase fui testemunha ocular de um daqueles atos atrozes que só podem acontecer em um país escravocrata. Devido a uma briga e a um processo jurídico, o proprietário estava a ponto de tomar todas as mulheres e crianças dos homens e vendê-las separadamente em um leilão público no Rio de Janeiro. O interesse, e não um sentimento de compaixão, impediu este ato. Na verdade, não acredito que a desumanidade de separar trinta famílias, que viviam juntas já havia muitos anos, tenha ocorrido à pessoa. No entanto, posso garantir que, em termos de humanidade e bons sentimentos, ele era superior ao tipo comum de homens. Pode-se dizer que não há limites para a cegueira do interesse e do egoísmo. Aqui, mencionarei uma anedota de pouca importância, que, na época, me impressionou mais do que qualquer história de crueldade. Eu estava atravessando uma balsa com um escravo negro que era extraordinariamente estúpido. Ao tentar fazê-lo me entender, falei alto e gesticulei; ao fazer esses sinais, acabei passando minha mão perto do rosto dele. Ele, suponho, imaginou que eu estivesse nervoso e a ponto de golpeá-lo, pois, no mesmo instante, amedrontado e com seus olhos semicerrados, deixou as mãos caírem. Jamais me esquecerei de meus sentimentos de surpresa, nojo e vergonha ao ver aquele homem grande e poderoso com medo até mesmo de afastar-se de um golpe que, segundo imaginava, receberia no rosto. Esse homem havia sido treinado para aceitar uma degradação mais baixa que a escravidão do animal mais indefeso.

18 DE ABRIL — Ao retornarmos, passamos dois dias em Sossego, e ocupei-os na coleta de insetos na floresta. A maioria das árvores, embora estas não fossem muito altas, não tinha circunferência superior a 1 ou 1,5 metro. Há, é claro, algumas de dimensões muito maiores. O senhor Manuel estava então construindo uma canoa de 21 metros de comprimento com um tronco inteiriço e de grande espessura, que originalmente possuía 30 metros de comprimento. O contraste das palmeiras, crescendo em meio aos tipos comuns de árvores, nunca deixa de dar um caráter intertropical à paisagem. Aqui as matas estavam ornamentadas pela palmeira-imperial — uma das mais belas de sua família. Com um caule tão estreito que pode ser entrelaçado com as duas mãos, sua elegante copa balança a uma altura de 12 ou 15 metros acima do chão. As trepadeiras lenhosas, cobertas por outras trepadeiras, eram de grande espessura: medi algumas que chegavam a 60 centímetros de circunferência. Muitas das árvores mais antigas apresentavam a aparência muito curiosa das tranças de uma liana que pendiam de seus galhos, assemelhando-se a feixes de feno. Ao mudar o ponto de vista da folhagem acima para o solo, os olhos seriam atraídos

pela extrema elegância das folhas das samambaias e mimosas. Estas últimas, em algumas partes, cobriam a superfície com um matagal de apenas alguns centímetros de altura; ao caminhar por esses leitos espessos, formava-se uma trilha larga pela mudança de coloração produzida pelo descaimento de seus pecíolos sensíveis. É fácil especificar os objetos individuais de admiração nessas paisagens extraordinárias, mas não é possível oferecer uma ideia adequada dos sentimentos mais elevados de assombro e devoção que enchem e elevam a mente.

19 DE ABRIL — Partindo de Sossego, refizemos nossos passos durante os dois primeiros dias. Foi bastante cansativo, pois a estrada geralmente atravessava uma planície clara de areia quente, não muito longe da costa. Notei que, cada vez que o cavalo colocava o pé na fina areia de sílica, produzia-se um suave trinado. No terceiro dia, seguimos por um caminho diferente e passamos pelo pequeno e vistoso vilarejo de Madre de Deus.[52] Percorríamos uma das principais estradas brasileiras, no entanto, esta se encontrava num estado tão deplorável que nenhum veículo de rodas, exceto o desajeitado carro de boi, era capaz de passar por ela. Em toda a nossa jornada, não atravessamos uma única ponte que fosse feita de pedra; e as pontes compostas de troncos de madeira costumavam estar tão arruinadas que era necessário dar a volta para evitá-las. Todas as distâncias são conhecidas de forma imprecisa. Em vez de marcos indicando a distância, a estrada costuma ter cruzes que indicam o local onde se derramou sangue humano. Na noite do dia 23, chegamos ao Rio de Janeiro e, assim, terminamos nossa agradável excursão.

Durante o restante de minha estadia no Rio de Janeiro, me hospedei em um chalé na Enseada de Botafogo. Era impossível desejar algo mais agradável do que passar algumas semanas desse modo em um país tão magnífico. Na Inglaterra, um amante de história natural dispõe de grande vantagem em suas caminhadas, pois algo sempre atrairá sua atenção; mas, nesses ambientes férteis, repletos de vida, os atrativos são tantos que ele se sente paralisado.

---

52. O vilarejo Madre de Deus localizava-se em Rio Bonito, no estado do Rio de Janeiro. (N.T.)

As poucas observações que pude fazer confinavam-se quase exclusivamente aos animais invertebrados. A ocorrência de uma divisão do gênero *Planaria*, que habita a terra seca, me interessou muito. Esses animais possuem uma estrutura tão simples que Cuvier os classificou com os vermes intestinais, embora nunca fossem encontrados dentro dos corpos de outros animais. Inúmeras espécies habitam tanto a água salgada quanto a doce, mas aquelas a que aludo foram encontradas sob troncos de madeira podre, mesmo nas partes mais secas da floresta. Em geral, assemelham-se a pequenas lesmas, mas são proporcionalmente muito mais estreitas. Encontrei um espécime de menos de 12 centímetros de comprimento. A superfície inferior, por meio da qual rastejam, é plana, sendo a parte superior convexa: com relação a esta última característica, as espécies terrestres diferem das achatadas formas aquáticas. Sua estrutura é muito simples. Próximo ao centro de sua superfície ventral, há duas pequenas fendas transversais; da anterior pode projetar-se um órgão em forma de funil ou copo. Esse órgão parece ser a boca. É macio, altamente irritável e capaz de efetuar vários movimentos; quando inserido no corpo, é geralmente envergado, como o broto de uma planta. A partir da posição central do orifício, o animal tem sua boca no meio do que seria comumente chamado de estômago! Algum tempo depois de as outras partes do animal já estarem mortas pelos efeitos da água salgada, ou outra causa, esse órgão ainda mantém sua vitalidade. O corpo é macio e parenquimatoso; na parte central há um espaço transparente, com ramificações laterais, que parece agir como um sistema circulatório. Manchas minúsculas e pretas, semelhantes a olhos, estão espalhadas pela margem da superfície rastejante, e mais abundantemente perto da extremidade anterior, que é constantemente usada como uma antena. Em uma espécie marinha, extraí das partes centrais do corpo muitos pequenos ovos esféricos; mediam 0,152 milímetros de diâmetro e continham uma massa central ou miolo.

As planárias terrestres, das quais encontrei nada menos que oito espécies, ocorrem desde o trópico até a latitude 47° sul e são comuns na América do Sul, na Nova Zelândia, na Tasmânia e nas Ilhas Maurício. Algumas espécies, quando vistas pelo âmbito longitudinal, parecem ser listradas e apresentar várias faixas de cores vistosas. À primeira vista, há uma notável falsa analogia entre esses animais e as lesmas, embora sejam muito diferentes entre eles em todos os pontos essenciais de seus organismos. Suponho que essas planárias se alimentem de madeira podre, pois são sempre encontradas rastejando sob a superfície de velhas árvores deterioradas; e alguns pequenos espécimes mantidos sem outros alimentos rapidamente aumentaram de tamanho. Embora sejam pequenos animais de cores vistosas, eles não gostam de luz e são muito sensíveis a ela. Por quase dois meses, pude manter vivos alguns espécimes que obtive na Tasmânia. Após secionar um deles transversalmente em duas partes quase iguais, ambos, após quinze dias, adquiriram a forma de animais perfeitos. Eu, no entanto, havia dividido o corpo de tal modo que uma das metades contivesse os dois orifícios ventrais, e a outra, nenhum. Vinte e cinco dias depois da operação, não havia como distinguir a metade mais perfeita e qualquer outro espécime. A outra havia aumentado muito em tamanho; e, em direção a sua extremidade posterior, formou-se um espaço vazio na massa parenquimatosa, na qual era possível distinguir um órgão rudimentar em forma de copo; na superfície ventral, no entanto, ainda não havia nenhuma fenda correspondente aberta. Se o aumento do calor, ao nos aproximarmos do equador, não tivesse destruído todos os indivíduos, não há dúvida de que esta última etapa de sua estrutura teria sido completada. Mesmo que a experiência seja bastante conhecida, foi interessante observar a produção gradual de cada órgão essencial a partir de uma simples extremidade de outro animal. É dificílimo preservar essas planárias; logo após a cessação da vida permitir que as leis ordinárias de mudança ajam, seus corpos inteiros se tornam macios e fluidos com uma rapidez que nunca vi igual. Um método de preservação que respondia muito bem foi secar todo o animal rapidamente em uma placa fina de mica, pois o corpo se tornava transparente e permitia que a estrutura interna fosse vista.

 Visitei pela primeira vez a floresta em que essas planárias foram encontradas em companhia de um velho padre português que me levou para caçar com ele. O esporte consistia em soltar alguns cães sobre a cobertura vegetal e, depois, esperar pacientemente para atirar em qualquer animal que ali aparecesse. Estávamos acompanhados pelo filho de um fazendeiro vizinho — um belo espécime de um jovem brasileiro selvagem. Ele vestia uma camisa esfarrapada e calças velhas e tinha a cabeça descoberta: carregava uma arma antiquada e uma faca grande. Todos tinham o hábito de carregar uma faca; e é algo quase necessário para conseguir atravessar o mato adensado, por conta das trepadeiras. A frequente ocorrência de assassinatos pode ser parcialmente atribuída a esse hábito. Os brasileiros são tão hábeis com a faca que podem jogá-la a alguma distância com precisão e com força suficiente para causar um ferimento fatal. Vi vários meninos praticando essa arte como se estivessem brincando, e, pela habilidade em acertar um pedaço de madeira vertical, suas tratativas mais sérias eram promissoras. Meu companheiro, no dia anterior, atirara em dois grandes macacos barbados. Esses animais têm cauda preênsil, cuja extremidade, mesmo que eles morram, é capaz de suportar todo o peso do corpo. Um deles, dessa forma, permaneceu preso em um galho, e foi necessário derrubar uma árvore grande para recuperá-lo. Isso foi logo realizado, e para baixo vieram árvore e macaco com um estrondo terrível. Nossa caça do dia, além do macaco, incluiu diversos pequenos papagaios verdes e alguns tucanos. Ter conhecido o padre português, entretanto, foi vantajoso, pois em outra ocasião recebi dele um belo exemplar do gato jaguarundi (*Herpailurus yagouaroundi*).

Todos já ouviram falar da beleza da paisagem da Enseada de Botafogo. A casa em que eu morava ficava perto da base do conhecido Morro do Corcovado. Foi observado, com muita veracidade, que colinas abruptamente cônicas são características da formação chamada de granito-gnaisse por Humboldt. Nada pode ser mais surpreendente do que o efeito dessas enormes massas arredondadas de rocha nua emergindo de uma vegetação excessivamente exuberante.

Com frequência, eu me via cativado pela visão das nuvens que, chegando do mar, formavam uma massa logo abaixo do pico mais alto do Corcovado. Essa montanha, como a maioria das outras, quando parcialmente velada, parecia estender-se a uma elevação muito maior do que sua altura real de 700 metros. O senhor Daniell[53] observou, em seus ensaios meteorológicos, que uma nuvem às vezes parecia estar fixa no cume da montanha enquanto o vento continuava a soprar sobre ela. Aqui, o mesmo fenômeno apresentava uma aparência ligeiramente diferente. Via-se claramente a nuvem enrodilhando-se e passando rapidamente pelo cume neste

---

53. Ver John Frederic Daniell (1790-1845), *Meteorological Essays and Observations*. London, 1823. (N.A.)

caso, e, ainda assim, não diminuía nem aumentava seu tamanho. O sol estava se pondo, uma brisa suave do sul batia contra o lado sul da rocha e misturava sua corrente com o ar mais frio acima; e, dessa forma, o vapor era condensado. Entretanto, à medida que as leves espirais de nuvens passavam sobre o cume, e começavam a ser influenciadas pela atmosfera mais quente do declive norte, elas eram imediatamente redissolvidas.

O clima, durante os meses de maio e junho, ou no início do inverno, era delicioso. A temperatura média, a partir de observações realizadas às 9h, tanto pela manhã quanto à noite, era de apenas 22 °C. As chuvas fortes eram frequentes, mas os ventos secos do sul logo tornavam os passeios agradáveis novamente. Certa manhã, no decorrer de seis horas, a precipitação foi de 40 milímetros. Enquanto a tempestade passava sobre as florestas que circundam o Corcovado, o som produzido pelas gotas que se desfazem na incontável multidão de folhas era extraordinário; podia-se ouvi-lo à distância de 400 metros, e rugia como um volume enorme de água. Após os dias mais quentes, era delicioso sentar-se calmamente no jardim e ver a tarde transformar-se em noite. A natureza, nesses climas, escolhe vozes de artistas mais humildes do que os da Europa. Uma pequena rã do gênero *Hyla*[54] senta-se sobre uma fina folha de cerca de 25 milímetros acima da superfície da água e lança um agradável coaxar. Quando várias estavam reunidas, passavam a cantar em harmonia com notas diferentes. Ao mesmo tempo, várias cigarras e grilos gritavam de forma estridente e incessante, o que, suavizado pela distância, não era desagradável. Esse grande concerto começava todos os dias depois do anoitecer; muitas vezes sentei-me para ouvi-lo, até que minha atenção fosse atraída por algum inseto curioso.

Nessas horas, os pirilampos são vistos[55] volteando rapidamente de arbusto em arbusto. Todos que coletei pertenciam à família *Lampyridae*, ou vaga-lumes, a maioria deles da espécie *Lampyris occidentalis*. Descobri

---

54. Tive alguma dificuldade em pegar um exemplar dessa rã. O gênero *Hyla* tem ventosas nas extremidades de seus dedos; e descobri que este animal é capaz de subir por um painel de vidro quando colocado absolutamente na perpendicular. (N.A.)

55. Em uma noite escura, a luz podia ser vista a cerca de duzentos passos de distância. É notável que, em todos os insetos luminosos, eláteros brilhantes e vários animais marinhos que observei (como crustáceos, medusas, nereidas e coralinas do gênero *Clytia* e *Pyrosoma*), a luz costuma ser um verde bem-definido. (N.A.)

que esses insetos emitiam luzes mais brilhantes quando estavam irritados: nos intervalos, os anéis abdominais ficam escuros. As luzes são quase simultâneas nos dois anéis, mas é apenas perceptível no anel anterior. A matéria brilhante é fluida e muito adesiva: pequenas manchas, onde a pele é retirada, continuam a brilhar com uma leve cintilação enquanto as partes ilesas ficam escuras. Quando o inseto é decapitado, os anéis permanecem ininterruptamente brilhantes, mas não tão brilhantes como antes: a irritação local com uma agulha sempre aumenta a vivacidade da luz. Em um experimento, os anéis mantiveram sua propriedade luminosa por quase 24 horas após a morte do inseto. Com base nesses fatos, parece provável que o animal tem apenas o poder de esconder ou extinguir a luz por intervalos curtos, e que, em outras ocasiões, o brilho é involuntário. Nas trilhas de cascalho, enlameadas e úmidas, encontrei as larvas desse *Lampyris* em grande número: em geral, elas se assemelham à fêmea do vaga-lume inglês. As larvas têm apenas uma força luminosa fraca, muito diferente da forma de seus pais; fingiam estar mortas ao menor toque e deixavam de brilhar; nem mesmo a irritação lhes suscitava um brilho qualquer. Mantive várias delas vivas por algum tempo: suas caudas são órgãos muito singulares, pois agem, por meio de um artifício ideal, como ventosas ou órgãos de fixação, e também como reservatórios de saliva ou algum líquido semelhante. Eu as alimentei repetidamente com carne crua; e invariavelmente observei que, de vez em quando, a extremidade da cauda era levada à boca, e uma gota do líquido era deixada na carne, que logo iria ser consumida. A cauda, apesar de tanta prática, não parecia capaz de ser levada até a boca; o pescoço, ao menos, era sempre tocado em primeiro lugar, aparentemente como um guia.

Quando estávamos na Bahia, um elátero (*Pyrophorus luminoso*, Illiger) parecia o inseto luminoso mais comum. A luz, neste caso, também se tornava mais brilhante pela irritação. Passei um dia observando o poder de saltar desse inseto, que ainda não foi,[56] como me parece, devidamente descrito. O elátero, quando era posto de costas e se preparava para saltar, levava sua cabeça e seu tórax para trás, de modo que a espinha peitoral se estendia e repousava na borda de sua bainha. Continuando o mesmo

---

56. *Entomology*, de Kirby, vol. II, p. 317. (N.A.)

movimento para trás, a espinha, pela ação completa dos músculos, se dobrava como uma mola; e o inseto, neste momento, repousava na extremidade de sua cabeça e seus élitros. Com o relaxamento súbito desse esforço, a cabeça e o tórax se elevavam, e, em consequência, a base dos élitros atingia a superfície de apoio com tanta força que o inseto, por reação, era lançado para cima até a altura de 25 ou 50 milímetros. Os pontos de projeção do tórax e a bainha da espinha serviam para estabilizar o corpo durante o salto. Nas descrições que tenho lido, não se dá bastante atenção à elasticidade da espinha: um salto tão repentino não poderia ser o resultado de uma simples contração muscular, sem o auxílio de algum artifício mecânico.

Em várias ocasiões, realizei algumas excursões curtas, porém muito agradáveis, pela vizinhança. Um dia, fui ao Jardim Botânico, onde há muitas plantas bem conhecidas por sua grande utilidade. As folhas da cânfora, da pimenta, da canela e do cravo eram deliciosamente aromáticas; e a fruta-pão, a jaca e a manga competiam entre si pela magnificência de suas folhagens. A paisagem das cercanias da Bahia quase pode ser caracterizada pelas duas últimas árvores. Antes de vê-las, eu não fazia ideia de que uma árvore fosse capaz de lançar uma sombra tão escura no solo. Em relação à vegetação de folhas perenes desses climas, ambas têm o mesmo tipo de relação que, na Inglaterra, loureiros e azevinhos têm com o verde mais claro das árvores decíduas. Devemos observar que, na região intertropical, as casas estão cercadas pelas formas mais bonitas de vegetação, pois muitas delas são, ao mesmo tempo, bastante úteis para o homem. Quem duvidaria de que essas qualidades estão reunidas na bananeira, no coqueiro, nos muitos tipos de palmeiras, na laranjeira e na árvore da fruta-pão?

Durante esse dia, fiquei particularmente impressionado com uma observação de Humboldt, que muitas vezes alude ao "vapor fino que, sem mudar a transparência do ar, torna suas tonalidades mais harmoniosas, suaviza seus efeitos", etc. Esse é um fenômeno que nunca observei nas zonas temperadas. A atmosfera, vista através de um curto espaço de 800 ou 1.200 metros, era perfeitamente translúcida. Entretanto, a uma distância maior, todas as cores se misturavam em uma névoa extremamente bonita: um cinza-francês pálido misturado com um pouco de azul. A condição da atmosfera entre a manhã e o meio-dia, quando o efeito era mais evidente, havia sofrido pouca mudança, exceto em sua secura. No intervalo, a diferença entre o ponto de orvalho e a temperatura aumentou de 7,5 °C para 17 °C.

Em outra ocasião, acordei cedo e caminhei até a Pedra da Gávea. O ar estava deliciosamente frio e perfumado, e as gotas de orvalho ainda brilhavam nas folhas das grandes plantas liláceas que sombreavam os riachos de água clara. Sentado em um bloco de granito, era delicioso observar os vários insetos e pássaros que ali passavam voando. Os beija-flores parecem particularmente afeiçoados a tais pontos sombrios e afastados. Sempre que via essas pequenas criaturas zumbindo em volta de uma flor, com asas que vibravam tão rapidamente que mal se podia vê-las, eu me lembrava das mariposas-esfinge: seus movimentos e hábitos são, de fato, em vários aspectos, muito semelhantes.

Seguindo por uma trilha, entrei em uma floresta nobre e, de uma altura de 150 ou 200 metros, surgiu uma daquelas vistas esplêndidas que são tão comuns em todo o Rio de Janeiro. Nessa altitude, a paisagem atinge sua tonalidade mais brilhante; e a magnificência de cada forma e de cada sombra supera tão completamente tudo o que um europeu já viu em seu próprio país que este não sabe como expressar seus sentimentos. O efeito geral costumava trazer à minha mente o cenário mais vistoso da ópera ou dos grandes teatros. Nunca voltei dessas excursões de mãos vazias. Nesse dia encontrei um espécime curioso de um fungo, chamado *Hymenophallus*. A maioria das pessoas conhece o *Phallus* inglês que, no outono, macula o ar com seu cheiro repulsivo, o qual, no entanto, como sabe o entomologista, é uma fragrância deliciosa para alguns de nossos besouros. O mesmo ocorreu aqui; pois um *Strongylus*, atraído pelo odor, pousou sobre o fungo que eu carregava em minha mão. Vemos aqui, em dois países distantes, um relacionamento semelhante entre plantas e insetos das mesmas famílias, embora as espécies de ambos sejam diferentes. Quando o agente da introdução de uma nova espécie em um país é o homem, esse relacionamento costuma ser desfeito: como exemplo disso, posso mencionar que as folhas de repolho e alface, que na Inglaterra servem de alimento para uma multidão de lesmas e lagartas, estão intocadas nos jardins próximos ao Rio de Janeiro.

Durante nossa estada no Brasil, reuni uma grande coleção de insetos. Algumas observações gerais sobre a importância comparativa das diferentes ordens podem ser interessantes para os entomologistas ingleses. Os grandes e brilhantemente coloridos lepidópteros caracterizam a região que habitam, muito mais claramente do que qualquer outra categoria de animais. Refiro-me apenas às borboletas, pois as mariposas, ao contrário do que se poderia esperar pelo viço da vegetação, certamente aparecem em números muito menores do que em nossas próprias regiões temperadas. Fiquei muito surpreso com os hábitos da *Papilio feronia*. Essa borboleta não é incomum e costuma frequentar os laranjais. Embora voe alto, pousa com muita frequência nos troncos das árvores. Nessas ocasiões, sua cabeça fica invariavelmente voltada para baixo, e suas asas se expandem em um plano horizontal, em vez de se fechar verticalmente, como é mais comum. Essa é a única borboleta que já vi usar suas pernas para correr. Não estando eu ciente desse fato, o inseto, mais de uma vez, quando me aproximava cautelosamente com meu fórceps, afastava-se para o lado assim que o instrumento estava para se fechar, e assim escapava. Entretanto, um fato muito mais singular é a capacidade que a espécie tem de produzir ruídos.[57] Várias vezes, quando os componentes de um casal, provavelmente macho e fêmea, perseguiam um ao outro em um voo irregular, os dois passaram a poucos metros de mim; e eu pude ouvir claramente o som de um de clique semelhante ao produzido por uma roda dentada passando sob um fecho de mola.[58] O ruído continuava em intervalos curtos e podia ser percebido a cerca de dezoito metros de distância. Não sou capaz de conjeturar como é produzido; tenho certeza, contudo, de que não há erro na observação.

Fiquei decepcionado com o aspecto geral das coleópteras. O número de besouros minúsculos e de cor escura é muito grande.[59] Por enquanto, as coleções da Europa só podem vangloriar-se de possuir as maiores espécies

---

57. Nas viagens de Langsdorff (entre 1803-1807, p. 74), diz-se que, na Ilha de Santa Catarina, na costa do Brasil, uma borboleta chamada *Februa hoffmannseggi* faz um ruído quando voa semelhante ao do chocalho. (N.A.)
58. O senhor Waterhouse fez a gentileza de examinar esta borboleta, mas não conseguiu descobrir nenhum mecanismo pelo qual o ruído é produzido. (N.A.)
59. Posso mencionar, como um exemplo comum de coleta, o dia 23 de junho, quando eu não estava procurando particularmente coleópteros, mas consegui adquirir 68 espécies dessa ordem. Entre estas, havia apenas duas *Carabidae*, quatro *Brachelytra*, quinze *Rhyncophora* e quatorze *Crisomelidae*. Trinta e sete espécies de aracnídeos, que eu trouxe para casa, serão suficientes para provar que eu não estava dando muita atenção à ordem geralmente favorecida das coleópteras. (N.A.)

dos climas tropicais. Para perturbar a serenidade da mente de um entomologista, basta uma mera visão das dimensões futuras de um catálogo completo. Os *Carabidae* aparecem em números extremamente pequenos na região dos trópicos. Isso é ainda mais notável quando comparados ao caso oposto dos mamíferos carnívoros, uma ordem que eles certamente representam entre os insetos. Fiquei bastante impressionado com essa observação, tanto ao entrar no Brasil como quando vi as formas elegantes e ativas de *Harpalidae* reaparecendo nas planícies temperadas do Prata. Será que os numerosos aracnídeos e *Hymenoptera* gananciosas tomam o lugar desses besouros carnívoros? Os necrófagos e *Brachelytra* são muito incomuns; por outro lado, as *Rhyncophora* e *Chrysomelidae*, que dependem do mundo vegetal para a sua subsistência, estão presentes em números surpreendentes. Não me refiro aqui ao número de espécies distintas, mas ao de insetos individuais; pois é aí que se encontra a característica mais notável da entomologia de diferentes países. As ordens *Orthoptera* e *Hemiptera* são particularmente numerosas; da mesma forma é a divisão das *Hymenoptera*; as abelhas, talvez, sejam a exceção. Uma pessoa, ao entrar pela primeira vez em uma floresta tropical, fica surpresa com o trabalho das formigas: caminhos bem-formados se ramificam em todas as direções, sobre os quais é possível ver um exército infalível de coletoras, algumas indo em frente e outras retornando, sobrecarregadas com pedaços de folha verde, muitas vezes maiores que seus próprios corpos.

Uma pequena espécie de cor escura às vezes migra em números incontáveis. Um dia, na Bahia, chamou-me a atenção a observação de muitas aranhas, baratas e outros insetos e alguns lagartos correndo na maior agitação através de uma faixa de terreno descoberto. Um pouco atrás, todos os talos e folhas estavam enegrecidos por uma formiga pequena. O enxame, após atravessar o espaço descoberto, dividiu-se e desceu um muro velho. Agindo assim, muitos insetos ficaram cercados; e os esforços que as pobres criaturas pequenas faziam para se livrar da morte eram maravilhosos.

Quando as formigas chegaram na estrada, elas mudaram seu caminho e, em fileiras estreitas, subiram novamente pelo muro. Tendo colocado uma pequena pedra para interceptar uma das fileiras, todo o grupo a atacou, e depois se retirou imediatamente. Pouco depois, outro grupo atacou e, novamente, não tendo conseguido causar qualquer impressão, a fila foi totalmente abandonada. Se tivesse mudado seu percurso em 2 centímetros, a fileira poderia ter evitado a pedra e isso, sem dúvida, teria acontecido, se o obstáculo estivesse originalmente lá: mas tendo sido atacadas, as pequenas guerreiras de coração de leão desprezavam a ideia de ceder.

Certos insetos, semelhantes a vespas, que, nos cantos das varandas, constroem células de barro para suas larvas, são muito numerosos no entorno do Rio de Janeiro. Essas células são preenchidas por aranhas e lagartas mortas e moribundas. Certo dia, eu assistia com muito interesse a uma competição mortal entre uma vespa *Pepsis* e uma grande aranha do gênero *Lycosa*. A vespa fez um ataque repentino a sua presa, e, então, voou para longe: a aranha ficou evidentemente ferida, pois, ao tentar escapar, rolou por uma pequena inclinação, mas ainda tinha força suficiente para se rastejar para dentro de um tufo espesso de grama. A vespa logo voltou e parecia surpresa por não encontrar imediatamente sua vítima. Em seguida, deu início à sua caçada regular, como um cão de caça em busca da raposa, lançando-se em semicírculos curtos e o tempo todo vibrando rapidamente suas asas e antenas. A aranha, embora bem escondida, logo foi descoberta; e a vespa, evidentemente ainda com medo das mandíbulas de sua adversária, depois de muito manobrar, acertou duas picadas no lado inferior do tórax. Finalmente, após examinar cuidadosamente a aranha, agora imóvel, com suas antenas, começou a arrastar o corpo. Separei, entretanto, o carrasco e a presa.[60]

Em proporção a outros insetos, o número de aranhas, comparando-se com a Inglaterra, é aqui muito elevado; talvez ainda maior do que o número de qualquer outra divisão de animais articulados. A variedade de espécies entre os saltígrados, ou aranhas saltadoras, parece quase infinita. O gênero, ou melhor, família *Epeira*, está aqui caracterizada por muitas formas singulares; algumas espécies têm carapaças coriáceas pontudas, outras possuem tíbias alargadas e espinhosas. Em todos os caminhos da

---

60. Dom Félix de Azara, vol. I, p. 175, mencionando um inseto himenóptero, provavelmente do mesmo gênero, diz que o viu arrastando uma aranha morta pela grama alta, e em linha reta, para seu ninho, que estava a 163 passos de distância. Acrescenta que a vespa, a fim de encontrar a estrada, de vez em quando faz "*demi-tours d'environ trois palmes*" [meias-voltas de cerca de 3 palmos]. (N.A.)

floresta encontram-se barricadas formadas com a forte teia amarela de uma espécie pertencente à mesma divisão da *Epeira clavipes* de Fabricius, que, de acordo com Sloane, fazem, nas Índias Ocidentais, teias tão fortes que são capazes de capturar pássaros. Um pequeno e bonito tipo de aranha, com pernas anteriores muito longas, e que parece pertencer a um gênero ainda não descrito, vive como um parasita em quase todas essas teias. Suponho que seja muito insignificante para ser notada pela grande *Epeira* e, portanto, pode caçar os pequenos insetos que, grudados nas linhas da teia, seriam desperdiçados. Quando assustada, esta pequena aranha se finge de morta, estendendo suas pernas dianteiras, ou cai de maneira repentina da teia. Uma grande *Epeira*, da mesma divisão da *Epeira tuberculata* e da *Epeira conica* (com elevações carnudas em seu abdômen), é muitíssimo comum, especialmente em locais secos. Sua teia, geralmente construída entre as grandes folhas do agave comum, também é, às vezes, reforçada perto de sua área central por um par ou até quatro faixas em zigue-zague que conectam dois raios contíguos. Quando algum inseto grande, como um gafanhoto ou uma vespa, é capturado, a aranha, dando-lhe um movimento giratório rápido, libera, ao mesmo tempo, filamentos de suas fússulas e logo envolve sua presa em um casulo semelhante ao de um bicho-da-seda. A aranha agora examina a vítima impotente e dá a mordida fatal na parte posterior do tórax; em seguida, recuando, espera pacientemente até que o veneno faça efeito. A virulência desse veneno pode ser julgada pelo fato de que, após meio minuto, abri o casulo e encontrei uma grande vespa sem vida. Esta *Epeira* sempre se põe de cabeça para baixo perto do centro da teia. Quando perturbada, age de maneiras distintas de acordo com as circunstâncias: se houver uma moita abaixo, se deixa cair de forma abrupta. Devo observar que vi claramente o filamento que saía das fússulas, alongado pela vontade do animal enquanto ainda estacionário, como preparatório para sua queda; se o solo abaixo estiver vazio, a *Epeira* raramente cai, mas se move rapidamente e, por uma passagem central, atravessa de um filamento para o outro. Quando é perturbada ainda mais, pratica uma manobra mais curiosa: parada no centro, a aranha balança violentamente a teia, que está presa a galhos elásticos, até que, por fim, o conjunto adquire um movimento vibratório tão rápido que até mesmo o contorno do corpo da aranha se torna indistinto.

Mencionarei aqui apenas uma *Epeira* gregária encontrada em grande número perto de Santa Fé Bajada, a capital de uma das províncias do Prata. As aranhas eram de grande porte e de cor preta, com marcas da cor rubi nas costas. Eram quase todas do mesmo tamanho e, portanto, não se tratava de alguns indivíduos idosos com suas famílias. Teciam-se as teias na vertical, como é invariavelmente o caso do gênero *Epeira*; estavam separadas umas das outras por um espaço de cerca de 60 centímetros, mas todas conectavam-se a certas linhas comuns, que eram bastante compridas, e se estendiam a todas as partes da comunidade. Dessa forma, os topos de alguns arbustos grandes se encontravam abrangidos pelas teias unidas. Azara[61] descreveu uma aranha gregária do Paraguai, que Walckenaer acredita ser uma *Theridion*, mas que é provavelmente uma *Epeira*, e talvez até mesmo a mesma espécie que a minha. Não me lembro, no entanto, de ter visto um ninho central grande quanto um chapéu, no qual, segundo Azara, os ovos são depositados durante o outono, quando as aranhas morrem. Esses hábitos gregários em um gênero tão típico como o *Epeira*, apresentam um caso singular entre insetos tão sanguinários e solitários que até mesmo ambos os sexos se atacam.

Em um vale elevado da cordilheira perto de Mendoza, encontrei outra aranha com uma teia tecida de maneira singular. Linhas resistentes irradiavam em um plano vertical desde um centro comum, onde o inseto se posicionava; mas apenas dois dos raios estavam conectados por uma malha simétrica; de modo que a teia, em vez de ser circular, como costuma ser o caso, consistia em um segmento em forma de cunha. Todas as teias estavam tecidas da mesma forma.

---

61. Azara, *Voyage*, vol. I, p. 213. [Azara, Félix de, *Voyages dans l'Amérique Méridionale depuis 1781 jusqu'en 1801*, 1809]. (N.A.)

CAPÍTULO III

Montevidéu — Maldonado — Excursão ao Rio Polanco — *Lazo* e boleadeira — Perdizes — Geologia — Ausência de árvores — *Cervus campestris* — Porco-do-rio — Tuco-tuco — *Molothrus*, hábitos semelhantes aos dos cucos — Tiranídeo papa-moscas — Mimídeos — Falcões necrófagos — Tubos formados por raios — Casa atingida

MALDONADO

5 DE JULHO DE 1832 — Saímos pela manhã e deixamos o esplêndido porto do Rio de Janeiro. Durante nossa viagem ao Prata, não vimos nada em especial, exceto num dia em que avistamos um vasto grupo de toninhas, eram centenas desses animais. Todo o mar estava repleto delas em certos pontos; e um espetáculo extraordinário se apresentava, pois esse grupo enorme seguia junto, e elas davam saltos em que expunham seus corpos inteiros e atravessavam, assim, a água. Mesmo quando o navio viajava a nove nós, essas criaturas conseguiam atravessar e cruzar a proa com grande facilidade e, então, nadar rapidamente à frente do barco. Tão logo entramos no Estuário do Prata, o tempo ficou muito instável. Numa noite escura, fomos cercados por inúmeras focas e pinguins, que emitiam ruídos tão estranhos que o oficial de guarda relatou ter ouvido o gado berrando na costa. Em outra noite, testemunhamos uma cena esplêndida de fogos de artifício naturais; o topo do mastro e as extremidades de suas barras horizontais (vergas) brilharam com a luz do fogo de santelmo; e era quase possível distinguir a forma do cata-vento, como se tivesse sido esfregado com fósforo. O próprio mar estava tão brilhante e iluminado

que os rastros dos pinguins ficavam marcados por uma trilha incandescente, e, por fim, a escuridão do céu se iluminava por relâmpagos muitos vívidos por um instante.

Enquanto navegava pela foz do rio, fiquei fascinado com o ritmo lento com que as águas doces e salgadas se misturavam. Estas últimas, enlameadas e descoloridas, por sua densidade relativa menor, flutuavam sobre a superfície da água salgada. Isso era curiosamente exibido na trilha deixada pelo navio, na qual uma linha azul foi vista se misturando em pequenos redemoinhos com o fluido adjacente.

26 DE JULHO — Ancoramos em Montevidéu. O *Beagle* foi utilizado para realizar o levantamento topográfico das linhas costeiras dos extremos sul e leste da América, ao sul do Prata, durante os dois anos seguintes. Para evitar repetições inúteis, extrairei de meu diário as partes que se referem às mesmas áreas, sem atender sempre à ordem cronológica em que as visitamos.

MALDONADO[62] está situada na margem norte do Prata, e não muito longe da foz do estuário. É uma cidade muito tranquila, desolada e pequena; construída, como sempre ocorre nesses países, com as ruas em ângulos retos entre si e, no centro, uma grande *plaza* ou praça, que, por seu tamanho, torna mais evidente a escassez da população. Não possui quase nenhum comércio; suas exportações estão restritas a algum couro e gado vivo. Os habitantes são, em sua maioria, proprietários de terras, juntamente a alguns comerciantes e aos artesãos necessários, como ferreiros e carpinteiros, que realizam todos os serviços em um raio de 80 quilômetros. A cidade está separada do rio por uma faixa de colinas arenosas com cerca de um quilômetro e meio de largura; no resto de seu entorno há um campo aberto, ligeiramente ondulado, coberto por uma camada uniforme de grama verde e fina, na qual pastam incontáveis rebanhos de gado, ovelhas e cavalos. Há pouquíssima terra cultivada, mesmo perto da cidade. Algumas cercas, feitas de cactos e agave, marcam onde foi plantado um pouco de trigo

---

62. A cidade de Maldonado é a atual capital do departamento de mesmo nome do atual Uruguai.

ou milho *flint*. As características da região são muito semelhantes ao longo de toda a margem norte do Prata. A única diferença é que, aqui, as colinas graníticas são muito mais pronunciadas. O cenário não é interessante; mal há uma casa, um pedaço de terra cercado ou mesmo uma árvore para lhe dar um ar de alegria. Depois de estar confinado a um navio por um longo período, há um certo encanto na liberdade de caminhar através de vastas planícies abertas de relva. Além disso, até mesmo pequenos objetos podem parecer bonitos quando nossa vista esteve limitada por tanto tempo. Algumas das aves menores exibem cores fantásticas; a relva, com seu verde intenso e grama encurtada pela pastagem do gado, é ornamentada por flores anãs, entre as quais havia uma, similar à margarida, que acabava se assemelhando a uma velha amiga. O que diria um florista sobre trechos inteiros cobertos densamente pela *Verbena melindres*, que, mesmo a distância, pareciam reter o mais vibrante escarlate?

Fiquei em Maldonado por dez semanas, durante as quais coletei um mostruário quase perfeito de animais, pássaros e répteis. Antes de fazer qualquer observação sobre eles, relatarei uma pequena excursão que fiz até o Rio Polanco, que fica a cerca de 100 quilômetros ao norte. Posso mencionar, como prova de quão barato é tudo neste país, que paguei apenas dois dólares, ou oito xelins por dia, pelo serviço de dois homens e uma tropa de cerca de uma dúzia de cavalos de montaria. Meus companheiros estavam bem-armados com pistolas e facões; uma precaução que me parecia bastante desnecessária; mas, ali, a primeira notícia que ouvimos foi de que, no dia anterior, um viajante de Montevidéu havia sido encontrado morto na estrada, com a garganta cortada. Isso aconteceu perto de uma cruz que registrava um assassinato anterior ocorrido naquele mesmo local.

Em nossa primeira noite, ficamos em uma pequena e tranquila casa de campo, onde descobri que eu possuía dois ou três itens que causavam grande espanto, incluindo uma bússola de bolso. Pediram-me para mostrar a bússola em cada casa que visitamos, e a usei, em conjunto com um mapa, para indicar a direção de vários locais. As pessoas admiravam-se, uma vez que eu, um completo estranho, conhecia as estradas para locais onde nunca havia estado (pois direção e estrada são sinônimos nessa região desabitada). Em uma das casas, uma jovem acamada pediu que me chamassem para que eu lhe mostrasse a bússola. Se a surpresa deles era grande, a minha foi maior, pois encontrei esse tipo de ignorância em pessoas que possuíam milhares de cabeças de gado e estâncias de grande extensão. O fato pode ser explicado apenas pela circunstância de esta parte isolada do país raramente ser visitada por estrangeiros. Perguntaram-me se era a Terra ou o Sol que se movia, se era mais quente ou mais frio no norte, onde ficava a Espanha, e levantaram muitas outras questões desse tipo. A maioria dos habitantes achava que Inglaterra, Londres e América do Norte eram o mesmo lugar com nomes diferentes, mas os mais bem-informados achavam que Londres e América do Norte eram localidades próximas, e que a Inglaterra era uma grande cidade de Londres! Eu carregava comigo alguns fósforos Promethean,[63] que eu acendia ao mordê-los; um homem fazer fogo com os dentes era algo tão maravilhoso que se tornou comum reunir toda a família para vê-lo. Certa vez, me ofereceram um dólar por um único palito. Lavar o rosto pela manhã também causou muita especulação na vila de Las Minas; um grande artesão me interrogou com cuidado sobre essa prática tão singular e sobre o motivo de usarmos barbas a bordo, pois ele tinha ouvido de meu guia que fazíamos isso. Ele me olhava com muita suspeita; talvez tivesse ouvido falar de abluções na religião maometana e, sabendo que eu era um herege, provavelmente chegou à conclusão de que todos os hereges são turcos. É costume geral, neste país, requisitar a hospedagem noturna na primeira casa adequada que se encontrar. O espanto pela bússola e pela façanha de meus outros malabarismos mostrou-se, até certo ponto, vantajoso, pois, com isso — e com as longas histórias que meus guias contavam a eles sobre eu quebrar pedras, saber distinguir entre cobras venenosas e inofensivas, coletar insetos, etc. —, eu os retribuí por sua hospitalidade. Escrevo como se estivesse entre os habitantes da África

---

63. Os fósforos Promethean (patenteados por Samuel Jones em 1828) eram compostos de um pequeno frasco de vidro com uma gota de ácido sulfúrico, que era envolto em papel tratado com enxofre, açúcar e clorato de potássio. Tinha o tamanho e a forma de um palito de fósforo atual. Para acendê-lo, o frasco precisava ser esmagado com um alicate, e o papel que o envolvia pegava fogo. (N.T.)

Central: a Banda Oriental[64] não ficaria lisonjeada com a comparação, mas foi o que me ocorreu na época.

No dia seguinte, fomos para a vila de Las Minas.[65] O território era um pouco mais montanhoso, mas, fora isso, continuava igual; já um habitante dos Pampas o consideraria, sem dúvida, verdadeiramente alpino. A região é tão desabitada que, durante todo o dia, mal encontramos uma única pessoa. Las Minas é muito pequena, até mesmo menor que Maldonado. Localizada sobre uma pequena planície, a vila é rodeada por montanhas rochosas baixas, tem a forma simétrica usual e, com sua igreja caiada no centro, parecia muito bonita. As casas mais periféricas, isoladas e sem jardins ou pátios, destacam-se na planície: na região, esse é o caso mais comum, e, por isso, todas elas afiguram-se desconfortáveis. Paramos em uma *pulpería*, ou venda de bebidas, à noite, período do dia em que muitos gaúchos ali se reúnem para beber e fumar charutos. A aparência deles é muito marcante: são, de modo geral, altos e bonitos, mas têm feições que indicam orgulho e dissolução; costumam usar bigodes e têm longos cabelos pretos que lhes caem em cachos pelas costas; trajam-se com roupas de um colorido vivo, tilintam em seus calcanhares grandes esporas e, na cintura, trazem facas presas como punhais (e, muitas vezes, são assim usadas). Parecem ser de um grupo de homens muito diferente do que se poderia esperar de sua denominação de gaúchos, ou seja, camponeses. Sua polidez é excessiva, e eles nunca bebem antes que você prove a bebida primeiro; mas, enquanto se curvam em uma reverência graciosa, dão a impressão de estar igualmente prontos, conforme a ocasião, a cortar nossa garganta.

No terceiro dia, seguimos por um caminho bastante irregular, pois me ocupei com a análise de algumas camadas de mármore. Vimos muitos avestruzes (*Struthio rhea*) nas belas planícies gramadas; alguns

---

64. Banda Oriental era o nome dado à região que ficava a leste do Rio Uruguai e ao norte do Rio da Prata. Compreendia o atual Uruguai e o atual estado brasileiro do Rio Grande do Sul. Quando Darwin visitou a região, o Uruguai já havia obtido sua independência efetiva (25 de agosto de 1828), após a Guerra da Cisplatina (1825-1828), entre o império do Brasil e as províncias unidas do Rio da Prata (atual Argentina). A primeira constituição (1830) estabeleceu o nome Estado Oriental do Uruguai. (N.T.)
65. Minas, fundada em 1783, se tornou a capital do atual departamento de Lavalleja, no Uruguai, em 1837. (N.T.)

bandos chegavam a ter entre vinte e trinta aves que, avistadas sobre uma pequena elevação contra o azul do céu, pareciam muito nobres. Nunca me deparei com avestruzes tão mansos em nenhuma outra parte do país: era fácil chegar galopando até bem perto deles, mas, a partir de um certo ponto, abriam as asas e, navegando com o vento, deixavam os cavalos para trás.

Nesta noite fomos à casa de don Juan Fuentes, um rico proprietário de terras que nenhum de meus companheiros conhecia em pessoa. Sempre que se chega próximo à casa de um estranho, é comum seguir várias pequenas regras de etiqueta: cavalgar lentamente até a porta, fazer a saudação da Ave Maria[66] e, de acordo com o costume, não descer do cavalo até que alguém saia e lhe peça para apear. Após entrar na casa, mantêm-se algumas conversas genéricas por alguns minutos e, em seguida, é possível pedir permissão para pernoitar ali. A solicitação, conforme o hábito, costuma ser concedida. O estranho, então, faz suas refeições com a família e um quarto é designado a ele, onde faz sua cama com as mantas e os ornamentos de seu recado (ou sela dos Pampas). É curioso como circunstâncias semelhantes produzem resultados comportamentais semelhantes. No Cabo da Boa Esperança, a mesma hospitalidade e quase os mesmos pontos de etiqueta são observados por todos. A diferença, no entanto, entre o caráter do camponês espanhol e o do holandês é a seguinte: o primeiro nunca pergunta ao seu convidado uma única questão que ultrapasse a regra mais estrita de polidez, enquanto o holandês honesto quer saber por onde andou seu convidado, para onde está indo, qual é o seu negócio e até mesmo quantos irmãos, irmãs ou filhos ele tem.

Pouco depois de nossa chegada à propriedade de don Juan, foi trazido até ali um dos grandes rebanhos de gado, e três animais foram escolhidos para ser abatidos e abastecer a casa. Esses bovinos semisselvagens são muito ativos e, conhecendo muito bem o *lazo* fatal, levam os cavalos a uma longa e trabalhosa perseguição. Depois de testemunhar a riqueza bruta exibida pelo número de bovinos, homens e cavalos, era bastante curioso observar a miséria da casa de don Juan. O chão era de terra batida, e as

---

66. A resposta formal do proprietário é: *sin pecado concebida* [concebida sem pecado]. (N.A.)

janelas não tinham vidro; os móveis da sala de estar consistiam apenas em algumas cadeiras e banquetas bastante grosseiras e duas mesas. Embora vários estranhos estivessem presentes, a ceia consistia em duas pilhas enormes, uma de rosbife e a outra de um ensopado com alguns pedaços de abóbora: este era o único legume servido, e não havia sequer um pedaço de pão. Para beber, serviam água para todos em um grande jarro de barro. No entanto, esse homem era dono de muitos quilômetros quadrados de terra, dos quais quase todos os acres poderiam produzir grãos, e, com um pouco mais de esforço, todos os tipos de vegetais comuns. Passamos a noite fumando, com um pouco de canto improvisado acompanhado pelo violão. As *señoritas*[67] se sentavam juntas em um canto da sala e não ceavam com os homens.

Há tantos livros escritos sobre essas regiões que é quase supérfluo descrever o *lazo* ou as boleadeiras. O primeiro consiste em uma corda trançada muito forte e fina feita de couro cru. Uma extremidade é anexada à larga sobrecilha que prende a engrenagem complicada do recado, ou sela usada nos Pampas; a outra é terminada por um pequeno anel de ferro ou latão, pelo qual pode ser formado um nó corrediço. O gaúcho, quando vai usar o *lazo*, mantém uma pequena espiral da corda na mão das rédeas, e, na outra, segura o nó de correr, que é deixado muito largo, geralmente com um diâmetro de cerca de dois metros e meio. Ele gira o *lazo* por cima de sua cabeça e, pelo movimento habilidoso de seu pulso, o mantém aberto; em seguida, o lança e faz com que caia em qualquer lugar específico que queira. Quando o *lazo* não está em uso, é amarrado enrolado na parte de trás do recado. As boleadeiras são de dois tipos: a mais simples, que é usada principalmente para capturar avestruzes, consiste em duas pedras redondas cobertas de couro e unidas por uma fina tira trançada, com cerca de dois metros e meio de comprimento. O outro tipo tem três bolas unidas pelas tiras a um centro comum. O gaúcho segura a menor das três na mão e gira as outras duas acima de sua cabeça; então, após mirar, as lança como uma bala encadeada girando pelo ar. Assim que as boleadeiras atingem qualquer objeto, elas se enrolam em torno dele e se entrecruzam

---

67. Darwin grafou como "*signoritas*". (N.T.)

até prendê-lo de maneira muito firme. O tamanho e o peso das bolas variam de acordo com o propósito para o qual foram feitas: quando de pedra, embora não sejam maiores que uma maçã grande, são lançadas com tanta força que podem, por vezes, quebrar até mesmo a perna de um cavalo. Vi bolas feitas de madeira, do tamanho de um nabo, que servem para capturar esses animais sem feri-los. Algumas bolas são feitas de ferro. Estas podem ser arremessadas a uma distância maior. A principal dificuldade em usar o *lazo* ou as boleadeiras é andar tão bem a cavalo a ponto de se conseguir galopar a toda velocidade enquanto esses objetos são rodopiados de forma bastante firme em torno da cabeça e, ao mesmo tempo, voltar-se repentinamente para mirar; a pé, qualquer pessoa seria capaz de aprender essa arte com rapidez. Um dia, enquanto me divertia galopando e girando a boleadeira em volta da minha cabeça, por acidente, a bola que estava livre atingiu um arbusto; e, uma vez que seu movimento circular foi encerrado, ela caiu de imediato no solo e, como mágica, acertou uma das pernas traseiras do meu cavalo; a outra bola foi, então, arrancada de minha mão, e o cavalo parou. Por sorte, era um velho animal experiente que sabia o que isso significava; caso contrário, o cavalo provavelmente teria distribuído coices até cair no solo. Os gaúchos caíram na gargalhada; diziam que já tinham visto todo tipo de animal ser capturado, mas nunca um homem ser capturado por si mesmo.

Nos dois dias seguintes, cheguei ao ponto mais distante que ansiava examinar. A região detinha o mesmo aspecto, até que, por fim, a bela relva verde se tornou mais tediosa do que uma estrada estreita e poeirenta. Em todos os lados, víamos muitas perdizes (*Tinamus rufescens*). Essas aves não andam em bandos nem se escondem, como a espécie inglesa. Parecem ser muito tontas. Um homem que cavalgue em círculos, ou melhor, em espiral, de modo a aproximar-se cada vez mais delas, é capaz de bater na cabeça de quantas quiser. O método mais comum é pegá-las por meio de um nó de correr, ou pequeno *lazo*, feito da haste da pena de um avestruz, preso à extremidade de uma vara longa. Um menino em um cavalo velho e tranquilo é normalmente capaz de capturar entre trinta e quarenta em um dia. A carne desta ave, quando cozida, é delicadamente branca.

Em nosso retorno a Maldonado, seguimos por uma estrada diferente. Perto do Cerro Pan de Azúcar [Pão de Açúcar], um marco bem conhecido por todos aqueles que já subiram pelo Rio da Prata, hospedei-me por um dia na casa de um velho espanhol extremamente hospitaleiro. No início da manhã, subimos a Sierra de las Animas [Serra das Almas]. Com a ajuda do sol nascente, a paisagem se tronou quase pitoresca. Olhando para o oeste, a vista se estendia por uma imensa planície horizontal até o Monte, em Montevidéu, e para o leste seguia sobre a região ondulada de Maldonado. No cume da montanha havia vários pequenos montes de pedras empilhadas que, evidentemente, estavam ali já há muitos anos. Meu companheiro me garantiu que era obra realizada por antigos índios. Os montes eram semelhantes, mas em tamanho muito menor, aos que são normalmente encontrados nas montanhas de Gales. O desejo de sinalizar algum evento importante no ponto mais alto dos arredores parece ser uma paixão universal da humanidade. Atualmente, não existe nem um único índio, civilizado ou selvagem, nesta parte da província; tampouco estou ciente de que os antigos habitantes tenham deixado quaisquer registros mais permanentes do que essas pilhas insignificantes no cume da Sierra de las Animas.

A estrutura geológica do país é muito simples. No cume de cada colina, projetam-se rochas graníticas ou antigas rochas xistosas; os espaços intermediários são cobertos por uma grande camada de terra vermelha argilosa. Isso, à primeira vista, pode ser confundido com detritos comuns; mas, em um exame mais aprofundado, é possível encontrar, além de outras características particulares, pequenas esferas concrecionárias de um calcário friável ou marga. Estende-se por toda a província e, em alguns lugares, é muito notável por conter restos de vários grandes animais extintos. Essa substância terrosa e vermelha faz parte da formação que compõe as imensas planícies de Buenos Aires, denominadas Pampas. Para buscarmos sua origem, devemos nos voltar a um período em que o estuário do Prata ocupava limites muito mais vastos, cobria todas as regiões rebaixadas de sua vizinhança com suas águas salobras. Sinais da elevação gradual da terra podem ser encontrados em muitos pontos nas margens do rio; e é provável que a massa terrosa vermelha seja, geologicamente falando, de uma data não muito antiga.

Nota-se, também, a ausência geral e quase total de árvores na Banda Oriental. Algumas das colinas rochosas estão parcialmente cobertas por moitas, e os salgueiros não são incomuns nas margens dos córregos maiores, especialmente ao norte de Las Minas. Perto do Arroyo Tapes, ouvi falar de um bosque de palmas; e vi uma dessas árvores, de tamanho considerável, próximas ao Cerro Pan de Azúcar, na latitude 35°. Essas árvores, bem como as plantadas pelos espanhóis, são as únicas exceções à escassez geral de madeira. Entre os tipos introduzidos estão os álamos, as oliveiras, os pessegueiros e outras árvores frutíferas: os pessegueiros tiveram tanto êxito que passaram a ser a principal fonte de lenha para a cidade de Buenos Aires. As regiões extremamente planas, como os Pampas, raramente parecem favoráveis ao crescimento de árvores. Isso talvez possa ser atribuído à força dos ventos ou ao tipo de escoamento. Entretanto, a natureza da terra do entorno de Maldonado não permite esse tipo de raciocínio; as montanhas rochosas oferecem pontos protegidos com vários tipos de solo; os riachos são comuns no fundo de quase todos os vales; e a natureza argilosa da terra parece adaptada para reter a umidade. Conforme inferido com muita probabilidade, a presença de bosques é determinada pela quantidade anual de umidade; ainda assim, nessa província, ocorrem chuvas fortes e abundantes durante o inverno; e o verão, embora seco, não o é de forma excessiva.[68] Vemos quase toda a Austrália coberta por árvores elevadas, mas esse país tem um clima muito mais árido. Portanto, devemos buscar outra explicação. As árvores do Brasil não conseguem migrar até esses pontos mais extremos do sul por causa do clima mais frio, e não há outra região arborizada da qual uma migração poderia ter acontecido. Somos, então, forçados a inferir que plantas herbáceas, em vez de árvores, foram destinadas a habitar aquela vasta área, que, em um período relativamente recente, foi elevada acima do nível do mar.

Considerando apenas a América do Sul, estaríamos inclinados a acreditar que as árvores não poderiam florescer senão em um clima

---

68. Segundo Azara, "Je crois que la quantité annuelle des pluies est, dans toutes ces contrées, mais considérable qu'en Espagne". [Acredito que a quantidade anual de chuvas em todas essas regiões seja maior que na Espanha.] — vol. I, p. 36. (N.A.)

muito úmido. Os limites das terras cobertas por florestas certamente seguem, de uma forma notável, os dos ventos úmidos.[69] Na parte sul do continente — onde prevalecem os ventos fortes vindos do oeste, carregados de umidade do Pacífico —, todas as ilhas da acidentada costa oeste, desde a latitude 38° até o ponto extremo da Terra do Fogo, são densamente cobertas por florestas impenetráveis. Já no lado oriental da cordilheira, na mesma extensão de latitude, onde um céu azul e um clima agradável provam que a umidade da atmosfera foi drenada, as planícies áridas da Patagônia sustentam uma vegetação escassa. Dentro dos limites dos constantes ventos alísios de sudeste, a maioria das partes orientais do continente está ornamentada por florestas magníficas: a costa oeste, no entanto, desde a latitude 4° sul até a latitude 32° sul, pode ser descrita como um deserto. Nesse caso, como antes, todo o vapor foi condensado pelos cumes cobertos de neve dos Andes. Nessas duas áreas, determinadas pelos ventos predominantes, a floresta e as terras do deserto ocupam posições invertidas em relação ao grande eixo montanhoso. Entre seus limites, uma larga faixa intermediária, que não é nem deserto nem floresta, se estende por todo o continente. O Chile Central e as Províncias do Rio da Prata[70] estão incluídos nessa divisão. Na costa oeste, a cerca de 4° ao sul do Equador, onde os ventos alísios perdem sua regularidade, e onde, periodicamente, caem fortes chuvas torrenciais, a costa do deserto do Peru, perto de Cabo Blanco, assume o caráter exuberante tão celebrado em Guayaquil e nas margens do Panamá.

Seguindo esses fatos, talvez uma boa resposta à questão seja afirmar que, de acordo com o tipo sul-americano de vegetação, o clima da Banda Oriental é muito seco para o crescimento de árvores. Mas acredito que esse raciocínio não deva ser visto como uma afirmação geral sobre todas as regiões. As Falkland [Ilhas Malvinas] oferecem um caso até mais desconcertante do que o de Maldonado. Situadas na mesma latitude da Terra do Fogo, distantes apenas 300 ou 400 quilômetros dela, têm um clima muito semelhante, com uma formação geológica quase idêntica,

---

69. Maclaren, verbete *América*, *Encyclopedia Britannica*. (N.A.)
70. Províncias Unidas do Rio da Prata foi o nome utilizado pela atual República da Argentina entre sua independência (9 de julho de 1816) e a Constituição de 1826. A região fazia parte do antigo vice-reinado espanhol do Rio da Prata. (N.T.)

com as mesmas situações favoráveis e o mesmo tipo de solo turfoso, mas essas ilhas dificilmente podem se vangloriar de alguma planta que mereça o título mesmo de arbusto; enquanto isso, na Terra do Fogo, é impossível encontrar um acre de terra que não esteja coberto pela mais densa floresta. Nesse caso, tanto a direção dos fortes vendavais quanto das correntes marítimas é favorável ao transporte de sementes. Canoas e outras obras de artesãos, bem como troncos de árvores, vindos da Terra do Fogo, são, com frequência, lançados nas margens da Ilha Ocidental. Portanto, talvez seja por isso que existam muitas plantas comuns às duas regiões: mas, em relação às árvores, mesmo algumas tentativas de transplantá-las fracassaram.

Durante nossa estada em Maldonado, dei atenção especial aos mamíferos e às aves. Destas últimas coletei, à distância de uma caminhada matinal, nada menos que oitenta espécies, das quais muitas eram extremamente bonitas — ainda mais que as do Brasil. As outras ordens não foram negligenciadas. Os répteis eram numerosos, e capturei nove tipos diferentes de cobras. Entre os mamíferos indígenas, o único comum que resta agora, independentemente do tamanho, é o *Cervus campestris*. Esse cervo é muito abundante em todas as regiões que fazem fronteira com o Prata. Pode ser encontrado na Patagônia setentrional, ao sul de Rio Negro (latitude 41°); mais ao sul, entretanto, nenhum foi visto pelos oficiais encarregados pelo levantamento topográfico da costa. Parece preferir as regiões montanhosas; vi muitos rebanhos pequenos contendo entre cinco e sete animais cada, perto da Serra Ventana, e entre as colinas ao norte de Maldonado. Se uma pessoa rastejar bem próxima ao chão e avançar lentamente em direção ao rebanho, o cervo, por curiosidade, se aproximará para reconhecê-la. Usando esse método, matei de uma só vez três cervos do mesmo rebanho. Embora sejam muito mansos e curiosos, são extremamente desconfiados quando abordados a cavalo. Nessa região, ninguém anda a pé, e o cervo reconhece o homem como seu inimigo apenas quando está montado e armado com a boleadeira. Em Bahía Blanca,[71] uma localidade surgida recentemente

---

71. Cidade portuária da Argentina situada na província de Buenos Aires e fundada em 1828. (N.T.)

na Patagônia setentrional, fiquei surpreso ao descobrir o quão pouco o cervo se importava com o barulho de uma arma: um dia, disparei em um animal dez vezes, a uma distância de oitenta metros; ele se assustou muito mais com as balas que cortavam o chão do que com o estampido do rifle. Tendo acabado minha pólvora, fui obrigado (para minha vergonha como caçador, diga-se de passagem), a me levantar e gritar até que o animal fosse embora.

O fato mais curioso em relação a esse animal é o odor muito intenso e repugnante que provém do macho. É quase indescritível: várias vezes, enquanto eu retirava a pele do espécime que agora está montado no Museu Zoológico, quase fui vencido pela náusea. Amarrei a pele em um lenço de bolso de seda e, assim, a levei para casa: continuei usando esse lenço depois de ter sido bem lavado, e continuou, é claro, a ser repetidamente lavado; no entanto, todas as vezes, durante um ano e sete meses, quando o lenço era desdobrado pela primeira vez, eu sentia o odor de forma bastante distinta. Esse parece um exemplo surpreendente da persistência de uma substância cuja natureza, no entanto, deve ser mais sutil e volátil. Muitas vezes, ao passar à distância de 800 metros a sotavento de um rebanho, eu sentia todo o ar contaminado com o cheiro. Acredito que esse odor do macho fique mais forte no período em que seus chifres estão íntegros ou livres do couro cabeludo. Quando se encontra nesse estado, a carne, naturalmente, não é comestível; mas os gaúchos afirmam que, se enterrada por algum tempo na terra fresca, o cheiro se dissipa. Eu li em algum lugar que os ilhéus do norte da Escócia tratam da mesma maneira as carcaças malcheirosas dos pássaros que se alimentam de peixes.

A ordem *Rodentia* contém aqui um grande número de espécies: só de ratos, eu capturei nada menos que oito tipos.[72] O maior roedor do mundo, a *Hydrochaerus capybara* (a capivara), também é comum aqui. Em Montevidéu, atirei em uma que pesava 44 quilos; seu comprimento, do final do focinho até a pequena cauda, era de 96,5 centímetros; sua

---

72. Nomeados e descritos pelo senhor Waterhouse nas reuniões da Sociedade Zoológica (*Zoological Society*). Devo aproveitar esta oportunidade para explicitar meus agradecimentos cordiais ao senhor Waterhouse e aos outros cavalheiros ligados a essa Sociedade por sua gentil e mais generosa assistência em todas as ocasiões. (N.A.)

circunferência, de 112 centímetros. Esses grandes roedores são, em geral, chamados de carpinchos. Frequentam ocasionalmente as ilhas da foz do Prata, onde a água é bastante salgada, mas são muito mais abundantes nas fronteiras dos lagos e rios de água doce. Próximo a Maldonado, vivem juntos em grupos de três ou quatro. Durante o dia, repousam entre as plantas aquáticas ou se alimentam abertamente na planície gramada.[73] Quando vistas de longe, por sua forma de andar e sua cor, se assemelham a porcos; porém, quando estão sentadas em suas ancas, observando atentamente um objeto qualquer com um olho, as capivaras reassumem a aparência de seus congêneres, os cavídeos. Tanto a visão frontal quanto a lateral de sua cabeça lhe dão um aspecto bastante cômico, em razão da grande profundidade de sua mandíbula. Esses animais, em Maldonado, eram muito mansos; caminhando cautelosamente, cheguei a cerca de três metros de distância de quatro animais velhos. Talvez essa docilidade possa ser explicada pelo fato de as onças-pintadas terem sido banidas há alguns anos e os gaúchos não acreditarem que valha a pena caçá-las. À medida que me aproximava mais, com regularidade, percebia que elas emitiam seu ruído peculiar, que é um grunhido baixo e brusco; não é bem um som real — decorre, na verdade, de uma expulsão repentina de ar —, o único ruído semelhante que conheço é o do primeiro latido rouco de um cão de grande porte. Eu observava as quatro (e elas a mim) da distância de quase um braço por alguns minutos quando, com uma grande impetuosidade, elas correram para a água em pleno galope, enquanto, ao mesmo tempo, emitiam seus ruídos. Depois de mergulharem por uma curta distância, voltaram à superfície, mostrando apenas a parte superior de suas cabeças. Dizem que, quando a fêmea está nadando na água com seus filhotes, estes se sentam nas costas dela. É muito fácil matar um grande número desses animais, porém o valor de suas peles é insignificante e sua carne não é saborosa. Nunca ouvi falar do carpincho ao sul do Prata; entretanto,

---

73. No estômago e no duodeno de uma capivara que abri, encontrei uma quantidade muito grande de um fluido amarelado fino, no qual dificilmente era possível se distinguir quaisquer fibras. O senhor Owen me informa que uma parte do esôfago é construída de tal forma que nada muito maior que uma pena de corvo é capaz de passar. Certamente os dentes largos e as mandíbulas fortes desse animal são bem equipados para moer as plantas aquáticas das quais se alimenta, transformando-as em polpa. (N.A.)

já que vejo no mapa a existência de uma Laguna del Carpincho [Lagoa do Carpincho] no alto do Rio Salado, suponho que isso tenha realmente ocorrido. Elas são abundantes nas ilhas do Rio Paraná e constituem a presa comum da onça-pintada.

O tuco-tuco (*Ctenomys brasiliensis*) é um pequeno animal curioso que pode ser brevemente descrito como um roedor e tem os hábitos de uma toupeira. É extremamente abundante em algumas partes do país,[74] mas é difícil de ser capturado, e ainda mais difícil de ser visto quando em liberdade. Vive quase sempre sob o solo e prefere o terreno arenoso com uma inclinação suave. Dizem que as tocas não são profundas, mas têm grande comprimento. Raramente estão abertas, pois o animal joga terra na boca de sua toca, formando pequenos montes, menores que os feitos pela toupeira. Há regiões em que a terra está tão completamente minada por esses animais que os cavalos, ao passar, afundam a parte inferior de suas pernas. Os tuco-tucos parecem, até certo ponto, gregários. O homem que capturou os espécimes para mim havia pegado seis de uma vez, e ele afirmou que isso era uma ocorrência comum. Eles têm hábitos noturnos e se alimentam principalmente de raízes de plantas, motivo pelo qual suas tocas são longas e superficiais. Azara diz que são tão difíceis de capturar que ele nunca viu mais de um. Afirma ainda que armazenam alimento dentro de suas tocas. Esse animal é universalmente conhecido por ter um ruído muito peculiar, que emite quando está abaixo do solo. É possível surpreender-se bastante ao ouvir o som pela primeira vez, pois não é fácil dizer de onde vem nem é possível adivinhar que tipo de criatura o produz. O ruído consiste em um grunhido curto, nasal e suave que se repete cerca de quatro vezes em rápida sucessão; o primeiro grunhido não é muito alto, sendo um pouco mais longo e mais distinto do que os três seguintes: sempre que é proferido, o tempo musical é uniforme.[75] O nome tuco-tuco

---

74. As grandes planícies ao norte do Rio Colorado são minadas por esses animais; e toda a região arenosa perto do Estreito de Magalhães, onde a Patagônia e a Terra do Fogo se encontram, forma uma grande rede de tocas para o tuco-tuco. (N.A.)
75. No Rio Negro, ao norte da Patagônia, há um animal com os mesmos hábitos, provavelmente de uma espécie muito próxima, mas que eu nunca vi. Seu som e o da espécie de Maldonado são diferentes, pois é repetido apenas duas vezes, em vez de três ou quatro, e é mais distinto e sonoro: quando ouvido a distância, é tão semelhante ao som de um machado cortando uma pequena árvore que em alguns momentos eu ficava em dúvida do que seria. (N.A.)

é uma onomatopeia. Nos lugares em que esse animal é comum, seu ruído pode ser ouvido durante todo o dia e, às vezes, sentido diretamente sob os pés. Quando mantidos em uma sala, os tuco-tucos se movem de forma lenta e desajeitada, graças, ao que parece, à ação para fora de suas patas traseiras; e também são bastante incapazes de saltar, até mesmo a menor altura vertical. O senhor Reid — que dissecou um espécime conservado no álcool que foi trazido para a Inglaterra — informou-me que a junta do osso da coxa não tem o ligamento da cabeça do fêmur (*ligamentum teres*); isso explica, de forma satisfatória, os movimentos desajeitados de suas extremidades traseiras. Ao comerem, sentam-se em suas patas traseiras e seguram o alimento com as dianteiras; também pareceram querer arrastá-lo para algum canto. Não têm nenhuma inteligência para tentar fugir, e, quando estão com raiva ou assustados, gritam "tuco-tuco". Daqueles que mantive vivos, vários se tornaram bastante mansos já no primeiro dia, não tentaram morder nem fugir; outros eram um pouco mais selvagens.

O homem que os capturou afirmou que muitos são invariavelmente encontrados cegos. Um espécime que preservei em álcool estava nesse estado; o senhor Reid acredita ser o efeito da inflamação na membrana nictitante. Quando o animal estava vivo, eu coloquei meu dedo a cerca de um centímetro de seus olhos, ele nada percebeu: era capaz, no entanto, de movimentar-se pelo quarto quase tão bem quanto os outros. Considerando os hábitos subterrâneos do tuco-tuco, a cegueira, embora tão frequente, não pode ser um mal muito sério; porém, parece estranho que um animal como este tenha um órgão sujeito a tantas lesões. A toupeira, cujos hábitos são tão semelhantes em quase todos os aspectos, exceto em sua alimentação, tem um olho muito pequeno e protegido, que, apesar de lhe oferecer uma visão limitada, parece, ao mesmo tempo, adaptado ao seu estilo de vida.

Aves de muitos tipos são extremamente abundantes nas planícies de gramado ondulante ao redor de Maldonado. Várias espécies do gênero *Cassicus*, próximas de nossos estorninhos em seus hábitos e sua estrutura, e de tiranídeos papa-moscas, e mimídios, por sua grande quantidade, dão forma à ornitologia do local. Algumas *Cassici* são muito bonitas, tendo o preto e o amarelo como cores predominantes; mas a *Oriolus ruber*, segundo Gmelin,[76] é exceção — sua cabeça, seus ombros e coxas têm um tom de um escarlate fantástico. Essa ave difere de suas congêneres por ser solitária. Frequenta os pântanos e, sentada no cume de um arbusto baixo, com seu bico aberto, emite um grito agradável e melancólico que pode ser ouvido a uma longa distância.

Uma outra espécie,[77] de uma cor negra arroxeada e com um brilho metálico, alimenta-se na planície em grandes bandos, misturada com outras aves. Vários indivíduos podem ser vistos sobre o lombo de uma vaca ou de um cavalo. Quando empoleiradas em uma cerca, emplumando-se ao sol, às vezes, tentam cantar, ou melhor, sibilar: o ruído é muito peculiar, assemelhando-se ao som de bolhas de ar passando rapidamente por um pequeno orifício sob a água, de modo a produzir um som agudo. Azara afirma que essa ave, como o cuco, deposita seus ovos nos ninhos de outras aves. Os camponeses me disseram várias vezes que havia um pássaro com esse hábito; e meu assistente na coleta, que é uma pessoa muito precisa, encontrou o ninho do pardal[78] deste país; nele havia um ovo maior que os outros, e de cor e forma diferentes. O senhor Swainson[79] observou que, com exceção do *Molothrus pecoris*, os cucos são os únicos pássaros que podem de fato ser chamados de parasitas, pois "se ligam, por assim dizer, a outro animal vivo, cujo calor traz seus filhotes à vida, cuja comida os alimenta e cuja morte causaria a deles durante o período da infância". O *Molothrus pecoris* é uma ave norte-americana cujos hábitos gerais são muito parecidos com os da espécie que vive nas planícies do Prata, tanto na aparência quanto em certas peculiaridades, como pousar no lombo do gado

---

76. Creio que, aqui, Darwin se refira a Johann Friedrich Gmelin (1748-1804), médico, naturalista, botânico e entomologista alemão. Foi graduado na Universidade de Tubinga, na Alemanha, em 1769. Gmelin não foi propriamente um zoologista; também publicou muitos trabalhos de química. Ele era o pai do químico Leopold Gmelin e sobrinho de Johann Georg Gmelin (1709-1755), explorador, químico e botânico. (N.E.)
77. *Le Troupiale commun*, de Azara (vol. III, p. 169), uma segunda espécie de *Molothrus*. (N.A.)
78. *Zonotrichia*, o chingolo de Azara. O ovo é um pouco menor que o da tordeia; tem uma forma quase esférica, mas com uma extremidade um pouco menor que a outra. A superfície é de um pálido branco-rosado com manchas e laivos irregulares castanho-rosados e outros menos distintos de um tom acinzentado. O ovo está agora no museu da Sociedade Zoológica. (N.A.)
79. *Magazine of Zoology and Botany*, vol. I, p. 217. (N.A.)

(conforme seu nome indica); difere apenas por ser um pouco menor e ter uma cor diferente — ainda assim, as duas aves seriam consideradas espécies distintas por quaisquer naturalistas. É muito interessante ver estrutura e hábitos tão semelhantes entre espécies próximas provenientes de partes opostas de um grande continente. Também é muito notável que, embora quase todos os hábitos dos cucos e dos *molothri* sejam diferentes, ambos concordem em um estranho hábito, a saber, o de sua propagação parasitária. O *Molothrus*, como o nosso estorninho, é eminentemente sociável e vive nas planícies abertas sem artifícios ou disfarces;[80] o cuco, como todos sabem, é uma ave singularmente tímida que frequenta os matagais mais afastados e se alimenta de frutas e lagartas. Em sua estrutura, essas aves também estão bastante distantes umas das outras.

Só mencionarei duas outras aves, que são muito comuns e se mostram importantes por seus hábitos. O *Saurophagus sulphuratus* é típico da grande tribo americana de tiranídeos papa-moscas. Em sua estrutura, ele se aproxima bastante dos lanídeos, mas, em seus hábitos, pode ser comparado a muitas outras aves. Com frequência, eu os observo caçando em um campo, pairando sobre um ponto como um falcão e, depois, mudando de local. Quando suspenso no ar, pode muito facilmente, a uma curta distância, ser confundido com uma ave de rapina; seu ataque, no entanto, é muito inferior em força e rapidez. Outras vezes, o *Saurophagus* frequenta as águas da vizinhança e, lá, como um martim-pescador, permanece parado e captura qualquer peixe pequeno que chegue perto da margem. Esses pássaros, não raramente, são mantidos em gaiolas ou em pátios com suas asas cortadas. Logo se tornam mansos e são muito divertidos por suas maneiras estranhas e astutas, que foram descritas a mim como sendo semelhantes às da pega-rabilonga. Seu voo é ondulatório, pois a cabeça e o bico parecem muito pesados e grandes para o corpo. À noite, o *Saurophagus* posiciona-se sobre um arbusto, muitas vezes, à margem da estrada, e continuamente repete, sem nenhuma mudança, um grito estridente e bastante agradável, que, de certa forma, se assemelha a palavras articuladas. Os espanhóis dizem

---

80. Ver Azara, vol. III, p. 170. (N.A.)

que é como as palavras *bien te veo* [bem te vi], e, consequentemente, lhe deram esse nome [bem-te-vi].

Um mimídeo, o *Orpheus modulator*, chamado pelos habitantes de calhandra, é notável por entoar uma canção muito superior à de qualquer outro pássaro da região: na verdade, é quase o único pássaro na América do Sul que, segundo observei, se posiciona para cantar. A canção pode ser comparada com a do felosa-dos-juncos,[81] mas é mais forte; algumas notas estridentes e outras muito altas se misturam com um agradável trinado. Esse canto só é ouvido durante a primavera. Nas outras estações, o som é estridente e nada harmonioso. A ave frequenta matagais e sebes, é muito ativa e, enquanto salta de um lado para outro, muitas vezes, expande sua cauda. Perto de Maldonado, esses pássaros eram mansos e ousados; em bandos, costumavam frequentar as casas de campo para coletar a carne pendurada nos postes ou nos muros: se alguma outra ave se juntasse ao grupo, a calhandra a afugentava imediatamente. Nas planícies amplas e desabitadas da Patagônia, outra espécie muito semelhante, a *O. patagonica* d'Orbigny, que frequenta os vales revestidos com arbustos espinhosos, é um pássaro mais selvagem e tem um tom de voz ligeiramente diferente. Essa parece ser uma circunstância curiosa, pois essa ave apresenta os matizes sutis da diferença de hábitos que, a julgar apenas por essa última característica, quando vi essa segunda espécie pela primeira vez, pensei que fosse diversa daquela de Maldonado. Tendo, depois, adquirido um espécime e comparado os dois sem lhes dar atenção especial, considerei-os tão semelhantes que mudei minha opinião; mas agora o senhor Gould[82,83] diz que as aves são certamente distintas; uma conclusão que está de acordo com diferenças insignificantes de hábito, as quais, no entanto, ele desconhecia.

Concluirei essas poucas observações ornitológicas com um relato sobre vários falcões que se alimentam de carniça e que frequentam as partes extratropicais da América do Sul. O número, a mansidão e os hábitos desagradáveis dessas aves as tornam excepcionalmente impressionantes

---

81. *Acrocephalus schoenobaenus* (Lineu, 1758). (N.T.)
82. O senhor Gould não sabia, na época, que M. d'Orbigny os havia descrito como diferentes. (N.A.)
83. John Gould (1804-1881) foi um ornitólogo e naturalista inglês. (N.T.)

para qualquer um que esteja acostumado apenas com as aves do norte da Europa. Quatro espécies podem ser incluídas nessa lista, a saber, o caracara [carcará] ou *Polyborus*, o urubu-de-cabeça-vermelha, o *gallinazo*[84] [urubu-de-cabeça-preta] e o condor. Os caracaras são, por sua estrutura, classificados junto das águias; veremos mais adiante quão errada é essa classificação tão elevada. Em seus hábitos, tomam o lugar de nossas gralhas-pretas, dos pega-rabilongas e dos corvos — um grupo de aves inexistente na América do Sul. Começaremos com o *Polyborus brasiliensis*: este é um pássaro comum, e compreende uma vasta extensão geográfica; é mais numeroso nas savanas gramadas do Prata (onde atende pelo nome de carrancha [carcará]),[85] e está longe de ser pouco frequente nas planícies estéreis da Patagônia. No deserto entre os rios Negro e Colorado, um grande número dessas aves costumava frequentar a faixa de estrada para devorar as carcaças dos animais exaustos que haviam perecido de fadiga e de sede. Embora seja comum nessas regiões secas e abertas, bem como nas costas áridas do Pacífico, é, no entanto, encontrado nas florestas úmidas impenetráveis da Patagônia Ocidental e da Terra do Fogo. As carranchas e o *Polyborus chimango*[86] frequentam, de forma consistente, as estâncias e os matadouros. Se um animal morre na planície, o *gallinazo* começa a se alimentar dele, e, então, os dois carcarás limpam os ossos. Embora essas aves tenham o costume de se alimentar juntas, não são amigas. Quando a carrancha está sentada tranquila no galho de uma árvore, ou no solo, o ximango, muitas vezes, continua por um longo tempo voando para trás e para frente, para cima e para baixo, em um semicírculo, tentando, na parte mais baixa de cada curva, atingir seu parente de tamanho maior. A carrancha dá pouca atenção a isso, apenas balança a cabeça. Embora as carranchas se reúnam em bandos numerosos, não são aves gregárias, pois costumam ser vistas sozinhas em lugares desertos ou em pares, o que é mais

---

84. Urubu-de-cabeça-preta, ou urubu-preto. *Coragyps atratus* (Bechstein, 1793). (N.T.)
85. *Polyborus brasiliensis* é o nome científico empregado por Pelzeln (1870). Seu nome científico moderno é *Polyborus plancus,* e o vulgar, caracará, carancho, caranjo ou carcará. (N.T.)
86. Também conhecido por *Milvago chimango* (Vieillot, 1816). Seu nome popular é ximango. (N.T.)

comum. Além de farejar a carniça de animais de grande porte, essas aves frequentam a beira de córregos e de praias marítimas para apanhar quaisquer animais trazidos às margens pelas águas. Na Terra do Fogo e na costa oeste da Patagônia, vivem exclusivamente desses alimentos.

Dizem que as carranchas são muito astutas e que roubam muitos ovos. Elas também tentam, junto ao chimango [ximango], remover as cascas de feridas dos lombos doloridos de cavalos e mulas. Estes, de um lado, com as orelhas caídas e o lombo arqueado; e, do outro lado, a ave pairando, vigiando à distância de um metro o bocado desagradável: essa é a imagem oferecida a nós pelo capitão Head,[87] por intermédio de seu espírito peculiar e de sua precisão. As carranchas matam animais feridos; entretanto, o senhor Bynoe[88] viu uma delas capturar uma perdiz viva no ar, que escapou e passou a ser perseguida por algum tempo no solo. Acredito que esta seja uma circunstância muito incomum; de todo modo, não há dúvida de que a carniça é a parte principal de seu sustento. Para entender os hábitos necrófagos da carrancha, basta ir a uma das planícies desoladas e, ali, deitar-se para dormir. Ao acordar, verá, em cada uma das colinas ao seu redor, um desses pássaros observando-o pacientemente com um olhar sombrio. Essa é uma característica da paisagem dessas regiões, já observada por qualquer um que tenha caminhado por elas. Quando um grupo sai para caçar com cães e cavalos, é seguido, durante o dia, por vários desses acompanhantes. Depois que ela se alimenta, seu papo descoberto projeta-se para a frente; em tais momentos e, de fato, em geral, a carrancha é uma ave inativa, mansa e covarde. Seu voo é pesado e lento, como o de uma gralha inglesa. É muito raro vê-la planando; mas vi, duas vezes, uma delas voando alto e deslizando pelo ar com muita facilidade. É capaz de correr (em vez de dar saltos), mas não tão rápido quanto alguns de seus congêneres. Às vezes, a carrancha é barulhenta, mas, em geral, não é o que ocorre: seu grito é alto, muito estridente e peculiar, e pode ser comparado ao som do "g" gutural em espanhol, seguido de um "r" duplo. Talvez seja por isso que os gaúchos tenham dado a ela o nome

---

87. Frances Bond Head (1793-1875) foi um oficial britânico. Ele publicou *Rough Notes Taken during Some Rapid Journeys across the Pampas and among the Andes* em 1826. (N.T.)
88. Benjamin Bynoe (1803-1865) foi o médico a bordo do *Beagle* durante a viagem de Darwin entre 1831 e 1836.

de carrancha. Molina[89] diz que se chama *tharu* no Chile e afirma que, ao proferir esse grito, ela eleva sua cabeça cada vez mais alto, até que, por fim, com o bico completamente aberto, o topo da cabeça quase toca a parte inferior das costas. Esse fato, que foi posto em dúvida, é bastante verdadeiro; eu as vi várias vezes com a cabeça para trás em uma posição completamente invertida. A carrancha constrói um grande ninho grosseiro, seja em um rochedo baixo ou em um arbusto ou uma árvore alta. A essas observações posso acrescentar que, de acordo com a elevada autoridade de Azara,[90] a carrancha se alimenta de vermes, conchas, lesmas, gafanhotos e sapos; destrói cordeiros recém-nascidos, rasgando seu cordão umbilical; e persegue o *gallinazo* até que essa ave se veja obrigada a regurgitar a carniça que tenha devorado recentemente. Por fim, Azara afirma que várias carranchas, cinco ou seis, se juntam para perseguir aves grandes, até mesmo as garças. Todos esses fatos demonstram que é uma ave de hábitos muito versáteis e de considerável engenhosidade.

O *Polyborus chimango* é consideravelmente menor que essa espécie. É comum em ambos os lados do continente, mas não parece se estender tão ao norte como a carrancha. É encontrado em Chiloé, na costa da Patagônia e, também, o vi na Terra do Fogo. Já comentamos que se alimenta de carniça, da mesma forma que a carrancha. É geralmente a última ave que abandona o esqueleto do animal morto; e, muitas vezes, pode ser visto dentro das costelas de uma vaca ou de um cavalo, como se fosse um pássaro numa gaiola. O ximango costuma frequentar o litoral e a beira de lagos e pântanos, onde captura pequenos peixes. É uma ave, de fato, onívora, que come até mesmo pão quando este é jogado de uma casa junto a outras vísceras. Também me afirmaram que esses pássaros causam danos materiais às culturas de batata em Chiloé, arrancando as raízes logo após serem plantadas. Na mesma ilha, os vi em vintenas seguindo o arado e alimentando-se de vermes e larvas de insetos. Não acredito que matem

---

89. Juan Ignazio Molina (1740-1829) foi um padre jesuíta naturalista que viveu no Chile durante o século XVIII. Ele escreveu vários livros influentes sobre a história natural do Chile e da América do Sul, inclusive o *Ensaio sobre a história natural do Chile*. (N.T.)
90. Félix de Azara (1742-1821) foi um oficial militar espanhol, naturalista e geógrafo que viveu na América do Sul entre o fim do século XVIII e o início do século XIX. Explorou muito as regiões da atual Argentina, do Uruguai e do Paraguai. (N.T.)

outros pássaros ou quaisquer outras espécies de animais. São mais ativos do que as carranchas; seu voo, entretanto, é pesado; nunca vi um planando; são muito mansos; não são gregários; costumam se empoleirar em muros de pedras, e não sobre as árvores; e, com frequência, emitem um som agudo e agradável.

A terceira espécie de *Polyborus*[91] que descreverei é notável em virtude das localidades confinadas que frequenta: nos encontramos com esta ave apenas em um vale na Patagônia. Esta última espécie que mencionarei é o *Polyborus novae Zelandiae*. Essa ave é extremamente numerosa nas Ilhas Falkland [Malvinas], que parecem ser seu lugar de origem. Fui informado, pelos caçadores de focas, que é encontrada nas Ilhas Diego Ramirez e nas Ilhas Ildefonso; nunca, contudo, no continente da Terra do Fogo. Tampouco aparece na Ilha Geórgia ou nas ilhas mais ao sul. Em muitos aspectos, esses falcões se assemelham em seus hábitos às carranchas. Vivem da carne de animais mortos e de produtos marinhos; nas Ilhas Ramirez, entretanto, seu sustento parece depender apenas do mar. São extraordinariamente mansos e destemidos e rodeiam as casas da vizinhança em busca de sobras de animais. Quando um grupo de caçadores mata algum animal, várias aves dessa espécie se reúnem e aguardam, pacientemente, pousadas por todos os lados no solo. Depois de comer, o papo desnudado dessas aves se projeta bastante para a frente, dando-lhes uma aparência bastante desagradável. Atacam com agilidade as aves feridas; um biguá machucado, tendo chegado na costa, foi imediatamente capturado por vários, e sua morte foi apressada por seus golpes. O *Beagle* ficou nas Ilhas Falkland apenas durante o verão, mas os oficiais do *Adventure*, que passaram o inverno lá, mencionam muitos exemplos extraordinários da ousadia e da voracidade dessas aves. De um modo surpreendente, elas atacaram um cão que estava deitado e dormia próximo a um dos indivíduos do grupo; e os caçadores não conseguiam impedir que os gansos feridos fossem capturados bem diante de seus olhos. Dizem que várias aves juntas (neste aspecto, semelhantes às carranchas) esperam na boca de uma toca de coelho e capturam o animal quando este sai. Elas voavam constantemente a bordo do navio quando este se encontrava no porto;

---

91. Uma espécie que se assemelha à *Montanus* de d'Orbigny, mas distinta. (N.A.)

e era necessário manter-se muito atento para evitar que o couro fosse arrancado do cordame e a carne ou a caça, da popa. São muito maliciosas e curiosas; pegam quase qualquer coisa que encontrarem no chão; um grande chapéu preto de linóleo foi carregado por quase um quilômetro e meio, assim como uma boleadeira pesada utilizada para capturar gado. O senhor Usborne[92] sofreu uma perda mais severa durante um levantamento topográfico, pois as aves roubaram uma pequena bússola de Kater[93] e seu estojo de marroquim vermelho, que nunca foram recuperados. Além disso, essas aves são briguentas e muito violentas; destroçam a grama com seus bicos, em seus acessos de fúria. Não são verdadeiramente gregárias; não planam; seu voo é pesado e desajeitado; no solo, correm com extrema rapidez, de forma muito semelhante aos faisões. São barulhentas, emitem diversos tipos de gritos estridentes; um deles é parecido com o da gralha inglesa; e, por isso, os caçadores de foca sempre as chamam de gralhas. É uma circunstância curiosa que, ao gritarem, elas jogam suas cabeças para cima e para trás, da mesma maneira que as carranchas. Constroem seus ninhos nas falésias rochosas da costa marítima, mas apenas nas pequenas ilhotas, não nas duas ilhas principais. Essa é uma precaução singular em uma ave tão pouco selvagem e destemida. Os caçadores de focas dizem que a carne dessas aves, quando cozida, é bastante branca e muito gostosa.

Agora, só me resta falar do urubu-de-cabeça-vermelha (*Vultur aura*) e do *gallinazo*. O primeiro é encontrado em qualquer região que seja moderadamente úmida, desde o Cabo Horn até a América do Norte. Diferentemente do *Poliborus brasiliensis* e do ximango, esse urubu não é originário das Ilhas Falkland. O urubu-de-cabeça-vermelha é uma ave solitária ou, no máximo, encontrada em pares. Pode-se reconhecê-lo de uma longa distância por seu voo elevado, altivo e de elegância extraordinária. Sabe-se que se alimenta de carniça. Na costa oeste da Patagônia, entre as ilhotas densamente arborizadas e o terreno acidentado, essa ave vive exclusivamente do que é trazido pelo mar e das carcaças de focas mortas. Sempre que as focas estiverem reunidas nas rochas, os

---

92. Alexander Burns Usborne (1809-1885) foi topógrafo do *Beagle* e responsável pela realização de levantamentos hidrográficos e pela produção de mapas detalhados da costa. (N.T.)
93. Bússola precisa e confiável desenvolvida pelo matemático e astrônomo inglês Henry Kater no início do século XIX. Projetada para uso em topografia e navegação. (N.T.)

urubus também serão vistos ali. O *gallinazo* vive em uma área diferente dessa última espécie citada, pois nunca aparece ao sul da latitude 41°. Azara afirma que existia uma tradição de que essas aves, na época da conquista, não eram encontradas perto de Montevidéu, mas que, posteriormente, seguiram os habitantes dos distritos mais ao norte. Atualmente, são numerosas no Vale do Colorado, que fica a 480 quilômetros ao sul de Montevidéu. Parece provável que essa migração adicional tenha ocorrido após a época de Azara. O *gallinazo* costuma preferir um clima úmido, ou melhor, as imediações de água doce; por isso, é extremamente abundante no Brasil e no Prata, e nunca é encontrado no deserto nem nas planícies da Patagônia setentrional, exceto próximo a algum córrego. Essas aves frequentam desde os Pampas até o pé da cordilheira, mas nunca vi ou ouvi falar de uma no Chile: no Peru, elas são mantidas como catadoras de restos. Esses urubus podem, com certeza, ser chamados de gregários, pois parecem apreciar a vida em grupo e não se reúnem apenas quando são atraídos por uma presa comum. Em dias de céu limpo, é possível ver um bando a uma grande altura, cada ave voando em círculos sem fechar suas asas, em evoluções muito graciosas. Isso é claramente feito por mero hábito ou talvez seja uma prática relacionada a seus hábitos de acasalamento.

Assim, foram mencionadas todas as aves que se alimentam de carniça, exceto o condor, do qual farei o relato apropriado quando visitarmos uma região mais propícia aos seus hábitos do que as planícies do Prata.

Em uma ampla faixa de colinas de areia que separam a Laguna del Potrero das margens do Prata, a uma distância de alguns quilômetros de Maldonado, encontrei um grupo de tubos vitrificados de sílica que, conforme se supõe, são formados quando a areia solta é atingida por raios. Esses tubos se assemelham em todos os detalhes àqueles encontrados em Drigg, Cumberland, descritos na revista *Geological Transactions*.[94] As dunas de Maldonado, por não estarem protegidas pela vegetação, mudam constantemente de posição. Por isso, os tubos são projetados para a superfície; e numerosos fragmentos espalhados no entorno mostravam que, antes, estiveram enterrados a uma profundidade maior. Quatro séries

---

94. *Geological Transactions*, vol. II, p. 528. (N.A.)

entraram na areia de forma perpendicular; cavando com minhas mãos, segui uma delas até 60 centímetros de profundidade; vi que alguns fragmentos, que evidentemente pertenciam ao mesmo tubo, quando acrescentados à outra parte, mediam 160 centímetros. O diâmetro do tubo inteiro era quase igual; portanto, devemos supor que, originalmente, se estendia a uma profundidade muito maior. Essas dimensões são, no entanto, pequenas quando comparadas com as dos tubos de Drigg; um deles foi seguido até uma profundidade de não menos que nove metros.

A superfície interna é completamente vitrificada, brilhante e lisa. Havia um pequeno fragmento que, ao ser examinado no microscópio, parecia um pedaço de metal fundido com o maçarico, por causa das diversas minúsculas bolhas de ar, ou talvez de vapor, que nele estavam presas. A areia é inteiramente, ou em grande parte, silícica; mas é negra em alguns pontos, e sua superfície polida emite um brilho metálico. A espessura da parede do tubo varia de 0,5 a 1 milímetro e, às vezes, chega a 2,5 milímetros. Na parte externa, os grãos de areia são arredondados e têm uma aparência meio vitrificada; não encontrei nenhum sinal de cristalização. De forma semelhante à descrita na revista *Geological Transactions*, os tubos estão, em geral, comprimidos e apresentam sulcos longitudinais profundos, de modo a se assemelhar ao caule de um vegetal enrugado ou à casca do olmo ou da corticeira. Sua circunferência é de cerca de 5 centímetros, mas, em alguns fragmentos, que são cilíndricos e sem sulcos, chega a 10 centímetros. A compressão da areia livre circundante, que agia enquanto o tubo ainda estava amolecido pelos efeitos do calor intenso, foi evidentemente a causa dos vincos ou dos sulcos. A julgar pelos fragmentos não comprimidos, a medida ou o diâmetro (se tal termo pode ser usado) do relâmpago deve ter sido de cerca de 32 milímetros. Em Paris, os senhores Hachette e Beaudant[95] conseguiram produzir tubos, em quase todos os aspectos semelhantes a esses fulguritos, fazendo passar descargas galvânicas muito fortes através de um fino pó de vidro; e quando se acrescentava sal, de modo a aumentar sua fusibilidade, os tubos ficavam maiores em todas as dimensões. O experimento fracassou com feldspato e quartzo em pó. Um tubo formado com vidro moído chegou a quase 2,5 centímetros de comprimento, a saber, 2,494, e tinha um

---

95. *Annales de Chimie et de Physique*, tomo XXXVII, p. 319. (N.A.)

diâmetro interno de 0,048. Quando ficamos sabendo que a bateria mais potente de Paris foi usada, e que seu resultado sobre uma substância tão facilmente fundível como o vidro foi formar tubos tão diminutos, devemos nos sentir bastante estupefatos com a força do choque de um raio que, atingindo a areia em vários lugares, formou um cilindro (podendo ser considerado um exemplo) de pelo menos 76 centímetros de comprimento, com um diâmetro interno, onde não havia sido comprimido, de 3,8 centímetros; e isso ocorreu em um material tão extraordinariamente refratário como o quartzo!

Os tubos, conforme já comentei, entram na areia em uma direção quase vertical. Um deles, no entanto, que era menos regular do que a maioria, desviou-se da linha direita e inclinou-se até atingir 33 graus. Desse mesmo tubo, partiam duas pequenas ramificações, separadas por cerca de 30 centímetros: uma apontava para cima, a outra, para baixo. Este último caso é notável, pois o fluido elétrico deve ter retornado em um ângulo agudo de 26° em relação à linha de seu rumo principal. Além dos quatro tubos verticais que encontrei e segui sob a superfície, havia vários outros grupos de fragmentos que se originavam, sem dúvida, ali perto. Estavam todos em uma área plana de 55 por 18 metros de areia cambiante, situada entre algumas dunas altas; e a uma distância de cerca de 800 metros de uma cadeia de montanhas de 120 ou 150 metros de altura. A circunstância mais notável, como me parece, tanto neste caso quanto no de Drigg e em outro descrito por Ribbentrop na Alemanha, é o número de tubos encontrados dentro de espaços tão limitados. Em Drigg, em uma área de 14 metros, foram observados três, e a mesma quantidade foi encontrada na Alemanha. No caso que descrevi, certamente existiam mais de quatro em uma área de 55 metros por 18. Como não parece provável que os tubos sejam produzidos por choques sucessivos e distintos, devemos acreditar que o raio, pouco antes de entrar no solo, se divide em ramos distintos.

A vizinhança do Rio da Prata parece sujeita a fenômenos elétricos de um modo peculiar. Em 1793,[96] ocorreu em Buenos Aires uma das tempestades mais destrutivas talvez já registradas: raios atingiram 37 locais dentro da cidade e 19 pessoas morreram. Com base em fatos declarados em

---

96. *Voyage* de Azara, vol. I, p. 36. (N.A.)

diversos livros de viagens, estou inclinado a suspeitar de que tempestades de raios são muito comuns perto das fozes dos grandes rios. Será que a mistura de grandes corpos de água doce e salgada é capaz de perturbar o equilíbrio elétrico? Mesmo durante nossas visitas ocasionais a esta parte da América do Sul, ouvimos falar de um navio, de duas igrejas e de uma casa que haviam sido atingidos. Visitei tanto a igreja quanto a casa pouco depois; a casa pertencia ao senhor Hood, o cônsul-geral de Montevidéu. Alguns dos efeitos eram curiosos: o papel, por quase 30 centímetros em cada lado da linha por onde corriam os cabos da campainha, estava enegrecido. O metal havia sido fundido e, embora a sala tivesse pelo menos quatro metros e meio de altura, as gotas que caíram sobre as cadeiras e os móveis tinham efetuado nele uma série de buracos minúsculos. Uma parte da parede estava rachada como se tivesse sido atingida por pólvora, e os fragmentos haviam explodido com tanta força que abalaram as paredes do lado oposto da sala. A moldura de um espelho ficou enegrecida, e seu revestimento dourado deve ter sido volatilizado, pois um frasco de essências, que estava sobre a moldura da lareira, ficou coberto de partículas metálicas brilhantes que aderiram à sua superfície de um modo tão firme como se tivessem sido esmaltadas.

CAPÍTULO IV

Rio Negro — Estâncias atacadas por indígenas — Posição geológica dos lagos salgados — Flamingos — Do Rio Negro ao Colorado — Árvore sagrada — Lebre da Patagônia — Famílias indígenas — General Rosas — Saída para a Bahía Blanca — Dunas de areia — Tenente negro — Bahía Blanca — Solo incrustado com sal de Glauber — Punta Alta — Zorrillo

DO RIO NEGRO À BAHÍA BLANCA

24 DE JULHO DE 1833 — O *Beagle* partiu de Maldonado e, no dia 3 de agosto, chegou à foz do Rio Negro. Esse é o principal rio em todo o litoral entre o Estreito de Magalhães e o Prata. Ele desemboca no mar cerca de 480 quilômetros ao sul do estuário deste último. Há cerca de cinquenta anos, sob o antigo governo espanhol, foi estabelecida aqui uma pequena colônia, e, desde então, esta é a posição mais ao sul (latitude 41°) da costa leste da América habitada por homens civilizados.

A área perto da foz do rio é miserável de forma extrema: no lado sul se origina uma longa linha de falésias perpendiculares que expõe uma seção da natureza geológica da região. Os estratos são de arenito. Uma das camadas, entretanto, me chamou a atenção por ser composta de um conglomerado firmemente sedimentado de pedra-pomes que deve ter percorrido mais de 640 quilômetros desde os Andes. Em todos os lugares, a superfície é coberta por um leito espesso de cascalho que se estende por toda a planície aberta. A água é extremamente escassa e, onde é encontrada, quase sempre é salgada. A vegetação ao redor também é parca; e, embora haja arbustos de muitos tipos, todos são armados com espinhos impressionantes, que parecem servir de alerta aos estranhos que almejam entrar nessas regiões inóspitas.

O assentamento está situado a 29 quilômetros rio acima. A estrada segue o sopé do penhasco que forma a fronteira norte do grande vale em que corre o Rio Negro. No caminho, passamos pelas ruínas de algumas belas estâncias que, alguns anos antes, haviam sido destruídas pelos indígenas. Elas resistiram a vários ataques. Um homem presente em um deles me deu uma descrição muito viva do que havia ocorrido ali. Os moradores receberam amplo aviso para reunir todas as suas vacas e seus cavalos dentro do curral[97] que cercava a casa e preparar alguns pequenos canhões. Os atacantes, algumas centenas de indígenas araucanos[98] muitíssimo disciplinados, vindos do sul do Chile. Eles surgiram, a princípio, em dois grupos em uma colina próxima. Depois de desmontar e remover suas capas de pele, avançaram nus para o ataque. A única arma do povo indígena era um longo bambu, ou *chuzo*, adornado com plumas de avestruzes e com uma ponta de lança afiada. Meu informante lembrava-se horrorizado do tremular produzido pela aproximação desses *chuzos*. Quando estava próximo, o cacique Pincheira exigiu dos sitiados que largassem suas armas, ameaçando cortar as gargantas de todos, se não o obedecessem. Como esse seria o resultado provável de qualquer forma, eles reagiram com uma saraivada de tiros de mosquete. Os indígenas se aproximaram da cerca do curral com determinação, mas, para surpresa deles, encontraram os postes unidos por pregos de ferro em vez de tiras de couro, e, claro, tentaram em vão cortá-los com suas facas. Isso os impediu de entrar no curral e salvou a vida dos cristãos; muitos indígenas feridos foram levados por seus companheiros. Por fim, quando um dos caciques secundários foi ferido, os indígenas soaram a corneta para que batessem em retirada. Voltaram para seus cavalos e, ao que parece, deram início a um conselho de guerra. Foi uma pausa tensa para os espanhóis, pois toda a munição, com exceção de alguns cartuchos, havia sido gasta. Entretanto, o povo

---

97. O curral é uma área cercada, feita de estacas altas e fortes. Toda estância e toda propriedade rural têm um. (N.A.)
98. Os mapuches eram chamados de araucanos pelos espanhóis. (N.T.)

indígena subitamente montou seus cavalos e recuou depressa. Um outro ataque foi repelido de forma ainda mais rápida. Um francês bastante frio manejava a arma; ele esperou até que os indígenas estivessem bem próximos e, então, metralhou toda a linha de ataque: matou, dessa forma, 39 indígenas e, claro, tal golpe provocou a fuga imediata de todo o grupo.

A cidade é chamada, de modo aleatório, de El Carmen, ou Patagones.[99] Foi edificada na face de um penhasco que fica em frente a um rio, e muitas das casas são escavadas [subterrâneas], até mesmo no arenito. O rio tem cerca de 180 ou 270 metros de largura e é profundo e veloz. As muitas ilhas, com seus salgueiros e promontórios planos, vistas uma após a outra na fronteira norte do amplo vale verde, formam, com o auxílio de um sol brilhante, uma paisagem quase pitoresca. A cidade tem apenas algumas centenas de habitantes e, ao contrário das colônias britânicas, carece do potencial de crescimento. Muitos indígenas de sangue puro moram aqui: a tribo do cacique Lucanee costuma montar seus *toldos*[100] nos arredores da cidade. O governo local lhes fornece parte das provisões de que necessitam e lhes oferece todos os cavalos velhos e cansados, e eles, por sua vez, ganham um pouco de dinheiro comercializando mantas e alguns artigos de montaria que produzem. Embora sejam considerados civilizados, sua moralidade é severamente deficiente; quase desconsideram o progresso conquistado por meio da reeducação de seu comportamento selvagem. Alguns dos homens mais jovens, no entanto, tentam se adaptar; eles se dispõem a trabalhar — pouco tempo atrás, um grupo que saiu em viagem de caça às focas se comportou muito bem. Estavam, então, desfrutando o produto de seu trabalho; por isso, podiam vestir roupas muito vistosas e limpas e passar o tempo desocupados. O bom gosto que demonstravam em seus trajes era admirável; se um desses jovens indígenas pudesse ser transformado em uma estátua de bronze, sua vestimenta seria perfeitamente graciosa.

Um dia, cavalguei até um grande lago de sal, ou salina, que fica a 24 quilômetros da cidade. Consiste em um lago raso de salmoura no inverno,

---

99. A cidade, localizada na fronteira entre a província de Buenos Aires e a do Rio Negro, é atualmente chamada de Carmen de Patagones. (N.T.)
100. Esse é o nome dado às cabanas dos indígenas. (N.A.)

que, no verão, é convertido em um campo de sal branco como a neve. A camada perto da margem mede entre 10 e 12 centímetros de espessura, a qual aumenta em direção ao centro. Esse lago tem cerca de 4 quilômetros de comprimento e 1,6 quilômetro de largura. Há outros lagos, alguns deles, maiores, na vizinhança, cujo piso de sal chega a ter de 60 a 90 centímetros de espessura, mesmo quando se deposita sob a água durante o inverno. Uma dessas extensões brancas, planas e brilhantes, em meio a uma planície marrom e desolada, oferece um espetáculo extraordinário. Grandes quantidades de sal são extraídas anualmente da salina; havia centenas de toneladas empilhadas, prontas para exportação. É de se observar que o sal, embora seja bem cristalizado e pareça bastante puro, não atenda tão bem como o sal marinho das ilhas de Cabo Verde à preservação da carne. Embora este último seja vendido por um preço muito elevado, costuma ser importado e misturado com o sal adquirido dessas salinas. Um comerciante de Buenos Aires me disse que o sal de Cabo Verde vale 50% mais do que o do Rio Negro. A estação para a exploração das salinas é como a época da colheita para o povo de Patagones, pois a prosperidade do local depende delas. Quase toda a população acampa nas margens do rio; as pessoas extraem o sal e transportam-no em carros de bois.

A borda do lago consiste em lama, na qual se encontram incrustados muitos cristais de gesso de tamanho considerável que medem até 8 centímetros de comprimento. Além disso, espalhados na superfície da lama, encontram-se outros cristais compostos de sulfato de magnésio. Os gaúchos chamam o primeiro de "pai do sal" (*padre del sal*), e o último, de "mãe" (*madre*); afirmam que esses sais sempre se acumulam nas margens das salinas quando a água começa a evaporar. A lama é negra e tem um odor fétido. No início, eu não fazia ideia da causa disso; depois, no entanto, percebi que a espuma que o vento trazia para a margem era verde, como se contivesse confervas. Tentei levar para casa um pouco dessa matéria verde, mas fracassei por acidente. Vistas a uma curta distância, partes do lago parecem ter uma coloração avermelhada, e isso, talvez, se deva a alguns infusórios. Em muitos lugares, a lama estava revirada por uma grande quantidade de algum tipo de minhoca ou de outro anelídeo. É surpreendente que alguma criatura seja capaz de existir em um fluido saturado de salmoura e que consiga rastejar entre cristais de sulfato de sódio e cal! E o que acontece com essas minhocas quando, durante um tórrido verão, a superfície fica endurecida e cria uma camada sólida de sal? O lago é o lar de uma população significativa de flamingos[101] que se reproduz na região. Não é raro os trabalhadores encontrarem corpos preservados dessas aves no sal. Vi vários deles mergulhando em busca de comida, provavelmente à procura das minhocas que se escondem na lama, as quais, talvez, se alimentem de infusórios ou confervas. Assim, temos um pequeno mundo dentro do lago, adaptado a esses pequenos mares internos de salmoura.[102]

Com relação à posição geológica das salinas, ou elas ocorrem nas planícies compostas de seixos e disposta sobre vários depósitos, ou dentro da grande formação de calcário e argila dos Pampas. A única regra que consegui identificar é que elas não ocorrem onde o substrato é granítico, como no Brasil e na Banda Oriental. Sei de sua existência ocasional no imenso território que se estende desde a latitude 23°, próxima ao Rio Bermejo,[103] até a latitude 50° sul. O clima, em geral, é considerado bastante seco; pelo menos, é esse o caso da Patagônia, onde as salinas são mais numerosas. As que vi ocorriam em depressões de onde não havia saída; em um clima mais úmido, a água que corre do lago teria escavado um canal nos estratos macios e, assim, converteria a depressão do solo em um vale comum. Há razões para acreditar que todas essas grandes planícies foram elevadas acima do nível do mar em um período geológico recente. Não podemos, então, considerar as salinas como recipientes dos fluxos dos estratos sedimentares? Com isso em mente, entendemos sua ausência

---

101. Em toda a América do Sul, o flamingo surge, de modo singular, ligado aos lagos salgados. Vi casos semelhantes em toda a Patagônia, na Cordilheira do Norte do Chile e nas Ilhas Galápagos. (N.A.)
102. Nas *Linnean Transactions*, vol. XI, p. 205, há a descrição de um crustáceo minúsculo chamado *Cancer salinus*. Dizem que ocorre em números incontáveis nas depressões salinas em Lymington; mas apenas naqueles em que o fluido atingiu, por causa da evaporação, densidade considerável; ou seja, cerca de 100 gramas de sal para meio litro de água. Dizem, ainda, que esse crustáceo habita os lagos salgados da Sibéria. Bem, podemos afirmar que todas as partes do mundo são habitáveis! Lagos salinos ou subterrâneos escondidos sob montanhas vulcânicas — fontes minerais quentes, a imensidão e a profundidade dos oceanos, as regiões superiores da atmosfera e até mesmo a superfície de neves perpétuas, todas essas áreas sustentam seres orgânicos. (N.A.)
103. Grafado *"Rio Vermejo"* por Darwin. (N.T.)

nos locais em que a terra é granítica. É evidente que esses grandes pratos naturais de evaporação só podem ocorrer quando a quantidade de chuva anual é pequena.[104]

Ao norte do Rio Negro, entre ele e a região habitada próxima a Buenos Aires, os espanhóis estabeleceram-se apenas em um pequeno assentamento, recentemente denominado Bahía Blanca. A distância em linha reta até a capital é de quase 800 quilômetros. Nos últimos tempos, as tribos nômades de indígenas montados, que sempre ocuparam a maior parte dessa região, têm assediado muito as estâncias da vizinhança, e, por isso, o governo de Buenos Aires organizou um exército sob o comando do general Rosas[105] com o propósito de exterminá-los. Os soldados estavam então acampados nas margens do Colorado, um rio que fica a cerca de 130 quilômetros ao norte do Rio Negro. O general Rosas deixou Buenos Aires e seguiu em linha reta pelas planícies inexploradas: e, como na região não havia nenhum indígena, ele deixou, em grandes intervalos, um pequeno grupo de soldados, com uma tropa de cavalos (uma *posta*), de modo a poder manter intacta a comunicação com a capital. Como o *Beagle* havia planejado parar em Bahía Blanca, tomei a decisão de viajar para lá por terra. Por fim, expandi meu plano original e decidi percorrer toda a distância até Buenos Aires por meio das *postas*.

11 DE AGOSTO — Durante minha viagem, fui acompanhado pelo senhor Harris — um inglês que morava em Patagones —, um guia e cinco gaúchos

---

104. Quase todas as circunstâncias aqui mencionadas ocorrem nos lagos salgados perto das bordas do Mar Cáspio. Essa região, assim como a Patagônia, parece ter-se elevado recentemente acima das águas do mar. Pallas afirma que os lagos salgados ocupam depressões rasas nas estepes; que a lama das margens, em todas as situações, é negra e fétida; que, sob a crosta de sal marinho, há sulfato de magnésio cristalizado de forma imperfeita; que a areia lamacenta se mistura com grãos de gesso. Já afirmamos que esses lagos são habitados por pequenos crustáceos, e flamingos (*The Edinburgh New Philosophical Journal*, jan. 1830) também os frequentam. Como esses casos, aparentemente tão insignificantes, se dão em dois continentes distantes, podemos ter certeza de que são o resultado necessário de alguma causa comum. Veja *Pallas' Travels* [Viagens de Pallas], 1793 a 1794, p. 129-134. (N.A.)

105. Em dezembro de 1829, Juan Manuel de Rosas (1793-1877) foi escolhido para ser governador da província de Buenos Aires e estabeleceu uma ditadura. Em 1831, assinou o Pacto Federal, que reconheceu a autonomia provincial e estabeleceu a Confederação Argentina. Em 1832, seu mandato como governador terminou, e Rosas partiu para a fronteira a fim de lutar contra as populações indígenas. (N.T.)

que se dirigiam ao exército a negócios. Como mencionado, o Colorado estava a quase 130 quilômetros de distância, então, nos submetemos a dois dias e meio na estrada graças ao nosso ritmo lento de viagem. Toda a rota dessa região mal merece um nome melhor do que o de um deserto. Havia apenas dois pequenos poços onde se podia encontrar água, que era chamada de doce, mas, até nesta estação chuvosa pela qual vínhamos passando, ainda era bastante salgada. Durante os meses de verão, essa viagem deve ser muito árdua, pois, mesmo agora, já era bastante desoladora. O vale do Rio Negro, apesar de sua amplidão, parece ter sido esculpido em uma planície de arenito. Ao chegarmos à margem onde se encontra a cidade, a paisagem se transforma imediatamente em uma área plana com apenas alguns pequenos vales e depressões insignificantes. Para onde quer que olhemos, o panorama apresenta aridez e esterilidade: o solo exaurido formado de cascalhos sustenta tufos de grama marrom e seca, bem como arbustos baixos, repletos de espinhos, distribuídos de forma escassa.

Pouco depois de passarmos a primeira fonte, avistamos uma árvore famosa, reverenciada pelos indígenas como o altar de Walleechu, que se ergue sobre uma parte alta da planície e serve como um marco visível a uma grande distância. Assim que tribos indígenas a reconhecem, põem-se a venerá-la em altos brados. Não é muito alta, mas se ramifica em muitos galhos e espinhos. Seu diâmetro é de cerca de 1 metro logo acima da raiz; solitária, sem nenhuma vizinha, foi, de fato, a primeira árvore que vimos. Mais tarde, encontramos mais algumas da mesma espécie, mas estas não eram muito comuns. Por ser inverno, a árvore estava sem folhas; no lugar delas, entretanto, incontáveis fios suspensos continham diversas oferendas, como charutos, pedaços de pão, carne, retalhos de pano, etc. Pobres que não tinham nada melhor para ofertar apenas puxavam um fio de seus ponchos e o prendiam à árvore. Os indígenas, aliás, obedeciam ao costume de despejar bebidas alcoólicas e mate em um determinado buraco e, da mesma forma, soprar a fumaça de seu fumo para cima, acreditando que, com isso, entregariam todas as gratificações possíveis a Walleechu. Para completar a paisagem, a árvore estava cercada de ossos caiados de cavalos que haviam sido sacrificados em devoção. Todos os indígenas de todas as idades e de ambos os sexos ofereciam suas dádivas; dessa forma, passavam a crer que seus cavalos não se cansariam e que eles mesmos prosperariam. O gaúcho que me contou isso disse que havia testemunhado essa cena em tempos de paz e que ele e outras pessoas tinham por hábito esperar até que os indígenas fossem embora para que pudessem roubar os presentes valiosos ofertados a Walleechu.

Os gaúchos acreditam que os indígenas veneram essa árvore como se fosse o próprio deus, mas, a mim, parece muito mais provável que a considerem um altar. Só posso imaginar que a única causa para essa escolha seja o fato de ela simbolizar o ponto de uma passagem perigosa. A Sierra de la Ventana é visível a uma distância imensa, e um gaúcho me disse que, uma vez, estava cavalgando com um indígena a alguns quilômetros ao norte do Rio Colorado quando este começou a emitir um ruído alto, o que é comum, para eles, à primeira vista da árvore distante, e, então, colocando a mão na cabeça, apontou para a direção da Sierra. Ao ser questionado sobre a razão disso, o indígena falou em um espanhol ruim: "*Primero avistamiento de la montaña*!". É provável, pelo ocorrido, que a utilidade de um marco distante seja o motivo primário de sua adoração. Cerca de 10 quilômetros depois dessa árvore curiosa, paramos para passar a noite: nesse instante, os gaúchos, com seus olhos de lince, avistaram uma vaca desafortunada. Saíram em perseguição, e, em poucos minutos, ela foi arrastada pelo *lazo* e morta. Tínhamos aqui as quatro coisas necessárias para a vida *en el campo* [no campo], pastagem para os cavalos, água (apenas uma poça lamacenta), carne e lenha. Os gaúchos estavam felizes por terem encontrado todos esses luxos; e logo começamos a preparar a pobre vaca. Essa foi a primeira noite que passei sob céu aberto, utilizando o equipamento do *recado* como cama. Há grande prazer na vida independente do gaúcho em poder, a qualquer momento, parar seu cavalo e dizer: "Passaremos a noite aqui!". O silêncio sepulcral da planície, os cães em vigia e o grupo nômade de gaúchos fazendo suas camas em volta do fogo deixaram em minha mente uma imagem marcante dessa primeira noite, da qual não me esquecerei tão cedo.

No dia seguinte, o ambiente permaneceu muito igual ao descrito anteriormente, com apenas um pequeno número de aves e animais presente. Embora haja ocasionais avistamentos de cervos ou guanacos (lhamas selvagens), o mará (*Cavia patagonica*) é o quadrúpede mais comum. Este último animal é um representante de nossas lebres. Difere, porém, desse gênero em muitos aspectos essenciais; por exemplo, conta com apenas três dedos nas patas traseiras. Também tem quase o dobro do tamanho, pesando entre 9 e 11 quilos. O mará é um verdadeiro amigo do deserto; frequentemente visto em grupos de dois ou três indivíduos, saltando rapidamente em uma linha reta através das planícies selvagens, é um elemento comum da paisagem. No lado oriental da América, o limite norte de seu hábitat é formado pela Sierra Tapalguen (latitude 37°30'), onde as planícies se tornam repentinamente mais verdes e úmidas. O limite, por certo, depende dessa mudança, pois, perto de Mendoza (latitude 33°30'), que fica bem mais ao norte, mas onde a região é muito infértil, encontrei novamente o mará. As circunstâncias que governam seu limite sul não são evidentes; ocorre entre Puerto Deseado e San Julián (cerca de 48°30'), onde não há mudança no tipo de terra, apenas uma alteração insignificante e gradual na temperatura. É um fato singular que, embora o mará não seja atualmente encontrado em um ponto tão meridional como Porto San Julián, relatos históricos do capitão Wood de sua viagem de 1670 mencionam que os animais são numerosos naquela área. O que poderia ter modificado a extensão do hábitat desse animal em uma região tão ampla, pouco habitada e raramente visitada? De acordo com o número de marás abatidos em um único dia em Puerto Deseado, pode-se inferir que, anteriormente, devem ter sido consideravelmente mais abundantes do que no momento. Azara afirma que os marás não escavam as próprias tocas, mas usam as da *bizcacha*. Onde quer que este animal esteja presente, sem dúvida, isso é verdade; mas, nas planícies arenosas da Bahía Blanca, onde a *bizcacha* não é encontrada, os gaúchos afirmam que o mará é capaz de criar sua própria toca. A mesma coisa ocorre com as corujas-dos-pampas (*Noctua cunicularia*), que, muitas vezes, foram descritas como sentinelas em pé na entrada das tocas; pois, na Banda Oriental, devido à ausência da *bizcacha*, elas são obrigadas a preparar suas próprias habitações. Azara também diz que o mará, exceto quando pressionado pelo perigo, não entra em sua toca: nesse ponto, devo novamente discordar com respeito. Em Bahía Blanca, vi repetidamente dois ou três desses animais sentados em seus quadris em frente à entrada de suas tocas; quando passei por lá a uma certa distância, eles se entocaram calmamente. Todos os dias, na vizinhança desses locais, os marás eram abundantes: mas, diferentemente da maioria dos animais escavadores, costumam vaguear em grupos de dois ou três a quilômetros ou léguas de sua casa; tampouco sei se retornam à noite. O mará se alimenta e vagueia durante o dia; é tímido e vigilante; não se agacha, ou é tão raro fazê-lo que nunca vi isso ocorrer; ele não é capaz de correr muito rápido, portanto, costuma ser capturado por um par de cães, mesmo de raça mista. Sua maneira de correr se assemelha mais à de um coelho do que à de uma lebre. O mará, em geral, dá à luz dois filhotes por vez, que são levados para dentro da toca. Sua carne, quando cozida, é muito branca, no entanto, bastante insípida e seca.

Na manhã seguinte, enquanto nos aproximávamos do Rio Colorado, a paisagem passou por uma transformação; em pouco tempo, chegamos a uma planície gramada que parecia semelhante à dos Pampas, em virtude de suas flores, dos trevos altos e das corujas pequenas. Além disso, encontramos um grande pântano lamacento que leva o nome de salitral, porque, durante o verão, ele seca e se reveste de diferentes sais. Estava coberto por suculentas baixas, do mesmo tipo daquelas que crescem no litoral. O Colorado, na passagem em que o cruzamos, tem apenas cerca de 50 metros de largura; em geral, mede quase o dobro disso. Seu curso é muito tortuoso, sendo marcado por salgueiros e leitos de juncos: dizem que, em linha reta, a distância até a foz do rio é de 43 quilômetros; pela água, entretanto, são 120 quilômetros. Nossa travessia de canoa demorou um pouco mais porque encontramos um grande grupo de éguas que nadavam através do rio para seguir uma divisão militar em direção ao interior. Nunca vi um espetáculo mais absurdo do que essas de centenas de cabeças, todas voltadas para o mesmo lado, com orelhas pontiagudas e narinas distendidas, emergindo como um grande grupo de algum tipo de anfíbio. A carne de égua é o único alimento dos soldados quando estão em uma expedição. Isso lhes dá uma facilidade de locomoção muito grande, pois a distância a que os cavalos podem ser conduzidos nessas planícies é bastante surpreendente: garantiram-me que um cavalo sem carga pode viajar 160 quilômetros por dia, durante muitos dias seguidos.

O acampamento do general Rosas ficava perto do rio. Consistia em um quadrilátero formado por vagões, artilharia, cabanas de palha, etc. Os soldados eram quase todos de cavalaria; e, acredito, nunca vi reunido um exército com aparência tão vil e bandida. Os homens, em sua maioria, eram mestiços de negros, indígenas e espanhóis. Não sei a razão, mas o semblante de homens dessa origem quase nunca tem uma boa expressão. Visitei o secretário para apresentar meu passaporte, mas ele começou a me interrogar de uma forma muito formal e enigmática. Felizmente, eu trazia uma carta de apresentação do governo de Buenos Aires[106] para o comandante de Patagones. A carta foi levada para o general Rosas, que me enviou uma mensagem muito cortês; e o secretário passou a ser todo sorrisos e generosidade. Nos instalamos no *rancho*, ou choupana, de um velho e curioso espanhol que havia participado da campanha de Napoleão contra a Rússia.

Ficamos dois dias no Colorado; eu tinha pouco o que fazer, pois a região circundante era um pântano que, no verão (em dezembro), assim que a neve derrete na cordilheira, é inundado pelo rio. Minha principal diversão era observar as famílias de indígenas que vinham comprar pequenos artigos no rancho em que ficamos. Dizia-se que o general Rosas tinha cerca de 600 aliados indígenas. Os homens eram altos e robustos, mas ficou evidente mais tarde que as características faciais dos nativos fueguinos eram semelhantes, embora distorcidas pelos efeitos do frio extremo, da desnutrição e da falta de exposição à civilização. Alguns autores, ao definirem as principais raças humanas, separaram esses indígenas em duas classes; mas não creio que isso esteja correto. Entre as jovens, ou *chinas*, algumas delas podem até mesmo ser chamadas de bonitas. Têm o cabelo grosso, brilhante e preto, dividido em duas tranças que vão até a cintura; seu rosto é radiante, e os olhos cintilam com esplendor; suas pernas, seus pés e braços são pequenos e bem-formados; seus tornozelos e, às vezes, suas cinturas são ornamentados com grandes braceletes de contas azuis. Nada podia ser mais interessante do que alguns grupos familiares. Uma mulher, com uma ou duas filhas, montadas no mesmo cavalo, costumava visitar o nosso rancho. Elas montavam como homens, mas a posição de seus joelhos era bem mais alta. Esse hábito talvez tenha surgido pelo fato de elas estarem acostumadas, sempre que viajavam, a

---

106. Sou obrigado a expressar, nos termos mais fortes, minha dívida com o governo de Buenos Aires pela maneira prestativa com que os passaportes para todas as partes do país me foram dados, como naturalista do *Beagle*. (N.A.)

montar cavalos carregados. O dever das mulheres é carregar e descarregar os cavalos e preparar as tendas para a noite; são, em suma, escravas úteis, como as esposas de todos os selvagens. Os homens lutam, caçam, cuidam dos cavalos e fazem o equipamento de montaria. Uma de suas principais ocupações dentro de casa é bater duas pedras juntas até que se tornem redondas. A boleadeira é uma arma muito importante para o indígena, pois, com ela, ele captura tanto sua caça quanto o seu cavalo, que vaga livre pela planície. Em combate, seu primeiro movimento é tentar derrubar o cavalo de seu adversário com a boleadeira, e, quando enredado pela queda, matá-lo com o *chuzo*. Se a boleadeira atinge apenas o pescoço ou o corpo de um animal, ela costuma ser levada pelo cavalo e é perdida. Já que são necessários dois dias para moldar as pedras em forma esférica, sua fabricação é uma ocupação muito comum.

Vários homens e mulheres tinham seus rostos pintados de vermelho, mas nunca os vi pintados com as faixas horizontais que são tão comuns entre os fueguinos. Seu orgulho principal consiste em ter tudo feito de prata; eu vi um cacique com suas esporas, estribos, alça de sua faca e brida feitos desse metal: a testeira e as rédeas eram um fio de metal não mais grosso que o chicote; ver um corcel impetuoso conduzido por uma corrente tão leve oferecia um notável caráter de elegância ao manejo do cavalo.

O general Rosas expressou o desejo de me encontrar, o que, posteriormente, me alegrou muito. É um homem de caráter extraordinário e exerce uma enorme influência na região, que, ao que parece, ele usará para que o país cresça e prospere. Dizem que possui 1.724 quilômetros quadrados (74 léguas quadradas) de terra e cerca de 300 mil cabeças de gado. Suas propriedades são gerenciadas de forma admirável e produzem muito mais grãos que quaisquer outras. Ele se tornou célebre, a princípio, por causa das leis que estabeleceu para suas próprias estâncias e, também, por disciplinar várias centenas de homens para que resistissem com sucesso aos ataques dos indígenas. Há muitas histórias atuais sobre a forma rígida com que suas leis foram impostas. Uma delas dizia que nenhum homem, sob pena de ser amarrado a um tronco, deveria portar sua faca aos domingos, pois, sendo esse o dia em que mais se jogava e bebia, as disputas se assomavam, e o costume generalizado de se lutar com faca era, muitas vezes, fatal. Certo domingo, o governador, com toda a sua pompa, fez uma visita à Estância. O general Rosas, às pressas, saiu para recebê-lo com a faca que, como de costume, estava presa em seu cinto. O administrador tocou seu braço e lembrou-lhe da lei. Ao notar isso, olhou para o governador e disse-lhe que estava extremamente arrependido, porém, deveria ser preso ao tronco e, até ser liberado, não exerceria nenhum poder, nem mesmo em sua própria casa. Depois de um tempo, o administrador resolveu soltá-lo e deixá-lo sair; entretanto, assim que o fez, o general se virou e disse-lhe: "Agora foi você quem descumpriu a lei, então, deverá tomar o meu lugar no tronco!".

Ações como essas encantavam os gaúchos, que têm conceitos bastante elevados sobre sua própria igualdade e dignidade.

O general Rosas também é um excelente cavaleiro — um feito de grandes consequências em uma região em que o exército elegeu seu general por meio do seguinte teste: uma tropa de cavalos não domados foi levada a um curral e solta para que saísse por uma única passagem, acima da qual havia uma barra transversal; o general seria aquele que pulasse da barra sobre um desses animais selvagens no momento em que se apressavam para fora do curral e que, além disso, sem sela ou freio, conseguisse montá-lo e também levá-lo de volta para a porteira do curral. O homem que cumprisse o desafio seria o eleito e, sem dúvida, um general adequado para esse tipo de exército. Rosas também realizou esse feito extraordinário.

Dessa forma, e após se adequar ao vestuário e aos hábitos dos gaúchos, ganhou uma popularidade ilimitada na região e, como consequência, um poder despótico. Um comerciante inglês me falou uma vez de um homem que havia cometido assassinato. Quando perguntado sobre seu motivo, respondeu: "Ele falou do general Rosas de maneira desrespeitosa, então, eu o matei". Surpreendentemente, após apenas uma semana, o assassino foi libertado da custódia. É provável que isso tenha sido obra dos apoiadores do general Rosas, e não do próprio general.

Durante as conversas, o general Rosas demonstra grande entusiasmo e sensibilidade e mantém um comportamento muito sério. Na verdade, sua seriedade é levada ao limite. Um de seus bufões (ele mantém dois deles, semelhantes aos senhores feudais de antigamente) contou-me a seguinte anedota: "Eu queria muito ouvir uma certa música, então fui ao general duas ou três vezes para lhe pedir; ele disse-me: 'Vá cuidar de suas coisas, eu estou ocupado'. Fui uma segunda vez, e ele disse-me: 'Se você vier aqui mais uma vez, eu o punirei'. Pedi pela terceira vez, e ele riu. Eu corri para fora da tenda, mas era tarde demais, ele havia ordenado que dois soldados me pegassem e me colocassem na estaca; implorei por todos os santos do céu para que me soltasse, mas isso não funcionou: quando o general ri, não poupa nem loucos nem sãos".

O pobre cavalheiro descuidado parecia bastante aborrecido só de se lembrar da estaca. Essa é uma punição muito severa; quatro postes são levados para o chão, e o homem é estendido por seus braços e pernas na posição horizontal, e lá é deixado esticado por várias horas: a ideia foi evidentemente tirada do método comum de secagem de peles. Meu encontro com o general foi solene e desprovido de qualquer humor, mas ele me concedeu um passaporte e providenciou uma ordem para usar os cavalos do governo, de forma cortês e rápida.

Pela manhã, seguimos para Bahía Blanca, aonde chegamos em dois dias. Saindo do acampamento regular, passamos pelos *toldos* dos indígenas. São redondos como fornos e cobertos de peles; na entrada de cada um, havia um *chuzo* pontiagudo enfiado no chão. Os *toldos* dividiam-se em grupos separados, que pertenciam a tribos de diferentes caciques; esses grupos, por sua vez, distribuíam-se em outros menores, de acordo com o relacionamento dos proprietários. Viajamos por vários quilômetros ao longo do Vale do Colorado. As planícies aluviais vizinhas pareciam férteis, e supõe-se que estivessem bem-adaptadas ao crescimento de grãos. Ao nos dirigirmos para o norte do rio, nos encontramos em um território que difere das planícies ao sul do rio. Embora a terra ainda fosse estéril e seca, sustentava muitos tipos diferentes de plantas, e a grama, embora fosse marrom e seca, se tornava mais abundante graças à diminuição da presença de arbustos espinhosos. Em uma curta distância, esses últimos desapareceram completamente, e as planícies não tinham mais moitas para cobrir sua nudez. Essa mudança na vegetação marca o início do grande depósito calcário-argiloso que, conforme já notei, forma a grande extensão dos Pampas e cobre as rochas graníticas da Banda Oriental. O terreno desde o Estreito de Magalhães até o Rio Colorado, cobrindo uma distância de aproximadamente 1.280 quilômetros, é predominantemente composto de seixos: as pedras são principalmente de pórfiro e, provavelmente, devem sua origem às rochas da cordilheira. Ao norte do Colorado, o leito se afina e as pedras se tornam muito pequenas; nesse ponto, a vegetação característica da Patagônia chega ao fim.

Tendo cavalgado cerca de 40 quilômetros, chegamos a um espaçoso cinturão de dunas de areia que se estende até onde os olhos podem alcançar a leste e a oeste. As dunas estão sobre a argila; isso permite a formação de pequenas piscinas de água, garantindo a essa região seca um suprimento inestimável de água doce. A importância das variações na elevação do terreno é, muitas vezes, negligenciada. As duas nascentes miseráveis na longa passagem entre o Rio Negro e o Colorado originam-se dos declives insignificantes da planície; sem elas, nem mesmo uma gota de água teria sido encontrada. O cinturão de dunas de areia tem cerca de 13 quilômetros de largura; em algum período anterior, provavelmente formava a margem de um grande estuário, onde hoje corre o Colorado. Nesse distrito, onde ocorrem provas absolutas da recente elevação da terra, essas especulações dificilmente podem ser negligenciadas por qualquer um, mesmo considerando apenas a geografia física da região. Tendo atravessado a extensão arenosa, chegamos, à noite, à casa de um dos postos; e, como os cavalos descansados estavam pastando a distância, decidimos passar a noite lá.

A casa situava-se no sopé de uma colina que tem entre 30 e 60 metros de altura — uma característica bastante notável desse país. Esse posto era comandado por um tenente negro nascido na África. Vale mencionar que não havia um rancho entre o Colorado e Buenos Aires que estivesse tão bem-organizado quanto o dele. Ele tinha um pequeno quarto para as visitas e um pequeno curral para os cavalos, todos feitos de gravetos e juncos; além disso, também havia cavado uma vala em torno de sua casa, como meio de defesa em caso de um ataque. Isso, no entanto, teria sido de pouco proveito caso os indígenas resolvessem atacar. Entretanto, seu conforto principal parecia estar na ideia de que poderia causar muitas perdas àqueles que o atacassem. Recentemente, um grupo de índios passou por ali durante a noite e, se soubessem do posto, o tenente e seus quatro soldados provavelmente teriam sido mortos. Em lugar nenhum encontrei um homem mais gentil e obsequioso do que esse negro; foi, portanto, bem mais doloroso ver que não se sentava à mesa para comer conosco.

Pela manhã, mandamos buscar os cavalos bem cedo e iniciamos outra viagem revigorante. Passamos pela Cabeza del Buey, antigo nome dado à cabeceira de um grande pântano que se estende desde Bahía Blanca. Nesse ponto, trocamos de cavalos e passamos por alguns quilômetros de pântanos e brejos salinos. Trocamos de cavalos pela última vez e começamos a avançar pela lama. Meu animal caiu e fiquei bastante encharcado na lama preta — um acidente muito desagradável quando não se possui uma muda de roupa. A alguns quilômetros do forte, encontramos um homem que nos disse que um canhão havia sido disparado, sinalizando a aproximação de indígenas. Saímos imediatamente da estrada e seguimos pela margem de um pântano que oferecia melhor modo de fuga se fôssemos perseguidos. Ficamos felizes por ter chegado ao nosso destino intramuros; ali, descobrimos que o alarme fora falso, pois os indígenas mostraram-se amigáveis e queriam juntar-se ao general Rosas.

Bahía Blanca mal merece o nome de aldeia. Algumas casas, e as barracas dos soldados, estão cercadas por uma vala profunda e um muro fortificado. O assentamento é recente (1828), e seu crescimento tem sido um problema. O governo de Buenos Aires o ocupou à força de modo injusto, em vez de seguir o exemplo sábio dos vice-reis espanhóis que compraram a terra dos indígenas no Rio Negro. Daí a necessidade das fortificações; daí as poucas casas e poucas terras cultivadas fora dos limites das muralhas: mesmo o gado não está a salvo dos ataques dos indígenas além dos limites da planície em que se encontra a fortaleza.

Como o porto onde o *Beagle* pretendia ancorar estava a 40 quilômetros, eu obtive do comandante um guia e cavalos que me levariam para ver se o navio havia chegado. Deixando a planície de grama verde, que seguia o curso do pequeno riacho, logo entramos em uma grande planície árida, composta ou de areia, pântanos salinos, ou lama pura. Algumas partes estavam revestidas por matas baixas e, outras, por suculentas, que crescem exuberantes apenas onde há muito sal. Por pior que fosse a região, avestruzes, cervos, cavídeos e tatus abundavam. Meu guia contou-me que, dois meses antes, havia ocorrido um incidente em que quase perdera a vida. Ele estava caçando em um local, não muito distante dessa região, com dois outros homens, quando foram de repente recebidos por um grupo de indígenas que, após os perseguir, logo capturou e matou seus dois amigos. As pernas de seu próprio cavalo também foram pegas pela boleadeira; mas ele saltou e as liberou com sua faca. Ao fazer isso, foi obrigado a se proteger em torno de seu cavalo e acabou recebendo dois ferimentos graves dos *chuzos*. Saltando sobre a sela, conseguiu, com um esforço estupendo, se manter à frente das longas lanças de seus perseguidores, que o caçaram até chegar à vista do forte. A partir daí, foi dada a ordem para que ninguém se afastasse do assentamento. Eu não sabia de nada disso quando partimos e, então, fiquei surpreso ao perceber o quão seriamente meu guia observava um cervo que parecia ter se assustado com algo que vinha de longe.

Descobrimos que o *Beagle* não tinha chegado e, por isso, resolvemos voltar; os cavalos, entretanto, logo se cansaram, e fomos obrigados a acampar na planície. De manhã, tínhamos capturado um tatu que, embora seja um prato excelente quando assado em seu casco, não foi um café da manhã e um almoço suficientes para dois homens famintos. O solo do local em que paramos durante a noite estava incrustado com uma camada de sal de Glauber[107] e, portanto, é claro, não tinha água. Ainda assim, muitos dos roedores menores conseguiam sobreviver mesmo aqui, e ouvi o tuco-tuco fazendo seu grunhido estranho sob minha cabeça durante metade da noite. Pela manhã, nossos cavalos pareciam muito fracos, então, ficaram logo exaustos por não ter bebido água, por isso, fomos obrigados a caminhar. Por volta do meio-dia, assamos um cabrito, morto pelos cachorros. Comi um pouco, mas a sede era insuportável. Isso se tornava ainda mais angustiante porque, na estrada, alguma chuva recente havia deixado várias pequenas poças de águas claras; mas, potável, nem mesmo uma gota. Embora fizesse menos de vinte horas que eu estava sem água e apenas parte do tempo sob um sol quente, a sede me deixou muito fraco. Não consigo entender como as pessoas sobrevivem dois ou três dias sob tais circunstâncias: ao mesmo tempo, devo confessar que meu guia nada sofreu e que ficou surpreso com o fato de a privação de apenas um dia ser tão problemática para mim.

Mencionei diversas vezes que a superfície do solo estava incrustada com sal. Esse fenômeno é bem diferente do das salinas e muito mais

---

107. Sulfato de sódio deca-hidratado. (N.T.)

extraordinário. Em muitas partes da América do Sul, onde quer que o clima seja moderadamente seco, ocorrem essas incrustações; mas eu não as vi tão abundantes como perto da Bahía Blanca. O sal aqui é formado por uma grande porção de sulfato de sódio misturada com uma muito pequena de sal comum (cloreto de sódio). Enquanto o solo permanece úmido nessas *salitrales* (como os espanhóis as chamam indevidamente, confundindo essa substância com salitre), nada é visto, senão uma extensa planície composta por um solo preto e lamacento com tufos dispersos de plantas suculentas. Fiquei bastante surpreso quando, depois de uma semana de calor, voltei à região em que eu já tinha cavalgado e vi que a área de vários quilômetros quadrados estava branca, como se tivesse ocorrido uma leve queda de neve e o vento a houvesse depositado em pequenos montes dispersos. Essa aparência se deve, principalmente, à tendência do sal de cristalizar, como em uma geada, em torno das folhas de grama, nos tocos de madeira ou na superfície do solo quebrado, não no fundo das poças de água. As salinas, como regra geral, ocorrem em depressões de planícies mais elevadas; os *salitrales* ocorrem em trechos planos elevados a alguns metros acima do nível do mar, e, aparentemente, inundados recentemente, ou em solos aluviais à beira dos rios. Nesse último caso, embora eu não esteja absolutamente certo, tenho fortes razões para acreditar que o sal costuma ser removido pelas águas do rio e, então, é novamente produzido. Várias circunstâncias me levam a pensar que o solo negro e lamacento gera o sulfato de sódio. O fenômeno, em sua integralidade, merece a atenção cuidadosa dos naturalistas: o que pode ser mais singular do que assim ver quilômetros quadrados de uma região encrustada com uma fina camada de sal de Glauber? Pode-se perguntar se as plantas não decompõem o cloreto de sódio? Mas de onde viria o ácido sulfúrico? No Peru, o nitrato de sódio ocorre em leitos muito mais espessos que os de sulfato. Ambos os casos são igualmente misteriosos. Suspeito que, como regra geral, os sais de sódio são infinitamente mais comuns na América do Sul do que os de potássio.

Dois dias depois, cavalguei de novo até o porto, para uma parte mais próxima dele. Quando estávamos próximos ao nosso destino, meu companheiro, o mesmo homem de antes, avistou três homens caçando a cavalo. Ele desmontou de imediato e, após observá-los com atenção, disse: "Eles não cavalgam como cristãos, e ninguém pode deixar o forte!". Os três caçadores se juntaram e desmontaram de seus cavalos. Depois, um deles montou de novo e cavalgou sobre a colina até desaparecer de nossa vista. Meu companheiro disse: "Devemos montar agora em nossos cavalos. Carregue sua pistola!". Então, ele olhou para seu próprio facão. Perguntei: "São indígenas?". *"Quién sabe?* Se não houver mais de três, não teremos problema!", ele respondeu. Nesse instante, me ocorreu que aquele homem havia subido a colina para buscar o restante de sua tribo. Sugeri isso, mas a única resposta que recebi foi *"Quién sabe?"*. E em nenhum momento ele deixou de esquadrinhar lentamente o horizonte distante com a cabeça e os olhos. Sua frieza incomum parecia uma brincadeira boa demais; então, lhe perguntei por que não voltávamos para casa. Fiquei assustado quando ele me respondeu: "Estamos voltando, mas, para que não haja perigo, por um caminho que passa perto de um pântano, no qual os cavalos possam galopar o mais longe que conseguirem, e, depois, teremos de confiar em nossas próprias pernas!". Eu não me sentia tão confiante, então, sugeri aumentarmos o nosso passo. Ele me disse: "Não! Não até que eles o façam primeiro!".

Quando algum pequeno desnível nos ocultava, galopávamos; quando estávamos à vista, continuávamos em passo lento. Por fim, chegamos a um vale e, virando para a esquerda, galopamos rápido até o pé de uma colina. Ele me deu seu cavalo para que eu o segurasse, fez os cães se deitarem e, então, rastejou sobre suas mãos e seus joelhos para fazer um reconhecimento. Ele permaneceu nessa posição por algum tempo, e, enfim, explodindo em gargalhadas, exclamou: "*Mujeres*! (Mulheres!)". Então, ele percebeu que eram a esposa e a cunhada do filho do major procurando ovos de avestruz. Descrevi a conduta desse homem porque ele agiu sob a impressão de que fossem indígenas; tendo a dúvida se dissipado, disse-me que nada daquilo deveria ter acontecido, por mil razões, embora tivesse se esquecido de todas elas logo depois. Em seguida, cavalgamos em paz e tranquilidade até um ponto baixo chamado Punta Alta, de onde podíamos ver quase todo o porto de Bahía Blanca.

A grande extensão de água é intercalada por numerosos e imensos bancos de lama chamados pelos habitantes de *cangrejales*, ou caranguejais, por causa da infinidade de pequenos caranguejos que lá habitam.

A lama ali é tão macia que se torna impossível caminhar por ela, mesmo para atingir a menor distância. Muitos dos bancos de lama têm suas superfícies cobertas por longos juncos, cujas pontas são as únicas partes visíveis durante a maré alta. Numa ocasião, nosso bote emaranhou-se a tal ponto nos baixios que quase não conseguimos retornar. Nada se via, exceto os leitos planos de lama; o dia estava encoberto e havia muita refração, ou, como diziam os marinheiros, "tudo parecia nublado". O horizonte desnivelado era a única coisa que se podia enxergar; os juncos pareciam arbustos flutuando no ar, e confundíamos a água com os bancos de lama e os bancos de lama com a água.

Passamos a noite em Punta Alta, e me ocupei de procurar ossos fósseis; esse local é uma catacumba perfeita para monstros de raças extintas. A noite estava absolutamente calma, clara, e havia uma monotonia profunda, o que proporcionava um interesse particular à paisagem, mesmo em meio a bancos de lama, gaivotas, colinas de areia e abutres solitários. Ao voltarmos, pela manhã, nos deparamos com o rastro recente de um puma, mas não conseguimos encontrá-lo. Vimos também um par de *zorrillos*, ou gambás, animais odiosos, que estão longe de ser incomuns. Na aparência geral, o *zorrillo* se assemelha a uma doninha, mas é um pouco maior e, em proporção, muito mais robusto. Consciente de sua força, vaga de dia sobre a planície aberta sem temer cães nem homens. Se um cão é instado a atacá-lo, este é imediatamente desencorajado pela fétida substância oleosa produzida pelo gambá, que causa violenta náusea e coriza. Tudo que é contaminado por esse óleo torna-se inútil para sempre. Azara diz que o cheiro pode ser reconhecido a cinco quilômetros de distância; mais de uma vez, ao entrarmos no porto de Montevidéu, quando o vento soprava do mar, sentimos as emanações a bordo do *Beagle*. O certo é que todos os animais abrem passagem ao *zorrillo* de muito bom grado.

CAPÍTULO V

Bahía Blanca — Geologia — Quadrúpedes extintos, quatro *Edentata*, cavalo, *Ctenomys* — Extinção recente — Longevidade das espécies — Animais de grande porte que não necessitam de vegetação exuberante — África Austral — Fósseis da Sibéria — Catálogo de quadrúpedes extintos na América do Sul — Duas espécies de avestruz e seus hábitos — *Tinochorus* — *Seiurus aurocapilla* — Tatus — Cobra venenosa, sapo, lagarto — Hibernação de animais — Hábitos da pena-do-mar — Guerras e massacres indígenas — Ponta de flecha, relíquias antigas

BAHÍA BLANCA

O *Beagle* chegou no dia 24 de agosto e, uma semana depois, navegou em direção ao Plata. Com o consentimento do capitão FitzRoy, fui deixado para trás, para viajar por terra até Buenos Aires. Acrescentarei aqui algumas observações feitas durante essa visita e em uma ocasião anterior, quando o *Beagle* foi utilizado para o levantamento topográfico do porto. Não há muito o que dizer sobre a geologia. À distância de alguns quilômetros em direção ao interior, se estende uma escarpa de uma grande formação rochosa calcário-argilosa. O espaço próximo à costa consiste em planícies de terra batida e grandes faixas de dunas de areia, que apresentam formas que podem ser facilmente explicadas pela elevação do solo; temos outras provas em relação a esse fenômeno,[108] embora em quantidade insignificante.

---

108. Alguns quilômetros mais ao sul, perto da Baía de San Blas, M. D'Orbigny encontrou grandes leitos de conchas recentes elevadas entre 7,5 metros e 9 acima do nível do mar (vol. II, p. 43). (N.A.)

Em Punta Alta, há uma pequena falésia, com cerca de 6 metros de altura, que exibe uma mistura de seixos parcialmente endurecidos e um barro lamacento avermelhado, contendo numerosas conchas recentes. Podemos acreditar que, agora, um acúmulo semelhante ocorreria em qualquer local em que os movimentos das marés e ondas fossem contrários uns aos outros. Muitos ossos foram incorporados ao cascalho. O senhor Owen, que empreendeu a descrição desses restos, ainda não os examinou com cuidado; mas a lista a seguir nos oferece alguma ideia de sua natureza: 1º) uma cabeça razoavelmente perfeita de um megatério, e um fragmento e dentes de outros dois; 2º) um animal da ordem *Edentata*,[109] do tamanho de um pônei e com grandes garras afiadas; 3º e 4º) dois grandes *Edentata* relacionados ao megatério, e ambos imensos como um boi ou um cavalo; 5º) outro animal igualmente grande, muito próximo ou talvez idêntico ao toxodonte (que será descrito mais adiante), que tinha dentes muito planos para triturar, um pouco parecidos com os de um roedor; 6º) um imenso pedaço de uma carapaça tesselada, como a do tatu, mas gigantesca; 7º) uma presa que, por sua forma prismática e sua disposição do esmalte, se assemelha muito à presa do javali africano; é provável que pertencesse ao mesmo animal, que tinha os dentes planos para triturar. Por último, encontramos um dente no mesmo estado de decomposição dos outros; sua condição não permitiu que o senhor Owen, sem fazer comparação, chegasse a alguma conclusão definitiva; mas a parte perfeita se assemelha, em todos os aspectos, ao dente do cavalo comum.[110] Todos esses fósseis foram encontrados enterrados em uma praia que fica coberta pelas marés vivas;[111] e a área em que foram coletados não excedia 125 metros quadrados. É uma circunstância notável encontrar tantas espécies diferentes em um mesmo local; e isso prova o quão numerosas devem ter sido as espécies de antigos habitantes dessa região.

---

109. Os *Edentata*, chamados agora de xenartros, são uma superordem de mamíferos placentários. (N.T.)
110. Com relação aos restos do último animal, já que é possível que outras pessoas levantem algumas dúvidas sobre sua origem, deve-se observar que estavam bem incorporados ao cascalho com os outros ossos e que seu estado de decadência era igual. A essa circunstância pode-se acrescentar que a região circundante não contém água doce e é desabitada, e, além disso, que o assentamento, com apenas 25 anos, está a 40 quilômetros de distância. (N.A.)
111. As marés vivas ocorrem quando a Terra, a Lua e o Sol estão alinhados (sizígia). Nesse momento, a maré atinge sua amplitude máxima. (N.T.)

A uma distância de cerca de 48 quilômetros, em outra falésia de terra vermelha, encontrei vários fragmentos de ossos. Entre eles estavam os dentes de um roedor, muito mais estreito, mas ainda maior do que os da *Hydrochaerus capybara*; o animal mencionado que excedia as dimensões de todos os membros existentes de sua ordem. Havia também parte da cabeça de um *Ctenomys*; uma espécie diferente de tuco-tuco, porém, com uma grande semelhança geral.

Os fósseis de Punta Alta estavam associados, conforme mencionado, a conchas de diversas espécies. Eles ainda não foram examinados com o devido cuidado, mas pode-se afirmar, com segurança, que se assemelham bastante com as espécies que vivem na mesma baía hoje; também deve-se observar que, além das espécies, a proporção de cada tipo é quase idêntica à daquela lançada, então, nas praias de pedregulhos. Há onze espécies marinhas (algumas, em mau estado) e uma terrestre. Se eu não tivesse coletado espécimes vivos na mesma baía, não teria encontrado alguns dos fósseis de espécimes possivelmente extintos; pois o senhor Sowerby, que teve a gentileza de examinar minha coleção, não os tinha visto. É muito provável que os ossos não tenham se erodido de uma camada rochosa mais antiga e se alojado em uma mais nova, pois o posicionamento de um dos exemplares de *Edentata* estava em sua posição relativa apropriada e, em menor grau, isso também ocorria com o outro exemplar, o que não poderia ter acontecido sem que a carcaça tivesse sido arrastada pela água até o local em que o esqueleto foi enterrado.

Temos aqui uma forte confirmação da notável lei tão frequentemente afirmada pelo senhor Lyell,[112] ou seja, que a "longevidade dos mamíferos é, em geral, inferior à dos *Testacea*".[113] Quando seguirmos para a parte sul da Patagônia, terei a oportunidade de descrever o caso de um camelo extinto do qual o mesmo resultado pode ser deduzido.

Tendo em vista as conchas serem espécies litorâneas (incluindo uma terrestre), e pelo caráter do depósito, podemos garantir que os fósseis estavam incrustados em um mar raso, não muito longe da costa. Tendo em

---

112. Charles Lyell, 1797-1875: foi um geólogo britânico que, entre 1830 e 1833, publicou seu *Principles of Geology* [Princípios de Geologia]. (N.T.)
113. *Principles of Geology*, vol. IV, p. 40. (N.A)

vista a posição imperturbada do esqueleto e, da mesma forma, pelo fato de que sérpulas adultas estavam agregadas a alguns dos ossos, sabemos que a massa não poderia ter sido acumulada na própria praia. Atualmente, parte do leito é diariamente tomada pela maré, enquanto outra parte foi elevada alguns metros acima do nível do mar. Dessa forma, podemos inferir que, desde o período em que os mamíferos, agora extintos, estavam vivos, a elevação aqui foi insignificante. Essa conclusão está de acordo com várias outras considerações (como o caráter recente dos leitos subjacentes ao depósito dos Pampas); contudo, não tenho espaço para descrevê-las neste livro.

Pela estrutura geral da costa dessa parte da América do Sul, somos levados a acreditar que todas as mudanças de nível (pelo menos, mais recentemente) ocorreram em uma única direção e de forma bastante gradual. Se, então, examinarmos o período em que esses quadrúpedes viveram, é provável que a terra estivesse situada a um nível apenas um pouco mais baixo do que está agora. Como resultado, a topografia geral do terreno desde aquela época não sofreu mudanças significativas. Essa conclusão pode ser inferida a partir da surpreendente semelhança, em todos os aspectos, entre as conchas que atualmente habitam a baía (incluindo a espécie que habitava a parte de terra) e as que residiam ali no passado.

Como pode ser deduzido desse diário, a paisagem ao redor da área é muito árida. Não se encontram árvores, e apenas um punhado de arbustos cresce em áreas de terra baixa em meio a dunas de areia ou ao longo das bordas de pântanos salgados. Aqui, então, encontramos uma dificuldade aparente: embora haja evidências claras de que a terra não sofreu nenhuma transformação significativa que alterasse suas características, parece que, no passado, muitos animais de grande porte foram capazes de prosperar nas planícies que agora estão cobertas de vegetação de um modo precário.

Há uma suposição geral, passada de um livro para outro, de que animais de grande porte requerem uma vegetação exuberante; contudo, não hesito em afirmar que essa hipótese é completamente falsa e que corrompe o raciocínio dos geólogos em alguns pontos de grande interesse para a história antiga do mundo. O viés deriva provavelmente da Índia e de suas ilhas, onde, em todos os casos, há a associação entre manadas de elefantes, grandes florestas e selvas impenetráveis. Se, por outro lado, buscarmos os livros que tratam de viagens às regiões meridionais da África, encontraremos, em quase todas as páginas, alusões ao caráter desértico da região e ao número de animais de grande porte que a habitam. Numerosos exemplos de diferentes áreas no interior apoiam ainda mais essa afirmação. Quando o *Beagle* estava na Cidade do Cabo, cavalguei alguns quilômetros para o interior da região, o que me ajudou a esclarecer as informações que eu havia lido antes sobre esse tópico.

O doutor Andrew Smith,[114] que recentemente liderou um grupo de aventureiros pelo Trópico de Capricórnio, me informou que, depois de considerar toda a parte sul da África, não há dúvida de que se trata de uma região árida. Com exceção de algumas florestas impressionantes nas costas sul e sudeste, a maior parte do terreno é de planícies abertas com vegetação limitada e pouco expressiva. É um desafio descrever com precisão as diferenças nos níveis de fertilidade, mas é razoável supor que a Grã-Bretanha em qualquer momento[115] possa suportar pelo menos dez vezes mais vegetação em uma área equivalente do que as regiões interiores da África Austral. O fato de os carros de boi poderem viajar em qualquer direção, exceto perto da costa, com atraso ocasional de não mais de meia hora, oferece, talvez, uma noção mais precisa da escassez da vegetação. Agora, se examinarmos os animais que habitam essas extensas planícies, descobriremos que são extraordinariamente numerosos e grandes. Listarei o elefante, três espécies de rinocerontes e, segundo a convicção do doutor Smith, outras duas ainda, o hipopótamo, a girafa, o *bos caffer* [búfalo-africano] — um pouco menor que um touro adulto e o alce —, duas zebras, o quaga, dois gnus e vários antílopes ainda maiores que esses últimos animais. É possível pressupor que, embora as espécies sejam numerosas, os indivíduos de cada tipo sejam poucos. Pela gentileza do doutor Smith, sou capaz de mostrar que o caso é muito diferente. Ele me informa que, na latitude 24°, em um dia de marcha com os carros de boi, foi capaz de avistar, sem se afastar muito dos dois lados, entre 100 e 150

---

114. Andrew Smith (1797-1872) foi um cirurgião e naturalista escocês que fez contribuições para o estudo da flora e da fauna da África Austral. (N.T.)
115. Com isso, quero dizer que excluo a quantidade total que pode ter sido produzida e consumida sucessivamente durante um determinado período. (N.A.)

rinocerontes de três espécies diferentes. Diz ainda que, no mesmo dia, viu vários grupos de girafas, totalizando quase cem indivíduos; e que, embora não tenha visto nenhum elefante, é possível encontrá-los naquele distrito. A uma distância de pouco mais de uma hora de marcha de seu local de acampamento na noite anterior, seu grupo matou oito hipopótamos e viu muitos outros em um local. Nesse mesmo rio, havia também crocodilos. Claro que foi bastante extraordinário ter visto tantos animais de grande porte em um mesmo lugar, mas isso prova de maneira evidente que eles devem existir em grandes números. Em sua descrição, o doutor Smith aponta que a região pela qual passou naquele dia estava "finamente coberta com grama, e arbustos com cerca de 1,20 metro de altura, e com uma camada ainda mais fina de mimosas". Os carros viajaram sem obstáculos em uma linha quase reta.

Além de estudar esses animais de grande porte, qualquer pessoa um pouco familiarizada com a história natural do Cabo já leu a respeito dos rebanhos de antílopes, os quais só podem ser comparados aos bandos de aves migratórias. De fato, o número de leões,[116] panteras e hienas, bem como a grande quantidade de aves de rapina, é um claro indício da abundante população de mamíferos menores. Conforme o doutor Smith me relatou, a carnificina diária da África Meridional deve ser tremenda! É realmente admirável que tantos animais consigam encontrar sustento em uma região que produz tão pouco alimento. Os quadrúpedes maiores, sem dúvida, vagam por grandes extensões em busca do que comer; e seu alimento consiste sobretudo em vegetação rasteira, que provavelmente contém muitos nutrientes em um pequeno volume. O doutor Smith também me informa que a vegetação cresce de forma rápida. Logo depois de uma área ter sido consumida, já é rapidamente substituída por um novo lote. Entendo, no entanto, que nossas ideias sobre a quantidade necessária para oferecer sustento aos grandes quadrúpedes sejam exageradas. Devemos nos lembrar de que o camelo, um animal um tanto grande, sempre foi considerado o símbolo do deserto.

---

116. O doutor Smith me disse que, certa vez, contou sete leões caminhando na planície em torno do acampamento. (N.A.)

A crença de que a vegetação do local em que vivem os grandes quadrúpedes deve ser necessariamente exuberante é muito admirável, pois o pensamento oposto está longe de ser verdadeiro. O senhor Burchell[117] me disse que, ao adentrar no Brasil, nada lhe pareceu mais convincente do que o esplendor da vegetação sul-americana, quando contrastada com a da África do Sul, e a ausência de todos os grandes quadrúpedes. Em seu livro *Travels*,[118] ele sugeriu que seria extremamente interessante fazer uma comparação dos respectivos pesos (se houvesse dados suficientes) de um número igual dos maiores quadrúpedes herbívoros das duas regiões. Se tomarmos de um lado o elefante,[119] o hipopótamo, a girafa, o búfalo-africano, o alce, certamente três (provavelmente cinco) espécies de rinocerontes, e, do outro lado, duas antas, o guanaco, três cervos, a vicunha, o pecari, a capivara (depois da qual devemos escolher entre os macacos para completar o número), e, então, colocar esses dois grupos um ao lado do outro, não será fácil encontrar maior desproporção entre agrupamentos. Tendo em vista esses fatos, somos obrigados a concluir, contra a probabilidade anterior,[120] que entre os mamíferos não

---

117. William John Burchell (1781-1863) foi um explorador inglês, naturalista e botânico. (N.T.)
118. *Travels in the Interior of South Africa*, vol. II, p. 207. (N.A.)
119. O elefante que foi morto no Exeter Change [Um prédio de Londres. Os andares superiores serviram de zoológico entre 1773 e 1829, quando o prédio foi demolido. (N.T.)] teve seu peso estimado (tendo sido parcialmente pesado) em 5,5 toneladas. A fêmea do elefante, como fui informado, pesava uma tonelada a menos; assim, podemos aceitar 5 toneladas como a média de um elefante adulto. Disseram-me, no Surrey Gardens [O Royal Surrey Gardens, ao sul de Londres, era um parque que foi adquirido por Edward Cross, que desejava transferir seus animais do Exeter Change para lá. (N.T.)], que um hipopótamo enviado para a Inglaterra, cortado em pedaços, foi estimado em 3,5 toneladas; ficaremos com 3. A partir dessas premissas, podemos dar 3,5 toneladas para cada um dos cinco rinocerontes, talvez uma tonelada para a girafa e meia tonelada para o búfalo africano, bem como o alce (um boi grande pesa entre 540 e 680 quilos). Isso dará uma média (levadas em consideração as conjecturas acima) de 2,7 toneladas para os dez maiores animais herbívoros da África Meridional. Na América do Sul, se admitirmos 540 quilos para as duas antas juntas, 250 para o guanaco e a vicunha, 220 para os três cervos, 140 para a capivara, o pecari e um macaco, teremos uma média de 115 quilos, que, acredito, é um valor exagerado. A proporção será, portanto, de 2.760 para 115 (1 para 24) para os dez maiores animais das duas regiões. (N.A.)
120. Imaginemos o seguinte: se descobríssemos um esqueleto de uma baleia da Groenlândia em estado fóssil, sem sabermos da existência de cetáceos, qual naturalista seria capaz de conjecturar sobre a possibilidade de uma carcaça tão gigantesca ser sustentada por crustáceos e moluscos minúsculos que vivem nos mares congelados do extremo norte? (N.A.)

existe nenhuma relação direta entre o *volume* da espécie e a *quantidade* de vegetação nas regiões que habitam.

Em relação ao número de grandes quadrúpedes, certamente não há lugar no mundo que possa ser comparado à África Meridional. Entretanto, dados os vários relatos fornecidos, não se pode negar que a área é extremamente árida. Na parte europeia do mundo, devemos voltar às épocas terciárias para que possamos encontrar, entre os mamíferos, condição semelhante à que existe atualmente no Cabo da Boa Esperança. Essa época terciária — que estamos inclinados a considerar como surpreendentemente abundante em animais de grande porte, porque encontramos os restos de muitas eras acumulados em certos pontos — pode se vangloriar de reunir apenas alguns poucos quadrúpedes grandes a mais do que a África Meridional tem atualmente. Se especularmos sobre as condições da vegetação durante essa época, seremos obrigados, ao menos enquanto levarmos em conta as analogias existentes, a não insistir na necessidade absoluta de uma vegetação exuberante, pois vemos no Cabo da Boa Esperança uma situação completamente diferente.

Sabemos[121] que as regiões mais setentrionais da América do Norte, vários graus além do ponto em que o solo permanece perpetuamente congelado a poucos metros abaixo da superfície, são o lar de florestas de árvores grandes e altas. De forma semelhante, a Sibéria encerra bosques de bétulas, abetos, álamos-trêmulos e alerces que crescem em uma latitude[122] (64°) em que a temperatura média do ar cai abaixo do ponto de congelamento e onde a terra está tão completamente congelada que a carcaça de um animal enterrada nela se mantém perfeitamente preservada. Com esses fatos, devemos aceitar, pelo menos no que diz respeito apenas à *quantidade* de vegetação, que os grandes quadrúpedes das épocas terciárias tardias podem, na maior parte do norte da Europa e da Ásia, ter

---

121. Ver as *Zoological Remarks to Capt. Back's Expedition* [Notas de zoologia para a expedição do capitão Back], pelo doutor Richardson. Ele diz: "O subsolo ao norte da latitude 56° está perpetuamente congelado, o degelo na costa não penetra mais de 90 centímetros, e, no Lago Bear, na latitude 64°, não mais de 50 centímetros. O substrato congelado não destrói por si só a vegetação, pois os bosques florescem na superfície a certa distância da costa". (N.A.)
122. Ver Humboldt, *Fragmens Asiatiques*, p. 386; Barton, *Geography of Plants*; e Malte Brun. Nesta última obra se diz que o limite de crescimento das árvores na Sibéria pode ser traçado abaixo do paralelo 70. (N.A.)

vivido nos locais em que seus fósseis se encontram hoje. Não me refiro aqui ao *tipo* de vegetação necessário para seu sustento, porque, como há evidências de mudanças físicas, e como os animais se extinguiram, podemos supor que as espécies de plantas também foram alteradas.

Essas observações estão diretamente relacionadas ao caso dos animais siberianos preservados no gelo. A firme convicção da necessidade de uma vegetação com características de exuberância tropical para oferecer sustento a animais tão grandes, somada à impossibilidade de conciliar isso com a proximidade do congelamento perpétuo, foi uma das principais causas das diversas teorias sobre revoluções repentinas do clima e sobre catástrofes avassaladoras, inventadas para explicar como esses animais haviam sido enterrados. Estou longe de supor que o clima não tenha mudado desde o período em que viveram esses animais que agora estão enterrados no gelo. No momento, quero apenas mostrar que, no que diz respeito *apenas* à *quantidade* de alimentos, o rinoceronte antigo poderia ter vagado sobre as *estepes* da Sibéria central (com as partes do norte provavelmente submersas sob a água) mesmo nas condições atuais, da mesma forma que os rinocerontes e elefantes vivos sobrevivem nos *Karoos*[123] da África do Sul.

Se voltarmos a discutir os animais fósseis na Bahía Blanca após nosso longo desvio, estaremos diante de um desafio, porque não sabemos com certeza o que as grandes criaturas *Edentata* comiam. Se comiam insetos e larvas, como seus parentes mais próximos, os tatus e os tamanduás, então, toda a especulação chega ao fim. Contudo, como a vegetação é a fonte primária de vida em todas as partes do mundo, acredito que podemos concluir com segurança que a região em torno da Bahía Blanca, com um aumento muito pequeno da fertilidade, seria capaz de sustentar animais de grande porte. Não tenho dúvidas de que as planícies do Rio Negro, com seus arbustos espinhosos densamente espalhados, forneceriam alimentos de forma tão apropriada quanto os *Karoos* da África. Como há evidências de uma pequena mudança física, podemos aceitar a possibilidade de que a produtividade do solo tenha diminuído num grau também pequeno. Acredito que, fazendo essa concessão, todas as dificuldades deixam de existir. Por outro lado, se supusermos a necessidade de uma vegetação

---

123. *Karoos* são regiões semidesérticas da África do Sul. (N.T.)

exuberante para garantir o alimento desses animais, acabaremos nos envolvendo em uma série de contradições e improbabilidades.

Como as observações acerca dos fósseis de vários quadrúpedes que descobri na América do Sul estão espalhadas em diferentes partes deste volume, faço aqui um catálogo deles. Após ter ampliado o tamanho diminuto das raças atuais, pode ser interessante observar que, antes, prevalecia uma ordem de coisas muito diferente. Entre o primeiro e o quinto lugar estariam o megatério e os quatro ou cinco outros grandes *Edentata* já referidos; em 6º) um imenso mastodonte, que deve ter sido abundante em toda a região; 7º) o cavalo (não me refiro aqui ao dente quebrado da Bahía Blanca, mas a evidências mais sólidas); 8º) o toxodonte, um animal extraordinário tão grande quanto um hipopótamo; 9º) um fragmento da cabeça de um animal maior que um cavalo e de um caráter muito singular; 10º, 11º e 12º) partes de roedores, um deles de tamanho considerável; por último, uma lhama ou um guanaco tão grande quanto um camelo. Todos esses animais coexistiram durante uma época que, no âmbito geológico, é tão recente que pode ser considerada apenas como o passado. Esses restos foram apresentados à Faculdade de Cirurgiões,[124] onde estão agora nas mãos de pessoas mais bem qualificadas para apreciar o valor que possam vir a ter.

Farei agora um relato sobre os hábitos de algumas das aves mais interessantes, e que são comuns nessas planícies selvagens; começarei com o *Struthio rhea*, ou avestruz sul-americano. Esta ave é bem conhecida por habitar em grandes quantidades as planícies setentrionais da Patagônia e as Províncias Unidas do Prata.[125] O avestruz não atravessou a cordilheira; mas vi alguns dentro da primeira faixa de montanhas na planície de Uspallata, entre 1.800 e 2.100 metros de altitude. Os hábitos comuns do avestruz são bem conhecidos. Eles se alimentam de matéria vegetal, como raízes e grama. Na Bahía Blanca, entretanto, vi, durante a maré baixa, muitas vezes, três ou quatro descerem até os extensos bancos de lama, que, nesse momento, estão secos, para, como dizem os gaúchos, capturar

---

124. Faculdade Real de Cirurgiões da Inglaterra (*Royal College of Surgeons of England*, em inglês). (N.A.)
125. Nome da Argentina utilizado até a sua constituição de 1826. (N.A.)

peixes pequenos. Embora o avestruz, em seus hábitos, seja muito reservado, cauteloso e solitário, e embora tenha um passo rápido, é presa um tanto fácil do índio ou do gaúcho armado com sua boleadeira. Quando vários cavaleiros surgem e formam um semicírculo, a ave fica confusa e não sabe por onde escapar. Em geral, prefere correr contra o vento. No entanto, no primeiro arranque, eles abrem suas asas e saem como um navio a toda vela. Em um dia belo e quente, vi vários avestruzes entrarem em um leito de juncos altos, onde se agacharam, escondendo-se até que estivéssemos muito próximos deles. Muitos caçadores não sabem que os avestruzes entram com facilidade na água. O senhor King me informou que, na Baía de San Blas e em Porto Valdés, na Patagônia, ele viu, várias vezes, essas aves nadando de ilha em ilha. Entravam na água, às vezes, voluntariamente, mas também quando eram encurraladas, e nadavam a uma distância de cerca de 200 metros. Quando nadam, muito pouco de seus corpos aparece acima da água, e seus pescoços ficam estendidos um pouco para a frente; na água, seu avanço é lento. Em duas ocasiões, vi alguns avestruzes atravessando o Rio Santa Cruz, num percurso de cerca de 360 metros de largura e de corrente rápida. O capitão Sturt,[126] ao descer o Murrumbidgee, na Austrália, também viu dois emus nadando.

Os habitantes que vivem na região distinguem com facilidade, mesmo a distância, o macho da fêmea. O primeiro é maior, mais escuro,[127] e tem uma cabeça maior. O avestruz, acredito que o macho, emite um som singular, profundo e sibilante. Quando o ouvi pela primeira vez, parado no meio de algumas dunas, pensei que fosse um animal selvagem, pois é um som que não se pode afirmar de onde vem ou de quão longe vem. Quando estávamos em Bahía Blanca nos meses de setembro e outubro, seus ovos podiam ser encontrados em grandes quantidades por toda a região. Os ovos são encontrados em lugares dispersos e isolados e, nesse caso, nunca eclodem, e são chamados pelos espanhóis de huachos; ou encontram-se agrupados em um buraco raso, onde formam o ninho. Vi quatro ninhos. Três deles continham 22 ovos cada, e o quarto, 27. Em um dia

---

126. O capitão Charles Napier Sturt (1795-1869) foi um oficial britânico e explorador que desceu o Rio Murrumbidgee, em Nova Gales do Sul, na Austrália, em 1829. (N.T.)
127. Um gaúcho me garantiu que, certa vez, tinha visto uma variedade completamente branca, ou albina, e que era uma ave muito bonita. (N.A.)

de caça a cavalo, 64 ovos foram encontrados — 44 em dois ninhos; os outros 20 eram *huachos* dispersos. Os gaúchos afirmam de modo unânime, e não há razão para duvidar de sua afirmação, que o macho choca os ovos sozinho e, depois disso, acompanha os filhotes durante algum tempo. Quando está no ninho, o macho repousa muito próximo do solo; certa vez, quase passei a cavalo por cima de um. Afirma-se que, em tais momentos, eles são ocasionalmente ferozes e até mesmo perigosos; e que foram vistos atacando um homem a cavalo, tentando chutá-lo e saltar sobre ele. Meu informante apresentou-me um velho que estava muito aterrorizado por ter sido perseguido por um avestruz. Observo que, nas viagens de Burchell pela África do Sul, ele nota: "após matarem um avestruz macho que tinha as penas sujas, os hotentotes [povo *khoisan*] disseram que aquela era uma ave de ninho". Entendo que o emu macho, no jardim zoológico, toma conta do ninho: esse hábito é, portanto, comum à família.

Os gaúchos afirmam de forma unânime que várias fêmeas põem ovos em um mesmo ninho. Disseram-me de modo afirmativo que quatro ou cinco fêmeas foram vistas indo, no meio do dia, uma após a outra, para o mesmo ninho. Posso acrescentar, também, que se acredita, na África, que duas fêmeas põem ovos em um mesmo ninho.[128] Embora esse hábito, a princípio, pareça muito estranho, acredito que possa ser explicado de forma simples. O número de ovos em um ninho varia entre vinte e quarenta, podendo chegar a cinquenta; e, de acordo com Azara, a setenta ou oitenta. Agora, é mais provável — pelo número extraordinariamente grande de ovos encontrados em uma área, em proporção ao de aves paternas e, da mesma forma, pelo estado do ovário da fêmea — que ela ponha muitos ovos no decorrer de uma estação, ainda que o tempo necessário para isso seja muito longo. Azara afirma[129] que uma fêmea domesticada botou dezessete ovos, cada um deles posto com três dias de diferença do anterior. Se a fêmea fosse obrigada a chocar seus próprios ovos antes de o último ter sido colocado, provavelmente, o primeiro estaria podre. No entanto, se várias delas pusessem alguns ovos ao longo do tempo e em ninhos diferentes; e, ainda, se várias fêmeas, conforme dizem ser o

---

128. Burchell, *Travels*, vol. I, p. 280. (N.A.)
129. Azara, vol. IV, p. 173. (N.A.)

caso, o fizessem em conjunto, nesse caso, os ovos de um mesmo ninho teriam quase a mesma idade. Se o número médio de ovos em cada ninho não for maior do que o que uma fêmea põe em uma estação, então, deve haver tantos ninhos quanto fêmeas, e cada ave macho compartilharia o dever de incubação durante o período em que as fêmeas provavelmente não podem chocar por não terem terminado de pôr seus ovos. Mencionei a grande quantidade de *huachos*, ou ovos dispersos; de modo que, em um dia de caça, a terça parte foi encontrada neste estado. Parece estranho que tantos ovos sejam desperdiçados. Será que a razão da escassez de ninhos comunitários se deve aos desafios de múltiplas fêmeas coordenando e convencendo um macho mais velho a assumir a tarefa de incubação? É claro que, no início, precisa haver algum nível de associação entre, pelo menos, duas fêmeas; caso contrário, os ovos estariam espalhados por vastas planícies, tornando impossível para o macho reuni-los em um único ninho. Alguns acreditam que os ovos dispersos são colocados para que as aves jovens se alimentem deles. Isso dificilmente deve ser o caso na América, pois os *huachos*, embora, muitas vezes, sejam encontrados não chocados e pútridos, em geral, estão inteiros.

Quando estávamos no Rio Negro, na Patagônia Setentrional, ouvi os gaúchos falando algumas vezes sobre um pássaro bastante raro que chamavam de avestruz *petise*. Descreveram-no como sendo menor do que o avestruz comum (que é abundante ali), mas, em geral, muito semelhante. Disseram que era escuro e mosqueado, que suas pernas eram mais curtas e suas penas se alastravam mais abaixo do que as do avestruz comum. Essa ave é mais facilmente capturada pela boleadeira do que as outras espécies. Os poucos habitantes que viram ambos os tipos afirmavam que podiam distingui-los de longe. No entanto, os ovos das espécies pequenas pareciam ser mais conhecidos; e foi observado, com surpresa, que eram pouco menores do que os do *Rhea*, tinham uma forma meio diferente e um tom de azul pálido. Alguns ovos recolhidos nas planícies da Patagônia estão bem de acordo com essa descrição, e não duvido que sejam do *petise*. Essas espécies são raras nas planícies que margeiam o Rio Negro; mas, cerca de 1,5 ° mais ao sul, se tornam razoavelmente abundantes. Um gaúcho, no entanto, disse que recordava claramente ter visto um, muitos anos antes, perto da foz do Rio Colorado, que fica ao norte do Rio Negro. Tem sido relatado que preferem as planícies costeiras. Quando estávamos em Puerto Deseado, na Patagônia (latitude 48°), o senhor Martens atirou em um avestruz. Enquanto examinava a ave, estranhamente esqueci tudo sobre o tema dos *petises* e acreditei erroneamente que se tratava de um indivíduo jovem da espécie regular. O pássaro foi cozido e comido antes que minha memória retornasse. Felizmente, a cabeça, o pescoço, as pernas, as asas, muitas das penas maiores e grande parte da pele foram preservados. Com esses restos, um espécime quase perfeito foi montado e, agora, está exposto no museu da Sociedade Zoológica. O senhor Gould — que, ao descrever essa nova espécie, a designou com meu nome em minha homenagem — afirma que, além do tamanho menor e da cor diferente da plumagem, o bico apresenta dimensões consideravelmente menos proporcionais do que no *Rhea* comum; que os tarsos estão cobertos de escamas de formato diferente, e que têm penas a partir de quinze centímetros abaixo do joelho. Em relação a este último aspecto e nas penas mais largas da asa, essa ave mostra, talvez, mais afinidade com a família dos galináceos do que qualquer outra ave da família dos *Struthionidae*.

Entre os indígenas patagônios do Estreito de Magalhães, encontramos um mestiço que viveu alguns anos com a tribo, mas havia nascido nas províncias do norte. Perguntei a ele se já ouvira falar do avestruz *petise*. Ele respondeu o seguinte: "Como não? Não há outro tipo nessas regiões meridionais!".

Ele me informou que o número de ovos no ninho do *petise* é consideravelmente menor do que o do outro tipo, ou seja, não mais de quinze, em média; afirmou, porém, que foram postos por mais de uma fêmea.

Em Santa Cruz, vimos várias dessas aves. Elas se mostravam excessivamente cautelosas; acredito que fossem capazes de ver uma pessoa se aproximando quando esta se encontrava longe demais para conseguir sequer notar a presença do avestruz. Quando subimos o rio, vimos poucas, mas, em nossa descida tranquila e rápida, observamos muitas aves, em pares e em grupos de quatro ou cinco. Foi observado, e creio que isto seja verdade, que, diferentemente da ave encontrada no norte, esta que vimos não abre suas asas quando começa a correr a toda velocidade. Já mencionamos o fato de esses avestruzes conseguirem atravessar o rio a nado. Em conclusão, posso afirmar que o *Struthio rhea* habita a região do Prata até um pouco ao sul do Rio Negro, na latitude 41°, e que o *petise* ocupa seu lugar na Patagônia Meridional, pois a área próxima ao Rio Negro é território neutro. Wallis[130] viu avestruzes no Rio Batchelor (latitude 53°54'), no Estreito de Magalhães, faixa que talvez seja o ponto mais ao sul em que o *petise* pode ser encontrado. O senhor d'Orbigny, quando estava no Rio Negro, se esforçou muito para capturar esta ave, mas não teve a sorte de conseguir. Ele menciona o fato em seu livro *Travels*[131] e propõe (no caso, presumo, de um espécime ser obtido) chamá-lo de *Rhea pennata*; uma descrição mais completa foi dada muito antes, em *Account of the Abipones* de Dobrizhoffer[132] (1749). Ele diz: "É preciso saber, além disso, que emus diferem em tamanho e hábitos em diversas áreas; aqueles que habitam as planícies de Buenos Aires e Tucumán são maiores e têm penas pretas, brancas e cinzas; aqueles próximos do Estreito de Magalhães são menores e mais bonitos, pois suas penas brancas têm extremidades pretas, e as pretas, de maneira semelhante, terminam em branco".

Uma ave bastante pequena e singular, que foi recentemente descrita por Saint-Hilaire e Lesson,[133] com o nome de *Tinochorus eschscholtzii*, é comum aqui. Em seus hábitos, em sua aparência e sua estrutura geral, chega a se classificar de forma quase semelhante à das características de uma codorna e uma narceja. E, mesmo assim, esses dois pássaros fazem um grande contraste na forma de seus bicos, de suas asas e pernas. O *Tinochorus* é encontrado em toda a América do Sul Meridional, onde quer que haja planícies estéreis ou pastagens abertas e secas. A parte mais ao

---

130. O capitão Samuel Wallis (1728-1795) foi um oficial da Marinha Britânica. Explorou o Oceano Pacífico, ao qual chegou após atravessar o Estreito de Magalhães. (N.T.)
131. Vol. II, p. 76. Quando estávamos no Rio Negro, ouvimos muito sobre os trabalhos incansáveis desse naturalista. O senhor d'Alcide d'Orbigny, entre 1826 e 1833, atravessou várias grandes áreas da América do Sul, editou uma coleção e agora está publicando os resultados em uma escala de magnificência que o coloca imediatamente na lista dos grandes viajantes ao continente americano, sendo superado apenas por Humboldt. (N.A.)
132. Vol. I (tradução em inglês), p. 314. (N.A.)
133. Auguste de Saint-Hilaire (1779-1853) foi um botânico e viajante francês que fez duas expedições à América do Sul. Na primeira, entre 1816 e 1822, ele explorou desde o Sudeste brasileiro até o Rio da Prata, e, na segunda, em 1830, passou pelas regiões Sul e Centro-Oeste. René Primevère Lesson (1794-1849) foi um ornitólogo e cirurgião francês. (N.T.)

sul em que a vimos foi em Santa Cruz, nas planícies do interior da Patagônia, na latitude 50°. Essa ave é encontrada no lado ocidental da cordilheira, perto de Concepción, onde a floresta se torna uma região aberta: a partir desse ponto e por todo o Chile, até Copiapó, ela frequenta os lugares mais desolados, onde quase nenhuma outra criatura viva consegue existir. São encontradas em pares ou em pequenos bandos de cinco ou seis indivíduos; porém, próximo da Sierra de la Ventana, vi até trinta ou quarenta delas juntas. Quando nos aproximamos, elas se agacham e, então, fica muito difícil vê-las, pois costumam levantar voo de forma bastante inesperada. Ao se alimentar, a ave caminha bem lentamente e com as pernas separadas; cobre-se de poeira nas estradas e nos locais arenosos; frequenta pontos específicos em que pode ser encontrada todos os dias. Quando um par está junto, se um dos indivíduos é abatido por um tiro, o outro raramente voa; pois esses pássaros, como as perdizes, só voam em bandos. Em todos esses aspectos, a saber, na moela muscular adaptada para comer vegetais, no bico arqueado e nas narinas carnudas, nas pernas curtas e na forma dos pés, o *Tinochorus* tem uma afinidade estreita com as codornas. Todavia, assim que a ave é vista voando, essa opinião é alterada; as longas asas pontiagudas, tão diferentes das asas da ordem dos galináceos, a maneira irregular de voar e o grito melancólico, proferido quando se põem a voar, nos trazem a narceja à mente. Os caçadores do *Beagle*, por unanimidade, lhe chamaram de narceja de bico curto. Deste gênero, ou melhor, do *sandpiper* (família *Scolopacidae*), conforme me informa o senhor Gould, a ave se aproxima em virtude do formato de sua asa, do comprimento dos escapulares, da forma da cauda, que se assemelha muito à do *Tringa hypoleucos*, e da coloração geral da plumagem. O macho, no entanto, apresenta uma marca preta em seu peito, na forma de um jugo, que pode ser comparada à ferradura no peito da perdiz inglesa. Dizem que o ninho é colocado nas margens dos lagos, embora a ave, em si, seja habitante do deserto seco.

O *Tinochorus* é parente próximo de algumas outras aves sul-americanas. Duas espécies do gênero *Attagis* são, em quase todos os aspectos, idênticas ao *ptarmigan* (lagópode-branco ou tetraz-das-rochas) em seus hábitos; uma delas habita a Terra do Fogo, acima dos limites da floresta; a outra, logo abaixo da linha de neve na cordilheira do Chile Central. Uma ave de outro gênero aparentado, a *Chionis alba* — cuja espécie solitária, segundo imaginou-se por muito tempo, formava uma família por si só — habita as regiões antárticas; se alimenta de algas marinhas e mariscos das rochas das zonas entre marés. Embora não tenha pés palmados, por algum hábito inexplicável, é frequentemente encontrada distante, mar adentro. Essa pequena família de aves é uma daquelas que, a partir de suas variadas relações, embora ofereçam apenas dificuldades ao naturalista sistematizador, podem, em última instância, ajudar a revelar o grande esquema, comum às eras atuais e passadas, no qual os seres organizados foram criados.

Também farei uma breve observação em relação ao gênero *Furnarius*. Este contém várias espécies, todas de aves pequenas que vivem no solo, habitando regiões abertas e secas. Em sua estrutura, não podem ser comparados a nenhuma forma europeia. Os ornitólogos costumavam incluir o gênero entre as aves trepadeiras, embora estas sejam contrárias a essa família em todos os hábitos. A espécie mais conhecida é o joão-de-barro, comum do Prata, conhecido como casara, ou construtor de casas, entre os espanhóis e *Furnarius rufus* de Vieillot.[134] O ninho, de onde toma seu nome, é construído em locais bastante expostos, como o topo de um poste, uma rocha aberta ou um cacto; é composto de lama e pedaços de palha e formado por fortes paredes grossas; se assemelha precisamente a um forno ou a uma colmeia afundada. Sua abertura é grande e arqueada, e, bem na frente, dentro do ninho, há uma partição que chega quase ao topo, formando, assim, uma passagem ou uma antecâmara para o verdadeiro ninho.

Outra espécie menor de *Furnarius*, semelhante a uma cotovia em sua aparência, é parecida com o joão-de-barro em muitos aspectos — na tonalidade geral avermelhada de sua plumagem, em seu grito estridente peculiar, na forma estranha de correr em rajadas curtas, etc. Por sua semelhança, os espanhóis a chamam de *casarita* (ou pequeno construtor de casas), embora sua nidificação seja bem diferente. A *casarita* constrói seu ninho no fundo de um estreito buraco cilíndrico, que, segundo dizem, se estende no sentido horizontal por quase 2 metros sob o solo. Várias pessoas da região me disseram que, quando eram crianças, tentaram cavar o ninho, mas quase

---

134. Em 1816, Louis Jean Pierre Vieillot (1748-1830), um ornitólogo francês, estabeleceu o gênero *Furnarius* em seu *Analyse d'une nouvelle ornithologie élémentaire*. (N.T.)

nunca conseguiam chegar ao fim. A ave escolhe qualquer banco baixo de solo arenoso firme ao lado de uma estrada ou de um córrego. Aqui (em Bahía Blanca), os muros são construídos com terra batida; eu observei que um deles, que cercava o pátio onde me alojei, estava perfurado por buracos redondos em muitos pontos. Ao perguntar ao proprietário a causa disso, ele reclamou amargamente da pequena *casarita*; várias das quais observei trabalhando mais tarde. É bastante curioso o fato de que, embora estivessem sempre voando sobre o muro baixo, elas sejam incapazes de compreender a ideia de espessura, mesmo após trilhar o menor e mais tortuoso caminho, pois, se compreendessem, não teriam feito tantas tentativas vãs. Não duvido de que todas elas tenham se surpreendido com o fato maravilhoso de encontrar luz do dia no lado oposto do muro.

Já mencionei quase todos os mamíferos comuns a essa região. Há três espécies de tatus; a saber, o *Dasypus minutus* ou *Zaedyus pichiy*, o *villosus* ou *peludo*, e o *apar*. O hábitat do primeiro se estende até a latitude 50°, cerca de 10° mais ao sul do que qualquer outro tipo. Uma quarta espécie, o *mulita*, ocorre apenas até a Serra Tapalguen, latitude 37°30' sul, que fica ao norte da Bahía Blanca. As quatro espécies têm hábitos quase semelhantes; o *peludo*, no entanto, é noturno, enquanto os outros vagam de dia sobre as planícies abertas, alimentando-se de besouros, larvas, raízes e até de cobras pequenas. O a*par*, também chamado de *mataco*, é notável por ter apenas três faixas móveis; o restante de sua carapaça tesselada é quase inflexível. Ele é capaz de enrolar-se e formar uma esfera perfeita, assim como o tatu-bolinha. Quando se põe nesse estado, fica a salvo do ataque de cães, pois o cão não é capaz de abocanhá-lo por inteiro; quando tenta morder um lado, ele escapa rolando. A carapaça lisa e dura do *mataco lhe* oferece uma defesa melhor do que a dos espinhos afiados do ouriço. O *pichiy* prefere um solo bem seco; as dunas de areia próximas da costa, onde não consegue sentir o sabor da água por muitos meses, são sua estância favorita. Durante um dia de cavalgada perto de Bahía Blanca, é comum encontrar vários deles. Quando encontrávamos um, era necessário quase pular do cavalo para apanhá-lo, pois, no solo macio, o animal cava de forma tão rápida que sua parte traseira quase desaparecia antes que alguém pudesse desmontar do cavalo. O *pichiy*, da mesma forma, sempre tenta passar desapercebido, mantendo o corpo bem próximo ao chão.

É quase uma pena matar esses animaizinhos tão simpáticos, pois, como disse um gaúcho, enquanto afiava sua faca na parte de trás de um, "*son tan mansos*" (são tão mansos).

Entre os répteis, há muitos tipos; vi uma cobra (uma *Trigonocephalus* ou, mais apropriadamente, uma *cophias*) que, pelo tamanho do canal de veneno de suas presas, creio que deva ser extremamente mortífera. Cuvier, em oposição a alguns outros naturalistas, a classifica num subgênero da cascavel, intermediária entre esta e a víbora. Confirmando essa opinião, observei um fato que me parece muito curioso e instrutivo, pois demonstra como cada característica, embora possa ser em algum grau independente da estrutura, tende a variar com o tempo. A extremidade da cauda desta cobra se encerra em uma ponta meio alargada; e, conforme o animal desliza, faz vibrar o tempo todo essa parte, a qual, batendo contra a grama seca e o mato, produz um barulho de chocalho, que poderia ser claramente ouvido à distância de 2 metros. Toda vez que o animal parecia irritado ou surpreso, sua cauda chacoalhava, e as vibrações eram muito rápidas. Enquanto o corpo mantinha essa aparente irritabilidade, ficava evidente uma tendência a esse movimento habitual. O *Trigonocephalus* tem, portanto, em alguns aspectos, a estrutura de uma víbora com os hábitos de uma cascavel; porém o ruído é produzido por um dispositivo mais simples. A expressão da face dessa cobra é hedionda e feroz; sua pupila consiste em uma fenda vertical em uma íris mosqueada e acobreada; as mandíbulas são largas na base, e o nariz termina em uma projeção triangular. Acho que nunca vi nada mais feio, exceto, talvez, em alguns morcegos-vampiros. Imagino que esse aspecto repulsivo se deva ao fato de as suas características estarem em posições, umas em relação às outras, um tanto proporcionais às do rosto humano; assim, obtemos uma escala de beleza/feiura.

Entre os anuros, encontrei apenas um pequeno sapo, que era bastante singular em virtude de sua cor. Teremos uma boa ideia de sua aparência se imaginarmos, primeiro, que ele tenha sido mergulhado em tinta muito negra e, depois de seco, tenha rastejado sobre uma tábua recém-pintada com uma tinta num tom escarlate muito vivo, de modo a colorir as solas de suas patas e partes de sua barriga. Sendo uma espécie sem nome, certamente deveria ser chamada *diabolicus*, pois é um sapo apropriado para pregar um sermão no ouvido de Eva. Em vez de ser noturno em seus hábitos, como o são outros sapos, e viver em recessos úmidos e obscuros, rasteja, durante o calor do dia, sobre as colinas de areia seca e as planícies áridas, onde nem mesmo uma gota de água é encontrada. Deve, necessariamente, obter do orvalho a umidade de que precisa, a qual é provavelmente absorvida pela pele, pois se sabe que esses répteis têm um grande poder de absorção cutânea. Em Maldonado, encontrei um deles em condições quase tão secas quanto as de Bahía Blanca, e, pensando em lhe fazer um grande mimo, levei-o até uma poça de água; o pequeno animal não só foi incapaz de nadar como, também, acredito que logo teria se afogado sem minha ajuda.

Quanto aos lagartos, embora haja muitos tipos, apenas um é notável por seus hábitos. Vive na areia nua perto da costa, e é difícil distingui-lo da superfície circundante por causa de sua cor mosqueada, suas escamas amarronzadas, manchadas de branco, vermelho-amarelado e azul-encardido. Quando assustado, se finge de morto para evitar ser descoberto; para isso, estende suas pernas, contrai o corpo e fecha os olhos; se continua sendo molestado, se enterra com grande rapidez na areia solta. Este lagarto não é capaz de correr rápido por causa de seu corpo achatado e suas pernas curtas. Pertence ao gênero *Ophryessa*.

Adicionarei algumas observações sobre a hibernação de animais nessa parte da América do Sul. Assim que chegamos a Bahía Blanca, no dia 7 de setembro de 1832, imaginamos que a natureza não havia admitido uma única criatura viva a essa região arenosa e seca. Entretanto, ao cavar o solo, vários insetos, algumas aranhas grandes e uns lagartos foram encontrados em um estado de semiletargia. No dia 15, alguns animais começaram a aparecer e, no dia 18 (três dias antes do equinócio), tudo indicava o início da primavera. As planícies estavam ornamentadas com flores de *Oxalis* cor-de-rosa, ervilhas silvestres, *oenotheras* e gerânios; e as aves começavam a pôr seus ovos. Inúmeros insetos lamelicórnios e heterômeros, estes últimos, notáveis por seus corpos profundamente esculpidos, rastejavam lentamente, enquanto a tribo *sauriana* — habitante comum do solo arenoso — corria em todas as direções. Durante os primeiros onze dias, enquanto a natureza estava adormecida, a temperatura média, calculada pelas observações realizadas a cada duas horas a bordo do *Beagle*, foi de 10,5 °C; e, no meio do dia, o termômetro raramente ultrapassava os 12,7 °C. Nos onze dias seguintes, quando todos os seres vivos ficaram muito animados, a média foi de 14,4 °C, e o intervalo no meio do dia, entre 15,5 ºC e 21,1 ºC. Aqui, então, um aumento de 4 °C na temperatura média — e um aumento maior na temperatura máxima — foi suficiente para despertar as funções da vida. Em Montevidéu, de onde tínhamos zarpado pouco antes, nos 23 dias (entre 26 de julho e 19 de agosto), a temperatura média de 276 observações foi de 14,6 °C; o dia mais quente da média foi de 18,6 °C, e o mais frio, de 7,7 °C. A marca mais baixa do termômetro foi de 5,3 °C, e ocasionalmente no meio do dia subia para 20,5 °C ou 21,1 °C. A despeito dessa temperatura elevada, quase todos os besouros, vários gêneros de aranhas, caracóis e moluscos terrestres, sapos e lagartos permaneciam letárgicos sob as pedras. Entretanto, vimos que em Bahía Blanca — que fica 4 °C ao sul, e, por isso, apresenta um clima apenas um pouco mais frio — essa mesma temperatura, com um calor um pouco menos extremo, foi suficiente para despertar todos os tipos de seres vivos. Isso mostra a forma admirável com que o nível necessário de estímulo está adaptado ao clima geral do lugar, e o quão pouco depende da temperatura absoluta. Sabe-se que, na região intertropical, a hibernação, ou, mais adequadamente, a estivação dos animais é guiada pelos períodos de seca. Próximo ao Rio de Janeiro, fiquei, a princípio, surpreso ao observar que, poucos dias depois de algumas depressões pequenas terem sido convertidas pela chuva em piscinas de água, logo estavam povoadas por um grande número de moluscos e besouros adultos. Humboldt relatou o estranho caso de uma choupana que havia sido construída sobre um ponto em que um jovem crocodilo estava enterrado na terra batida. Ele acrescenta que "os índios costumam encontrar jiboias enormes, chamadas por eles de *uji*, ou serpentes de água, no mesmo estado letárgico; para reanimá-las, é preciso irritá-las ou molhá-las".

Mencionarei apenas outro animal, um zoófito parente da *Virgularia*,[135] um tipo de pena-do-mar. É formado por um caule fino, reto e carnudo, com séries alternadas de pólipos em cada lado, em volta de um eixo elástico pétreo. Seu comprimento varia entre 20 e 60 centímetros. O caule é truncado

---

135. Acredito ser a *Virgularia patagonica* de d'Orbigny. (N.A.)

em uma das extremidades; a outra, contudo, termina em um apêndice carnudo e vermiforme, separado em dois compartimentos; estes contêm pequenas ovas amarelas e esféricas. O eixo pétreo que dá sustentação ao caule se torna, nessa extremidade, um mero vaso repleto de matéria granular. Essa porção não desenvolvida se fecha em um saco elástico transparente, flexível e irritável, que contém um fluido no qual se pode ver uma circulação bastante distinta de partículas. Esse saco flutua em um dos compartimentos do apêndice terminal carnudo. Durante a maré baixa, centenas desses zoófitos podem ser observados projetando-se como pequenos restolhos da areia lamacenta, com sua extremidade truncada voltada para cima, alguns centímetros acima da superfície. Quando são tocadas ou puxadas (as extremidades), logo se retraem com força, desaparecendo quase ou totalmente da vista. Quando esta ação de retração ocorre, o centro altamente elástico do organismo se dobra na extremidade inferior, onde é natural e meio curvado. É provável que essa elasticidade permita que o zoófito se eleve de novo através da lama. Apesar de estar intimamente ligado a seus vizinhos, cada pólipo tem sua própria boca, um corpo e tentáculos distintos. Um espécime grande deve conter muitos milhares de pólipos; ainda assim, vemos que agem com unidade de movimentos, que têm um eixo central conectado a um sistema obscuro de circulação e que as ovas são produzidas em um órgão distinto dos indivíduos isolados. Nesse caso, é admissível questionar o que de fato constitui um indivíduo. Tenho apenas mais uma observação a compartilhar em relação a esse zoófito. As cavidades que carregam dos compartimentos carnudos da extremidade estavam repletas de uma matéria polposa amarela, a qual, examinada em um microscópio, apresentava uma aparência extraordinária. A massa era composta de grãos arredondados, semitransparentes e irregulares, agregados em partículas de vários tamanhos. Todas essas partículas, assim como os grãos individuais, demonstraram a capacidade de se mover rápido. Elas normalmente giram em torno de eixos diferentes, mas, às vezes, se movimentam de forma progressiva. O movimento era visível através de uma lente de pouca magnificação, mas não podia ser percebido com uma lente de maior alcance. Era muito diferente da circulação do fluido no saco elástico, contendo a extremidade fina do eixo. Em outras ocasiões, ao dissecar pequenos animais marinhos sob o microscópio, vi partículas de matéria polpuda, algumas de grande porte, que começavam a girar logo depois de ser desagregadas. Imaginei, não sei com quanta verdade, que essa matéria granular e polpuda estava em processo de ser convertida em ova. É certo que esse parecia ser o caso nesse zoófito.

Durante minha estada em Bahía Blanca, enquanto esperava o *Beagle*, a cidade estava em constante estado de agitação, pois havia rumores de guerras e vitórias entre as tropas de Rosas e os indígenas selvagens. Certo dia, nos veio a notícia de que todos os indivíduos de um pequeno grupo que formava uma das postas da via que chegava em Buenos Aires haviam sido assassinados. No dia seguinte, cerca de trezentos homens chegaram do Colorado sob a regência do comandante Miranda. Uma grande parte desses homens era composta de indígenas (*mansos* ou domados) da tribo do cacique Bernantio. Passaram a noite ali. Era impossível imaginar algo mais selvagem do que a cena de seu acampamento. Alguns bebiam até ficar completamente intoxicados; outros consumiam o sangue quente do gado abatido para seu jantar e, então, enjoados pela embriaguez, vomitavam várias vezes, ficando cobertos de imundice e sangue.

> *Nam simul expletus dapibus, vinoque sepultus*
> *Cervicem inflexam posuit, jacuitque per antrum*
> *Immensus, saniem eructans et frusta cruento*
> *Per somnum commixta mero.*[136]

Pela manhã, partiram para a cena do crime, com ordens para seguir o rastro, ainda que isso os levasse ao Chile. Depois, nos chegou a notícia de que os indígenas selvagens haviam fugido para os grandes Pampas, e que o rastro havia sido perdido de alguma forma. Uma olhada no rastro conta a essas pessoas uma história inteira. Supondo que examinassem o rastro de mil cavalos, logo poderiam estimar o número de homens que seguiam montados; e, pela profundidade das outras pegadas, se os cavalos levavam cargas; pela irregularidade dos passos, quão cansados estavam; pela maneira como a comida foi cozida, se o perseguido viajava às

---

136. Virgílio, *Eneida,* Livro III, v. 630-633. "Pois [Polifemo, o ciclope], empanturrado de tanto comer e afundado no vinho, deitou-se esticado na caverna com o pescoço pendendo para baixo e, enquanto dormia, vomitava uma mistura de comida, sangue e vinho." (N.A.)

pressas; pela aparência geral, há quanto tempo haviam passado pelo local examinado. Consideram um rastro de dez dias ou de duas semanas suficientemente recente para ser perseguido. Também soubemos que Miranda havia seguido do extremo oeste da Sierra Ventana em uma linha direta até a Ilha de Cholechel, situada a cerca de 338 quilômetros da foz do Rio Negro. Essa viagem cobriu uma distância entre 320 e 480 quilômetros por uma região completamente desconhecida. É notável que nenhuma outra tropa do mundo seja tão independente quanto a desses homens. Com o sol como guia, a carne das éguas como alimento e as mantas de suas selas como cama, enquanto houvesse um pouco de água, esses homens seriam capazes de seguir até o fim do mundo.

Alguns dias depois, vi outra tropa de soldados — que mais pareciam bandidos — iniciar uma expedição contra uma tribo de indígenas das pequenas salinas que haviam sido traídos por um cacique prisioneiro. O espanhol que trouxe as ordens para essa expedição era um homem muito inteligente. Ele me contou sobre o último combate ao qual esteve presente. Alguns indígenas, que haviam sido aprisionados, deram informações sobre uma tribo que vivia ao norte do Colorado. Cerca de duzentos soldados foram enviados e descobriram os indígenas pelo rastro de uma nuvem de poeira erguida pelas patas de seus cavalos quando seguiam viagem. A região era montanhosa, desabitada e, provavelmente, muito longe da costa leste, pois a cordilheira estava à vista. Os indígenas — homens, mulheres e crianças — somavam provavelmente uns 110 indivíduos, e foram todos capturados ou assassinados, pois os soldados esfaqueavam todos os homens. Os indígenas estavam agora tão aterrorizados que não ofereciam mais resistência como um grupo; fugiam individualmente, negligenciando até mesmo esposa e filhos, mas, quando eram capturados, como animais selvagens, lutavam até o último instante contra qualquer número de perseguidores. Um indígena já moribundo agarrou com os dentes o polegar de seu adversário e preferiu que seu próprio olho fosse arrancado a aliviar a pressão de sua mandíbula. Outro, que foi ferido, fingiu-se de morto enquanto mantinha uma faca pronta para um último golpe fatal. Meu informante disse que, quando estava perseguindo um indígena, o homem gritava por misericórdia ao mesmo tempo que, secretamente, se preparava para lançar sua boleadeira, isto é, a giraria como um *lazo* e a lançaria contra seu perseguidor. "No entanto, eu o derrubei no chão com um golpe de meu facão e, então, desmontei de meu cavalo e cortei sua garganta com minha faca", ele declarou. Este é um cenário sombrio; entretanto, muito mais chocante é o fato inquestionável de que todas as mulheres que aparentavam ter mais de 20 anos eram massacradas a sangue-frio. Quando declarei que isso parecia um pouco desumano, ele respondeu: "É? Fazer o quê? Eles se reproduzem muito!".

Todos aqui acreditam com veemência que esta é uma guerra justa porque é contra bárbaros. Quem acreditaria que essas atrocidades são cometidas nesta era, em um país cristão e civilizado? Os filhos dos indígenas são salvos para ser vendidos ou doados como servos, ou melhor, como escravos, pelo tempo que seus proprietários conseguirem enganá-los; nesse aspecto, contudo, acredito que há pouco do que reclamar.

Na batalha, quatro homens fugiram juntos. Eles foram perseguidos, e um foi assassinado, mas os outros três foram capturados vivos. Ao final, souberam que eram mensageiros ou embaixadores de um grande grupo de indígenas que estavam unidos pela causa comum da defesa, nas proximidades da cordilheira. A tribo para a qual tinham sido enviados estava a ponto de realizar uma grande assembleia; o banquete de carne de égua estava pronto, e as danças já começavam; os embaixadores deveriam ter retornado à cordilheira pela manhã. Eram homens notavelmente bem-apessoados, belos, com mais de 1,80 metro de altura, e todos tinham, aparentemente, menos de 30 anos. Os três sobreviventes, é claro, detinham informações muito valiosas; e, para lhes arrancar isso, foram postos um ao lado do outro. Os dois primeiros foram interrogados e responderam "*no sé* (não sei)" — e foram mortos um após o outro. O terceiro também respondeu "*no sé*" e acrescentou: "Atire, sou um homem e sei morrer!".

Não profeririam sequer uma sílaba que pudesse prejudicar a causa unida de seu país! A conduta do cacique foi muito diferente: ele salvou sua vida traindo o pretendido plano de guerra e o local da reunião nos Andes. Acreditava-se que já contavam com seiscentos ou setecentos indígenas reunidos, e que esse número dobraria no verão. Os embaixadores deveriam ter sido enviados para os indígenas das pequenas salinas, perto de Bahía Blanca, aqueles que, conforme mencionei, foram traídos por um cacique, este mesmo homem. A comunicação entre os indígenas, portanto, se estende desde a cordilheira até a costa leste.

O plano do general Rosas é matar todos aqueles que ficarem para trás e, após levar os demais a um ponto comum, atacá-los em conjunto, no verão, com a ajuda dos chilenos. Essa operação deve ser repetida por três anos consecutivos. Imagino que o verão seja escolhido como o momento para o ataque principal, porque é um período em que as planícies ficam secas, e os índios só podem viajar em determinadas direções. Para evitar que os indígenas escapassem pelo sul do Rio Negro, uma região em que estariam seguros por ser extremamente vasta e desconhecida, foi realizado um tratado com os tehuelches, por meio do qual Rosas lhes pagaria um determinado valor para abater todos os indígenas que passassem ao sul do rio, mas, se fracassassem, eles mesmos seriam exterminados. A guerra é travada sobretudo contra os indígenas que vivem perto da cordilheira; pois muitas das tribos deste lado oriental estão lutando ao lado de Rosas. O general, no entanto, assim como o lorde Chesterfield, acreditando que seus aliados possam se tornar seus inimigos no futuro, sempre os coloca na linha de frente, com o objetivo de diminuir seu número. Após deixarmos a América do Sul, ouvimos dizer que essa guerra de extermínio havia fracassado por completo.

Entre as meninas cativas capturadas no mesmo combate, havia duas espanholas muito bonitas que tinham sido levadas pelos indígenas quando jovens e agora não falavam outra língua senão a deles. Por seu relato, devem ter vindo de Salta, distante quase 1.600 quilômetros em linha reta. Isso nos dá uma grande ideia do imenso território sobre o qual vagam os indígenas: ainda, por maior que seja, acredito que, daqui a meio século, não mais haverá um único indígena selvagem ao norte do Rio Negro. A guerra é por demais sangrenta para durar; cristãos matando todos os indígenas, e estes fazendo o mesmo pelos cristãos. É melancólico ver como os índios cederam diante dos invasores espanhóis. Schirdel[137] diz que, em 1535, quando Buenos Aires foi fundada, havia aldeias que

---

137. Purchas, *Voyages*. (N.A.) [*Hakluytus Posthumus or Purchas his Pilgrimes, contayning a History of the World in Sea Voyages and Lande Travells, by Englishmen and others*, 4 volumes, 1625. (N.T.)]

continham entre 2 mil e 3 mil habitantes. Mesmo no tempo de Falconer[138] (1750), os indígenas fizeram incursões até Luján,[139] Areco e Arrecifes, mas, então, foram forçados a ficar além de Salado. Além de tribos inteiras serem totalmente exterminadas, os indígenas restantes se tornaram mais bárbaros; em vez de viver em grandes aldeias e se empregar nas artes da pesca, bem como da caça, eles agora vagam pelas planícies abertas sem casa nem ocupação fixa.

Ouvi também alguns relatos de um combate que ocorreu, algumas semanas antes do mencionado, em Cholechel. Essa é uma área muito importante, por ser uma travessia para cavalos; e, em consequência, foi por algum tempo o quartel-general de uma divisão do exército. Quando as tropas chegaram lá, encontraram uma tribo e, nela, mataram vinte ou trinta indígenas. O cacique escapou de forma surpreendente. Os chefes sempre têm um ou dois cavalos escolhidos, preparados para alguma urgência. O cacique saltou sobre um deles, um velho cavalo branco, levando consigo seu filho mais jovem. O cavalo não tinha sela nem freio. Para evitar os tiros, o indígena cavalgou da maneira peculiar de sua nação; ou seja, com um braço em volta do pescoço do cavalo e apenas uma perna no lombo. Assim, pendurado de um dos lados, ele foi visto acariciando a cabeça do cavalo e falando com ele. Os perseguidores empregaram todos os esforços na perseguição; o comandante mudou de cavalo três vezes, mas tudo foi em vão. O velho pai e seu filho escaparam e estavam livres. Que bela imagem se pode formar na mente: a figura nua e bronzeada do velho com seu filho mais jovem cavalgando como um Mazeppa no cavalo branco, deixando para trás a hoste de seus perseguidores!

Certo dia, vi um soldado fazendo fogo com uma pedra lascada que imediatamente reconheci como tendo sido a ponta de uma flecha. Ele me disse que foi encontrada perto da Ilha de Cholechel e que costumavam encontrá-las ali. Tinha entre 5 e 7 centímetros de comprimento, portanto, era duas vezes maior do que as utilizadas atualmente na Terra do Fogo: a pedra era de uma cor de creme opaca, sua ponta e as farpas

---

138. Thomas Falkoner (1707-1784), missionário jesuíta e explorador inglês. Autor de *A Description of Patagonia and the Adjoining Parts of South America*, 1774. (N.T.)
139. Darwin grafa como "Luxan". (N.T.)

tinham sido intencionalmente quebradas. É sabido que, atualmente, os indígenas dos Pampas não usam arcos e flechas. Acredito que uma pequena tribo da Banda Oriental deva ser uma exceção; mas eles estão totalmente separados dos índios dos Pampas, e estão muito próximos das tribos que habitam a floresta e vivem a pé. Parece, portanto, que essas pontas de flecha são relíquias antigas[140] dos indígenas, que precedem a grande mudança de hábitos consequente que se seguiu à introdução do cavalo na América do Sul.

---

140. Azara até duvidou de que os indígenas dos Pampas tivessem usado arcos em algum momento. (N.A.)

CAPÍTULO VI

Partida para Buenos Aires — Rio Sauce — Sierra Ventana — Transporte de pedras — Terceira posta — Condução de cavalos — Boleadeira — Perdizes e raposas — Características da região — *Caradriídeos* de pernas longas — Quero-quero — Chuva de granizo — Cercados naturais na Sierra Tapalguen — Carne de puma — Dieta da carne — Guardia del Monte — Efeitos do gado na vegetação — Cardo — Buenos Aires — Curral em que animais são abatidos

DE BAHÍA BLANCA A BUENOS AIRES

8 DE SETEMBRO — Com alguma dificuldade, consegui encontrar e contratar um gaúcho para se juntar a mim em minha viagem a Buenos Aires. Partimos de manhã cedo. A rota tem aproximadamente 640 quilômetros e passa por uma região despovoada durante quase todo o caminho. Depois de subir algumas dezenas de metros da bacia herbácea onde se encontra a Bahía Blanca, entramos numa planície vasta e deserta. O terreno é constituído por rochas argilosas e calcárias deterioradas, que, em virtude do clima árido, só podem sustentar tufos isolados de erva seca, sem arbustos nem árvores, para quebrar sua regularidade monótona. Embora o clima estivesse agradável, o ar continha uma nebulosidade estranha. Eu temia que isso pudesse ser um sinal de tempestade iminente, mas os gaúchos me informaram que provavelmente tinha sido causado por um incêndio nas planícies distantes. Depois de uma longa cavalgada, durante a qual trocamos de cavalo duas vezes, chegamos ao Rio Sauce. É um pequeno córrego profundo e veloz com não mais de 7 metros de largura. O segundo posto

ao longo da rota para Buenos Aires está situado nas margens do rio, e um pouco rio acima há um ponto onde os cavalos podem atravessar sem que a água chegue a suas barrigas. Entretanto, além desse ponto, à medida que o rio corre em direção ao mar, torna-se completamente impossível atravessá-lo, o que o transforma em uma barreira extremamente valiosa contra os povos indígenas.

Embora esse córrego seja pouco importante, o jesuíta Falconer, cujas informações costumam ser muito corretas, apresenta-o como um rio considerável que nasce na base da cordilheira. Com relação à sua origem, não duvido de que seja esse o caso, pois os gaúchos me garantiram que, no meio do verão seco, esse córrego, junto ao Colorado, tem inundações periódicas, as quais só podem ter como causa o derretimento da neve nos Andes. A probabilidade de um riacho tão pequeno quanto o Sauce correr por toda a largura do continente é altamente improvável. Além disso, se ele tivesse se originado de um rio maior, sua água com certeza seria salgada, como é o caso de outros exemplos conhecidos. Durante o inverno, devemos nos voltar para as nascentes ao redor da Sierra de la Ventana como origem de sua corrente pura e límpida. Suspeito de que as planícies da Patagônia, como as da Austrália, são atravessadas por muitos cursos d'água, que só fluem durante determinadas estações do ano. Provavelmente esse é o caso das águas que correm para a foz de Puerto Deseado, e o mesmo deve acontecer com o Rio Chupat, onde os oficiais de levantamento topográfico descobriram grandes quantidades de veios muito porosos ao longo de suas margens.

Como havíamos chegado ainda no início da tarde, pegamos cavalos descansados, um soldado como guia, e partimos para a Sierra de la Ventana. Essa montanha é visível do ancoradouro de Bahía Blanca; o capitão FitzRoy calcula que sua altura seja de cerca de mil metros — muito impressionante para a parte oriental do continente. Não sei de nenhum estrangeiro que tenha subido essa montanha antes de minha visita; e, na verdade, poucos soldados de Bahía Blanca tinham alguma informação sobre ela. Por esse motivo, ouvimos falar da existência de jazidas de carvão, bem como de depósitos de ouro e prata, cavernas e florestas; tudo isso despertou minha curiosidade, mas acabou se revelando decepcionante. A distância entre o posto e a montanha era de cerca de

30 quilômetros através de uma planície uniforme e com as mesmas características da anterior. A cavalgada, contudo, se provou interessante à medida que a montanha mostrava sua verdadeira forma. Quando chegamos ao pé do espinhaço principal, tivemos muita dificuldade para encontrar água; achamos que seríamos obrigados a passar a noite com sede. Por fim, encontramos um pouco de água depois de examinar a montanha de perto, pois à distância de até mesmo algumas centenas de metros não era possível avistar os riachos que estavam enterrados e completamente perdidos em meio às pedras calcárias quebradiças e aos detritos soltos. Não acredito que a natureza tenha construído alguma outra pilha de rochas tão solitária e desolada; seu nome, Hurtado, ou "isolado", é bastante apropriado. A montanha é íngreme, extremamente escarpada, repleta de fendas e tão completamente destituída de árvores e arbustos que não conseguimos encontrar nem mesmo um espeto adequado para manter nossa carne sobre o fogo, feito de talos de cardo.[141] O aspecto estranho dessa montanha é contrastado pela planície, semelhante a um mar, que, além de chegar aos pés de suas encostas íngremes, também separa as serras paralelas. A uniformidade da coloração oferece, inclusive, uma extrema tranquilidade à paisagem, a qual é dominada pelo cinza-esbranquiçado da rocha de quartzo e o marrom-claro da grama seca da planície, não dando chance a nenhum tom mais brilhante. Pelo costume, espera-se sempre encontrar, nas cercanias de uma montanha elevada e íngreme, uma região fendida repleta de enormes fragmentos. Aqui a natureza mostra que o último movimento, antes de o leito do mar ser transformado em terra seca, às vezes, pode ocorrer de forma tranquila. Nessas circunstâncias, eu estava curioso para descobrir a que distância da rocha-mãe seria possível encontrar pedregulhos. Nas margens de Bahía Blanca, e próximo ao assentamento, havia alguns seixos de quartzo que certamente devem ter-se originado dessa fonte; a distância é de cerca de 70 quilômetros.

O orvalho, que no início da noite molhava os mantos da sela — sob os quais dormíamos —, estava congelado pela manhã. Graças à intensidade

---

141. Chamo-os de "talos de cardo" por falta de um nome mais correto. Acredito que seja uma espécie de *Eryngium*. (N.A.)

do frio, presumi que tivéssemos subido a uma altitude significativa, apesar do fato de a planície ainda parecer nivelada a olho nu. Na manhã de hoje (9 de setembro), o guia me disse para escalar o espinhaço mais próximo, que, imaginava ele, me levaria aos quatro picos que coroam o cume. Foi extremamente cansativo escalar rochas tão desiguais; as encostas eram tão irregulares que, o que conseguíamos avançar em cinco minutos, costumava ser perdido no minuto seguinte. Enfim, quando cheguei ao cume, fiquei extremamente decepcionado por encontrar um vale escarpado tão profundo quanto a planície, que dividia a cadeia de montanhas transversalmente e me separava dos quatro picos. Embora esse vale seja muito estreito, seu fundo é plano e forma uma boa passagem de cavalos para os índios, pois liga as planícies das vertentes norte e sul do espinhaço. Depois de descer, e enquanto atravessava o vale, vi dois cavalos pastando: imediatamente, me escondi na grama alta e comecei a fazer o reconhecimento da área; como não vi nenhum sinal de indígenas, prossegui em minha segunda escalada de forma cautelosa. A manhã já estava quase no fim, e esta parte da montanha, como a outra, era íngreme e acidentada. Cheguei ao topo do segundo pico às 14h, mas com extrema dificuldade; a cada vinte metros, eu tinha cãibras na parte superior de ambas as coxas, de modo que tive medo de não conseguir descer naquele momento. Também era necessário voltar por outro caminho, pois passar sobre o vale entre os dois picos estava fora de questão. Fui obrigado, portanto, a desistir dos dois picos mais altos. Não eram muito mais altos que os primeiros, e todas as questões geológicas haviam sido esclarecidas; por isso, o risco de um novo esforço não valia a pena. Presumo que a causa da cãibra tenha sido a grande mudança no tipo de ação muscular: de uma difícil cavalgada para uma escalada ainda mais difícil. Fica uma lição para ser lembrada, pois, em alguns casos, as escolhas poderiam ter causado muitos problemas.

Conforme dito, a montanha é composta de rochas de quartzo branco associadas a um pouco de xisto argiloso e brilhante. Algumas centenas de metros acima da planície, fragmentos de conglomerado aderiam à rocha sólida em vários lugares. Os seixos que encontramos têm semelhanças, em termos de dureza e do tipo de cimento que os mantêm juntos, com as massas que são em geral observadas se formando em algumas linhas costeiras. Não duvido de que esses seixos tenham sido, de forma semelhante, agregados num período em que a grande formação calcária estava se depositando sob o mar da região. É concebível que o aspecto áspero e desgastado do quartzo duro ainda possa testemunhar os efeitos das ondas do mar aberto.

De forma geral, fiquei decepcionado com a escalada. Nem mesmo a vista era grande coisa; a saber, uma planície semelhante a um mar, porém, sem sua bela cor e seu contorno definido. O cenário, entretanto, foi uma novidade para mim e apresentava um certo perigo para lhe dar sabor, como o sal que se adiciona à carne. Na verdade, não havia tanto perigo, pois meus dois companheiros fizeram uma boa fogueira — algo inimaginável quando se suspeita de que há indígenas por perto. Cheguei ao lugar de nosso acampamento ao pôr do sol e, logo depois de beber muito mate e fumar vários *cigaritos*, preparei minha cama para a noite. O vento estava muito forte e gelado, mas nunca dormi de forma mais confortável.

10 DE SETEMBRO — Depois de termos nos movimentado pela manhã de forma bastante veloz contra o vento forte, chegamos à posta do Rio Sauce no meio do dia. Vimos no caminho inúmeros cervos e, perto da montanha, um guanaco. A planície que chega ao sopé da Sierra é atravessada por algumas ravinas curiosas, das quais uma tinha cerca de vinte metros de largura e pelo menos trinta de profundidade; como consequência, fomos obrigados a fazer uma volta considerável antes que pudéssemos encontrar uma passagem. Passamos a noite na posta, e a conversa, como de costume, foi sobre os indígenas. No passado, a Sierra de la Ventana foi um ótimo lugar para encontros públicos; e, três ou quatro anos atrás, ocorreram muitos combates ali. Meu guia esteve lá quando muitos homens perderam a vida durante uma altercação. As mulheres, no entanto, conseguiram fugir para o topo do cume e se defenderam de modo valente com grandes pedras, o que permitiu que muitas delas sobrevivessem.

11 DE SETEMBRO — Prossegui para a terceira posta em companhia do tenente que a comanda. Dizem que a distância é de 70 quilômetros,

a qual é apenas uma suposição e, em geral, exagerada. A estrada era desinteressante e passava por uma planície de grama seca; e, mais ou menos distante de nós, à esquerda, havia uma cadeia de colinas baixas que cruzamos quando estávamos perto do posto. Antes de nossa chegada, encontramos um grande rebanho com bovinos e equinos guardado por quinze soldados; contudo, nos disseram que haviam perdido vários animais. A condução destes pelas planícies é bastante difícil, pois se, durante a noite, surge um leão,[142] ou mesmo uma raposa, nada pode impedir que os cavalos se dispersem por todas as direções; uma tempestade tem o mesmo efeito. Pouco tempo antes, um oficial havia saído de Buenos Aires com quinhentos cavalos e, quando chegou ao Exército, contava com menos de vinte.

Logo em seguida, percebemos, pela nuvem de poeira, que um grupo de cavaleiros vinha em nossa direção; quando ainda estavam muito distantes, meus companheiros sabiam que eram indígenas por causa de seus cabelos longos, que caíam sobre suas costas. Os indígenas costumam usar uma fita em torno da cabeça, porém nada mais para cobri-la; e seus cabelos negros, passando por seus rostos morenos, evidenciam por demais sua aparência selvagem. Na verdade, eram um grupo da tribo amiga de Bernantio indo buscar sal em uma salina. Os indígenas comem muito sal, e seus filhos o chupam como se fosse açúcar. Esse costume é muito diferente dos hábitos dos gaúchos espanhóis, que, embora levem o mesmo tipo de vida, mal comem sal. Os indígenas acenaram para nós de forma amistosa enquanto passavam a galope guiando uma tropa de cavalos e seguidos por um grupo de cães magros.

12 E 13 DE SETEMBRO — Fiquei dois dias nessa posta, pois o general Rosas fez a gentileza de me informar que uma tropa de soldados logo viajaria para Buenos Aires, e ele me aconselhou a aproveitar a oportunidade de tal escolta. De manhã, fomos a algumas colinas vizinhas para ver a região e examinar a geologia. Após o almoço, os soldados se dividiram em dois grupos para treinar suas habilidades com a boleadeira. Duas lanças foram fincadas no chão a 30 metros de distância

---

142. Darwin substitui "leão" por "puma" a partir da segunda edição. (N.T.)

uma da outra; entretanto, foram atingidas e enredadas apenas em uma de quatro ou cinco tentativas. As boleadeiras podem ser lançadas a uma distância de 45 ou 65 metros, mas com pouca precisão. Isso, no entanto, não se aplica a um homem a cavalo; pois, quando se adiciona a velocidade do cavalo à força do braço, dizem que elas podem ser lançadas com efeito à distância de 70 metros.[143] No meio do dia, chegaram dois homens que traziam um pacote da posta seguinte para ser encaminhado ao general; de modo que, além desses dois, nosso grupo era formado por mim, um guia, o tenente e seus quatro soldados. Estes últimos eram seres estranhos; o primeiro, um belo jovem negro; o segundo, um mestiço de indígena e negro; e os outros dois eram desinteressantes; a saber, um velho mineiro chileno com cor de mogno, e o outro, um homem parcialmente mulato; acredito nunca ter visto dois mestiços com expressões tão detestáveis. À noite, enquanto estavam sentados em volta do fogo jogando cartas, retirei-me para observar a cena, tão digna de Salvator Rosa.[144] Eles estavam sentados no sopé de uma colina baixa e, dessa forma, pude observá-los de cima para baixo, e, em torno do grupo, havia cães deitados, armamentos, restos de cervos e avestruzes; e suas lanças estavam fincadas na grama. No plano de fundo escurecido, seus cavalos estavam amarrados, prontos para qualquer perigo repentino. Sempre que a quietude daquela planície desolada fosse quebrada pelo latido de um dos cães, um soldado se afastava da fogueira, colocava sua cabeça perto do chão e, assim, percorria lentamente o horizonte com os olhos. Mesmo quando o barulhento

---

143. Como prova da força com que as boleadeiras são arremessadas, mencionarei uma anedota que aconteceu nas Ilhas Falkland. Na época, os espanhóis haviam assassinado alguns de seus próprios compatriotas e todos os ingleses. Um jovem espanhol resolveu fugir correndo, mas um grande indígena alto, chamado Luciano, saiu galopando atrás dele e, aos gritos, ordenava que o jovem parasse, dizendo que só queria conversar. Assim que o espanhol se aproximou de um barco, Luciano jogou a boleadeira: ela o golpeou nas pernas com tanta força que ele foi lançado ao solo e perdeu os sentidos por um tempo. Luciano, após conversar com o homem, permitiu que ele escapasse. Ele nos disse que suas pernas ficaram marcadas por grandes vergões no local em que a correia tinha se enrolado, como se tivesse sido açoitado por um chicote. (N.A.)

144. Salvator Rosa (1615-1673) foi um pintor italiano do período barroco. Suas paisagens eram inóspitas, e seus personagens, soldados e bruxas. (N.T.)

quero-quero soltava seu grito, a conversa era pausada, e a cabeça de todos ficava levemente inclinada por um momento.

Que vida miserável esses homens parecem levar! Estavam a pelo menos 50 quilômetros da posta de Sauce e, desde o assassinato cometido pelos indígenas, a 100 do outro. Os índios devem ter atacado no meio da noite, pois bem cedo pela manhã, após o assassinato, eles foram vistos, por sorte, se aproximando dessa posta. O grupo todo, no entanto, escapou junto aos cavalos; cada um seguiu um caminho diferente e levou consigo o máximo de animais que era capaz de guiar.

A pequena choupana, construída de talos de cardo, em que eles dormiam, não era capaz de afastar nem mesmo o vento ou a chuva; de fato, nesse último caso, o único efeito que o telhado tinha era o de condensá-la em gotas maiores. Comiam apenas o que eram capazes de capturar, como avestruzes, cervos, tatus, etc., e o único material combustível que possuíam eram os talos secos de uma pequena planta, um pouco parecida com o aloé. O único luxo desses homens era fumar pequenos cigarros de papel e tomar mate. Eu costumava imaginar que o urubu carniceiro, constante seguidor dos homens nessas planícies tristes, enquanto pousado em algum pequeno monte, parecia por sua paciência dizer: "Ah! Quando os indígenas chegarem, teremos um banquete".

Pela manhã, saímos todos para caçar e, embora com pouco sucesso, fizemos algumas perseguições animadas. Logo depois de começarmos, o grupo se separou, tendo combinado que, em uma certa hora do dia (eles eram muito bons em calculá-la), todos eles, vindos de diferentes pontos, se encontrariam em uma parte plana do terreno e, assim, levariam juntos os animais selvagens. Certo dia, saí para caçar em Bahía Blanca, mas os homens de lá simplesmente cavalgaram em forma de meia-lua, cada uma com cerca de meio quilômetro de distância uma da outra. Um belo avestruz macho que foi desviado de seu caminho pelos cavaleiros mais adiantados tentou escapar por um lado. Os gaúchos o seguiram em um ritmo imprudente, mudando a direção de seus cavalos com um domínio extremamente admirável, e cada um deles girava suas boleadeiras sobre suas cabeças. No final, o que estava mais à frente lançou-a, girando-a no ar: rapidamente, o avestruz caiu e rolou, tendo as pernas bem atadas pela correia.

Nas planícies há uma abundância de três tipos de perdizes,[145] dois deles são grandes como as fêmeas dos faisões. Seu predador também era singularmente numeroso — uma raposa pequena e bonita. No decorrer de um único dia, vimos, no mínimo, entre quarenta e cinquenta. Em geral, estavam perto de suas tocas, porém, uma foi morta pelos cães. Quando voltamos para a posta, encontramos dois membros de nosso grupo que estiveram caçando sozinhos. Eles haviam caçado um puma e tinham encontrado um ninho de avestruz com 27 ovos. Cada um dos quais, segundo dizem, tem o mesmo peso de onze ovos de galinhas, de modo que conseguimos obter deste único ninho uma quantidade de alimento igual a 297 ovos de galinhas.

14 DE SETEMBRO — Como os soldados pertencentes à posta seguinte desejavam regressar, e como formávamos um grupo de cinco pessoas armadas, resolvi não aguardar[146] os soldados que estávamos esperando. Após cavalgar alguns quilômetros, chegamos a uma região baixa e pantanosa que se estende por quase 130 quilômetros em direção ao norte, até a Sierra Tapalguen. Em algumas partes, havia belas planícies úmidas cobertas de grama, enquanto outras tinham um solo macio, preto e turfoso. Havia também muitos lagos extensos, embora rasos, e grandes leitos de juncos. A região, em geral, se assemelha às melhores partes dos charcos do Condado de Cambridge. À noite, em meio aos pântanos, tivemos alguma dificuldade em encontrar um lugar seco para o nosso acampamento.

15 DE SETEMBRO — Levantamo-nos muito cedo pela manhã e, pouco depois, passamos pela posta em que os índios haviam assassinado cinco

---

145. Duas espécies [do gênero] *Tinamus* e uma (da espécie) *Eudromia elegans* de d'Orbigny, a que se deu o nome de perdiz apenas por seus hábitos. (N.A.)
146. O tenente me pressionou muito para parar. Como ele tinha sido muito prestativo — não apenas fornecendo alimentos como também emprestando seus cavalos particulares —, eu queria remunerá-lo de alguma forma. Perguntei ao meu guia se eu poderia fazê-lo, mas ele me disse que certamente não; que a única resposta que eu receberia seria provavelmente: "Em nosso país, temos carne para os cães e, por isso, não a recusamos a nenhum cristão". Não se deve presumir que o posto do tenente em tal exército o impediria de aceitar o pagamento: é apenas o sentimento forte de hospitalidade, o qual todo viajante deve aceitar como praticamente universal em todas essas províncias. (N.A.)

soldados. O oficial tinha 18 ferimentos de *chuzo* no corpo. Na metade do dia, depois de uma cavalgada cansativa, chegamos à quinta posta; por conta de alguma dificuldade em conseguirmos cavalos, passamos a noite ali. Tendo em vista que esse ponto era o mais exposto de todo o caminho, 21 soldados ficaram estacionados ali; ao pôr do sol, voltaram da caça trazendo sete cervos, três avestruzes e muitos tatus e perdizes. Quando se cavalga pela região, é prática comum pôr fogo na planície; e, portanto, à noite, como ocorria na ocasião, o horizonte estava iluminado em vários lugares por incêndios reluzentes. Fazem isso, em parte, para confundir quaisquer indígenas perdidos e, principalmente, para melhorar os pastos. Nas planícies gramadas, em que não há quadrúpedes ruminantes maiores, parece ser necessário remover a vegetação supérflua por meio do fogo, pois, assim, o terreno pode receber o plantio do ano seguinte.

Nesse lugar, o rancho nem mesmo tinha um telhado; consistia apenas em um círculo de caules de cardo montados para quebrar a força do vento. Localizava-se nas fronteiras de um lago extenso, porém raso, repleto de aves selvagens, dentre as quais o cisne-de-pescoço-preto.

A espécie de *caradriídeo* [ave ribeirinha] que parece andar com pernas-de-pau (*Himantopus melanurus*) costuma existir em bandos de tamanho considerável. Foi injustamente acusada de inelegância. Entretanto, quando caminha em águas rasas, que é seu ponto favorito, seu modo de andar está longe de ser desengonçado. Quando estão em bando, essas aves produzem um som que se assemelha aos latidos de uma matilha de pequenos cães de caça em plena perseguição; ao acordar à noite, me assustei momentaneamente por mais de uma vez com o som distante. O quero-quero (*Vanellus cayennensis*) é outra ave que muitas vezes perturba a quietude da noite. Em sua aparência e em seus hábitos, assemelha-se em muitos aspectos ao abibe-comum;[147] suas asas, no entanto, são armadas com esporões afiados, como os das patas do galo comum. O quero-quero, assim como acontece com o abibe-comum [*peewit*, em inglês], recebe seu nome pelo som que produz. Enquanto se cavalga pelas planícies gramadas, se é constantemente perseguido por

---

147. *Peewits*, em inglês. São aves da espécie *Vanellus vanellus* (Linnaeus, 1758). (N.T.)

essas aves, que parecem odiar os humanos, e tenho certeza de que também merecem ser odiadas por seus gritos incessantes, sem nenhuma variação e estridentes. Para o caçador, são ainda mais irritantes, pois delatam sua aproximação a todas as outras aves e aos outros animais: para o viajante da região, podem ser úteis, como diz Molina, pois o avisam da chegada de assaltantes noturnos. Durante a temporada de reprodução, tentam, assim como o abibe-comum, fingir-se de feridos para manter cães e outros inimigos longe de seus ninhos. Os ovos dessa ave são apreciados como uma grande iguaria.

16 DE SETEMBRO — Dirigimo-nos para a sétima posta ao pé da Sierra Tapalguen. A região era bastante plana, com uma relva grosseira e um solo macio e turfoso. Ali, a choupana era curiosamente bem-cuidada, os postes e as vigas eram feitos de cerca de uma dúzia de talos secos de cardo amarrados com tiras de couro; e, com a ajuda dessas "colunas jônicas", o telhado e as laterais eram formados com juncos. Ficamos sabendo de um fato aqui que eu não teria acreditado se não tivesse prova ocular parcial dele; a saber, que, durante a noite anterior, caiu uma chuva com granizos do tamanho de maçãs pequenas e extremamente duros; a chuva foi tão violenta que chegou a matar uma grande quantidade de animais selvagens. Um dos homens já havia encontrado treze cervos (*Cervus campestris*) mortos, e eu vi as suas peles *frescas*; outra pessoa do grupo trouxe mais sete, poucos minutos depois da minha chegada. Sei bem que um homem sem cães dificilmente conseguiria matar sete cervos em apenas uma semana. Os homens acreditavam ter visto cerca de quinze avestruzes mortos (parte deles foi o nosso almoço). Além disso, eles observaram várias avestruzes vagando com cegueira evidente em um olho. Eles também conseguiram caçar e matar um número considerável de aves menores, tais como patos, falcões e perdizes. Eu testemunhei uma das perdizes com uma mancha escura nas costas que parecia ter sido atingida por uma pedra de paralelepípedo. Uma cerca de talos de cardo em torno da choupana foi quase quebrada; e a pessoa que me contou isso estava com um curativo na cabeça, pois havia recebido um corte grande ao tentar sair para ver o que estava acontecendo. Dizem que a tempestade teve uma extensão limitada: certamente, vimos de nosso acampamento da noite

anterior uma densa nuvem e relâmpagos nessa direção. É assombroso como animais tão fortes, como os cervos, puderam ser mortos dessa maneira; mas não tenho dúvidas, pelas evidências que dei, de que a história não foi nem um pouco exagerada. Entretanto, a credibilidade do fato pode ser apoiada pelo jesuíta Dobrizhoffer,[148] que, falando de uma região bem mais ao norte, diz ter chovido granizos tão grandes que mataram muitos bovinos; os indígenas, portanto, chamavam o lugar de *Lalegraicavalca*, isto é, "as pequenas coisas brancas".

Tendo terminado nosso almoço de carne atingida por granizo, cruzamos a Sierra Tapalguen; uma cadeia baixa de colinas, com algumas dezenas de metros de altura, que começa em Cabo Corrientes. A rocha dessa área é de quartzo puro; sei que, mais para o leste, é granítica. As colinas apresentam uma forma notável; consistem em pequenos platôs cercados por falésias baixas e perpendiculares, como testemunhos de erosão[149] de um depósito sedimentar. A colina que subi era muito pequena, com diâmetro que não ultrapassava os 200 metros; não obstante, vi outras maiores. Dizem que a colina chamada "Corral" tem 3 ou 5 quilômetros de diâmetro e é rodeada por falésias perpendiculares de 9 a 12 metros de altura, exceto em um ponto, onde fica a entrada. Falconer[150] oferece um relato curioso de indígenas, que após terem conduzido tropas de cavalos selvagens para esse local, em seguida, ficaram de guarda em sua entrada para mantê-los seguros. Nunca tinha ouvido falar de algum outro caso de um planalto em uma formação de quartzo, e que, como na colina examinada por mim, não tivesse nenhuma clivagem ou estratificação. Disseram-me que a pedra do "Corral" era branca e servia para produzir fogo com suas faíscas.

Chegamos à posta no Rio Tapalguen após o anoitecer. Durante o jantar, uma observação feita por alguém na mesa me fez ficar repentinamente horrorizado com o pensamento de que eu estava consumindo uma iguaria local altamente apreciada — um bezerro que ainda não havia

---

148. Dobrizhoffer, *History of the Abipones*, vol. II, p. 6. (N.A.)
149. Testemunhos de erosão ou *outliers*, em inglês. Termo da geologia que indica uma área de rochas mais recentes circundada por rochas mais antigas. Opõe-se ao termo *inlier*, isto é, uma área de rochas mais antigas circundadas por rochas mais recentes. (N.T.)
150. Falconer, *Patagonia*, p. 70. (N.A.)

se desenvolvido completamente, retirado muito antes do momento adequado para o seu nascimento. Ao fim e ao cabo, era carne de puma; uma carne bastante branca e com sabor muito semelhante ao da vitela. O doutor Shaw foi ridicularizado por ter afirmado que "a carne de leão é muito apreciada, tendo muita afinidade com a vitela, tanto na cor como no sabor e no cheiro". O mesmo ocorre certamente no caso do puma. Os gaúchos divergem em sua opinião quanto ao sabor da onça-pintada, mas são unânimes em dizer que a carne de gato é excelente.

17 DE SETEMBRO — Atravessando uma região muito fértil, seguimos o curso do Rio Tapalguen até a nona posta. A própria Tapalguen, ou a cidade de Tapalguen, se assim a podemos chamar, consiste em uma planície perfeitamente nivelada, cravejada até onde os olhos podem alcançar com os *toldos*, ou cabanas em forma de forno, dos indígenas. Nesse local, encontramos as famílias dos povos indígenas amigáveis que lutavam ao lado de Rosas. Muitas das jovens índias, que cavalgavam, duas ou três em um mesmo cavalo, assim como muitos jovens homens, eram admiravelmente atraentes — suas belas peles coradas eram sinal de boa saúde. Ao lado dos *toldos* havia também três ranchos na área, um dos quais ocupado pelo comandante, enquanto os outros dois eram de propriedade de espanhóis que haviam montado pequenas lojas.

Pudemos, aqui, comprar alguns biscoitos. Nesse ponto, já estávamos há vários dias sem provar nada além de carne. Esse novo regime não me desagradou, porém, percebi que a dieta só funcionaria se eu a tivesse combinado com muitos exercícios físicos. Diz-se que, na Inglaterra, os pacientes instruídos a limitar sua dieta apenas a produtos animais, mesmo quando sua vida está em risco, dificilmente são capazes de suportá-la. E, ainda assim, os gaúchos dos Pampas comem apenas carne por muitos meses. Entretanto, ingerem também, como observei, uma grande quantidade de gordura cuja natureza é um pouco menos baseada em animais; e, em especial, não gostam de carne mais seca, como a do mará. Talvez seja por causa desse regime que os gaúchos, assim como outros animais carnívoros, conseguem ficar bastante tempo sem comer. Disseram-me que, em Tandeel, alguns soldados perseguiram de modo voluntário um grupo de indígenas por três dias sem comer nem beber água.

Nas lojas, vimos muitos artigos, como mantas para a montaria, cintos e ligas, tecidos pelas mulheres indígenas. Os padrões eram muito bonitos, e as cores, brilhantes; a confecção das ligas era tão boa que um comerciante inglês, em Buenos Aires, afirmou que pareciam ter sido fabricadas na Inglaterra, até que percebeu que as borlas tinham sido presas com cordas feitas de tendões.

18 DE SETEMBRO — Nesse dia, fizemos uma longa viagem a cavalo. Na décima segunda posta, que fica a 35 quilômetros ao sul do Rio Salado, chegamos à primeira estância em que encontramos gado e mulheres brancas. Em seguida, tivemos de cavalgar por muitos quilômetros através de uma região inundada com água acima dos joelhos de nossos cavalos. Cruzando os estribos, e montando da forma árabe com as pernas dobradas, conseguimos nos manter toleravelmente secos. Estava quase escuro quando chegamos ao Salado; o córrego era profundo e tinha cerca de 40 metros de largura; no verão, no entanto, seu leito fica praticamente seco, e a pouca água restante é pouco menos salgada que a do mar. Dormimos em uma das grandes estâncias do general Rosas. Era fortificada e tão grande que, tendo chegado durante a noite, imaginei ser uma cidade fortaleza. Pela manhã, vimos imensos rebanhos de gado, já que o general contava aqui com 1.725 quilômetros quadrados de terra. Anteriormente, cerca de 300 homens eram empregados nessa propriedade, e eles faziam frente a todos os ataques dos indígenas.

19 DE SETEMBRO — Passamos por Guardia del Monte. Esta é uma bela cidadezinha de casas dispersas, com muitos jardins, cheia de pessegueiros e marmeleiros. A planície aqui parecia com a do entorno de Buenos Aires; a grama é curta e muito verde, com áreas de trevos e cardos, bem como tocas de *bizcacha*. Fiquei bastante impressionado com a mudança notável do aspecto da região após termos atravessado o Salado. Passamos de uma relva grosseira a um tapete de uma bela vegetação verde. Inicialmente, atribuí isso a alguma mudança na natureza do solo, mas os habitantes me garantiram que isso acontecia por causa da estrumação e da pastagem do gado, assim como na Banda Oriental, onde havia uma grande diferença entre a região ao redor de Montevidéu e as savanas

pouco habitadas de Colônia. Não tenho conhecimento suficiente de botânica para dizer se a mudança se deve à introdução de novas espécies, ao crescimento alterado delas ou a uma diferença da proporção de suas quantidades. Azara também observou espantado essa mudança: ele também está muito perplexo com o aparecimento imediato de plantas que não ocorrem na área vizinha nem nas margens de qualquer caminho que chegue a alguma choupana recém-construída. Em outra passagem, ele diz[151] que os "cavalos (selvagens) têm o hábito de preferir as estradas e as margens das rotas para depositar seus excrementos, os quais encontramos em demasia nesses locais".[152] Será que isso não explica, em parte, o fato? É por isso que encontramos linhas de terras ricamente estrumadas que servem de canais de comunicação entre grandes comarcas.

Perto de Guardia, encontramos o limite meridional de duas plantas europeias, que, agora, se tornaram excessivamente comuns. A erva-doce cobre em grande profusão as margens das valas existentes na vizinhança de Buenos Aires, Montevidéu e outras cidades. Já o cardo (*Cynara cardunculus*)[153] tem um alcance muito maior: ocorre nessas latitudes em ambos os lados da cordilheira através do continente. Eu a vi em pontos pouco frequentados no Chile, em Entre Rios e na Banda Oriental. Só nesta última região, muitos (provavelmente várias centenas) quilômetros quadrados estão cobertos por uma grande quantidade dessas plantas espinhosas que são impenetráveis por homem ou animal. Nada mais é capaz de viver sobre as planícies ondulantes em que essas plantas

---

151. Azara, *Voyage*, vol. I, p. 373. (N.A.)
152. Tradução do original em francês: "*Ces chevaux (sauvages) ont la manie de préférer les chemins, et le bord des routes pour déposer leurs excrémens, don't on trouve des monceaux dans ces endroits*". (N.T.)
153. D'Orbigny (vol. I, p. 474) diz que o cardo e a alcachofra são encontrados na natureza. O doutor Hooker (*Botanical Magazine*, vol. IV, p. 2.862) descreveu uma variedade de *Cynara* dessa parte da América do Sul sob o nome de *inermis*. Ele afirma que, em geral, os botânicos concordam que o cardo e a alcachofra são variedades de uma mesma planta [*Cynara cardunculus*]. Devo acrescentar que um fazendeiro inteligente me garantiu que, em um jardim abandonado, observou algumas alcachofras se transformando em cardo comum. Doutor Hooker acredita que a descrição realizada — feita por Head — do cardo dos Pampas se aplica ao cardo; isso, contudo, é um erro. O capitão Head se referia à planta que menciono algumas linhas mais abaixo e que chamei de cardo gigante. Não sei se é um cardo verdadeiro; é, entretanto, bastante diferente da *Cynara cardunculus* e mais parecido com um cardo propriamente dito [do gênero *Cirsium*]. (N.A.)

ocorrem de forma profusa. Entendo que, antes de sua introdução, a superfície produzia, como em outras áreas, uma relva exuberante. Duvido que haja algum registro de alguma outra invasão em tão grande escala de uma planta estrangeira sobre as aborígenes. Conforme já dito, não vi o cardo em nenhum lugar ao sul do Salado; mas é provável que o cardo ampliará seus limites à medida que a região for se tornando mais habitada. O caso é diferente com o cardo gigante (com folhas variegadas) dos Pampas, pois o encontrei no Vale do Sauce. De acordo com os princípios tão bem-estabelecidos pelo senhor Lyell, poucas regiões sofreram mudanças tão notáveis desde 1535, quando os primeiros colonos de La Plata desembarcaram com 72 cavalos. Os incontáveis rebanhos de cavalos, bovinos e ovinos não só alteraram todo o aspecto da vegetação como quase acabaram com os guanacos, cervos e avestruzes. Outras inúmeras alterações também devem ter ocorrido; o porco selvagem, em algumas partes, provavelmente substitui o pecari; matilhas de cães, uivando, podem ser ouvidas nas margens arborizadas dos córregos menos frequentados; e o gato comum, que passou a ser um animal grande e feroz, habita colinas rochosas. Aludi à invasão do cardo: de certa forma, as ilhas próximas à foz do Paraná estão densamente cobertas por pessegueiros e laranjeiras que brotaram de sementes carregadas pelas águas do rio.

Enquanto trocávamos de cavalo em Guardia, várias pessoas nos questionaram muito sobre o exército — nunca vi nada como o entusiasmo que tinham por Rosas e pelo sucesso das "mais justas de todas as guerras, pois eram travadas contra bárbaros". Confesso que esse sentimento é muito natural, pois, até pouco tempo atrás, nem homem, nem mulher, nem cavalo estavam a salvo dos ataques dos indígenas. Fizemos uma longa viagem a cavalo sobre a mesma planície ricamente verde em que abundavam vários tipos de rebanhos e, aqui e ali, alguma estância solitária com sua árvore *ombú*. [*Phytolacca dioica* (L., 1762)]. À noite, caiu uma chuva pesada; ao chegar à casa de um posto, fomos informados pelo proprietário que, se não tivéssemos um passaporte regular, deveríamos prosseguir viagem, pois havia tantos ladrões que ele não confiaria em ninguém. No entanto, quando viu meu passaporte em que estava escrito *"El naturalista don Carlos*, etc.", seu respeito e sua civilidade passaram a ser tão ilimitados quanto suas suspeitas haviam sido anteriormente. Desconfio, contudo, de que nem ele nem seus compatriotas tivessem a mínima ideia do que vinha a ser um naturalista; mas é provável que meu título não tenha perdido nenhum valor por causa disso.

20 DE SETEMBRO — Chegamos a Buenos Aires ao meio-dia. Os arredores da cidade têm uma aparência muito bonita, com cercas de agave e bosques de oliveiras, pêssegos e salgueiros que mostravam sua folhagem nova e verde. Cavalguei até a casa do senhor Lumb, um comerciante inglês ao qual estou muito agradecido por sua bondade e sua hospitalidade durante minha estada na região.

A cidade de Buenos Aires é grande[154] e, acredito, uma das mais regulares (em seu traçado) do mundo. Cada rua está disposta em ângulo reto com a que cruza; as ruas paralelas são equidistantes, as casas estão reunidas em quadrados de dimensões iguais, que são chamados de quadras. Por outro lado, as próprias casas são cubos ocos; sendo que todos os cômodos se abrem para um pequeno pátio bem-cuidado. Costumam ter apenas um pavimento. Os telhados planos são equipados com cadeiras e muito frequentados por seus habitantes no verão. No centro da cidade fica a praça, onde estão os escritórios públicos, a fortaleza, a catedral, etc. Era aqui também que, antes da Revolução, os velhos vice-reis tinham seus palácios. O conjunto geral de edifícios é de uma beleza arquitetônica considerável, embora, individualmente, nenhum possa se gabar disso.

O grande curral onde são mantidos os animais para o abate, cujo objetivo é fornecer alimentos para uma população consumidora de carne bovina, é um dos espetáculos que mais valem a pena ser vistos. A força do cavalo, comparada à do boi, é bastante surpreendente: quando um homem a cavalo joga seu *lazo* em volta dos chifres da fera, ele é capaz de arrastá-la para onde quiser. O animal, com as patas estendidas, abre sulcos na terra tentando, em vão, resistir à força do cavalo e, em geral, dispara a toda velocidade para um lado; mas o cavalo se vira imediatamente para receber o golpe e se põe tão firme que o boi é quase lançado ao chão; não seria estranho imaginar que o boi, certamente, teve seu pescoço deslocado.

---

154. Segundo dizem, conta 60 mil habitantes. Montevidéu, a segunda cidade em importância nas margens da Prata, tem 15 mil. (N.A.)

A luta, contudo, não é justa em relação às forças; trata-se da cilha do cavalo contra o pescoço estendido do boi. Da mesma forma, um homem é capaz de dominar o cavalo mais selvagem quando o laça logo atrás das orelhas. Quando o boi é arrastado para o local onde será abatido, o *matador* corta seus tendões com grande cautela. Em seguida, soa o berro da morte; um ruído de agonia feroz mais expressivo do que qualquer outro que conheço. Muitas vezes, eu o ouvi a uma grande distância, entendendo sempre que a luta havia chegado ao final. A cena é horrível e repugnante, o chão parece quase feito de ossos; cavalos e cavaleiros ficam encharcados de sangue.

CAPÍTULO VII

Excursão a Santa Fé — Campos de cardo — Hábitos e variedade de *bizcacha* — Coruja-buraqueira — Riachos salinos — Planícies niveladas — Mastodonte — Santa Fé — Mudança na paisagem — Geologia — Dente de cavalo extinto — Quadrúpedes fósseis — Pampas cheios de restos — Efeitos de grandes secas — Secas periódicas — Paraná — Hábitos da onça-pintada — Talha-mar — Martim-pescador, papagaio e rabo-de-tesoura — Revolução — Buenos Aires — Estado de governo

DE BUENOS AIRES A SANTA FÉ

27 DE SETEMBRO — Durante a noite, embarquei numa viagem para Santa Fé, cidade localizada às margens do Rio Paraná, a quase 480 quilômetros de Buenos Aires. As estradas próximas à cidade estavam em um estado excepcionalmente ruim, sobretudo depois do tempo chuvoso. Eu não teria acreditado que fosse possível um vagão de boi se mover tão lentamente. Na condição em que se encontravam, os carros mal conseguiam progredir a 1,5 quilômetro por hora, e uma pessoa tinha de andar na frente para encontrar o melhor caminho. Os bois estavam extremamente exaustos: é incorreto supor que, à medida que as velocidades de transporte aumentam, e as estradas melhoram, o sofrimento dos animais também aumenta proporcionalmente. Passamos por uma caravana de carros e uma tropa de bestas que se dirigiam para Mendoza. A distância é de cerca de 1.076 quilômetros (580 milhas geográficas), e a viagem é geralmente realizada em cinquenta dias. Esses carros são muito longos, estreitos e

cobertos por juncos; têm apenas duas rodas, cujo diâmetro pode, em alguns casos, chegar a 3 metros. Cada um é puxado por seis bois que são instados por um aguilhão de pelo menos 6 metros de comprimento: este fica suspenso dentro do telhado; para os bois que conduzem o carro há um aguilhão menor; e para o par intermediário, um ponto se projeta em ângulos retos da metade do aguilhão mais longo. O equipamento inteiro parecia um instrumento de guerra.

28 DE SETEMBRO — Passamos pela pequena cidade de Luxan — onde há uma ponte de madeira sobre o rio, um conforto incomum na região — e também por Areco. Embora as planícies parecessem niveladas, não eram realmente assim, pois, em muitos locais, o horizonte se mostrava distante. As estâncias se encontram distantes umas das outras, porque há pouco pasto bom, já que o terreno ou está coberto por grandes áreas de um trevo árido ou do grande cardo. Este último — bem conhecido pela descrição vívida dada pelo senhor Francis Head — contava, nesta época do ano, com dois terços de sua altura; em algumas partes, os cardos chegavam às costas dos cavalos, enquanto, em outras, ainda não tinham brotado, e o solo estava desnudo e empoeirado como se fosse uma estrada de bastante movimento. Os tufos eram de um verde muito vivo e, de maneira agradável, acabavam se assemelhando à miniatura de uma área de floresta aberta. Quando os cardos estão adultos, as áreas em que se encontram se tornam impenetráveis, exceto por alguns corredores, que são tão intrincados quanto os de um labirinto. Apenas os ladrões conhecem seus caminhos, uma vez que os habitam e saem à noite para roubar e cortar gargantas impunemente. Ao questionar em uma casa se o número de ladrões era muito grande, responderam-me: "Os cardos ainda não estão adultos!". Resposta cujo significado não era, a princípio, óbvio. Há pouco interesse em passar por esses trechos, pois não são habitados por quase nenhum animal, nem mesmo pássaros, exceto pela *bizcacha* e por sua amiga, a coruja-buraqueira.

A *bizcacha*[155] é um animal amplamente reconhecido na zoologia dos Pampas. Pode ser encontrada até a latitude 41°, especificamente na

---

155. De certa forma, a *bizcacha* (*Calomys bizcacha*) se assemelha a um coelho grande, porém, com dentes incisivos maiores e uma cauda longa: tem, no entanto, apenas três dedos

região do Rio Negro, mas não mais ao sul. Não é capaz, como o mará, de sobreviver nas planícies áridas e pedregosas da Patagônia e prefere um solo mais argiloso e arenoso que produz uma vegetação diferente e mais abundante. Perto de Mendoza, no sopé da cordilheira, vivem em regiões muito próximas das espécies alpinas aparentadas. Um aspecto fascinante da distribuição da *bizcacha* é que, felizmente para os habitantes locais, ela nunca foi vista na Banda Oriental, localizada a leste do Rio Uruguai, ainda que as planícies dessa província pareçam admiravelmente bem adaptadas aos hábitos do animal. O rio formou um obstáculo insuperável à sua migração; mesmo que a barreira maior, a do Rio Paraná, tenha sido atravessada, e a *bizcacha* seja comum em Entre Rios (província entre os dois rios), que se encontra diretamente na margem oposta do Rio Uruguai. Perto de Buenos Aires, esses animais são extremamente comuns. A localização preferida da *bizcacha* parece ser as áreas da planície cobertas de cardos gigantes, que dominam a vegetação durante a metade do ano. Os gaúchos afirmam que ela vive de raízes; algo que parece plausível pela grande força de seus dentes incisivos e pelas áreas que frequenta. Como no caso do coelho, algumas tocas costumam estar lado a lado. À noite, as *bizcachas* saem em grandes números de suas tocas e, ali, sentam-se calmamente sobre suas ancas. Nesses momentos, são muito mansas: um homem que passe a cavalo lhes parecerá ser somente um objeto de sua seríssima contemplação. Elas não costumam vagar longe de suas tocas. Correm de forma muito desajeitada e, quando fogem do perigo, ficam bastante parecidas com ratos grandes por causa de suas caudas elevadas e pernas dianteiras curtas. Embora sua carne, quando cozida, seja muito branca e boa, é consumida muito raramente.

 A *bizcacha* tem um hábito bastante singular, a saber, arrasta qualquer objeto duro para a entrada de sua toca. Em torno de cada grupo de tocas, muitos ossos de gado, pedras, talos de cardo, pedaços duros de terra, esterco seco, etc. são dispostos em montes disformes, que costumam, cada um deles, equivaler ao volume de um carrinho de mão. Uma

---

nas patas traseiras, assim como o mará. Durante os últimos três ou quatro anos, o couro desses animais tem sido enviado à Inglaterra para ser utilizado na indústria de peles. (N.A.)

fonte confiável me contou que um cavalheiro, quando passeava a cavalo em uma noite escura, deixou cair seu relógio; na manhã seguinte, retornou à estrada e fez uma busca em todas as tocas de *bizcacha* que se encontravam em seu caminho e, conforme esperado, logo encontrou o relógio. Esse hábito de coletar qualquer coisa que se encontre no solo perto de sua habitação deve causar muitos problemas ao animal. Não consigo imaginar nem mesmo a hipótese mais remota da utilidade desse hábito: não pode ser para a defesa, porque o monte é colocado principalmente acima da entrada da toca, a qual penetra o solo em uma inclinação muito pequena. Sem dúvida, deve haver alguma boa razão; os habitantes da região também nada sabem sobre o tema.

A coruja-buraqueira (*Noctua cunicularia*), tantas vezes mencionada, habita, nas planícies de Buenos Aires, exclusivamente as tocas da *bizcacha*; enquanto, na Banda Oriental, ela constrói sua própria toca. Em pleno dia, mais especialmente durante a noite, essas aves podem ser vistas em todas as direções, empoleiradas aos pares nos pequenos montes próximos de suas tocas. Se perturbadas, entram em seu buraco ou, proferindo um grito áspero e estridente, fazem um voo curto e surpreendentemente ondulatório, e, em seguida, voltam e lançam um olhar firme ao seu perseguidor. Por vezes, à noite, as ouvimos piando. Encontrei, nos estômagos de duas que abri, os restos de ratos e, certo dia, as vi matar e levar embora uma pequena cobra. Dizem que as cobras são suas presas comuns durante o dia. Mencionarei aqui, apenas para mostrar como a alimentação das corujas é variada, que uma espécie, morta nas ilhotas do Arquipélago de Chonos, tinha o estômago cheio de caranguejos de bom tamanho.

No final do dia, cruzamos o Rio Arrecifes em um barco simples feito de barris amarrados e dormimos no posto do outro lado. Nesse dia, paguei o aluguel dos cavalos pela rota de 31 léguas; e, embora o sol estivesse a pino, eu me sentia apenas um pouco cansado. Quando o capitão Head relata suas viagens a cavalo de 50 léguas por dia, não imagino que esteja falando da distância equivalente a 150 milhas inglesas (241 quilômetros).[156]

---

156. O valor padrão da légua é de 3 milhas (4,8 quilômetros), mas, na Europa, o valor sempre variou bastante, indo de 2,4 a 4,6 milhas (3,9 a 7,4 quilômetros). Não transformei léguas em quilômetros neste trecho porque Darwin questiona as medidas usadas por Head. (N.T.)

De qualquer forma, as 31 léguas resumiram-se a 76 milhas (122 quilômetros) em linha reta, e, em uma região aberta, acredito que 4 milhas (6 quilômetros) adicionais pelas voltas seria suficiente.

29 E 30 DE SETEMBRO — Continuamos nossa viagem por planícies com as mesmas características. Em San Nicolás, eu vi pela primeira vez o nobre Rio Paraná. Ao pé do penhasco em que fica a cidade, alguns grandes navios estavam ancorados. Antes de chegar em Rosário, cruzamos o Saladillo, um córrego de água corrente bela e clara, mas muito salgada para beber. Rosário é uma cidade grande, erigida sobre uma área extremamente plana que termina em uma falésia de cerca de 18 metros de altura sobre o Paraná. O rio aqui é muito largo, com muitas ilhas, baixas e arborizadas, como também é a costa da margem oposta. A vista se assemelharia à de um grande lago, se não fosse pelas ilhotas de forma linear, que, por si sós, dão a ideia de água corrente. A seção mais atraente do terreno são as falésias; ocasionalmente, elas ficam completamente perpendiculares e exibem uma tonalidade avermelhada; em outros momentos, são grandes massas fraturadas cobertas por cactos e árvores mimosas. Entretanto, a verdadeira grandeza de um rio tão imenso como esse surge de sua importância como um canal de comunicação e de comércio entre duas nações, da distância que percorre e de quão vasto é o território banhado por esse grande volume de água doce que escorre por nossos pés.

Por muitos quilômetros ao norte e ao sul de San Nicolás e Rosário, a região é verdadeiramente plana. Em relação à extrema horizontalidade dessa região, quase nada do que foi escrito pelos viajantes pode ser considerado um exagero. No entanto, em nenhum momento fui capaz de encontrar um ponto em que, olhando com cuidado ao meu redor, não conseguisse enxergar (mais em algumas direções do que em outras) os objetos distantes; e isso prova de forma inequívoca os desníveis da planície. No mar, o olho humano se encontra a 1,8 metro acima da superfície da água; assim, seu horizonte está a 4,5 quilômetros de distância. Da mesma forma, quanto mais horizontal é a planície, mais o horizonte se aproxima desses limites estreitos: e isso, a meu ver, destrói por completo o esplendor que, segundo se imagina, teria uma grande planície bem-nivelada.

1º DE OUTUBRO — Partimos sob a luz da lua e chegamos ao Rio Tercero ao nascer do sol. O rio também é chamado de Saladillo, e merece esse nome, pois é salobro.

Passei a maior parte do dia aqui em busca de ossos fósseis. Falconer diz ter visto, no leito desse rio, grandes ossos, e conta o caso de um tatu gigante. Por sorte, encontrei um dente incrustado em uma camada de marga [rocha]. Mais tarde, descobriu-se que podia ser encaixado no maxilar de um animal estranho, o toxodonte, sobre o qual falaremos mais adiante. Após ouvir falar sobre os restos de um dos antigos gigantes, que um homem me disse ter visto às margens do Paraná, procurei uma canoa e fui até o local. Dois grupos de ossos imensos projetavam-se em alto-relevo da falésia perpendicular. Infelizmente, estavam completamente deteriorados e, por isso, colhi apenas pequenos fragmentos de um dos dentes molares; esses, contudo, foram suficientes para demonstrar que os restos pertenciam a uma espécie de mastodonte. Os homens que me levaram na canoa disseram que os conheciam havia muito tempo e, muitas vezes, se perguntavam como teriam chegado ali; já que tinham a necessidade de uma teoria, chegaram à conclusão de que, assim como a *bizcacha*, o mastodonte também havia sido um animal construtor de tocas! À tarde, percorremos outra etapa de nossa viagem e cruzamos o Rio Monje, outro córrego salobro, que carrega os resíduos da aluvião dos Pampas.

2 DE OUTUBRO — Passamos por Coronda, que, pela exuberância de seus jardins, é um dos povoados mais bonitos que vi. Daqui até Santa Fé, a estrada não é muito segura. A margem oeste do Paraná em direção ao norte deixa de ser habitada; e, portanto, os indígenas, às vezes, descem até esse ponto e armam ciladas aos viajantes. A natureza da região também favorece isso, pois, em vez de uma planície gramada, há uma floresta aberta, composta de mimosas baixas e espinhosas. Passamos por algumas casas que haviam sido saqueadas e, desde então, estão desertas; também nos deparamos com uma cena notável, vista com grande satisfação por meus guias: suspenso no galho de uma árvore, o esqueleto de um indígena cuja pele estava seca e pendurada em seus ossos.

Chegamos a Santa Fé pela manhã. Fiquei surpreso ao observar a grande mudança climática provocada pela diferença de apenas 3 graus de latitude entre esse local e Buenos Aires. Isso ficava bastante evidente pelas vestimentas e pela compleição dos homens, pelo maior tamanho da árvore ombu, pelo número de novos cactos e outras plantas e, especialmente, pelas aves. Em apenas uma hora, observei meia dúzia de aves que não havia encontrado em Buenos Aires. Levando em conta a inexistência de uma barreira natural entre as duas regiões, bem como a similaridade de suas características, a diferença era muito maior do que eu poderia esperar.

3 e 4 DE OUTUBRO — Nesses dois dias, uma dor de cabeça me deixou prostrado em minha cama. Uma boa senhora, que cuidou de mim, queria que eu experimentasse muitos remédios estranhos. Uma prática comum é prender uma folha de laranjeira ou um pouco de emplastro negro em cada uma das têmporas; outra estratégia bastante comum é dividir feijões ao meio, umedecê-los e colocá-los em cada têmpora, onde devem aderir com facilidade. E mais, não se deve remover os feijões ou o emplastro, que devem soltar-se naturalmente; algumas vezes, quando encontramos um homem com remendos de pano na cabeça e lhe perguntamos o que havia acontecido, ele respondia: "Tive dor de cabeça anteontem".

Santa Fé é uma cidadezinha tranquila, limpa, e tem boa ordem. O governador, López, foi um soldado raso na época da Revolução; hoje, contudo, já está há dezessete anos no poder. Essa estabilidade se deve aos seus hábitos tirânicos, pois a tirania parece se adaptar a esses países melhor do que o republicanismo. A ocupação favorita do governador é caçar indígenas. Faz pouco tempo que mandou assassinar 48 deles e vendeu as crianças por 3 ou 4 libras cada.

5 DE OUTUBRO — Cruzamos o Paraná até La Bajada [atual Paraná], um povoado da margem oposta. A travessia demorou algumas horas, pois o rio aqui consiste em um labirinto de pequenas correntes de água separadas por ilhas arborizadas e baixas. Carregava comigo uma carta de apresentação a um velho espanhol catalão que me tratou com uma hospitalidade bastante incomum. Bajada é a capital de Entre Rios. Em 1825, a cidade tinha 6 mil habitantes, e a província, 30 mil; no entanto, mesmo com uma população pequena, nenhum outro local teve

revoluções mais sangrentas e desesperadas. Vangloriam-se de ter deputados, ministros, um exército permanente e governadores; por isso, não é de estranhar que tenham passado por tantas revoluções. No futuro, essa será uma das regiões mais ricas do Prata. O solo é variado e fértil, e sua forma quase insular lhe oferece duas grandes linhas de comunicação pelos rios Paraná e Uruguai.

Detive-me aqui por cinco dias e aproveitei a oportunidade para investigar a geologia da região adjacente, o que se mostrou bem fascinante. As formações rochosas aqui consistiam em camadas de areia, argila e calcário que continham conchas marinhas e dentes de tubarão. E, subindo, essas camadas, então, transitaram para a marga endurecida, que acabou dando lugar ao solo de argila vermelha dos Pampas. Esse solo continha concreções calcárias, assim como restos de animais terrestres. Essa sequência de camadas fornece uma clara indicação de uma significativa baía de água salgada não contaminada que foi lentamente erodida e transformada em um estuário lamacento, para o qual foram levadas as carcaças flutuantes. Perto de Bajada, encontrei uma grande peça, de quase um metro de largura, o casco de um animal semelhante ao tatu. Além disso, encontrei um dente molar de mastodonte e numerosos fragmentos de ossos, cuja maioria estava deteriorada e tão maleável quanto a argila.

Encontrei um dente que se projetava do lado de um banco e que muito me interessou, pois percebi imediatamente que havia pertencido a um cavalo. Fiquei muito surpreso com isso e, então, examinei cuidadosamente sua posição geológica; fui obrigado a concluir[157] que o cavalo — que não pode ser diferenciado das espécies modernas apenas pela comparação de um único dente[158] — coexistia com as várias grandes criaturas que habitavam a América do Sul no passado. O senhor

---

157. O dente quebrado mencionado na Bahía Blanca não deve ser esquecido. (N.A.)
158. Como esse cavalo existiu na mesma época de animais que hoje se encontram extintos, não é provável que pertença à mesma espécie do tipo recente, embora possa ser, pela semelhança dos dentes, uma espécie muito próxima. Cuvier, falando dos restos mortais do cavalo de fósseis encontrados na Europa em condições similares observa: "Não é possível dizer se era uma das espécies agora existentes ou não, porque os esqueletos dessas espécies são tão parecidos entre si que não podem ser diferenciados pela mera comparação de fragmentos isolados" (*Theory of the Earth*, p. 285). (N.A.)

Owen e eu, na Faculdade Real de Cirurgiões, comparamos esse dente com o fragmento de outro, provavelmente pertencente ao toxodonte, que estava incrustado a uma distância de apenas alguns metros na mesma massa de terra. Não notamos nenhuma diferença perceptível entre o estado de deterioração das duas peças; ambas estavam macias e parcialmente manchadas de vermelho. Caso o cavalo não tivesse coexistido com o toxodonte, o dente deveria, por algum acidente de difícil compreensão, ter sido incrustado nos últimos três séculos (período de introdução do cavalo) com os fósseis desses animais que pereceram há muito tempo, quando os Pampas estavam cobertos pelas águas do mar. Agora, fica meu questionamento: será possível acreditar que dois dentes de tamanho muito semelhante, enterrados juntos no mesmo material em períodos tão desiguais, poderiam estar na mesma condição de deterioração? Temos que concluir pela negativa. É certamente um fato maravilhoso na história dos animais imaginar que uma espécie nativa tenha desaparecido[159] para, eras depois, ser sucedida pelos incontáveis rebanhos introduzidos pelo colonizador espanhol! Mas nossa surpresa deve ser minimizada quando já se sabe que foram encontrados restos do *Mastodon angustidens* (o dente anteriormente mencionado, incrustado próximo ao dente de cavalo, pertencia, provavelmente, a essa espécie) tanto na América do Sul quanto nas partes meridionais da Europa.

Em relação à América do Norte, Cuvier afirma[160] que o *Elephas primigenius* [mamute lanoso] nos "deixou milhares de carcaças desde a Espanha até a costa da Sibéria, e foram encontradas em toda a América do Norte". Os bois fossilizados, de maneira semelhante, escreve ele,[161] encontram-se enterrados "em toda a região setentrional dos dois continentes, pois foram encontrados na Alemanha, na Itália, na Prússia, na Sibéria Ocidental e Oriental e na América do Norte".[162] Devo acrescentar que os ossos de cavalos, misturados com os do mastodonte, foram várias

---

159. Não preciso afirmar aqui que não há nenhuma evidência que dê apoio à crença de que o cavalo tenha existido na América antes da chegada de Colombo. (N.A.)
160. *Theory of the Earth*, p. 281. (N.A.)
161. *Ossemens fossiles*, vol. IV, p. 147. (N.A.)
162. Citação em francês no original, "*dans toute la partie boréale des deux continens, puisque on en a d'Allemagne, d'Italie, de Prussie, de la Sibérie occidentale et orientale, et de l'Amérique*". (N.T.)

vezes enviados da América do Norte para serem vendidos na Inglaterra; entretanto, acreditava-se, pelo simples fato de serem ossos de cavalos, que haviam sido misturados acidentalmente com os fósseis. Entre os fósseis trazidos pelo capitão Beechey[163] da costa oeste do mesmo continente, na região congelada do paralelo 66° norte, o doutor Buckland[164,165] descreveu o metacarpo, o astrágalo e o metatarso do cavalo, que estavam misturados aos restos do *Elephas primigenius* e do boi fossilizado. Assim, temos um elefante, um boi e um cavalo (cuja espécie é apenas presumivelmente idêntica) comuns à Europa e à América do Norte.

Pouquíssimas espécies de quadrúpedes vivos,[166] que possuem hábitos completamente terrestres, são comuns aos dois continentes, e esses poucos estão principalmente confinados às regiões extremamente congeladas do norte. Portanto, a separação das províncias zoológicas asiáticas e americanas parece ter sido anteriormente menos perfeita do que atualmente. Os fósseis do paquiderme e do boi foram encontrados nas margens do Rio Anadir (longitude 175° leste), no extremo da Sibéria, mais próximo da costa americana: e os fósseis do primeiro, de acordo com Chamisso,[167] são comuns na Península de Kamtschatka. Na margem oposta, da mesma forma, do pequeno estreito que divide esses dois grandes continentes sabemos, pelas descobertas de Kotzebue[168] e Beechey, que os fósseis de ambos os animais ocorrem de forma abundante: e, conforme mostrado pelo doutor Buckland, estão associados aos ossos do cavalo, cujos dentes, segundo Cuvier, na Europa acompanham aos milhares os restos dos paquidermes de períodos posteriores. Com esses fatos podemos, com segurança, ver essa área como a linha de comunicação (agora interrompida pelas constantes mudanças geológicas) pela

---

163. Frederick William Beechey (1796-1856) foi um oficial da Marinha Britânica e explorador. (N.T.)
164. Veja o belo apêndice ao livro *Voyage* de Beechey, p. 592. (N.A.)
165. William Buckland (1784-1856), britânico, além de ser teólogo, também foi geólogo e paleontólogo. (N.T.)
166. Veja o interessante *Report on North American Zoology* [Relatório sobre a Zoologia da América do Norte] para a British Association (1836) feito pelo doutor Richardson. (N.A.)
167. Adelbert von Chamisso (1781-1838) foi nomeado, em 1815, botânico do navio russo *Rurik*, em expedição científica ao redor do mundo. (N.T.)
168. Otto von Kotzebue (1787-1846) foi oficial da Marinha Imperial Russa e, em 1815, capitão do *Rurik*, cuja tripulação incluía o botânico Chamisso e o naturalista Eschscholtz. (N.T.)

qual o elefante, o boi e o cavalo entraram na América e povoaram sua grande extensão.[169]

A ocorrência do cavalo fóssil e do *Mastodon angustidens* na América do Sul é muito mais notável do que a dos animais (anteriormente mencionados) na metade norte do continente; pois, se dividirmos a América, não pelo Istmo do Panamá, mas pelo sul do México,[170] na latitude 20°, onde o grande planalto apresenta um obstáculo à migração de espécies, veremos que o clima é afetado e se forma uma barreira extensa, com exceção de alguns vales e de uma baixada periférica no litoral; pela divisão, teremos duas províncias zoológicas de forte contraste entre uma e outra. Apenas algumas poucas espécies conseguiram ultrapassar a barreira e podem ser consideradas errantes, como é o caso do puma, do gambá, do jupará e do pecari. Os catálogos de mamíferos da América do Sul têm como característica a existência de várias espécies de lhamas, de pacas (e os animais aparentados), de antas, de pecaris, de gambás, de tamanduás, de preguiças e de tatus. Se a América do Norte tivesse sua própria espécie desses gêneros, seria difícil distinguir entre as duas regiões. No entanto, a presença de alguns andarilhos mal afeta o caso. A América do Norte, por outro lado, é caracterizada por seus inúmeros roedores[171] e por quatro gêneros de ruminantes com chifres sólidos,[172] dos quais a metade meridional não tem nem mesmo uma espécie.

---

169. Não desejo definir as regiões mais setentrionais do Velho Mundo como região-mãe desses dois animais. Quero apenas apontar para a existência do canal de comunicação — não o curso do córrego —, seja ele de oeste para leste ou vice-versa. Se pensarmos na abundância extraordinária de paquidermes no Velho Mundo durante o Período Terciário, e nos lembrarmos que os representantes desses animais existem atualmente apenas naquelas áreas, talvez nos pareça mais provável que a migração tenha ocorrido da Ásia para a América. (N.A.)
170. Esta é a divisão seguida por Lichtenstein, Swainson e Richardson. A seção de Vera Cruz a Acapulco, dada por Humboldt no *Atlas* da *Political Essay on Kingdom of New Spain* [Ensaio político sobre o reino da Nova Espanha], mostra como é imensa a barreira formada pelo planalto mexicano. (N.A.)
171. O doutor Richardson (*Report to British Association*, p. 157), ao falar da identificação de um animal mexicano com o *Synetheres prehensilis*, diz: "Não sabemos com qual propriedade, mas, se correto, esse é um caso — se não for único —, ou pelo menos quase isso, de um roedor comum à América do Norte e do Sul". (N.A.)
172. *Dicranocerus furcifer, Capra americana, Ovis montana, Bos americana* e *Moschatus*. *Report to British Association*, p. 159. (N.A.)

Essa distinção entre duas províncias zoológicas parece nem sempre ter existido. Atualmente, a ordem *Edentata* está muito mais bem-desenvolvida na América do Sul do que em qualquer outra parte do mundo: e, a partir dos restos fósseis que foram descobertos em Bahía Blanca, é possível concluir que esse deve ter sido o caso durante uma época anterior. Atualmente, na América, ao norte do México, nenhum animal dessa ordem foi encontrado: ainda assim, como é bem conhecido, o gigantesco *megalonyx*, considerado por Cuvier uma espécie de megatério, foi encontrado apenas naquela região; e, como parece, a partir de observações recentes,[173] o *Megatherium cuvierii* também ocorre lá. Owen me mostrou a tíbia de um animal grande, que Philip Egerton[174] havia comprado de uma coleção de fósseis de mastodontes trazidos da América do Norte. O senhor Owen diz que pertence certamente a um dos *Edentata*, e se assemelha tanto a um osso que encontrei incrustado, junto a fragmentos do grande casco semelhante ao do tatu, na Banda Oriental, que provavelmente forma uma espécie do mesmo gênero. Por fim, entre os fósseis trazidos da costa noroeste pelo capitão Beechey, havia uma vértebra cervical que, quando comparada pelo senhor Pentland[175] com os esqueletos que estão em Paris, foi descrita como semelhante mais aos esqueletos da preguiça e do tamanduá do que aos de qualquer outro animal, ainda que tenham alguns pontos diferenciais importantes.

Em relação aos paquidermes, quatro ou cinco espécies são atualmente encontradas na América; porém, assim como no caso dos *Edentata*, nenhum deles é característico da região ao norte do México; e apenas um parece existir ali como andarilho. Ainda assim, todos conhecem os múltiplos relatos sobre os ossos de mastodontes e de elefantes que foram encontrados nas lambidas de sal da América do Norte. O *Mastodon giganteum* não foi encontrado em nenhum outro lugar; o *Elephas primigenius*, entretanto, é comum em uma grande parte do globo terrestre.[176] Esse elefante

---

173. *Edinburgh New Philosophical Journal*, jul. 1828, p. 327. De um artigo do senhor Cooper no Lyceum of Natural History de Nova York. (N.A.)
174. Philip Egerton (1806-1881) foi um paleontólogo inglês. (N.T.)
175. Veja o apêndice feito pelo doutor Buckland para o livro *Voyage* de Beechey, p. 597. (N.A.)
176. Devo observar que, atualmente, ambas as espécies de elefantes estão distribuídas por faixas bastante amplas. O africano é encontrado desde o Senegal até o Cabo da Boa Esperança, uma distância de cerca de 4.800 quilômetros. O asiático anteriormente distribuía-se de forma

deve ter existido no México; e Cuvier,[177] ao observar o fragmento de uma presa, acredita que a espécie tenha se estendido até a vizinhança de Quito, na América do Sul. Nesta última região, foram descobertas três espécies de mastodontes. Uma delas, *M. angustidens*, é comum à Europa. É singular que, até o momento, seus restos nunca tenham sido trazidos da América do Norte; no entanto, considerando que a espécie era contemporânea dos animais extintos acima mencionados, parece extremamente provável que tenha chegado pela mesma linha de comunicação da costa noroeste. Como seus restos têm sido frequentemente encontrados em uma grande elevação da cordilheira, talvez seus hábitos o tenham levado a seguir essa cadeia de montanhas de norte a sul.

Tendo em vista esses fatos, está em conformidade com o que quase poderíamos esperar que o cavalo, pertencente à mesma ordem dos paquidermes, tenha habitado tanto a América do Norte quanto a América do Sul. É fascinante, portanto, descobrir uma época anterior à divisão — ao menos no que diz respeito a duas ordens importantes de mamíferos — do continente em duas províncias zoológicas distintas. O geólogo que acredita em oscilações consideráveis do nível da crosta terrestre em períodos recentes não temerá especular sobre a elevação da plataforma mexicana como causa da distinção, ou sobre a submersão da terra nos mares da Índia Ocidental, uma circunstância que talvez seja indicada pela zoologia dessas ilhas.[178]

A quantidade de ossos incrustados no grande depósito do estuário dos Pampas deve ser muito grande; eu mesmo ouvi falar desses grupos

---

semelhante, ou seja, desde as margens do Rio Indus até o Arquipélago das Índias Orientais. Acredita-se que o hipopótamo tenha habitado áreas que vão desde o Cabo até o Egito. (N.A.)
177. Cuvier, *Ossemens Fossiles*, vol. I, p. 158. Cuvier diz que não pode decidir afirmativamente, já que não viu o molar. (N.A.)
178. O doutor Richardson (*Relatório de 1836 para a British Association*, p. 157) diz que "a paca (*caelogenys*) [sinônimos: *coelogenus* (Cuvier, 1807); *Cuniculus paca* (Lineu, 1766)] e talvez uma espécie do gênero *Cavia* (Pallas, 1766) e outra do gênero *Dasyprocta* (*Dasyprocta Illiger*, 1811) habitam desde a América do Sul até as Índias Ocidentais e o México". Cuvier diz que o jupará [(*Potos flavus* (Schreber, 1774)] é encontrado nas grandes ilhas das Antilhas, mas outros afirmam que isso é um erro: de acordo com M. Gervais, o *Didelphis crancrivora* habita as Antilhas. Um dente de mastodonte foi trazido das Bahamas (*Edinburgh New Philosophical Journal*, jul. 1826, p. 395). Essa evidência, no entanto, não nos permite concluir que o mastodonte tenha habitado essas ilhas, pois a carcaça poderia ter flutuado até lá. Alguns mamíferos são certamente característicos do arquipélago. (N.A.)

e vi muitos deles. A mesma história pode ser contada por lugares que receberam nomes como "riacho do animal" ou "colina do gigante". Outras vezes, ouvi falar das propriedades maravilhosas de certos rios, que tinham o poder de transformar ossos pequenos em grandes; ou, como alguns acreditavam, nos quais os ossos cresciam de maneira espontânea. Até onde sei, nenhum desses animais, como se supunha, pereceu nos pântanos ou nos leitos de rios lamacentos da terra atual. Seus ossos, na verdade, foram expostos pelos córregos que cruzam o local em que seus fósseis foram depositados. Podemos, desse modo, concluir que toda a área dos Pampas é um grande sepulcro para esses quadrúpedes extintos.

Durante minhas viagens pela região, ouvi várias descrições detalhadas do impacto de uma seca severa, cujo relato pode lançar alguma luz sobre os casos em que um grande número de animais de todos os tipos acabou sendo incorporado ao mesmo estrato. O período de 1827 a 1830 é conhecido como o *"gran seco"* ou grande seca. Durante esse período, houve tão pouca chuva que a vegetação — mesmo os cardos — não conseguiu se desenvolver; os riachos secaram, e toda a região assumiu a aparência de uma estrada empoeirada. Esse foi especialmente o caso da região norte da província de Buenos Aires e da região sul de Santa Fé. Uma grande quantidade de pássaros, animais selvagens, gado e cavalos pereceu pela falta de comida e água. Um homem me contou que os cervos[179] costumavam visitar seu pátio para beber do poço que ele havia sido obrigado a construir para fornecer água a sua própria família durante a seca; e que as perdizes mal tinham forças para voar quando eram perseguidas. O gado perdido, apenas na província de Buenos Aires, foi estimado, por baixo, em um milhão de cabeças. Um proprietário em San Pedro possuía, antes desse período, 20 mil cabeças; no final, não restou nenhuma. San Pedro está situada na melhor região; e, atualmente, já conta novamente com uma

---

179. Na *Surveying Voyage* [Viagem de levantamento] do capitão Owen (vol. II, p. 274), há um relato curioso sobre os efeitos da seca sobre os elefantes em Benguela (costa oeste da África). "Alguns desses animais já haviam entrado na cidade, em grupo, para que pudessem se apoderar dos poços, pois não haviam encontrado água na região. Os habitantes se reuniram, e teve início um conflito desesperado que terminou com a derrota dos invasores, mas não até que tivessem matado um homem e ferido vários outros." Dizem que a cidade tem uma população de quase 3 mil habitantes! (N.A.)

grande quantidade de animais; no entanto, durante o último período do *"gran seco"*, foi necessário levar, de barco, gado vivo para o consumo dos habitantes. Os animais abandonaram suas estâncias e, após vagar para o sul, se reuniram em grupos tão grandes que uma comissão governamental precisou ser enviada de Buenos Aires para resolver as disputas dos proprietários. O senhor Woodbine Parish[180] me informou sobre outra fonte de disputa muito curiosa: tendo em vista o tempo em que a terra esteve seca, foi levantada tanta poeira que as fronteiras dessa região tão descampada acabaram sendo destruídas, e as pessoas deixaram de reconhecer os limites de suas propriedades.

Fui informado por uma testemunha ocular que rebanhos de gado, que contavam milhares de cabeças, se apressaram para dentro do Rio Paraná,[181] e, exaustos pela fome, não conseguiram rastejar para fora de suas margens lamacentas e, assim, se afogaram. O braço do rio que passa por San Pedro estava tão cheio de carcaças pútridas que o capitão de um barco me disse que o cheiro tornava impossível passar por ali. Sem dúvida, centenas de milhares de animais morreram no rio. Seus corpos, pútridos, flutuavam pelo córrego, e muitos, de forma bastante provável, foram depositados no estuário do Prata. Todos os pequenos rios se tornaram altamente salinos, e isso causou a morte de muitos animais em certos locais; pois, quando um animal se farta de tal água, não se recupera. Notei que os córregos menores nos Pampas estavam ladrilhados por uma brecha [rocha detrítica] de ossos,[182] contudo, isso está provavelmente relacionado ao efeito de um aumento gradual, não de um

---

180. Woodbine Parish (1796-1882) foi um diplomata e cientista britânico. (N.T.)
181. Azara fala da fúria de cavalos selvagens que correram em direção aos pântanos durante um período de seca: "E os primeiros a chegarem são pisoteados e esmagados por aqueles que os seguem. Mais de uma vez, encontrei mais de mil cadáveres de cavalos selvagens mortos dessa maneira". [Em francês no original: *"Et les premiers arrivés sont foulés, et écrasés par ceux, qui les suivent. Il m'est arrivé plus d'une fois de trouver plus de mille cadavres de chevaux sauvages morts de cette façon"*.] *Voyages*, vol. I, p. 374. (N.A.)
182. Na vizinhança das grandes cidades às margens do Prata, o número de ossos espalhados pelo chão é realmente surpreendente. Desde nosso retorno à Inglaterra, fui informado sobre navios que aqui chegam com cargas de ossos. Um fato curioso em relação ao comércio global: notar que o gado deve ser engordado com nabos enriquecidos com ossos de animais que viviam no Hemisfério Sul. Nas Índias Orientais, os ricos bebem vinho resfriado com gelo norte-americano que, em sua jornada, atravessou o equador duas vezes! (N.A.)

período específico. Logo após essa seca incomum, teve início uma estação muito chuvosa, que causou grandes inundações. Portanto, é quase certo que alguns desses milhares de esqueletos tenham sido enterrados pelos depósitos do ano seguinte. Qual seria a opinião de um geólogo vendo uma enorme coleção de ossos, de todos os tipos de animais e de todas as idades, assim incrustada em uma massa espessa de terra? Não atribuiria isso a uma inundação que tenha varrido a superfície da terra, em vez de enxergar a ordem real dos fatos?

Essas secas parecem, até certo ponto, ser periódicas; contaram-me as datas de várias outras, e os intervalos eram de cerca de quinze anos. A tendência a secas periódicas é, acredito, comum à maioria dos climas secos:[183] isso é certamente o que ocorre na Austrália. O capitão Sturt diz que retornam a cada dez ou doze anos e são seguidas por chuvas excessivas que, de forma gradual, diminuem até a consequente chegada de uma nova seca; 1826 e os dois anos seguintes foram singularmente secos na Austrália; 1827 foi o primeiro ano do *"gran seco"*. Menciono isso porque o general Beatson,[184] em seu relato sobre a Ilha de Santa Helena, comentou que as variações climáticas, às vezes, parecem ser consequência do funcionamento de alguma causa muito geral. Ele diz que (página 43) "a seca rigorosa ocorrida aqui em 1791 e 1792 foi muito mais calamitosa na Índia. O doutor Anderson afirma, em carta ao coronel Kyd, datada de 9 de agosto de 1792, que, devido à falta de chuvas, durante os dois anos acima, metade dos habitantes das províncias do norte havia morrido de fome; o restante estava tão fraco que, no relatório sobre o arroz importado da costa malabar, 5 mil pessoas pobres deixaram Rajahmundry, mas poucos chegaram ao litoral, embora a distância seja de apenas 80 quilômetros. Segundo o senhor Bryan Edwards, em *History of the West Indies* [História das Índias Ocidentais], parece que os períodos entre 1791 e 1792 foram extraordinariamente secos na Ilha de Montserrat". No final de 1792,

---

183. Talvez em todas as regiões, contudo, o efeito seja mais acentuado onde a média anual de chuvas é pequena. Na Inglaterra, vi o tronco de uma árvore velha cujos anéis sucessivos mostravam uma tendência ao aumento e à diminuição periódica de tamanho; ocorria uma diminuição a cada dez anéis. Veja o *Nono Tratado de Bridgewater* do senhor Babbage [Charles Babbage (1791-1871)]. (N.A.)

184. Alexander Beatson (1758-1830) foi governador da Ilha de Santa Helena e, em 1816, publicou *Tracts Relative to the Island of St. Helen* [Textos relativos à Ilha de Santa Helena]. (N.A.)

quando estava em Cabo Verde, Barrow[185] disse que, "na verdade, uma seca contínua de três anos, e consequente fome por período semelhante, quase tornou a ilha um local desolado".

12 DE OUTUBRO — Eu tinha a intenção de seguir mais adiante em minha excursão, mas, por não estar muito bem, fui obrigado a voltar em uma balandra, isto é, uma embarcação de um mastro com cerca de cem toneladas de porte bruto, que se dirigia a Buenos Aires. O tempo não estava bom e, por isso, atracamos de madrugada no galho de uma árvore de uma das ilhas. O Paraná está cheio de ilhas, que passam por ciclos contínuos de decadência e renovação. De acordo com a memória do capitão, várias ilhas maiores haviam desaparecido, enquanto outras haviam surgido e foram protegidas pela vegetação. São compostas por uma areia lamacenta, sem um pedregulho sequer, e se encontravam naquele momento a cerca de 1,20 metro acima do nível do rio; porém, ficam inundadas durante os transbordos periódicos do rio. Todas apresentam uma característica comum; muitos salgueiros e algumas outras árvores estão unidas por uma grande variedade de plantas trepadeiras, formando, assim, uma selva espessa. Esses matagais oferecem um refúgio para capivaras e onças-pintadas. O medo que tínhamos das onças acabou com qualquer prazer de entrar na mata. Nessa tarde, eu mal havia caminhado 90 metros e já encontrei sinais indubitáveis da presença recente do tigre: fui obrigado a voltar. Há rastros em todas as ilhas; e, assim como na excursão anterior, *"el rastro de los indios"* havia sido o tema da conversa, o de agora era *"el rastro del tigre"*.

As margens arborizadas dos grandes rios parecem ser o refúgio favorito da onça-pintada; porém, ao sul do Prata, disseram-me que elas frequentavam os juncos que margeavam os lagos: onde quer que estejam, parecem precisar de água. Uma onça-pintada foi morta às margens do Rio Negro, na latitude 41°, e Falconer afirma que o Lago Nahuel-huapi recebeu seu nome da palavra indígena para tigre: a latitude desse lago é de cerca de 42°; que corresponde à localização dos Pirineus no Hemisfério Norte. Esses animais são particularmente abundantes nas

---

185. Barrow. *A Voyage to Cochinchina* [Viagem para Cochinchina], p. 67. (N.A.)

ilhas do Paraná; sua presa comum é a capivara, de modo que se costuma dizer que, onde há muitas capivaras, as onças são menos perigosas. Falconer afirma que, perto da foz do Prata, na parte sul, elas são numerosas e se alimentam principalmente de peixes; esse foi um relato que ouvi diversas vezes. No Rio Paraná, já mataram muitos lenhadores e, à noite, mesmo em embarcações já foram encontradas. Há um homem que vive atualmente em Bajada que, vindo da parte de baixo da embarcação quando estava escuro, foi capturado no convés; ele escapou, mas à custa de um braço. Quando as enchentes expulsam esses animais das ilhas, eles se tornam mais perigosos. Fui informado de que, há alguns anos, uma onça enorme invadiu uma igreja de Santa Fé. Dois padres, que entraram um após o outro, foram mortos, e um terceiro, tendo ido ver o que havia ocorrido, escapou com dificuldade. O animal foi baleado de um canto destelhado do prédio e morreu. Durante esses tempos, as criaturas também avançam sobre o gado e os cavalos, causando grande prejuízo. Dizem que quebram a vértebra do pescoço de suas presas para matá-las. Quando são espantadas para longe de uma carcaça, raramente retornam para buscá-la. Os gaúchos dizem que a onça-pintada, vagando à noite, é muito atormentada pelos ganidos das raposas que a seguem; esse fato curioso coincide com o que se costuma afirmar sobre os chacais, que importunam o tigre da Índia Oriental da mesma forma. A onça-pintada é ruidosa e ruge muito à noite, em especial, quando o mau tempo se anuncia.

 Um dia, quando caçávamos às margens do Rio Uruguai, mostraram-me certas árvores que esses animais costumam utilizar para afiar suas garras. Vi três árvores bem conhecidas; na frente, a casca delas estava lisa, e, dos lados, havia arranhões profundos, ou melhor, sulcos, que se estendiam em uma linha oblíqua com quase um metro de comprimento. As cicatrizes pertenciam a momentos diferentes. O exame dessas árvores é um método comum para saber se há uma onça-pintada por perto. Imagino que esse hábito da onça se assemelhe muito ao que pode ser observado, diariamente, no gato comum, que, com as patas e as garras estendidas, arranha a perna de uma cadeira. Alguns desses hábitos também devem ser compartilhados pelo puma, pois tenho visto com frequência, no solo descoberto da Patagônia, marcas tão profundas que não poderiam ter sido feitas por nenhum outro animal. Creio que o objetivo dessa prática seja aparar as pontas de suas garras, que são raramente usadas, e não as afiar (como dizem os gaúchos). A onça-pintada é morta, sem muita dificuldade, com a ajuda de cães que a cercam e a conduzem até uma árvore, onde é abatida à bala.

Devido ao mau tempo, a embarcação na qual navegávamos ficou dois dias amarrada. Nossa única diversão era pescar para o almoço: havia vários tipos de peixes, todos bons para comer. Um peixe chamado "armado" (um *Silurus*) faz um som estridente curioso quando é pescado com vara e anzol, e esse som também pode ser ouvido claramente quando o peixe está embaixo d'água. Esse mesmo peixe é capaz de agarrar firmemente qualquer objeto, como a pá de um remo ou a linha de pesca, com a espinha forte tanto de suas barbatanas peitorais quanto das dorsais. À tarde, o tempo se manteve bem no clima tropical: o termômetro marcava 26 °C. Muitos vaga-lumes pairavam ao nosso redor, e os mosquitos incomodavam. Minha mão, quando a expus por cinco minutos, ficou preta de tantos mosquitos; suponho que não houvesse menos de cinquenta insetos ocupados em sugar-me o sangue.

15 DE OUTUBRO — Seguimos nosso caminho e passamos por Punta Gorda, onde há uma colônia de índios amigáveis da província de Missiones. Navegamos rapidamente a favor da corrente, mas, antes do pôr do sol, por temermos de forma tola o mau tempo, paramos em um pequeno afluente do rio. Peguei um bote e remei um pouco, subindo o riacho. Era muito estreito, sinuoso e profundo; em cada margem, havia um muro de 9 ou 12 metros de altura formado por árvores entrelaçadas com trepadeiras, o que dava ao canal uma aparência singularmente sombria. Vi ali um pássaro extraordinário, chamado de talha-mar (*Rhynocops nigra*). Tem pernas curtas, pés palmados, asas extremamente longas e o tamanho de uma andorinha-do-mar. O bico é lateralmente achatado, ou seja, em um plano perpendicular ao do bico de um colhereiro [*ajaja*] ou de um pato. Esse bico é tão chato e elástico quanto um cortador de papel de marfim, e sua mandíbula inferior, diferentemente de qualquer outra ave, 4 centímetros mais longa que a superior. Vou detalhar tudo o que sei sobre os hábitos do talha-mar. É encontrado tanto na costa leste

quanto na oeste, entre as latitudes 30° e 45°, e frequenta tanto a água doce quanto a salgada. O espécime hoje pertencente à Zoological Society [Sociedade Zoológica] foi baleado em um lago próximo a Maldonado que havia sido quase totalmente drenado; como resultado, estava repleto de pequenos peixes. Ali, vi vários desses pássaros, geralmente em pequenos bandos, voando, para lá e para cá, perto da superfície do lago. As aves mantinham seus bicos abertos, com a metade da mandíbula inferior mergulhada. Assim, faziam com que esta deslizasse sobre a superfície da água, que estava bastante lisa, como se a arassem; o bando formou um espetáculo bem curioso, no qual cada pássaro deixava seu fino rastro marcado na superfície espelhada. Quando em voo, costumam girar o corpo com extrema rapidez e de maneira tão hábil que, projetando sua mandíbula inferior, pegam pequenos peixes, que são agarrados pela metade superior de seus bicos semelhante a uma tesoura. Vi essa cena várias vezes, enquanto, como as andorinhas, as aves continuavam, de um lado para o outro, a voar perto de mim. Ocasionalmente, quando deixavam a superfície da água, seu voo era selvagem, irregular e rápido; elas, então, articulavam gritos estridentes. Quando pescavam, percebia-se que o comprimento das penas primárias de suas asas é útil para mantê-las secas. Nessa postura, a forma delas se assemelha ao símbolo muito utilizado por artistas para representar as aves marinhas. Já para manter seu curso irregular, usam a cauda.

Essas aves são comuns no interior do continente ao longo do Rio Paraná; dizem que ali permanecem durante todo o ano e que procriam nos pântanos. Durante o dia, descansam em bandos nas planícies gramadas, a certa distância da água. Quando ainda estávamos ancorados em um dos riachos profundos entre as ilhas do Rio Paraná, conforme expliquei anteriormente, um talha-mar surgiu de repente no final da tarde. A água estava bastante calma, e muitos peixinhos apareciam na superfície. Por um longo tempo, a ave manteve seu voo rente à superfície, voando de sua maneira selvagem e irregular para cima e para baixo no canal estreito, agora escuro com a noite que já se anunciava e com as sombras das árvores que estendiam seus troncos em direção ao rio. Em Montevidéu, observei que alguns bandos numerosos permaneciam durante o dia nas margens lamacentas da cabeceira do porto, assim como ocorria nas planícies gramadas próximas ao Rio Paraná; e, todas as tardes, levantavam voo em direção ao mar. Desses fatos, alimentei a suspeita de que os *Rhynocops* costumam pescar à noite, momento em que muitos dos animais inferiores sobem à superfície em abundância. M. Lesson afirma ter visto essas aves abrindo as conchas do gênero *Mactra* [Lineu, 1767] enterradas no litoral arenoso do Chile: é muito improvável que esse seja um hábito geral, por causa de seus bicos tão frágeis, das mandíbulas inferiores tão pronunciadas, das pernas curtas e das asas longas.

Ao descer o Rio Paraná, observei apenas outras três aves cujos hábitos merecem ser mencionados. Uma delas é um pequeno martim-pescador (*Alcedo americana*, [Gmelin, 1788]): apresenta uma cauda mais longa que a da espécie europeia e, portanto, não pousa em uma posição tão rígida e ereta. Seu voo também, em vez de ser direto e rápido, como o avanço de uma flecha, é fraco e ondulatório, como ocorre entre os pássaros de bico macio. Profere uma nota grave, como o bater de duas pequenas pedras. Um pequeno papagaio verde[186] de peito cinza parece aninhar-se nas árvores altas das ilhas, preferindo esta a qualquer outra situação. Constroem seus ninhos tão próximos uns dos outros que acabam formando uma volumosa massa de gravetos. Esses papagaios sempre vivem em bandos e são responsáveis por grandes devastações nos campos de cereais. Disseram-me que, perto de Colônia, 2.500 aves foram abatidas em um ano. Uma ave com cauda bifurcada, *Milvulus forficatus*, terminada em duas penas longas, e chamada pelos espanhóis de rabo-de-tesoura, é muito encontrada perto de Buenos Aires. Costuma pousar no ramo do ombu, próximo ao seu hábitat, e, desse ponto, realiza voos curtos em busca de insetos, retornando ao mesmo lugar em seguida. Quando está no ar, assemelha-se de forma caricatural à andorinha comum, por sua aparência geral e sua forma de voar. É capaz de mudar sua direção enquanto voa de forma rápida, e, ao fazê-lo, abre e fecha sua cauda, às vezes em direção horizontal ou lateral e, às vezes, em direção vertical, como um par de tesouras. Em sua estrutura, a ave é um verdadeiro tiranídeo papa-moscas, embora, em seus hábitos, esteja certamente mais próxima das andorinhas.

---

186. Azara, *La jeune Veuve*. Latham, *General History* [of Birds], vol. II, p. 192. (N.A.)

16 DE OUTUBRO — Alguns quilômetros antes de Rosário, a margem oeste está delimitada por falésias perpendiculares que se estendem em uma longa linha até pouco depois de San Nicolás, rio abaixo. Como resultado, a margem do rio se parece mais com a do oceano do que com a de um rio de água doce. A paisagem do Rio Paraná sofre muito pelo fato de suas margens serem macias e a água ser, por consequência, muito lamacenta. O Uruguai, que corre por uma região granítica, é muito mais cristalino; e me disseram que, onde os dois se unem no início do Prata, as águas podem, por uma longa distância, ser distinguidas por suas cores preta e vermelha. À tarde, o vento não estava muito bom e, como sempre, atracamos imediatamente; no dia seguinte, embora o vento estivesse bastante renovado e a corrente nos fosse favorável, o capitão não teve nenhuma vontade de continuar a viagem. Em Bajada, ele foi descrito a mim como um "*hombre muy aflicto*", isto é, um homem sempre desesperado para seguir adiante; ele, entretanto, suportou todos os atrasos com admirável resignação. Era um velho espanhol que vivia já há muitos anos na região. Ele professava uma grande simpatia pelos ingleses, mas sustentava fortemente que estes venceram a batalha de Trafalgar porque todos os capitães espanhóis foram comprados, e que, em ambos os lados, a única ação realmente valente foi realizada pelo almirante espanhol. Pareceu-me bastante peculiar que esse homem preferisse ver seus compatriotas tratados como os piores traidores do que inaptos ou covardes.

18 E 19 DE OUTUBRO — Continuamos lentamente a navegar, descendo o nobre rio: a corrente pouco nos ajudou. Azara estimou que, mesmo perto das nascentes entre as latitudes 16°24' e 22°57', o rio tem uma queda de apenas um pé por milha de latitude (30 centímetros a cada 1,6 quilômetro); mais para baixo, a queda é menor ainda. Afirma-se que uma elevação de 2 metros em Buenos Aires pode ser percebida a cerca de 290 quilômetros rio acima até o curso do Paraná. Durante nossa descida, encontramos pouquíssimas embarcações. Um dos melhores presentes da natureza parece, aqui, intencionalmente jogado fora: um grande canal de comunicação que permanece desocupado. Um rio no qual os navios podem navegar de uma região temperada — tão surpreendentemente

abundante em certos produtos e carente de outros — a outra de clima tropical, e um solo que — de acordo com um dos melhores especialistas, o senhor Bonpland[187] —, em relação à sua fertilidade, não se iguala a nenhum outro do mundo. Ah, esse rio teria características muito diferentes se, por sorte, os colonizadores ingleses tivessem sido os primeiros a subir o Rio da Prata! Suas margens seriam hoje ocupadas por cidades nobres! Até a morte de Francia, o ditador do Paraguai, essas duas regiões devem permanecer separadas, como se estivessem em lados opostos do globo. E, quando o velho e sanguinário tirano se retirar, o Paraguai será dilacerado por revoluções, violentas em relação à falsa calmaria do período anterior. Esse país terá de aprender, como todos os outros estados sul-americanos, que uma república não terá êxito enquanto não conseguir reunir um grupo de homens imbuídos dos princípios da justiça e da honra.

20 DE OUTUBRO — Chegamos à foz do Paraná, e, como eu estava muito ansioso para chegar a Buenos Aires, desci em Las Conchas com a intenção de seguir a cavalo dali. Ao desembarcar, fui surpreendido; descobri que eu havia sido feito prisioneiro, pelo menos de certo modo. Por causa do início de uma revolução violenta, todos os portos estavam sob embargo. Eu não podia voltar à minha embarcação. E ir por terra até a cidade estava fora de questão. Depois de uma longa conversa com o comandante, obtive permissão para encontrar, no dia seguinte, o general Rolor, que comandava uma divisão dos rebeldes, deste lado da capital. De manhã, fui a cavalo até o acampamento. O general, seus oficiais e soldados pareciam grandes vilões — e acredito que realmente o eram. O general, na mesma tarde antes de deixar a cidade, encontrou-se voluntariamente com o governador e, levando a mão ao coração, deu-lhe sua palavra de honra de que seria fiel até o fim. O general disse-me que a cidade estava completamente sitiada e que tudo o que podia fazer era dar-me um passaporte para o comandante-chefe dos rebeldes em Quilmes. Tivemos, portanto, que dar a volta em torno da cidade. Além disso,

---

187. Aimé Jacques Alexandre Goujaud Bonpland (1773-1858) foi um botânico e explorador francês que acompanhou Humboldt em uma viagem de exploração às Américas. (N.T.)

foi muito difícil conseguirmos cavalos. Fui recebido de maneira bastante civilizada no acampamento; disseram-me, contudo, que seria impossível conseguir entrar na cidade. Fiquei muito ansioso com isso, pois eu acreditava que o *Beagle* partiria do Rio da Prata antes do momento em que realmente saiu. Entretanto, após ter mencionado a generosidade cortês do general Rosas comigo no Colorado, notei que nenhuma magia teria modificado minhas circunstâncias de forma mais rápida do que essa conversa. No mesmo instante, disseram-me que, embora não pudessem me dar um passaporte, se eu deixasse meu guia e meus cavalos, poderia passar por suas sentinelas. Fiquei muito feliz e aceitei a proposta. Um oficial me acompanhou para dar ordens de que não me parassem na ponte. Os próximos 5 quilômetros da estrada estavam bastante desertos. Encontrei alguns soldados que ficaram satisfeitos com apenas um olhar sério a um passaporte antigo. E, por fim, pude entrar na cidade.

Não havia quase nenhum pretexto que oferecesse apoio à revolução. No entanto, em um estado que, ao longo de nove meses (de fevereiro a outubro de 1820), passou por quinze mudanças em seu governo — de acordo com a Constituição, o governador seria eleito a cada três anos —, seria uma grande mesquinhez pedir por pretextos. Neste caso, um grupo de setenta homens — que, por estar ligado a Rosas, revoltou-se com o governador Balcarce — deixou a cidade enquanto gritava *Rosas!*, e toda a região pegou em armas. A cidade foi, então, sitiada, ficando sem provisões, gado ou cavalos; fora isso, ocorriam apenas algumas pequenas escaramuças, e alguns homens morriam diariamente. Os sitiadores sabiam bem que acabariam vitoriosos ao bloquear o fornecimento de carne. É possível que o general Rosas não soubesse desse levante; porém, me parece que estava em consonância com os planos de seu grupo. Há um ano ele foi eleito governador, mas recusou, sem que La Sala também lhe conferisse poderes especiais. Isso lhe foi recusado e, desde então, seu grupo tem dado mostras de que nenhum outro governador poderá tomar seu lugar. Dos dois lados, a guerra foi intencionalmente procrastinada até que fosse possível ouvir a opinião de Rosas. Poucos dias após minha saída de Buenos Aires, chegou uma nota afirmando que o general desaprovava o conflito, mas acreditava que a justiça estava do lado dos sitiadores. Após receberem a nota, o governador, seus ministros e parte dos militares, totalizando algumas centenas de pessoas, fugiram da cidade. Os rebeldes entraram, elegeram um novo governador e foram pagos pelo serviço de 5.500 homens. Tendo em vista esses acontecimentos, restou claro que Rosas finalmente se tornaria o ditador: pois o povo tem uma aversão particular ao termo rei, tanto aqui como em outras repúblicas. Depois que deixei a América do Sul, ouvimos dizer que Rosas foi eleito com poderes especiais e por um período contrário aos princípios constitucionais da república.

CAPÍTULO VIII

Montevidéu — Excursão à colônia de Sacramento — Cavalos nadando — Valor de uma estância — Gado, forma de contagem — Geologia — Grandes campos de cardo — Rio Negro — Pedregulhos perfurados — Cães pastores — Doma de cavalos, gaúchos e sua montaria; destreza com o *lazo* — Toxodonte — Carapaça gigantesca semelhante à do tatu — Grande cauda — Retorno a Montevidéu — Característica dos habitantes

BANDA ORIENTAL

Depois de ficar preso na cidade por quase duas semanas, partir em um navio em direção a Montevidéu trouxe-me alívio. Uma cidade em estado de sítio será sempre uma parada desagradável e, neste caso particular, também havia preocupações frequentes com os ladrões. Os sentinelas eram especialmente problemáticos, pois usavam sua posição e suas armas para roubar com um nível de autoridade que outras pessoas não conseguiam imitar.

Nossa travessia foi muito longa e tediosa. No mapa, o estuário do Prata pode parecer impressionante, mas, na realidade, é bem maçante. O grande corpo de água lamacenta carece tanto de magnificência quanto de atratividade. Há uma hora do dia em que ambas as margens, as duas extremamente baixas, se tornam visíveis do convés. Ao chegar em Montevidéu, descobri que o *Beagle* ficaria ancorado por algum tempo, então, me preparei para fazer uma pequena excursão nesta parte da Banda Oriental. Tudo o que mencionei antes em relação ao terreno ao redor de

Maldonado também pode ser dito sobre esta área. No entanto, o terreno é mais plano no geral, exceto pelo Monte Verde, que fica a uma altura de 140 metros e dá o nome à área. Apenas uma pequena porção dos campos suavemente ondulados tem cercas, perto da cidade; contudo, há algumas áreas cercadas de sebe e adornadas com agaves, cactos e erva-doce.

14 DE NOVEMBRO — Saímos de Montevidéu à tarde. Eu pretendia seguir para Colônia do Sacramento, situada na margem norte do Prata e oposta a Buenos Aires; desse ponto, subiríamos o Rio Uruguai até a vila de Mercedes no Rio Negro (um dos muitos rios da América do Sul que recebem esse nome), e, dali, retornaríamos direto a Montevidéu. Dormimos na casa de meu guia em Canelones. Levantamo-nos bem cedo, esperando cobrir uma boa distância a cavalo; mas foi uma tentativa vã, pois todos os rios haviam transbordado. Tivemos de atravessar os córregos de Canelones, Santa Lucía e San José por barco, e isso nos custou muito tempo. Em uma excursão anterior, atravessei o Santa Lúcia, perto de sua foz e fiquei surpreso ao observar a facilidade com que nossos cavalos, que não estavam acostumados a nadar, conseguiram atravessar uma largura de pelo menos 550 metros. Ao mencionar isso em Montevidéu, disseram-me que, certa vez, uma embarcação na qual estavam alguns vigaristas e seus cavalos naufragou no Prata, e um dos cavalos conseguiu nadar 11 quilômetros até a costa. Durante o decorrer do dia, me distraí com a destreza com que um gaúcho obrigou um cavalo inquieto a nadar no rio. Ele tirou suas roupas, pulou no cavalo e montou na água até um ponto em que as águas eram muito profundas para o cavalo; em seguida, escorregando pela garupa, segurou a cauda e, toda vez que o cavalo tentava voltar, o homem o assustava, espirrando água em sua cara, para que não mudasse sua rota. Assim que o cavalo tocou o fundo do outro lado do rio, o homem voltou para cima e montou firmemente com as rédeas nas mãos, antes mesmo de o cavalo ter chegado à margem. Foi impressionante ver um cavaleiro e um cavalo nus, e fiquei surpreso com o quão bem as duas criaturas se complementavam. A cauda do cavalo é um apêndice muito útil; atravessei um rio em que um barco com quatro pessoas foi rebocado da mesma forma que fez o gaúcho. Quando uma pessoa e um cavalo precisam atravessar um rio

largo, o método mais eficaz é a pessoa agarrar-se à cabeça da cela ou à crina e utilizar seu outro braço para ajudar na travessia.

Dormimos no posto de Cufré e ali passamos o dia seguinte. À tarde, o carteiro chegou. Atrasara um dia por causa da cheia do Rio Rosário. Esse atraso, no entanto, não era grave, pois, embora o mensageiro tivesse percorrido algumas das principais cidades da Banda Oriental, trazia apenas duas cartas. A vista da casa era agradável, uma superfície verde ondulante com vislumbres distantes do Prata. Percebo que, agora, não vejo a província com os mesmos olhos de minha primeira passagem por aqui. Lembro-me de que, naquela ocasião, a considerei bastante plana; agora, porém, depois de ter galopado pelos Pampas, não consigo dizer o que me levou a chamá-la de plana. A região é formada por uma série de ondulações, talvez não muito altas quando tomadas isoladamente; parecem, contudo, verdadeiras montanhas, se comparadas às planícies de Santa Fé. Por causa dessas desigualdades do terreno, há uma abundância de pequenos riachos e, consequentemente, a grama é verde e exuberante.

17 DE NOVEMBRO — Cruzamos o Rosário, que é profundo e rápido, e, passando pela vila de Colla, chegamos ao meio-dia na Colônia do Sacramento. A distância é de cerca de 100 quilômetros, atravessando uma região coberta com grama boa, que não tem muito gado nem muitos habitantes. Fui convidado a dormir em Colônia e a acompanhar, no dia seguinte, um cavalheiro até sua estância, onde havia algumas rochas de calcário. A cidade é construída sobre um promontório rochoso, semelhante ao que ocorre em Montevidéu. É bem fortificada, mas tanto as fortificações quanto a cidade sofreram muito com a guerra contra o Brasil. É uma cidade muito antiga; a irregularidade de suas ruas e os bosques de velhos pessegueiros e laranjeiras de seu entorno lhe dão uma aparência agradável. A igreja é uma ruína curiosa, que já havia sido usada para armazenar pólvora; além disso, foi atingida por um raio em uma das dez mil tempestades que ocorrem no Rio da Prata. Dois terços do edifício estão destruídos até seus alicerces; o resto tornou-se um monumento — despedaçado e curioso — com a força conjunta dos raios e da pólvora. À tarde, caminhei em meio às paredes e aos muros semidemolidos da cidade. Este foi o ponto principal da guerra contra o Brasil: uma guerra

bastante prejudicial ao país não tanto por seus efeitos imediatos, mas por ter dado origem a uma multidão de generais e de todas as outras categorias de oficiais. Há mais generais (não pagos) nas Províncias Unidas do Rio da Prata do que no Reino Unido da Grã-Bretanha. Esses cavalheiros aprenderam a gostar do poder e não se opõem a pequenas escaramuças. Assim, há muitos deles que estão sempre em alerta para criar distúrbios e derrubar um governo que ainda não tenha se estabelecido em uma base segura. Notei, porém, que tanto aqui quanto em outros lugares há um interesse geral pelas próximas eleições presidenciais, o que parece ser um bom sinal para a prosperidade deste pequeno país. Os habitantes não exigem uma longa educação de seus representantes; ouvi alguns homens discutindo as qualidades dos representantes de Colônia; disseram que, "mesmo não sendo homens de negócios, todos sabiam assinar seus nomes", e isso já era o bastante para qualquer homem sensato.

18 DE NOVEMBRO — Cavalguei com meu anfitrião até sua estância, no Arroio de San Juan. À tarde, demos uma volta a cavalo pela propriedade. É um terreno de 43,7 quilômetros quadrados situado no que chamam de *rincón* (rincão); ou seja, um lado faz fronteira com o Prata, e os outros dois são guardados por riachos intransponíveis. Havia um excelente porto para embarcações pequenas e uma abundância de árvores baixas e arbustos, muito valiosos para fornecer lenha a Buenos Aires. Eu estava curioso para saber o valor de uma estância tão completa. Tinha 3 mil cabeças de gado, e era capaz de conter três ou quatro vezes mais: oitocentas éguas, 150 cavalos domados e seiscentas ovelhas. Havia muita água e rocha calcária, uma casa rústica, currais excelentes e um pomar de pessegueiros. Por tudo isso, ele havia recebido uma oferta de 2 mil libras. Desejava apenas 500 libras adicionais, e, provavelmente, a venderia por menos. O principal problema de uma estância é levar o gado duas vezes por semana até um ponto central para amansar e contar os animais. Essa última operação seria considerada difícil com 10 mil ou 15 mil cabeças de gado. É realizada pelo princípio de que o gado invariavelmente se divide em pequenos grupos de quarenta a cem. Cada grupo é reconhecido por alguns animais marcados de forma peculiar, e seu número é conhecido, de modo que, quando um indivíduo dentre 10 mil se perde, isso pode ser

percebido por sua ausência em um dos pequenos grupos. Durante as noites tempestuosas, todo o gado se mistura, porém, na manhã seguinte, os grupos voltam a se separar como antes.

19 DE NOVEMBRO — Passando pela vila de Las Vacas, dormimos na casa de um norte-americano que trabalhava com um forno de cal no arroio de Las Víboras. Pela manhã, cavalgamos até um promontório nas margens do rio, chamado Punta Gorda. No caminho, tentamos encontrar uma onça-pintada. Havia muitos rastros frescos e visitamos as árvores nas quais dizem que afiam suas garras, mas, disto, não encontramos nenhum sinal. Deste ponto em diante, o Rio Uruguai apresentava à nossa visão um volume imodesto de água. Pela limpidez e pela rapidez de sua corrente, sua aparência era muito superior à de seu vizinho, o Paraná. Na costa oposta, vários tributários deste último desaguam no Rio Uruguai. Com o brilho do sol, era possível ver de maneira bastante distinta as duas cores das águas. A seção geológica apresentada pelos penhascos era interessante. Em Santa Fé, há um estrato com fósseis marinhos passando gradualmente para um depósito estuarino. Aqui, temos uma alternância da ação, circunstância nada improvável em uma grande baía. Há uma formação de argila terrosa vermelha, com nódulos de marga e idêntica à dos Pampas em todos os aspectos, coberta por uma rocha calcária branca que contém grandes ostras extintas e outras conchas marinhas, e, por cima desta última camada, vemos, mais uma vez, o material terroso avermelhado, como no resto da Banda Oriental.

À tarde, seguimos nosso caminho em direção a Mercedes, no Rio Negro. À noite, pedimos permissão para dormir na estância em que havíamos chegado. Era uma propriedade muito grande, com 10 léguas quadradas, e seu dono é um dos maiores proprietários de terras da região. Seu sobrinho era o encarregado e estava acompanhado por um capitão do exército que havia fugido há pouco tempo de Buenos Aires. Considerando a posição social deles, a conversa foi bastante divertida. Como é de costume, demonstraram um espanto infindável em relação ao fato de a terra ser redonda e não acreditaram que um buraco suficientemente profundo possa sair do outro lado do globo. Tinham, todavia, ouvido falar de um país onde havia seis meses de luz e seis de escuridão, e onde os habitantes eram muito altos e magros! Estavam curiosos a respeito do preço e das condições dos cavalos e do gado na Inglaterra. Ao descobrirem que não utilizamos o *lazo* para capturar nossos animais, um deles exclamou: "Ah, então, vocês não usam nada além da boleadeira!".

A ideia do cercamento de terras é bastante nova para eles. Por fim, o capitão disse que tinha uma pergunta para me fazer e que ficaria bastante grato se eu a respondesse com toda a sinceridade. Tremi ao imaginar a profundidade científica da questão. Desejava saber "se as senhoras de Buenos Aires não eram as mais bonitas do mundo". Eu respondi: "Encantadoramente, sim!". Ele acrescentou: "Tenho outra pergunta. Em alguma outra parte do mundo, as mulheres usam pentes tão grandes?".

Solenemente lhe assegurei que não. Eles ficaram absolutamente encantados, e o capitão exclamou: "Viram só?! Um homem que conheceu metade do mundo diz que é assim. Nós sempre imaginamos que fosse verdade, mas agora o sabemos".

Minha excelente opinião sobre beleza me garantiu uma recepção mais hospitaleira: o capitão resolveu dormir em seu recanto e me obrigou a aceitar sua cama.

21 DE NOVEMBRO — Saímos ao nascer do sol e cavalgamos lentamente durante todo o dia. A natureza geológica dessa parte da província era diferente das demais e se assemelhava muito à dos Pampas. Por isso, havia imensos campos de cardos dos Pampas, bem como de cardo-hortense [*Cynara cardunculus*]: toda a região, de fato, pode ser chamada de um grande campo. Os dois tipos crescem separados, cada planta em companhia de sua própria espécie. O cardo-hortense chega a ter a altura do dorso de um cavalo, mas o cardo dos Pampas costuma ser mais alto que o topo da cabeça do cavaleiro. Deixar a estrada, nem que seja por um metro, está fora de questão; ela própria é obstruída de forma parcial ou total. Pasto, é claro, não há. Se o gado ou os cavalos desviarem para o campo de cardos, se perdem no mesmo momento, e, por isso, é extremamente arriscado conduzir gado durante esta época do ano. Quando os animais estão muito cansados, refugiam-se nos cardos e não são mais vistos. Nesses distritos há pouquíssimas estâncias, e estas estão situadas nos arredores de vales úmidos, onde, felizmente, nenhuma dessas plantas terríveis pode existir.

Ao anoitecer, antes de chegarmos ao fim de nossa jornada, dormimos em uma pequena e miserável choupana habitada por pessoas extremamente pobres. Fiquei encantado com a cortesia imensa de nosso anfitrião e nossa anfitriã, muito formais, apesar de sua condição de vida.

22 DE NOVEMBRO — Chegamos a uma estância no Rio Berquelo, pertencente a um inglês muito hospitaleiro, para quem eu tinha uma carta de apresentação de meu amigo senhor Lumb. Ali fiquei por três dias. Certa manhã, fui a cavalo com meu anfitrião até a Sierra del Pedro Flaco, a uns 32 quilômetros subindo o Rio Negro. Quase toda a região estava coberta por uma grama boa, mas grosseira; sua altura chegava à barriga do cavalo. E, ainda assim, não havia uma única cabeça de gado em muitas léguas quadradas. A província de Banda Oriental, se bem-abastecida, seria capaz de suportar um número surpreendente de animais; atualmente, a exportação anual de peles de Montevidéu chega a 300 mil; e o consumo interno dos restos é muito considerável. A vista do Rio Negro desde a Sierra foi a mais bela que vi. O rio, largo, profundo e rápido, se retorcia ao pé de um penhasco rochoso: um cinturão de bosques seguia seu curso, e o horizonte terminava em ondulações distantes da planície gramada.

Quando estávamos nessa área, ouvi falar várias vezes da Sierra de las Cuentas; uma colina situada muitos quilômetros ao norte. O nome significa "Colina das Contas". Garantiram a mim que ali há uma grande quantidade de pequenas pedras redondas, de várias cores, cada uma com um pequeno buraco cilíndrico. Antigamente, os índios costumavam colecioná-las, com o propósito de fazer colares e pulseiras: um gosto, devo observar, comum a todas as nações selvagens, bem como às mais refinadas. Não sei o que devo tirar dessa história, porém, ao mencioná-la no Cabo da Boa Esperança para o doutor Andrew Smith, ele me disse que se lembrava de ter encontrado, na costa sudeste da África, cerca de 160 quilômetros a leste do Rio Saint John [Libéria], alguns cristais de quartzo misturados com cascalho da praia e cujas bordas apresentavam desgaste pelo atrito. Cada cristal media cerca de 1 centímetro de diâmetro e de 2,5 a 4 centímetros de comprimento. Muitos deles tinham um pequeno canal perfeitamente cilíndrico que se estendia de uma extremidade à outra e com largura perfeita para um fio grosso ou um categute fino. O cristal era vermelho ou branco opaco. Os nativos conheciam bem essa estrutura dos cristais. Mencionei essas circunstâncias porque, embora não se conheça nenhum corpo cristalizado que tenha essa forma, o tema pode levar algum viajante futuro a investigar a verdadeira natureza dessas pedras.

Durante o período em que ficamos nessa estância, diverti-me com as histórias sobre os cães pastores da região.[188] Ao cavalgar, é comum encontrar, alguns quilômetros distantes de qualquer casa ou pessoa, um ou dois cães guardando algum grande rebanho de ovelhas. Muitas vezes me pergunto como se iniciou essa amizade tão forte. O método de adestramento consiste em separar da mãe o filhote, ainda muito jovem, e acostumá-lo a estar próximo de seus futuros companheiros. Três ou quatro vezes por dia, leva-se uma ovelha para que o pequeno filhote mame nela, e, no curral das ovelhas, é feito um ninho de lã para o animalzinho, que não pode, em nenhum momento, ter contato com outros cães ou com as crianças da família. Além disso, o cachorrinho é, em geral, castrado, para que não tenha quase nenhuma afeição pelos animais de sua própria espécie quando adulto. O adestramento retira-lhe o desejo de deixar o rebanho e leva-o a defender as ovelhas da mesma forma como os outros cães defendem seus donos humanos. É divertido observar como o cão avança latindo imediatamente ao se aproximar de um rebanho, e as ovelhas todas se fecham em sua retaguarda, como o fariam em torno do carneiro mais velho. Esses cães podem ser facilmente treinados para trazer o rebanho de volta para casa em uma hora específica da noite. Entretanto, sua tendência mais incômoda, quando jovens, é a inclinação para brincar com as ovelhas, o que, muitas vezes, os leva a correr excessivamente e incomodar seus súditos indefesos.

Todos os dias, o cão pastor vai até a casa para comer carne e, assim que lhe é dada, esconde-se, como se estivesse envergonhado de si mesmo. Durante essas visitas, os cães da casa tornam-se muito dominadores, e até mesmo o menor deles ataca e persegue o estranho. Entretanto, no instante em que alcança seu rebanho, ele se vira e começa a latir, e, então, todos os cães da casa fogem ao mesmo tempo. Da mesma forma, um bando de cães selvagens famintos dificilmente (nunca, me

---

188. D'Orbigny oferece um relato semelhante sobre esses cães, vol. I, p. 175. (N.A.)

disseram) se aventuraria a atacar um rebanho guardado por ao menos um desses pastores fiéis. Todo o relato me parece um exemplo curioso da elasticidade das emoções entre os cães; e, por isso, selvagens ou não, demonstram um sentimento mútuo de respeito, ou medo, por aqueles que estão cumprindo seu instinto de associação. Pois não há nenhuma outra razão que leve os cães selvagens a ser afugentados por um único cão com seu rebanho senão imaginar que os primeiros consideram, com origem em alguma noção confusa, que a associação do cão pastor confere poder a este; como se as ovelhas compusessem sua matilha. F. Cuvier observou que todos os animais que são facilmente domesticáveis consideram o homem como um membro de sua sociedade e, assim, satisfazem ao seu instinto de associação. No caso citado, os cães pastores classificam as ovelhas como parte de sua irmandade, e os cães selvagens, embora saibam que elas, isoladas, não são cães e que são boas presas, ainda assim, consentem parcialmente com aquela classificação sempre que as encontra arrebanhadas por um cão pastor.

Certa tarde, chegou um domador com o propósito de trabalhar com alguns potros. Descreverei os passos preparatórios, pois acredito que não foram mencionados por nenhum outro viajante. Leva-se uma tropa de cavalos jovens e selvagens para o curral, ou grande cercado de estacas, e a porteira é fechada. Suponhamos que um homem sozinho tenha de capturar e montar um cavalo que nunca usou freio ou sela. Acredito que tal façanha seria completamente inviável, exceto se realizada por um gaúcho. O gaúcho escolhe um potro adulto e, enquanto o animal corre em círculos, joga seu *lazo* de modo a capturar ambas as pernas dianteiras. Instantaneamente, o cavalo rola com um forte choque e, enquanto luta no solo, o gaúcho, que segura firmemente o *lazo*, faz um volteio de modo a prender uma das pernas traseiras, logo acima do casco e abaixo do boleto, e a aproxima das duas dianteiras. Então, ele puxa o laço para que as três pernas fiquem amarradas. Em seguida, senta-se no pescoço do cavalo e fixa uma rédea forte, sem bocal para a mandíbula inferior. Faz isso ao passar uma tira estreita através dos orifícios da extremidade das rédeas e várias vezes em torno da mandíbula e da língua. Nesse momento, as duas pernas dianteiras estão juntas, amarradas por uma tira forte de couro, presas por um nó de correr. O *lazo*, que antes amarrava três pernas, é afrouxado, e o cavalo se levanta com dificuldade. O gaúcho, agora segurando firmemente a rédea fixada na mandíbula inferior, leva o cavalo para fora do curral. Quando há um segundo homem (caso contrário, o trabalho é muito maior), ele segura a cabeça do animal enquanto o primeiro lhe coloca as mantas e a sela e amarra todo o conjunto. Durante essa operação, o cavalo, apavorado e assustado por estar assim amarrado pela cintura, se joga várias vezes no chão até ficar completamente exausto e não desejar mais se levantar. Por fim, quando está selado, o pobre animal nem consegue respirar direito, de tanto medo, e seu corpo fica coberto por uma camada de saliva espumosa e suor. O homem se prepara para subir no cavalo, aplicando pressão no estribo a fim de evitar que o cavalo se torne instável. Assim que joga sua perna sobre as costas do cavalo, ele solta o nó corrediço e o animal é de imediato liberado de suas amarras. Alguns domadores puxam o nó enquanto o animal está deitado no chão, e, em pé na sela, deixam que se levante por debaixo deles. O cavalo, enlouquecido de pavor, dá alguns saltos bastante violentos e, então, parte a todo galope: quando está bastante exausto, o homem, com paciência, o traz de volta ao curral e ali liberta o pobre animal, banhado em suor e quase morto. Os animais que decidem não galopar e que, obstinadamente, se jogam no chão consideram-se, de longe, os mais difíceis de se domar. Embora esse processo seja terrivelmente severo,[189] após duas ou três tentativas, o cavalo está domado. Ocorre que apenas depois de algumas semanas o animal será montado com o bocado de ferro e o cabresto sólido; pois ele deve aprender a associar a vontade de seu cavaleiro à sensação da rédea antes que a brida mais poderosa venha a ter alguma utilidade.

Os gaúchos são conhecidos por serem cavaleiros excelentes. A ideia de ser derrubado e deixar o cavalo fazer o que quiser nunca é levada em

---

189. Os animais são tão abundantes nessas regiões que o sentimento humanitário e o interesse pessoal não costumam estar muito unidos; portanto, o primeiro mal é conhecido por aqui. Certo dia, cavalgando pelos Pampas com um respeitável *"estanciero"*, meu cavalo, cansado, ficou para trás. O homem sempre gritava para que eu batesse com as esporas no animal. Quando protestei dizendo que isso seria cruel, pois o cavalo estava bastante exausto, ele gritou: "Por que não...? Não se importe... use as esporas... é *meu* cavalo!". Tive alguma dificuldade para fazê-lo compreender que era pelo bem do cavalo, e não por conta dele, que resolvi não usar as esporas. Ele exclamou, com um olhar de grande surpresa: *"Ah, don Carlos, que cosa!"*. Estava claro que a ideia nunca havia passado por sua cabeça. (N.A.)

conta. Eles julgam a habilidade de um cavaleiro pela sua capacidade de controlar um cavalo jovem e selvagem, ou pela sua capacidade de chegar ao solo em pé se o seu cavalo tropeçar ou cair, ou por saber realizar outras façanhas. Uma vez, ouvi falar de um homem que fez uma aposta de que poderia intencionalmente fazer seu cavalo cair vinte vezes e que, em dezenove delas, ele cairia em pé. Lembro-me de um gaúcho que montava um cavalo muito teimoso que, por três vezes sucessivas, empinou tão alto que caiu para trás com grande violência. O homem julgou com frieza incomum o momento apropriado para desmontar do cavalo, nem antes nem depois do momento exato. Assim que o cavalo se levantou, o homem pulou em seu lombo, e saíram a galope. O gaúcho nunca parece fazer muita força muscular. Certo dia, observando um bom cavaleiro enquanto galopávamos em um ritmo rápido, pensei comigo mesmo: "Ele está tão despreocupado em sua sela que, certamente, cairá se o cavalo se assustar". Nesse momento, um avestruz macho saltou de seu ninho bem abaixo do focinho do cavalo. O potro saltou para o lado, como se fosse um cervo; quanto ao homem, tudo o que posso dizer é que, sem cair, tomou um susto como se fosse parte do cavalo.

No Chile e no Peru, cuida-se mais da boca do cavalo do que na região do Prata, e isso é evidentemente uma consequência da natureza mais complexa do país. No Chile, não se considera que um cavalo esteja completamente domado até que ele consiga, quando em galope máximo, parar imediatamente em algum ponto específico: por exemplo, sobre uma capa jogada no solo; ou, então, quando lançado contra um muro, consiga empinar e raspar a superfície com seus cascos. Vi um animal que saltava com bastante ânimo, controlado apenas com os dedos indicador e polegar. O cavaleiro o fez galopar por todo o pátio e, em seguida, dar voltas com grande velocidade em torno do poste de uma varanda, mantendo dele uma distância tão uniforme que o cavaleiro, com o braço estendido, era capaz de deixar que um de seus dedos deslizasse pelo poste. Depois, fazendo uma meia-volta no ar, com o outro braço estendido de maneira semelhante, girou com força surpreendente na direção contrária.

Esse cavalo é considerado bem-domado; e, mesmo que à primeira vista isso possa parecer inútil, não o é de maneira nenhuma. O treinamento apenas aperfeiçoa os movimentos que são necessários para as tarefas cotidianas. Quando se captura um boi pelo *lazo*, o animal, às vezes, começa a galopar em círculos; se o cavalo não estiver bem treinado, ele se assustará muito e não conseguirá começar a girar imediatamente como se fosse o pivô de uma roda. A consequência disso é a morte de muitos homens, pois, se o *lazo* se enroscar em torno do corpo do cavaleiro, ele poderá ser, de maneira instantânea, quase cortado ao meio pelas forças opostas dos dois animais. Utiliza-se o mesmo princípio para as raças de corrida. A pista tem apenas uns 180 ou 270 metros de comprimento, pois o objetivo é treinar os animais para que tenham um arranque rápido. Os cavalos de corrida são treinados não apenas para que seus cascos toquem uma linha, mas para usar as quatro patas em conjunto, para que toda a parte traseira do animal se ponha em plena ação já no primeiro salto. No Chile, contaram-me uma anedota que acredito ser verdadeira e que oferece um bom exemplo do uso de um animal bem-domado. Certo dia, andava a cavalo um senhor respeitável que encontrou outras duas pessoas em seu caminho. Então, ele reconheceu um dos cavalos, que lhe fora roubado, montado por uma delas, e as desafiou. Os dois homens, como resposta, empunharam seus facões e deram início a uma perseguição. O senhor, cujo animal era bom e veloz, tomou logo a dianteira. Ao passar por um arbusto grosso, contornou-o e parou de forma brusca. Assim, obrigou seus perseguidores a lançarem-se para o lado e seguir em frente. Em seguida, disparando imediatamente logo atrás deles, o senhor enterrou sua faca nas costas de um, feriu o outro, recuperou seu cavalo, que estava com o ladrão moribundo, e voltou para casa. Para esses feitos de montaria, são necessárias duas coisas: um bocado mais duro — como os utilizados pelos mamelucos —, cuja força, embora sem uso frequente, seja bem-conhecida pelo cavalo, e grandes esporas de ponta redonda, que podem ser empregadas tanto com um mero contato quanto como instrumento de dor extrema. Acredito que, com esporas inglesas, cujo toque, mesmo que suave, alfineta a pele, seria impossível domar um cavalo segundo os costumes sul-americanos.

Em uma estância perto de Las Vacas, muitas éguas são abatidas semanalmente por suas peles, ainda que cada peça valha apenas 5 dólares, cerca de meia coroa inglesa. A princípio, pode parecer estranho que valha a pena abater éguas por essa ninharia, porém, já que a região considera ridículo domar ou montar éguas, elas não são valorizadas senão para reprodução. Vi éguas sendo postas para trabalhar debulhando o trigo com pisadas no grão: para isso, eram levadas a um cercado circular, onde caminhavam sobre os feixes de trigo espalhados. O encarregado de abater as éguas era celebrado por sua destreza com o *lazo*. À distância de 11 metros da entrada do curral, ele apostou que, a pé, pegaria todos os animais pelas pernas quando passassem por ele, sem perder nenhum. Já outro homem disse que entraria no curral a pé, pegaria uma égua, amarraria suas pernas dianteiras, a levaria para fora, a jogaria no solo, a mataria, retiraria sua pele e a poria a pele para secar em estacas (este último é um trabalho bastante tedioso); e que faria isso com 22 animais em apenas um dia. Ou, no mesmo período, abateria e esfolaria cinquenta éguas. Essa tarefa teria sido prodigiosa, pois se considera um bom dia de trabalho quando se esfolam e se deixam secar em estacas as peles de 15 ou 16 animais.

26 DE NOVEMBRO — Iniciei o retorno em linha reta até Montevidéu. Tendo ouvido falar de alguns ossos de gigantes em uma fazenda vizinha sobre o Sarandis, um pequeno afluente do Rio Negro, fui a cavalo até lá, acompanhado do meu anfitrião, e comprei por 18 pence a cabeça de um animal tão grande quanto a de um hipopótamo. O senhor Owen, em um artigo lido perante a Sociedade Geológica,[190] chamou esse animal extraordinário de toxodonte, por causa da curvatura de seus dentes. De acordo com as atas dos procedimentos dessa sociedade, o senhor Owen observou que, a julgar pela parte do esqueleto preservada, o toxodonte, no que diz respeito às características dos dentes, deve ser incluído na ordem dos roedores. Contudo, se desvia dessa ordem pela posição relativa de seus incisivos extras, pela quantidade e pela direção da curvatura de seus molares e por alguns outros aspectos. Também se desvia — por várias partes de sua estrutura que foram enumeradas pelo senhor Owen — tanto dos *Rodentia* [roedores] quanto dos *Pachydermata* [paquidermes] atuais e manifesta afinidade com o dinotério e com os cetáceos. O senhor Owen, no entanto, observou que "o desenvolvimento da cavidade nasal e

---

190. Lido em 19 de abril de 1837. Um relato detalhado será apresentado na primeira parte da *Zoologia da viagem do Beagle*. (N.A.)

a presença de seios frontais tornam extremamente improvável que os hábitos do toxodonte fossem tão exclusivamente aquáticos como resultariam da ausência total de pernas traseiras, e conclui-se, portanto, que era um quadrúpede, e não um cetáceo, e que isso manifestava um passo adicional na gradação das formas dos mamíferos que vai dos *Rodentia*, passa pelos *Pachydermata* e chega aos *Cetacea*; uma gradação da qual a capivara da América do Sul (*Hydrochaerus capybara*) já indica o primeiro passo entre os *Rodentia* existentes, de cuja ordem é interessante observar esta que é a maior espécie, enquanto é, ao mesmo tempo, única no continente em que os restos dos gigantescos toxodontes foram descobertos".

As pessoas na fazenda disseram-me que os restos foram expostos por uma inundação que arrastou parte de um banco de terra. Quando encontrada, a cabeça estava perfeita; no entanto, os meninos arrancaram seus dentes com pedras e, em seguida, dispuseram a cabeça como um alvo para ser acertada. Tive muita sorte, pois encontrei um dente perfeito que se encaixou perfeitamente em uma das cavidades desse crânio, enterrado às margens do Rio Tercero, a uma distância de cerca de 290 quilômetros dali. Nas proximidades, encontrei fragmentos de uma cabeça um pouco maior que a de um cavalo e com alguns pontos similares ao toxodonte, e outros, talvez, aos *Edentata*. A cabeça desse animal, em especial, e a do toxodonte parecem tão frescas que é difícil acreditar que estavam há muito tempo enterradas sob a terra. O osso contém tanta matéria orgânica que, quando aquecido sobre a chama de uma lamparina, além de exalar um odor muito forte de animal, também queima com uma leve chama.[191]

À distância de algumas léguas, visitei um lugar em que foram encontrados os restos de outro grande animal ligados a grandes pedaços de uma carapaça parecida com a do tatu. Partes semelhantes também foram encontradas no leito do córrego, próximo ao local em que o esqueleto do toxodonte havia sido exposto. Esses pedaços são diferentes daqueles que mencionei em Bahía Blanca. É um fato bastante interessante descobrir, assim, que, em épocas anteriores, mais de um animal gigante era protegido

---

[191]. Quero aqui expressar meu agradecimento ao senhor Keane, em cuja casa fiquei hospedado em Berquelo, e ao senhor Lumb, em Buenos Aires, pois, sem a ajuda deles, esses restos valiosos nunca teriam chegado à Inglaterra. (N.A.)

por uma capa de placas,[192] muito semelhante às carapaças atualmente encontradas nas numerosas espécies de tatu, e exclusivamente confinado a esse gênero sul-americano.

No dia 28, por volta do meio-dia, chegamos a Montevidéu, depois de viajar por dois dias e meio. A região, em todo o caminho, apresentava características bastante uniformes, ainda que algumas áreas fossem um pouco mais rochosas e montanhosas que as de perto do Prata. Não muito longe de Montevidéu, passamos pela vila de Las Piedras, assim chamada por causa de algumas grandes massas redondas de sienito. Sua aparência era muito bonita. Nessa região, a visão de algumas figueiras ao redor das casas, e um local elevado 30 metros acima do nível geral, deve sempre ser vista como pitoresca.

Durante os últimos seis meses, tive a oportunidade de observar um pouco das características dos habitantes dessas províncias. Os gaúchos, ou homens do campo, são muito superiores aos que residem nas cidades. O gaúcho costuma ser mais prestativo, educado e hospitaleiro. Não presenciei nenhum exemplo de grosseria ou falta de hospitalidade. Modesto, respeita a si mesmo e a sua região, e é, ao mesmo tempo, um sujeito entusiasmado e ousado. Por outro lado, há muitos assaltos e muito sangue derramado. A presença constante da faca constitui a principal causa das mortes. É lamentável saber que muitas vidas são perdidas em brigas insignificantes. Quando brigam, cada lado tenta marcar o rosto de seu adversário, cortando seu nariz ou olhos, como costuma ser atestado por suas cicatrizes profundas e horríveis. Os assaltos são consequência natural da generalização dos jogos de azar, do excesso de bebida e da extrema indolência. Em Mercedes, perguntei a dois homens por que não trabalhavam. Um disse de forma grave que os dias de trabalho eram muito longos, o outro, que ele era muito pobre. A quantidade excessiva de cavalos e a abundância de alimentos destrói qualquer vontade de trabalhar com afinco.

---

192. Quero aqui mencionar que encontrei, perto de Montevidéu, em posse de um clérigo, a parte terminal de uma cauda que se assemelhava precisamente, mas em escala gigantesca, à do tatu comum. O fragmento tinha 43 centímetros de comprimento, 29 centímetros de circunferência na extremidade superior e 21 centímetros na inferior. Como não sabemos a proporção da cauda em relação ao corpo do animal, não podemos compará-la com a de qualquer espécie viva. Mas, ao mesmo tempo, podemos conjecturar que esse monstro extinto media provavelmente entre 1,8 e 3 metros de comprimento. (N.A.)

Além disso, há muitos feriados e, segundo a crença, nada começado antes da lua crescente terá êxito, de modo que, por essas duas causas, perde-se metade do mês.

A polícia e o judiciário são bastante ineficientes. Se um homem pobre que tenha cometido um assassinato for capturado, ele será preso e, talvez, até mesmo baleado, mas, se for rico e tiver amigos, poderá confiar que as consequências não serão muito severas. É curioso que as pessoas mais respeitáveis da região inevitavelmente ajudam um assassino a escapar. Acreditam, ao que parece, que o indivíduo age contra os poderes dos governantes, e não contra o povo. A única proteção do viajante são suas armas de fogo, e o hábito de sempre portá-las impede que os assaltos ocorram com mais frequência.

As classes mais altas e mais educadas, que moram nas cidades, compartilham, mas talvez em menor grau, das qualidades boas do gaúcho, embora, receio, manchadas por muitos vícios que não estão presentes no homem do campo. A sensualidade, a zombaria de toda religião e a corrupção mais grosseira estão longe de serem incomuns. Quase todos os agentes públicos podem ser subornados. O chefe dos correios vendia francos falsificados. O governador e o primeiro-ministro tramavam abertamente formas de fraudar o Estado. Ninguém acreditava na justiça se houvesse algum ouro envolvido. Conheci um inglês, que foi à instância judicial máxima (ele me disse que, por não entender os costumes da região, tremia ao entrar na sala) e falou: "Senhor, eu vim lhe oferecer 200 dólares (cerca de 5 libras esterlinas) para que prenda até certa data um homem que me enganou. Sei que é contra a lei, mas meu advogado (e disse o nome do fulano) me recomendou seguir esse procedimento". O juiz sorriu, aquiescendo, agradeceu-lhe e, antes da noite, o homem já estava preso. Apesar da falta de padrões éticos entre muitos de seus dirigentes e de uma população cheia de funcionários mal remunerados e agressivos, o povo ainda se agarra à crença de poder existir aqui uma forma democrática de governo.

Ao ingressar pela primeira vez na sociedade dessas regiões, duas ou três características são particularmente notáveis: os modos educados e dignos que permeiam todas as instâncias da vida, o excelente gosto exibido pelas mulheres em seus vestidos e a igualdade entre todos os estratos. No Rio Colorado, alguns homens, donos de lojas bastante humildes, costumavam jantar com o general Rosas. O filho de um major em Bahía Blanca, que ganhava seu sustento produzindo charutos de papel, desejava acompanhar-me como guia ou empregado até Buenos Aires, seu pai, entretanto, opôs-se apenas por conta dos perigos. Muitos oficiais do exército não saber ler nem escrever, todos, contudo, se encontram na sociedade como iguais. Em Entre Rios, a Junta de Representantes compunha-se de apenas seis membros. Um deles possuía uma loja comum, e evidentemente não era malvisto por seu ofício. Tudo isso é o que seria de se esperar de um país jovem, no entanto, a ausência de cavalheiros nobres por profissão parece algo muito estranho a um inglês.

Quando se fala desses países, devemos sempre ter em mente a maneira como foram criados por sua madrasta, a Espanha. No geral, talvez, seja necessário elogiar mais o que foi feito do que culpar as possíveis deficiências. É impossível duvidar que o liberalismo extremo desses países resulte, ao final, em bons resultados. A tolerância geral às religiões estrangeiras, o respeito dado aos meios de educação, a liberdade de imprensa, as facilidades oferecidas a todos os estrangeiros e, especialmente, devo acrescentar, àqueles com as pretensões científicas mais humildes devem ser lembrados com gratidão por todos que já visitaram a América do Sul espanhola.[193]

---

193. Não é possível concluir sem adicionar meu testemunho ao espírito e à precisão do livro *Rough Notes* (1826) de [Francis Bond] Head. Não acredito que o quadro tenha sido, de forma alguma, exagerado, não mais do que todo bom quadro que, para melhor efeito, utiliza os exemplos mais fortes e negligencia os de menor interesse. (N.A.)

CAPÍTULO IX

Rio da Prata — Bandos de borboletas — Besouros vivos no mar — Aranhas aeronautas — Animais pelágicos — Fosforescência do mar — Puerto Deseado — Assentamentos espanhóis — Zoologia — Guanaco — Excursão à cabeceira do porto — Túmulo indígena — Puerto San Julián — Geologia da Patagônia, terraços sucessivos, transporte de pedregulhos — Lhama gigantesca, fóssil — Tipos de organização constante — Mudança na zoologia da América — Causas da extinção

PATAGÔNIA

6 DE DEZEMBRO DE 1833 — O *Beagle* partiu do Rio da Prata para nunca mais voltar às suas correntes lamacentas. Seguimos para Puerto Deseado, na costa da Patagônia. Antes de prosseguir, farei algumas observações que coletei enquanto estávamos no mar.

Várias vezes, quando o navio esteve a alguns quilômetros da foz do Prata e, outras vezes, quando nos encontrávamos ao largo das margens da Patagônia Setentrional, fomos cercados por insetos. Certa tarde, quando estávamos a cerca de 16 quilômetros da Baía de San Blas, uma nuvem de borboletas, com inúmeras miríades, estendeu-se até onde os olhos conseguiam enxergar. Mesmo com uma luneta, não era possível avistar algum espaço sem borboletas. Os marinheiros gritaram que "estava nevando borboletas", e isso, de fato, era o que parecia. Havia várias espécies diferentes; a principal, contudo, pertencia a um tipo muito semelhante, porém não idêntico, a uma espécie comum na

Inglaterra, a *Colias edusa*.[194] Algumas mariposas e uns himenópteros acompanhavam as borboletas; um belo *Calosoma*[195] voou a bordo. Há outros relatos conhecidos desse besouro em mar aberto, o que é algo bastante admirável, pois a maioria dos insetos da família *Carabidae* raramente ou nunca levanta voo. O dia transcorreu tranquilo e calmo, assim como o anterior, com ventos e iluminação suaves e variáveis. Por isso, não se poderia supor que os insetos haviam sido trazidos pelos ventos do continente; então, devemos concluir que seu voo até onde estávamos foi voluntário. Os grandes bandos de *Colias* proporcionam, à primeira vista, um exemplo semelhante ao dos casos já registrados de migração que ocorrem na espécie *Vanessa cardui*;[196] no entanto, a presença de outros insetos torna o caso distinto e dificulta sua compreensão. Antes do pôr do sol, uma forte brisa surgiu do norte, e esta deve ter sido a causa da morte de dezenas de milhares de borboletas e de outros insetos.

Em outra ocasião, quando estávamos a 30 quilômetros do Cabo Corrientes, lancei uma rede ao mar para capturar animais pelágicos. Ao retirá-la, para minha surpresa, encontrei uma quantidade considerável de besouros nela, e, embora em mar aberto, os insetos não pareciam ter sido muito prejudicados pela água salgada. Perdi alguns espécimes, mas aqueles que preservei pertenciam aos gêneros *Colymbetes, Hydroporus, Hydrobius* (duas espécies), *Notaphus, Cynucus, Adimonia* e *Scarabaeus*. No início, pensei que o vento havia trazido esses insetos da costa, porém, ao perceber que, entre as oito espécies, quatro eram aquáticas e outras duas eram parcialmente aquáticas, por seus hábitos, me pareceu mais provável que tivessem sido trazidas ao mar pelas águas de um córrego cuja origem é um pequeno lago perto do Cabo Corrientes. Seja como for, é muito interessante encontrar insetos vivos, nadando no mar aberto, a 30 quilômetros do ponto mais próximo da costa. Há vários relatos de insetos que foram soprados da costa da Patagônia pelos ventos. O capitão Cook fez essa observação e, mais

---

194. Estou em dívida com o senhor Waterhouse por nomear esses e outros insetos. (N.A.)
195 *Calosoma* (Weber, 1801) é um gênero de besouros. (N.T.)
196. Lyell, *Principles of Geology*, vol. III, p. 63. (N.A.)

recentemente, o capitão King,[197] do *Adventure*. A causa provável é a falta de abrigo, seja de árvores ou de montanhas, de modo que um inseto em voo pode ser carregado para o mar quando recebe uma brisa nessa direção. O exemplo mais curioso de que já tive notícia sobre um inseto capturado longe da terra foi o de um grande gafanhoto (*Acrydium*) que voou a bordo do *Beagle* quando navegávamos contra o vento das Ilhas de Cabo Verde e quando o ponto de terra mais próximo, não diretamente oposto aos ventos alísios, era Cabo Blanco, na costa da África, a 600 quilômetros de distância.[198]

Em várias ocasiões, quando o navio estava dentro da foz do Prata, o cordame foi coberto com teias de pequenas aranhas tecedeiras. Certo dia (1º de novembro de 1832), dei atenção especial ao fenômeno. O tempo estava bom e claro, e o ar da manhã estava repleto de fragmentos de suas teias lanosas, fazendo lembrar um dia de outono na Inglaterra. O navio se encontrava a cerca de 100 quilômetros da terra, movendo-se firmemente na direção de uma brisa leve. Muitas pequenas aranhas, com cerca de 2,5 milímetros e de uma tonalidade vermelho-escura, prendiam-se às teias. Suponho que houvesse milhares delas em nossa embarcação. A pequena aranha, ao entrar em contato pela primeira vez com o cordame, pendurava-se em um único fio, e não na massa lanosa que parece ser produzida pelo mero emaranhado de fios únicos. As aranhas eram todas de uma mesma espécie, machos e fêmeas, junto a suas crias, que se distinguiam por seu tamanho menor e pela cor mais escura. Não farei a descrição dessa aranha; afirmarei, contudo, que ela não me parece fazer parte de nenhum dos gêneros descritos por Latreille.[199] A pequena aeronauta, assim que chegava a bordo, era muito ativa e corria para todos os lados; às vezes, se deixava cair e subia de novo pelo mesmo fio, outras vezes, trabalhava em uma malha pequena e muito irregular nos cantos entre uma corda e outra. Corria com facilidade na superfície da água. Quando perturbada,

---

197. Phillip Parker King (1791-1856) foi capitão do navio de pesquisas *Adventure*, que, junto ao *Beagle*, passou cinco anos realizando o levantamento topográfico do Estreito de Magalhães (entre 1826 e 1830). (N.T.)
198. Todas as moscas que costumam acompanhar uma embarcação por alguns dias em sua passagem de um porto para outro, vagando pelo navio, logo se perdem e desaparecem. (N.A.)
199. Pierre André Latreille (1762-1833), zoólogo e entomologista francês. Sua obra foi muito importante para o desenvolvimento da taxonomia dos artrópodes. (N.T.)

levantava as pernas dianteiras em uma postura de atenção. No momento em que chegava, parecia muito sedenta e, com suas maxilas projetadas, bebia ansiosamente o fluido; essa mesma circunstância foi observada por Strack. Será que isso ocorre porque o pequeno inseto precisou atravessar uma atmosfera seca e rarefeita? Com relação ao seu estoque de seda, parecia inesgotável. Enquanto olhava algumas que estavam suspensas por um único fio, observei, várias vezes, que a mais leve brisa as levava para longe em uma linha horizontal. Em outra ocasião (dia 25), em circunstâncias semelhantes, observei várias vezes o mesmo tipo de aranha pequena — que foi colocada em um montículo ou subira até ali — elevar seu abdômen, lançar um fio e, em seguida, zarpar em um curso lateral e com rapidez incomum. Observei que a aranha, antes de executar os passos preparatórios descritos acima, punha suas pernas em fios mais delicados, mas não estou certo de que essa observação esteja correta.

Certo dia, em Santa Fé, tive uma oportunidade de observar melhor alguns fatos semelhantes. Uma aranha com cerca de 7,5 milímetros de comprimento, de aparência geral semelhante a uma aranha do grupo dos citígrados (portanto, bastante diferente da pequena tecedeira), que estava no cume de um poste, arremessou quatro ou cinco fios de suas fieiras, os quais, brilhando sob a luz do sol, podiam ser comparados a raios de luz. No entanto, esses fios não eram retos; ondulavam como um fio de seda soprado pelo vento. Tinham mais de um metro de comprimento e, dos orifícios, divergiam em direção ascendente. A aranha, então, soltou-se de repente e desapareceu rápido de vista. O dia estava quente e muito calmo; no entanto, sob tais circunstâncias, a atmosfera nunca será tranquila a ponto de não conseguir afetar um tecido tão delicado como os fios da teia de uma aranha. Se, durante um dia quente, olharmos para a sombra lançada por qualquer objeto sobre as margens de um rio ou sobre um marco distante de uma planície, o efeito de uma corrente de ar quente ascendente se mostrará quase sempre evidente. E isso seria provavelmente suficiente para carregar um objeto tão leve como a pequena aranha em seu fio. O fato de aranhas da mesma espécie, porém de diferentes sexos e idades, serem encontradas em várias ocasiões à distância de muitas léguas da terra, presas em grande número às linhas, prova que elas são as fabricantes da malha, e que o hábito de navegar pelo ar é, provavelmente, a característica de alguma tribo de aranhas, assim como o hábito de mergulhar da *Argyroneta*. É possível descartar a ideia de Latreille de que a teia de fios delgados é produzida com base nas teias de aranhas juvenis de certos gêneros, como o *Epeira* ou o *Thomisa*. Isso porque temos provas de que as aranhas jovens de outras espécies são capazes de viajar pelo ar.[200]

Durante nossas diversas passagens pelo sul do Prata, muitas vezes, lancei uma rede feita de lãzinha e, assim, capturei muitos animais curiosos. A estrutura do beroé (uma espécie de água-viva) é extraordinária: possui fileiras de cílios vibratórios e um sistema circulatório complicado e irregular. Entre os crustáceos, recolhi diversos gêneros estranhos e ainda não descritos. Um, que em alguns aspectos é próximo dos *Notopodos* (ou aqueles caranguejos que têm suas pernas posteriores colocadas quase em suas costas, com o propósito conseguir se agarrar à parte inferior das rochas), é bastante notável pela estrutura de seu par de patas traseiras. A penúltima articulação, em vez de terminar em uma garra simples, acaba em três apêndices parecidos com cerdas de comprimentos desiguais — o mais longo tem o mesmo tamanho da pata inteira. Essas garras são muito finas e serrilhadas com dentes extremamente delgados, direcionados para a base. As extremidades curvas são achatadas, e nessa parte há cinco estruturas minúsculas que parecem agir da mesma maneira que as ventosas da sépia (tipo de cefalópode). O animal vive em mar aberto e, provavelmente, necessita de um lugar de descanso; por isso, suponho que essa bela estrutura esteja adaptada para agarrar-se aos corpos globulares das medusas e de outros animais marinhos flutuantes.

---

200. Eu não estava, na época, ciente das observações muito curiosas do senhor Virey (*Bulletin des Sciences Natur.*, tom. XIX, p. 130), que parecem provar que pequenas aranhas, em uma atmosfera perfeitamente tranquila, e sem o auxílio de qualquer teia, têm o poder de correr pelo ar. O senhor Virey acredita que, por meio de uma vibração rápida de seus pés, eles *andam no ar*. Embora, em seu caso, a conclusão pareça quase inevitável, ainda assim, na que descrevi, devemos supor que os vários fios que foram lançados serviram como velas que navegam pelas correntes atmosféricas. Após ler o relato do senhor Virey, parece-me longe de ser improvável que a pequena aeronauta realmente una, como se suspeitava, suas patas com um grupo de linhas finas e, assim, forme asas artificiais. Lamento não ter determinado esse ponto com exatidão, pois seria um fato curioso uma aranha conseguir, desse modo, ser capaz de voar com a ajuda de asas temporárias. (N.A.)

Em águas profundas, longe da terra, a quantidade de criaturas vivas é extremamente pequena: ao sul da latitude 35°, nunca consegui capturar nada além de algum beroés e algumas espécies minúsculas de crustáceos da subclasse *Entomostraca*. Em águas mais rasas, a uma distância de alguns quilômetros da costa, muitos tipos de crustáceos e de alguns outros animais eram numerosos, mas apenas durante a noite. Entre as latitudes 56° e 57° ao sul do Cabo Horn, a rede foi colocada à popa várias vezes; nunca, entretanto, trouxe qualquer coisa além de alguns poucos animais de duas espécies extremamente pequenas de *Entomostraca*. Ainda assim, baleias e focas, petréis e albatrozes são extremamente abundantes por toda essa parte do oceano. Sempre foi um mistério para mim como este último, que vive longe da costa, obtém seu alimento. Presumo que o albatroz, assim como o condor, é capaz de jejuar por muito tempo, e que um bom banquete feito na carcaça de uma baleia pútrida o sustenta por um longo período. A dificuldade não é menor quando descobrimos que se alimenta de peixes, pois, assim, precisaremos saber do que se alimentam os peixes. Muitas vezes, ao observar as águas das áreas central e intertropical do Atlântico,[201] repletas de pterópodes, crustáceos e os *Radiata*, junto a seus predadores, o peixe-voador, e com os predadores deste último, os bonitos e os albacoras, me ocorreu que os animais pelágicos inferiores talvez tenham a capacidade de decompor o gás carbônico, assim como os membros do reino vegetal.

Enquanto navegávamos nessas latitudes em uma noite muito escura, o mar nos apresentou um espetáculo maravilhoso e extremamente belo. Havia uma brisa fresca, e toda a superfície, que durante o dia era espumosa, agora brilhava com uma luz pálida. A embarcação passou com a proa sobre duas ondas de líquido fosforescente, e em seu rastro deixou uma cauda leitosa. As cristas das ondas brilhavam até onde a vista era capaz de enxergar, e o céu, logo acima do horizonte, pelo brilho refletido dessas chamas lívidas, não estava tão escuro como sobre o resto da abóbada celeste.

---

201. Por minha experiência, que não é pequena, devo dizer que o Atlântico era muito mais prolífico que o Pacífico, pelo menos que aquela imensa área aberta entre a costa oeste da América e as ilhas mais orientais da Polinésia. (N.A.)

À medida que avançamos mais para o sul, o mar vai deixando de ser fosforescente; e, ao largo do Cabo Horn, não me lembro de tê-lo com esse aspecto por mais de uma vez, e, ainda assim, longe de ser brilhante. Essa circunstância está provavelmente ligada à escassez de seres orgânicos naquela parte do oceano. Depois do estudo detalhado[202] de Ehrenberg sobre a fosforescência do mar, é quase supérfluo da minha parte fazer qualquer observação sobre o assunto. Posso acrescentar, porém, que as mesmas partículas desfeitas e irregulares de matéria gelatinosa descritas por Ehrenberg[203] parecem ser a causa comum desse fenômeno, tanto no Hemisfério Sul quanto no Norte. As partículas eram tão minúsculas que passavam facilmente através da gaze fina, no entanto, muitas eram claramente visíveis a olho nu. A água, quando era colocada em um copo e agitada, soltava faíscas, mas uma pequena porção colocada em um vidro de relógio raramente se iluminava. Ehrenberg afirma que todas essas partículas apresentam um certo grau de agitação. Minhas observações, algumas das quais feitas logo após ter recolhido a água, alcançaram um resultado diferente. Também devo acrescentar que, tendo usado a rede durante uma noite e, depois, a deixado secar parcialmente por doze horas antes de usá-la de novo, notei que toda a superfície brilhava tanto quanto da primeira vez em que foi retirada da água. Não parece provável, neste caso, que as partículas pudessem permanecer vivas por tanto tempo. Também comento em minhas notas que, tendo mantido uma medusa do gênero *Dionaea* até que estivesse morta, a água em que havia sido colocada tornou-se luminosa. Quando as ondas cintilam com faíscas verdes brilhantes, acredito que isso, em geral, se deva à presença de crustáceos minúsculos. Mas não há dúvida de que muitos outros animais pelágicos, quando vivos, são fosforescentes.

Em duas ocasiões, observei o mar luminoso em profundidades consideráveis sob a superfície. Perto da foz do Prata, algumas manchas circulares e ovais, de 2 a 4 metros de diâmetro e com contornos bem-definidos, brilhavam com uma luz constante e pálida, enquanto a água circundante

---

202. Há um resumo na *Magazine of Zoology and Botany* [Revista de Zoologia e Botânica], n. IV. (N.A.)
203. Christian Gottfried Ehrenberg (1795- 1876) foi um médico e biólogo alemão. (N.T.)

apenas lançava algumas faíscas. A aparência lembrava o reflexo da lua ou o de algum corpo luminoso, pois as margens eram sinuosas por causa das ondulações da superfície. O barco, que navega com cerca de 4 metros de seu casco sob a água, passou por essas manchas sem as perturbar. Portanto, devemos supor que alguns animais estavam a uma profundidade maior que a do fundo da embarcação.

Perto de Fernando de Noronha, o mar brilhava em relampejos. Muito se assemelhava ao que se poderia esperar de um peixe grande que se movesse rapidamente através de um fluido luminoso. Os marinheiros acreditavam que essa fosse a causa; naquele momento, contudo, fiquei em dúvida por causa da frequência e da rapidez dos relampejos. Com relação a alguma observação geral, já afirmei que o fenômeno é muito mais comum nas regiões quentes do que nas frias. Cheguei a imaginar que uma condição elétrica desequilibrada da atmosfera favorecesse a sua produção. De fato, acredito que o mar fica mais luminoso depois de alguns dias de clima mais calmo do que o normal, durante o qual vários animais se tornam abundantes. Ao observar que a água carregada de partículas gelatinosas está em um estado impuro e que a aparência luminosa, em todos os casos comuns, é produzida pela agitação do fluido em contato com a atmosfera, então me sinto inclinado a considerar que a fosforescência é resultado da decomposição de partículas de matéria orgânica, processo (fico quase tentado a chamá-lo de uma espécie de respiração) pelo qual o oceano se purifica.

23 DE DEZEMBRO — Chegamos a Puerto Deseado, situado na latitude 47°, na costa da Patagônia. A enseada se estende para o interior por cerca de 32 quilômetros e tem uma largura irregular. O *Beagle* ancorou a poucos quilômetros da entrada, em frente às ruínas de um antigo assentamento espanhol.

Desembarquei na mesma tarde. Saltar em terra em uma nova região é sempre muito interessante, e especialmente quando, como nesse caso, o aspecto geral carrega o selo de uma característica bem marcada e individualizada. A uma altura de 60 a 90 metros sobre algumas massas de pórfiro se estende uma planície vasta, que é uma verdadeira representação da Patagônia. A superfície é bastante nivelada e composta de pedregulhos bem arredondados, misturados a uma terra esbranquiçada. Aqui e ali, se encontram tufos dispersos de grama marrom e, de forma um pouco mais rara, alguns arbustos espinhosos e baixos. O clima é seco e agradável, pois somente em raras ocasiões o seu belo céu azul fica escurecido. Quando se está no meio de uma dessas planícies desertas, a paisagem, por um lado, costuma estar limitada pela escarpa de outra planície um pouco mais alta, mas igualmente nivelada e desolada; e, por outro, se torna indistinta da miragem trêmula que parece ascender da superfície aquecida.

As planícies são atravessadas por muitos vales largos e rasos, onde há arbustos com um pouco mais de abundância. O escoamento hidrográfico atual da região, por ser bastante insuficiente, não conseguiria escavar canais tão grandes. Em alguns vales, antigas árvores atrofiadas, situadas bem no centro do curso d'água seco, parecem estar ali apenas para servir de prova do longo tempo transcorrido desde a última inundação daquele leito. Há evidências, pelas conchas encontradas na superfície, de que as planícies de cascalho se elevaram acima do nível do mar em um período geológico recente; assim, devemos examinar esse período para entender a escavação dos vales pelas águas que foram sendo lentamente afastadas. Por causa da secura do clima, é possível caminhar por vários dias sobre essas planícies sem encontrar uma única gota de água. Mesmo no sopé das colinas de pórfiro, há apenas alguns pequenos poços contendo pouquíssima água, um tanto salgadas e meio pútridas.

O destino do assentamento espanhol foi logo decidido pelas características da região. A secura do clima durante a maior parte do ano e os ataques ocasionais e hostis dos indígenas errantes obrigaram os colonos a abandonar suas casas ainda em construção. No entanto, o estilo inicial das construções mostra a mão forte e liberal da Espanha dos velhos tempos. Foram bastante infelizes as tentativas de colonizar esse ponto da América ao Sul da latitude 41°. Puerto del Hambre [Porto da Fome] é uma vila cujo nome denota os sofrimentos persistentes e excessivos de várias centenas de pessoas miseráveis, entre as quais apenas uma sobreviveu para contar seus infortúnios. Na Baía de São José, na costa da Patagônia, foi fundado um pequeno assentamento, mas, durante um domingo, os indígenas atacaram e massacraram todo o grupo, exceto dois homens, que foram feitos prisioneiros e viveram por muitos anos com as tribos errantes. No Rio Negro, conversei com um desses homens, que na ocasião já era muito velho.

A zoologia da Patagônia é tão limitada quanto sua flora.[204] É possível encontrar, nas planícies áridas, alguns besouros negros (*Heteromera*) rastejando lentamente e, ocasionalmente, um lagarto correndo de um lado para o outro. Entre as aves, encontramos três falcões necrófagos e, nos vales, alguns poucos tentilhões e outras aves insetívoras. O *Ibis malanops* (segundo dizem, uma espécie encontrada na África Central) não é incomum nas partes mais desérticas. Nos estômagos dessas aves, encontrei gafanhotos, cigarras, pequenos lagartos e até escorpiões.[205] Em uma época do ano, voam em bandos; em outra, em pares. Seu grito é muito alto e singular, semelhante ao relinchar do guanaco.

Farei agora um relato deste último animal, que é muito comum e o quadrúpede característico das planícies da Patagônia. O guanaco, que alguns naturalistas consideram ser uma lhama em seu estado selvagem, é o representante sul-americano do camelo do Oriente. Em tamanho, pode ser comparado a um burro com pernas mais altas e um pescoço muito longo. Ele é bastante presente em toda a parte temperada da América do Sul, desde as ilhas arborizadas da Terra do Fogo, passando pela Patagônia, pelas partes montanhosas do Prata e pelo Chile, e encontra-se até mesmo na cordilheira do Peru. Embora prefira locais mais elevados, o animal lembra seu parente próximo, a vicunha. Nós os vimos muito mais nas planícies do sul da Patagônia do que em qualquer outra parte. Em geral, vivem em pequenos rebanhos, de meia dúzia a trinta indivíduos; contudo, nas margens de Santa Cruz, vimos um rebanho com pelo menos uns quinhentos animais. Também são muito numerosos nas margens setentrionais do Estreito de Magalhães.

---

204. Encontrei aqui uma espécie de cacto, descrita pelo professor Henslow pelo nome de *Opuntia darwinii* (*Magazine of Zoology and Botany*, vol. I, p. 466). Ela é notável pela irritabilidade manifestada pelos estames quando inseri na flor um graveto ou a ponta do meu dedo. Os segmentos do perianto também se fecham no pistilo, porém mais lentamente do que os estames. (N.A.)

205. Esses insetos não eram incomuns debaixo das pedras. Encontrei um escorpião canibal que, de forma silenciosa, estava devorando outro. (N.A.)

Em geral, os guanacos são selvagens e extremamente desconfiados. O senhor Stokes[206] disse-me que, um dia, viu, através de uma luneta, um rebanho evidentemente assustado; os animais fugiam a toda velocidade, embora estivessem tão distantes que não podiam ser percebidos a olho nu. Um caçador costuma receber a primeira notícia de sua presença quando, ao longe, ouve o som peculiar e agudo de seu relincho de alerta. Então, se observar com atenção, talvez veja o rebanho enfileirado ao lado de alguma colina distante. Ao aproximar-se dele, os guanacos dão mais alguns gritos e, então, partem em um galope que parece lento, mas, na realidade, é muito rápido, ao longo de uma trilha estreita e batida até uma colina vizinha. Se, no entanto, eventualmente, o caçador encontrar de repente um animal sozinho, ou vários animais agrupados, estes, em geral, ficarão imóveis e o observarão com atenção; então, talvez, se movam alguns metros e parem para observá-lo mais uma vez. Qual é a causa dessa diferença em sua falta de confiança? Será que confundem o homem a distância com seu principal inimigo, o puma? Ou será que a curiosidade supera sua timidez? É certo que são curiosos; pois, se uma pessoa se deita no chão e faz movimentos estranhos, como jogar os pés para cima, os guanacos quase sempre se aproximam, aos poucos, para fazer um reconhecimento. Esse, inclusive, era um dos artifícios utilizados muitas vezes com êxito por nossos caçadores, que, além disso, tinha a vantagem de permitir que vários tiros fossem disparados como parte do espetáculo. Nas montanhas da Terra do Fogo, e em outros pontos, vi mais de uma vez um guanaco que, ao ser abordado, não só guinchava e relinchava como também empinava e saltava de forma bastante ridícula, em aparente desafio. Esses animais são muito facilmente domesticados; aliás, observei alguns deles vagando perto das casas, embora fossem mantidos soltos em suas planícies nativas. Nesse estado, são muito ousados e atacam um homem com facilidade, golpeando-o por trás com os dois joelhos. Afirma-se que o motivo desses ataques é o ciúme, por causa de suas fêmeas. Os guanacos selvagens, porém, não sabem se defender; até mesmo um cão solitário pode capturar um desses animais de grande porte até o caçador chegar. Em muitos de

---

206. Na segunda viagem do *Beagle*, John Lort Stokes (1811-1885) foi o agrimensor oficial da expedição e dividiu os aposentos com Charles Darwin. (N.T.)

seus hábitos, são como ovelhas em um rebanho. Assim, quando veem os homens se aproximando a cavalo, vindos de várias direções, logo ficam perplexos e não sabem para onde correr. Isso facilita muito o método indígena de caça, pois os guanacos são conduzidos com facilidade a um ponto central e, assim, são cercados.

Os guanaços vão até a água sem medo. Em Puerto Valdés, foram vistos várias vezes nadando de uma ilha a outra. Byron, em sua viagem, diz que os viu bebendo água salgada. Alguns de nossos oficiais também encontraram um rebanho que, aparentemente, bebia o fluido salobro de uma salina perto de Cabo Blanco: imagino que, em várias partes da região, não haja outra água para se beber senão a salgada. No meio do dia, costumam rolar na poeira, em depressões em forma de pires. Os machos lutam entre si; certo dia, dois deles passaram muito perto de mim, berrando e tentando morder um ao outro. Entre os vários que foram baleados, muitos deles tinham cicatrizes profundas na pele. Às vezes, os rebanhos saem em grupos aparentemente para exploração. Em Bahía Blanca, onde, ao longo dos 50 quilômetros de costa, esses animais são muito raros, vi, em uma ocasião, os rastros de trinta ou quarenta guanacos que haviam chegado em linha reta a um riacho lamacento de água salgada. Logo depois, devem ter percebido que se aproximavam do mar, pois deram meia-volta, com a regularidade de uma cavalaria, e regressaram pela mesma linha reta. Os guanacos têm um comportamento peculiar que eu considero de difícil compreensão; eles depositam suas fezes de modo consistente no mesmo local todos os dias. Cheguei a observar um monte de 2,4 metros de diâmetro que continha uma grande quantidade de excrementos. Frézier[207] comenta esse hábito, tão comum ao guanaco quanto à lhama;[208] diz que é muito útil para os indígenas, que usam o esterco como combustível; portanto, os montes os poupam do trabalho de recolhê-lo.

Os guanacos parecem ter lugares favoritos para morrer. Às margens do Santa Cruz, o solo era branco de tantos ossos circunscritos em alguns espaços; estes eram, de modo geral, repletos de arbustos e próximos ao rio.

---

207. Amédée-François Frézier (1682-1773), explorador e cartógrafo francês. (N.T.)
208. D'Orbigny afirma (vol. II, p. 69) que todas as espécies do gênero têm esse hábito. (N.A.)

Em um desses pontos, contei entre dez e vinte cabeças. Examinei os ossos em particular; não pareciam — como outros que eu havia visto espalhados — roídos ou quebrados, como se tivessem sido arrastados em conjunto por predadores. Na maioria dos casos, os animais, antes de morrer, devem ter rastejado entre os arbustos e para debaixo deles. O senhor Bynoe informou-me que, durante a última viagem, observou o mesmo fenômeno nas margens do Rio Gallegos. Não compreendo a razão disso, mas pude observar que, em Santa Cruz, os guanacos feridos caminhavam invariavelmente em direção ao rio. Em Santiago, nas Ilhas de Cabo Verde, lembro-me de ter visto, em um barranco afastado, um canto sob um penhasco onde numerosos ossos de cabras estavam reunidos: na época, afirmamos que era o cemitério de todas as cabras da ilha. Menciono essas circunstâncias insignificantes porque, em certos casos, elas podem explicar a ocorrência de um grande número de ossos ilesos reunidos em uma caverna ou enterrados sob acumulações aluviais e, da mesma forma, podem explicar por que certos mamíferos, mais comumente do que outros, são encontrados em depósitos sedimentares. Qualquer grande inundação do Santa Cruz carregaria muitos ossos de guanaco, mas, provavelmente, nenhuma faria o mesmo com os ossos de puma, de avestruz ou de raposa. Devo também observar que quase todo tipo de ave aquática, quando ferida, se dirige às margens para morrer, de modo que os restos das aves, somente por essa razão e independentemente de quaisquer outras, raramente se encontram preservados em estado fóssil.

O senhor Chaffers[209] foi encarregado da iole[210] e recebeu provisões suficientes para passar três dias nela enquanto realizava o levantamento topográfico da parte superior do porto. Pela manhã, procuramos locais com água mencionados em um antigo mapa espanhol. Encontramos uma enseada, em cuja cabeceira havia um regato (o primeiro que víamos) de água salobra. Aqui, a maré nos obrigou a esperar várias horas, e, nesse intervalo, caminhei alguns quilômetros adentro. A planície, como de costume, era composta de cascalho misturado com uma terra semelhante ao calcário em aparência, mas de natureza muito distinta.

---

209. Edward Chaffers, mestre do *Beagle*. (N.T.)
210. Embarcação a vela com dois mastros. (N.T.)

Devido à maciez desse material, a área apresentava muitos barrancos. Não havia sequer uma árvore, e, exceto pelo guanaco — que se punha no topo da colina como uma sentinela vigilante sobre seu rebanho —, quase nenhum animal ou pássaro. Tudo era quietude e desolação; pode-se imaginar há quantas eras essa planície se mantém e por quantas mais está condenada a perdurar. Ainda assim, ao se passar por esses cenários, sem objetos brilhantes nas proximidades, sentimos um prazer intenso, ainda que mal definido.

À noite, navegamos mais alguns quilômetros rio acima e, então, montamos as tendas. Na metade do dia seguinte, a iole encalhou e a pouca profundidade da água tornou impossível seguir adiante, mas, como essa água parecia relativamente mais fresca, o senhor Chaffers resolveu seguir de bote por mais uns 3 ou 4 quilômetros, onde também encalhou, porém, em um rio de água doce. Sua água era lamacenta e, embora o córrego fosse bem pequeno, seria difícil explicar sua origem senão pelo derretimento da neve da cordilheira. No local onde acampamos, estávamos cercados por penhascos hostis e cumes íngremes de pórfiro. Não me lembro de ter visto um lugar que parecesse mais isolado do resto do mundo do que essa fenda rochosa no meio de uma vasta planície.

No segundo dia após nosso retorno ao ancoradouro, um grupo de oficiais e eu fomos explorar uma velha sepultura indígena que eu havia encontrado no cume de uma colina vizinha. Duas imensas pedras, cada uma pesando provavelmente algumas toneladas, no mínimo, foram colocadas em frente à borda saliente de uma rocha que estava a cerca de 1,80 metro de altura do piso. No fundo da sepultura, na rocha dura, havia uma camada de terra com cerca de uns 30 centímetros de profundidade, que deve ter sido trazida da planície abaixo. Acima dela, foi colocado um pavimento de pedras chatas sobre as quais outras se empilhavam, de modo que preenchessem o espaço entre a borda saliente e os dois grandes blocos. Para completar a sepultura, os indígenas conseguiram desprender um fragmento enorme da borda saliente e o puseram sobre a pilha, firmando-o logo acima dos dois blocos. Escavamos a sepultura em ambos os lados, mas não conseguimos encontrar nenhuma relíquia, nem mesmo ossos. Estes últimos devem ter se desfeito há tempos (nesse caso, o túmulo deve ser muito antigo), pois encontrei, em outro lugar, algumas pilhas menores, sob as quais era possível distinguir alguns fragmentos de ossos humanos. Falconer afirma que os indígenas são enterrados no mesmo local em que morrem, mas que, posteriormente, seus ossos são cuidadosamente retirados e transportados, independentemente da distância, até um local próximo da costa do mar, onde são depositados. Acredito que essa tradição remonte ao período anterior à introdução dos cavalos, quando esses indígenas deviam viver de maneira muito semelhante à dos fueguinos, e, então, como regra, viviam próximo ao mar. A predisposição comum de jazer no mesmo local dos ancestrais faria com que os indígenas, atualmente nômades, levassem as partes menos perecíveis de seus mortos para seu antigo cemitério.

9 DE JANEIRO DE 1834 — Antes de escurecer, o *Beagle* ancorou no espaçoso ancoradouro de Puerto San Julián, situado a cerca de 180 quilômetros ao sul de Puerto Deseado. Ficamos oito dias nesse lugar. A região é quase igual à de Puerto Deseado, ainda que, talvez, um pouco mais estéril. Certo dia, um grupo acompanhou o capitão FitzRoy em uma longa caminhada pela cabeceira do porto. Ficamos onze horas sem beber água, e algumas pessoas do grupo estavam exaustas. Do cume de uma colina (desde então chamada oportunamente de Thirsty Hill [Montanha Sedenta]), conseguimos ver um belo lago. Dois membros do grupo prosseguiram até lá, após combinarmos sinais que nos indicariam água doce. Qual não foi a nossa decepção, porém, ao encontrar uma grande área branca de sal, cristalizado em grandes cubos! Atribuímos nossa sede extrema à secura da atmosfera, contudo, a causa já não importava, e ficamos extremamente felizes em voltar para os barcos no final da noite. Ainda que não tenhamos encontrado, durante toda a nossa visita, uma única gota de água doce, deve haver um pouco ali, pois, por uma estranha sorte, encontrei, na superfície da água salgada, perto da cabeceira da baía, um besouro do gênero *Colymbetes* quase morto, que, muito provavelmente, vivia em algum reservatório não muito distante. Outros três tipos de insetos — um do gênero *Cicindela*, semelhante ao *Cicindela hybrida*, um *Cymindis* e um *Harpalus*, todos os quais viviam em planícies lamacentas, vez ou outra inundadas pelo mar — e um outro

besouro encontrado morto na planície completam a lista dos coleópteros. Também havia uma mosca grande (*Tabanus*) cuja ocorrência era extremamente numerosa, e ela nos atormentava com sua picada dolorosa. A mutuca,[211] causadora de tantos problemas nas ruelas escuras da Inglaterra, pertence a esse gênero. Aqui, nos encontramos diante de um enigma que ocorre com muita frequência no caso dos mosquitos: do sangue de quais animais esses insetos costumam se alimentar? O guanaco é quase o único quadrúpede de sangue quente da região, e sua presença é desprezível se com comparada à da multidão de moscas.

Diferentemente de Puerto Deseado, neste lugar não há uma fundação de pórfiro e, como consequência, os depósitos terciários estão organizados de maneira mais regular. Cinco camadas sucessivas, de diferentes altitudes, estão bem caracterizadas. A inferior é uma mera franja quase no nível do mar; a mais alta, contudo, está a 290 metros. Esta última está representada na vizinhança por algumas colinas em forma de cones truncados e exatamente da mesma altura. Foi muito interessante estar em uma dessas áreas planas de cascalho e, após observar a região circundante, especular sobre a enorme quantidade de matéria que deve ter sido removida para, dessa forma, deixar apenas esses meros picos como evidência do antigo planalto.

Apresentarei agora um breve esboço da geologia da grande formação terciária da Patagônia, que se estende do Estreito de Magalhães à Baía de Santo Antônio. Na Europa, os depósitos dos períodos mais recentes foram acumulados, em geral, em pequenas bacias ou cavidades em forma de tina. Na América do Sul, no entanto, assim está constituída toda a planície da Patagônia, que se estende por 1.100 quilômetros, sendo margeada pela cadeia dos Andes (oeste) e pela costa do Atlântico (leste). Além disso, a fronteira norte é meramente presumida em consequência de uma mudança mineralógica dos estratos: que seria provavelmente considerada apenas um limite artificial se houvesse restos orgânicos. Novamente, em direção ao norte (2.100 quilômetros do Estreito de Magalhães), temos o depósito dos Pampas, que, embora muito diferente em

---

211. Moscas da família *Tabanidae* (Latreille, 1802). (N.T.)

sua composição, pertence ao mesmo período da cobertura superficial das planícies da Patagônia.

As falésias da costa dividem-se nas seguintes seções: a parte inferior é formada por um arenito macio, contendo grandes concreções de natureza mais dura. Esses estratos contêm muitos restos orgânicos — ostras imensas de quase 30 centímetros de diâmetro, curiosas *Pectens*, *Echini*, *Turritellae* e outras conchas, entre as quais a maioria está extinta, mas algumas se assemelham às existentes na costa.[212] Acima desses leitos fossilíferos, há uma massa sobreposta de pedra ou terra macia e friável, que, por sua brancura extrema, foi confundida com calcário. É, no entanto, bastante diferente, e se assemelha muito às variedades menos argiláceas de feldspato decomposto. Essa substância nunca contém restos orgânicos. Por fim, a falésia é encimada por um leito espesso de cascalho, quase exclusivamente derivado de rochas porfiríticas. Para tornar a seguinte descrição mais facilmente inteligível, acrescentei uma seção imaginária da planície perto da costa.

Deve-se observar que a largura de cada planície é, em seu estado natural, *muito* maior em proporção à altura do que se vê aqui representado.

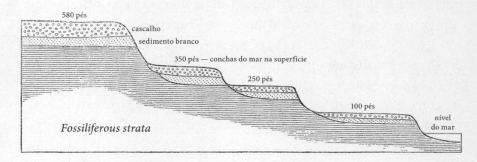

A série inteira é estratificada no sentido horizontal, e não me lembro de ter visto nenhum sinal de violência, nem mesmo como exceção. O cascalho cobre toda a superfície do território, do Rio Colorado ao Estreito de Magalhães, uma distância de 1.290 quilômetros, e essa é uma das principais causas da característica desértica da Patagônia. A julgar por uma

---

212. Os geólogos devem ter em mente que este é um mero esboço, e que as conchas fósseis ainda não passaram por um exame minucioso. (N.A.)

seção que cruza o continente pelo Rio Santa Cruz, e por outras razões, acredito que os leitos de cascalho que engrossam gradualmente à medida que ascendem chegam à base da cordilheira por todos os lados. É nessas montanhas que devemos buscar as rochas-mãe de, ao menos, grande parte dos fragmentos bem-arredondados. Entendo que dificilmente conseguiríamos apontar alguma outra região do mundo com uma área tão grande coberta por seixos.

Após relatar grande parte de sua constituição, vejamos agora a configuração externa da massa. As planícies niveladas são cortadas ao longo de toda a linha da costa por falésias perpendiculares, que apresentam, necessariamente, altitudes diferentes, porque qualquer um dos terraços sucessivos — que, conforme já comentado, se elevam como degraus um acima do outro — pode formar uma falésia. Esses degraus, muitas vezes, têm vários quilômetros de largura; porém, de certo ponto de vista, vi quatro linhas muito distintas de escarpas apoiadas umas sobre as outras. Tendo observado que as planícies pareciam se estender por longas distâncias ao longo da costa a um nível consistente, medi barometricamente a elevação de algumas delas; comparei minhas próprias medidas com as dos outros oficiais de pesquisa e fiquei surpreso ao descobrir que as planícies que ocorriam a distâncias de até 960 quilômetros uma da outra apresentavam elevações quase idênticas, com apenas alguns metros de diferença. Acredito que posso distinguir sete ou oito terraços distintos ao longo da linha da costa e que incluem alturas entre 365 metros e o nível do mar. Deve-se entender que nem sempre estão presentes, pois os mais baixos foram removidos pela ação do mar, em algumas partes antes do que em outras. Quando qualquer grande vale adentra a região, os terraços o acompanham e, nesse caso, os lados opostos se mostram belamente coincidentes.

Eu disse que essas planícies semelhantes a degraus são niveladas porque é assim que parecem aos olhos, mas, na verdade, elevam-se um pouco entre a borda de uma série de penhascos e a base da planície que está acima. Sua inclinação é aproximadamente a mesma da parte rasa do mar vizinho. A elevação de 100 metros é alcançada depois de três degraus; o primeiro degrau tem cerca de 30 metros, o segundo, 75, e o terceiro, 100. Os restos marinhos encontram-se, em geral, espalhados ao longo dessas três planícies, contudo, são especialmente abundantes na parte inferior. As conchas são as mesmas das atuais espécies encontradas na costa. Além disso, o mexilhão e o gênero *Turbo* mantêm parte de sua coloração azul e roxa.

Esta é a questão que devemos explicar para unificar esses vários fenômenos. A princípio, só consegui entender a grande cobertura de cascalho pela hipótese de algum período de extrema violência, e as sucessivas séries de penhascos, pelo mesmo número de movimentos de elevação, cuja ação exata, no entanto, não pude rastrear. Guiado pelos *Princípios de geologia* de Lyell e tendo em mente as vastas mudanças que vêm ocorrendo neste continente, que hoje parece ser uma grande oficina da natureza, espero ter chegado a outra conclusão mais satisfatória. Não há dúvida quanto à importância de se explicar o processo pelo qual vastos leitos de pedregulhos foram transportados pelas superfícies das sucessivas planícies. Qualquer que tenha sido a causa, foi o que determinou a condição dessa região desértica quanto à sua forma, sua natureza e sua capacidade de sustentar vida.

Há evidências de que toda a costa foi elevada a uma altura considerável no período recente; e, na costa do Pacífico, onde os terraços sucessivos também ocorrem, sabemos que essas mudanças têm sido muito graduais. Há, de fato, razão para acreditar que a elevação do solo durante os terremotos do Chile, embora apenas à altura de 60 a 90 centímetros, tenha sido uma perturbação que pode ser considerada como grande, em comparação com a série de movimentos menores e pouco sensíveis que também estão em andamento. Imaginemos a consequência do leito raso de um oceano elevado a uma proporção perfeitamente uniforme, de modo que a cada século a mesma altura em metros fosse convertida em terra seca. Cada parte da superfície teria, nesse caso, sido exposta por um período igual à ação das ondas, e, consequentemente, o todo seria modificado de maneira uniforme. O leito raso do oceano seria, assim, transformado em terreno inclinado sem limites definidos. Se, no entanto, ocorrer um longo período de repouso entre as elevações e as correntes do mar erodirem a terra (como ocorre em toda essa costa), será formada uma linha de falésias. Dessa forma, o período do repouso determina a quantidade de terra consumida e a consequente altura dessas falésias. Quando as elevações recomeçarem, outro banco escarpado será formado (de cascalho, ou de areia, ou de lama, de acordo com a natureza das sucessivas margens litorâneas), que novamente será quebrado em uma quantidade de séries de penhascos igual ao número de períodos de descanso das forças subterrâneas. Essa é a estrutura das planícies da Patagônia, e essas mudanças graduais são bastante consistentes com os estratos imperturbados que se estendem por tantas centenas de quilômetros.

Preciso esclarecer que não acredito que toda a costa dessa área tenha subido repentinamente até a altura de 30 centímetros em qualquer momento em particular. Porém, com base no que sabemos da costa do Pacífico, é possível que toda a costa tenha se elevado de modo gradual ao longo do tempo, com movimentos rápidos ocasionais ou surtos em áreas específicas. Com relação à alternância dos períodos de tal ascensão contínua e de quiescência, podemos supor que são prováveis, pois essa alternância é consistente com o comportamento não apenas de um único vulcão, mas também com distúrbios que afetam grandes regiões da Terra. Atualmente, ao norte do paralelo 44°, as forças subterrâneas manifestam de modo contínuo sua força sobre um espaço de mais de 1.600 quilômetros. No entanto, ao sul dessa linha até o Cabo Horn, os terremotos são raros ou inexistentes, e não há pontos de atividade vulcânica. Apesar disso, como demonstraremos mais tarde, grandes inundações de lava irromperam dessa mesma região no passado. E essa região pacífica ao sul, de acordo com nossa hipótese, sofre atualmente as influências do oceano, como indica a longa linha de falésias na costa da Patagônia. Acreditamos que essas influências tenham sido as causas dessa configuração singular do território. No entanto, reconhecemos que, à primeira vista, parece surpreendente que os intervalos mais ressaltados entre as alturas das planícies sucessivas indiquem, em vez de alguma grande e repentina ação das forças subterrâneas, apenas um período mais prolongado de repouso.

Para explicar a extensa camada de cascalho, devemos primeiro supor que uma grande massa de pedregulhos foi formada pela ação de inúmeros córregos e pela rebentação de um mar aberto no sopé submarino dos Andes, antes da elevação das planícies da Patagônia. Se essa massa, então, se elevasse e fosse deixada exposta durante um dos períodos de repouso subterrâneo, uma certa amplitude, por exemplo, dois quilômetros, seria erodida e se espalharia pelo fundo das águas invasoras (podemos ter certeza de que o mar perto da costa pode carregar seixos, pois diminuem gradualmente de tamanho conforme se distanciam da linha costeira).

Se essa parte do mar fosse agora elevada, teríamos um leito de cascalho, mas seria de menor espessura do que na primeira massa, tanto porque se estende por uma área maior quanto por ter sido muito reduzido pela erosão. Se esse processo for repetido, leitos de cascalho, sempre de menor espessura (como acontece na Patagônia) podem ser transportados a uma distância considerável da linha da rocha-mãe.[213] Por exemplo, às margens do Santa Cruz, à distância de 100 quilômetros acima da foz do rio, o leito de cascalho tem 64 metros de espessura, enquanto, perto da costa, raramente excede 7 ou 9 metros; a espessura, dessa forma, fica reduzida a quase um oitavo.

Já afirmei que o cascalho está separado dos estratos fossilíferos por alguns estratos de uma substância branca e friável, singularmente semelhante ao calcário, mas que não pode ser comparada, tanto quanto sei, a nenhuma formação na Europa. Quanto à sua origem, posso observar que os pedregulhos muito arredondados são formados de vários pórfiros de feldspato e que muito sedimento deve ter sido produzido por seu atrito prolongado durante as sucessivas transformações de toda a massa. Já comentei que o material terroso branco se assemelha mais ao feldspato decomposto do que a qualquer outra substância. Se essa é sua origem, então, por causa de sua leveza, seria sempre transportado mais para dentro do mar do que os pedregulhos arredondados. Mas, quando o terreno se elevou, os leitos se aproximaram da costa e, assim, ficaram cobertos por novas massas de cascalho que seguiam nessa direção. Se esses leitos brancos se elevassem, eles ocupariam uma posição intermediária entre o cascalho e a fundação comum, ou os estratos fossilíferos. Para explicar melhor o que quero dizer, podemos supor que, neste momento, o fundo do mar está coberto pelo sedimento branco e, até uma certa distância da costa, por pedregulhos que diminuem gradualmente de tamanho. Caso a terra se eleve de modo que a linha litorânea, pela queda da água, seja levada para mais longe, então, da mesma forma, o cascalho, assim como

---

213. É desnecessário apontar ao geólogo que, se correto, isso explicará, sem a necessidade de qualquer fluxo súbito de água, a cobertura geral de pedregulhos mistos, tão comuns em muitas partes da Europa, e, da mesma forma, explicará a ocorrência generalizada de conglomerados, pois os leitos superficiais podem, durante um período de subsidência, ser cobertos por novos depósitos. (N.A.)

antes, será transportado para muito mais longe e cobrirá o sedimento branco, e esses leitos serão levados a partes mais distantes do leito do mar. Por esse progresso para fora, a ordem da superposição deve ser sempre esta: cascalho, sedimento branco e estratos fossilíferos.

Essa é a história das mudanças que, acredito, determinaram as atuais condições da Patagônia. Todas essas mudanças resultam da suposição de uma elevação constante, mas muito gradual, estendendo-se por uma ampla área e interrompida por longos intervalos, durante os períodos de repouso. Devemos, contudo, voltar para Puerto San Julián. No lado sul do porto, um penhasco de cerca de 27 metros de altura corta uma planície constituída pelas formações descritas acima, e sua superfície está repleta de conchas marinhas recentes. O cascalho, no entanto, ao contrário de em qualquer outro lugar, está coberto por um leito muito irregular e fino de marga avermelhada, contendo algumas pequenas concreções calcárias. A matéria se assemelha um pouco à dos Pampas e, provavelmente, deve sua origem a um pequeno córrego que antes desaguava no mar naquele ponto, ou a um banco de lama semelhante ao que agora existe na cabeceira do porto. Em certo ponto, essa matéria terrosa preenchia uma cavidade, ou ravina, que percorria todo o cascalho: um grande grupo de ossos estava incrustado nessa massa. O animal ao qual pertenciam deve ter vivido, como no caso de Bahía Blanca, em um período muito posterior à existência das conchas que hoje habitam o litoral. Podemos ter certeza disso, porque a formação do terraço ou planície inferior deve necessariamente ter ocorrido mais tarde do que a de cima, e, além disso, na superfície dos dois terraços superiores estão espalhadas conchas marinhas de espécies recentes. Pela pequena mudança física que a última elevação dos últimos 30 metros do continente pode ter produzido, o clima e a composição geral da Patagônia na época em que o animal foi enterrado eram provavelmente quase os mesmos dos atuais. Essa conclusão é, além disso, apoiada pela igualdade das conchas pertencentes aos dois períodos. Imediatamente nos vem a seguinte dificuldade: como poderia um quadrúpede grande sobreviver nos desertos miseráveis da latitude 49°15'? Eu não tinha a menor ideia, na época, a que tipo de animal aqueles ossos pertenciam. O enigma, no entanto, foi logo resolvido quando o senhor

Owen os examinou, pois ele acredita que os restos pertenciam a um animal semelhante ao guanaco ou à lhama, porém, tão grande quanto o camelo real. Como todos os membros da família de *Camelidae* são habitantes de regiões mais estéreis, podemos supor o mesmo dessa espécie extinta. Sua afinidade é indicada pelos processos transversos de suas vértebras cervicais, que não são perfuradas para a passagem da artéria vertebral. No entanto, algumas outras partes de sua estrutura são provavelmente anômalas.

O resultado mais importante dessa descoberta é a confirmação da lei que diz que os animais atualmente existentes estão intimamente relacionados às espécies extintas. Assim como o guanaco é o quadrúpede característico da Patagônia, e a vicunha, dos cumes cobertos de neve da cordilheira, do mesmo modo, em tempos passados, essa espécie gigantesca, pertencente à mesma família, deve ter sido conspícua nas planícies do sul. Vemos essa mesma relação de tipo entre os fósseis e as espécies vivas de *Ctenomias*, entre a capivara (de forma menos clara, conforme explicado pelo senhor Owen) e o gigantesco toxodonte e, por último, entre as espécies vivas e extintas de *Edentata*. Atualmente, na América do Sul, existem provavelmente dezenove espécies desta última ordem, distribuídas em vários gêneros, enquanto, no resto do mundo, há apenas cinco. Se, então, há uma relação entre os vivos e os mortos, devemos esperar encontrar um grande número de *Edentata* em estado fóssil. Posso responder mencionando apenas o megatério e as três ou quatro outras grandes espécies descobertas em Bahía Blanca; alguns dos quais também são comuns em todo o imenso território do Prata. Já apontei a relação singular que existe entre o tatu e seus grandes protótipos, mesmo em um ponto aparentemente tão insignificante quanto sua carapaça externa.

Atualmente, a ordem dos roedores é bastante característica na América do Sul por conta do grande número[214] e do tamanho de suas espécies, e pela multidão de indivíduos: de acordo com a mesma lei,

---

214. Em minha coleção, o senhor Waterhouse foi capaz de diferenciar 27 espécies de ratos; a estas devem ser adicionadas cerca de outras treze, conhecidas com base nas obras de Azara e outros naturalistas; então, temos quarenta espécies descritas entre o trópico e o Cabo Horn. (N.A.)

devemos esperar encontrar seus representantes em estado fóssil. O senhor Owen demonstrou esse relacionamento em relação ao toxodonte, e, assim, não é improvável que outro animal grande também tenha uma afinidade semelhante.

É preciso também lembrar-se dos dentes do roedor que foram descobertos perto de Bahía Blanca, os quais tinham quase o mesmo tamanho dos da capivara.

A lei da sucessão dos tipos, embora sujeita a algumas curiosas exceções, deve ser um tema de enorme interesse para qualquer filósofo naturalista. Foi demonstrada pela primeira vez de maneira clara na Austrália, onde os restos fósseis de uma espécie grande e extinta de canguru e de outros marsupiais foram encontrados em uma caverna. Na América, a mudança mais notável entre os mamíferos foi o desaparecimento de várias espécies de mastodontes, elefantes e cavalos. Parece que esses paquidermes estavam distribuídos pelo mundo em períodos anteriores, da mesma forma que ocorre atualmente com cervos e antílopes. Se Buffon[215] tivesse conhecido esses gigantescos tatus, lhamas, grandes roedores e paquidermes desaparecidos, ele teria informado algo mais próximo da verdade se dissesse que os poderes criativos tinham perdido seu vigor na América, em vez de dizer que o continente nunca os tivera.

Não se pode contemplar a mudança de estado desse continente sem o mais profundo espanto. No passado, devia estar repleto de grandes monstros, como as partes meridionais da África; agora, encontramos apenas a anta, o guanaco, o tatu e a capivara; meros pigmeus quando comparados às raças antecedentes. A maioria desses quadrúpedes extintos, se não todos, viveu em um período muito recente; muitos deles eram contemporâneos de moluscos atualmente existentes. Desde seu desaparecimento, não houve nenhuma grande mudança física na natureza da região. Como, então, tantos seres vivos foram exterminados? Nos Pampas, o grande sepulcro desses restos mortais, não há sinais de violência, mas, pelo contrário, de mudanças bastante silenciosas e quase imperceptíveis. Em Bahía Blanca, procurei mostrar a probabilidade de que os antigos *Edentata*,

---

215. Georges-Louis Leclerc, conde de Buffon (1707-1788), foi um naturalista e matemático francês. (N.T.)

assim como a espécie presente, vivessem em uma região árida e estéril, como a atual. Com relação à lhama da Patagônia, os mesmos motivos que — antes de saber nada além do tamanho dos restos mortais — me deixaram perplexo por não admitir nenhuma grande mudança climática foram estranhamente confirmados, agora que podemos fazer conjecturas sobre os hábitos do animal. O que dizer sobre os fósseis que atestam a extinção dos cavalos? Será que faltaram pastagens a essas planícies, que depois foram invadidas por milhares e dezenas de milhares de descendentes da nova raça introduzida pelo colonizador espanhol? Podemos acreditar que um certo número de espécies introduzido posteriormente em alguns países pode, pelo consumo do alimento das raças ancestrais, ter causado seu extermínio, mas não há como acreditar que o tatu tenha devorado o alimento do imenso megatério; a capivara, o do toxodonte; ou o guanaco, o do animal semelhante ao camelo. Mas, supondo que todas essas mudanças tenham sido pequenas, ignoramos tão profundamente as relações fisiológicas das quais dependem a vida e até mesmo a saúde (conforme demonstrado por epidemias) de qualquer espécie que argumentamos com ainda menos segurança sobre a vida ou a morte de qualquer espécie extinta.

Tenta-se acreditar em relações simples, como a mudança do clima e da alimentação, ou a introdução de inimigos, ou, ainda, o aumento do número de outras espécies, como a causa da sucessão das raças. No entanto, pode-se perguntar se é provável que causa semelhante tenha ocorrido durante a mesma época em todo o Hemisfério Norte, de modo a levar à extinção o *Elephas primigenius* do litoral da Espanha, das planícies da Sibéria e da América do Norte; e, de maneira semelhante, o *Bos urus*, em uma área um pouco menor? Será que essas mudanças foram o ponto-final para a vida do *Mastodon angustidens* e do cavalo fóssil, tanto na Europa quanto na encosta oriental da cordilheira da América do Sul? Caso a resposta seja positiva, as mudanças devem ter sido comuns a todo o mundo; como o resfriamento gradual, seja a partir de modificações da geografia física ou de um resfriamento central. Porém, aceitando essa suposição, surge a seguinte dificuldade: embora essas supostas mudanças não tenham sido suficientes para afetar os moluscos na Europa ou na América do Sul, elas exterminaram muitos quadrúpedes em regiões agora caracterizadas por climas *frios, temperados e quentes*![216] Esses casos de extinção trazem à mente a ideia (não desejo fazer uma analogia real) de certas árvores frutíferas que, segundo afirmado, embora tivessem sido enxertadas em caules jovens, plantadas em situações variadas e fertilizadas pelos melhores estrumes, ainda assim, em certo momento, murchavam e pereciam. Em tais casos, milhares de brotos (ou germes individuais), embora produzidos em longa sucessão, receberam um período de vida fixo e determinado. Em meio ao grande número de animais, cada indivíduo parece ser quase independente de sua espécie, e, no entanto, todos os animais de uma mesma espécie podem estar ligados por leis comuns, da mesma forma que ocorre com um certo número de brotos individuais em uma árvore ou os pólipos em um zoófito.

Quero fazer mais uma observação. Vemos que toda uma série de animais, criados com tipos peculiares de organização, está confinada a certas áreas, e não há como supor que essas estruturas sejam apenas adaptações às peculiaridades do clima ou da região, pois, de outra forma, os animais pertencentes a um tipo distinto e introduzidos pelo homem não seriam tão bem-sucedidos, nem mesmo para o extermínio dos aborígenes. Por essa razão, não parece ser uma conclusão necessária que a extinção de espécies, mais do que sua criação, dependa exclusivamente da natureza de sua região (alterada por mudanças físicas). No momento, a única coisa que podemos dizer com certeza é que o indivíduo, assim como a espécie, completa seu desenvolvimento natural e se exaure.

---

216. O *Elephas primigenius* está, portanto, nessa situação, tendo sido encontrado em Yorkshire (associado a conchas recentes: Lyell, vol. I, cap. VI), na Sibéria e nas regiões quentes da América do Norte (latitude 31°). Há restos do mastodonte no Paraguai (e, acredito, no Brasil, na latitude 12°), assim como nas planícies temperadas ao sul do Prata. (N.A.)

CAPÍTULO X

Santa Cruz — Expedição rio acima — Indígenas — Características da Patagônia — Plataforma basáltica — Imensos fluxos de lava — Rochas não carregadas pelo rio — Escavação do vale — Condor, hábitat e hábitos — Cordilheira — Rochas erráticas de grande porte — Relíquias indígenas — Retorno ao navio

SANTA CRUZ — PATAGÔNIA

13 DE ABRIL — O *Beagle* ancorou na foz do Santa Cruz. Esse rio está situado a cerca de cem quilômetros ao sul de Puerto San Julián. Em uma viagem anterior, o capitão Stokes[217] conseguiu subir o rio por cerca de 50 quilômetros, mas teve de voltar porque lhe faltaram alimentos. Além do que foi encontrado durante essa viagem, se sabia pouquíssimo sobre esse rio importante. O capitão FitzRoy resolveu seguir seu curso até onde nosso tempo permitisse. No dia 18, três baleeiros partiram com provisões para três semanas; a tripulação era formada por 25 pessoas, isto é, uma força suficiente para enfrentar até mesmo um grande grupo de indígenas. Com uma forte maré alta e um belo dia, conseguimos avançar bastante; não demoramos a beber um pouco de água doce e, à noite, já estávamos quase fora da influência da maré.

 O rio aqui assumia um tamanho que aparentemente quase não diminuía, mesmo naquele ponto mais alto que havíamos, por fim, alcançado. Tinha, em geral, entre 270 e 360 metros de largura e cerca de

---

217. Pringle Stokes (1793-1828) foi capitão do *Beagle* em sua primeira viagem. (N.T.)

5 metros de profundidade no meio. A rapidez da corrente, que em todo o seu curso corre à velocidade de 4 a 6 nós por hora (7,4 a 11 quilômetros por hora), talvez seja sua característica mais notável. Suas águas apresentam uma bela cor azul, porém, com um leve tom leitoso, e não são tão transparentes como seria de se esperar à primeira vista. O rio corre sobre um leito de pedregulhos, semelhante àqueles que formam a praia e as planícies circundantes. Embora seu curso seja sinuoso, ele atravessa um vale que se estende em linha reta para o oeste. O vale possui uma largura que varia entre 8 e 16 quilômetros e está delimitado por terraços escalonados que, na maioria dos lugares, se elevam até a altura de 150 metros, um acima do outro; além disso, seus lados opostos têm uma correspondência notável.

19 DE ABRIL — Contra uma corrente tão forte, era naturalmente impossível remar ou velejar. Desse modo, os três barcos foram amarrados um atrás do outro, proa com popa, dois marinheiros foram deixados em cada um, e os demais desembarcaram para rebocá-los. Os arranjos gerais feitos pelo capitão FitzRoy para facilitar o trabalho de todos eram muito bons, e, já que todos tinham alguma função, irei descrever o sistema. O grupo, incluindo todos os indivíduos, foi dividido em duas seções, cada uma delas puxava a corda de reboque alternadamente a cada uma hora e meia. Os oficiais de cada barco viviam com sua tripulação, comiam a mesma comida e dormiam na mesma tenda, de modo que cada barco era bastante independente dos outros. Depois do pôr do sol, o primeiro local plano em que encontrássemos quaisquer arbustos era escolhido para passar a noite. A tripulação se revezava para cozinhar. Imediatamente após arrastar o barco, o cozinheiro preparava o fogo, e duas outras pessoas armavam a tenda; o timoneiro retirava as coisas do barco e as entregava ao restante dos homens, que as levavam até as tendas e coletavam lenha. Seguindo esse plano, em meia hora tudo já estava preparado para a noite. Montava-se sempre uma guarda de dois homens e um oficial, cujo dever era cuidar dos barcos, manter o fogo e proteger o grupo contra os indígenas. Cada homem montava guarda todas as noites por uma hora.

Durante esse dia, rebocamos por uma curta distância, pois havia muitas ilhotas cobertas por arbustos espinhosos e os canais entre elas eram rasos.

20 DE ABRIL — Depois de passarmos as ilhas, começamos a trabalhar. Nossa caminhada diária regular, embora bastante difícil, era de apenas 16 quilômetros em linha reta, e talvez 25 ou 30 ao todo. A área além de onde acampamos ontem à noite é totalmente desconhecida, pois aquele foi o ponto de retorno do capitão Stokes em uma viagem anterior. Avistamos uma grande nuvem de fumaça a distância e nos deparamos com os restos de um esqueleto de cavalo, o que indicava a presença de povos indígenas nas proximidades. Na manhã seguinte (dia 21), foram observadas as pegadas de um grupo de cavalos, bem como as marcas deixadas no chão pela trilha dos *chuzos*. O consenso era que os indígenas haviam nos espionado durante a noite. Pouco depois, chegamos a um local onde havia evidências, pelas pegadas frescas de homens, crianças e cavalos, de que o grupo de indígenas cruzara o rio.

22 DE ABRIL — A paisagem, que nada mudou, era extremamente desinteressante. Uma das características mais destacadas da Patagônia é a completa uniformidade de sua flora e sua fauna. As planícies niveladas e secas abrigam as mesmas plantas pequenas e atrofiadas, enquanto os vales são preenchidos com os mesmos tipos de arbustos espinhosos. As mesmas espécies de aves e insetos podem ser encontradas em toda parte da região. Nem mesmo as margens do rio e dos pequenos córregos límpidos que deságuam nele ganhavam um pouco de vida por alguma tonalidade mais brilhante de verde. A maldição da esterilidade está no solo, e dela participa a água que flui sobre um leito de pedregulhos. Portanto, a quantidade de aves aquáticas é muito escassa, pois a corrente desse rio estéril não oferece nada que possa servir como alimento.

A Patagônia, pobre como é em alguns aspectos, pode, no entanto, vangloriar-se de abrigar um maior número de pequenos roedores[218] do que, talvez, qualquer outra região do mundo. Várias espécies de camundongos são externamente caracterizadas por grandes orelhas finas e pelagem pouco espessa. Esses pequenos animais se aglomeram entre as moitas dos

---

218. Os desertos da Síria são caracterizados, segundo Volney (vol. I, p. 351), por arbustos lenhosos, numerosos ratos, gazelas e lebres. Na Patagônia, o guanaco substitui a gazela, e o mará, a lebre. (N.A.)

vales, onde ficam sem beber nem mesmo uma gota de água durante meses. Todos parecem ser canibais, pois, assim que eram pegos em uma de minhas armadilhas, outros ratos os devoravam imediatamente. Uma pequena e elegante raposa, que também é muito abundante, provavelmente obtém todo o seu alimento desses pequenos animais. O guanaco também está em seu próprio meio; são comuns rebanhos de cinquenta ou cem indivíduos; e, conforme já disse, chegamos a encontrar um grupo com pelo menos quinhentos deles. O puma, seguido pelo condor, persegue e ataca esses animais. As pegadas do primeiro animal eram encontradas em quase todos os lugares às margens do rio, e os restos de vários guanacos, com seus pescoços deslocados e ossos quebrados, revelavam como tinham morrido.

24 DE ABRIL — De modo semelhante ao que faziam os antigos navegadores, sempre que nos aproximávamos de uma terra desconhecida, examinávamos e buscávamos os sinais mais triviais de mudança. O tronco de uma árvore levado pelo rio ou um fragmento de rocha primitiva eram recebidos com muita alegria, como se tivéssemos visto uma floresta crescendo nos flancos da cordilheira. Entretanto, o sinal de mudança mais promissor, que acabou se tornando real, foi uma pesada camada de nuvens que mantinha, quase constantemente, a mesma posição. A princípio, as nuvens foram confundidas com as próprias montanhas, em vez de serem reconhecidas como as massas de vapor que haviam se condensado em seus picos gelados.

26 DE ABRIL — Encontramo-nos hoje com uma mudança acentuada na estrutura geológica das planícies. Desde que partimos, examinei com cuidado o cascalho do rio e, nos últimos dois dias, notei a presença de alguns pequeninos pedregulhos de basalto com muitas cavidades. Aumentavam gradualmente em número e em tamanho, mas nenhum chegou às dimensões da cabeça de um homem. Nessa manhã, no entanto, pedras da mesma rocha, porém mais compactas, se tornaram repentinamente abundantes; e, no decorrer de meia hora, vimos, à distância de 8 ou 9 quilômetros, a borda angular de uma grande plataforma basáltica. Quando chegamos à sua base, encontramos o córrego borbulhando em meio aos blocos caídos.

Nos 45 quilômetros seguintes, o curso do rio foi sendo obstruído por essas massas basálticas. Após esse ponto, imensos fragmentos pertencentes a uma formação primitiva, mas derivados da aluvião circundante, eram igualmente numerosos. Em ambos os casos, nenhum fragmento, em tamanho ou quantidade notável, havia sido arrastado rio abaixo por mais de 5 ou 6 quilômetros de sua rocha-mãe, ou da massa de aluvião da qual havia se originado. Levando em conta a velocidade ímpar da corrente do Santa Cruz, sem a ocorrência de áreas paradas, esse exemplo é uma forte prova da ineficiência dos rios para o transporte de fragmentos, ainda que sejam de tamanho moderado.

As falésias de basalto são um pouco indistintamente divididas por linhas de tipos mais porosos ou vesiculares, conhecidas como variedades amigdaloidais, e as camadas parecem ser completamente planas a olho nu. Elas sobrepõem os grandes depósitos terciários e estão cobertas (exceto quando desnudadas em alguns dos terraços inferiores) pelos habituais leitos de cascalho. Claramente o basalto é apenas lava que fluiu sob o mar; mas as erupções devem ter ocorrido em uma escala bastante grande. No ponto em que encontramos essa formação pela primeira vez, a massa tinha 36 metros de espessura; seguindo o curso do rio, a superfície se elevava de maneira imperceptível e se tornava mais espessa, de modo que, 64 quilômetros acima da primeira localidade, a massa passava a ter 97 metros. Não tenho nenhuma maneira de saber a espessura da plataforma perto da cordilheira, mas, nesse local, ela se eleva a uma altitude entre 600 e 900 metros acima do nível do mar. Assim, devemos presumir que sua origem se encontra nas montanhas daquela grande cadeia. Os cursos d'água que correram sobre o fundo do oceano por uma distância de 160 quilômetros são certamente merecedores de receber o título de origem.

Os penhascos de ambos os lados do vale proporcionam uma vista impressionante da plataforma basáltica. À primeira vista, é evidente que os estratos já estiveram unidos em algum momento. Que força, então, teria sido capaz de remover, ao longo de toda uma linha da região, uma massa sólida de rocha muito dura, com espessura média de cerca de 90 metros e largura entre 3 e 6 quilômetros? Embora o rio tenha pouca força para o transporte até mesmo de fragmentos pequenos, ainda assim, no transcuro das eras, poderia produzir, por sua erosão gradual, um efeito de difícil mensuração. No entanto, nesse caso, além do papel insignificante desse processo, existem razões imperiosas para acreditar que esse vale tenha sido anteriormente ocupado por um braço de mar. É desnecessário detalhar neste livro os argumentos que levam a essa conclusão, derivados principalmente da forma e da natureza das margens, da forma como o vale perto do sopé dos Andes se expande em uma grande baía e da existência de algumas conchas marinhas no leito do rio. Se eu tivesse espaço, poderia provar que, em outra era, a América do Sul estava cortada aqui por um estreito que ligava os oceanos Atlântico e Pacífico, como o de Magalhães. Porém, ainda cabe perguntar: como o basalto sólido foi removido? Os geólogos mais antigos teriam pensado na ação violenta de algum desastre violento; ocorre que, neste caso, a suposição teria sido bastante inadmissível, pois os mesmos terraços em forma de degrau que ocorrem diante da costa da Patagônia também aparecem em ambos os lados do vale. Nenhum tipo de inundação seria capaz de modelar a terra dessa forma nessas duas situações; e o próprio vale foi escavado pela formação desses terraços. Embora saibamos da existência de marés que adentram os canais do Estreito de Magalhães à velocidade de 8 nós por hora (14,8 quilômetros por hora), ainda assim, devemos confessar que a mente se perde ao ponderar sobre o número de anos, século após século, necessários para que as marés — sem a ajuda do peso das ondas — consigam erodir áreas de rocha sólida tão grandes e espessas. No entanto, devemos acreditar que os estratos, minados pelas águas desse antigo estreito, foram divididos em fragmentos enormes, os quais ficaram espalhados pela praia e foram reduzidos a blocos menores, logo depois a pedregulhos e, por fim, à mais impalpável lama, que as marés arrastaram para os leitos do oceano oriental ou ocidental.

 Ao modificar-se a estrutura geológica das planícies, também mudam as características da paisagem. Enquanto caminhava por alguns dos desfiladeiros estreitos e rochosos, pude quase me imaginar transportado de volta para os vales estéreis de Santiago. Entre as falésias basálticas, encontrei algumas plantas que não vira em nenhum outro lugar, mas, outras, reconheci como errantes, originárias da Terra do Fogo. Essas rochas porosas servem de reservatório para as escassas águas pluviais, e, consequentemente, na linha em que se unem as formações ígneas e as sedimentares, irrompem várias pequenas nascentes (mais raras na Patagônia) que podiam ser vistas a distância pelo verde vivo das áreas de seu entorno.

27 DE ABRIL — O leito do rio se estreitou um pouco e, portanto, o córrego tornou-se mais rápido. Corria aqui a 6 nós por hora (11 quilômetros por hora). A partir disso, e pela quantidade de grades fragmentos angulares, o reboque dos barcos se tornou perigoso e trabalhoso.

Atirei em um condor. A envergadura de suas asas era de 2,5 metros, e seu comprimento, de 1,2 metro. É um espetáculo magnífico ver várias dessas grandes aves empoleiradas à beira de algum precipício íngreme. Agora, descreverei tudo o que observei sobre seus hábitos. O condor é uma espécie conhecida por ter uma ampla distribuição geográfica, pois pode ser encontrada na costa oeste da América do Sul desde o Estreito de Magalhães até toda a extensão da cordilheira. Na costa da Patagônia, o penhasco íngreme perto da foz do Rio Negro, na latitude 41°, foi o ponto mais ao norte em que vi essas aves ou ouvi falar de sua existência. Em tal ponto, elas estavam a cerca de 640 quilômetros da grande linha central de sua morada nos Andes. Mais ao sul, entre os precipícios íngremes que formam a cabeceira de Puerto Deseado, elas não são incomuns; ainda assim, apenas alguns retardatários visitam ocasionalmente o litoral. Os condores frequentam uma linha de penhascos perto da foz do Santa Cruz; e, a cerca de 130 quilômetros rio acima, onde as laterais do vale são formadas por precipícios basálticos íngremes, reaparecem, embora nenhum tenha sido observado no espaço intermediário. Com base nesses fatos e em outros semelhantes, a presença dessa ave parece ser determinada principalmente pela ocorrência de falésias perpendiculares. Na Patagônia, os condores, em pares ou em grupos, dormem e se reproduzem nas mesmas bordas pendentes. No Chile, durante a maior parte do ano, vivem nas áreas mais baixas, perto das margens do Pacífico; à noite, vários deles se empoleiram em uma árvore, porém, no início do verão, se retiram para as partes mais inacessíveis do interior da cordilheira, para lá se reproduzir em paz.

De acordo com as informações que obtive com os habitantes do Chile, o condor não constrói nenhum tipo de ninho para sua reprodução. Em vez disso, durante os meses de novembro e dezembro, a fêmea deposita dois ovos brancos de tamanho considerável diretamente sobre uma seção plana e descampada de rocha. Não vi, na costa da Patagônia, nenhum tipo de ninho entre as falésias onde estavam as aves jovens. Dizem que os jovens condores só voam após seu primeiro ano de vida. Em Concepción, no dia 5 de março (correspondente ao mês de setembro no Hemisfério Norte), vi uma ave jovem, que, embora fosse pouco menor que uma ave velha, estava completamente coberta por penugem, semelhante à de um ganso jovem, porém de cor negra. Tenho certeza de que essa ave não seria capaz de usar suas asas para voar por muitos meses. Mesmo quando já são capazes de voar, aparentemente, tão bem como as aves mais velhas, os jovens condores ainda permanecem à noite na mesma borda e caçam durante o dia com seus pais. Entretanto, o condor pode ser visto muitas vezes caçando sozinho, antes mesmo de o colar de penas de seu pescoço adquirir a cor branca da ave adulta. Na foz do Santa Cruz, durante parte de abril e maio, era possível ver, todos os dias, um par de pássaros velhos empoleirado em uma determinada borda ou voando em companhia de um único jovem, o qual, embora maduro, ainda não tinha seu colar de penas brancas. Imagino, especialmente quando me lembro do estado em que a ave de Concepción estava no mês anterior, que esse jovem condor não havia eclodido de um ovo daquele verão. Como não havia outras aves jovens, parece provável que o condor ponha ovos apenas a cada dois anos.

Esses pássaros costumam viver em pares, mas, entre as falésias basálticas do interior do rio Santa Cruz, encontrei um lugar frequentado por um grupo muito maior. Tendo chegado de surpresa ao cume do precipício, presenciei um belo espetáculo: ver entre vinte e trinta aves alçando voo pesadamente de seu local de descanso e se afastando em majestosos círculos aéreos. Pela quantidade de esterco deixada nas rochas, elas devem frequentar o penhasco há bastante tempo, e, provavelmente, ali se empoleiram e se reproduzem. Após se banquetearem com a carniça encontrada nas planícies abaixo, as aves retiram-se a suas bordas favoritas para digerir seus alimentos. Com base nesses fatos, o condor, assim como o *gallinazo*, deve ser considerado, em certo grau, uma ave gregária. Nessa região, todos se alimentam dos guanacos que morreram de forma natural ou, como mais comumente acontece, foram mortos pelos pumas. Pelo que vi na Patagônia, acredito que, em ocasiões ordinárias, eles não estendem suas excursões diárias a locais que se distanciem muito de seus pontos habituais de descanso.

Os condores podem ser vistos com frequência a uma grande altura, ascendendo em espirais muito graciosas em torno de um certo ponto. Tenho certeza de que, em algumas ocasiões, fazem isso por diversão; em outras, entretanto, os chilenos do interior dizem que essas aves estão observando algum animal moribundo ou o puma devorando sua presa. Quando os condores descem rapidamente e, de repente, alçam voo todos juntos, o chileno sabe que o puma, cuidando da carcaça de sua presa, saltou sobre os ladrões para afugentá-los. Além de se alimentarem de carniça, os condores costumam atacar cabras e cordeiros jovens. Por isso, os cães pastores são treinados para sair correndo e latir violentamente, enquanto olham para cima, sempre que o inimigo passa no céu. Os chilenos matam e capturam uma grande quantidade dessas aves. Para isso, utilizam dois métodos: o primeiro é, em um terreno plano, colocar a carcaça de um animal morto em um cercado de varas e, quando os condores estiverem satisfeitos, galopar a cavalo até a entrada do cercado e, assim, cercá-los, pois, quando essa ave não tem espaço para correr, ela é incapaz de dar o impulso necessário para levantar voo. O segundo método é marcar as árvores em que costumam se empoleirar em cinco ou seis indivíduos e, então, à noite, subir e enlaçá-los. Eles dormem tão pesadamente, como eu mesmo testemunhei, que esta não é uma tarefa difícil. Em Valparaíso, vi um condor vivo ser vendido por 6 pence, mas o preço comum é de 8 ou 10 xelins. Em certa ocasião, trouxeram um que estava amarrado e muito ferido; porém, quando cortaram a corda que prendia seu bico, mesmo cercado por pessoas, o animal começou a rasgar com voracidade uma peça de carniça. No mesmo lugar, mantinham-se entre vinte e trinta deles em um jardim. Eram alimentados apenas uma vez por semana e pareciam saudáveis.[219] Os campesinos chilenos afirmam que o condor é capaz de ficar entre cinco e seis semanas sem comer, permanecendo vivo e forte. Não tenho como afirmar que isso é

---

219. Notei que várias horas antes de qualquer um dos condores morrer, todos os piolhos, com os quais estão infestados, rastejavam até as penas externas. Disseram-me que isso sempre acontece. (N.A.)

verdade, pois, para prová-lo, seria preciso um experimento muito cruel (que provavelmente já foi realizado por alguém).

Quando há um animal morto no campo, sabe-se bem que os condores, assim como outros abutres que comem carniça, logo tomam conhecimento dele e se reúnem de forma inexplicável. É importante saber que, na maioria dos casos, as aves encontram suas presas e deixam o esqueleto limpo antes que a carne apresente o menor sinal de contaminação. Lembrando as informações do senhor Audubon[220] sobre o olfato fraco dessas aves,[221] tentei, no jardim a que já me referi, o seguinte experimento: cada um dos condores estava amarrado com uma corda, em uma longa fila na base de um muro. Embrulhei uma peça de carne em papel branco e caminhei para frente e para trás, carregando-a em minha mão a uma distância de cerca de três metros: nenhuma das aves notou o alimento. Em seguida, lancei a carne no chão, a cerca de um metro de um macho velho: a ave olhou para o pacote por um momento com atenção, depois, entretanto, perdeu o interesse. Empurrei o embrulho com um pedaço de pau, aproximando-o cada vez mais, até que finalmente o animal o tocou com o bico; o papel foi então imediatamente arrancado com fúria e, ao mesmo tempo, todas as aves da longa fila começaram a lutar e a bater suas asas. Dadas as mesmas circunstâncias, teria sido impossível enganar um cão.

Muitas vezes, quando me deitava para descansar nas planícies abertas, ao olhar para cima eu via falcões necrófagos pairando no ar a uma grande altitude. Em território plano, não acredito que a região do céu que se encontra a 15° acima do horizonte seja normalmente observada com atenção por quem esteja caminhando a pé ou montado a cavalo. Supondo que esse seja o caso, e que o abutre esteja voando entre 900 e 1.200 metros de altura, antes de entrar no campo de visão acima mencionado, sua

---

220. Jean-Jacques Audubon (1785-1851), artista e ornitólogo franco-americano. (N.T.)
221. No caso do *Vultur aura*, Owen, em algumas notas lidas perante a Sociedade Zoológica, demonstrou que, por conta da forma desenvolvida de seus nervos olfativos, essa ave deve ter um olfato bastante desenvolvido. Na mesma noite, foi mencionado que, em duas ocasiões, essas aves foram vistas reunidas em grande quantidade no telhado de uma casa nas Índias Ocidentais quando havia nela pessoas mortas cujos corpos, apesar de terrivelmente malcheirosos, ainda não haviam sido enterrados. Esse exemplo parece bastante conclusivo, pois era evidente que haviam tomado conhecimento do cadáver apenas pelo olfato, e não pela visão. Parece que, pelos vários registros do fato, os sentidos da visão e do olfato são bastante apurados nos falcões que se alimentam de carniça. (N.A.)

distância em linha reta do olho do observador seria de um pouco mais de 4 quilômetros. Será que isso pode ser negligenciado de pronto? Será que o caçador, quando mata algum animal em um vale isolado, não está sendo observado do alto por uma ave de visão aguçada? E, por fim, será que a forma como a ave mergulha no céu não denunciaria a toda família de necrófagos da região que está indo em busca de sua presa?

É belíssimo o voo dos condores quando circulam em bando em torno de um ponto qualquer. Exceto quando alçam voo, não me lembro de ter visto o bater das asas dessas aves. Perto de Lima, observei várias aves por quase meia hora, sem tirar os olhos delas. Elas se moviam em grandes curvas, fazendo círculos, descendo e subindo sem uma única vez bater as asas. Conforme planavam perto de minha cabeça, observei, atentamente e em posição oblíqua, os contornos das penas terminais (e separadas) de cada asa; se houvesse o menor movimento vibratório, elas se misturariam. Foram, no entanto, vistas bem separadas contra o céu azul. A cabeça e o pescoço se moviam com frequência, e aparentemente com força, o que dava a entender que as asas estendidas formavam o eixo dos movimentos do pescoço, do corpo e da cauda. Se a ave desejasse descer, as asas se fechavam por um momento; e, então, quando se abriam novamente com uma inclinação alterada, o impulso adquirido pela perda rápida de altitude parecia conduzir a ave para cima, com um movimento uniforme e constante de uma pipa de papel. No caso da *elevação* de qualquer ave, seu movimento deve ser suficientemente rápido para que a ação da superfície inclinada de seu corpo na atmosfera possa contrabalançar sua gravidade. A força para manter o momento linear de um corpo que se move em um plano horizontal nesse fluido (no qual há muito pouco atrito) não pode ser grande, e essa força é tudo de que precisa. O movimento do pescoço e do corpo do condor, devemos supor, é suficiente para isso. Seja como for, é realmente admirável e belo ver uma ave tão grande que, sem qualquer esforço aparente, dá voltas e desliza por horas sobre a montanha e o rio.

29 DE ABRIL — De um ponto alto, saudamos com alegria os cumes brancos da cordilheira, quando surgiam ocasionalmente em meio ao seu envoltório escuro de nuvens. Durante os poucos dias seguintes, continuamos lentamente, pois o curso do rio estava muito tortuoso e repleto

de imensos fragmentos de várias ripas de rochas antigas e de granito. A planície que margeava o vale atingira aqui uma elevação de cerca de 330 metros, e suas características estavam bastante alteradas. Os pedregulhos bem arredondados de pórfiro eram encontrados nesta parte misturados a imensos fragmentos angulares de basalto e das rochas que já citei. O primeiro desses blocos aleatórios que notei estava a 100 quilômetros da montanha mais próxima; outro bloco, que havia sido transportado para uma distância um pouco menor, media 4 metros quadrados e se projetava 1,5 metro acima do cascalho. Suas bordas eram tão angulares, e seu tamanho tão grande, que, a princípio, confundi com uma rocha *in situ* e tirei minha bússola para observar a direção de sua clivagem. As planícies aqui não eram tão niveladas quanto as mais próximas da costa, mas, ainda assim, tinham poucos sinais de violência. Em tais circunstâncias, me parece que seria difícil explicar esse fenômeno por meio de qualquer outra teoria senão pela hipótese do transporte pelo gelo enquanto a região se encontrava submersa. Voltarei a falar desse assunto mais adiante.

Durante os dois últimos dias, encontramos sinais de cavalos e vários pequenos artigos que pertenciam aos indígenas, como partes de um manto e um punhado de penas de avestruz; porém, pareciam estar há muito tempo jogados no chão. Entre o ponto em que os índios recentemente atravessaram o rio e a área onde estávamos, embora separados por muitos quilômetros, a região parece ser pouco frequentada. No início, considerando a abundância de guanacos, fiquei surpreso com isso; a explicação, contudo, pode ser encontrada na natureza pedregosa dessas planícies, que logo incapacitaria um cavalo sem ferraduras de participar da caçada. No entanto, em dois lugares dessa região central, encontrei pequenos montes de pedras que não me parecem ter sido agrupados acidentalmente. Estavam colocados em pontos que se projetavam sobre a borda do penhasco de lava mais alto, e se assemelhavam, embora fossem menores, aos encontrados em Puerto Deseado.

4 DE MAIO — O capitão FitzRoy decidiu que não continuaríamos a levar os barcos mais acima, pois o rio tinha um curso sinuoso muito rápido; além disso, a região não oferecia nenhum atrativo para seguirmos em frente. Nós nos deparávamos em toda parte com as mesmas formas de

vida e a mesma paisagem sombria. Estávamos agora a 225 quilômetros do Atlântico e cerca de 100 quilômetros do braço mais próximo do Pacífico. O vale, nessa sua área elevada, se abria em uma bacia larga, delimitada ao norte e ao sul por plataformas basálticas e fronteada pela longa cadeia da cordilheira nevada. Porém, víamos essas montanhas grandiosas com pesar, pois fomos obrigados a imaginar sua forma e sua natureza, em vez de estarmos, como esperávamos, em pé em seu cume, olhando para a planície abaixo. Além da inútil perda de tempo que teria nos custado a tentativa de continuar rio acima, já estávamos havia alguns dias a meia ração de pão. Embora fosse suficiente para um homem moderado, essa quantidade, depois de um dia de caminhada pesada, se mostrou minguada. Deixemos que aqueles que nunca passaram pela experiência vociferem sobre o bem-bom de um estômago leve e uma digestão fácil.

5 DE MAIO — Começamos a voltar antes do nascer do sol. Descemos o rio com grande rapidez, em geral, a 18,5 quilômetros por hora. Em apenas um dia, descemos a mesma distância que nos custara cinco dias e meio de trabalho pesado para subir. No dia 8, depois de 21 dias de expedição, chegamos ao *Beagle*. Todos, menos eu, estavam insatisfeitos; isso porque, para mim, a subida do rio revelou-me uma seção bastante interessante da grande formação terciária da Patagônia.

CAPÍTULO XI

Chegada à Terra do Fogo — Baía do Bom Sucesso — Entrevista com selvagens — Paisagem das florestas — A colina do Senhor J. Banks — Cabo Horn — Enseada de Wigwam — Condição miserável dos selvagens — Canal do Beagle — Fueguinos — Estreito de Ponsonby — Igualdade de condições entre os nativos — Bifurcação do canal do Beagle — Geleiras — Volta ao navio

TERRA DO FOGO

17 DE DEZEMBRO DE 1832 — Agora que já descrevi a Patagônia, passarei para nossa chegada à Terra do Fogo. Pouco depois do meio-dia, dobramos o Cabo San Diego e entramos no famoso Estreito de Le Maire. Permanecemos perto da costa fueguina, mas o contorno acidentado e inóspito da Ilha dos Estados era visível em meio às nuvens. À tarde, ancoramos na Baía do Bom Sucesso. Ao entrarmos, fomos saudados da maneira utilizada pelos habitantes desta terra selvagem. Um grupo de fueguinos parcialmente ocultos pela floresta emaranhada estava empoleirado em um ponto ermo que se projetava sobre o mar; e, enquanto passávamos, o grupo se mostrou, e as pessoas, balançando seus mantos esfarrapados, emitiram gritos altos e sonoros. Os nativos seguiram o navio; pouco antes de escurecer, vimos suas fogueiras e ouvimos mais uma vez seu grito selvagem. O porto contém um esplêndido corpo de água que é parcialmente fechado por montanhas suavemente inclinadas compostas de ardósia argilosa. Essas montanhas são completamente cobertas por uma floresta densa e sombria que se estende até a borda da água.

Um breve olhar sobre a paisagem foi suficiente para deixar claro para mim o quanto ele era muito distinto de qualquer coisa que eu havia testemunhado anteriormente. À noite, soprou um vendaval; fortes rajadas de vento das montanhas passaram por nós. Se tivéssemos navegado em águas abertas, teria sido uma experiência bastante ruim; e, por isso, nós, e outras pessoas, acabamos chamando esse local de Baía do Bom Sucesso.

Pela manhã, o capitão enviou um grupo para entrar em contato com os fueguinos. Quando estávamos bem perto deles, um dos quatro nativos presentes avançou para nos receber e começou a vociferar com bastante veemência, desejando nos indicar onde deveríamos desembarcar. Ao chegarmos em terra, apesar de parecer bastante alarmado, o grupo continuou falando e gesticulando com grande rapidez. Foi, sem exceção, o espetáculo mais curioso e interessante que vi em minha vida. Eu não imaginava quão grande era a diferença entre o homem selvagem e o civilizado. É maior do que entre um animal selvagem e um domesticado, pois a capacidade de melhoria é, no homem, muito maior. O porta-voz principal era velho e parecia ser o chefe da família; os outros três eram jovens fortes com cerca de 1,80 metro de altura. As mulheres e as crianças foram afastadas dali. Os fueguinos são uma raça muito diferente das pobres criaturas mirradas e miseráveis que vivem mais a oeste. São muito superiores e parecem ser muito próximos dos famosos patagônios do Estreito de Magalhães. Sua única vestimenta consistia em um manto feito de pele de guanaco, usada com a lã para fora; essa peça fica apenas jogada sobre seus ombros, muitas vezes deixando exposto o resto do corpo. Sua pele é de um tom sujo vermelho-acobreado.

O velho usava uma corda repleta de penas brancas amarrada em volta de sua cabeça, que, em parte, escondia seus cabelos pretos, espessos e emaranhados. Seu rosto era atravessado por duas grandes barras transversais; uma delas era pintada com um pigmento vermelho vivo e ia de orelha a orelha, e incluía o lábio superior; a outra, branca como giz, estendia-se por cima e paralelamente à primeira, de modo que havia pintura até mesmo em suas pálpebras. Alguns dos outros homens estavam ornamentados com listras de pó preto feitas de carvão. O grupo se assemelhava muito aos demônios que costumam subir ao palco em peças como *Der Freischütz*.[222]

---

222. Ópera (1821) de Carl Maria von Weber (1786-1826). (N.T.)

Suas próprias atitudes eram abjetas, e a expressão de seus semblantes, desconfiada, surpresa e assustada. Contudo, se tornaram bons amigos logo depois que os presenteamos com alguns tecidos escarlates, que eles imediatamente amarraram em torno de seus pescoços. O velho indicou a amizade ao dar tapinhas em nossos peitos e proferir um som de riso discreto, como as pessoas fazem ao alimentar galinhas. Caminhei com o velho, e essa demonstração de amizade foi repetida várias vezes; e concluiu com três tapas fortes, que me deram no peito e nas costas ao mesmo tempo. Ele então desnudou seu peito para que eu devolvesse o cumprimento; e, assim que eu o fiz, ele pareceu estar muito satisfeito. A linguagem dessas pessoas, com base em nossos conceitos, mal merece ser chamada de articulada. O capitão Cook comparou-a à de um homem limpando a garganta, mas certamente nenhum europeu limpa a garganta com tantos cliques e sons roucos e guturais.

São excelentes imitadores: sempre que tossíamos, bocejávamos ou fazíamos qualquer movimento estranho, eles imediatamente nos imitavam. Algumas pessoas de nosso grupo começaram a fazer olhares franzidos e vesgos; mas um dos jovens fueguinos (cujo rosto inteiro estava pintado de preto, exceto uma faixa branca em seus olhos) conseguiu fazer caretas muito mais horríveis. Eram capazes de repetir com perfeita correção todas as palavras de nossas frases e conseguiam se lembrar dessas palavras por algum tempo. No entanto, nós, europeus, sabemos como é difícil distinguir todos os sons de uma língua estrangeira. Qual de nós, por exemplo, seria capaz de reproduzir uma frase com mais de três palavras proferida por um indígena americano? Todos os selvagens parecem deter, em um grau incomum, essa capacidade de imitar. Contaram-me, quase com as mesmas palavras, sobre os mesmos hábitos caricaturescos entre os cafres. Os australianos, da mesma forma, são conhecidos pela capacidade de imitar e descrever a forma de caminhar de qualquer homem para que este possa ser reconhecido. Como explicar essa faculdade? Será uma consequência da prática mais frequente dos hábitos de percepção e de sentidos mais aguçados, comuns a todos os homens em um estado selvagem, em comparação com aqueles já há muito civilizados?

Quando nosso grupo tocou uma canção, pensei que os fueguinos fossem desmoronar de tanto espanto. Viram nossa dança com igual surpresa;

porém, um dos jovens, quando solicitado, não fez nenhuma objeção em valsar um pouco. Embora parecessem pouco acostumados com os europeus, eles conheciam e temiam nossas armas de fogo; nada os faria carregar uma arma em suas mãos. Eles, contudo, imploravam por facas, chamando-as pela palavra espanhola *cuchilla*. Explicaram também o que queriam, agindo como se tivessem um pedaço de banha na boca, e depois fingindo cortá-la em vez de rasgá-la.

Foi interessante observar a conduta dessas pessoas em relação a Jemmy Button (um dos fueguinos[223] que haviam sido levados para a Inglaterra durante a viagem anterior): eles perceberam imediatamente a diferença entre ele e nós e passaram a conversar bastante sobre o assunto. O velho proferiu um longo sermão para Jemmy, tentando, ao que parecia, convidá-lo para ficar com eles. Mas Jemmy entendia muito pouco de sua língua e, além disso, estava completamente envergonhado de seus compatriotas. Quando York Minster (outro desses homens) desembarcou, eles o notaram da mesma maneira e lhe disseram que deveria se barbear; no entanto, enquanto ele não tinha nem vinte pelos pequenos em seu rosto, todos nós usávamos barbas não aparadas. Examinaram a cor da pele de York e a compararam com as nossas. Quando viram um de nossos braços desnudos, expressaram a mais viva surpresa e admiração por sua brancura. Acreditamos que eles tomaram dois ou três marinheiros, que eram um pouco mais baixos e bonitos (ainda que estivessem usando barbas grandes), por mulheres de nosso grupo. O mais alto entre os fueguinos estava evidentemente muito satisfeito por termos notado sua altura. Quando colocado costas a costas com o mais alto da tripulação do barco, ele fez o que pôde para pôr-se em uma área mais elevada do terreno e para ficar na ponta dos pés. Abriu a boca para mostrar os dentes e virou o rosto para mostrar seu perfil; e tudo isso foi feito com tanta pompa que ouso dizer que ele se achava o homem mais bonito da Terra do Fogo. Depois de passado nosso primeiro sentimento de grave espanto, nada poderia ser mais ridículo ou interessante do que a estranha mistura de surpresa e imitação exibida por esses selvagens a todo momento.

---

223. O capitão FitzRoy nos contou a história dessas pessoas. Quatro foram levadas para a Inglaterra; uma morreu lá, e, agora, o capitão trazia de volta as outras três (dois homens e uma mulher) para se restabelecerem em seu próprio país. (N.A.)

No dia seguinte, procurei explorar o interior da terra. A Terra do Fogo pode ser caracterizada como uma região montanhosa que é parcialmente inundada pelo oceano. Isso resulta na formação de baías e ilhotas profundas onde os vales normalmente estariam localizados. As encostas da montanha (exceto na costa oeste, que é aberta) estão todas cobertas desde a beira da água por uma grande floresta. As árvores chegam a elevações entre 300 e 450 metros e são sucedidas por uma faixa de turfa, com minúsculas plantas alpinas; esta última é seguida pela linha de neve perpétua, que, segundo o capitão King, desce entre 900 e 1.200 metros no Estreito de Magalhães. É muito raro encontrar um acre de terra plana em qualquer parte da região. Lembro-me de apenas uma pequena área plana perto de Puerto del Hambre e outra de maior extensão perto de Goeree Road. Nos dois casos, e em todos os outros, a superfície estava coberta por uma camada espessa de turfa pantanosa. Mesmo dentro da floresta, o solo fica oculto por uma massa de material vegetal em lenta putrefação, que, por estar encharcada de água, afunda ao ser pisada.

Ao perceber que era quase impossível tentar abrir caminho pela floresta, passei a seguir o curso de uma torrente que descia da montanha. No início, por causa das cachoeiras e da quantidade de árvores mortas, eu mal conseguia seguir em frente; mas o leito do córrego logo se tornou um pouco mais aberto por efeito das inundações que haviam alargado suas margens. Segui lentamente por uma hora ao longo de margens desalinhadas e rochosas; ao final, fui recompensado pela grandiosidade da paisagem. A profundidade sombria do barranco estava de acordo com os sinais universais de violência. Por todos os lados jaziam massas irregulares de rocha e árvores despedaçadas; outras árvores, embora ainda eretas, estavam seriamente deterioradas e prontas para tombar. A massa emaranhada de florescentes e decadentes me fez lembrar das florestas dos trópicos; porém, com uma diferença, pois nesses ermos silenciosos a morte, e não a vida, parecia ser o espírito predominante. Segui o curso d'água até chegar a um lugar onde um grande deslizamento havia arrastado um longo pedaço do flanco da montanha. Por esse caminho, subi a uma altitude considerável, e, ali, consegui obter uma boa visão da floresta circundante. Todas as árvores pertencem a um único tipo, o *Fagus betuloides*, pois o número de outras espécies de *Fagus* e de casca-de-anta (*Drimys winteri*) era pequeno. Essa árvore mantém suas folhas ao longo do ano, mas sua folhagem é de uma cor verde-acastanhada peculiar, com um tom de amarelo. Como toda a paisagem é dominada por essa coloração, sua aparência é sombria e sinistra; nem mesmo os raios de sol costumam lhe oferecer alguma vivacidade.

20 DE DEZEMBRO — Um dos lados do porto é formado por uma montanha de cerca de 450 metros, que o capitão FitzRoy nomeou de Sir J. Banks, em homenagem à sua excursão desastrosa, que se mostrou fatal para dois integrantes de seu grupo e quase também para o doutor Solander.[224] A tempestade de neve, que foi a causa de seu infortúnio, aconteceu em meados de janeiro, correspondente ao mês de julho no Hemisfério Norte, e na latitude de Durham! Eu estava ansioso para chegar ao cume da montanha a fim de coletar plantas alpinas, pois há poucas flores, de qualquer tipo, na parte inferior. Seguimos o mesmo curso de água do dia anterior, até que ele diminuísse e desaparecesse, e, então, fomos obrigados a nos arrastar às cegas entre as árvores. Estas, por causa da elevação, e dos ventos impetuosos, eram baixas, grossas e tortuosas. Finalmente chegamos ao que de longe parecia ser um tapete de grama verde e fina, mas que, para nosso aborrecimento, era uma massa compacta de pequenas faias (*Fagus*) de cerca de 120 ou 150 centímetros de altura. As pequenas árvores cresciam muito próximas umas das outras, como se fossem o cercado de um jardim de flores, e fomos obrigados a lutar contra uma superfície plana, porém traiçoeira. Depois de mais algumas dificuldades, chegamos à turfa e, em seguida, à rocha nua de ardósia.

Um cume conectava esta colina à outra, distante alguns quilômetros e mais elevado, de modo que havia áreas de neve sobre ele. Como o dia ainda não estava muito avançado, eu decidi caminhar até lá e coletar espécimes ao longo da estrada. O percurso teria exigido muito esforço se os

---

224. Sir Joseph Banks (1743-1820) foi o naturalista da primeira viagem de James Cook pelo mundo. Em 1769, Cook parou na Baía do Bom Sucesso e, enquanto explorava uma montanha perto da baía, um grupo de tripulantes foi apanhado em uma inesperada tempestade de neve. Daniel Carlsson Solander (1733-1782) foi um botânico sueco que fez parte do grupo acadêmico conhecido como "apóstolos de Lineu". (N.T.)

guanacos não tivessem preparado um caminho bem-batido e reto, pois esses animais, assim como as ovelhas, seguem sempre a mesma linha. Quando chegamos à colina, percebemos que era a mais alta das imediações e que as águas desciam ao mar em direções opostas. Ali de cima pudemos ver toda a região circundante: ao norte se estendia uma charneca pantanosa; ao sul, por sua vez, vimos uma magnificência selvagem, bastante adequada à Terra do Fogo. Havia uma grandeza misteriosa nessa configuração de montanhas atrás de montanhas e seus profundos vales intervenientes, todos cobertos por uma massa florestal espessa e escura. A atmosfera, da mesma forma, neste clima (em que vendaval sucede vendaval, com chuva, granizo e neve), parece mais negra do que em qualquer outro lugar. No Estreito de Magalhães, olhando para o sul a partir de Puerto Hambre, os canais distantes entre as montanhas pareciam, por sua melancolia, levar para além dos limites deste mundo.

21 DE DEZEMBRO — O *Beagle* zarpou e, no dia seguinte, favorecido de um modo incomum por uma boa brisa de leste, nos aproximou da Ilha Barneveltss. Depois de passarmos pelo Cabo Deceit com seus picos pedregosos, cerca de três horas da tarde, dobramos o desgastado Cabo Horn. A noite estava calma e brilhante; e, assim, desfrutamos uma bela vista das ilhas ao redor. O Cabo Horn, no entanto, exigiu seu tributo e, antes da noite, nos enviou um vendaval diretamente em nossos rostos. Mantivemo-nos no mar e, no dia seguinte, voltamos para a terra, momento em que vimos a barlavento esse famoso promontório em sua forma apropriada, isto é, coberto por névoa e com seu contorno indistinto cercado por uma tempestade de vento e água. Grandes nuvens negras rolavam pelos céus, e tempestades de chuva e granizo nos atingiam com extrema violência, de modo que o capitão ordenou que nos refugiássemos na Enseada de Wigwam. Trata-se de um pequeno porto não muito longe do Cabo Horn; e aqui, na véspera de Natal, ancoramos em águas tranquilas. Só lembrávamos do vendaval lá fora pelas lufadas ocasionais vindas das montanhas e que pareciam querer nos tirar da água com seu sopro.

25 DE DEZEMBRO — Perto da enseada, uma colina pontiaguda, chamada Pico de Kater, eleva-se até a altura de 500 metros. Todas as ilhas do

entorno são formadas por massas cônicas de pedra verde, associadas, às vezes, a colinas menos regulares de xisto argiloso, endurecido e alterado. Essa parte da Terra do Fogo pode ser considerada como a extremidade da cadeia submersa de montanhas já aludidas. A enseada leva o nome de "Wigwam" [habitação] por causa de algumas moradias fueguinas, mas todas as baías das imediações poderiam receber esse mesmo nome com igual propriedade. Os habitantes, que se alimentam principalmente de mariscos, são obrigados a mudar constantemente seu local de moradia; contudo, em intervalos, retornam aos mesmos pontos, como provam os montes de conchas velhas, que pareciam chegar a pesar algumas toneladas. Esses montes podem ser vistos ao longe pela cor verde brilhante de certas plantas que invariavelmente crescem sobre eles, como as do gênero *Cochlearia* e o aipo selvagem, duas plantas cuja utilidade ainda não foi descoberta pelos nativos.

O *wigwam* dos fueguinos se assemelha, em tamanho e dimensões, a uma pilha de feno. Consiste simplesmente em alguns galhos quebrados cravados no solo e muito imperfeitamente cobertos, de um lado, com alguns tufos de grama e juncos. Sua construção deve consumir o trabalho de uma hora, e é usado apenas por alguns dias. Em Goeree Roads, eu vi um lugar em que um desses homens nus dormira: o local não oferecia mais espaço do que o suficiente para abrigar uma lebre. Esse homem, sem dúvida, vivia sozinho, e York Minster disse que se tratava de "um homem muito mau", que provavelmente tinha roubado algo. Na costa oeste, no entanto, os *wigwams* são melhores, pois são revestidos com peles de foca. Ficamos parados aqui por alguns dias, por causa do mau tempo. O clima é verdadeiramente deplorável. Embora já tivesse passado o solstício de verão, a neve caía todos os dias sobre as colinas, e havia chuvas acompanhadas de granizos nos vales. O termômetro costumava marcar cerca de 7 °C, porém, à noite, a temperatura baixava para 3 °C ou 4 °C. Dadas a umidade e a turbulência da atmosfera — sem um raio de sol que lhe trouxesse ânimo —, o clima parecia pior ainda do que de fato era.

Tempos depois, o *Beagle* ancorou por alguns dias na Ilha Wollaston, que serve de atalho para chegar ao norte. Enquanto íamos para a praia, passamos ao lado de uma canoa com seis fueguinos. Eram as criaturas mais abjetas e miseráveis que já vi.[225] Na costa leste, os nativos, como vimos, usam mantos de guanaco e, no oeste, peles de foca. Entre essas tribos centrais, os homens geralmente vestem uma pele de lontra, ou algum pequeno refugo do tamanho de um lenço de bolso, que mal serve para cobrir suas costas até os quadris. O manto é amarrado por meio de cordas que cruzam o peito e é levado para cá e para lá de acordo com a vontade dos ventos. Mas os fueguinos da canoa estavam completamente nus, inclusive uma mulher adulta. Chovia muito, e a água doce, misturada com os respingos do mar, escorria pelo corpo da mulher. Em outro dia e em outro porto, não muito distante, uma mulher que amamentava uma criança recém-nascida postou-se ao lado do barco e ali permaneceu enquanto o granizo caía e derretia sobre seu seio nu e a pele nua de seu filho. Esses pobres miseráveis ficaram atrofiados em seu crescimento. Seus rostos hediondos estavam sujos com tinta branca; suas peles eram imundas e gordurosas. Traziam seus cabelos emaranhados e tinham vozes dissonantes, e os seus gestos eram violentos e indignos. Ao ver homens assim, é difícil acreditar que sejam nossos semelhantes e que habitem o mesmo mundo. É um tema comum conjeturar sobre quais prazeres alguns animais menos inteligentes são capazes de desfrutar: entretanto, seria bastante razoável fazer a mesma pergunta em relação a esses bárbaros. À noite, cinco ou seis seres humanos nus e pouco protegidos do vento e da chuva deste clima tempestuoso dormem no solo úmido, entrelaçados como animais. Sempre que a maré está baixa, são obrigados a se levantar para colher mariscos nas rochas; e as mulheres, no inverno e no verão, ou mergulham para coletar ouriços-do-mar

---

225. Acredito que, nesta parte extrema da América do Sul, o homem existe em um estado de desenvolvimento muito mais baixo do que em qualquer outra parte do mundo. O ilhéu do Mar do Sul [do Oceano Pacífico] de qualquer raça é, em comparação, civilizado. O esquimó [inuit, atualmente], em sua morada subterrânea, desfruta alguns confortos da vida, e, em sua canoa, quando totalmente equipado, demonstra muita habilidade. Algumas tribos da África Meridional, vagando em busca de raízes e vivendo escondidas nas planícies selvagens e áridas, são bastante miseráveis. Mas os australianos, em relação à simplicidade das artes da vida, chegam muito perto dos fueguinos. Podem, no entanto, se gabar de seu bumerangue, de sua lança e do bastão de arremesso, de seu método de escalar árvores, de rastrear animais e de caçá-los. Embora sejam superiores em suas conquistas, isso não quer dizer, de forma alguma, que o sejam em suas capacidades. De fato, pelo que vimos dos fueguinos que foram levados para a Inglaterra, acredito que o caso seja o inverso. (N.A.)

ou sentam-se pacientemente em suas canoas e, com uma linha fina e isca, fisgam peixes pequenos. Quando uma foca é morta, ou se encontra uma carcaça flutuante de baleia, aí tem-se um banquete: esse alimento miserável é acompanhado por algumas bagas e cogumelos insípidos. Também não estão isentos da fome e, como consequência, nem do canibalismo acompanhado do parricídio.

As tribos não têm governo nem chefe e estão cercadas por outras que são hostis e falam dialetos diferentes; ao que parece, brigam pelos meios de subsistência. Sua região é formada por uma massa desalinhada de rochas selvagens, colinas elevadas e florestas inúteis: e estas são vistas através de névoas e tempestades intermináveis. A área habitável é reduzida às pedras que formam a praia. Em busca de comida, eles são obrigados a vagar de lugar em lugar, e a costa é tão íngreme que só podem se movimentar por meio de suas canoas precárias. Não conhecem o sentimento de ter um lar e ainda menos o do carinho doméstico; a menos que, de fato, o tratamento dado a uma pessoa escravizada por seu mestre seja considerado como tal. Quão embotados ficam os poderes superiores da mente nesse cenário! O que há para a imaginação vislumbrar, para a razão comparar, para o julgamento decidir? Arrancar uma lapa presa na rocha não requer nem astúcia, que é o poder mais simples da mente. As habilidades desses seres podem, em alguns aspectos, ser comparadas aos hábitos instintivos dos animais, pois não são aprimoradas pela experiência. A canoa, seu trabalho mais engenhoso, ainda que muito simples, não sofreu nenhuma modificação nos últimos 250 anos.

Ao contemplarmos esses nativos, surge uma dúvida: de onde eles vieram? O que poderia ter levado ou que mudança teria obrigado uma tribo de homens a deixar as belas regiões do norte, a viajar pela cordilheira ou pela espinha dorsal da América, a inventar e a construir canoas, e, então, a entrar em uma das regiões mais inóspitas do globo? Embora essas reflexões possam, a princípio, ocupar nossa mente, temos certeza de que muitas delas estão bastante erradas. Não há razão para acreditar que o número de fueguinos vá diminuir; portanto, devemos supor que gozem de suficiente felicidade (do tipo que for) para que a vida valha a pena. A natureza, ao tornar o hábito onipotente e os seus efeitos, hereditários, tem adaptado o fueguino ao clima, à flora e à fauna de sua região.

15 DE JANEIRO DE 1833 — O *Beagle* ancorou em Goeree Roads. Assim que o capitão FitzRoy resolveu deixar os fueguinos no Estreito de Ponsonby, de acordo com a vontade deles, quatro barcos foram equipados para levá-los até lá através do Canal do Beagle. Esse canal, descoberto pelo capitão FitzRoy durante sua última viagem, apresenta uma característica bastante extraordinária da geografia desta região ou mesmo de qualquer outra. Tem cerca de 300 quilômetros de extensão, com uma largura média, sem grandes variações, de cerca de 3 quilômetros. Por quase todo seu comprimento, é tão retilíneo que a vista, limitada de cada lado por uma linha de montanhas, se torna gradualmente indistinta na perspectiva. Esse braço de mar pode ser comparado com o vale do Lago Ness, na Escócia, com sua sequência de lagos e estuários. Em algum ponto no futuro, a semelhança talvez se torne completa. Já em uma parte, temos provas da elevação do terreno em uma linha de falésia, ou terraço, composta de arenito, lama e pedregulhos, que forma ambas as margens. O Canal do Beagle cruza a parte sul da Terra do Fogo de leste a oeste; no meio, é acompanhado, no lado sul, por um canal irregular que se junta a ele em ângulo reto, chamado de Estreito de Ponsonby. E é ali que vivem a tribo e a família de Jemmy Button.

19 DE JANEIRO — Três baleeiros e o iole, com um grupo de 28 homens, partiram sob o comando do capitão FitzRoy. À tarde, entramos na foz leste do canal e, pouco depois, encontramos uma pequena enseada protegida, abrigada por algumas ilhotas em seu entorno. Ali montamos nossas tendas e acendemos as fogueiras. Nada poderia parecer mais confortável do que essa cena. A água espelhada do pequeno porto, as árvores, que estendiam seus galhos sobre a praia rochosa, os barcos ancorados, as tendas apoiadas pelos remos cruzados e a fumaça enrodilhando-se pelo vale arborizado formavam um quadro de sossego e isolamento. No dia seguinte (20), navegamos suavemente em nossa pequena frota e chegamos a um distrito mais habitado. Entre os nativos, poucos, ou talvez nenhum, já haviam visto um homem branco e, certamente, nada deve ter sido mais espantoso do que a aparição dos quatro barcos. Fogueiras foram acesas em todos os pontos (daí o nome da terra), tanto para atrair nossa atenção quanto para espalhar a notícia. Alguns dos homens correram por

quilômetros ao longo da costa. Quando passamos por um penhasco, quatro ou cinco homens apareceram subitamente acima de nós, formando o grupo mais feroz e selvagem que pode ser imaginado. Eles estavam absolutamente nus, com os longos cabelos esvoaçantes, e seguravam cajados rústicos em suas mãos: saltando do chão, balançavam seus braços em torno de suas cabeças e soltavam os gritos mais hediondos.

Na hora do almoço, desembarcamos entre um grupo de fueguinos. No início, não pareciam amistosos, pois, até o capitão aparecer na frente dos barcos, eles não soltaram seus estilingues. Logo, no entanto, nós os encantamos com ninharias, como as fitas vermelhas que amarramos em volta de suas cabeças. Era fácil agradar os selvagens, porém, difícil satisfazê-los. Jovens e velhos, homens e crianças não paravam de repetir a palavra *yammerschooner*, que significa "me dê". Depois de apontar para quase todos os objetos, um após o outro, até mesmo para os botões de nossos casacos, e dizer sua palavra favorita em todas as entonações possíveis, eles, então, a pronunciavam de forma mais neutra e repetiam um *yammerschooner* de forma inexpressiva. Depois de dizer *yammerschooner* avidamente para todos os artigos e não os conseguir, usavam o simples artifício de apontar para suas jovens mulheres ou crianças pequenas, como se quisessem dizer: "Se não quer me dar, você, com certeza, daria para elas, não é?".

À noite, nos esforçamos em vão para encontrar uma enseada desabitada; então, fomos obrigados a acampar não muito longe de um grupo de nativos. Eram muito inofensivos quando havia poucos; mas, pela manhã (21), quando outros se reuniram a eles, começaram a apresentar sinais de hostilidade. O europeu está em grande desvantagem quando lida com selvagens como esses, que não têm a menor ideia do poder das armas de fogo. No próprio ato de apontar seu mosquete, ele parece ao selvagem muito inferior a um homem armado com um arco e flecha, uma lança, ou mesmo um estilingue. Também não é fácil demonstrar nossa superioridade, exceto por um golpe fatal. Como animais selvagens, não parecem comparar a quantidade de seus adversários, pois cada indivíduo, se atacado, em vez de recuar, tentará arrancar os miolos de seu oponente com uma pedra, como um tigre, que, em circunstâncias semelhantes, tentaria despedaçar sua presa. Numa ocasião, o capitão FitzRoy, com boas razões para assustar um pequeno grupo, disparou duas vezes sua pistola perto de um nativo. O homem pareceu espantado nas duas vezes e, receoso, mas de imediato, coçou a cabeça; então, ele ficou olhando por algum tempo e voltou a tagarelar com seus companheiros. Em nenhum momento, contudo, pareceu cogitar em fugir. Dificilmente conseguiríamos nos colocar na posição desses nativos para entender suas ações. No caso desse fueguino, nunca passaria por sua cabeça a possibilidade de que aquele som estivesse relacionado a uma arma perto de sua orelha. É possível que não tenha nem mesmo entendido se ouviu um som ou sentiu um golpe, e, portanto, muito naturalmente, coçou sua cabeça. Da mesma forma, quando um nativo vê a marca deixada por uma bala, demora um pouco até conseguir entender sua causa, pois imaginar que um corpo pode ser invisível por sua velocidade talvez seja para ele uma ideia totalmente inconcebível. Além disso, a força extrema de uma bala que penetra uma substância dura sem parti-la convencia o nativo de que ela não tinha força alguma. Certamente, acredito que muitos nativos do mais baixo grau, como os da Terra do Fogo, viram objetos atingidos, e até mesmo pequenos animais mortos pelo mosquete, sem se dar conta do quão mortífero era aquele instrumento.

22 DE JANEIRO — Depois de termos passado uma noite sem sermos molestados, no que parecia ser um território neutro entre a tribo de Jemmy e as pessoas que vimos no dia anterior, continuamos a navegar. A paisagem dessa parte da região tinha um caráter peculiar e muito magnífico, embora o efeito diminuísse pelo ponto de vista baixo de quem a observa de um barco e do vale, portanto, fazendo com que se perdesse toda a beleza de uma sucessão de cumes. As montanhas atingiam uma elevação de cerca de 900 metros, e seus cumes eram pontiagudos e irregulares. Elevavam-se de forma ininterrupta desde a beira da água e estavam cobertas por uma floresta de cor escura até a altura de 400 ou 450 metros. Foi bastante curioso observar, tanto quanto a vista podia alcançar, o quão nivelada e verdadeiramente horizontal era a linha no flanco da montanha que marcava o ponto em que as árvores paravam de crescer. Parecia muito com a linha de algas deixada na praia pela maré alta.

À noite, dormimos perto da junção entre o Estreito de Ponsonby e o Canal do Beagle. Uma pequena família de fueguinos, muito tranquila e inofensiva, que vivia na enseada, logo se juntou ao nosso grupo em torno de uma fogueira. Ainda que estivéssemos bem-vestidos e sentados perto do fogo, não nos sentíamos bem aquecidos; por outro lado, embora os selvagens nus estivessem mais longe do fogo, percebemos, para nossa grande surpresa, que transpiravam diante daquela situação escaldante. Entretanto, pareciam muito satisfeitos e se juntaram à cantoria dos marinheiros, porém, de forma um pouco cômica, pois estavam sempre um pouco atrasados na melodia.

Durante a noite, a notícia se espalhou e, no início da manhã (23), um novo grupo chegou. Vários fueguinos tinham corrido tão rápido que seus narizes sangravam e suas bocas espumavam por causa da rapidez com que conversavam; tinham os corpos nus pintados de preto, branco e vermelho. Pareciam criaturas demoníacas que haviam travado uma luta. Logo seguimos pelo Estreito de Ponsonby até o local onde o pobre Jemmy esperava encontrar sua mãe e seus parentes. Ficamos cinco dias por lá. O capitão FitzRoy fez um relato de todos os eventos interessantes que aconteceram.

No ano seguinte, visitamos de novo os fueguinos. Fizemos com o *Beagle* a mesma rota que acabei de descrever com os barcos. Achei interessante descobrir que fazia diferença observar esses selvagens conscientes de que éramos mais poderosos. Quando estávamos nos barcos, eu passei a odiar o som de suas vozes por causa de tantos problemas que nos causaram. A primeira e última palavra era *yammerschooner*. Quando chegávamos a alguma enseada tranquila, verificávamos o entorno e pensávamos que passaríamos uma noite tranquila, mas a palavra odiosa *yammerschooner* soava de algum canto sombrio e, então, a pequena fumaça de sinal subia para espalhar a notícia. Assim que saíamos de algum ponto, dizíamos uns aos outros: "Graças a Deus, finalmente deixamos esses miseráveis!". Nesse momento, um fraco som autoritário, ouvido a uma distância prodigiosa, chegava aos nossos ouvidos, e claramente conseguíamos distinguir: *"Yammerschooner"*.

Numa situação anterior, entretanto, quanto mais fueguinos, melhor; foram dias bons. Todos riam, se questionavam e ficavam pasmos uns com os outros: nós, com pena deles, por nos darem bons peixes e caranguejos em troca de trapos e outras quinquilharias; eles, felizes por encontrar pessoas tão tolas que aceitavam trocar aqueles ornamentos esplêndidos por uma boa ceia. Foi bastante divertido ver o sorriso indisfarçável de satisfação com que uma jovem, com o rosto pintado de preto, amarrava com juncos vários pedaços de pano escarlate em volta de sua cabeça. Seu marido, que desfrutava o privilégio universal da região de possuir duas mulheres, ficou evidentemente com ciúmes de toda a atenção dada à sua jovem esposa; entretanto, depois de uma consulta particular com suas beldades nuas, ele foi afastado por elas.

Alguns fueguinos mostravam claramente ter uma boa noção de escambo. Dei a um homem um prego grande (um presente muito valioso) sem pedir nada em troca; ele, no entanto, imediatamente escolheu dois peixes e os entregou a mim na ponta de sua lança. Se um presente destinado a uma certa canoa caísse perto de outra, era sempre entregue ao dono certo. Sempre ficávamos muito surpresos com a pouca atenção, ou mesmo nenhuma, que davam a muitas coisas cujo uso deveria ser evidente, os barcos, por exemplo. Alguns fatos simples — como a brancura de nossas peles, a beleza do pano escarlate ou as contas azuis, a ausência de mulheres em nosso grupo, nosso cuidado em nos lavar — os empolgavam muito mais do que qualquer objeto grande ou complicado, como o nosso navio. Bougainville comentou que essas mesmas pessoas tratam as "obras-primas da diligência humana da mesma forma que tratam as leis da natureza e seus fenômenos".[226]

A igualdade perfeita entre os indivíduos que compõem essas tribos deve ter retardado sua civilização por um longo tempo. Há animais cujos instintos os obrigam a viver em sociedade. Notamos que esses animais, assim como os humanos, são mais capazes de progredir quando obedecem a um chefe. Quer vejamos isso como uma causa ou como uma consequência, os mais civilizados sempre têm os governos mais artificiais. Por exemplo, os habitantes do Taiti, quando foram descobertos, eram governados por reis hereditários e haviam chegado a um estágio muito mais elevado do que um outro ramo desse mesmo povo, os neozelandeses, que, embora beneficiados por terem sido obrigados a voltar sua atenção para a agricultura, eram republicanos em seu sentido mais absoluto. Na Terra do Fogo, até que surja algum chefe com poder suficiente para resguardar

---

226. No original em francês, *"chef d'oeuvres de l'industrie humaine, comme ils traitent les loix de la nature et ses phénomènes"*. (N.T.)

quaisquer vantagens adquiridas, como os animais domesticados ou outros presentes valiosos, parece pouco provável que haja algum progresso no estado político da região. No momento, até mesmo um pedaço de pano é rasgado em pedaços e distribuído para que nenhum indivíduo se torne mais rico que outro. Por outro lado, é difícil entender como poderá surgir um chefe antes que haja algum tipo de propriedade pela qual ele possa manifestar e aumentar sua autoridade.

28 DE JANEIRO — À noite, o capitão FitzRoy enviou de volta ao navio dois barcos que estavam no Estreito de Ponsonby e, com os outros dois, continuou o levantamento topográfico do extremo oeste do Canal do Beagle. A paisagem dessa parte central é incrível. Para qualquer lado que olhássemos, nenhum objeto interceptava os pontos longínquos deste longo canal entre montanhas. A circunstância de ser um braço de mar fica bastante evidente pelas várias baleias enormes que avistamos em diferentes pontos. Em uma ocasião, eu vi dois desses monstros, provavelmente macho e fêmea, nadando lentamente, um atrás do outro, a menos de alguns passos da praia, sobre a qual as faias estendiam seus galhos.

Navegamos até escurecer e, então, montamos nossas tendas em uma enseada tranquila. Aqui, um dos maiores luxos é encontrar uma praia de pedregulhos para dormir, pois são secos e cedem ao corpo. Os solos turfosos são úmidos; as rochas são desiguais e duras; a areia entra na carne que cozinhamos e consumimos na praia; mas nossas noites eram mais confortáveis quando nos deitávamos em nossos sacos de dormir em um bom leito de pedregulhos lisos.

Era meu turno de guarda até a uma hora da manhã. Há algo muito solene nessas cenas. Em nenhum outro momento a mente percebe de maneira tão viva que está em um canto tão remoto do mundo. Tudo leva a esse efeito; a quietude da noite é interrompida apenas pela respiração pesada dos marinheiros em suas tendas e, às vezes, pelo grito de algum pássaro noturno. O latido ocasional de um cão, ouvido a distância, também nos faz lembrar que essa é uma terra de selvagens.

29 DE JANEIRO — No início da manhã, chegamos ao ponto onde o Canal do Beagle se divide em dois braços; entramos no setentrional. A paisagem

aqui se torna ainda mais grandiosa. As montanhas elevadas do lado norte compõem o eixo granítico ou a espinha dorsal de toda a região. Elas estão cobertas por um largo manto de neve constante, e numerosas cascatas derramam suas águas pela floresta até o estreito canal abaixo. Em muitas partes, geleiras magníficas se estendem desde o flanco da montanha até a beira da água. Não há como imaginar algo mais bonito do que o azul-berílio das geleiras, e especialmente quando contrastado com o branco sem lustro de uma imensidão de neve. À medida que caíam fragmentos da geleira na água, eles flutuavam para longe, e o canal com seus *icebergs* surgia como uma miniatura do mar polar. Quando chegamos à foz ocidental deste ramo do canal, navegamos entre muitas ilhas desconhecidas e, depois, seguimos pela costa externa até a entrada do outro braço. Assim, voltamos ao Estreito de Ponsonby, vimos os fueguinos e chegamos ao navio após vinte dias de excursão.

CAPÍTULO XII

Ilhas Falkland — Excursão em torno da ilha — Aspecto — Gado, cavalos, coelho, raposa semelhante a lobo — Fogo feito de ossos — Arte na fabricação de fogo — Maneira de caçar gado selvagem — Geologia, conchas fósseis — Vales com grandes fragmentos, cenas de violência — Pinguim — Gansos — Ovos de *Doris* — Zoófitos, coralina fosforescente — Animais compostos

ILHAS FALKLAND

16 DE MARÇO DE 1834 — O *Beagle* ancorou no Canal de Berkeley, na Falkland Oriental.[227] Esse arquipélago está situado quase na mesma latitude que a foz do Estreito de Magalhães. Ocupa uma área de aproximadamente 222 × 111 quilômetros [120 × 60 milhas geográficas], sendo um pouco maior que a metade do tamanho da Irlanda.[228] Depois de a posse dessas ilhas miseráveis ter sido contestada pela França, pela Espanha e pela Inglaterra, elas foram desabitadas. O governo de Buenos Aires, então, as vendeu a um indivíduo, que também as utilizou da mesma forma que a antiga Espanha, ou seja, como colônia penal. A Inglaterra reivindicou seu direito e as tomou. O inglês lá deixado no comando da bandeira foi assassinado. Em seguida, foi enviado um oficial britânico sem o apoio de nenhum poder: e, quando chegamos e o encontramos,

---

227. No mesmo mês do ano anterior, o *Beagle* também havia visitado essas ilhas. (N.A.)
228. A área da ilha da Irlanda tem, na verdade, 81.638 quilômetros quadrados. Já a das Falkland tem 12.200 quilômetros quadrados. (N.T.)

mais da metade da população que ele comandava era formada por rebeldes fugitivos e assassinos.

O teatro é digno das cenas representadas nele. Uma terra ondulante, com um aspecto desolado e miserável, coberta em toda parte por um solo turfoso e uma grama esguia, de uma cor marrom monótona. Em certos pontos, um pico ou cume de rocha de quartzo cinza rompe a superfície lisa. O clima dessas regiões é bem conhecido; pode ser comparado com o clima entre 300 e 600 metros de altura nas montanhas do norte de Gales, apresentando, no entanto, menos luz solar e menos geada, porém mais vento e chuva.

16 DE MARÇO — Descreverei a seguir uma excursão curta que fiz em torno de uma parte dessa ilha. Parti pela manhã com seis cavalos e acompanhado por dois gaúchos: estes últimos eram os homens certos para o propósito e estavam bem acostumados a viver com seus próprios recursos. O tempo estava muito agitado e frio, com fortes tempestades de granizo. Mesmo assim, seguimos em frente muito bem; e, exceto pela geologia, nosso dia de cavalgada não se mostrou muito interessante. A região apresenta a mesma vegetação xerófila ondulante por todos os lados; a superfície está coberta por grama marrom clara e alguns arbustos muito pequenos, todos crescem de um solo turfoso e elástico. Nos vales, vimos pequenos rebanhos de gansos selvagens espalhados de forma esparsa, e, em toda parte, o solo é tão macio que as narcejas são capazes de se alimentar. Além desses dois tipos de aves, havia outros poucos. Há uma cadeia principal de montanhas, com quase 600 metros de altura e composta de rochas de quartzo, cujos cumes irregulares e estéreis nos deram algum trabalho para atravessar. No lado sul, chegamos à melhor região para o gado selvagem; não encontramos, porém, grande número de animais, pois estes haviam sido recentemente muito fustigados.

À tarde, nos deparamos com um pequeno rebanho. Um de meus companheiros, chamado Santiago, logo escolheu uma vaca gorda e lançou a boleadeira, que atingiu suas patas, mas não conseguiu enlaçá-las. Em seguida, a todo galope, ele largou seu chapéu para marcar o local onde a boleadeira foi deixada, soltou seu *lazo* e, em perseguição bastante árdua, se aproximou de novo da vaca e a prendeu pelos chifres. O outro gaúcho seguira em frente com os cavalos, de modo que Santiago teve alguma dificuldade para matar a fera endiabrada. Ele conseguiu levá--la até uma área plana do terreno, aproveitando-se das vezes que a vaca corria até ele; e sempre que ela estava imóvel, meu cavalo, por ter sido treinado, seguia a meio galope e, com seu peito, lhe dava um empurrão violento. Ocorre que não parece ser fácil matar, em terreno plano, uma fera enlouquecida de medo. Também não seria fácil se o cavalo, quando deixado só sem o seu cavaleiro, não aprendesse logo, para sua própria segurança, a manter o laço apertado, de modo que, quando o animal se move para a frente, o cavalo, no mesmo momento, se move para a outra direção, e quando, por outro lado, a vaca está parada, o cavalo fica imóvel, inclinando-se para o lado. Esse cavalo, no entanto, era jovem e não conseguia ficar parado, cedendo à vaca enquanto ela lutava. Foi admirável ver a destreza com que Santiago correu para trás da fera até conseguir, por fim, fazer o corte fatal no tendão principal da perna traseira; depois disso, enterrou sua faca na parte superior da medula espinhal, e a vaca caiu como se tivesse sido atingida por um raio. Ele eliminou os ossos e cortou a carne com a pele em pedaços que seriam suficientes para nossa expedição. Seguimos, então, para nosso local de repouso e jantamos *carne con cuero*, ou carne assada com a pele. É tão superior à carne de vaca comum quanto a carne de cervo é superior à carne de carneiro. Uma grande peça circular tirada da parte traseira foi assada sobre as brasas com a pele, em forma de pires, virada para baixo, para que o molho não fosse perdido. Se algum dignatário municipal tivesse jantado *carne con cuero* conosco naquela noite, a iguaria logo seria, sem dúvida, celebrada em Londres.

Durante a noite choveu, e o dia seguinte (17) foi tempestuoso, com muito granizo e neve. Atravessamos a ilha a cavalo até o istmo de terra que une o Rincón del Toro (a grande península da extremidade sudoeste) ao restante da ilha. Em virtude do grande número de vacas que foram abatidas, a ilha encerrava uma maior proporção de touros. Eles vagueiam sozinhos ou em grupos de dois ou três, e são muito selvagens. Nunca vi animais tão magníficos; se assemelhavam muito às esculturas antigas, cujos pescoços e cabeças têm proporções que raramente se igualam às dos animais domesticados. Os touros jovens costumam fugir por uma curta distância, mas os velhos não dão nem mesmo um passo, exceto para atacar homens e cavalos; muitos destes últimos foram mortos desse modo. Um touro velho cruzou um riacho pantanoso e colocou-se em posição oposta à nossa. Em vão tentamos afastá-lo; fracassamos e fomos obrigados a dar uma grande volta. Como vingança, os gaúchos resolveram torná-lo inofensivo. Foi muito interessante ver como a arte é capaz de dominar inteiramente a força. Um *lazo* foi jogado sobre seus chifres quando corria em direção ao cavalo, e outro, em volta de suas patas traseiras: em um minuto, o monstro estava estendido e impotente no solo. Quando o *lazo* está firmemente apertado em volta dos chifres de um animal furioso, a princípio, não parece ser algo fácil soltá-lo; e, segundo me disseram, essa não é mesmo uma tarefa simples se o homem estiver sozinho e não quiser matar a fera. Entretanto, com a ajuda de uma segunda pessoa que prenda com seu *lazo* as duas patas traseiras, o trabalho é efetuado com rapidez, pois, se essas patas se mantiverem estendidas, o animal não pode reagir, e, assim, o primeiro homem pode, com as mãos, soltar seu *lazo* dos chifres e, com tranquilidade, montar em seu cavalo; mas, no momento em que o segundo homem, se afastando cada vez mais, afrouxa o *lazo*, este desliza das patas do animal, que, lutando, se liberta, agita o corpo e, em vão, corre atrás de seu antagonista.

Durante toda a nossa cavalgada, vimos apenas uma tropa de cavalos selvagens. Esses animais, assim como o gado, foram introduzidos pelos franceses em 1764 e, desde então, se multiplicaram muito. É curioso observar que os cavalos nunca deixaram o extremo leste da ilha, ainda que não haja fronteira natural que os impeça de vagar e que aquela parte da ilha não seja mais tentadora do que as outras. Os gaúchos, apesar de confirmarem o fato, são incapazes de explicá-lo. Os cavalos parecem prosperar aqui, mas são de pequeno porte e perderam tanta força que não servem para caçar o gado selvagem com o *lazo*. Por isso, é necessário dar-se ao trabalho de importar novos cavalos do Prata. Em algum período futuro, é possível que o Hemisfério Sul tenha sua própria raça de pôneis das Falkland, assim como o Norte tem os das Ilhas Shetland.

O coelho é outro, entre os animais introduzidos, que se adaptou muito bem; são muito abundantes em grandes áreas da ilha. No entanto, da mesma forma que os cavalos, estão confinados a certos limites, pois não cruzaram a cadeia central de montanhas nem teriam estendido seu hábitat até a base se, segundo me informaram os gaúchos, pequenas colônias não tivessem sido levadas para lá. Eu jamais imaginaria que esses animais, nativos do norte da África, pudessem viver em um clima como o daqui: extremamente úmido, com tão pouca incidência de luz solar e no qual até o trigo só amadurece ocasionalmente. Afirma-se que, na Suécia, onde acreditamos que o clima seja mais favorável, o coelho não é capaz de viver na natureza. Além disso, os primeiros poucos pares precisaram lutar contra inimigos que já viviam aqui: a raposa e alguns grandes falcões. Os naturalistas franceses consideraram a variedade preta como uma espécie distinta, denominando-a de *Lepus magellanicus*.[229] Imaginaram que Magalhães, ao chamar de *conejo* [coelho] um animal que encontrou no estreito que leva seu nome, referia-se a essa mesma espécie; mas ele estava aludindo a uma pequena capivara, que até hoje é chamada de *conejo*. Os gaúchos riram da ideia de o tipo preto ser diferente do cinza e disseram que, de qualquer modo, a área do hábitat do primeiro não era maior que a do outro, que os dois nunca foram encontrados separados e que eram capazes de procriar, produzindo uma prole malhada. Deste último tipo, possuo agora um espécime com marcas sobre a cabeça que diferem da descrição específica francesa. Essa circunstância demonstra que os naturalistas devem ser muito cautelosos ao formar novas espécies; até mesmo Cuvier, ao examinar o crânio de um desses coelhos, imaginou se tratar de uma espécie distinta.

O único quadrúpede nativo da ilha é uma grande raposa similar a um lobo,[230] o que é comum nas Falkland, tanto na parte Oriental quanto na Ocidental. Eu não tenho dúvida de que é uma espécie peculiar que está confinada a esse arquipélago; pois, entre os muitos caçadores de focas,

---

229. Lesson, *Zoology of the Voyage of the Coquille*, vol. I, p. 168. Todos os primeiros viajantes, especialmente Bougainville, afirmam claramente que a raposa semelhante a um lobo era o único animal nativo da ilha. A distinção do coelho preto como espécie ocorre em virtude de certas peculiaridades de sua pele e da forma da cabeça e do tamanho diminuto de suas orelhas. Posso aqui observar que a diferença entre a lebre irlandesa e a inglesa está em características muito similares, apenas mais fortemente marcadas. (N.A.)
230. Tenho razões para acreditar que também há um rato do campo. O rato e o camundongo europeus comuns deixaram as habitações e se estabeleceram em vários pontos. O porco comum também se tornou selvagem. (N.A.)

gaúchos e indígenas que visitaram essas ilhas, todos afirmam que esse tipo de animal nunca foi visto em outras partes da América do Sul. Molina, em virtude da semelhança de hábitos, imaginou que se tratava de seu "culpeu",[231] mas vi ambos de perto e posso dizer que são bastante distintos. Esses lobos são bem conhecidos, com base no relato de Byron, por sua mansidão e sua curiosidade, características que foram confundidas com ferocidade pelos marinheiros que correram para a água a fim de evitá-los. Até hoje seus costumes ainda são os mesmos. Foram vistos entrando em uma tenda e retirando um pedaço de carne que estava guardada debaixo da cabeça de um marinheiro adormecido. Os gaúchos, também, costumam matá-los à noite, segurando um pedaço de carne em uma mão e, na outra, uma faca pronta para golpeá-los. Até onde sei, não há outro lugar no mundo em que uma massa tão pequena de terra, distante do continente, tenha um quadrúpede aborígene tão grande. Seus números têm diminuído rapidamente; e já foram banidos da metade da ilha que fica a leste do istmo de terra entre a Baía de São Salvador e o Canal de Berkeley. É provável que, poucos anos após a colonização regular dessas ilhas, essa raposa seja posta ao lado do dodô como um animal que desapareceu da face da Terra. O senhor Lowe, um homem inteligente que conhece essas ilhas há muito tempo, assegurou-me que todas as raposas da ilha ocidental eram menores e de cor mais vermelha do que as da oriental. Entre os quatro espécimes que foram trazidos para a Inglaterra no *Beagle*,[232] havia alguma variação, mas a diferença em relação às ilhas não foi notada. Ao mesmo tempo, o fato está longe de ser improvável.

À noite (17), dormimos no istmo de terra que forma a península sudoeste. O vale estava muito bem protegido do vento frio; porém, havia pouca madeira para ser usada como combustível. Os gaúchos, no entanto, logo encontraram o que, para minha grande surpresa, produzia quase tanto calor quanto o carvão: trata-se do esqueleto de um boi recentemente morto e cuja carne havia sido retirada pelos carcarás. Eles me contaram que, no inverno, costumavam matar um animal, limpar a

---

231. O "culpeu" é *Vulpes magellanicus* que o capitão King levou do Estreito de Magalhães para o seu país. É comum no Chile. (N.A.)
232. O capitão FitzRoy apresentou duas dessas raposas ao British Museum, onde o senhor Gray teve a gentileza de compará-las na minha presença. (N.A.)

carne dos ossos com suas facas e, então, utilizavam esses mesmos ossos para assar a carne do jantar.

18 DE MARÇO — Choveu durante quase todo o dia. Ao anoitecer, no entanto, usamos os mantos da sela para que pudéssemos nos manter muito bem secos e quentes; mas, seja como for, o solo em que dormimos era quase um lamaçal, e não havia local seco para nos sentarmos após a cavalgada do dia. Já afirmei anteriormente como é estranho não encontrar nem mesmo uma árvore nessas ilhas, enquanto a Terra do Fogo está completamente coberta por elas. O maior arbusto da ilha (pertencente à família *Compositae*) não chega ao tamanho do tojo[233] europeu. O melhor combustível é oferecido por um pequeno arbusto perene, do tamanho de uma *Calluna vulgaris*,[234] que tem a propriedade útil de queimar enquanto ainda está fresco e verde. No meio da chuva e com todos os equipamentos encharcados, foi muito surpreendente ver os gaúchos fazerem rapidamente uma fogueira com nada mais do que uma caixa de fósforos e um pedaço de trapo. Eles procuraram alguns galhos secos entre os tufos de grama e os arbustos e os esfregaram até se tornarem fibras; em seguida, após cercá-los com galhos mais grossos, fizeram algo parecido com um ninho de pássaro, no qual colocaram o trapo já com um princípio de fogo e o cobriram. O ninho foi exposto ao vento e, aos poucos, fazia cada vez mais fumaça, até que, por fim, irrompeu em chamas. Não acredito que qualquer outro método teria funcionado com materiais tão úmidos.

19 DE MARÇO — Todas as manhãs, quando deixava de cavalgar por algum tempo, eu sentia meu corpo muito enrijecido. Fiquei surpreso ao ouvir os gaúchos dizerem que sempre sofriam em circunstâncias semelhantes, mesmo tendo passado quase toda a vida em um cavalo. Santiago me disse que, depois de três meses de um confinamento por doença, ele saiu para caçar gado selvagem e, como resultado, os músculos de suas coxas ficaram tão enrijecidos que ele foi obrigado a ficar de cama nos dois dias seguintes. Isso prova que os gaúchos, embora não seja algo aparente,

---

233. Planta do gênero *Ulex*, chamada de tojo em Portugal e *gorse* em inglês. (N.T.)
234. Em inglês, *common heather*, planta da família *Ericaceae*, muito comum na Europa. (N.T.)

fazem, na verdade, um grande esforço muscular para cavalgar. A caça de gado selvagem em uma região tão difícil de ser atravessada por causa do terreno pantanoso deve ser uma atividade muito penosa. Os gaúchos dizem que costumam passar a toda velocidade por alguns terrenos que seriam intransitáveis em um ritmo mais lento, da mesma forma que um homem é capaz de patinar sobre o gelo fino. Ao caçar, o grupo se esforça para chegar o mais perto possível do rebanho sem ser descoberto. Cada homem leva consigo quatro ou cinco boleadeiras, as quais lança uma após a outra em direção aos bois e às vacas, que, uma vez enredados, são deixados à própria sorte por alguns dias para que fiquem um pouco exaustos pela fome e pela luta. Em seguida, são libertados e conduzidos em direção a um pequeno rebanho de animais domesticados, trazidos propositadamente para o local. Já que o tratamento anterior deixou os animais selvagens aterrorizados demais para abandonar o rebanho, eles são, caso suas forças perdurem, facilmente conduzidos até o povoado.

    O tempo continuou tão ruim que decidimos fazer um esforço para chegar ao navio antes da noite. Havia chovido tanto que a superfície de toda a região estava lamacenta. Meu cavalo deve ter caído pelo menos uma dúzia de vezes, e, às vezes, os seis caíam ao mesmo tempo na lama. Todos os pequenos córregos são margeados por uma turfa macia, o que torna muito difícil para os cavalos saltá-los sem cair. Para completar nossos desconfortos, fomos obrigados a atravessar a cabeceira de uma enseada em que a água chegava às costas dos cavalos; e as pequenas ondas, causadas pela violência do vento, quebravam sobre nós, deixando-nos muito úmidos e com frio. Depois de nossa pequena excursão, até mesmo aqueles gaúchos feitos de ferro se mostraram felizes quando chegamos ao povoado.

    Em sua maior parte, a estrutura geológica dessas ilhas é simples. A região mais baixa se compõe de xisto argiloso e arenito, e as colinas, de rochas de quartzo branco granular. Os estratos destas últimas são frequentemente arqueados com simetria perfeita, e a aparência de algumas das massas é, como consequência, bastante singular. Pernety[235] dedicou várias páginas à descrição de uma colina de ruínas cujos estratos sucessivos

---

235. Pernety, *Voyage aux Isles Malouines*, p. 526. (N.A.) [Dom Pernety, *Journal historique d'un voyage fait aux îles Malouines en 1763 et 1764, etc.*, 1764. (N.T.)]

comparou de forma correta aos assentos de um anfiteatro. Para que não se despedaçasse em fragmentos, a rocha de quartzo devia estar bastante pastosa no momento em que foi curvada de tal maneira. Já que é possível traçar a passagem entre o quartzo e o arenito, parece provável que o primeiro deva sua origem ao arenito, o qual foi aquecido até se tornar viscoso e cristalizou-se ao resfriar. Durante seu estado flexível, deve ter sido empurrado para cima através das camadas sobrejacentes.

O arenito e o xisto argiloso contêm numerosos fósseis de restos orgânicos. Consistem principalmente em conchas relacionadas ao gênero *Terebratula*, de crinoides, de um coral ramificado dividido em compartimentos alternados e, por fim, de uma impressão obscura dos lóbulos de um trilobita. Esses fósseis são de grande interesse, pois nenhum foi levado para a Europa de uma latitude tão meridional. O senhor Murchison,[236] que teve a delicadeza de analisar meus espécimes, diz que eles geralmente se assemelham àqueles pertencentes à divisão inferior de seu sistema siluriano; e o senhor James Sowerby[237] é da opinião que algumas das espécies são idênticas a essas. Essa seria uma circunstância bastante curiosa na história natural do passado, pois os mariscos que agora vivem na latitude 50° do lado oposto do equador são completamente diferentes. Já que os fósseis das Falkland são semelhantes aos da Inglaterra, associados a vestígios que indicam um clima tropical, podemos supor que, durante essa mesma época, quase todo o mundo estava assim constituído.

Em muitas partes da ilha, o fundo dos vales está coberto de uma maneira extraordinária por uma miríade de grandes fragmentos angulares da rocha de quartzo. Foram mencionados com surpresa por todos os viajantes desde a época de Pernety.[238] E são chamados de "córregos de pedras". Os blocos variam de tamanho, desde o volume do peito de um homem até pedras dez ou vinte vezes maiores, que, às vezes, excedem essas medidas. Suas arestas não mostram sinais de desgaste pela água e estão apenas um pouco sem fio. Não se encontram empilhados de forma irregular, mas estão espalhados em lençóis horizontais ou grandes córregos.

---

236. Roderick Impey Murchison (1792-1871), geólogo inglês. (N.T.)
237. James Sowerby (1757-1822), ilustrador e naturalista britânico. (N.T.)
238. Antoine-Joseph Pernety (1716- 1796), escritor francês. (N.T.)

Não é possível determinar sua espessura, porém, a água de pequenos córregos podia ser ouvida escorrendo pelas pedras a muitos metros abaixo da superfície. A profundidade real é provavelmente muito maior, pois as fendas entre os fragmentos inferiores devem ter sido preenchidas há muito tempo com areia, elevando, assim, o leito do riacho. A largura desses leitos varia de algumas centenas de metros a 1,6 quilômetro, mas o solo turfoso invade diariamente as margens e chega a formar ilhotas onde quer que alguns fragmentos estejam reunidos. Em um vale ao sul do Canal de Berkeley, que algumas pessoas de nosso grupo chamaram de "grande vale de fragmentos", foi necessário atravessar uma faixa ininterrupta de 800 metros de largura saltando de uma pedra pontiaguda a outra. Os fragmentos eram tão grandes que, tendo sido surpreendido por uma chuva, eu rapidamente encontrei um bom abrigo debaixo de um deles.

Sua pequena inclinação é a característica mais notável desses "córregos de pedras". Nos flancos das montanhas, eu os vi inclinados em um ângulo de 10 graus em relação ao horizonte; já em alguns vales de fundo largo, a inclinação é suficiente apenas para ser claramente percebida. Em uma superfície tão irregular, não havia meios de medir o ângulo, entretanto, para que se tenha uma ideia disso, posso dizer que a inclinação não é capaz de diminuir a velocidade de uma diligência do correio inglês. Em alguns lugares, um fluxo contínuo desses fragmentos seguia o curso ascendente de um vale e até se estendia ao cume da colina. Parecia que, nesses cumes, enormes blocos — excedendo as dimensões de qualquer pequeno edifício — estavam presos em seu curso invertido. Aqui, também, os estratos curvos das arcadas estavam empilhados uns sobre os outros, como se fossem ruínas de uma catedral imensa e antiga. Ao tentarmos descrever essas cenas de violência, nos vemos obrigados a passar de um símile para outro. Podemos imaginar que córregos de lava branca fluíram de muitas partes das montanhas para a região mais baixa, e que, quando solidificados, foram quebrados por alguma enorme convulsão em incontáveis fragmentos. A expressão "córregos de pedras", que imediatamente ocorreu a todos, transmitia a mesma ideia. Essas paisagens se tornam mais marcantes pelo contraste das formas baixas e arredondadas das colinas vizinhas.

Fiquei bastante interessado ao encontrar, no pico mais alto de uma cadeia (cerca de 210 metros acima do nível do mar), um grande fragmento arqueado que jazia em sua superfície convexa ou superior. Devemos acreditar que foi lançado ao ar e, lá, virado em sua posição atual? Ou, como é mais provável, que havia anteriormente, na mesma cadeia, uma parte mais elevada do que o ponto em que se encontra hoje esse monumento de uma grande convulsão da natureza? Como os fragmentos nos vales não são arredondados nem têm as fendas cheias de areia, devemos inferir que o período de violência foi posterior à elevação do terreno acima das águas do mar. Em uma seção transversal desses vales, o fundo é quase horizontal ou se eleva muito pouco em direção a ambos os lados. Assim, os fragmentos parecem ter se originado da cabeceira do vale, mas, na realidade, parece mais provável que tenham sido arremessados para baixo das encostas mais próximas ou que massas de rocha foram desintegradas na posição que antes ocupavam; e que, desde então, por um movimento vibratório de força avassaladora,[239] os fragmentos foram nivelados em um lençol contínuo. Se, durante o terremoto[240] que em 1835 destruiu Concepción, no Chile, a elevação de pequenos corpos a poucos centímetros do solo foi considerada admirável, o que dizer de um movimento que fez movimentar para frente toneladas de fragmentos até que chegassem a um ponto em que estavam nivelados com o solo (como se fossem grãos de areia em uma tábua vibratória)? Vi, na Cordilheira dos Andes, as marcas evidentes de montanhas estupendas que foram despedaçadas como se fossem uma crosta fina, e os estratos, lançados em suas bordas verticais. Mas nenhuma outra paisagem, como a dos "córregos de pedras", trouxe a mim a ideia de uma convulsão sem igual no período de nossos registros históricos.

Tenho pouco a comentar sobre a zoologia dessas ilhas. Já descrevi anteriormente o *Polyborus* ou caracará. Há outros falcões, corujas e algumas

---

239. "*Nous n'avons pas été moins saisis d'étonnement à la vue de l'innombrable quantité de pierres de toutes grandeurs, bouleversées les unes sur les autres, et cependant rangées, comme si elles avoient été amoncelées négligemment pour remplir des ravins. On ne se lassoit pas d'admirador les effets prodigieux de la nature*". Pernety, p. 526. (N.A.)
[Em francês no original: "Não nos espantamos menos ao ver a quantidade inumerável de pedras de todos os tamanhos, atiradas umas sobre as outras, e ainda assim dispostas, como se tivessem sido empilhadas descuidadamente para preencher as ravinas. Não nos cansamos de admirar os efeitos prodigiosos da natureza". (N.T.)]
240. Um habitante de Mendoza, e, portanto, muito capaz de dar sua opinião, garantiu-me que, durante os vários anos em que residiu nessas ilhas, nunca sentiu o menor tremor de um terremoto. (N.A.)

pequenas aves terrestres. As aves aquáticas[241] são particularmente numerosas e, pelos relatos dos antigos navegadores, devem ter sido muito mais abundantes. Certo dia, fiquei entre um pinguim (*Aptenodytes demersa*) e a água e me diverti muito observando seus hábitos. Era uma ave corajosa, que brigou comigo e me empurrou para trás até conseguir chegar ao mar. Apenas golpes pesados o teriam impedido; ele defendia firmemente cada centímetro conquistado, mantendo-se em pé diante de mim, erguido e determinado. Quando sofria oposição, rolava diversas vezes a cabeça de um lado para o outro, de uma maneira muito estranha, como se o poder da visão nítida só existisse na parte anterior e basal de cada olho. Essa ave é comumente chamada de pinguim bobo por causa de seu hábito, enquanto em terra, de jogar a cabeça para trás e fazer um barulho estranho e alto, muito parecido com o zurro do asno; mas, quando está no mar sem perturbações, sua voz, muito profunda e solene, é frequentemente ouvida durante a noite. Ao mergulhar, usa suas pequenas asas sem plumas como barbatanas; em terra, porém, as utiliza como patas dianteiras. Ao rastejar (ou caminhar sobre quatro patas) através das touceiras, ou ao lado de um rochedo gramado, se move tão rapidamente que pode facilmente ser confundido com um quadrúpede. Quando está no mar pescando, sobe à superfície para respirar e mergulha novamente tão rapidamente que, à primeira vista, é muito fácil achar que se trata de um peixe saltando por prazer.

Dois tipos de gansos frequentam as Falkland. As espécies do planalto (*Anas leucoptera*) vivem em pares e em pequenos bandos por toda a ilha. Eles não migram, mas fazem ninhos nas pequenas ilhotas mais afastadas. Isso se deve supostamente ao medo das raposas; e, talvez pela mesma razão, essas aves, embora muito mansas durante o dia, sejam esquivas e selvagens durante o crepúsculo. Alimentam-se apenas de vegetais. O ganso da rocha, assim chamado por viver exclusivamente na praia do mar (*Anas antarctica*), é comum aqui e na costa oeste da América até

---

241. Devo mencionar que um dia observei um cormorão brincando com um peixe que havia capturado. Por oito vezes consecutivas, a ave deixou sua presa escapar para, logo em seguida, mergulhar atrás dela e, embora em águas profundas, sempre a trazer de volta à superfície. Nos jardins zoológicos, vi uma lontra fazer o mesmo com um peixe, como se fosse um gato atrás de um rato. Não conheço outros exemplos em que a senhora natureza pareça tão deliberadamente cruel. (N.A.)

o Chile. Nos canais profundos e afastados da Terra do Fogo, o ganso, branco como a neve, normalmente acompanhado por sua consorte mais escura, ambos lado a lado em algum ponto rochoso distante, forma uma característica comum da paisagem.

Também abundante nessas ilhas é um pato grande ou ganso (*Anas brachyptera*) que, às vezes, chega a pesar 22 quilos. Antigamente, essas aves eram chamadas de cavalos de corrida, por sua forma extraordinária de nadar e remexer as águas com as patas; agora, no entanto, receberam um nome muito mais apropriado: pato-vapor. Suas asas são muito pequenas e fracas para o voo, porém, com a ajuda delas, em parte nadando e em parte batendo-as na superfície da água, eles se movem muito rapidamente. O comportamento é semelhante ao realizado pelo pato doméstico comum quando está sendo perseguido por um cão, mas tenho quase certeza de que o pato-vapor move suas asas de forma alternada, e não ao mesmo tempo, como as outras aves. Esses patos desajeitados e abobados fazem tanto barulho e respingam tanta água que o efeito acaba sendo extremamente curioso.

Assim encontramos na América do Sul três aves que usam suas asas para outros fins diferentes do voo: o pinguim, como nadadeiras; o pato-vapor, como remo; e o avestruz, como velas de um navio. O pato-vapor é capaz de mergulhar apenas uma distância muito curta. Alimenta-se exclusivamente de mariscos presos nas algas e nas rochas descobertas na maré baixa, daí o bico e a cabeça, com o propósito de quebrá-los, serem surpreendentemente pesados e fortes. A cabeça é tão dura que eu mal consegui fraturá-la com o meu martelo de geólogo; e todos os nossos caçadores logo descobriram como esses pássaros se agarram tenazmente à vida. À tarde, ao se emplumarem em bando, fazem a mesma mistura estranha de sons que as rãs-touro fazem nos trópicos.

Na Terra do Fogo, bem como nas Ilhas Falkland, fiz muitas observações sobre os animais marinhos inferiores;[242] eles, porém, são de pouco

---

242. Quando estávamos nas Falkland, durante o outono do Hemisfério Sul, a maioria dos animais marinhos inferiores passava pelo período de reprodução. Após contar os ovos de uma grande *Doris* branca (essa lesma marinha media 10,6 centímetros), fiquei surpreso ao descobrir o quão extraordinariamente numerosos eram. As pequenas cápsulas esféricas continham entre dois e cinco ovos (cada um deles com 0,00762 centímetro de diâmetro). As cápsulas estavam dispostas em duas fileiras transversais, formando uma fita. A fita unia-se por sua beirada à rocha em uma cúspide oval. Uma das que encontrei media quase 51 centímetros

interesse geral. Mencionarei apenas um conjunto de fatos relacionado a certos zoófitos pertencentes à divisão mais organizada dessa classe. Vários gêneros (*Flustra, Eschara, Cellaria, Crisia* e outros) têm órgãos móveis especiais, como os da *Flustra avicularia* (encontrada nos mares europeus), ligados às suas células. Esse órgão, na maioria dos casos, se assemelha muito à cabeça de um abutre, mas a mandíbula inferior pode se abrir muito mais, de modo a formar até mesmo uma linha reta com a parte superior. A própria cabeça apresenta consideráveis poderes de movimento com um pescoço curto. Um dos zoófitos tinha a cabeça fixa; a mandíbula inferior, contudo, estava livre. Em outro, foi substituída por um capuz triangular com uma abertura bem ajustada, que evidentemente correspondia à mandíbula inferior. Uma espécie de *Eschara* inflexível tinha uma estrutura relativamente semelhante. Na maioria das espécies, cada célula[243] continha uma cabeça, mas, em outras, cada uma tinha duas.

As células jovens no final dos ramos continham pólipos bastante imaturos, mas as cabeças em forma de abutre ligadas a elas, embora pequenas, eram perfeitas em todos os aspectos. Quando o pólipo era removido de qualquer uma das células com uma agulha, esses órgãos não pareciam ser minimamente afetados. Quando uma das cabeças foi cortada de uma célula, a mandíbula inferior manteve sua capacidade de se abrir e se fechar. Talvez a parte mais curiosa de sua estrutura seja que, quando havia mais de duas fileiras de células, tanto em uma *Flustra* quanto em uma *Eschara*, as células das fileiras centrais recebiam esses apêndices, cujo tamanho era de apenas a quarta parte dos laterais. Seus movimentos variavam de acordo com a espécie: em alguns, não vi o menor movimento, enquanto em outros, com a mandíbula inferior geralmente aberta, oscilavam para trás e para frente mais ou menos a cada cinco segundos por vez; outros ainda se moviam rapidamente e por movimentos bruscos. Quando era

---

de comprimento e 25 de largura. Ao contar o número de cápsulas contidas ao longo de 2,54 milímetros de fileira, e a quantidade de fileiras de mesmo comprimento da fita, cheguei ao valor de 600 mil ovos, pelos cálculos mais conservadores. No entanto, essa *Doris* não era muito comum, pois, ainda que eu as tenha procurado muitas vezes sob as pedras, encontrei apenas sete indivíduos. (N.A.)

243. A palavra *shell* (concha) no original da primeira edição em inglês foi corrigida, de forma apropriada, para *cell* (célula) na edição seguinte. (N.T.)

tocado com uma agulha, o bico costumava agarrar a ponta de maneira tão firme que todo o ramo chegava a estremecer.

Esses corpos não têm nenhuma relação com a produção das gêmulas. Não consegui traçar nenhuma conexão entre eles e o pólipo. Tenho poucas dúvidas de que, em suas funções, estão relacionados mais ao eixo do que a qualquer um dos pólipos, pelas seguintes razões: se formam antes do surgimento dos pólipos; seus movimentos são independentes; são de tamanhos diferentes em diferentes partes do ramo. Da mesma forma, o apêndice carnudo na extremidade da pena-do-mar faz parte do zoófito como um todo, tanto quanto as raízes de uma árvore fazem parte da árvore inteira e não de cada um de seus botões. Sem dúvida, trata-se de uma variação muito curiosa na estrutura de um zoófito, pois, na maioria dos outros casos, os apêndices não manifestam a menor irritabilidade ou capacidade de movimento.

Mencionarei outro tipo de estrutura bastante anômala. Uma pequena e elegante *Crisia* possui, no canto de cada célula, uma cerda longa e ligeiramente curvada que está fixada na extremidade inferior por uma articulação. Essa cerda se afila até se tornar uma ponta muito fina; seu lado externo ou convexo é serrilhado com dentes ou entalhes delicados. Tendo colocado um *pequeno* pedaço de um ramo sob o microscópio, fiquei extremamente surpreso ao vê-la de repente movimentar essas cerdas, que atuavam como remos. A irritação geralmente produzia esse movimento, mas nem sempre. Quando a coralina foi colocada sobre uma superfície com o lado em que as cerdas dentadas se projetam para baixo, estas últimas ficaram necessariamente pressionadas e emaranhadas. Isso quase sempre levava a um movimento considerável das cerdas com o objetivo evidente de se libertar. Em um pequeno pedaço, que foi retirado da água e colocado em papel mata-borrão, o movimento desses órgãos ficava claramente visível por alguns segundos a olho nu.

No caso das cabeças em forma de abutre, bem como na das cerdas, tudo o que estava de um lado de um ramo movia-se, às vezes, de forma concomitante e, às vezes, em ordem regular, uma após a outra. Em outras ocasiões, os órgãos de ambos os lados do ramo se moviam juntos; porém, em geral, eram todos independentes uns dos outros e completamente independentes dos pólipos. Quando as cerdas de um ramo qualquer da

Crisia eram estimuladas para se movimentar pela irritação, todo o zoófito era, em geral, afetado. No caso em que o ramo realizava o movimento simultâneo desses apêndices, vemos uma transmissão de vontade tão perfeita quanto em um animal único. O caso, de fato, não é diferente do da pena-do-mar, que, quando tocada, se esconde na areia. Darei outro exemplo de ação uniforme, embora de uma natureza muito diferente, em um zoófito[244] muito semelhante à *Clytia*, e, portanto, de organização muito simples. Tendo colocado um grande tufo dele em uma bacia com água salgada, descobri que, no escuro, sempre que eu esfregava alguma parte de seus ramos, todo o tufo se tornava fortemente fosforescente com uma luz verde; acredito nunca ter visto um objeto tão bonito. O mais notável é que os clarões de luz sempre subiam pelos ramos da base até as extremidades.

O exame desses animais compostos sempre foi muito interessante para mim. O que pode ser mais notável do que ver um corpo parecido com uma planta produzir um ovo ciliado com movimentos independentes que logo se fixa e brota em inúmeros ramos, os quais, em alguns casos, têm órgãos de movimento que são independentes de seus muito pólipos e que obedecem a impulsos uniformes de vontade? Os pólipos, em geral, não são animais de organização simples; e, em quase todos os aspectos, devem ser considerados como verdadeiros indivíduos. É, portanto, bastante curioso observar a formação gradual das células jovens e terminais a partir do aparecimento de uma substância calosa e simples da qual muitos zoófitos são compostos. A organização conhecida de uma árvore deve afastar qualquer espanto a respeito da união de muitos indivíduos e de sua relação com um corpo comum. De fato, de acordo com uma aparente lei, podemos esperar que qualquer estrutura que prevaleça em uma classe também seja produzida em algumas outras, embora em menor escala: já que tantas plantas são compostas, então alguns animais também seriam construídos dessa forma. Entretanto, para que um botão seja visto como um indivíduo, é preciso um esforço da razão maior do que no caso de um pólipo, que conta com boca e intestinos; e, então, a união não parecerá tão estranha.

---

244. Quando recém-retirada do mar, essa coralina emitia um odor muito forte e desagradável. (N.A.)

Para nos ajudar a entender a ideia de um animal composto[245] no qual a individualidade de cada parte não está totalmente desenvolvida, podemos pensar em situações em que uma criatura é cortada ao meio para criar dois seres distintos, seja pela intervenção humana, seja pela ocorrência natural. Esse tipo de reprodução resulta em indivíduos que vivem apenas por um tempo limitado e não são projetados para durar além desse período. Eles se multiplicam em número, mas seu tempo de vida é predeterminado. Por outro lado, o método mais artificial de reprodução envolve etapas intermediárias ou óvulos e permite que a relação entre os indivíduos continue através de gerações sucessivas. Por este último método, muitas peculiaridades (que são transmitidas pela primeira forma) são obliteradas, e a integridade da espécie fica limitada; enquanto, por outro lado, certos traços específicos (prováveis adaptações) se tornam hereditários e formam raças distintas. Podemos imaginar que essas duas circunstâncias representam um passo em direção ao objetivo final de limitar a duração da vida.

---

245. No que diz respeito à vida em sociedade, há exemplos obscuros entre os animais de outras classes, além dos moluscos e dos *Radiata*. A abelha não é capaz de viver sozinha. E na abelha operária, vemos a produção de um indivíduo que não está equipado para a reprodução de sua espécie — o ponto mais alto a que tende a organização de todos os animais, especialmente os inferiores —, portanto, as operárias estão para o bem da comunidade assim como o botão de folha está para a árvore. (N.A.)

CAPÍTULO XIII

Estreito de Magalhães — Puerto del Hambre — Geologia — Águas profundas nos canais — Blocos erráticos — Clima — Limite de árvores frutíferas — Temperatura média — Florestas exuberantes — Rigor das ilhas antárticas — Contraste com o norte — Grande flexibilidade da linha de neve — Geleiras — *Icebergs* transportam fragmentos de rocha — Geleira em baixa latitude — Ausência de blocos erráticos em regiões intertropicais — Geleiras e vegetação tropical — Comparação com o Hemisfério Norte — Animais siberianos congelados — Fungo comestível — Zoologia — *Fucus giganteus* — Saída da Terra do Fogo

ESTREITO DE MAGALHÃES

No final de maio de 1834, entramos pela segunda vez na foz oriental do Estreito de Magalhães. Após lutarmos contra o vento e as ondas, ancoramos na Baía de San Gregorio e tivemos uma entrevista com os chamados gigantes da Patagônia, sobre os quais o capitão FitzRoy fez um relato muito bom. Em ambos os lados do Estreito, o terreno dessa região é formado por planícies bem niveladas, como as do resto da Patagônia. O Cabo Negro, um pouco depois do segundo estreitamento, pode ser considerado como o ponto onde a terra começa a assumir as características marcantes da Terra do Fogo. Na costa leste, ao sul do Estreito, uma paisagem de parque irregular conecta de maneira similar essas duas regiões, que se opõem uma à outra em quase todos os outros aspectos. É realmente surpreendente encontrar tamanha mudança da paisagem em um espaço de 32 quilômetros. Se tomarmos uma distância um pouco maior, como entre Puerto del Hambre e a Baía de San Gregorio, ou seja, cerca de 100 quilômetros, a diferença é ainda mais espantosa. No primeiro local, temos montanhas arredondadas cobertas por florestas impenetráveis e encharcadas pelas chuvas trazidas por uma sucessão interminável de tempestades, enquanto em San Gregorio há um céu azul, claro e brilhante, sobre as planícies secas e estéreis. As correntes atmosféricas,[246] embora sejam rápidas, turbulentas e não tenham limites aparentemente, ainda assim, parecem seguir um curso regular e determinado, como um rio em seu leito.

1º DE JUNHO — Ancoramos na bela Baía de Puerto del Hambre. Era o início do inverno, e nossas perspectivas pareciam bastante desanimadoras; o bosque sombrio e coberto de neve só podia ser visto de forma indistinta através da garoa e de uma atmosfera nebulosa. Entretanto, por sorte, tivemos dois dias bons. Em um deles, o Monte Sarmiento, uma montanha distante com 2.070 metros de altura, nos apresentou um espetáculo sublime. Muitas vezes me surpreendi, em relação à paisagem da Terra do Fogo, com a pequena elevação aparente de montanhas realmente altas. Suspeito que seja devido a uma causa, a princípio, inimaginável, a saber, a possibilidade de se ver a montanha em sua integralidade, desde o cume até a beira da água. Lembro-me de ter visto uma montanha, primeiro do Canal do Beagle, que aparecia completamente visível desde o cume até a base, e, depois, do Estreito de Ponsonby, através de várias cadeias sucessivas: neste último caso, era curioso observar que, embora cada novo passo proporcionasse meios para calcular a distância, a montanha parecia cada vez mais alta.

---

246. As brisas de sudoeste são geralmente muito secas. Em 29 de janeiro, estávamos ancorados no Cabo de San Gregorio; um vendaval muito forte de oeste para sul, céu claro com poucas nuvens cúmulos; temperatura de 57 °F (14 °C), ponto de orvalho de 36 °F (2 °C), diferença de 21 °F (12 °C). Em 15 de janeiro, em Puerto San Julián: pela manhã, ventos leves com muita chuva, seguidos por uma forte tempestade com chuva; tornou-se um vendaval pesado com grandes nuvens cúmulos; clareou, ventos muito fortes de SSO. Temperatura de 60 °F (16,5 °C), ponto de orvalho de 42 °F (6,5 °C), diferença de 18 °F (10 °C). (N.A.)

Os fueguinos vieram nos atormentar por duas vezes. Como havia muitos instrumentos, roupas e homens em terra, imaginava-se necessário assustá-los. Na primeira vez que apareceram, disparamos alguns canhões enquanto ainda estavam distantes. Foi engraçado vê-los por uma luneta: toda vez que o tiro acertava a água, os indígenas pegavam pedras e, como uma provocação insolente, as jogavam em direção ao navio que estava a aproximadamente dois quilômetros de distância! Um bote, então, foi enviado com ordens para que os homens disparassem seus mosquetes sem acertar o alvo. Os fueguinos se esconderam atrás das árvores e, a cada descarga dos mosquetes, eles lançavam suas flechas. Todas, no entanto, caíram longe do bote, e o oficial, apontando para elas, caía na gargalhada. Isso causou um frenesi nos fueguinos, que, tomados de uma raiva sem propósito, sacudiam seus mantos. Por fim, fugiram ao notar que as balas cortavam e acertavam as árvores; e nos deixaram em paz e tranquilos.

Em outra ocasião, quando o *Beagle* esteve aqui no mês de fevereiro, saí às 4h de uma certa manhã para subir o Monte Tarn, que tem cerca de 800 metros de altura, sendo o ponto mais elevado das imediações. Fomos de bote até o sopé da montanha (que não era a melhor parte) e, então, iniciamos nossa escalada. A floresta começa na linha de maré alta e, nas duas primeiras horas, eu já havia abandonado todas as esperanças de chegar ao cume. A mata era tão fechada que se fazia necessário consultar a bússola a todo momento; pois, embora aquela fosse uma região montanhosa, era impossível estabelecer marcos visuais. Nas ravinas profundas, a paisagem de desolação semelhante à morte excedia quaisquer descrições; enquanto fora delas sopravam ventos fortíssimos, os barrancos não eram frequentados nem mesmo por um sopro que fizesse balançar as folhas das árvores mais altas. Todos os pontos eram tão escuros, frios e úmidos que nem mesmo os fungos, musgos ou samambaias conseguiam crescer ali. Nos vales, quase não era possível seguir em frente, mesmo rastejando, pois o caminho estava completamente bloqueado por grandes troncos apodrecidos que haviam caído em todas as direções. Ao passar por essas pontes naturais, alguém sempre ficava preso ao afundar a perna até o joelho na madeira apodrecida; em outros momentos, ao tentar encostar-se a uma árvore firme, a pessoa se assustava ao se deparar com uma massa de matéria deteriorada pronta para desmoronar ao menor toque. Finalmente nos encontramos entre as árvores baixas, avançamos rapidamente até a área sem árvores e prosseguimos até o cume. Víamos daqui uma paisagem característica da Terra do Fogo: cadeias irregulares de montanhas, mosqueadas de neve, profundos vales verde-amarelados e braços de mar cruzando a terra em muitas direções. O vento forte era cortante e frio, e a atmosfera, bastante nebulosa, de modo que não ficamos muito tempo no topo da montanha. A descida não foi tão trabalhosa como a subida, pois o peso do corpo forçava a passagem, e todos os deslizamentos e todas as quedas nos levavam para a direção certa.

O capitão King fez um esboço da geologia da Terra do Fogo, ao qual tenho pouco a acrescentar. Uma grande formação de xisto argiloso — que raramente contém restos orgânicos, mas exibe ocasionalmente marcas de uma espécie de amonita — apresenta, na face oriental, planícies que pertencem provavelmente a duas épocas do Período Terciário. Na costa oeste, um prolongamento da grande fenda dos Andes, por onde tanto calor escapou do interior do globo, metamorfoseou o xisto. Há, no entanto, uma linha dupla cuja estrutura não entendo muito bem. O interior é de granito e micaxisto; o exterior (talvez de formação mais recente), de pedra verde, rochas porfiríticas e outras curiosas rochas do tipo *trapp*. Quase todo mundo acredita, a princípio, que a região deve seu nome, Terra do Fogo, à quantidade de vulcões. Isso, no entanto, não é o caso; não vi em nenhum lugar pedregulhos de qualquer tipo de rocha vulcânica, exceto na Ilha Wollaston, onde algumas massas arredondadas de escória vulcânica estavam incrustadas em um conglomerado mais antigo. Do ponto de vista geológico, essa circunstância nos permite considerar a grande série linear de vulcões antigos e modernos encontrados sobre fissuras paralelas nos Andes, desde a latitude 55°40' sul até a latitude 60° norte, uma distância de pouco menos de 13 mil quilômetros.

Talvez a característica mais curiosa na geologia dessa região seja a extensão em que a terra é cortada por braços de mar. Esses canais, como observa o capitão King, são irregulares e pontilhados de ilhas, onde há rochas graníticas e do tipo de *trapp*, mas, na formação xisto-argilosa, são tão retas que, em um caso, "uma régua paralela colocada no mapa sobre os pontos salientes da costa sul também tocaria as cabeceiras da costa oposta".

Ouvi o capitão FitzRoy dizer que, quando se entra em um desses canais, deve-se logo procurar um ancoradouro, pois, mais para dentro, a profundidade logo se torna imensa. Ao entrar no Canal Christmas, o capitão Cook mediu, primeiro, 37 braças, depois, 40, então, 60, e, logo em seguida, o fio de prumo — que tinha 170 braças [310 metros] — não encontrou mais o fundo.[247] Presumo que essa estrutura do fundo se deva ao sedimento depositado próximo às bocas dos canais pelas ondas e marés opostas; e, da mesma forma, pela enorme erosão das rochas costeiras causada por um oceano assediado por vendavais sem fim.

O Estreito de Magalhães é extremamente profundo em quase todas as partes, mesmo perto da costa. Mais ou menos na metade do canal a leste do Cabo Froward, o capitão King não encontrou fundo a 470 metros: se, portanto, a água da região fosse drenada, a Terra do Fogo apresentaria uma faixa de montanhas muito mais elevada do que a atual. Aqui, não tentarei especular sobre as causas que produziram essa estrutura notável em uma área em que os últimos movimentos, pelo menos, têm sido os de elevação. Vou, no entanto, observar que pedregulhos e grandes blocos de rochas cristalinas variadas e peculiares, que, sem dúvida, procedem da costa sudoeste, estão espalhados por toda a região oriental da Terra do Fogo. Perto da Baía de São Sebastião, havia um imenso bloco de sienito com 14 metros de circunferência que se projetava 16 metros acima da areia e que parecia estar profundamente enterrado. O ponto mais próximo para procurar a rocha-mãe fica a cerca de 145 quilômetros de distância. Nas margens do Estreito de Magalhães, perto de Puerto del Hambre, numerosos fragmentos semiarredondados de vários granitos e rochas do grupo horneblenda estão espalhados na praia e nas encostas da montanha até 9 ou 12 metros de altura. Agora, até este ponto, o caminho das costas sul e oeste passa diretamente sobre o grande abismo de mais de 457 metros de profundidade. Independentemente de como tenham sido transportados, é certo que não foi uma operação de violência indiscriminada, pois as duas localidades, a Baía de São Sebastião e o porto de Shoal, onde os grandes fragmentos são mais numerosos, certamente

---

247. Na região ao sul da Ilha Goose, de acordo com o mapa publicado pelo capitão Cook. (N.T.)

já existiam como canais antes da última e menor mudança do nível da superfície, ligando o Estreito de Magalhães ao mar aberto no primeiro caso e, no segundo, ao Canal Otway.

O clima da parte meridional da América do Sul apresenta muitos fenômenos extremamente interessantes. Há muito se observa que há uma diferença essencial entre o clima daqui e o dos países do Hemisfério Norte. Já mencionei o contraste marcante entre a vegetação exuberante da costa oeste, que se deve ao clima úmido, e a das planícies áridas e estéreis da Patagônia. A condição nublada e tempestuosa da atmosfera resulta necessariamente em uma diminuição das temperaturas extremas, por isso, descobrimos que as frutas que amadurecem bem e são muito abundantes na latitude 41° da costa leste, como uvas e figos, não prosperam em latitudes mais baixas do lado oposto do continente.[248] O resultado fica mais acentuado quando tomamos a Europa como padrão de comparação. Em Chiloé, na latitude 42°, correspondente ao norte da Espanha, os pêssegos requerem mais cuidado e raramente produzem frutos; os morangos e as maçãs, contudo, prosperam de forma admirável. Em Valdívia, na latitude 40°, ou a de Madri, os pêssegos são abundantes; uvas e figos amadurecem, mas não são comuns; as azeitonas quase nunca amadurecem, nem parcialmente; no entanto, as laranjas não, e, ainda assim, é nesse paralelo que mais se produzem frutas na Europa. Mesmo em Concepción, latitude 36°, embora as laranjas não sejam abundantes, as outras frutas mencionadas prosperam bem. Nas Falkland, na mesma latitude do sul da Inglaterra, o trigo raramente alcança a maturidade, mas não nos surpreendemos muito ao ouvir que, em Chiloé (latitude 42°), os habitantes são frequentemente obrigados a cortar o milho antes do tempo e levá-lo para dentro das casas para secar.

Com relação ao clima da Terra do Fogo durante os períodos mais frios do ano, o capitão King publicou algumas tabelas muito interessantes em seu *Geographical Journal*.[249] Ao longo dessa viagem, o *Beagle* foi utilizado

---

248. Como não há assentamentos na costa da Patagônia, há poucos meios de comparação. Cerejeiras deixadas pelos espanhóis em Puerto Deseado, na latitude 48°, ainda dão frutos, enquanto, em Chiloé, na costa oeste, 580 quilômetros mais ao norte, acredito que não floresçam. (N.A.)
249. *Journal of the Royal Geographical Society*, 1830 e 1831. (N.A.)

no extremo sul da região de 18 de dezembro a 20 de fevereiro: a aparência da vegetação durante a primeira parte dela e o clima que experimentamos nas Ilhas Falkland após a última data não me deixam dúvidas de que esses 65 dias constituíam a melhor parte do verão. Talvez, se acrescentássemos mais 15 dias, a média tivesse sido um pouco maior. Os primeiros 18 dias foram passados parcialmente no mar perto do Cabo Horn e, por um curto período, fomos levados quase 145 quilômetros para o sul pelo mau tempo. Com base nas observações feitas a cada duas horas pelos oficiais a bordo do *Beagle*, a temperatura média foi calculada em 7 °C.

Nos 37 dias posteriores,[250] o *Beagle* esteve ancorado em diversos portos alguns quilômetros ao norte do Cabo Horn; a média das observações efetuadas às 6h, às 12h e às 18h foi de 10 °C. Portanto, a média desses dois períodos, durante a parte mais quente do ano, foi de apenas 8,6 °C. O segundo período mencionado foi extraordinariamente quente, mas o primeiro, muito pelo contrário, e a estação onde as observações foram feitas estava localizada um pouco mais ao sul. Todas essas observações se aplicam às ilhas mais periféricas: as observações do capitão King foram feitas em uma posição mais central, 1°45' mais ao norte. Se, pelas considerações acima, adicionarmos 1,4 °C à média obtida nesta viagem, o resultado (10 °C) será provavelmente a temperatura do período mais quente do ano na parte central da Terra do Fogo. O capitão King nos forneceu os dados das temperaturas médias de junho (0,54 °C), de julho (0,57 °C) e dos primeiros doze dias de agosto (0,69 °C), que correspondem a dezembro, janeiro e fevereiro no Hemisfério Norte, isto é, aos três meses mais frios do ano, e a média ficou em 0,6 °C.[251] Dublin, no Hemisfério Norte, situa-se

---

250. A média das temperaturas máximas desses 37 dias foi de apenas 13 °C, e das mínimas, 7 °C. Portanto, a amplitude média foi de 6 °C. Durante todos os 65 dias, a média das máximas foi de apenas 10,9 °C, o que é certamente um verão muito triste e mostra quão pouco sol há na região. (N.A.)

251. Essa média parece estar baixa demais porque não está incluído todo o mês de agosto. Segundo von Buch, "dificilmente podemos admitir, em Saltenfiord, na Noruega (latitude 67°, ou 13°22' mais perto do polo do que Puerto del Hambre) uma temperatura média superior a 1 °C nem uma temperatura superior a 14 °C para um mês quente como julho (*Travels through Norway*, p. 123). O capitão King nos informa que, em fevereiro, provavelmente o mês mais quente, a temperatura média em Puerto del Hambre é de apenas 10,6 °C. Algumas observações feitas nas Ilhas Falkland, 2°13' ao norte de Puerto del Hambre, que são frequentemente

quase na mesma latitude de Puerto del Hambre no Hemisfério Sul, e daremos aqui sua temperatura para comparação.

	Latitudes	Temperaturas no verão	Temperaturas no inverno	Diferença	Média entre verão e inverno
Dublin[252]	53°21'N	15,3 °C	4 °C	11,3 °C	9,6 °C
Puerto del Hambre	53°38'S	10 °C	0,5 °C	9,5 °C	5,2 °C
Diferença	0°17'	5,3 °C	3,5 °C	1,8 °C	4,4 °C

Vemos que a temperatura em Puerto del Hambre é muito mais baixa, tanto durante o verão quanto no inverno, do que em Dublin, e que em Puerto del Hambre a diferença entre as estações não é tão grande e que lá o clima é mais uniforme. Todos os que visitaram essa região parecem considerar que as geadas não são tão severas ou tão longas quanto na Inglaterra. Os caçadores de focas dizem que usam a mesma quantidade de roupas durante todo o ano. No entanto, o capitão King afirma que, durante o inverno de 1828, a temperatura chegou a -10,7 °C.[253] Rascunhei essas afirmações aproximadas apenas para ilustrar algumas das observações apresentadas a seguir.

O tipo de clima aqui descrito parece ser comum à região meridional de todo o Hemisfério Sul. Embora inóspito para as nossas sensibilidades e para a maioria das plantas das regiões mais quentes da Europa, ainda assim é bastante favorável à vegetação nativa. As florestas, que cobrem toda a área entre as latitudes 38° e 45°, rivalizam em exuberância com as das regiões intertropicais. Em Chiloé (latitude 42°), eu quase me senti no Brasil. As árvores imponentes de muitos tipos, com cascas lisas e profundamente coloridas, estão carregadas de monocotiledôneas parasitárias; as samambaias grandes e elegantes são numerosas; e as gramíneas arbóreas se entrelaçam às árvores em uma massa emaranhada, à altura de 9 ou 10 metros acima do solo. As palmeiras crescem na latitude 37°;

---

citadas, nos informam uma média anual de 8,5 °C e, para o verão, de 10,6 °C. Esses resultados são muito mais elevados do que eu esperava com base no clima do continente vizinho. (N.A.)
252. Esta linha foi retirada do *Lectures on the Geography of Plants* de Barton. (N.A.)
253. Neste clima triste, sujeito a um frio tão extremo, não é admirável que seres humanos consigam sobreviver sem roupas e sem abrigo? (N.A.)

uma grama arbórea, muito parecida com o bambu, na latitude 40°; e outro tipo aparentado, de grande comprimento, mas não ereto, chega a crescer na latitude 45°.

Em outra parte desse mesmo hemisfério, que tem um caráter bem uniforme graças à sua enorme área de mar, Forster[254] encontrou orquídeas parasitárias vivendo ao sul da latitude 45°, na Nova Zelândia. Samambaias arborescentes prosperam de forma exuberante perto da cidade de Hobart, na Tasmânia.[255] Eu medi uma que contava exatamente com 1,8 metro de circunferência; e sua altura, do solo até a base das frondes, parecia ser um pouco menor que 6 metros. De acordo com o senhor Brown,[256, 257] "uma espécie arborescente do mesmo gênero (*Dicksonia*) foi encontrada por Forster na Nova Zelândia, na Baía de Dusky, quase no paralelo 46° S, a latitude mais alta em que essas samambaias arbóreas foram encontradas até o momento. É notável que, embora tenham uma área de distribuição bastante considerável no Hemisfério Sul, nenhuma samambaia arbórea foi encontrada além do Trópico de Câncer: nos dois hemisférios, uma distribuição um pouco semelhante a essa já foi notada em relação às orquídeas parasitárias das árvores".

Mesmo na Terra do Fogo, o capitão King descreve a "vegetação como muito exuberante, e as grandes árvores de fúcsia e verônica de caules lenhosos, que na Inglaterra são consideradas e tratadas como plantas delicadas, estavam em plena floração, a uma distância muito curta do sopé de uma montanha coberta de neve (2/3 do cume para baixo) e temperatura a 2 °C". Ele também afirma que foram vistos beija-flores bebendo o néctar das flores "após dois ou três dias de chuva, neve e granizo constantes, durante os quais o termômetro indicava 0 °C". Eu mesmo vi papagaios se alimentando das sementes da casca-de-anta (*Drimys winteri*), ao sul da latitude 55°.

---

254. Johann Reinhold Forster (1729-1798) foi um naturalista alemão que, junto a seu filho, Georg, acompanhou James Cook em sua segunda viagem ao Pacífico Sul, de 1772 a 1775. (N.T.)
255. Darwin usa o nome colonial da Tasmânia, a saber, *Van Diemen's Land*, que foi oficialmente modificado para sua designação atual em 1º de janeiro de 1856. (N.T.)
256. Apêndice do *Voyage* de Flinders, p. 575 e 584. (N.A.) [Matthew Flinders (1774-1814), navegador e cartógrafo inglês. Empreendeu a primeira circum-navegação da Austrália e, em 1814, publicou *A voyage to Terra Australis*. (N.T.)]
257. Robert Brown (1773-1858), botânico e físico escocês. Além de descobridor do movimento browniano, foi também o naturalista da expedição de Matthew Flinders entre 1801 e 1803. (N.T.)

Embora o território dessa vegetação quase tropical se estenda tanto para o sul, a escassez de seres vivos, vegetais e animais (até mesmo nas ilhas situadas a maior distância do Círculo Antártico) é surpreendente, quando a comparamos com os paralelos correspondentes do Hemisfério Norte. Weddell[258] afirma que, nas Ilhas Shetland do Sul, latitudes 62° a 63° (na mesma latitude das Ilhas Faroé ou da parte sul da Noruega), "nenhuma das ilhas sustenta qualquer vegetação, exceto uma grama baixa, que é encontrada em áreas muito pequenas onde há algum solo. A grama e um musgo semelhante ao encontrado na Islândia aparecem em meados de janeiro, momento em que as ilhas estão parcialmente sem neve". Na Ilha Decepção, que pertence ao mesmo grupo, o tenente Kendall[259] diz[260] não ter encontrado "nada além de um pequeno tipo de líquen". A própria ilha é parcialmente formada por camadas alternadas de gelo e de cinzas vulcânicas. Outra prova curiosa do rigor do clima é mencionada: "Após observar um monte artificial na colina imediatamente acima dessa enseada, eu o abri, e ali encontrei um caixão tosco, cujo estado podre indicava o longo tempo que havia permanecido sob a terra. O corpo, contudo, quase não mostrava marcas de decomposição; suas pernas estavam cruzadas, e estava vestido com uma jaqueta e um quepe de marinheiro, mas nem o vestuário nem o semblante eram semelhantes aos de um inglês".

As Ilhas Sandwich, que estão a quase três graus do polo, são descritas da seguinte maneira pelo capitão Cook (1º de fevereiro, época mais quente do ano, mesma latitude que o norte da Escócia): "Todas as partes estavam bloqueadas ou cheias de gelo, e toda a região, desde os cumes das montanhas até o sopé das falésias onde a costa se estende, estava coberta por muitas braças de neve perpétua. As falésias eram tudo que podia ser visto como terra". Mais uma vez ele acrescenta, falando de duas ilhotas: "Somente estas estavam livres de neve e pareciam cobertas com um gramado verde". Na Geórgia, a 54°-55° de latitude, as baías são

---

258. Weddell, *Voyage*, p. 133. (N.A.) [James Weddell (1787-1834) foi um navegador inglês que explorou a Antártida e, em 1825, publicou o seu *A Voyage towards the South Pole*. (N.T.)]
259. Edward Nicholas Kendall (1800-1845) foi oficial da Marinha Britânica e participou da expedição do navio *Chanticleer* à região da Antártida (em 1829). (N.T.)
260. *Geographical Journal*, 1830, p. 65 e 66. (N.A.)

delimitadas por falésias de gelo de altura considerável e, segundo Cook, a região, "no auge do verão, está, de certo modo, totalmente coberta por muitas braças de neve congelada, mais especialmente na costa sudoeste". As únicas plantas são "uma grama de folhas grossas que cresce em tufos, touceiras selvagens e uma planta parecida com musgo". Embora tenha 96 milhas de comprimento e cerca de 10 de largura, não abriga um único quadrúpede. Com relação às aves, encerra apenas uma, a saber, uma pequena cotovia (*Anthus correndera,* ou caminheiro-de-espora), da qual adquiri um espécime nas Falklands. Esse pássaro, caso ainda não tenha sido descrito, certamente bem merece o nome *antarcticus*, pois, ainda que não viva dentro desse círculo, habita uma região extremamente inóspita para quaisquer outros animais terrestres. Anderson diz, no livro de Cook, que mesmo na ilha principal do Arquipélago de Kerguelen (que tem 120 milhas de comprimento por 60 de largura, e está situada na latitude 50°, correspondente ao extremo sul da Inglaterra), "todas as suas plantas não excedem dezesseis ou dezessete espécies, incluindo alguns tipos de musgo e uma bela espécie de líquen que cresce mais alto nas rochas do que as outras plantas". Nem há nada em toda a região que se pareça minimamente com um arbusto. É duvidoso que haja uma única ave terrestre; e, então, ele acrescenta: "as montanhas têm uma altura moderada; no entanto, muitos de seus cumes foram cobertos de neve[261] neste momento, correspondente a junho no Hemisfério Norte". Essas declarações atestam a intemperança do clima, mesmo longe das fronteiras congeladas do Círculo Antártico.

Não há observações diretas pelas quais julgar a temperatura média do ano nessas ilhas meridionais. Porém, após ler os relatos acima, é possível entender que deve ser muito baixa. Mesmo na Geórgia, latitudes 54°-55°, não é improvável que o solo esteja perpetuamente congelado a poucos metros abaixo da superfície. Na Ilha Decepção, latitudes 62°-63°, a julgar pela preservação do cadáver mencionado e as camadas alternadas de gelo e cinzas vulcânicas, podemos ter quase certeza de que, ali, esse seja o caso. No Hemisfério Norte, somente nos grandes continentes é possível

---

261. Tenho motivos para acreditar que os *icebergs* são formados na costa durante uma parte do ano. (N.A.)

encontrar uma temperatura média tão baixa em latitudes correspondentes. Na América do Norte, de acordo com Richardson,[262] ao norte da latitude 56°, o degelo não penetra mais profundamente do que 1 metro. Nas estepes da Sibéria, Humboldt[263] afirma que, ao norte da latitude 62°, o solo entre 3,5 e 4,5 metros abaixo da superfície está sempre congelado. Entretanto, entre esses dois grandes continentes setentrionais, a linha de congelamento perene é consideravelmente maior em direção ao norte.

É um fato meteorológico curioso que nos hemisférios Norte e Sul, uma baixa temperatura média, em latitudes fora da zona frígida, seja o resultado de um estado de coisas diretamente oposto. No Hemisfério Norte, a atmosfera é extremamente fria devido à irradiação de calor de uma grande extensão da região durante um longo inverno; além disso, não é temperada pelas correntes mais quentes de um mar vizinho: daí o frio extremo do inverno supera o calor do verão. No Hemisfério Sul, por outro lado, embora o inverno seja moderado, o verão é frio; pois um céu quase sempre nublado raramente permite que os raios solares aqueçam a superfície (que, por si, não absorve bem o calor) do grande oceano e, assim, a temperatura média do ano fica abaixo de zero. Está muito claro que o tipo de vegetação que requer uma temperatura uniforme pode se aproximar muito mais da linha de congelamento perene em um clima como o do Hemisfério Sul do que no do Norte, que está sujeito a extremos.

A altura do plano de neve eterna, em qualquer região, parece ser determinada principalmente pelo pico de calor durante o verão, e não pela temperatura média do ano. Como o verão na Terra do Fogo é deplorável, não nos surpreendemos quando o capitão King afirmou que, no Estreito de Magalhães, essa linha desce para cerca de 1.000 ou 1.200 metros. No Hemisfério Norte, devemos nos aproximar cerca de quatorze graus do polo para encontrar uma linha de neve tão baixa, ou seja, entre as latitudes 67° e 70° nas montanhas da Noruega.

Na cordilheira da América do Sul, entre as latitudes 41° e 43°30', os picos mais altos têm quase as mesmas altitudes. Vários foram medidos

---

262. Apêndice à *Expedition* de Back. (N.A.) [George Back (1796-1878) foi um oficial da Marinha Real Britânica que explorou o Ártico Canadense. (N.T.)]
263. *Fragmens Asiatiques*, vol. II, p. 386. (N.A.)

pelos oficiais do *Beagle* com considerável cuidado por ângulos de elevação, sendo as posições das montanhas conhecidas com precisão. O Osorno tem 2.301 metros; a montanha ao sul do Osorno, 1.545 metros; o Minchinmadiva, 2.147 metros; a extremidade norte da mesma cadeia, 2.091 metros; o Corcovado tem 2.289 metros; e o Yanteles, 2.049 metros. Não só esses pontos, mas uma grande parte da cadeia[264] ficou, no início de fevereiro (correspondente ao mês de agosto no Hemisfério Norte), densamente coberta de neve, que se deslocou uma boa distância montanha abaixo e apresentava uma linha perfeitamente horizontal a um observador distante. Garantiram-nos que a neve permanecia durante todo o ano, o que parecia ser necessariamente o caso. Em 26 de janeiro, após uma semana de tempo excepcionalmente bom, o senhor King mediu com um sextante de bolso o ângulo dessa linha com o cume do Corcovado; e, subtraindo o resultado da altura total, observou-se que a linha de neve descia para 1.356 metros. É possível que exista alguma causa desconhecida de erro, entretanto, já que a altura média dos poucos picos mais altos na faixa coberta de neve está abaixo de 2.133 metros, é evidente que a altura da linha de neve não pode, no máximo, ser muito superior a 1.828 metros.

Como este é um tópico importante, vou fornecer algumas informações adicionais, pois acredito que elas nos permitirão chegar a uma conclusão quase certa. No dia 2 de fevereiro de 1835, vi a cordilheira pela última vez. Naquele dia, a linha inferior de neve desceu um pouco mais (de modo a formar um ângulo considerável com o cume, quando vista a uma distância de 61 milhas) na montanha ao sul do Osorno (latitude 41°20'), que fica isolada e tem uma altura de 1.709 metros. Quando voltei à Inglaterra, recebi uma carta do senhor Douglas em Chiloé, que, ao descrever alguns fenômenos vulcânicos, menciona incidentalmente a linha de neve. Ele diz que, em 20 de fevereiro (mesmo ano), o vulcão de Minchinmadiva (latitude 42°48'), que tem uma elevação de 2.147 metros, ejetou lava de uma cratera que ficava "logo acima da borda da neve". Então, em

---

264. O senhor Sulivan, que fez o levantamento topográfico dessa parte de Chiloé, me informa que, entre Osorno e Yanteles, há provavelmente muitas montanhas que chegam a quase 1.828 metros. Ele diz que não se lembra de nenhum cume que (em janeiro) não estivesse coberto de neve. (N.A.)

27 de fevereiro, faz alusão ao cume do Corcovado (2.289 metros) coberto de neve, assim como o Yanteles[265] (2.049 metros) na latitude 43°30'. Depois, sobre o Corcovado, o senhor Douglas diz que, "no dia 16 de março, a neve parecia cobrir um quinto de sua altura perpendicular (*visível*)". Nessa data, a linha de neve deve ter atingido sua maior altura (se, de fato, a neve nova não tivesse caído); e, como o Corcovado se eleva de forma ininterrupta desde o mar, a extensão da neve pode ser prevista com *algum* grau de precisão. A altura do Corcovado (cerca de 2.290 metros) foi obtida por três medidas angulares feitas pelos oficiais no levantamento, e a média dos três resultados separados ficou quase idêntica. Refletindo sobre todas essas circunstâncias, podemos concluir com perfeita segurança que o limite de neve eterna, entre as latitudes 41° e 43°, dificilmente pode ser superior a 1.828 metros.

Seguindo para o norte ao longo da cordilheira, nos deparamos com condições muito diferentes. No Paso del Portillo (sul da latitude 33°), o doutor Gillies[266] mediu barometricamente a altura da cadeia dupla e descobriu que os dois cumes tinham 4.023 e 4.378 metros, respectivamente. Nos dias 21 e 22 de março (1835), pouco antes de cair a neve nova, atravessei essas montanhas,[267] e, embora houvesse bastante neve, ainda assim também havia, de cada lado, espaços descobertos muito maiores em certa altura. O doutor Gillies[268] afirma que "o cume (do vulcão de Piuquenes) está geralmente[269] coberto de neve, e sua elevação

---

265. No dia 15 de janeiro, o Yanteles, visto no norte das Ilhas Chonos, estava inteiramente coberto pela neve. (N.A.)
266. John Gillies (1792-1834) era um botânico e explorador escocês que atuou na América do Sul. (N.T.)
267. Atravessei o Passo de Uspallata no dia 5 de abril. A elevação, dada pelo senhor Pentland (*Geographical Journal*), é de 3.796 metros. Nos barrancos, havia algumas grandes áreas com neve; a superfície geral, contudo, estava bastante nua. (N.A.)
268. *The Edinburgh Journal of Natural and Geographical Science*, agosto 1830, p. 316. (N.A.)
269. Tenho razões para suspeitar de que, no Chile, a linha de neve está sujeita a enormes variações. Disseram-me que, durante um verão extremamente seco e longo, toda a neve desapareceu do Aconcágua. Não estando no momento ciente da extraordinária elevação dessa montanha (que deve ter cerca de 7 mil metros), eu não questionei meus informantes. Deve-se lembrar que, mesmo nos verões comuns, o céu não costuma ter nuvens durante seis ou sete meses, que não cai nenhuma neve nova e que a atmosfera é excessivamente seca. Pode-se perguntar se, nessas circunstâncias, haveria a possibilidade da evaporação de grandes quantidades de neve de modo a *possibilitar* que toda a neve desaparecesse de uma montanha sem que a temperatura ultrapassasse o ponto de congelamento? O senhor Miers (vol. I, p. 384)

não pode ser inferior a 4.570 metros acima do nível do mar". Comparando minhas observações com essa afirmação — quando estive lá, a linha de neve estava certamente acima de 4.380 metros —, podemos presumir 4.570 como o limite aproximado. Com base nos resultados obtidos por Humboldt, Pentland, Gillies e King, é possível elaborar a seguinte tabela do extraordinário alcance da linha de neve na cordilheira da América do Sul:

Latitude	Altura em metros da linha de neve	Observador
Região equatorial Resultado médio	4.800	Humboldt
Bolívia Lat. 16°-18° S	5.181	Pentland[270]
Chile central, Lat. 33° S	4.267 a 4.572	Gillies
Chiloé, Lat. 41°-43° S	1.828	Oficiais do *Beagle*
Terra do Fogo, 54° S	1.066 a 1.220	King[271]

Ao examinar a tabela, começando a partir do sul, observamos que, nos primeiros doze graus, a altura da linha de neve sobe apenas um pouco mais de 610 metros. Neste espaço, o clima e as produções do país são, em muitos aspectos, muito uniformes. Nos nove graus seguintes, a subida não é inferior a 2.743 metros. Antes que alguém ache isso impossível, é preciso considerar que a altura da linha de neve depende muito do calor do verão.

---

diz que atravessou a cordilheira pelo Paso de la Cumbre em 30 de maio de 1819, "quando não há o menor vestígio de neve em nenhuma parte dos Andes". No entanto, o Aconcágua está completamente visível quando se chega a esse passo. O senhor Miers, em outra passagem de seu livro (p. 383), faz uma afirmação geral muito semelhante. (N.A.)
270. Veja o interessante artigo do senhor Pentland no *Geographical Journal*, março de 1835. (N.A.)
271. *Journal of Geographical Society*, vol. I, p. 165. (N.A.)

Em Chiloé, nenhuma fruta se desenvolve, exceto maçãs e morangos; é até muitas vezes necessário levar a cevada e o milho para dentro das casas para que amadureçam:[272] por outro lado, no Chile central, até mesmo a cana-de-açúcar[273] foi cultivada em locais abertos, e, além disso, durante seu longo verão de sete meses, o céu raramente fica nublado e nunca chove. A Ilha de Chiloé, assim como o continente vizinho, está coberta por uma floresta densa, com muita umidade e repleta de samambaias e outras plantas que preferem essa atmosfera úmida, enquanto o solo do Chile central, onde não há irrigação, é árido e quase deserto. Essas duas regiões, tão notavelmente opostas em todos os outros aspectos, misturam-se quase de repente perto de Concepción, na latitude 37°. Não duvido que a planície de neve eterna sofra uma curva extraordinária no distrito onde termina a floresta; pois árvores indicam um clima chuvoso e, portanto, uma atmosfera nublada.[274]

Do Chile central à Bolívia, um espaço de 16°, a linha de neve sobe apenas 610 metros. Se na Bolívia a atmosfera fosse tão clara quanto a do Chile, a fronteira provavelmente seria ainda mais elevada do que a atual altitude de 5.181 metros. Há uma razão para que o limite nas regiões equatoriais seja menor do que em uma latitude de 17° ao sul. Deixo, porém, a explicação para aqueles com mais informações sobre a secura e a nebulosidade da atmosfera nas respectivas regiões.

---

272. Para comprovar tal fato, posso citar, como autoridade adicional: Agüeros, *Descripción Historial de la Provincia de Chiloé*, 1791, p. 94. (N.A.)
273. Miers, *Chile*, vol. I, p. 415. Diz-se que a cana-de-açúcar cresceu em Ingenio, latitude 32°-33°, mas não em quantidade suficiente para tornar-se rentável. No Vale de Quillota, ao sul de Ingenio, vi algumas tamareiras grandes. (N.A.)
274. O grau médio de transparência atmosférica parece ser um elemento muito importante na determinação do clima de qualquer lugar. O doutor Richardson (*Report to British Association*, 1836, p. 131) observou que o professor Leslie, ao realizar experimentos apenas em relação aos efeitos da radiação em um clima insular, chegou a conclusões teóricas sobre a temperatura média do ano que são muito diferentes dos resultados obtidos sob a atmosfera clara das regiões polares. Acredito que o Chile central, pela claridade de seus céus, e Chiloé, pela qualidade oposta, podem ser comparados com qualquer parte do mundo: não nos surpreende, portanto, que os efeitos de dois climas tão opostos pareçam, à primeira vista, irregulares. A grande diferença na altura da linha de neve em lados opostos do Himalaia foi explicada por Humboldt e Jacquemont com base no mesmo princípio; e também assim pode-se falar da diferença entre as alturas dos Pirineus e do Cáucaso, sendo que o clima destas últimas montanhas é muito mais extremo que o das primeiras. (N.A.)

A presença de geleiras depende do acúmulo de uma grande massa de neve, sujeita a algumas variações de temperatura parcialmente suficientes para descongelar e depois solidificar a massa em seu curso descendente. Elas foram apropriadamente comparadas a gigantescos pingentes de gelo. O limite inferior das geleiras deve depender da neve que lhe dá origem e é determinado pela forma do terreno; na Terra do Fogo, a linha de neve desce muito, e as encostas das montanhas são escarpadas; portanto, podemos esperar encontrar geleiras que se estendem muito abaixo de suas encostas.[275] E, no entanto, fiquei muito surpreso quando, no meio do verão, vi pela primeira vez alguns dos braços do lado norte do Canal do Beagle que terminavam em encostas de gelo penduradas sobre as águas salgadas do mar. Pois as montanhas de onde desceram estavam longe de ser muito elevadas. O capitão FitzRoy acredita, pelas medidas dos ângulos, que a elevação geral é de pouco menos de 1.220 metros, com um ponto chamado Chain Mountain que chega a 1.310 metros. Mais para o interior, há, de fato, uma montanha mais elevada de 2.133 metros, mas não está diretamente ligada às geleiras de que falo agora. Essa cadeia, que excede em muito pouco a altura de algumas montanhas da Grã-Bretanha e que, ainda, no meio do verão, joga seus córregos congelados para baixo em direção à costa do mar, está situada na latitude das colinas de Cumberland.

Eu estava muito interessado em observar a grande diferença entre a matéria trazida por riachos e por geleiras. No primeiro caso, forma-se um banco de cascalho, mas, no segundo, uma pilha de blocos. Certa vez, quando os botes foram rebocados para a terra, à distância de 800 metros de uma geleira, ficamos admirando o penhasco perpendicular de gelo azul e desejando que mais alguns fragmentos caíssem, como aqueles que vimos flutuando na água, a uma distância de mais de 1,5 quilômetro de sua fonte. Por fim, uma massa caiu produzindo um baque e, no mesmo

---

275. Nos Alpes, Saussure dá 2.680 metros como média do limite inferior da linha de neve. No Mont Blanc, diz-se que a geleira de Montanvert (*Enciclopedia Metropol.*) desce 3.657 metros abaixo do cume da montanha, e isso faz com que sua base fique 1.572 metros abaixo da linha de neve. Na Noruega (ver von Buch), quando a geleira chega ao nível da água (latitude 67°), está 1.158 metros abaixo da mesma linha: na Terra do Fogo, a diferença deve ser quase a mesma do último caso. (N.A.)

instante, vimos o contorno suave de uma onda vindo em nossa direção. Os homens correram o mais rápido que puderam para os botes, pois era evidente que estes tinham grandes chances de ser despedaçados. Um dos marinheiros tinha acabado de chegar à proa quando a rebentação começou; ele foi derrubado várias vezes, mas não se machucou; e os barcos, embora tivessem sido levantados três vezes e caído outras três, não sofreram danos. Tivemos muita sorte, pois estávamos a 160 quilômetros do navio e poderíamos ter ficado sem provisões e sem armas de fogo.

Até presenciar aquela onda, eu já havia observado, na praia, alguns grandes fragmentos de rocha que haviam sido recentemente deslocados, mas não entendia a causa disso. Primeiro, é preciso descrever a curiosa estrutura da enseada em que o evento ocorreu: um lado era formado por um esporão de micaxisto (as montanhas circundantes são compostas dessa rocha); a cabeceira consistia em um penhasco de gelo com cerca de 12 metros de altura; e, do outro lado, havia um promontório formado por enormes fragmentos arredondados de granito e micaxisto com mais de 15 metros de altura. Para explicar a posição atual desses blocos, onde devem ter permanecido por muito tempo, pois árvores antigas cresciam nas partes superiores, devemos supor ou que a geleira anteriormente se afastou 1,5 quilômetro ou que a terra estava em um nível um pouco diferente. Quer possamos ou não explicar de fato a altura e o tamanho desse promontório de pedregulhos, com certeza, deve ter sido obra da geleira. Um fragmento semiarredondado de granito, logo acima da marca da maré alta, era de dimensões enormes. Projetava-se 6 pés acima da areia e estava enterrado a uma profundidade desconhecida; sua forma era oval, com uma circunferência de 27 metros, de modo que o eixo mais longo tinha provavelmente cerca de 9 ou 10 metros. Esse fragmento deve ter vindo das partes mais altas da cadeia, pois a base da montanha era inteiramente composta de micaxisto.

As ondas causadas pela queda do gelo devem ser um agente bastante poderoso para arredondar e empilhar esses fragmentos enormes e também para desgastar as pontas salientes da rocha sólida. Na Geórgia, situada na mesma latitude, Cook observou as grandes falésias de gelo na cabeceira de cada porto e disse que os "pedaços caíam de forma contínua, se quebravam e flutuavam para o mar, e, enquanto estávamos na baía, ocorreu uma grande queda cujo som parecia o de um canhão".

E acrescentou: "Não há como duvidar de que uma grande quantidade de gelo se forme aqui no inverno e que, na primavera, derreta e se disperse pelo mar". O senhor Sorrell, contramestre do *Beagle* e homem já há muito acostumado a esses mares, informou-me que, durante esta estação, ele viu, vindos da costa, pequenos *icebergs* com lama e cascalho sobre eles. O capitão Hunter[276] diz que visitou inúmeras ilhas de gelo nessa região e que "muitas delas eram metade negras, aparentemente por causa do solo originado da terra à qual tinham se fixado, ou, então, em virtude da lama da base onde haviam sido formadas". Com base nesta última teoria, deduzimos que grandes fragmentos podem ser facilmente movidos de um ponto a outro, e, a menos que o *iceberg* fosse destruído, estes nunca seriam descobertos. No entanto, as ilhas de gelo que flutuam no Oceano Austral, especialmente aquelas que ocorrem muito ao sul, parecem geralmente livres de quaisquer impurezas, exceto pelo esterco de aves marinhas. O capitão Biscoe,[277] que estendeu suas pesquisas ambiciosas até o Polo Antártico, me informa em uma carta que nunca viu[278] lama ou fragmentos de pedra sobre os inúmeros *icebergs* que encontrou durante sua viagem.

As geleiras ocorrem nas cabeceiras de canais ou estreitos ao longo de toda a costa oeste da região meridional da América do Sul. Olhando para o mapa, encontrei dezesseis lugares mencionados: além desses, conheço vários outros, como o Canal do Beagle e o sopé do Monte Sarmiento. Os canais ou estreitos, aliás, não foram todos mapeados até suas cabeceiras, parte em que as geleiras ocorrem com maior frequência. Dos dezesseis pontos listados, muitos incluem vários braços congelados vindos de uma imensa massa de gelo. No Canal das Montanhas, por exemplo, nada menos que nove descem de uma montanha, cuja face inteira, de acordo com o mapa, está coberta por uma geleira com extraordinários 34 quilômetros de comprimento e largura média de 2,5 quilômetros. Não se deve supor que a geleira se eleve em um vale por 34 quilômetros. Em vez disso, parece se estender por essa distância no mesmo nível, correndo paralelamente

---

276. Hunter, *Voyage to Port Jackson*, p. 102. (N.A.) [John Hunter (1737-1821), oficial da Marinha Britânica. (N.T.)]
277. John Biscoe (1794-1843), explorador inglês. (N.T.)
278. O senhor Sorrell relata que uma vez viu, a leste das Ilhas Shetland do Sul, um *iceberg* sobre o qual havia um grande bloco de rocha. (N.A.)

ao canal, e ocasionalmente alcançando o mar com um braço.[279] Há outras geleiras que compartilham estrutura e posição semelhantes, com comprimentos de 16 e 24 quilômetros.

Detalharei agora os casos mais notáveis extraídos do diário do capitão King, aos quais tantas vezes me referi. Segundo o tenente Skyring,[280] o Canal de Santo André "se fecha repentina e impetuosamente com geleiras imensas e assombrosas". A montanha mais alta da região (Monte Stokes) foi mensurada durante nossa subida ao Rio de Santa Cruz em 1.890 metros, e isso certamente excede consideravelmente a elevação geral da cadeia. Cerca de 145 quilômetros ao norte, os vários braços do canal Sir G. Eyre, na latitude de Paris, terminam em geleiras. O senhor Bynoe, médico do *Beagle*, que acompanhou o barco quando esta parte foi vistoriada, disse-me que, a cerca de metade do canal e a mais de 32 quilômetros de sua cabeceira, havia uma grande quantidade de massas flutuantes de gelo. De pé no barco, ele supõe ter visto cerca de cinquenta; Bynoe e outros quatro tripulantes do barco subiram em uma delas, que, embora apenas estivesse a 0,5 ou 1 metro acima da superfície da água, parecia bastante estável e aguentou facilmente o peso de todos. Na parte central da superfície do bloco havia uma massa de granito com formato angular que estava parcialmente incrustada; o gelo em torno da pedra havia descongelado de modo a formar uma poça rasa de água. O bloco era um cubo de quase 60 centímetros; e o Senhor Bynoe, com uma marreta, arrancou dele um pedaço do tamanho da cabeça de um homem. O *iceberg* ainda estava flutuando e à deriva para fora do canal: mesmo que tivesse encalhado nas imediações, o bloco de granito teria se apoiado sobre o xisto argiloso das montanhas circundantes. A rocha-mãe deve ser procurada nas partes mais altas da serra, perto da cabeceira do canal.

Também encontro nos mapas, a alguns quilômetros para o norte, um canal chamado Iceberg, sem dúvida pela quantidade de massas de gelo flutuantes. Vale notar que, nesta mesma latitude, no lado oposto da cordilheira,

---

279. Devo observar que, no mapa, as enseadas que recebem as geleiras têm, em sua maior parte, cruzes desenhadas para identificar a projeção de massas de rocha. Depois do que vimos no Canal do Beagle, suspeito que sejam massas separadas, derrubadas pela força esmagadora das geleiras. (N.A.)
280. William George Skyring (1797-1833), tenente no *Beagle* durante a viagem de Darwin. (N.T.)

as planícies de Santa Cruz, localizadas entre 80 e 100 quilômetros das montanhas, estavam repletas de grandes fragmentos de rocha. Um deles tinha 18 metros de circunferência, e outro, que era angular, media 4 metros quadrados; os dois estavam parcialmente enterrados no cascalho, de modo que sua espessura era desconhecida. Como é provável que as planícies tenham sido cobertas pelo mar em um período recente no âmbito geológico, e como sabemos que, nos dias atuais, os *icebergs*, tanto na mesma latitude quanto ainda mais ao norte, carregam consigo blocos angulares do lado oposto da cordilheira, a explicação do caso de Santa Cruz com base nos mesmos meios de transporte acaba se tornando tão provável que não ousamos duvidar disso, ainda mais porque a superfície ininterrupta dessas planícies e o vale formado em terraços são grandes obstáculos à admissão de algum desastre violento. As latitudes de que falamos acima correspondem ao extremo sul da Cornualha e às províncias do norte da França.

Mencionarei apenas mais um caso, a saber, a ocorrência de geleiras no nível do mar no Golfo de Penas, latitude 46°40'. Uma geleira é mostrada nos mapas margeando *um pântano raso frequentemente inundado*, em uma parte, e chegando à cabeceira do porto Kelly na outra. A xilogravura abaixo foi copiada dos mapas publicados.

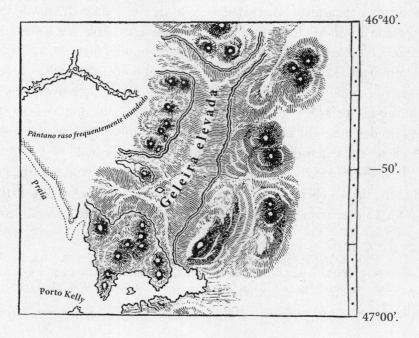

O capitão King diz que seu comprimento é de 24 quilômetros, e, de acordo com o mapa, tem 11 quilômetros de largura; também é descrita como sendo alta, de modo que temos aqui uma montanha enorme cobrindo uma ampla área e feita de gelo. Se compararmos sua localização com a dos países do Hemisfério Norte, veremos que o paralelo correspondente cruza os Alpes da Suíça. Ou podemos colocar o caso de forma mais assertiva, dizendo que as geleiras aqui descem ao mar a menos de nove graus de latitude de lugares onde crescem palmeiras, a menos de 2,5 graus das gramíneas arborescentes, e (olhando para o oeste no mesmo hemisfério) a menos de dois graus das orquídeas parasitas, e a apenas um grau das samambaias arbóreas! Na Noruega, Von Buch encontrou geleiras descendo para o mar em Kunnen, na latitude 67°; vinte graus mais próximo do polo do que neste hemisfério; uma diferença de latitude um pouco maior do que entre as linhas de neve da mesma altura nos mesmos dois países.

O levantamento topográfico do *interior* da costa terminou no Golfo de Penas, de modo que estou longe de saber se as geleiras são encontradas muito mais ao norte: e, se considerarmos o tamanho imenso da que acabamos de descrever, é extremamente improvável que seja a última. Na Ilha de Chiloé, que fica em frente à cordilheira, como o Jura em frente aos Alpes, existem muitos fragmentos angulares de granito de tamanhos imensos que parecem ter cruzado o braço continental do mar e estão espalhados pela região em diferentes alturas. Embora estejam entre os paralelos 41° e 43°, não conheço nenhuma objeção válida à suposição de que antes flutuavam em *icebergs* produzidos pela queda de geleiras. Não somos obrigados a supor que a latitude 46°40' tenha sempre sido a fronteira setentrional de tais fenômenos, mesmo que *seja* assim no presente. Esforcei-me para mostrar que a linha de neve no paralelo de Chiloé tem uma elevação de cerca de 1.830 metros; e, uma vez que no Mont Blanc as geleiras descem 1.570 metros abaixo da linha de neve eterna, então podemos esperar encontrá-las em frente a Chiloé a uma altitude muito pequena acima do nível do mar.

Em relação à localização das geleiras, elas parecem ocorrer apenas nos canais profundos que chegam à cordilheira central. Isso pode ser atribuído principalmente à menor elevação das cadeias de montanhas externas. Quando consideramos as vastas dimensões e o número dessas geleiras, vemos que seu efeito sobre a Terra deve ser muito grande. Todos já ouviram falar dos destroços que as geleiras da Suíça carregam, arrastando-se lentamente para baixo. Da mesma forma, em uma noite tranquila na Terra do Fogo, podem-se ouvir claramente os estalos e os gemidos das grandes massas em movimento. A mesma força que arranca florestas inteiras de árvores altíssimas deve, ao deslizar sobre a superfície, rasgar dos flancos da montanha muitos fragmentos enormes de rocha. Sob cada geleira, também, uma torrente barulhenta drena a parte superior do gelo. A esses efeitos, comuns a todos os casos, deve-se adicionar, nesta região, a erosão das ondas produzidas a cada queda, que não pode ser desprezada quando nos lembramos de que isso ocorre dia após dia, século após século. Devemos imaginar que cada parte da montanha esteve, durante a elevação gradual da Terra, exposta à ação combinada dessas forças.

Especular sobre os efeitos do terremoto sem dados concretos pode ser fútil. No entanto, a presença de conchas marinhas nos topos das colinas nas proximidades de uma grande geleira localizada na mesma latitude dos Alpes, como observado por Byron,[281] sugere elevações continentais recentes. Além disso, Bulkeley[282] relatou ter sentido quatro terremotos, três dos quais muito severos, indicando ainda mais o poder da atividade sísmica. Podemos ter certeza de que a mesma força responsável pela queda de grandes quantidades de rochas e solo das falésias marítimas no Chile também causou a queda de fragmentos muito maiores, já em movimento em um plano inclinado. Não posso conceber uma visão mais violentamente aterrorizante do que as ondas criadas por um deslizamento de terra tão maciço. Sabemos que mesmo a mera oscilação resultante dos movimentos do solo é conhecida por ser severa. Nesse caso, porém, posso facilmente imaginar que as águas, afastadas da enseada mais profunda, retornariam com muita força e fariam um turbilhão em torno das rochas como se estas fossem palha ao vento.

---

281. Byron, *Narrative of the Shipwreck of the Wager*. (N.A.)
282. Ver *Faithful Narrative of the Loss of the Wager*, de Bulkeley e Cummin. O terremoto aconteceu em 25 de agosto de 1741. (N.A.)

Em tempos vindouros, em um clima transformado pelo processo de mudanças físicas que acontece atualmente na maior parte deste continente, os efeitos produzidos por essas geleiras pareceriam inexplicáveis para quem duvidasse da possibilidade de sua existência em tais latitudes. Ele veria, nos vales mais afastados e protegidos (os atuais canais), praias formadas por grandes rochas arredondadas, como aquelas que se amontoam na costa do oceano mais turbulento. Então, talvez, especulasse que a cadeia externa de montanhas tivesse se elevado depois das cadeias internas, de modo a proteger uma costa que, até então, estava muito exposta, ou que dilúvios avassaladores houvessem varrido os vales e, de alguma forma, produzido, em algum momento, os efeitos da erosão que, em ocasiões comuns, necessitariam da longa ação dos séculos.

Se pudéssemos hoje submergir a maior parte da Terra do Fogo, ou não deixar que as partes mais recentes se elevassem, formaríamos uma ilha com alguns pequenos *outliers*[283] semelhante à Geórgia, situada exatamente na mesma latitude. Será que, nesse caso, poderíamos negar a probabilidade de que a linha de neve chegasse quase até a beira da água e que todo vale fosse "delimitado por uma parede de gelo", e que, "no inverno, as massas fossem quebradas e espalhadas pelo mar?" — todas essas circunstâncias ocorrem atualmente na Geórgia. As correntes, que sempre fluem de oeste para leste, conduziriam essas massas flutuantes pelos canais em direção ao lado leste. E, como hoje sabemos que, em ambos os hemisférios, os *icebergs* ocasionalmente transportam fragmentos de rocha, então não podemos negar que os da Terra do Fogo possam ter feito o mesmo anteriormente. Quando a terra fosse elevada, os fragmentos de rocha seriam encontrados depositados no lado leste do continente, em faixas que representariam os antigos canais. Sendo verdadeira ou não a hipótese de seu movimento, essa é a posição dos blocos erráticos na Terra do Fogo.

Com relação ao conceito geral de transporte por grandes fragmentos angulares de gelo, tenho alguns comentários adicionais a fazer. Humboldt observou que nenhum deles ocorria nas grandes planícies

---

283. Chamados de "testemunhos de erosão", ver capítulo VI. (N.T.)

intertropicais no lado oriental da América do Sul e, assim, acreditava que elas estivessem totalmente ausentes do continente. Pelo que pude aprender com as obras dos viajantes e pelo que eu mesmo vi, parece que essa observação é precisa para as regiões de ambos os lados da cordilheira até o sul do Chile central. Azara afirma especificamente que esse é o caso do Chaco. A evidência disso é particularmente forte nos afluentes do Rio Amazonas, como indicado pelo relato de La Condamine.[284] Segundo ele, "abaixo de Borja, mesmo para uma distância de quatro ou quinhentas léguas, uma única pedra, mesmo uma pedra, é tão rara quanto um diamante. Os selvagens dessas regiões não têm conhecimento das pedras e nem sequer têm um conceito delas. É muito interessante observá-los chegar em Borja e ver pedras pela primeira vez: expressam sua admiração por elas com sinais, pegam-nas e carregam-nas como se estas fossem uma mercadoria valiosa". É, portanto, notável que, assim que alcançamos as latitudes mais frias do Hemisfério Sul (de 41° até o Cabo Horn), ocorra o mesmo fenômeno, quase em escala tão grande e com limites semelhantes aos das regiões setentrionais tanto do Velho quanto do Novo Mundo. Os fragmentos provenientes das regiões polares ou de outros grupos montanhosos não chegam perto dos trópicos, nem no Hemisfério Sul nem no Hemisfério Norte.

Devemos considerar a ausência de pedregulhos erráticos na parte dos Andes que se localiza em um clima mais quente, que é comparável, como relatou o professor Royle,[285] ao que ocorre no norte da Índia ao redor das encostas do Himalaia, onde estão os cumes mais elevados da Terra. Em relação à África Meridional, desde a latitude 35° até o trópico, o doutor Andrew Smith, que visitou como naturalista uma porção muito grande do interior, garante nunca ter visto nada do tipo. Tampouco me lembro de encontrar menção a esses blocos nas obras dos numerosos viajantes às regiões equatoriais do mesmo continente. Essa observação certamente se aplica à Austrália no paralelo de Sydney, mas talvez seja

---

284. *La Condamine's Voyage* (tradução em inglês), p. 24. (N.A.) [Charles-Marie de La Condamine (1701-1774) foi um cientista e explorador francês que realizou uma expedição ao Peru e à Bacia Amazônica entre 1735 e 1744. (N.T.)]
285. John Forbes Royle (1798-1858), professor e botânico inglês nascido na Índia. (N.T.)

mais duvidosa em relação à Tasmânia.[286] Para mim, esses fatos negativos[287] têm um peso muito grande em relação às muitas evidências positivas oferecidas pelo senhor Lyell.[288]

---

286. Reunirei aqui todas as exceções (aparentes?) que encontrei à suposta lei de que não existem blocos erráticos nas regiões intertropicais do mundo. Em primeiro lugar, no *Bulletin de la Société Géologique*, 1837, p. 234, há um relato de alguns blocos erráticos perto de Macau (latitude 22° N), mas o caso não precisa ser levado em conta, pois, conforme claramente declarado, os blocos são todos de granito, e a maioria apresenta até mesmo a coloração da rocha granítica sobre a qual estão. Em segundo lugar, em uma edição recente do *Madras Journal*, o doutor Benza [Pasquil Maria Benza] relatou alguns blocos erráticos localizados em uma planície entre os montes Nilguiri (latitude 12° N) e Madras. Ele afirma que a rocha-mãe da região é o gnaisse, "enquanto os aglomerados de granito são mais elevados e tomam uma forma prismática ou são empilhados *uns sobre os outros* como *pedras de balanço*". O doutor Benza teve a bondade de me informar que essas massas são muito grandes e que várias delas estão empilhadas umas sobre as outras. Em seguida, Brongniart [Alexandre Brongniart (1770-1847) (N.T.)] diz (*Tableau de Terrains*, p. 83): "Também citamos, na Índia, na região de Haiderabade (latitude 17° N), *enormes* blocos de granito *empilhados* uns sobre os outros" [em francês no original: "On cite aussi dans l'Inde, au pays d'Hyderabad (lat. 17° N), des blocs énormes de granite, amoncelés les uns sur les autres" (N.T.)]. Cada um deve tirar as próprias conclusões desses relatos sobre a probabilidade de os blocos erráticos serem amontoados uns sobre os outros, *como pedras de balanço* (pedras *logan*). A mesma dúvida também se aplica, em parte, ao caso de Macau. Com relação às rochas de Haiderabade, o doutor T. Christie declarou claramente (*The Edinburgh New Philosophical Journal*, out. 1828, p. 102) que elas estão *in situ* e explicou sua origem. De minha parte, não tenho como esquecer que todas as colinas graníticas do Cabo da Boa Esperança passaram a ter o formato de um rochedo por causa da erosão e já foram descritas como massas transportadas. Os dois casos seguintes não cabem muito bem aqui, pois se referem a massas que se encontram nos *vales* de montanhas elevadas. Não devemos ignorar acidentes como o rompimento de lagos, os terremotos e a ação de antigas linhas costeiras. Helms [Anton Zacharias Helms], em seu livro *Travels from Buenos Ayres, by Potosi, to Lima* (tradução em inglês, p. 45), afirma ter ficado surpreso ao ver que as montanhas nevadas mais altas perto de Potosí (20° N) estavam cobertas com um estrato de pedras graníticas arredondadas. Ele supõe que estas devem ter vindo de Tucumã, várias centenas de quilômetros distante. No entanto, na página 55, ele diz que, em Localla (apenas a alguns quilômetros de Potosí), "há uma massa de granito de muitos quilômetros de comprimento sobre enormes rochas erodidas". O relato é, para mim, bastante ininteligível. Por fim, o senhor Gay (*Annales des Sciences*, 1833) descreve rochas graníticas do Vale de Cauquenes (latitude 33°-34° S), na cordilheira. Visitei o lugar: as rochas e os pedregulhos não são grandes, e os que estão além da foz do vale são pequenos. O caso não me pareceu tão extraordinário quanto o relatado pelo senhor Gay. Não concordo com sua afirmação de que essa rocha não é encontrada naquela parte da cordilheira. Isso, no entanto, é tema para um trabalho futuro. (N.A.)

287. A ausência de grandes fragmentos incrustados nas formações da época secundária, quando sabemos que o clima tinha características mais tropicais, é um fato do mesmo tipo. (N.A.)

288. Palestra de aniversário à *Geological Society*, 19 de fevereiro de 1836, p. 30; e *Principles of Geology*, vol. I, p. 269, e vol. IV, p. 47, 5ª edição. (N.A.)

O fato de uma vegetação exuberante de natureza tropical poder crescer extensivamente nas zonas temperadas, mesmo em regiões com um clima que permite um limite de baixa altitude de neve permanente e a consequente descida de geleiras ao mar, é significativo; isso porque tem sido argumentado, com considerável plausibilidade, que, como há evidências convincentes de um resfriamento gradual do clima (ou, pelo menos, um clima menos hospitaleiro para plantas tropicais) na Europa, não é muito lógico supor que as geleiras estivessem ativas em áreas em que elas não estão mais presentes. Pode-se perguntar: que circunstâncias no Hemisfério Sul produzem tais resultados? Estes poderiam ser atribuídos à área relativamente grande de água naquela região? Não é verdade que as inferências geológicas simples nos obrigam a afirmar que, durante a época anterior ao presente, o Hemisfério Norte se aproximou mais dessa condição do que atualmente?

Estamos todos tão mais familiarizados com a localização dos lugares na nossa própria parte do mundo que irei recapitular o que está realmente acontecendo no Hemisfério Sul,[289] transportando mentalmente cada lugar do sul para uma latitude correspondente do norte. Assim, nas províncias do sul da França, florestas magníficas, mescladas com gramíneas arbóreas e árvores carregadas de plantas parasitas, cobririam toda a região. Na latitude do Mont Blanc, porém em uma ilha a leste, próxima à Sibéria central, samambaias arbóreas e orquídeas parasitas prosperariam em meio a densas florestas. Mesmo no norte da Dinamarca central, beija-flores pairando sobre flores delicadas poderiam ser vistos, assim como papagaios se alimentando, em meio às florestas perenes que cobririam as montanhas até a beira da água. No entanto, o sul da Escócia (apenas duas vezes mais a oeste) formaria uma ilha "quase totalmente coberta por neve perpétua", em que cada baía terminaria em falésias de gelo, das quais grandes massas se desprenderiam anualmente, às vezes levando fragmentos de rocha consigo. Essa ilha só teria um pássaro terrestre, um pouco de grama e musgo; na mesma latitude, entretanto, haveria uma abundância de criaturas vivas no mar. Uma cadeia

---

289. No Hemisfério Sul, até a latitude 34°35', encontramos elefantes, rinocerontes, hipopótamos e leões. Na América do Sul, a onça-pintada ocorre em 42°, e o puma, em 53°. (N.A.)

de montanhas que chamaremos de cordilheira, que se estende ao norte e ao sul pelos Alpes (mas de uma elevação muito inferior a estes), ligaria os Alpes à parte central da Dinamarca. Ao longo de toda essa linha, quase todos os canais profundos terminariam em "geleiras imensas e assombrosas". Nos próprios Alpes (com sua altitude reduzida a cerca da metade), encontraríamos provas de elevações recentes, e, ocasionalmente, terremotos terríveis fariam precipitar tantas massas de gelo ao mar que as ondas, quebrando nelas, coletariam enormes fragmentos e os empilhariam nos cantos dos vales. Outras vezes, *icebergs*, "carregados com grandes blocos de granito",[290] sairiam flutuando dos flancos do Mont Blanc e, em seguida, encalhariam nas ilhas vizinhas do Jura. Quem, então, negará a possibilidade de que essas coisas tenham realmente ocorrido na Europa durante um período anterior e sob circunstâncias que, sabemos, eram diferentes das atuais, uma vez que a mera observação do Hemisfério Sul nos mostra que, ali, esses eventos estão na ordem do dia?

Ao norte do nosso novo Cabo Horn, teríamos apenas alguns conhecimentos de alguns grupos insulares, situados na latitude da parte sul da Noruega e das Ilhas Faroé. Estes, no meio do verão, ficariam enterrados sob a neve e cercados por paredes de gelo, de modo que dificilmente um ser vivo de qualquer tipo pudesse sobreviver ali. Se algum navegador ousado tentasse ir além dessas ilhas em direção ao polo, correria mil perigos e só encontraria um oceano repleto de montes de gelo.

Nas Ilhas Faroé (ou então um pouco ao sul de Wiljui, onde Pallas encontrou — na latitude 64° N — o rinoceronte congelado), um corpo enterrado sob a superfície do solo sofreria tão pouca decomposição que, anos depois (como no caso mencionado nas Ilhas Shetland do Sul, 62°-63° S), todas as suas características estariam perfeitas e inalteradas. Faço particular menção a essa circunstância porque o caso dos animais siberianos preservados no gelo com sua carne sugere a mesma dificuldade aparente em relação às geleiras, a saber, a união, no mesmo hemisfério, de

---

[290]. *Geographical Journal*. O Capitão King usa essas palavras quando fala do caso no Canal Sir G. Eyre, que descrevi de forma mais completa por meio das informações oferecidas pelo senhor Bynoe. (N.A.)

um clima, em alguns sentidos, severo com outro que permite, *na atualidade*, a existência de formas de vida que, embora sejam abundantes *fora* dos trópicos, não se aproximam das zonas congeladas.

A preservação perfeita dos animais siberianos tem sido, talvez, um dos problemas mais difíceis da geologia até os últimos anos. Por um lado, admitiu-se que as carcaças não haviam sido arrastadas de uma grande distância por uma maré violenta, e, por outro lado, foi dado como certo que o clima na época em que esses animais viveram deve ter sido diferente a ponto de a presença de gelo nas proximidades ser um fato tão inacreditável como o congelamento do Ganges. O senhor Lyell, em seus *Principles of Geology*,[291] lançou uma luz poderosa sobre esse assunto, ao indicar que os rios existentes correm para o norte e que, no passado, provavelmente levaram as carcaças dos animais na mesma direção; ao mostrar (de acordo com Humboldt) quão longe podem, às vezes, vagar os habitantes das regiões mais quentes; ao insistir na cautela necessária ao se inferir, entre animais do mesmo gênero, os hábitos de espécies diferentes; e, especialmente, ao afirmar muito claramente a provável mudança de um clima insular para um clima extremo como consequência da elevação da Terra, o que tem sido apoiado recentemente por evidências.[292]

Anteriormente, neste trabalho, esforcei-me para mostrar que, no que diz respeito à *quantidade* de alimentos, não há dificuldade em supor que esses grandes quadrúpedes tenham habitado regiões áridas que produziam apenas uma vegetação esparsa. Em relação à temperatura, a pelagem lanosa do elefante e do rinoceronte parece abrir, ao menos, a possibilidade (embora, segundo é argumentado, haja animais densamente revestidos que vivem em regiões muito quentes) de que se adequavam a um clima frio. Suponho não haver motivo para que, durante uma época anterior, quando os paquidermes eram abundantes na maior parte do mundo, algumas espécies não fossem adequadas às regiões do norte, como ocorre atualmente com cervos e vários outros animais.[293]

---

291. Na quarta edição e nas subsequentes. (N.A.)
292. *A viagem de Wrangel no Oceano Ártico nos anos de 1821, 1822 e 1823*. Editado pelo professor Parrot, de Dorpat, Berlim, em 1826. (N.A.)
293. O doutor Fleming apresentou essa ideia pela primeira vez em dois artigos publicados em *The Edinburgh New Philosophical Journal* (abril de 1829 e janeiro de 1830). Ele traz o

Se, então, acreditarmos que o clima da Sibéria, antes das mudanças físicas acima mencionadas, tinha alguma semelhança com o do Hemisfério Sul nos dias atuais — uma circunstância que concorda com outros fatos,[294] como acredito ter mostrado pelo experimento mental que fizemos ao transportar os fenômenos existentes de um hemisfério para o outro —, as seguintes conclusões podem ser deduzidas como prováveis: primeiro, que o grau de frio não era excessivo no passado; segundo, que a neve não cobriu o solo por muito tempo (exceto nas extremidades da América do Sul, latitudes 55°-56°); terceiro, que a vegetação tinha um caráter mais tropical do que tem agora nas mesmas latitudes; e, por último, que apenas a uma curta distância ao norte de uma região nessas circunstâncias (não tão longe quanto o local em que Pallas encontrou o rinoceronte inteiro) o solo estaria sob gelo perpétuo, de modo que, se a carcaça de qualquer animal fosse enterrada alguns metros abaixo da superfície, seria preservada por séculos.

---

caso de espécies aparentadas de ursos, raposas, lebres e bois que viviam em climas completamente diferentes. (N.A.)
294. Desde que escrevi isso, li um artigo muito interessante do professor Esmark [Jens Esmark (1763-1839), professor dinamarquês-norueguês de mineralogia que contribuiu para muitas das descobertas iniciais e as análises conceituais de geleiras. (N.T.)] provando que, antes, as geleiras na Noruega chegavam a altitudes mais baixas do que as altitudes a que chegam hoje, e, portanto, que desciam ao nível do mar em uma latitude mais baixa. Isso, de acordo com as teorias em geral aceitas, indicaria a origem de um clima mais frio; portanto, essa teoria foi considerada pelo professor Esmark, pois encontra aí uma prova a favor da hipótese de Whiston, a qual afirma que a "Terra, em seu afélio, estava coberta de gelo e neve". O professor Esmark descreve uma parede glacial na latitude 58°57', situada "perto do nível do mar, em um distrito onde se encontram apenas alguns montes de neve eterna nos desfiladeiros das montanhas". Ele diz: "Não só a parede em si, mas toda a superfície horizontal, prova que havia uma geleira aqui, pois a planície é muito semelhante àquelas que encontrei perto das geleiras que existem atualmente entre Londfiord e Lomb" ["Søndfiord", no texto original em dinamarquês de Esmark (Esmark, J. (1824) Bidrag til vor Jordklodes Historie. *Magazin for Naturvidenskaberne*. A revista citada por Darwin traz, na página 118, a grafia "Londfiord") (N.T.)]. (Ver *The Edinburgh New Philosophical Journal*, p. 117, out. 1826). Esses fatos proporcionam uma confirmação muito forte e admirável da visão de que o clima da Europa vem mudando gradualmente, de uma condição semelhante àquela do Hemisfério Sul à sua condição atual. Pois, com essa hipótese, poderíamos esperar que fossem descobertas provas de que as geleiras, no passado, chegaram a uma altitude menor do que a atual, ainda que os restos orgânicos dessa época, e não em um período anterior de maior frio, indicassem um clima de caráter mais tropical. Uma conclusão que pode ser deduzida de evidências geológicas simples. (N.A.)

Tanto Humboldt[295] quanto Lyell observaram que, atualmente, os corpos de quaisquer animais — que vagavam para além da linha de congelamento perene que se estende ao sul até 62° e foram enterrados acidentalmente alguns metros abaixo da superfície — seriam preservados por tempo indeterminado: o mesmo aconteceria com carcaças levadas pelos rios; e, dessa forma, os mamíferos extintos podem ter sido sepultados. Falta apenas um pequeno passo, como me parece, e todo o problema seria resolvido de forma bastante simples em comparação com as soluções obtidas com as várias teorias inventadas antes. Com base no relato dado pelo senhor Lyell sobre as planícies siberianas, com seus inúmeros ossos fósseis (restos de muitas gerações sucessivas), não há dúvida de que os leitos foram acumulados em um mar raso ou em um estuário. Pela descrição dada na viagem de Beechey à Baía de Eschscholtz, a mesma observação é aplicável à costa noroeste da América: a formação lá parece idêntica à dos depósitos litorâneos comuns[296] recentemente elevados que vi nas margens da parte sul do mesmo continente. Parece também bem-estabelecido que os fósseis da Sibéria só estão expostos onde os rios cruzam a planície. Levando-se em consideração esse fato e as evidências de um soerguimento recente, todo o caso parece ser quase igual ao dos Pampas, ou seja, que, no passado, as carcaças foram arrastadas para o mar, e seus restos, cobertos pelos depósitos que começavam a se acumular. A partir dessa época, esses leitos se elevaram; então, à medida que os rios escavam seus canais, os esqueletos sepultados são expostos.

Aqui, no entanto, está a dificuldade: como as carcaças foram preservadas no fundo do mar? Não me parece ter sido corretamente notado o fato de que a preservação do animal com sua carne foi um evento ocasional e não uma consequência direta de sua localização no extremo norte. Cuvier[297] cita a viagem de Billings[298] para mostrar que os *ossos* de elefante, de búfalo e de rinoceronte não são tão abundantes como nas

---

295. Ver Humboldt, *Fragmens Asiatiques*, vol. II, p. 385-395. (N.A.)
296. Ver algumas observações do doutor Buckland sobre a semelhança desta formação com os depósitos tão comumente encontrados em grande parte da Europa. Apêndice da *Viagem de Beechey*, p. 609. (N.A.)
297. Cuvier: *Ossemens Fossiles*, vol. I, p. 151. (N.A.)
298. Joseph Billings (1758-1806), navegador, hidrógrafo e explorador inglês. (N.T.)

ilhas entre as fozes do Lena e do Indiguirka. Diz-se até que, com exceção de alguns montes de rocha, o resto é formado por areia, gelo e ossos. Essas ilhas ficam ao norte do lugar onde Adams encontrou o mamute preservado com sua carne, e até 10° ao norte do Rio Viliui, onde o rinoceronte foi encontrado em condições semelhantes. Quanto aos *ossos*, podemos supor que as carcaças foram levadas a um mar mais profundo e, lá permanecendo, a carne se decompôs.[299] Mas, no segundo e mais extraordinário caso em que a putrefação parece ter sido detida, o corpo, provavelmente, foi logo coberto pelos depósitos que, então, vinham se acumulando. Pode-se perguntar se a temperatura da lama, que está a poucos metros de profundidade, no fundo de um mar raso que é anualmente congelado, é superior a 0 °C? Lembremo-nos de que é necessário um frio muito intenso para congelar a água salgada, e que a lama a alguma profundidade abaixo da superfície terá uma temperatura média baixa, assim como o subsolo da terra que fica congelado em regiões que desfrutam de um verão curto e quente. Se isso for possível,[300] então o

---

299. Nestas circunstâncias de lenta decomposição, os depósitos circundantes ficariam provavelmente impregnados com muita matéria animal, e isso pode explicar o odor peculiar percebido nas proximidades dos estratos contendo ossos fósseis na Baía de Eschscholtz. Veja o Apêndice de *Voyage* de Beechey. (N.A.)

300. Com relação à possibilidade de mesmo o gelo se acumular no fundo do mar, apenas farei referência à seguinte passagem retirada da tradução em inglês do *Expedition to the East Coast of Greenland, by Captain W. Graah, Danish Royal Navy* [Expedição à Costa Leste da Groenlândia, pelo capitão W. Graah, Marinha Real Dinamarquesa — capitão Wilhelm August Graah (1793-1863) foi um oficial da Marinha Dinamarquesa. (N.T.)]: "Existem outros perigos a serem considerados, além do mencionado anteriormente: foi dito que o gelo, por aqui, mesmo longe da costa, pode disparar do fundo do mar em grandes massas, o que possivelmente tornará impossível a passagem por muitos anos. Uma possibilidade é que o fundo do mar nesta área esteja coberto por uma espessa camada de gelo da mesma forma como a terra seca pode ser coberta por uma camada de gelo, mas não está claro como explicar esse fenômeno. Entretanto, é impossível saber ao certo se esta camada de gelo é formada no local, se é constituída por *icebergs* e gelo à deriva que congelaram até o fundo durante invernos rigorosos ou se é uma parte do gelo terrestre que foi empurrada para o mar com rochas e fragmentos da colina em erosão. Este é um problema que pode não ter uma solução clara". E então ele diz: "Passamos sem nenhum acidente e não notamos nada desse soerguimento do gelo do qual se tem falado; entretanto, não há dúvida de que esse fenômeno ocorre, pois o nome do lugar, Puisortok, deriva dele". Parece bem documentado (ver *Journal of Geographical Society*, vol. V, p. 12, e vol. VI, p. 416, e também uma coleção de relatos no *The Edinburgh Journal of Natural and Geographical Science*, vol. II, p. 55) que o fundo dos rios de água doce na Rússia e na Sibéria, e até mesmo na Inglaterra, muitas vezes congela, e que os flocos de gelo, quando sobem à superfície, costumam "trazer grandes pedras com eles". Tudo o que

sepultamento desses quadrúpedes extintos torna-se algo muito simples; e, no que diz respeito às condições de sua existência anterior, as principais dificuldades já foram resolvidas.

Tendo concluído essa longa discussão sobre as analogias que podem ser inferidas do clima e da flora do sul da América, voltaremos à descrição da Terra do Fogo.

Há um produto vegetal notável na Terra do Fogo que serve como principal fonte de alimento para os povos indígenas. É um fungo esférico, amarelo-claro e do tamanho de uma pequena maçã que se prende em grande número à casca das faias. Provavelmente forma um novo gênero e está relacionado ao gênero *Morchella*. Quando esses fungos são jovens, eles estão cheios de umidade, o que os torna elásticos e firmes. A pele externa é lisa, mas ligeiramente marcada com pequenas cavidades circulares, como as da varíola. Quando aberto, vemos que seu interior é formado por uma substância carnuda e branca, que, vista sob um microscópio de alta ampliação, se assemelha ao macarrão cabelo de anjo (aletria), por causa de seus inúmeros cilindros filiformes. Logo abaixo da superfície, esferas em forma de taça, com diâmetro de cerca de 2 milímetros, estão dispostas em intervalos regulares. Essas taças estão preenchidas com uma substância ligeiramente adesiva, porém elástica, incolor e bastante transparente; e, por causa desta última característica, pareciam inicialmente vazias. As pequenas bolas gelatinosas podem ser facilmente separadas da massa circundante, exceto na parte superior, onde a borda se separa em fios que se misturam com o resto da substância parecida com a aletria. A pele externa logo acima de cada uma das esferas é perfurada e se rompe à medida que o fungo cresce, e a massa gelatinosa, que, sem dúvida, contém os esporos, é disseminada.

Após esse processo de fertilização, toda a superfície se torna como um favo de mel com células vazias (como mostra a xilogravura), e o fungo

---

parece ser necessário para a produção de gelo terrestre é a existência de movimento no fluido que seja suficiente para resfriar o todo até o ponto de congelamento e, então, a água irá se *cristalizar* onde quer que haja um ponto de conexão. (N.A.)

encolhe e fica mais duro. Os fueguinos comem esses fungos crus e em grandes quantidades nesse estágio; quando bem mastigados, têm um sabor ligeiramente doce e viscoso, acompanhado por um odor suave que lembra o de um cogumelo. Com exceção de algumas bagas de um *Arbutus* (medronheiro) anão, que não são consumidas em grandes quantidades, esses pobres selvagens não comem outro alimento vegetal além desse fungo.[301]

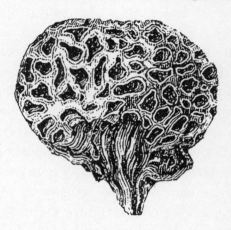

Como já observei anteriormente, as florestas[302] na Terra do Fogo têm uma aparência escura e sombria, com apenas duas ou três espécies de árvores dominando a paisagem. Acima da região da floresta, há muitas plantas alpinas anãs, que brotam da massa de turfa e ajudam a compô-la. A parte central da Terra do Fogo, onde ocorre a formação xisto-argilosa, é mais propícia ao crescimento de árvores; na costa exterior, o solo granítico mais pobre e uma localização mais exposta aos ventos violentos não permitem que cresçam muito. Perto de Puerto del Hambre, vi árvores

---

301. Na Nova Zelândia, antes da introdução da batata, a raiz da samambaia era consumida em grandes quantidades. Imagino que, atualmente, a Terra do Fogo seja o único país do mundo em que uma planta criptogâmica serve de artigo de sustento. (N.A.)

302. O capitão FitzRoy informou-me que, em abril (estação similar a outubro no Hemisfério Norte), as folhas das árvores que crescem perto da base das montanhas mudam de cor, e que isso não ocorre com as existentes nas partes mais altas. Lembro-me de ter lido algumas observações mostrando que, na Inglaterra, as folhas caem mais cedo em um outono quente e com tempo bom do que em um tardio e frio. Assim, a mudança de cor tardia nos locais mais altos e, portanto, mais frios deve ocorrer devido à mesma lei geral da vegetação. As árvores da Terra do Fogo não perdem a totalidade de suas folhas em nenhuma estação do ano. (N.A.)

mais altas do que em qualquer outro lugar: medi uma casca-de-anta (*Drimys winteri*) que tinha 1,37 metro de circunferência e várias faias de 4 metros. O capitão King também menciona uma faia com 2 metros de diâmetro a 5 metros acima das raízes.

A zoologia da Terra do Fogo, como era de se esperar pela natureza de seu clima e sua vegetação, é muito pobre. Entre os mamíferos, além de cetáceos e focas, há um morcego, um camundongo com dentes frontais ranhurados (*Reithrodon* de Waterhouse), e duas outras espécies, o tuco--tuco (a maioria desses roedores está confinada às partes orientais e secas), uma raposa, uma lontra-marinha, o guanaco e um cervo. Este último animal é raro, e não é, acredito, encontrado ao sul do Estreito de Magalhães, como acontece com os outros.

Observando a correspondência geral das falésias de arenito macio, lama e seixos dos lados opostos do Estreito e de algumas ilhas intermediárias, ficamos muito tentados a acreditar que a terra já foi unida, e, assim, permitiu que animais tão delicados e indefesos como o tuco-tuco e o *Reithrodon* fossem de um lado para o outro. O fato de as falésias corresponderem umas às outras não indica necessariamente uma junção entre elas. As falésias são frequentemente formadas pela intersecção de depósitos inclinados que foram acumulados perto das antigas margens antes da elevação do terreno. É, no entanto, uma coincidência notável que, nas duas grandes ilhas, cortadas do resto da Terra do Fogo pelo Canal do Beagle, uma tenha falésias compostas de uma matéria que pode ser chamada de aluvião estratificado e que estas sejam acompanhadas por suas similares do lado oposto do canal, enquanto a outra é exclusivamente margeada por rochas mais antigas. Na primeira, chamada Ilha Navarino, há raposas e guanacos; mas, na outra, Ilha Hoste, embora seja semelhante em todos os aspectos e esteja separada apenas por um canal de pouco mais de 800 metros de largura, não é possível encontrar nenhum desses animais, segundo informou-me Jemmy Button. Devo confessar uma exceção à regra, a presença de um pequeno rato, pertencente a uma espécie que também vive na Patagônia.

As florestas sombrias são habitadas por poucos pássaros: ocasionalmente, pode-se ouvir a nota melancólica de um tiranídeo papa-moscas branco, escondido perto do cume das árvores mais elevadas; e, mais raramente, o grito estranho e alto de um pica-pau-preto, que exibe uma bela crista escarlate na cabeça. Um tapaculo-sombrio-chileno (*Scytalopus fuscus*) salta sorrateiramente entre os emaranhados de troncos caídos e em decomposição. Mas a ave trepadeira (*Synallaxis tupinieri*) é a mais comum da região. É encontrada em todas as florestas de faia, nas montanhas e nos vales, nos barrancos mais escuros, úmidos e impenetráveis. Essa pequena ave parece, sem dúvida, mais numerosa do que realmente é, devido ao seu hábito de seguir, com aparente curiosidade, qualquer pessoa que entre nessas florestas silenciosas: emite um contínuo gorjeio estridente e esvoaça de árvore em árvore a poucos metros do rosto do intruso. Está longe de desejar a reclusão modesta da verdadeira trepadeira (*Certhia familiaris*) [ou trepadeira-do-bosque] e não corre pelos troncos das árvores como esta, mas, com rapidez, como uma felosa-musical [*Phylloscopus trochilus*], pula para cá e para lá buscando insetos em cada ramo ou galho. Nas áreas mais abertas, há três ou quatro espécies de tentilhões, um tordo, um estorninho (ou *Icterus*), duas espécies do gênero *Furnarius* e vários falcões e corujas.

A ausência completa de qualquer espécie pertencente à classe dos répteis é uma característica distinta da zoologia tanto da Terra do Fogo quanto das Ilhas Falkland. Essa observação não se baseia apenas em minha própria experiência, mas é também uma declaração que ouvi dos residentes espanhóis das Falkland e de Jemmy Button a respeito da Terra do Fogo. Às margens do Santa Cruz, a 50° de latitude sul, vi um sapo; e não é improvável que esses animais, assim como os lagartos, possam ser encontrados tão ao sul quanto o Estreito de Magalhães, onde a região mantém as características da Patagônia. Entretanto, não encontramos nenhum deles nos confins úmidos e frios. Esse clima, de forma previsível, não seria adequado a algumas ordens, como a dos lagartos; isso, porém, não era tão óbvio em relação aos sapos.

Os coleópteros ocorrem em números muito pequenos. Antes de ter empregado todos os meios para encontrá-los, eu não conseguia acreditar que um país tão grande como a Escócia, coberto de produtos vegetais e com uma grande variedade de habitações, pudesse ser tão improdutivo. A maior parte da minha pequena coleção é formada por insetos alpinos (*Harpalidae* e *Heteromera*), encontrados sob as pedras, acima do limite da floresta. Mais abaixo, com exceção de alguns poucos gorgulhos (corculonídeos), não encontrei quase nenhum. Os coleópteros da família *Chrysomelidae*, tão eminentemente característicos dos trópicos, quase não são encontrados aqui.[303] Isso deve ser causado pelo clima, pois a quantidade de matéria vegetal é superfluamente grande. No período mais quente do verão, a média da temperatura máxima foi de 12 °C para 37 dias consecutivos, e o termômetro, em alguns dias, chegou a 15,5 °C. Ainda assim, não havia insetos da ordem *Orthopera* e apenas poucos da *Diptera* (moscas), da *Lepidoptera* (borboletas e mariposas) ou da *Hymenoptera* (abelhas, vespas e formigas). Nas lagoas, encontrei apenas alguns besouros aquáticos e nenhum molusco de água doce. À primeira vista, o gastrópode do gênero *Succinea* parece ser uma exceção, mas, aqui, deve ser chamado de espécie terrestre, pois vive em meio à vegetação úmida, longe da água. Encontrei moluscos terrestres apenas nos mesmos locais em que observei os besouros alpinos. Já comparei o clima, bem como as características gerais da Terra do Fogo e da Patagônia; na entomologia, a diferença é bastante evidente. Não acredito que estes lugares tenham em comum alguma espécie, mas, com certeza, as características gerais dos insetos são extremamente diferentes.

Se mudarmos nosso foco da terra para o mar, descobriremos que este último está repleto de organismos vivos, em contraste com a escassez encontrada em terra. Em todas as partes do mundo, uma costa rochosa e parcialmente protegida talvez favoreça, em um determinado espaço, um número de animais individuais maior do que qualquer outro tipo de local. Aqui, sob cada pedra, fervilhavam inúmeras criaturas rastejantes, especialmente crustáceos da família *Cymothoades*. A quantidade de *Sphaeroma* era realmente admirável: esses animais, quando enrolados, têm alguma semelhança com trilobitas e, por isso, são de interesse de um geólogo. Nas rochas das marés, havia uma abundância de grandes conchas

---

303. Acredito que devo fazer exceção a uma *Haltica* alpina e a um único espécime de *Melasoma*. O senhor Waterhouse, que teve a bondade de examinar minha coleção, disse-me que, entre os coleópteros da família *Harpalinae*, ele encontrou oito ou nove espécies; de *Heteromera*, quatro ou cinco espécies; de *Rhyncophora*, seis ou sete; e uma espécie de cada uma das seguintes famílias: *Staphylinidae*, *Elateridae*, *Cebrionidae* e *Melolonthidae*. Havia menos espécies de outras ordens, e, em todas estas, a escassez de indivíduos era ainda mais notável que a de espécies. (N.A.)

pateliformes. O fundo do mar, mesmo numa profundidade entre 80 e 90 metros, estava longe de ser estéril, como foi mostrado pela abundância de pequenas e robustas coralinas.

Há um produto do mar que, por sua importância, merece um relato específico. Trata-se da alga de Solander (*kelp*) ou *Fucus giganteus*. Essa planta cresce em qualquer rocha, desde a marca de vazante até uma grande profundidade, tanto na costa externa quanto nos canais. Acredito que, durante as viagens do *Adventure* e do *Beagle*, não foi encontrada nenhuma rocha perto da superfície que não estivesse enfeitada por essa planta flutuante. Assim, o benefício que ela oferece aos navios que navegam perto dessa terra tempestuosa é evidente; e, certamente, já evitou muitos naufrágios. É muito surpreendente ver essa planta crescer e florescer em meio às grandes ondas do Pacífico, onde nenhuma massa de rochas, por mais dura que seja, resiste por muito tempo. Seu caule é redondo, viscoso e liso, e seu diâmetro raramente chega a 2,5 centímetros. Algumas *kelps* unidas são suficientemente fortes para suportar o peso de grandes pedras soltas, sobre as quais, nos canais interiores, crescem; e algumas dessas pedras são tão pesadas que, quando são puxadas para a superfície, uma pessoa sozinha mal consegue trazê-las para o barco.

O capitão Cook, em sua segunda viagem, relata que, nas Ilhas Kerguelen, "algumas dessas plantas são extremamente longas, ainda que seus caules não sejam muito mais grossos do que o polegar de um homem. Mencionei que, em alguns bancos nos quais a alga cresce, não conseguimos atingir o fundo com uma linha de 24 braças [52,8 metros]. A profundidade da água devia, portanto, ser maior. E, como essas algas não crescem verticalmente, mas formam um ângulo muito agudo com o fundo, e muitas delas, depois, se espalham por muitas braças sobre a superfície do mar, posso dizer que parte delas cresce até 60 braças [132 metros] ou mais". Certamente, nas Ilhas Falkland e na Terra do Fogo, há camadas extensas que brotam entre 10 e 15 braças [22 a 33 metros] de profundidade: não creio que o caule de qualquer outra planta seja capaz de atingir um comprimento que chegue a 110 metros, conforme o averiguado pelo capitão Cook. A distribuição geográfica dessa planta é bastante considerável: encontra-se nas ilhotas do extremo sul perto do Cabo Horn, ao norte; na costa leste (de acordo com informações dadas pelo senhor Stokes) até a latitude 43°; na costa oeste era razoavelmente abundante, mas não exuberante; e, em Chiloé, na latitude 42°. Também pode estender-se um pouco mais ao norte, mas logo é substituída por uma espécie diferente. Temos, portanto, uma distribuição de 15° de latitude, e, de acordo com Cook, que devia conhecer bem a espécie e descobriu-a nas Ilhas Kerguelen, em longitude não inferior a 140°.

O número de criaturas vivas de todas as ordens cuja existência depende intimamente da alga (*kelp*) é extraordinário. Pode-se escrever um longo livro descrevendo os habitantes de um desses leitos de algas marinhas. Quase todas as folhas, exceto aquelas que flutuam na superfície, estão tão densamente cobertas de coralinas que são todas brancas. Podemos observar estruturas incrivelmente delicadas nas algas (*kelp*), algumas das quais são habitadas por simples pólipos semelhantes à hidra, enquanto outras são habitadas por organismos mais complexos, como as belas ascídias.[304] Vários moluscos pateliformes, *Trochidae*, moluscos nus e alguns bivalves são encontrados nas superfícies planas das folhas. A planta é o lar de inúmeros crustáceos que podem ser encontrados em todas as suas partes. Quando agitamos suas grandes raízes emaranhadas, encontramos vários peixes pequenos, moluscos, sépias, caranguejos de todos os tipos, ouriços-do-mar, estrelas-do-mar, belos animais do gênero *Holuthuria* (alguns com a forma externa dos moluscos da subordem *Nudibranchia* [Blainville, 1814]), planárias e nereidas rastejantes de uma infinidade de formas. Sempre que examinava um ramo da alga, eu invariavelmente descobria criaturas novas e interessantes com estruturas únicas. Em Chiloé, onde, como já dissemos, a alga não se desenvolveu muito bem, os numerosos moluscos, as coralinas e os crustáceos se ausentavam, mas lá ainda havia algumas *Flustraceas* e algumas *Ascidias* compostas; estas últimas, no entanto, eram de espécies diferentes daquelas da Terra do Fogo. Então, vemos que o *Fucus* tem uma distribuição mais ampla do que a dos animais que o usam como morada.

Posso comparar essas grandes florestas aquáticas do Hemisfério Sul apenas com aquelas em terra nas regiões intertropicais. No entanto, se as florestas de qualquer país fossem destruídas, acredito que não perderiam

---

304. Tenho razões para acreditar que muitos desses animais estão exclusivamente confinados nessa localidade. (N.A.)

tantas espécies de animais quanto, em circunstâncias semelhantes, as algas (*kelp*) perderiam. Em meio às folhas dessa planta, vivem inúmeras espécies de peixes que, em nenhum outro lugar, encontrariam alimento ou abrigo; com a sua destruição, os muitos biguás, as mobelhas[305] e outras aves piscívoras, as lontras, as focas e os botos logo pereceriam também. Por último, o selvagem fueguino — o miserável proprietário dessa terra miserável — seria obrigado a redobrar sua alimentação canibal, diminuiria em número e talvez deixasse de existir.

8 DE JUNHO — Levantamos âncora no início da manhã e deixamos Puerto del Hambre. O capitão FitzRoy decidiu sair do Estreito de Magalhães pelo Canal Magdalena, que havia sido descoberto há pouco tempo. Nossa jornada seguia pelo sul e penetrávamos aquela passagem escura já descrita anteriormente que parecia levar a um mundo diferente e pior. O vento era favorável, mas a atmosfera apresentava-se muito espessa, de modo que não pudemos ver muito daquele cenário curioso. As nuvens negras e irregulares corriam rapidamente sobre as montanhas, de seus cumes quase até suas bases. O que conseguíamos ver através da massa escura era muito interessante: a várias distâncias e alturas, vislumbrávamos pontas de rochas irregulares, cones de neve, geleiras azuis e contornos fortes contra um céu intenso. Em meio a essa paisagem, ancoramos no Cabo Turn, perto do Monte Sarmiento, que se escondia nas nuvens. A visão de uma tenda deserta [*wigwam*] no sopé das laterais altas e quase verticais de nosso pequeno porto foi suficiente para que nos lembrássemos de que o homem, às vezes, vaga por esses distritos desolados, mas seria muito difícil imaginar algum outro cenário no qual as reivindicações e a autoridade desse homem fossem tão pequenas. Todas as obras inanimadas da natureza — rocha, gelo, neve, vento e água —, lutando entre si, mas unidas contra o homem, reinavam em absoluta soberania.

9 DE JUNHO — Pela manhã, vimos com prazer o véu de bruma do Sarmiento desaparecendo gradualmente enquanto o monte era revelado. Essa montanha, uma das mais altas da Terra do Fogo, tem 2.070 metros. Sua

---

305. Na ornitologia, é a designação comum a várias aves palmípedes do gênero *Gaviidae*. (N.T.)

base, com cerca de um oitavo de sua altura, está coberta de bosques escuros; para cima desses bosques, um campo de neve se estende até o topo. Esses imensos montes de neve que nunca derretem e parecem destinados a durar tanto quanto o mundo oferecem uma visão grandiosa e até mesmo sublime. O contorno da montanha estava muito claro e bem-definido. Devido à grande quantidade de luz refletida da superfície branca e brilhante, não havia sombras projetadas em nenhuma parte, e só era possível distinguir as linhas que cortavam o céu: por isso, a massa se destacava em suas saliências mais agressivas. Várias geleiras descem em um curso sinuoso, da neve até a praia; pode-se compará-las às grandes Cataratas do Niágara congeladas. Essas cataratas de gelo azul talvez sejam tão bonitas quanto aquelas com água em movimento. À noite, chegamos à parte ocidental do canal; a água, no entanto, era tão profunda que não conseguimos encontrar um ancoradouro. Fomos, portanto, obrigados a navegar em uma enseada extremamente estreita, durante as quatorze horas de uma noite escura como o breu.

10 DE JUNHO — De manhã, tentamos chegar ao Pacífico aberto o mais rápido possível. A costa ocidental das ilhas daqui é caracterizada por colinas baixas, redondas e áridas, feitas de granito e pedra verde. O senhor John Narborough[306] chamou um dos lugares próximos de *South Desolation* [Desolação do Sul], porque "é uma região extremamente desolada", e ele estava de fato correto. Fora das ilhas principais, há inúmeros rochedos espalhados, contra os quais as longas ondas do oceano aberto chocam-se incessantemente. Passamos, primeiro, entre as chamadas Fúrias Oriental e Ocidental; e além, um pouco mais ao norte, a rebentação é tão forte e contínua que ao mar se dá o nome de Via Láctea. Um morador do campo que apenas vislumbrasse essa costa teria pesadelos com naufrágios, perigos e morte por uma semana. E foi com essa visão que demos adeus para sempre à Terra do Fogo.

---

306. John Narborough (1640-1688) foi um almirante inglês. Entre 1699 e 1701, fez uma expedição de Londres até Valdívia, no Chile, passando pelo Estreito de Magalhães. (N.T.)

CAPÍTULO XIV

Valparaíso — Excursão à base dos Andes — Estrutura do território — Escalada do Monte Bell de Quillota — Massas fragmentadas de pedra verde — Vales imensos — Minas — Condição dos mineiros — Santiago — Banhos termais de Cauquenes — Minas de ouro — Moinhos — Rochas perfuradas — Hábitos do puma — El turco e tapaculo — Beija-flores

CHILE CENTRAL

23 DE JULHO — O *Beagle* ancorou tarde da noite na Baía de Valparaíso, o principal porto marítimo do Chile, e tudo parecia encantador assim que amanheceu. Depois da Terra do Fogo, o clima daqui era bastante agradável: uma atmosfera tão seca, o céu tão azul e um sol tão brilhante que toda a natureza parecia irradiar vida. Do ancoradouro, a paisagem era muito bonita. A cidade está construída aos pés de uma cadeia de montanhas bastante íngremes, com cerca de 490 metros de altura e, por sua localização, consiste em uma rua longa e irregular que se estende paralelamente à costa; nos pontos em que existem barrancos, as casas se amontoam ao redor deles. As colinas arredondadas são cobertas parcialmente por uma vegetação muito esparsa e cortadas por inúmeras pequenas ravinas, que expõem um solo vermelho e peculiarmente brilhante. Devido a essa característica, e às casas baixas caiadas de branco com telhados de telhas, a vista me fez lembrar de Santa Cruz em Tenerife. Em direção ao nordeste, há alguns belos vislumbres dos Andes, mas sua magnificência é mais bem apreciada quando vista das colinas próximas, por causa da significativa

distância. O vulcão do Aconcágua é particularmente extraordinário: uma massa enorme e irregularmente cônica, mais alta que o Chimborazo; de acordo com medições feitas pelos oficiais do *Beagle*, sua altura não é menor que 7 mil metros. A cordilheira, no entanto, daqui, deve a maior parte de sua beleza à atmosfera através da qual é observada; durante o pôr do sol, foi notável apreciar claramente seus contornos escarpados e os diversos e sutis matizes de suas cores.

Tive a sorte de encontrar, vivendo aqui, o senhor Richard Corfield, um velho colega de escola e amigo a quem agradeço pela hospitalidade e pela gentileza de ter me concedido um local bastante agradável para ficar durante a estada do *Beagle* no Chile. A vizinhança imediata de Valparaíso não apresenta um campo muito rico para o naturalista. As colinas ao redor da região são constituídas principalmente de granito ou gnaisse, com topos planos e declives arredondados. Como mencionado anteriormente, as florestas do lado da cordilheira voltadas para os ventos predominantes são abundantes. Aqui, durante o verão, que forma a maior parte do ano, os ventos sopram constantemente do sul e um pouco da costa, de modo que raramente chove; nos três meses de inverno, entretanto, há precipitação o suficiente: como consequência dessa variação, a vegetação é muito escassa. À exceção de certos vales profundos, não há árvores em nenhum lugar, e apenas um pouco de grama e alguns arbustos baixos estão espalhados pelas partes menos íngremes das colinas. Quando consideramos que, a uma distância de 560 quilômetros para o sul, este lado dos Andes está completamente coberto por uma floresta impenetrável, o contraste se torna muito notável.

Fiz várias caminhadas longas enquanto colecionava artefatos de história natural. A região é agradável para os exercícios. Há muitas flores bonitas, e, como na maioria dos outros climas secos, as plantas e os arbustos têm odores fortes e distintos; até mesmo as roupas ficavam perfumadas quando caminhávamos através deles. Ainda não deixei de me espantar com a sucessão de dias bonitos. Que diferença faz o clima para aproveitarmos a vida! Quão opostos são nossos sentimentos quando comparamos o cenário das montanhas negras meio envoltas em nuvens e a paisagem de uma cadeia de montanhas vista através da leve névoa azul de um belo dia! O primeiro pode ser sublime por um tempo; a segunda é toda alegria de viver.

14 DE AGOSTO — Parti em uma excursão a cavalo para pesquisar a geologia do sopé dos Andes, que somente nesta época do ano não ficava coberto pela neve. Em nosso primeiro dia de viagem, cavalgamos para o norte ao longo da costa. Depois de escurecer, chegamos à *hacienda* [fazenda] de Quintero, a propriedade que havia pertencido ao lorde Cochrane.[307] Meu objetivo aqui era ver os grandes leitos de conchas, elevados alguns metros acima do nível do mar. São quase todos formados por uma espécie de *Erycina*; e esses moluscos ainda vivem hoje em grande número nos bancos de areia. São tão extraordinariamente numerosos que, há anos, são calcinados e fornecem cal para a grande cidade de Valparaíso. Como até mesmo pequenas diferenças de elevação têm sido tema de debate nessa área, vale a pena mencionar que observei cracas mortas agarradas a afloramentos sólidos de rocha que agora estavam tão elevados que, mesmo durante ventanias fortes, mal recebiam respingos das ondas do mar.

15 DE AGOSTO — Voltamos para o Vale de Quillota. A região era extremamente agradável; os poetas a chamariam de idílica: prados verdes abertos, separados por pequenos vales onde há riachos e cabanas — as quais supomos serem dos pastores — espalhados nas encostas. Fomos obrigados a atravessar o cume do Chilecauquén. Em sua base havia muitas belas árvores perenes da floresta, mas floresciam apenas nos barrancos, onde havia água corrente. Quem só viu a região perto de Valparaíso nunca imaginaria encontrar lugares tão pitorescos no Chile. Assim que chegamos ao cume da Sierra, o Vale de Quillota estava imediatamente sob nossos pés. A visão era de notável exuberância artificial: o vale é bem largo e muito plano, o que faz com que seja facilmente irrigado em todas as partes; os pequenos jardins quadrados estão cheios de laranjeiras, oliveiras e todos os tipos de legumes e verduras; por todos os lados elevam-se enormes montanhas estéreis, e esse contraste torna ainda mais agradável a colcha de retalhos do vale. Quem quer que tenha

---

307. Thomas Cochrane (1775-1860), oficial naval e político britânico que desempenhou um papel importante nas histórias militares do Reino Unido, do Chile, do Brasil e da Grécia. (N.T.)

nomeado a região de "Valparaíso", ou seja, "Vale do Paraíso", estava pensando em Quillota. Cruzamos até a *hacienda* de San Isidoro, situada na base do Monte Bell.

O Chile, como pode ser visto nos mapas, é uma estreita faixa de terra entre a cordilheira e o Pacífico. Essa faixa está intercalada por várias sequências de montanhas, que, nesta parte, correm paralelamente à grande cadeia. Entre essas sequências externas e a cordilheira principal, se estende para o sul uma série de bacias rasas, geralmente ligadas umas às outras por passagens estreitas, e, nestas, se encontram as cidades mais importantes, tais como San Felipe, Santiago e San Fernando. As bacias ou planícies, bem como os vales transversais pouco profundos (como o de Quillota) que as conectam à costa, são, sem dúvida, leitos marinhos antigos e baías profundas que hoje cortam toda a Terra do Fogo e a costa oeste da Patagônia. No passado, o Chile deve ter se parecido com esta última região em relação à distribuição das águas e terras. Essa semelhança se pronunciava com mais força quando, às vezes, uma camada horizontal de neblina cobria todas as partes baixas da região, como se fosse um manto, e a névoa branca que descia pelas ravinas revelava pequenas enseadas e baías. Em alguns pontos, colinas solitárias espreitavam, como se sugerissem um passado do qual fizeram parte como ilhotas. O contraste desses vales pouco profundos e das bacias com as montanhas irregulares refletia uma paisagem encantadoramente interessante.

Por sua inclinação natural para o mar, essas planícies são mais facilmente irrigadas e, portanto, muito férteis. Sem esse processo, a terra dificilmente produziria algo, pois não há nuvens no céu durante todo o verão. As montanhas e as colinas estão pontilhadas por arbustos e árvores baixas, mas, com exceção destes, a vegetação é muito escassa. Cada proprietário de terras no vale possui uma certa quantidade de terras de montanha, onde seu gado semisselvagem, em número considerável, encontra pasto suficiente. Uma vez por ano, ocorre um grande "rodeio", ou seja, o gado é conduzido para baixo, contado e marcado, e uma parte dos animais é separada para engordar nos campos irrigados. O trigo é muito cultivado, assim como o milho *flint*, no entanto, o alimento básico dos trabalhadores comuns é uma espécie de feijão. Além disso, os pomares produzem uma grande quantidade de pêssegos, figos e uvas. Com todas essas vantagens, os habitantes dessa região deveriam ser muito mais prósperos do que realmente são.

16 DE AGOSTO — O administrador da *hacienda* nos ofereceu um guia e cavalos descansados; e, pela manhã, partimos para subir o Campana, ou Monte Bell, que tem 1.950 metros de altura. Os caminhos estavam muito ruins, mas tanto a geologia quanto o cenário compensaram todos os problemas. À noite, chegamos a uma nascente; chama-se Agua del Guanaco e está localizada em um lugar muito alto. O nome deve ser antigo, pois fazia muitos e muitos anos que um guanaco não bebia dessas águas. Durante a escalada, notei que, na encosta norte, não havia nada além de arbustos, enquanto na costa sul havia uma espécie de bambu com cerca de 4,5 metros de altura. Em alguns lugares, havia palmeiras, e fiquei surpreso ao encontrar uma a mais ou menos 1.370 metros. Seu tronco é muito grande e, de forma curiosa, mais grosso no meio do que na base e no topo. São extremamente numerosas em algumas partes do Chile e valiosas por conta de uma espécie de melado feito de sua seiva. Em uma propriedade perto de Petorca, tentou-se contá-las, mas a tarefa não pôde ser concluída, mesmo depois de várias centenas de milhares terem sido contabilizadas. Todos os anos, em agosto (início da primavera), muitas são derrubadas, e, quando o tronco está deitado no chão, a coroa de folhas é cortada. A seiva, então, começa imediatamente a fluir da extremidade superior: processo que continua ocorrendo por alguns meses, desde que se corte uma fatia fina dessa extremidade todas as manhãs para expor uma superfície nova ao ar. Uma boa árvore pode oferecer 90 galões de seiva, e tudo isso está contido nos vasos de um tronco aparentemente seco. Diz-se que a seiva flui muito mais rapidamente nos dias em que o sol esquenta muito e, também, que é absolutamente necessário tomar cuidado ao derrubar a árvore para que ela caia com a copa virada para cima, na lateral do morro; pois, se ela cair na encosta, quase nenhuma seiva fluirá, mesmo que isso pareça o contrário, que a força da gravidade favoreceria a extração. Ao se ferver essa seiva, obtém-se um concentrado que, então, passa a ser chamado de melado, cujo sabor é muito semelhante ao do melado comum.

Paramos na nascente, tiramos as selas de nossos cavalos e nos preparamos para passar a noite. O tempo estava agradável, e o ar era tão transparente que podíamos ver claramente, mesmo que a cerca de 26 milhas geográficas [46,8 quilômetros] de distância, os mastros dos navios ancorados na Baía de Valparaíso aparecendo como pequenas linhas pretas. Um barco que navegava a vela em torno do promontório surgiu como uma mancha branca e brilhante. Anson,[308] em sua viagem, menciona ter ficado espantado com a distância a que seus navios foram vistos da costa, mas não calculou direito a altura do terreno e a grande transparência do ar.

O pôr do sol foi magnífico; os vales estavam negros, enquanto os picos nevados dos Andes ainda retinham uma tonalidade avermelhada. Quando escureceu, fizemos uma fogueira sob uma pequena treliça de bambus, fritamos o charque (ou tiras secas de carne bovina), tomamos nosso mate e desfrutamos bastante conforto. Há um charme inexprimível em viver ao ar livre. A noite estava calma e silenciosa; o barulho estridente da *bizcacha* da montanha e o fraco grito do bacurau eram os únicos sons ocasionais. Além desses seres, poucas aves, ou mesmo insetos, frequentam essas montanhas áridas e ressequidas.

17 DE AGOSTO — Pela manhã, subimos a massa irregular de pedra verde que coroa o cume. Essa rocha, como acontece frequentemente, estava bastante despedaçada e quebrada em enormes fragmentos angulares. Observei, no entanto, uma circunstância curiosa ao subir o cume: algumas das superfícies da rocha eram incrivelmente frescas, como se tivessem acabado de ser quebradas, enquanto, em outras, o líquen crescido indicava sua idade. Eu estava tão convencido de que isso era devido aos terremotos frequentes que me senti inclinado a sair rapidamente de cima daquele amontoado de massas frouxas. Como esta é uma observação muito propensa a enganos, duvidei de sua precisão até subir o Monte Wellington, perto da cidade de Hobart. O cume dessa montanha é composto da mesma forma e igualmente fragmentado, mas todos os blocos pareciam ter sido atirados em sua posição atual há milhares de anos.

---

308. George Anson (1697-1762) era um oficial da Marinha Britânica. (N.T.)

Passamos um dia muito agradável no topo da montanha. Vimos o Chile, delimitado pelos Andes e pelo Pacífico, como se estivéssemos em um mapa. Os múltiplos reflexos gerados pela mera contemplação dessa majestosa cordilheira, com suas cadeias paralelas mais baixas e o amplo Vale de Quillota que as atravessa, intensificaram o prazer proporcionado pela paisagem. Como não admirar o maravilhoso poder que elevou essas montanhas, e como não admirar ainda mais o tempo incontável que se levou para romper, remover e nivelar massas inteiras delas? Neste caso, é bom nos lembrarmos dos enormes leitos de sedimentos e pedregulhos da Patagônia, que, amontoados sobre a cordilheira, teriam elevado sua altura em milhares de metros. Quando estávamos naquela região, eu me perguntava como qualquer cadeia de montanhas poderia se sustentar sem ser completamente destruída, pois não seria prudente duvidar de que o tempo todo-poderoso tem a mesma capacidade para moer montanhas, e até mesmo uma cordilheira gigantesca, transformando-as em cascalho e barro.

Os Andes tinham um aspecto diferente do que eu havia imaginado. A linha inferior da neve na cordilheira era reta, e os topos dos picos pareciam ser paralelos a esta linha. Apenas ocasionalmente um grupo de picos ou um único cone indicava a localização de um vulcão do passado ou do presente. É por isso que a cordilheira se assemelha a uma grande parede sólida com torres ocasionais, criando uma muralha completa para a região.

Perfuraram-se quase todas as partes da colina em busca de minas de ouro. Fui surpreendido ao descobrir um pequeno poço no topo, ao qual, para se chegar, seria preciso escalar. Parecia que ali alguém havia desperdiçado seus esforços depois de ter sido atraído por alguns cristais amarelos de hipersteno. A fúria mineradora não deixou quase nenhum ponto inexplorado no Chile. Passei a noite como antes, conversando ao redor da fogueira com meus dois companheiros. Os *guasos* do Chile, que corresponderiam aos gaúchos dos Pampas, são, no entanto, pessoas de um grupo muito diferente. O Chile é o mais civilizado dos dois países, e, por isso, seus habitantes perderam muito de suas características locais. As gradações hierárquicas são muito mais marcadas: o *guaso* não considera de forma alguma que todos os homens são iguais, e espantei-me ao descobrir que meus companheiros não gostavam de fazer suas refeições comigo. Esse sentimento de desigualdade é uma consequência necessária para a existência de uma aristocracia rica. Diz-se que alguns poucos dos maiores proprietários de terras ganham entre 5 e 10 mil libras esterlinas por ano: uma desigualdade de riquezas que acredito não poder ser encontrada em nenhuma das regiões criadoras de gado a leste dos Andes. O viajante não encontra aqui aquela hospitalidade ilimitada que recusa qualquer tipo de pagamento, mas tudo é oferecido com tanta gentileza que não há como deixar de aceitá-lo. Quase todas as casas no Chile irão recebê-lo durante a noite, mas, pela manhã, esperam-se alguns trocados; mesmo um homem rico aceitará dois ou três xelins. Embora o gaúcho possa ser um degolador, ele é um cavalheiro; o *guaso* é melhor em alguns poucos aspectos, porém, ao mesmo tempo, é um sujeito vulgar, comum. Os dois homens, embora realizem o mesmo tipo de trabalho, são diferentes em seus hábitos e trajes, e as peculiaridades de cada um são universais em seus respectivos países. O gaúcho parece ser parte de seu cavalo e desprezar qualquer esforço realizado fora de sua montaria, já o *guaso* pode ser contratado para trabalhar nos campos. O primeiro alimenta-se apenas de produtos de origem animal; o segundo, quase totalmente de verduras e legumes. Aqui não vemos as botas brancas, as bombachas e o chiripá escarlate, que compõem o traje pitoresco dos Pampas, mas calças comuns que são protegidas por perneiras de lã pretas e verdes. O poncho, no entanto, é usado nas duas regiões. O principal orgulho do *guaso* está em suas esporas, que são absurdamente grandes. Medi uma cuja roseta tinha 15 centímetros de *diâmetro* e mais de trinta pontas. Os estribos estão na mesma escala, cada um consiste em um bloco quadrado de madeira oca que chega a pesar 1 ou 2 quilos. Talvez o *guaso* seja melhor laçador que o gaúcho; contudo, devido à natureza do país, não conhece as boleadeiras.

18 DE AGOSTO — Descemos a montanha e passamos por alguns pontos muito bonitos com riachos e árvores belas. Dormimos novamente na mesma *hacienda*, cavalgamos durante os dois dias seguintes até o vale e passamos por Quillota, que é mais como um agrupamento de hortas do que uma cidade. Os pomares eram lindos, com muitos pessegueiros

floridos. Cheguei a ver tamareiras em um ou dois locais. É uma árvore bastante imponente; creio que um conjunto delas em seus desertos nativos da Ásia e da África deve ser uma imagem soberba. Também passamos por San Felipe, uma bela cidade afastada, como Quillota. O vale se estende nesta região em uma daquelas grandes baías ou planícies que chegam até os pés da cordilheira e que já foram mencionadas como uma característica bastante curiosa na paisagem do Chile.

À noite, chegamos às minas de Jahuel, situadas em uma ravina no flanco da grande cadeia. Fiquei aqui por cinco dias. O superintendente, meu anfitrião, era um mineiro astuto da Cornualha, mas bastante ignorante. Ele se casou com uma espanhola e não queria voltar ao seu país, mas tinha uma admiração irrestrita pelas minas da Cornualha. Entre muitas outras perguntas que me fez, ele me questionou a respeito do número de membros sobreviventes da família Rex, agora que Jorge Rex havia falecido. Ele parecia acreditar que esse Rex era parente do renomado autor Finis, que, supostamente, escreveu todos os livros.[309]

O cobre é extraído destas minas e enviado para Swansea[310] para fundição. As minas, então, têm um aspecto singularmente silencioso quando comparadas às da Inglaterra: aqui não há fumaça, fornos ou grandes motores a vapor para perturbar a solidão das montanhas circundantes.

O governo do Chile, ou melhor, a antiga lei espanhola, incentiva a busca de minas de todas as maneiras. Um indivíduo que descobre uma mina pode operá-la em qualquer lote de terra pagando uma taxa de 5 xelins. E, antes de pagá-la, pode fazer experimentos, mesmo no jardim de outra pessoa, por vinte dias.

Sabe-se bem agora que o método chileno de mineração é o mais barato. De acordo com meu anfitrião, os estrangeiros fizeram dois avanços significativos na indústria de mineração. O primeiro consistiu na introdução da prática da torrefação de piritas de cobre: os mineiros ingleses ficaram surpresos ao descobrir que esse mineral, que é o minério primário

---

309. Darwin, para demonstrar aqui a ignorância do superintendente, faz piada dizendo que esse "Jorge Rex" seria com certeza parente de Finis, um autor inventado por Darwin que teria escrito tudo que existe no mundo. "Jorge Rex" seria o rei Jorge IV do Reino Unido, morto em 1830 e que o superintendente acreditava pertencer à família Rex. (N.T.)
310. Cidade portuária do País de Gales. (N.T.)

na Cornualha, estava sendo descartado. O segundo foi a adoção da britagem e da lavagem das escórias que ficam nos fornos, processo pelo qual se recupera uma grande abundância de partículas de metal: vi um carregamento dessas cinzas ser levado por mulas até a costa para ser transportado à Inglaterra. O primeiro avanço, no entanto, é o mais fascinante. Os mineiros chilenos estavam tão convencidos da inutilidade das piritas de cobre que riram dos ingleses, por considerá-los ignorantes; por outro lado, os ingleses também riram ao comprar os veios mais ricos por poucos dólares. É muito estranho que, em um país onde a mineração havia sido realizada extensivamente por tantos anos, um processo tão simples como a torrefação leve do minério para expelir o enxofre antes de fundi-lo nunca tivesse sido descoberto. Algumas melhorias também foram introduzidas por meio de algumas máquinas simples; mas, até os dias atuais, a água é retirada de algumas minas por homens que a carregam para fora do poço em sacos de couro!

O trabalho dos homens é muito árduo. Eles têm pouco tempo livre para suas refeições e, durante o verão e o inverno, começam a trabalhar quando amanhece e param assim que anoitece. Recebem 1 libra esterlina por mês, além da comida: esta consiste em dezesseis figos e dois pequenos pães para o café da manhã, feijão cozido para o almoço e grãos de trigo esmagados e torrados para o jantar. Quase nunca provam carne, pois, com as 12 libras por ano, ainda devem se vestir e sustentar suas famílias. Os mineiros que trabalham na mina em si recebem 25 xelins por mês e um pouco de charque. Esses homens, no entanto, descem de suas habitações sombrias apenas uma vez a cada duas ou três semanas.

Durante minha estada aqui, apreciei muito os passeios por essas montanhas enormes. A geologia, como era de se esperar, é muito interessante. As rochas despedaçadas e endurecidas, atravessadas por inúmeros diques de pedra verde, mostravam os movimentos de terra que haviam ocorrido ali no passado. A paisagem era muito parecida com aquela próxima ao Monte Bell de Quillota: montanhas secas e nuas, cobertas em alguns pontos por arbustos com folhagem escassa. Os cactos *opuntia* eram abundantes neste local. Eu medi um em forma esférica e descobri tinha uma circunferência de 1,93 metro, incluindo os espinhos.

O tipo cilíndrico de cacto, que se ramifica para fora, pode crescer até 3,5 e 4,5 metros de altura. A circunferência dos galhos, incluindo as espinhas, geralmente mede entre 0,9 e 1,2 metro.

Uma forte nevasca nas montanhas me impediu, durante os últimos dois dias, de fazer algumas excursões interessantes. Tentei chegar a um lago que os habitantes, por alguma razão inexplicável, acreditam ser um braço de mar. Durante uma estação muito seca, foi proposta a construção de um canal saindo dele para se obter água; o padre, porém, após uma consulta, declarou que a obra seria muito perigosa, pois todo o Chile seria inundado se, como todos imaginavam, o lago se conectasse ao Pacífico. Subimos bem alto para alcançar esse maravilhoso lago, mas, por causa dos deslizamentos de neve, não só não conseguimos como ainda tivemos alguma dificuldade para voltar. Pensei que fôssemos perder os cavalos, pois não havia como saber qual era a profundidade da neve e, além disso, os animais, quando puxados, só conseguiam se mover aos pulos. O céu negro indicava a aproximação de uma nova tempestade de neve, e, portanto, ficamos aliviados por escapar dela. No momento em que chegamos à base, a tempestade começou, e foi uma sorte que não tenha ocorrido três horas antes naquele dia.

26 DE AGOSTO — Saímos de Jahuel e cruzamos novamente a Bacia de San Felipe. O dia estava verdadeiramente chileno, isto é, extremamente brilhante e com uma atmosfera bastante clara. A cobertura espessa e uniforme da neve recém-caída dava um aspecto glorioso à vista do vulcão do Aconcágua e da cadeia principal. Estávamos agora a caminho de Santiago, a capital do Chile. Cruzamos o Cerro del Talguen e dormimos em um pequeno rancho. O anfitrião, falando sobre o estado do Chile em comparação com outros países, foi muito humilde:

— Alguns veem com dois olhos, e outros, com um, mas de minha parte acredito que o Chile não vê com nenhum.

27 DE AGOSTO — Depois de atravessarmos muitas montanhas baixas, descemos até a pequena planície fechada de Guitrón. Nas bacias como esta, que estão entre 300 e 600 metros acima do nível do mar, crescem em grande número duas espécies de acácia, que são atrofiadas em suas

formas e distantes umas das outras. Essas árvores nunca são encontradas perto da costa do mar, o que oferece à paisagem dessas bacias um traço característico diferente.

Cruzamos uma cadeia baixa de montanhas que separa Guitrón da grande planície em que se situa Santiago. A vista aqui era bastante impressionante: a superfície extremamente plana, parcialmente coberta por bosques de acácia e com a cidade a distância, correndo horizontalmente até a base dos Andes, cujos picos nevados brilhavam com o sol da tarde. Ficou perfeitamente claro à primeira vista que a planície era o perímetro de um antigo mar interior. Assim que chegamos à estrada plana, fizemos nossos cavalos galoparem e chegamos à cidade antes de escurecer.

Fiquei uma semana em Santiago e aproveitei bastante. Pela manhã, cavalguei para vários lugares da planície e à noite jantei com alguns comerciantes ingleses, cuja hospitalidade é bem conhecida neste lugar. Uma fonte de prazer que nunca me faltou era escalar uma pequena rocha (Cerro Santa Lucía) que fica no meio da cidade. A paisagem é certamente muito marcante e, como já foi observado, muito peculiar. Fui informado de que essa mesma característica é comum às cidades do grande planalto mexicano. Da cidade, não tenho nada a dizer em detalhes: não é tão boa ou tão grande quanto Buenos Aires, mas é construída de acordo com o mesmo plano. Cheguei aqui por uma estrada que seguia para o norte; então, resolvi voltar para Valparaíso por um caminho um pouco mais longo, ao sul da estrada direta.

5 DE SETEMBRO — No meio do dia, chegamos a uma das pontes suspensas feitas de couro que atravessam o Maipo, um grande rio turbulento, algumas léguas ao sul de Santiago. Essas pontes são muito precárias. O caminho, seguindo a curvatura das cordas suspensas, é feito de feixes de paus colocados próximos uns dos outros. Estava cheia de buracos e oscilava de forma bastante assustadora, mesmo com o peso de um homem conduzindo seu cavalo. Ao anoitecer, alcançamos uma aconchegante casa de fazenda, onde havia várias *señoritas* muito bonitas. Elas ficaram profundamente chocadas por eu ter entrado em uma de suas igrejas por mera curiosidade. Então me perguntaram: "Por que você não se torna cristão, já que a nossa religião é a mais correta?". Assegurei-lhes que eu era uma

espécie de cristão, mas elas não me deram ouvidos e fizeram referência às minhas próprias palavras: "Não é verdade que seus padres e até mesmo seus bispos se casam?". O absurdo de um bispo ter uma esposa as impressionou muito; entretanto, era difícil saber se estavam mais encantadas ou tomadas de terror por tal abominação.

6 DE SETEMBRO — Seguimos para o sul e dormimos em Rancagua. A estrada passava sobre uma planície plana, porém estreita, delimitada, de um lado, por colinas elevadas e, do outro, pela cordilheira. No dia seguinte, chegamos ao vale do Rio Cachapual, onde se encontram as termas de Cauquenes, há muito conhecidas por suas propriedades medicinais. As pontes suspensas das áreas menos frequentadas são desmontadas durante o inverno, quando os rios estão baixos. Esse foi o caso neste vale, e, portanto, fomos obrigados a atravessar o córrego a cavalo. Isso é bastante desagradável, pois a água espumante, embora não seja profunda, corre tão rapidamente sobre o leito de grandes pedras arredondadas que nos atordoa a cabeça, ficando difícil até mesmo identificar se o cavalo está se movendo para a frente ou se está parado. No verão, quando a neve derrete, as torrentes são praticamente intransitáveis, pois se tornam muito fortes e furiosas, como pode ser visto com clareza pelas marcas deixadas. Chegamos às termas à tarde e ficamos lá por cinco dias, considerando que nos dois últimos dias permanecemos confinados por uma chuva forte. As construções consistem em uma quadra de pequenas choupanas miseráveis, cada uma com uma única mesa e um banco. Estão situadas em um vale estreito e profundo, bem em frente à cordilheira central. É um lugar calmo e solitário, que oferece uma boa dose de beleza selvagem.

As fontes minerais de Cauquenes estão localizadas ao longo de uma linha de fratura que atravessa uma massa de rocha estratificada, que mostra claramente sinais de ter sido aquecida. Uma quantidade considerável de gás emerge de forma contínua das mesmas aberturas que a água. Embora as nascentes estejam a apenas alguns metros de distância, elas têm temperaturas muito diferentes; e isso parece ser o resultado de uma mistura desigual de água fria: pois as fontes com temperatura mais baixa quase não têm sabor mineral. Após o grave terremoto de 1822, as nascentes pararam de fluir, e levou quase um ano para que a água voltasse. Dizem que elas não recuperaram seu antigo volume ou temperatura.[311] Essas nascentes também foram muito afetadas pelo terremoto de 1835, pois a temperatura sofreu uma queda súbita de 48 °C para 33 °C.[312] É provável que as águas minerais, que se elevam das profundezas da terra, sejam mais suscetíveis a distúrbios de eventos subterrâneos do que aquelas mais próximas à superfície. O encarregado dos banhos me assegurou que a água era mais quente e mais abundante no verão do que no inverno. A primeira circunstância era esperada, já que, durante a estação seca, é acrescentada menos água fria; esta última afirmação, contudo, parece muito estranha e contraditória. O aumento periódico durante o verão, quando não chove, só pode ser explicado pelo derretimento da neve; no entanto, as montanhas cobertas pela neve durante essa estação estão a cerca de 15 quilômetros de distância das nascentes. Não tenho motivos para duvidar da exatidão de meu informante, que viveu no local por vários anos e deve estar bem familiarizado com essa circunstância; que, se verdadeira, é certamente muito curiosa. É razoável supor que a água flui através de camadas permeáveis de rochas em direção às regiões aquecidas e é, então, empurrada de volta à superfície ao longo das rochas fraturadas e deslocadas em Cauquenes. A consistência desse fenômeno sugere que haja rochas aquecidas sob o distrito, mas não a uma profundidade excessiva.

Em um certo dia, viajei a cavalo pelo vale até a área mais longínqua habitada. Pouco acima desse ponto, o Cachapual se divide em duas ravinas extremamente profundas, que penetram diretamente na grande cadeia. Subi ao pico de uma montanha com, provavelmente, mais de 1.800 metros de altura. Aqui, como de fato em todos os outros lugares, apresentavam-se paisagens extremamente interessantes. Foi por uma dessas ravinas que Pincheira entrou no Chile e devastou as regiões vizinhas. Este

---

311. Quando duvidei da mudança de temperatura, tanto *nesse* caso quanto no mencionado algumas linhas abaixo, os habitantes afirmaram que a conheciam bem. Seu termômetro, no entanto, era incomum: nesta região, há o costume de escaldar uma ave antes de depená-la, da mesma forma que lidamos com os porcos, e, então, as penas saem muito facilmente. Eles julgaram a mudança pela facilidade comparativa com a qual essa operação foi realizada durante os dois períodos. (N.A.)

312. [Alexander] Caldcleugh em *Philosophical Transactions of the Royal Society*, de 1836. (N.A.)

é o mesmo homem cujo ataque a uma estância no Rio Negro eu descrevi. Ele era um mestiço espanhol renegado, que reuniu muitos índios ao seu redor e se estabeleceu próximo a um córrego nos Pampas, local que nunca foi encontrado pelas tropas enviadas em sua perseguição. Ele costumava atacar partindo desse ponto e, cruzando a cordilheira por passagens até então desconhecidas, em seguida atacava as casas de fazenda e levava o gado para um ponto de encontro secreto. Pincheira foi um grande cavaleiro e fazia com que todos ao seu redor fossem igualmente bons, pois, invariavelmente, atirava em qualquer um que hesitasse em segui-lo. Foi contra esse homem, e outras tribos indígenas errantes, que Rosas travou uma guerra de extermínio.

13 DE SETEMBRO — Deixamos os banhos de Cauquenes, voltamos à estrada principal e dormimos em Rio Claro. Deste ponto, cavalgamos até a cidade de San Fernando. Antes de chegarmos, a última bacia havia se expandido em uma grande planície que se estendia tão ao sul que os mais distantes cumes nevados dos Andes eram vistos como se estivessem acima do horizonte marítimo. San Fernando está a cerca de 200 quilômetros de Santiago; e esse foi o ponto mais ao sul a que cheguei, pois aqui dobramos em ângulo reto em direção à costa. Dormimos nas minas de ouro de Yáquil, que são exploradas pelo senhor Nixon, um senhor americano com o qual estou em dívida pela generosidade de nos receber por quatro dias em sua casa.

14 DE SETEMBRO — Pela manhã, cavalgamos algumas léguas até as minas próximas do cume de uma colina elevada. No caminho, pudemos ver o Lago Tagua Tagua, celebrado por suas ilhas flutuantes, que foram descritas pelo senhor Gay.[313] Essas ilhas são compostas por troncos entrelaçados de várias plantas mortas, em cuja superfície se enraízam várias plantas vivas. A forma delas é, em geral, circular e tem espessura entre 1,2 e 1,8 metro, da qual a maior parte está imersa na água. Conforme o

---

313. *Annales des Sciences Naturelles,* março de 1833. O senhor Gay, um naturalista zeloso e capacitado, está agora ocupado em estudar todos os ramos da história natural de todo o reino do Chile. (N.A.)

vento sopra, esses troncos vão de um lado do lago para o outro e, muitas vezes, carregam gado e cavalos como passageiros.

Quando chegamos à mina, fiquei impressionado com a aparência pálida de muitos dos homens e perguntei ao senhor Nixon sobre a situação deles. A mina tem 137 metros de profundidade, e cada homem recupera cerca de 90 quilos[314] de pedra. Com essa carga, eles têm de subir os entalhes alternados que foram cortados nos troncos das árvores e colocados em zigue-zague até a saída. Mesmo os jovens, entre 18 e 20 anos, com pouco desenvolvimento muscular (normalmente nus, exceto por suas roupas de baixo) sobem quase da mesma profundidade com essa grande carga. Um homem forte que não está acostumado com esse tipo de trabalho irá transpirar muito ao carregar apenas o peso de seu próprio corpo. Apesar desse trabalho extremamente árduo, vivem exclusivamente de feijões cozidos e pão. Eles preferem receber apenas o pão, mas seus chefes, após perceberem que os homens não conseguem trabalhar muito com uma dieta tão minguada, os tratam como cavalos e os obrigam a comer o feijão. Seus salários são um pouco mais altos do que os das minas de Jahuel, entre 24 e 28 xelins por mês. Eles deixam a mina apenas uma vez a cada três semanas; quando ficam com suas famílias por dois dias.[315] Uma das regras dessa mina parece muito dura, mas é bastante vantajosa para o proprietário. A única maneira de roubar ouro é escondendo pedaços do minério e, ocasionalmente, trazê-los para fora. Sempre que o administrador encontra um pedaço escondido, seu valor integral é deduzido do salário de todos os homens. Isso significa que, a menos que todos conspirem juntos, eles são forçados a manter uma forte vigilância uns sobre os outros.

---

314. Em outra mina, que será mencionada a seguir, recolhi um fragmento aleatório e o pesei: 89 quilos. (N.A.)

315. Por pior que esse tratamento possa parecer, é aceito com prazer pelos mineiros, pois a situação dos trabalhadores do campo é muito pior. Os salários destes últimos são mais baixos, e eles vivem quase exclusivamente de feijão. Essa pobreza se deve principalmente ao sistema feudal de divisão da terra. O proprietário dá um pequeno terreno ao trabalhador para construir e cultivar, e, em troca, este último (ou seu representante) deverá prestar serviços vitalícios ao primeiro, sem nenhuma recompensa. Antes que um pai tenha um filho adulto que possa pagar a renda devida com seu trabalho, não há ninguém, exceto em dias ocasionais, para cuidar de seu pedaço de terra. Por isso, a pobreza extrema é muito comum entre as classes trabalhadoras deste país. (N.A.)

O minério é levado para o moinho e transformado em um pó muito fino. Esse pó é então lavado, removendo todas as partículas mais leves, e, finalmente, amalgamado para extrair o pó de ouro. A lavagem parece ser um processo muito simples quando é assim descrita, mas é bonito ver como a adaptação exata da corrente de água à densidade relativa do ouro é capaz de separar tão facilmente a rocha em pó do metal. A lama produzida pelos moinhos é recolhida em piscinas, onde se instala, e é periodicamente removida e jogada em uma única pilha. Uma vez coletada, várias reações químicas começam a ocorrer, e os sais sobem à superfície, fazendo com que a massa endureça. No monte que examinei, a camada sobreposta era uma estrutura concrecionária e angular; e, curiosamente, esses pseudofragmentos tinham uma estrutura xistosa uniforme e bem-definida, embora as camadas não estivessem inclinadas em nenhum ângulo uniforme. A lama liberará ouro se for deixada de lado por um ou dois anos e depois lavada novamente, e esse processo pode ser repetido até seis ou sete vezes, mas a quantidade de ouro será cada vez menor, e os intervalos necessários (para gerar o metal, como dizem os habitantes) serão mais longos. Não há dúvida de que a já mencionada reação química separa o ouro por meio de alguma forma de combinação cada vez que ela ocorrem. A descoberta de um método para realizar esse processo antes da primeira moagem aumentaria, sem dúvida, o valor dos minérios de ouro.

É curioso notar como as partículas minúsculas de ouro, após terem sido espalhadas e por não corroerem, acabam se acumulando até uma certa quantidade. Há algum tempo, alguns mineiros desempregados receberam permissão para raspar o solo ao redor de casa e do moinho; a terra foi lavada, e, assim, encontraram ouro correspondente ao valor de 30 dólares. Essa é uma reprodução exata do que acontece na natureza. As montanhas sofrem erosão e se desgastam, e, com elas, os veios metálicos que contêm. A rocha dura se transforma em lama fina, os metais comuns se oxidam e ambos são removidos. Mas o ouro, a platina e alguns outros são quase indestrutíveis, e, por seu peso, caem no solo e lá permanecem. Depois que montanhas inteiras passam por esse moinho, elas são lavadas pela mão da natureza, o resíduo se torna metálico e o homem acha que vale a pena completar a tarefa de separação.

Há algumas velhas ruínas indígenas nessa região, e foi-me mostrado uma das pedras perfuradas que Molina[316] menciona serem encontradas em número considerável em muitos lugares. Elas são circulares e achatadas, perfuradas no centro, e têm entre 12 e 15 centímetros de diâmetro. Acredita-se que eram usadas como ponteiras para clavas, embora sua forma não pareça nada bem-adequada para esse fim. Burchell[317] afirma que algumas das tribos do sul da África desenterram raízes com a ajuda de uma vara pontiaguda cujos peso e força são aumentados por uma pedra redonda com um buraco, no qual a vara fica firmemente apoiada. Parece provável que os antigos indígenas do Chile tenham usado um instrumento agrícola rudimentar semelhante.

Certo dia, um colecionador alemão de história natural, chamado Renous, veio me ver, quase ao mesmo tempo que um velho advogado espanhol. Gostei da conversa que tiveram entre eles. Renous fala espanhol tão bem que o velho advogado o tomou por um compatriota. Renous, aludindo a mim, perguntou-lhe o que achava de o rei da Inglaterra enviar um colecionador para o seu país a fim de procurar lagartos, besouros e para quebrar pedras. O velho pensou com seriedade por algum tempo e, então, disse: "Isso não é bom, tem um gato escondido aqui (*hay un gato encerrado aqui*). Ninguém tão rico enviaria pessoas para coletar essas bobagens. Não gosto disso! Você não acha que, se fôssemos para lá fazer a mesma coisa, o rei da Inglaterra logo nos expulsaria de seu país?". E esse velho senhor, por sua profissão, pertence às classes mais bem-informadas e mais inteligentes! O próprio Renous, dois ou três anos antes, deixou algumas lagartas em uma casa em San Fernando aos cuidados de uma garota que deveria alimentá-las para que pudessem se transformar em borboletas. Ocorreram rumores por toda a cidade e, por fim, os *padres* e o governador se reuniram e concordaram que aquilo só podia ser algum tipo de heresia. Assim, quando retornou, Renous foi preso.

19 DE SETEMBRO — Partimos de Yaquil e viajamos ao longo de um vale plano que lembrava Quillota e foi moldado pelo rio Tinderidica. Mesmo

---

316. Molina, *Compendio de la Historia del Reyno de Chile*, vol. I, p. 81. (N.A.)
317. Burchell, *Travels*, vol. II, p. 45. (N.A.)

a poucos quilômetros ao sul de Santiago, o clima é muito mais úmido; em consequência, encontramos belos trechos de pastagem que não eram irrigados artificialmente.

20 DE SETEMBRO — Seguimos este vale até que se alargou em uma grande planície que se estende desde o mar até as montanhas a oeste de Rancagua. Depois de pouco tempo, todas as árvores e até mesmo os arbustos se perderam, de modo que os habitantes estavam quase tão mal em termos de lenha quanto estavam nos Pampas. Nunca tendo ouvido falar dessas planícies, fiquei muito surpreso ao encontrar essa paisagem no Chile. As planícies pertencem a mais de uma série de diferentes elevações e são atravessadas por grandes vales com fundos planos, indicando a recessão gradual do oceano, semelhante à da paisagem da Patagônia. Nas falésias íngremes que margeiam esses vales, há algumas cavernas grandes que, sem dúvida, foram escavadas pelas águas das antigas baías e dos canais. Visitei uma delas, que recebe o nome de Cueva del Obispo e foi consagrada no passado. Durante o dia, eu me senti muito mal, e não me recuperei até o final de outubro.

22 DE SETEMBRO — Continuamos a passar por planícies verdes sem encontrar uma única árvore. No dia seguinte, chegamos a uma casa perto de Navedad, na costa do mar, onde um rico *haciendero* nos ofereceu abrigo. Fiquei aqui durante os dois dias seguintes, e, embora muito mal, consegui coletar algumas conchas marinhas da formação terciária, muitas das quais tinham formas bastante novas.

24 DE SETEMBRO — Nosso caminho agora nos levava a Valparaíso, que alcancei com grande dificuldade no dia 27. Lá, fiquei confinado à minha cama até o final de outubro. Durante esse período, fui internado na casa do senhor Corfield, cuja consideração por mim não tenho como expressar em palavras.

Vou incluir aqui algumas observações sobre vários animais e aves do Chile. O puma, ou leão sul-americano, não é incomum. Esse animal tem uma ampla distribuição geográfica, sendo encontrado nas florestas equatoriais, nos desertos da Patagônia e ainda mais ao sul, nas latitudes úmidas e frias (53º a 54º) da Terra do Fogo. Também vi suas pegadas na cordilheira do Chile central, a uma altitude de pelo menos 3 mil metros. No Prata, o puma vive principalmente da caça de cervos, avestruzes, *bizcachas* e outros pequenos quadrúpedes; raramente ataca o gado ou os cavalos, e, exceto em casos raríssimos, como no nascimento de filhotes, nunca ataca os humanos. No Chile, no entanto, o animal mata muitos potros e gado jovem, devido, provavelmente, à escassez de outros quadrúpedes. Ouvi, da mesma forma, que dois homens e uma mulher haviam sido mortos por esses animais. Afirma-se que o puma sempre mata sua presa saltando sobre os ombros e depois puxando para trás a cabeça com uma de suas patas até a ruptura das vértebras. Eu vi esqueletos de guanacos na Patagônia cujos pescoços estavam deslocados para trás dessa maneira.

O puma, após fazer sua refeição, cobre a carcaça com muitos arbustos grandes e deita-se para guardá-la. Esse hábito é muitas vezes a causa de ser descoberto, pois os condores, rodando no ar, descem de vez em quando para participar da refeição e, sendo expulsos de maneira raivosa, levantam voo todos ao mesmo tempo. O *guaso* chileno sabe então que há um "leão" observando sua presa. A ordem, então, é dada, e os homens e os cães saem para a perseguição. O senhor F. Head diz que um gaúcho dos Pampas, só de ver alguns condores rodando no ar, gritou: "Um leão!". Nunca encontrei pessoalmente alguém com esses poderes de discernimento. Diz-se que, uma vez traído e caçado por estar guardando sua carcaça, o puma nunca mais retoma o hábito, e se afasta de sua presa depois de se empanturrar.

É fácil matar um puma. Em uma região aberta, ele é primeiro capturado com as boleadeiras, laçado e arrastado pelo solo até ficar imóvel. Foi-me dito que, em Tandil (ao sul do Prata), uma centena deles foi morta em três meses. No Chile, são geralmente forçados a se abrigar em arbustos ou árvores e, então, são baleados ou atormentados por cães até a morte. Os cães utilizados nessa perseguição pertencem a uma raça particular, chamada *leoneros*. São animais fracos e leves como o *terrier* de pernas longas, mas nascem com um instinto peculiar para esse tipo de caçada. Diz-se que o puma é muito astuto: quando perseguido, costuma retornar para sua trilha anterior e, então, salta repentinamente para o lado e lá aguarda até que os cães tenham passado. Esse animal é tipicamente silencioso e não faz nenhum som, mesmo quando ferido, e só ocasionalmente faz barulho durante a época de acasalamento.

Entre as aves, duas espécies do gênero *Pteroptochos* (*megapodius* e *albicollis* de Kittlitz) são talvez as que mais se destacam. A primeira, chamada *el turco* pelos chilenos, é tão grande quanto um tordo, com o qual tem alguma afinidade, mas suas patas são muito mais longas, sua cauda, mais curta, e seu bico, mais forte: sua cor é de um marrom-avermelhado. O turco não é incomum. Vive no solo, protegido pelos arbustos que cobrem as colinas secas e nuas aqui e ali. Com sua cauda ereta e pernas semelhantes a palafitas, pode ser visto de vez em quando movendo-se de um arbusto para outro com uma velocidade incomum. Não é preciso muita imaginação para acreditar que a ave tenha vergonha de si mesma e esteja consciente de sua forma ridícula. Ao vê-la pela primeira vez, fica-se tentado a exclamar: "Uma ave mal empalhada ganhou vida e escapou de algum museu!". Ela só consegue alçar voo com muito esforço, não corre e, por isso, caminha aos pulos. Os vários gritos altos que emite quando está escondida entre os arbustos são tão estranhos quanto toda a sua aparência. Diz-se que constrói seu ninho em um buraco profundo sob o solo. Dissequei vários espécimes: a moela, muito musculosa, continha escaravelhos, fibras vegetais e seixos. Por essa característica, pelo comprimento das patas, pelos pés para rastejamento, pela cobertura membranosa das narinas e pelas asas curtas e arqueadas, essa ave parece, em certa medida, relacionar os tordos à ordem dos galináceos.

A segunda espécie (*Pteroptochos albicollis*) está relacionada com a primeira em sua forma geral. Chama-se *tapaculo*, ou "esconde traseiro"; o pequeno desavergonhado merece seu nome, pois carrega sua cauda mais do que ereta, ou seja, inclinada para trás em direção à sua cabeça. É muito comum e vive em sebes e arbustos individuais espalhados pelas colinas estéreis, onde dificilmente qualquer outra ave poderia ser encontrada. É por isso que o tapaculo é proeminente na ornitologia do Chile. Na forma como procura seu alimento, em seu rápido salto para fora da mata e de volta a ela, em seu desejo de se esconder, em sua relutância em voar e em sua construção de ninhos, tem uma grande semelhança com o turco, porém, sua aparência não é tão ridícula quanto a deste último. O tapaculo é muito astuto: se alguém o assusta, ele permanece imóvel no fundo de um arbusto e, então, depois de um tempo, tenta se rastejar muito habilmente para o outro lado. Além de ser uma ave ativa, emite sons contínuos: são vários ruídos bem estranhos; alguns, como o arrulhar das pombas, outros, como o borbulhar da água, mas muitos desafiam quaisquer comparações. O povo da região diz que a ave muda seu canto cinco vezes ao ano (de acordo com alguma mudança da estação, suponho). Acredito que essas duas espécies de *Pteroptochos* são encontradas apenas no Chile central. Ao sul, na região de floresta úmida, duas outras espécies tomam seu lugar, e uma quinta espécie é comum a ambas as áreas. Na costa da Patagônia, uma ave relacionada, tanto por sua estrutura quanto pelos hábitos, representa esse gênero chileno.[318]

Duas espécies de beija-flores são comuns, e já vi um terceiro tipo na cordilheira a uma altitude de cerca de 3 mil metros. O *Mellisuga Kingii* é encontrado em uma região de 4 mil quilômetros ao longo da costa oeste, desde as areias quentes e secas de Lima até as florestas da Terra do Fogo, onde foi visto voando em meio a uma nevasca. Na ilha arborizada de Chiloé, com seu clima extremamente úmido, essa pequena ave, que vai de um lado para outro em meio à folhagem orvalhada, talvez seja mais comum do que qualquer outra espécie. Ali, frequenta os pântanos abertos, onde cresce uma espécie de bromélia; pairando perto da borda desses densos campos, ela mergulha de vez em quando em direção ao solo; no entanto, eu não consegui ver se realmente chegava a pousar. Na época do ano a que me refiro, havia poucas flores, e nenhuma perto dos campos de bromélias. Portanto, eu tinha certeza de que essas aves não viviam de mel; e, ao abrir o estômago e o intestino de algumas delas, pude distinguir claramente, com o auxílio de uma lente, os pedaços das asas de dípteros[319] — provavelmente da família *Tipulidae* — em um

---

318. É curioso que Molina, embora descrevesse detalhadamente todas as aves e os animais do Chile, nunca tenha mencionado esse gênero, cujas espécies são tão comuns e tão notáveis em seus hábitos. Será que não soube classificá-los e, por isso, imaginou que o silêncio seria o caminho mais prudente a se tomar? Esse é mais um exemplo das omissões frequentes dos autores em relação a temas sobre os quais deveriam se manifestar. (N.A.)
319. Ordem *Diptera* de insetos. Fazem parte desse grupo as moscas, os mosquitos, os pernilongos, etc. (N.T.)

líquido amarelo. É evidente que essas aves procuravam insetos pequenos sob a folhagem grossa de seu hábitat de inverno. Abri os estômagos de vários espécimes abatidos em diferentes partes do continente, e, em todos eles, os restos de insetos eram tão numerosos que muitas vezes formavam uma massa negra e esmagada, como no estômago de uma ave trepadeira. No Chile central, essas aves são migratórias; surgem no outono e, no final do mês correspondente ao outubro europeu, se multiplicam. Na primavera, começaram a desaparecer; no dia 12, que corresponderia ao mês de março na Europa, vi apenas um indivíduo depois de uma longa caminhada. À medida que essa espécie migra para o sul, é substituída por outra maior, que será descrita a seguir. Não acredito que as espécies menores se reproduzam no Chile, pois, durante o verão, seus ninhos são muito comuns no sul daquele país. A migração dos beija-flores, tanto na costa leste quanto[320] na costa oeste da América do Norte, corresponde exatamente àquela que ocorre na América do Sul. Em ambos os casos, eles se dirigem para os trópicos durante as estações mais frias do ano e recuam para o norte antes da volta do calor. Algumas aves, no entanto, continuam durante todo o ano na Terra do Fogo; e, no norte da Califórnia — que, no Hemisfério Norte, tem a mesma posição relativa que a Terra do Fogo tem no sul —, algumas, de acordo com Beechey, também permanecem.

A segunda espécie (*Trochilus gigas*) é surpreendentemente grande para sua delicada família. Nos arredores de Valparaíso, a ave chegou em grande número um pouco antes do equinócio de verão deste ano, provavelmente migrando dos desertos secos do norte para se reproduzir no Chile. Quando voa, sua aparência é bastante singular. Como outras de seu gênero, se move de um plano para outro com uma rapidez que pode ser comparada à do *Syrphus* entre os dípteros e à esfinge entre as borboletas; mas, enquanto paira sobre uma flor, bate suas asas de forma muito lenta e poderosa, com um zumbido característico e um movimento vibratório totalmente diferentes daqueles comuns à maioria das espécies. Nunca vi outra ave cuja força das asas parecesse (como em

---

320. *Personal Narrative*, de Humboldt, vol. V, parte I, p. 352; *Terceira Viagem*, de Cook, vol. II; e *Viagem*, de Beechey. (N.A.)

uma borboleta) tão poderosa em relação ao peso de seu corpo. Ao pairar em uma flor, sua cauda expande-se e fecha-se várias vezes, como um leque; seu corpo se mantém em uma posição quase vertical. Essa ação parece estabilizar e sustentar a ave entre os movimentos lentos de suas asas. Embora voe de flor em flor em busca de alimento, seu estômago costuma conter muitos restos de insetos, que suspeito serem mais o objetivo de sua busca do que o mel. O canto dessa espécie, como o de quase toda a sua família, é bem estridente.

CAPÍTULO XV

Chiloé — Aspecto geral — Excursão de barco — Indígenas nativos — Castro — Grandes folhas de *Gunnera scabra* — Raposa mansa — Escalada do San Pedro — Arquipélago dos Chonos — Península de Três Montes — Área granítica — Porto de Lowe — Batata-brava — Floresta — Formação de turfa — *Myopotamus*, lontra e camundongos — Cheucau e a ave que late — *Furnarius* — Característica singular da ornitologia — Petréis

ARQUIPÉLAGOS DE CHILOÉ E DOS CHONOS

10 DE NOVEMBRO — O *Beagle* saiu de Valparaíso e navegou para o sul, com o objetivo de realizar o levantamento topográfico da parte sul do Chile, da Ilha de Chiloé e do terreno acidentado chamado de Arquipélago dos Chonos, chegando à Península de Três Montes. No dia 21, ancoramos na Baía de San Carlos, capital de Chiloé.

A ilha tem cerca de 140 quilômetros de comprimento e uma largura de pouco menos de 50 quilômetros. A terra apresenta muitos morros, mas não é montanhosa, e está coberta por uma grande floresta. Apenas alguns pontos em torno dos casebres de palha foram desmatados. De longe, a vista se assemelha um pouco à da Terra do Fogo; mas a floresta, quando nos aproximamos, é incomparavelmente mais bonita. Muitos tipos de belas árvores perenes e plantas com caráter tropical tomam aqui o lugar das faias sombrias da costa sul. No inverno, o clima é detestável e, no verão, é apenas um pouco melhor. Acredito que haja poucas regiões dentro das zonas temperadas que recebam tanta chuva quanto esta. Os ventos são muito agitados, e o céu está quase sempre nublado. Por isso, uma semana de tempo bom costuma ser algo raro. É difícil até mesmo obter um único vislumbre da cordilheira: durante nossa primeira visita, houve apenas uma oportunidade, quando o vulcão Osorno se destacou em alto--relevo antes do nascer do sol; era curioso observar como os contornos gradualmente se desvaneciam à medida que o sol nascia e o céu oriental se tornava mais claro.

Os habitantes, pela cor de sua pele e pela baixa estatura, parecem ter três quartos de sangue indígena nas veias. Eles são um grupo de pessoas humildes, silenciosas e trabalhadoras. Embora o solo fértil, formado pela decomposição de rochas vulcânicas, suporte uma vegetação abundante, o clima não é favorável aos produtos que exijam muito sol para amadurecer. Há muito pouco pasto para os quadrúpedes maiores; como resultado, porcos, batatas e peixes são a base de sua alimentação. Todas as pessoas se vestem com roupas grossas de lã, que cada família faz para si mesma, e as tingem de azul-escuro. As artes, no entanto, estão em um estado bastante rudimentar, como pode ser visto em sua estranha forma de arar a terra, de fiar, de moer grãos e de construir barcos.

As florestas são tão impenetráveis que a terra é cultivada apenas perto da costa e nas ilhotas adjacentes. Mesmo onde há estradas, elas são pouco transitáveis devido ao estado macio e pantanoso do solo. Os habitantes, como os da Terra do Fogo, se deslocam principalmente pela praia ou em barcos: em alguns casos, estes últimos oferecem o único meio de ir de uma casa para outra. Apesar de terem uma grande quantidade de alimentos à disposição, as pessoas são muito pobres: não há demanda por trabalho e, como resultado, as classes mais baixas não conseguem juntar dinheiro suficiente nem mesmo para pequenos luxos. Há também uma grande deficiência, a saber, de um meio circulante. Vi um homem com um saco de carvão nas costas com o qual desejava comprar algo insignificante; outro trouxe uma tábua para trocar por uma garrafa de vinho. Portanto, todo artesão também deve ser um comerciante, e novamente vender os bens que aceita em troca.

24 DE NOVEMBRO — A iole e o baleeiro foram enviados sob o comando do senhor Sulivan para realizar o levantamento topográfico da costa leste

ou da costa interna de Chiloé, com ordens para reencontrar o *Beagle* na extremidade sul da ilha, ponto em que chegaria seguindo por fora para que pudesse circum-navegar a ilha. Acompanhei essa expedição, mas em vez de segui-la nos botes no primeiro dia, aluguei cavalos e cavalguei até Chacao, na extremidade norte da ilha. A estrada seguia a costa e, de vez em quando, cruzava promontórios cobertos por belas florestas. Nesses caminhos sombreados, é absolutamente necessário que toda a estrada seja feita de blocos de madeira, cortados em quadrados e dispostos um ao lado do outro. Como os raios do sol nunca penetram a folhagem perene, o solo é úmido e macio, de modo que nem homem nem cavalo seriam capazes de seguir em frente de outra forma. Cheguei à vila de Chacao logo após as tendas dos botes terem sido montadas para a noite.

Na área ao redor, uma quantidade significativa de terra havia sido desmatada e havia várias áreas atraentes e serenas na floresta. Chacao costumava ser o porto principal, porém, como muitos navios haviam sido perdidos devido às perigosas correntes e rochas dos estreitos, o governo espanhol mandou queimar a igreja e, dessa forma, forçou a maior parte dos habitantes a migrar para San Carlos. Pouco tempo após acamparmos, o filho do governador veio, descalço, até nós. Ao ver a bandeira inglesa hasteada no mastro da iole, ele perguntou, com a maior indiferença, se ela sempre tremularia em Chacao. Em vários lugares, os habitantes ficaram muito surpresos com o aparecimento dos botes pertencentes a barcos de guerra. Acreditaram e esperavam que fossem os primeiros de uma frota espanhola que chegaria para retomar a ilha do governo patriótico do Chile. Entretanto, todos os funcionários do governo estavam cientes de nossa visita e foram excepcionalmente educados. Durante o jantar, o governador nos fez uma visita. Ele havia sido tenente-coronel a serviço dos espanhóis; agora, entretanto, estava miseravelmente pobre. Ele nos deu duas ovelhas e aceitou em troca dois lenços de algodão, algumas bugigangas de latão e um pouco de tabaco.

25 DE NOVEMBRO — Neste dia choveu muito, mas conseguimos navegar costa abaixo até Huapilenou. Todo este lado oriental de Chiloé tem a mesma aparência: trata-se de uma planície interrompida por vales e dividida em pequenas ilhas, e toda coberta por uma floresta verde-negra e

impenetrável. Nas margens há algumas áreas desmatadas em torno das casas de telhado alto.

26 DE NOVEMBRO — O dia nasceu esplendidamente claro. O vulcão de Osorno lançava grandes volumes de fumaça. Essa montanha extremamente bela, formada como um cone perfeito e branco como a neve, se destaca em frente à cordilheira. Outro grande vulcão, com cume em forma de sela, também emitia pequenos jatos de vapor de sua imensa cratera. Posteriormente, vimos o alto Corcovado — merecedor da alcunha de *el famoso Corcovado*. Assim, conseguimos ver, de um certo ponto de vista, três grandes vulcões ativos, cada um deles com uma altitude de cerca de 2.100 metros. Além disso, no extremo sul, havia outros picos muito elevados cobertos de neve, que devem ser de origem vulcânica, embora não se saiba se mantêm alguma atividade. Aqui, a Cordilheira dos Andes não é tão elevada como no Chile nem parece formar uma barreira tão perfeita entre as regiões da Terra. Essa grande cadeia, embora corra em uma linha norte-sul direta, parece sempre semicircular, em virtude de uma ilusão de óptica: como os picos mais distantes e os mais próximos são vistos acima do mesmo horizonte, a distância muito maior daqueles não foi percebida de maneira tão fácil.

Quando descemos em um ponto para fazer observações, vimos uma família de extração puramente indígena. O pai era estranhamente parecido com York Minster, e alguns dos meninos mais jovens, com a tez castanho-avermelhada, poderiam ter sido confundidos com os indígenas dos Pampas. Tudo o que tenho visto reforça minha convicção de que as diferentes tribos são aparentadas, mesmo que falem idiomas bastante diferentes. As pessoas desse grupo sabiam pouco espanhol e conversavam umas com as outras em sua própria língua. É uma sensação agradável ver os aborígenes avançando para o mesmo grau de civilização (por menor que seja) alcançado por seus conquistadores brancos. Mais ao sul, vimos muitos indígenas puros; de fato, todos os habitantes de algumas das pequenas ilhas mantêm seus sobrenomes indígenas. No censo de 1832, havia 42 mil almas em Chiloé e suas ilhas. A maioria delas parece ser de pequenos homens de sangue misto e pele acobreada. Onze mil pessoas mantêm seus sobrenomes indígenas, mas é provável que nem todos sejam de sangue puro. Seu modo de vida é o mesmo que o dos outros pobres habitantes, e todos eles são cristãos, mas diz-se que ainda participam de algumas estranhas cerimônias supersticiosas e que, em certas cavernas, estão em comunhão com o diabo. No passado, todos os condenados por esse delito eram enviados para a Inquisição em Lima. Muitos habitantes que não estão incluídos nos 11 mil não podem ser distinguidos dos indígenas por sua aparência. Gomez, o governador de Lemuy, é descendente de nobres da Espanha em ambos os lados de sua família, mas, por meio dos constantes casamentos com nativos, hoje se tornou um indígena. Por outro lado, o governador de Quinchao se orgulha muito de seu puro sangue espanhol.

À noite, chegamos a uma linda e pequena enseada, ao norte da Ilha de Caucahue. As pessoas aqui reclamam da falta de terra. Isso se deve, em parte, à sua própria negligência em não derrubar a floresta e, em parte, às restrições do governo, o qual obriga o comprador, antes da obtenção de um pequeno pedaço de terra, a pagar 2 xelins ao agrimensor para a mensuração de cada quadra (125 metros quadrados) juntamente ao preço do terreno fixado pelo mesmo governo. Após a avaliação, o terreno deve ser levado a leilão por três vezes e, se ninguém der um lance maior, o comprador poderá levá-lo pelo valor estipulado. Todas essas exações devem criar um obstáculo muito sério ao uso da terra em um local onde os habitantes são tão pobres. Na maioria dos países, as florestas são removidas sem muita dificuldade pelo fogo, mas, em Chiloé, devido ao clima úmido e às peculiaridades das árvores, é necessário que estas primeiro sejam derrubadas. E eis aqui um sério obstáculo para a prosperidade de Chiloé. Na época dos espanhóis, os indígenas não podiam ocupar terras; e uma família, depois de ter limpado um terreno, podia ser expulsa e ter sua propriedade confiscada pelo governo. As autoridades chilenas estão agora realizando um ato de justiça ao recompensar esses pobres indígenas, dando a cada homem, de acordo com seu nível de vida, uma certa porção de terra. O valor do solo não desobstruído é muito pequeno. O governo deu ao senhor Douglas (o atual agrimensor, que me informou sobre essas circunstâncias) 22 quilômetros quadrados de floresta perto de San Carlos, em troca de uma dívida. O terreno foi, em seguida, vendido por 350 dólares, ou cerca de 70 libras esterlinas.

Os dois dias seguintes foram bons e, à noite, chegamos à Ilha de Quinchao. Esta é a parte mais cultivada do arquipélago, pois uma ampla faixa de terra na costa da ilha principal e de muitas das ilhas menores está quase completamente desmatada. Algumas das fazendas parecem muito confortáveis. Eu estava curioso para saber quão ricas eram essas pessoas; o senhor Douglas, no entanto, disse que nenhuma delas tinha uma renda regular. Um dos proprietários mais ricos poderia talvez acumular 1.000 libras esterlinas durante uma vida longa e industriosa; nesse caso, entretanto, tudo estaria guardado em algum canto secreto, porque quase todas as famílias têm o costume de enterrar uma panela ou um cofre de tesouro no solo.

30 DE NOVEMBRO — No domingo, chegamos de manhã cedo em Castro, a antiga capital de Chiloé, mas agora um lugar mais solitário e deserto. Ainda era possível perceber o habitual traçado quadrado das cidades espanholas, e as ruas e praças estavam cobertas por um belo gramado verde onde pastavam ovelhas. A igreja, que fica no centro, é construída inteiramente de tábuas e tem uma aparência cênica e majestosa. A pobreza do lugar pode ser mensurada pelo fato de não ter sido possível, para um de nossos companheiros, encontrar onde comprar um quilo de açúcar ou uma faca normal, mesmo que o lugar fosse habitado por algumas centenas de pessoas. Nenhum indivíduo possuía um relógio de bolso ou de parede, e o trabalho de um senhor, que devia ter uma boa noção de tempo, era bater o sino da igreja por intuição.

Nessa região pacífica e isolada do mundo, a chegada de nossos barcos foi um evento raro, e praticamente todos os moradores locais desceram à praia para nos ver montar nossas tendas. Eles foram bastante educados conosco e nos ofereceram uma casa. Um homem até nos enviou um barril de cidra como presente. À tarde, prestamos nossos respeitos ao governador, um velho tranquilo que, em sua aparência e em seu modo de vida, não era realmente muito diferente de um caseiro inglês. Havia muitos espectadores, e a chuva torrencial que começou a cair à noite quase não era suficiente para mantê-los longe das barracas. Uma família indígena, que tinha vindo de Quellón[321] para negociar uma canoa, acampou perto

---

321. Darwin grafa "Caylen". (N.T.)

de nós. Eles não tinham abrigo para se proteger da chuva. Pela manhã, perguntei a um jovem indígena, que estava completamente encharcado, como ele tinha passado a noite. Ele parecia perfeitamente satisfeito e respondeu: *"Muy bien, señor!"*.

1º DE DEZEMBRO — Dirigimo-nos à Ilha de Lemuy. Eu estava ansioso para examinar uma mina de carvão que disseram haver ali, mas nada mais era do que uma mina de linhito de pouco valor, encontrado no arenito (provavelmente de uma antiga época terciária) que compõe essas ilhas. Quando chegamos a Lemuy, tivemos muita dificuldade para encontrar um lugar para acampar, pois a maré estava alta e as árvores chegavam até a água. Em pouco tempo fomos cercados por um grande grupo de habitantes indígenas quase puros. Eles ficaram muito surpresos com nossa chegada e disseram um para o outro: "esta é a razão pela qual vimos tantos papagaios recentemente; não foi à toa que o cheucau (uma pequena e estranha ave de peito vermelho que habita a floresta espessa e faz ruídos muito peculiares) gritou *cuidado*". Eles estavam ansiosos por escambos. O dinheiro não tinha nenhum valor, mas sua ânsia por tabaco era algo extraordinário. Depois do tabaco, preferiam o índigo; em seguida, as pimentas do gênero *Capsicum*, roupas velhas e pólvora. Este último artigo era desejado por um motivo muito inocente: cada paróquia tem um mosquete público, e a pólvora era utilizada para fazer barulho em seus dias santos ou feriados.

As pessoas aqui vivem principalmente de crustáceos e batatas. Em certas épocas do ano, também capturam, em "currais" ou cercas submarinas, muitos peixes que são deixados nos bancos de lama quando a maré baixa. Às vezes, possuem aves, ovelhas, cabras, porcos, cavalos e gado; a ordem em que são aqui mencionados expressa a respectiva frequência desses animais. Nunca vi modos mais agradáveis e humildes do que entre essas pessoas. Eles geralmente partem da afirmação de que são pobres nativos do lugar, e não espanhóis, e que estão muito carentes de tabaco e outros confortos. Em Quellón, a ilha mais ao sul, compramos, por um pedaço de tabaco, no valor de 1,5 pence, duas galinhas. Uma delas, conforme relatado pelo indígena, tinha uma pele entre os dedos dos pés e se revelou ser um belo pato. Com alguns lenços de algodão, no valor de

3 xelins, compramos três ovelhas e uma grande trança de cebolas. A iole estava ancorada um pouco longe da praia, e temíamos por sua segurança durante a noite. Por isso, nosso piloto, o senhor Douglas, disse ao policial do distrito que sempre tínhamos sentinelas com armas carregadas e que não entendiam espanhol: se vissem alguém no escuro, tinham ordem para atirar. O policial, com muita humildade, aquiesceu e nos prometeu que ninguém sairia de casa durante aquela noite.

Durante os quatro dias seguintes, continuamos navegando para o sul. Embora as características gerais da região permanecessem as mesmas, ela estava muito menos habitada. Na grande Ilha de Tranqui,[322] quase não havia área desmatada; as árvores estendiam seus galhos sobre a praia por todos os lados. Um dia, vi algumas belas plantas de *pangue* (*Gunnera scabra*), que se parecem um pouco com ruibarbo em tamanho gigante, crescendo nos penhascos de arenito. Os habitantes comem os caules, que são, em sua maioria, azedos; curtem couro nas raízes e, com estas, preparam um pigmento negro. A folha é quase redonda, mas profundamente chanfrada na margem: medi uma com quase 2,5 metros de diâmetro e, portanto, uma circunferência de não menos que 7,5 metros! O caule tem mais de 1 metro de altura, e cada planta tem quatro ou cinco dessas folhas enormes, o que lhe oferece uma aparência muito nobre.

6 DE DEZEMBRO — Chegamos a Quellón, chamada de *el fin de la Cristiandad*. Pela manhã, paramos por alguns minutos em uma casa no extremo norte de Laylec;[323] este era o ponto mais distante da cristandade sul-americana: uma choupana bastante miserável. A latitude é de 43°10', dois graus mais a sul do que o Rio Negro na costa atlântica. Estes cristãos do posto mais periférico eram muito pobres e, apelando à sua situação, pediram algum tabaco. Como prova da pobreza desses indígenas, posso mencionar que, pouco antes disso, tínhamos conhecido um homem que havia viajado três dias e meio a pé, e que tinha de voltar a caminhar o mesmo número de dias para recuperar o valor de um machado pequeno e de alguns peixes. Deve ser muito difícil comprar

---

322. Grafado "Tanqui" por Darwin. (N.T.)
323. A ilha recebe nomes alternativos, a saber, Laitec, Leytec e Liliguapi. (N.T.)

até mesmo o menor artigo quando se tem tanto trabalho para cobrar uma dívida tão pequena!

À noite, chegamos à Ilha de São Pedro, onde o *Beagle* ficou ancorado. Enquanto navegavam ao redor da ponta, dois dos oficiais foram a terra para tomar medidas angulares com seus teodolitos. Uma raposa, de uma espécie que dizem ser peculiar (ainda que rara) à ilha e que, além disso, é uma espécie ainda não descrita, estava sentada nas rochas. O animal se mostrava tão absorto pelo trabalho dos oficiais que eu pude caminhar silenciosamente por trás dele e bater em sua cabeça com meu martelo de geólogo. Essa raposa, mais curiosa ou mais científica, mas menos sábia do que a maioria de suas irmãs, está agora empalhada no museu da *Zoological Society of London*.

Ficamos três dias neste porto; em um desses dias, o capitão FitzRoy tentou chegar ao cume de San Pedro com várias pessoas. As florestas aqui pareciam muito diferentes daquelas das partes do norte da ilha. Como a rocha era uma ardósia semelhante à mica, aqui também não havia praia, mas as encostas íngremes mergulhavam diretamente sob a água. A aparência geral era, portanto, mais semelhante à da Terra do Fogo do que à de Chiloé. Em vão, tentamos alcançar o topo: a floresta era tão impenetrável que ninguém que não a tenha visto será capaz de imaginar uma massa tão enredada de troncos moribundos e mortos. Tenho certeza de que, várias vezes, por mais de dez minutos, nossos pés não tocaram o solo, e estávamos frequentemente a 3 ou 5 metros acima dele, a ponto de os marinheiros lançarem sondas a esmo. Em outros momentos, rastejamos uns atrás dos outros com as mãos e os joelhos debaixo dos troncos podres. Na parte inferior da montanha, cascas-de-anta [*Drimys winteri*], um loureiro como o sassafrás com folhas perfumadas e outras árvores nobres, cujos nomes desconheço, estavam entrelaçados por um bambu ou um pedaço de cana que se estendia em volta deles. Ali éramos mais como peixes lutando em uma rede do que outro animal qualquer. Nas partes mais altas, o arbusto toma o lugar das árvores maiores e, aqui e ali, surge um cedro vermelho ou um alerce.[324] Eu também fiquei feliz em ver, a uma elevação de pouco

---

324. Espécie de conífera também chamada de cipreste-da-patagônia ou alerce-da-patagônia (*Fitzroya cupressoides*, de I. M. Johnst). (N.T.)

menos de 300 metros, as faias do sul, nossas velhas amigas, mas estavam atrofiadas. Imagino que este deva ser quase seu limite norte de distribuição. Por fim, desistimos de tentar chegar ao cume.

10 DE DEZEMBRO — A iole e o baleeiro continuaram seu trabalho de levantamento topográfico sob o comando do senhor Sulivan; no entanto, eu permaneci a bordo do *Beagle*, que saiu de San Pedro no dia seguinte em direção ao sul. No dia 13, encontramos uma abertura na parte sul de Guayatecas, ou no Arquipélago dos Chonos; e foi uma sorte, pois, no dia subsequente, uma tempestade digna da Terra do Fogo nos atacou com sua fúria habitual. Nuvens brancas e maciças se acumulavam contra um céu azul-escuro e, através delas, lençóis negros e irregulares de vapor se afastavam com rapidez. As sucessivas cadeias de montanhas pareciam sombras indistintas, e o sol poente lançava sob a área da floresta um brilho amarelo, muito semelhante ao produzido pela chama do álcool do vinho no semblante de um homem. A água estava branca por causa do aerossol, enquanto o vento se acalmava e logo voltava a rugir passando pelo cordame. Era uma cena bastante sinistra e, ao mesmo tempo, sublime. Durante alguns minutos havia um arco-íris brilhante, e foi curioso observar o efeito do aerossol, que, sendo transportado ao longo da superfície da água, transformava o semicírculo comum em um anel. Uma faixa de cores prismáticas que partia das duas extremidades inferiores do arco atravessava a baía e se aproximava da lateral do navio, formando um anel quase perfeito, embora distorcido.

Ficamos ali por três dias. O tempo continuou ruim; mas isso dizia muita coisa, pois, em todas as ilhas, a superfície do terreno era quase completamente intransitável. A costa é tão acidentada que uma tentativa de caminhar ao longo dela requer um constante rastejamento para cima e para baixo sobre as rochas afiadas de micaxisto; e, quanto às florestas, nossos rostos, mãos e canelas são testemunhas eloquentes dos maus-tratos a que nos submeteram quando tentamos penetrar em seus segredos proibidos.

18 DE DEZEMBRO — Voltamos ao mar. No dia 20, nos despedimos do sul e viramos a proa do nosso navio para o norte com um vento favorável. Do Cabo Três Montes, navegamos tranquilos ao longo da costa alta

e desgastada pelas intempéries; que é notável por causa dos contornos arrojados de suas montanhas e da espessa cobertura florestal — mesmo em seus flancos quase perpendiculares. No dia seguinte, descobriu-se um porto que poderia ser de grande utilidade para um navio em perigo nessa costa inóspita. Pode ser facilmente reconhecido por uma montanha de 490 metros de altura, que é ainda mais cônica do que o famoso Pão de Açúcar, no Rio de Janeiro. No dia seguinte, depois de ancorarmos, consegui chegar ao cume dessa montanha. Foi uma tarefa árdua, porque os lados eram tão íngremes que em alguns lugares as árvores tinham que ser usadas como escadas. Havia também vários arbustos de fúcsias cobertas com suas belas flores pendentes, mas era muito difícil rastejar através deles. Nestas terras selvagens, alcançar o topo de qualquer montanha sempre proporciona um grande deleite. Há uma vaga expectativa de encontrar algo muito estranho, o que, embora raramente aconteça, nunca deixou de se realizar após várias tentativas. Todos devem conhecer o sentimento de triunfo e orgulho gerado em nosso espírito quando atingimos um lugar alto e temos uma vista grandiosa. Nesses países pouco visitados, há também uma certa vaidade na possibilidade de ser a primeira pessoa a estar em um cume ou admirar uma paisagem.

Há sempre um forte desejo de descobrir se alguém já visitou aquele ponto antes de nós. Um pedaço de madeira com um prego é coletado e estudado como se estivesse coberto de hieróglifos. Eu estava muito interessado nesse sentimento quando encontrei uma cama feita de grama sob um rochedo em uma parte selvagem da costa. Próximo a ela havia uma fogueira apagada; o homem também usara um machado. A fogueira, a cama e a situação mostravam a destreza de um indígena, mas dificilmente isso poderia ter sido obra de um deles, pois a raça está extinta na região como resultado do desejo dos missionários católicos de transformá-los, ao mesmo tempo, em cristãos e escravos. Na época, pensei (embora essa ideia, depois, tenha se mostrado infundada) no homem solitário que acampara nesse lugar selvagem e imaginei um náufrago que, em sua tentativa frustrada de subir a costa, aqui se deitara para passar uma noite melancólica.

28 DE DEZEMBRO — O tempo continuou muito ruim, mas, finalmente, nos permitiu dar prosseguimento ao levantamento topográfico.

O tempo se arrastava, o que sempre acontece quando somos impedidos de seguir em frente por vendavais sucessivos. À noite, outro porto foi descoberto, e ali ancoramos. Logo depois, um homem foi visto sacudindo a camisa; enviamos um bote que, ao retornar, trouxe dois marinheiros. Disseram que, um pouco mais ao sul, seis pessoas haviam fugido de um navio baleeiro americano em um bote, que as ondas despedaçaram logo depois. Já vagavam pela costa havia quinze meses, sem saber para onde ir nem onde estavam. Que admirável fortuna foi a recém-descoberta deste porto! Não fosse pela sorte única, poderiam ter continuado a errar por essa costa selvagem até que envelhecessem e, por fim, perecessem. Os membros desse grupo haviam sofrido muito, e um deles, inclusive, morreu ao cair de um penhasco. Às vezes, eram obrigados a se separar para encontrar alimentos, e esta era a verdadeira explicação para a cama do homem solitário. Apesar de tudo que sofreram, não se confundiram tanto com a passagem do tempo. Por suas contas, hoje seria 24, e não 28; erraram por apenas quatro dias.

30 DE DEZEMBRO — Ancoramos em uma linda e pequena enseada ao pé de algumas colinas altas, perto da extremidade norte de Três Montes. Na manhã seguinte, depois do café, um grupo escalou uma dessas montanhas, que tinha 720 metros de altura. A paisagem era incrível. A parte principal da cordilheira era composta de massas de granito grandes, sólidas e abruptas, que pareciam tão antigas quanto a criação do mundo, e o granito estava coberto por micaxisto, que, ao longo dos séculos, foi ganhando a aparência estranha de picos em forma de dedos. Esses dois tipos de formação, apesar de apresentarem desenhos distintos, são similares quanto à ausência de vegetação. E a esterilidade conferia àquele cenário uma aparência ainda mais peculiar, pois estávamos habituados, até então, ao predomínio quase completo de uma floresta de árvores verde-escuras. Foi muito interessante examinar a estrutura dessas montanhas. As cadeias complicadas e elevadas revelavam um aspecto nobre de durabilidade, embora, ao mesmo tempo, fossem inúteis para o homem e para todos os outros animais. O granito é um solo clássico para o geólogo: como poucas outras rochas, foi reconhecido muito cedo graças aos seus limites de distribuição muito amplos e à sua

textura bela e compacta. É possível que o granito tenha suscitado mais discussões sobre sua origem do que qualquer outra formação. Vemos que ele constitui, em geral, a rocha fundamental, e, independentemente de quão antigo seja, sabemos que é a camada mais profunda da crosta terrestre já atingida pelo homem. A fronteira do conhecimento desperta um profundo interesse em qualquer assunto, o que é, talvez, amplificado pela sua proximidade com o reino da imaginação.

1º DE JANEIRO DE 1835 — O novo ano foi recebido com as cerimônias próprias da região. Mas que não se criem falsas esperanças; uma forte tempestade noroeste com chuva constante anuncia o amanhecer do novo ano. Graças a Deus, não estamos destinados a aqui presenciar o seu fim, pois esperamos comemorá-lo no Pacífico, onde o entorno azul nos indica pelo menos que existe um céu além das nuvens acima de nossas cabeças.

Os ventos de noroeste prevaleceram nos quatro dias seguintes e, por isso, só conseguimos atravessar uma grande baía e, em seguida, ancoramos em outro porto seguro. Acompanhei o capitão em um bote até a cabeceira de um riacho profundo. No caminho, vimos um número surpreendente de focas; não havia rochas planas nem trechos de praia que não estivessem ocupados por elas. Pareciam ter uma disposição afetuosa: deitavam-se amontoadas e assim dormiam, como se fossem porcos; porém, até mesmo os porcos teriam vergonha de sua sujeira e do cheiro que exalavam. Cada grupo era observado pelos olhos pacientes e nada auspiciosos do urubu-de-cabeça-vermelha. Essa ave desagradável, com a cabeça careca e escarlate, própria para chafurdar na podridão, é muito comum na costa oeste, e sua atenção às focas mostra o quanto dependem da morte destas. A água (provavelmente apenas a da superfície) era quase doce, talvez em razão do número de enxurradas, que, em forma de cascatas, caíam sobre as montanhas de granito e corriam em direção ao mar. A água doce atrai os peixes, e estes trazem muitas andorinhas, gaivotas e dois tipos de biguás. Vimos também um par de belos cisnes-de-pescoço--preto e várias pequenas lontras marinhas, cuja pelagem é tão apreciada. Ao retornar, nos divertimos novamente com a maneira impetuosa com que o amontoado de focas, velhas e jovens, se lançava na água enquanto o bote passava. Elas não permaneceram muito tempo mergulhadas: logo que emergiram, passaram a nos seguir com seus pescoços estendidos, expressando grande admiração e curiosidade.

7 DE JANEIRO — Ao subirmos a costa, ancoramos perto da extremidade norte do Arquipélago dos Chonos, no porto de Lowe, e neste lugar permanecemos por uma semana. Ali, as ilhas, como em Chiloé, consistiam em um depósito litorâneo estratificado de arenito macio com pedregulhos; e a vegetação, por consequência, crescia com beleza e exuberância. A floresta descia até a praia, da mesma forma que o fazem os arbustos de folhagem perene em uma rua de cascalho. Do ancoradouro, também tínhamos uma vista esplêndida de quatro grandes picos cobertos de neve da cordilheira, começando com um com o topo em forma de sela, seguido pelo *el famoso Corcovado* e, por fim, outros dois ao sul. A própria cordilheira é tão baixa nessa latitude que poucos pontos dela parecem estar acima da linha das ilhotas vizinhas. Encontramos aqui um grupo de cinco homens de Quellón, *el fin de la Cristiandad*, que, para pescar, viajaram de forma bastante aventureira em sua barcaça miserável através do mar aberto que separa Chonos de Chiloé. Essas ilhas serão provavelmente povoadas em breve, assim como aquelas que se encontram na costa de Chiloé.

Humboldt,[325] em seu *Political Essay on the Kingdom of New Spain*, apresenta um ponto de vista bastante interessante sobre a história da batata comum. Ele acredita que a planta descrita por Molina[326] sob o nome de *maglia* é a planta-mãe desse vegetal útil, e que, no Chile, cresce em seu solo nativo. Supõe, ainda, que foi levada dali pela população indígena para o Peru, para Quito [capital do Equador], Nova Granada [Colômbia, Panamá, Equador] e toda a região da cordilheira, desde a latitude 40° sul até a 5° norte. Ele menciona que, curiosamente e apesar de consistente com todas as notícias sobre o fluxo dos povos americanos, o fato era desconhecido no México antes da conquista pelos espanhóis. Nas ilhas do Arquipélago dos Chonos, há uma batata selvagem muito

---

325. Humboldt, *New Spain*, livro IV, c. IX. (N.A.)
326. Molina, *Chile*, edição espanhola, vol. I, p. 136. (N.A.)

comum que, em geral, se assemelha mais à própria espécie cultivada do que à *maglia* de Molina.

As batatas são cultivadas perto da praia, em campos densos com solo arenoso e pedregoso onde as árvores não estão muito próximas umas das outras. Em meados de janeiro, elas estavam em flor, mas os tubérculos eram poucos e pequenos; especialmente naquelas plantas que cresciam à sombra e tinham folhagem mais exuberante. No entanto, encontrei um tubérculo oval com 5 centímetros de diâmetro. Os tubérculos crus tinham o cheiro da batata comum da Inglaterra, mas, quando cozidos, encolhiam e se tornavam aguados e insípidos. Não tinham um gosto amargo, o que, segundo Molina, era o caso do tipo chileno; e podiam ser ingeridos com segurança. Algumas plantas medem não menos de um metro do solo até a ponta da folha mais alta.

A semelhança dessas batatas com as espécies cultivadas é tão grande que é necessário provar que não foram importadas. O simples fato de crescerem em ilhas — e até mesmo em pequenas rochas — nunca habitadas em todo o Arquipélago dos Chonos tem alguma importância, mas a familiaridade dos indígenas mais selvagens com elas é muito relevante. Lowe, um caçador de focas muito inteligente e ativo, me informa que, ao mostrar algumas batatas para os selvagens nus do Golfo de Trinidad (latitude 50°), eles imediatamente as reconheceram, e, chamando-as de *aquina*, queriam levá-las embora. Os selvagens também apontaram para o local onde cresciam; fato que foi posteriormente verificado. Os indígenas de Chiloé, pertencentes a outra tribo, também lhes dão um nome em sua própria língua. A existência nativa dessas plantas é quase comprovada por serem conhecidas e nomeadas pelas raças distintas ao longo de 600 ou 800 quilômetros de uma costa pouco explorada e com baixa densidade populacional. O professor Henslow,[327] que examinou os espécimes secos que levei para a Inglaterra, diz que são iguais às descritas pelo senhor Sabine[328] de Valparaíso, mas que formam uma variedade que é tida como

---

327. Amigo e mentor de Darwin, John Stevens Henslow (1796-1861) foi um geólogo e botânico britânico. (N.T.)
328. *Horticultural Transactions*, vol. V, p. 249. O senhor Caldcleugh enviou dois tubérculos para a Inglaterra, que, devidamente fertilizados, produziram numerosas batatas e uma abundância de folhas. (N.A.)

especificamente distinta por alguns botânicos. É notável que a mesma planta possa ser encontrada tanto nas montanhas estéreis do Chile central, onde não cai sequer uma gota de chuva por mais de seis meses, como também nas florestas úmidas das ilhas do sul: pelo que sabemos dos hábitos da batata, este último local parece ser mais adequado para seu local de nascimento do que o primeiro.

Nas partes centrais do Arquipélago dos Chonos, na latitude 45°30', a floresta assume grande parte das mesmas características que são encontradas ao longo de toda a costa oeste por 960 quilômetros até o Cabo Horn. A grama arborescente de Chiloé não existe aqui; por outro lado, a faia da Terra do Fogo cresce bastante e forma uma parte considerável da floresta, embora não da mesma forma exclusiva que mais ao sul. As plantas criptogâmicas encontram aqui um clima bastante favorável; como observei anteriormente, as terras ao longo do Estreito de Magalhães parecem ser muito frias e úmidas para que floresçam perfeitamente; mas aqui nessas ilhas, dentro da floresta, o número de espécies e a grande quantidade de musgos, liquens e pequenas samambaias são extraordinários.[329] Na Terra do Fogo, as árvores crescem apenas nas encostas das montanhas; cada pedaço de terra plana está coberto por uma espessa camada de turfa. Em Chiloé, no entanto, uma situação igual dá origem a uma floresta extremamente exuberante. Aqui no Arquipélago dos Chonos, o clima é mais parecido com o da Terra do Fogo do que com o do norte de Chiloé. Quase todas as partes planas do solo estão cobertas por duas espécies de plantas (*Astelia pumila* de Brown[330] e *Donatia magellanica*), que, por sua decadência conjunta, compõem um leito espesso de turfa elástica.

Na Terra do Fogo, acima da região de floresta, a primeira dessas plantas eminentemente sociáveis é o principal agente na produção de turfa. Novas folhas estão sempre sucedendo umas às outras em torno da raiz central. As inferiores logo murcham e seguem na mesma posição durante

---

329. Com minha rede de insetos, colhi um número considerável de insetos minúsculos da família das *Staphylinidae*, bem como outros do gênero *Pselaphus* e pequeninos himenópteros. Entretanto, a família mais característica em número de indivíduos e espécies nas áreas mais abertas de Chiloé e Chonos é a das *Telephoridae*. (N.A.)
330. *Anthericum trifarium* de Solander. (N.A.)

todos os estágios de decomposição, acompanhando a raiz que se esconde embaixo da turfa, até que o conjunto se mistura formando uma massa confusa. A *astelia* é assistida por outras poucas plantas: aqui e ali, uma pequena trepadeira (*Myrtus nummularia*), com um caule lenhoso, semelhante ao *cranberry* inglês, porém com bagas adocicadas; outra, a *Empetrum rubrum*, semelhante à *Erica*; e uma terceira, um junco (*Juncus grandiflorus*). Estas são quase as únicas que crescem na superfície pantanosa, e, embora se pareçam bem com as espécies inglesas dos mesmos gêneros, elas são diferentes. Nas partes mais planas da região, a superfície da turfa é dividida em pequenas piscinas de água que ficam a alturas diferentes e parecem ter sido escavadas artificialmente. Pequenos cursos de água subterrâneos completam a desorganização da matéria vegetal e consolidam o todo.

O clima da parte sul da América parece ser particularmente favorável à produção de turfa; nas Ilhas Falkland, a maioria das plantas, mesmo a grama grossa que cobre toda a superfície da ilha, é convertida nela. A princípio, não consegui entender a formação de tanta turfa, mas a conversão da grama oferece uma explicação imediata. Observei que até alguns ossos de gado espalhados na superfície estavam cobertos quase por completo pela matéria em decomposição na base das lâminas de grama murcha. Quase nenhuma situação perturba seu crescimento; ela paira sobre as margens das correntes de água e invade as pilhas de fragmentos angulares de rocha de quartzo. Alguns leitos são bastante espessos, chegando a 3,5 metros: a parte inferior da turfa é terrosa e completamente alterada, e, quando seca, se torna tão sólida que dificilmente pega fogo. Sem dúvida, embora todas as plantas ajudem em sua formação, a *astelia* é a mais eficiente nisso. É uma circunstância bastante curiosa, por ser muito diferente daquela que ocorre na Europa, que, na América Latina, nenhum tipo de musgo forme, por meio de sua decadência, qualquer porção da turfa.

Com relação ao limite norte, ou seja, onde o clima ainda permite esse tipo específico de decomposição lenta que é necessária para a produção de turfa, acredito que no terreno pantanoso de Chiloé (latitude 41° a 42°) não haja nada bem caracterizado dessa natureza. Mas, nas ilhas do Arquipélago de Chonos, três graus mais ao sul, observamos que é abundante. Na costa leste do Prata (latitude 35°), um morador espanhol (que havia visitado a Irlanda) disse-me que procurara esse tipo de turfa muitas vezes; todas elas sem sucesso. Então, me mostrou, como o mais próximo que descobriu, um solo de turfa preta, tão penetrado por raízes que era capaz de produzir apenas uma combustão extremamente lenta e imperfeita.

A zoologia das ilhotas separadas do Arquipélago dos Chonos é, como era de se esperar, muito pobre. Entre os quadrúpedes, há dois tipos aquáticos comuns. O *Miopotamus coipus* (semelhante a um castor, mas com uma cauda redonda) é bem conhecido por sua pele fina, que é um artigo de comércio, em todos os afluentes do Prata. Aqui, no entanto, frequenta apenas a água salgada; a mesma circunstância, conforme já mencionado, às vezes ocorre com outro grande roedor: a capivara. Uma pequena lontra marinha é muito numerosa. Esse animal se alimenta, em grande parte e da mesma forma que as focas, de pequenos caranguejos vermelhos vistos agrupados perto da superfície da água, e não exclusivamente de peixes. O senhor Bynoe viu uma lontra na Terra do Fogo comer uma sépia; e, no porto de Lowe, outra foi morta quando levava para sua toca uma grande voluta; e este foi o único espécime desse molusco encontrado. Em certo ponto, capturei em uma armadilha um ratinho peculiar; parecia ser comum em várias das pequenas ilhas, mas os habitantes de Chiloé, no porto de Lowe, disseram que não era encontrado em todas elas. Que série de coincidências[331] ou que mudanças de nível devem ter entrado em jogo para espalhar de tal forma esses pequenos animais por um arquipélago tão dividido em pequenas ilhas!

Em todas as partes de Chiloé e Chonos há duas aves muito estranhas, que, em alguns aspectos, estão relacionadas com o turco e o tapaculo. Uma delas é chamada de *cheucau* (*Pteroptochos rubecula*) pelos habitantes. Frequenta os pontos mais sombrios e afastados dentro das florestas úmidas. Às vezes, embora ouçamos seu chamado bem de perto, podemos

---

331. Muitos animais de rapina trazem suas presas vivas para alimentar seus filhotes. Há algum caso registrado de tal hábito entre corujas ou falcões? Se este for o caso, é possível que algumas dessas presas consigam fugir das aves jovens de tempos em tempos ao longo dos séculos. Uma causa desse tipo é necessária para explicar a distribuição dos pequenos roedores em ilhas próximas umas das outras. (N.A.)

usar toda a nossa atenção e, ainda assim, não encontrar o cheucau; se, em outros momentos, ficamos imóveis, a pequena ave de peito vermelho se aproxima e se mostra a poucos metros de distância de forma bastante familiar. Em seguida, ela salta avidamente pelo emaranhado de caules e galhos apodrecidos com sua pequena cauda inclinada para cima. Abri a moela de alguns espécimes: era muito musculosa e continha sementes duras, brotos de plantas e fibras vegetais, misturados com pequenas pedras. Os chilotes têm um medo supersticioso do cheucau por causa de seus sons estranhos e variados. Destes, existem três tipos diferentes: o primeiro chamado é o *chiduco*, um presságio do bem; o outro, o *huitreu*, é um péssimo agouro; e do terceiro não me lembro. As palavras imitam sonoramente os chamados, que dominam completamente os nativos em algumas ocasiões. Os chilotes certamente escolheram uma criaturinha muito cômica como profeta.

Uma espécie aparentada, porém um pouco maior, é chamada, pelos nativos, de *guid-guid* e, pelos ingleses, de "ave que late" (*Hylactes tarnii* de King e *Pteroptochos* de Kittlitz). Este último nome foi muito bem escolhido, pois desafio qualquer um que ouça essa ave pela primeira vez a garantir que não se trata de um cachorro pequeno brincando em algum lugar da floresta. Às vezes, assim como no caso do canto do cheucau, uma pessoa ouve o latido por perto, mas corre seu olhar em vão procurando seu autor — se bate nos arbustos, suas chances diminuem ainda mais. Em outras situações, porém, o *guid-guid* se aproxima de modo destemido. Sua dieta e seu modo de vida geral são muito semelhantes aos do cheucau. Dizem que ambas as espécies constroem seus ninhos perto do solo, entre os galhos podres. O solo é extremamente úmido, uma boa razão para que não cavem ninhos nem tocas, como as espécies do norte. Além do cheucau e do *guid-guid*, há outra espécie pouco frequente. A ave mencionada na Terra do Fogo sob o nome de tapaculo-sombrio-chileno (*Scytalopus fuscus* de Gould)[332] parece ser uma parente próxima desse gênero singular por seus hábitos sorrateiros, seus gritos estranhos, seu hábitat e, da mesma forma, algumas partes de sua estrutura.

---

332. No original em inglês, o tapaculo-sombrio-chileno é chamado aqui de *black wren* e, no capítulo XIII, de *dusky-coloured wren*. (N.T.)

Na costa,[333] é muito comum uma ave pequena de cor escura (um *Furnarius*, aparentado do *fuliginosus*). É notável por seus hábitos calmos e por sua domesticidade. Vive à beira-mar, e lá (assim como às vezes nas algas flutuantes), alimenta-se de pequenos moluscos marinhos e caranguejos; assim, faz as vezes de um *sandpiper* [ave da família *Scolopacidae*]. Além desses pássaros, apenas alguns outros habitam esta terra recortada. Em meu caderno de observações, descrevo os estranhos sons que são frequentemente ouvidos nestas florestas sombrias, mas que dificilmente perturbam o silêncio geral. O uivo do *guid-guid* e o súbito "hu-hu" do cheucau, às vezes, soam de longe, às vezes, de muito perto; o pequeno tapaculo acrescenta seu chamado; o raiadinho [*Oxyurus tupinieri*] segue o intruso, gritando e chilreando; o beija-flor pode ser visto movendo-se de um lado para o outro de vez em quando, emitindo seu chilrear estridente como o de um inseto; enfim, vindo do topo de alguma árvore alta, ouve-se o som indistinto, mas simples, do tiranídeo papa-moscas de peito branco [*Myiobius albiceps*].

Graças à significativa prevalência de certas espécies de aves comuns na maioria dos países, como os tentilhões, é, a princípio, surpreendente encontrar as formas peculiares listadas acima como as aves de maior ocorrência do distrito. No Chile central, duas delas são encontradas, embora raramente, a saber, *Synallaxis* e *Scytalopus*. Quando nos deparamos, como neste caso, com um animal que parece desempenhar um papel tão insignificante no grande plano da natureza, nos questionamos sobre a razão para a criação de uma determinada espécie, mas é preciso sempre considerar que ela pode, em outro país, ser um membro essencial da sociedade ou ter desta participado em uma época anterior. Se a América afundasse ao sul do paralelo 37° sob as águas do oceano, o *Synallaxis* e o *Scytalopus* poderiam continuar existindo no Chile central por muito tempo. É, contudo, muito improvável que aumentassem em quantidade. Teríamos, então, um caso semelhante ao que inevitavelmente deve ter ocorrido com muitos animais.

---

333. Como uma prova de quão grande é a diferença entre as estações do ano nas áreas arborizadas e nas áreas abertas da costa, mencionarei que, no dia 20 de setembro, na latitude 34°, enquanto essas aves tinham filhotes jovens em seus ninhos, nas ilhas do Arquipélago dos Chonos, três meses depois, no verão, estavam apenas começando a pôr seus ovos; a diferença de latitude entre esses dois lugares é de cerca de 1.130 quilômetros. (N.A.)

Os mares do sul são frequentados por várias espécies de petréis. A maior espécie, *Precellaria gigantea* (*nelly*, em inglês, *quebrantahuesos* ou "quebra-ossos", em espanhol), é uma ave comum tanto nos canais interiores quanto em mar aberto. Em seus hábitos e seu modo de voar, é muito semelhante ao albatroz; e, como esta ave, é possível observá-la por horas sem conseguir identificar qual é seu alimento. O mesmo ocorre com o petrel mencionado. O quebra-ossos é, no entanto, uma ave de rapina,[334] pois, em Puerto San Antonio, foi vista perseguindo uma ave piscívora por alguns oficiais. A ave tentava escapar, mergulhando e voltando a voar, porém era constantemente derrubada, até ser, por fim, morta por um golpe na cabeça. Em Puerto San Julián, esses grandes petréis também foram vistos matando e devorando gaivotas jovens.

Uma segunda espécie (*Puffinus cinereus*),[335] que é comum na Europa, no Cabo Horn e na costa do Peru, é muito menor do que a *P. gigantea*, mas, como ela, de tom preto-sujo. Geralmente frequenta os canais interiores em bandos muito grandes: acho que nunca vi tantas aves de qualquer outra espécie juntas como esses petréis que vi atrás da Ilha de Chiloé. Milhares delas voavam em uma linha irregular por várias horas e em uma única direção. Quando parte do bando se instalou na água, a superfície ficou escurecida e seguiu-se um som que parecia ser de pessoas falando a distância. Nessa época, a água estava colorida em certas áreas por nuvens de pequenos crustáceos. Em Puerto del Hambre, todas as manhãs e noites, um longo bando dessas aves continuava a voar com extrema rapidez para cima e para baixo nas partes centrais do canal. Abri o estômago de uma (que consegui acertar com alguma dificuldade, pois elas eram bastante desconfiadas); nele encontrei um peixe pequeno e sete caranguejos médios, parecidos com camarões.

Há várias outras espécies de petréis, mas mencionarei apenas mais uma espécie, o *Puffinuria berardii*, que oferece mais um exemplo desses casos extraordinários: uma ave que pertence aparentemente a uma família bem-caracterizada e, contudo, está relacionada em seu modo de vida e

---

334. Os espanhóis que a nomearam provavelmente estavam cientes disso, pois o significado apropriado de "quebrantahuesos" é águia-pesqueira. (N.A.)
335. Estou em dívida com o senhor Gould por ter nomeado essas aves e por, gentilmente, agraciar-me com muitas informações a respeito delas. (N.A.)

em sua construção a um grupo muito diferente. Essa ave nunca deixa os canais silenciosos do interior. Quando perturbada, ela mergulha a uma distância e, ao chegar à superfície, alça voo com o mesmo movimento. Depois de voar por certa distância em um curso retilíneo, faz um rápido movimento com suas asas curtas, cai como se tivesse sido atingida e mergulha novamente. A forma de seu bico e das narinas, o comprimento de suas patas e até mesmo a coloração de sua plumagem mostram que esta ave é um petrel; ao mesmo tempo, suas asas curtas e sua consequente pouca habilidade para voar, a forma de seu corpo e a de sua cauda, seus hábitos de mergulho, a ausência de um dedo posterior e seu hábitat nos levam a questionar se o seu parentesco com os *auks*[336] é tão próximo quanto o que tem com os petréis. A ave seria certamente confundida com um *auk* se fosse vista voando, mergulhando ou nadando silenciosamente entre os canais afastados da Terra do Fogo.

---

336. Aves da família *Alcidae* (Leach, 1820). (N.T.)

CAPÍTULO XVI

San Carlos, Chiloé — Osorno, erupção — Passeio a Castro e Cucao — Florestas impenetráveis — Valdívia — Macieiras — Passeio a Llanos — Indígenas — Terremoto — Concepción — Grande terremoto — Efeitos das ondas — Rochas fissuradas — Aparência das cidades antigas — Água na baía, enegrecida e em ebulição — Direção das vibrações — Pedras deslocadas — Causa das ondas gigantes — Elevação permanente do território — Grande lago de rocha fluida sob a crosta do globo — Conexão entre os fenômenos vulcânicos — Elevação lenta das cadeias de montanhas, causa dos terremotos

CHILOÉ E CONCEPCIÓN

No dia 15 de janeiro, saímos do Porto de Lowe e, três dias depois, ancoramos uma segunda vez na Baía de San Carlos, em Chiloé. Na noite do dia 19, o vulcão Osorno entrou em atividade. À meia-noite, o guarda avistou algo que parecia ser uma grande estrela; o ponto brilhante foi ficando gradualmente maior até mais ou menos às três horas, quando teve início um espetáculo magnífico. Com o auxílio de uma luneta, vimos, em meio a um grande brilho vermelho de luz, a constante sucessão de objetos escuros que, logo após serem lançados para o alto, caíam de novo. A luz era suficientemente forte para, sobre a água, traçar um reflexo longo e brilhante. Pela manhã, o vulcão[337] já havia retomado sua tranquilidade.

---

337. Em outra obra terei a oportunidade de me referir a essa erupção, que está ligada a uma das maiores séries de fenômenos vulcânicos já registradas. (N.A.)

Nessa parte da cordilheira, grandes massas de matéria fundida parecem ser comumente expelidas das crateras. Eu estava certo de que, quando o Corcovado entra em erupção, grandes massas são lançadas para o alto e, ao explodirem, assumem formas fantásticas, como árvores e outras imagens. Podemos ter uma ideia do imenso tamanho desses corpos quando nos afirmam que foram observados do planalto atrás de San Carlos, que está a nada menos que 150 quilômetros do Corcovado.

O capitão FitzRoy estava ansioso para realizar algumas medidas na costa externa de Chiloé e, assim, resolveu que o senhor King e eu cavalgaríamos até Castro e, dali, atravessaríamos a ilha até a Capella de Cucao, situada na costa oeste. Após alugarmos cavalos e contratarmos um guia, partimos na manhã do dia 22. Ainda não tínhamos viajado muito quando se juntaram a nós uma mulher e dois meninos que seguiam o mesmo caminho. Nessa estrada, todos ficam felizes em encontrar um companheiro de viagem; e pode-se aqui desfrutar do privilégio, tão raro na América do Sul, de viajar sem armas de fogo.

No início, a região é formada por uma sucessão de vales e colinas. Perto de Castro, o terreno se torna mais plano, mas ainda está bastante acima do mar. A estrada em si é um tanto curiosa: consiste, em toda a sua extensão, com exceção de pouquíssimas partes, de grandes troncos de madeira, que são largos e assentados longitudinalmente ou estreitos e assentados transversalmente. No verão, a estrada não é muito ruim; já no inverno, quando a madeira fica escorregadia pela chuva, viajar se torna extremamente difícil. Nessa época do ano, o solo, dos dois lados da estrada, se torna um atoleiro e, muitas vezes, fica inundado: portanto, é necessário que os troncos longitudinais sejam fixados por estacas transversais, que são colocadas no solo das laterais da estrada. Cair do cavalo é bastante perigoso aqui, pois a chance de atingir uma das estacas não é pequena. É notável, no entanto, o quão ágeis os cavalos chilotanos se tornaram pelo costume. Ao atravessarem partes ruins, em que os troncos haviam saído do lugar, eles pulavam de um para o outro com quase a mesma perspicácia e certeza de um cão. A estrada está cercada por altas árvores florestais, cujas bases estão emaranhadas por caniços. Quando, por vezes, era possível termos um relance dessa avenida, encontrávamos um curioso cenário de uniformidade: a linha branca de troncos que se estreitava por causa da perspectiva, ou estava escondida pela floresta escura, ou terminava em um zigue-zague que formava uma colina íngreme.

Embora a distância de San Carlos até Castro seja de apenas uns 58 quilômetros em linha reta, a construção da estrada deve ter sido bastante trabalhosa. Disseram-me que várias pessoas perderam a vida ao tentar atravessar a floresta. O primeiro que conseguiu realizar a façanha foi um indígena, que cortou caminho pelos caniços e, em oito dias, chegou a San Carlos. Como recompensa, o governo espanhol lhe concedeu um lote de terras. Durante o verão, muitos indígenas vagam pelas florestas (principalmente nas partes mais altas, onde as florestas não são tão densas) em busca do gado semisselvagem que se alimenta das folhas da cana e de outras árvores. Foi um desses caçadores que, por acaso, descobriu, alguns anos antes, um navio inglês que havia sido destruído na costa externa. A tripulação estava começando a ficar sem provisões, e é provável que, sem a ajuda desse homem, não teriam conseguido sair dessa floresta fechada. Durante a caminhada, um marinheiro morreu de cansaço. Os indígenas guiam-se pelo sol nessas excursões; desse modo, param sua marcha quando o tempo fica nublado por muitos dias.

Apesar de o dia estar agradável e de o cheiro doce das árvores floridas invadir o ar, a umidade sombria da floresta ainda persistia. Além disso, a presença de numerosas árvores mortas que se assemelham a esqueletos em pé sempre dá às florestas primitivas um caráter de solenidade que falta aos países já civilizados há muito tempo. Pouco depois do pôr do sol, organizamos o acampamento para passar a noite. Nossa companheira, que era bastante bonita, pertencia a uma das famílias mais respeitáveis de Castro. No entanto, ela cavalgava com uma perna de cada lado do cavalo e não usava meias nem sapatos. Fiquei surpreso com a falta de orgulho que ela e seu irmão demonstravam. Ainda que tivessem comida, ficavam nos observando durante toda a refeição até ficarmos embaraçados o suficiente para compartilhar nossa comida com todo o grupo. A noite estava sem nuvens; e, deitados em nossas camas, admirávamos com grande deleite as muitas estrelas que iluminavam a escuridão da floresta.

23 DE JANEIRO — Levantamo-nos cedo pela manhã e, às duas horas, chegamos a Castro, uma cidade muito tranquila. O velho governador de

nossa última visita havia morrido e foi substituído por um chileno. Trouxemos uma carta de apresentação dirigida a dom Pedro. Um homem extremamente hospitaleiro, gentil e com um grau de desinteresse que é mais comum nas províncias do Prata do que neste lado do continente. No dia seguinte, dom Pedro nos trouxe cavalos descansados e ofereceu-se para nos acompanhar. Seguimos para o sul, geralmente seguindo a costa, e passamos por vários vilarejos, cada um com sua grande capela em forma de celeiro, construída com madeira. Perto de Castro, vimos uma cachoeira muito bonita: era bem pequena, mas a água caía de uma só vez em uma grande bacia circular, em torno da qual árvores imponentes, de 30 a 40 metros de altura, lançavam uma sombra escura. Em Vilipilli, dom Pedro pediu ao comandante que nos desse um guia para Cucao. O velho cavalheiro se ofereceu, ainda que, por muito tempo, tenha ficado sem entender o que levava dois ingleses a um lugar tão afastado como Cucao. Assim, fomos acompanhados pelos dois maiores aristocratas da região; como podia-se ver claramente pela forma como todos os indígenas se comportavam quando os viam.

Em Chonchi, nos voltamos para o interior e seguimos caminhos sinuosos e intrincados que, às vezes, passavam por florestas magníficas que, depois, se abriam em pontos bem desmatados, repletos de plantações de cereais e batatas. Nessa região de florestas ondulantes e parcialmente cultivada, havia algo que me lembrava das áreas mais selvagens da Inglaterra, e, portanto, aos meus olhos, tinha um aspecto fascinante. Em Huillinco,[338] às margens do lago de Cucao, apenas alguns campos são cultivados; e todos os habitantes parecem ser indígenas. Esse lago tem 19 quilômetros de comprimento e corre de leste a oeste. Por circunstâncias locais, a brisa do mar sopra de forma muito regular durante o dia e se mantém calma durante a noite. Isso deu origem a exageros estranhos: o fenômeno nos foi descrito em San Carlos como algo milagroso.

O caminho para Cucao era tão ruim que decidimos embarcar em um *periagua*. O comandante, de forma bastante autoritária, ordenou que seis indígenas se preparassem para remar e sequer se dignou a

---

338. Grafado "Vilinco" por Darwin. (N.T.)

dizer-lhes se seriam pagos. O *periagua* é um barco estranho e rude, mas a tripulação era ainda mais estranha; duvido que seis homenzinhos mais feios já tenham entrado juntos em um barco. No entanto, eles remaram muito bem e com bom humor: os homens na frente tagarelavam em seu idioma e proferiam sons estranhos que se assemelhavam muito àqueles produzidos por pastores de porcos. Partimos com uma leve brisa contrária. Ainda assim, chegamos à Capella de Cucao antes do final da noite. A região era formada, nas duas margens do lago, por uma floresta ininterrupta.

Uma vaca também havia sido embarcada no mesmo *periagua*. Colocar um animal tão grande num pequeno barco parece difícil à primeira vista; os indígenas, contudo, concluíram o trabalho bem rápido. Eles levaram a vaca para a lateral do barco, o qual foi inclinado em direção a ela, e, em seguida, colocaram sob a barriga do animal dois remos cujas extremidades foram apoiadas na borda do barco; com a ajuda dessas alavancas, eles rolaram a pobre vaca para dentro do barco e, em seguida, amarraram-na com cordas. Em Cucao, encontramos uma choupana desabitada (a residência do padre quando ele visita o local), onde acendemos uma fogueira, cozinhamos nosso jantar e ficamos muito confortáveis.

O distrito de Cucao é a única parte habitada em toda a costa oeste de Chiloé. Abriga cerca de trinta ou quarenta famílias indígenas espalhadas ao longo da costa por 6 ou 8 quilômetros. Elas estão muito isoladas do restante de Chiloé, e há pouco comércio de qualquer tipo, exceto, às vezes, por um pouco do óleo que extraem da gordura de focas. São muito bem-vestidos, usam roupas de fabricação própria e têm muito para comer. No entanto, pareciam descontentes e, ao mesmo tempo, humildes num nível bastante embaraçoso de se testemunhar. Esses sentimentos, creio, se devem principalmente à forma dura e imperiosa com que são tratados por seus governantes. Embora tenham sido muito educados conosco, nossos companheiros tratavam os indígenas como se fossem escravos, e não homens livres. Eles ordenavam provisões e o uso de seus cavalos sem nunca se dignar a lhes dizer quanto receberiam ou se de fato seriam pagos. Pela manhã, fomos deixados sozinhos com essas pobres pessoas e ganhamos seu favor com charutos e mate de presente. Um torrão de açúcar branco foi distribuído entre todos os presentes e provado com grande curiosidade. Os indígenas concluíram todas as suas queixas por intermédio de um deles, que disse: "Isso só ocorre porque somos indígenas pobres e não sabemos nada; mas não era assim quando tínhamos um rei!".

No dia seguinte, após o café da manhã, cavalgamos alguns quilômetros ao norte até Punta Huantamó. A estrada fica ao longo de uma praia muito larga, sobre a qual, mesmo depois de muitos dias bonitos, quebravam ondas terríveis. Tenho certeza de que, depois de uma violenta tempestade, o rugido da noite pode ser ouvido até mesmo em Castro, a uma distância de não menos de 21 milhas náuticas [38 quilômetros] através de uma região montanhosa e arborizada. Tivemos um pouco de dificuldade para chegar ao topo por causa dos caminhos insuportavelmente ruins; pois, em todos os locais em que havia sombra, o solo se tornava um atoleiro perfeito. O topo em si é uma colina íngreme e rochosa. É coberto por uma planta relacionada, creio eu, à bromélia, chamada de *chepones* pelos moradores locais. Ao atravessar os campos, nossas mãos ficaram muito arranhadas. Diverti-me observando os cuidados de nosso guia indígena, que dobrou a barra de suas calças, imaginando que eram mais delicadas que sua própria pele endurecida. Essa planta produz um fruto com forma semelhante a uma alcachofra, na qual se encontram unidas uma série de sementes; sua polpa, doce e agradável, é muito estimada por aqui. No porto de Lowe, eu vi os chilotes fabricando *chichi*, ou cidra, com essa fruta: é bem verdade o que Humboldt observa, a saber, que, em quase todos os lugares, o homem encontra meios para preparar algum tipo de bebida com produtos do reino vegetal. Os selvagens da Terra do Fogo, no entanto, e, acredito, da Austrália, não progrediram tanto nessa arte.

A costa ao norte de Punta Huantamó é extremamente cortada e irregular, e, diante dela, há um estreito quebra-mar contra o qual o mar ruge eternamente. O senhor King e eu teríamos preferido, se fosse possível, voltar a pé ao longo da costa; contudo, até mesmo os índios disseram que isso seria impraticável. Disseram-nos que pessoas já tinham atravessado a floresta diretamente de Cucao a San Carlos, mas nunca ao longo da costa. Em tais expedições, os indígenas levam apenas grãos torrados com eles e comem um pouco deles duas vezes ao dia.

26 DE JANEIRO — Embarcamos mais uma vez no *periagua*, atravessamos o lago e, então, montamos nossos cavalos. Toda Chiloé aproveitou esta semana de tempo extraordinariamente bom para limpar o solo com queimadas. Em todas as direções, víamos colunas de fumaça que se enrolavam para o alto. Embora os habitantes ateassem fogo em toda a floresta, não vi um caso em que tivessem conseguido causar incêndios extensos. Almoçamos com nosso amigo, o comandante, e chegamos a Castro após o anoitecer.

Na manhã seguinte, partimos muito cedo. Depois de termos cavalgado por algum tempo, obtivemos, do alto de uma montanha íngreme, uma vista de longo alcance da grande floresta (algo muito raro nessa estrada). Acima do horizonte de árvores, o Corcovado e o grande vulcão de cume plano ao norte destacavam-se em grandeza orgulhosa; quase nenhum outro pico distante mostrava seu topo nevado. Espero que a vista de despedida da magnífica cordilheira de Chiloé permaneça em minha mente por muito tempo. À noite, acampamos sob um céu sem nuvens e, na manhã seguinte, estávamos em San Carlos. Chegamos no dia certo, pois, antes de anoitecer, começou uma chuva forte.

4 DE FEVEREIRO — Saímos de Chiloé. Durante a última semana, fiz algumas pequenas viagens. Em uma delas, examinei um grande leito de ostras e amêijoas, da mesma espécie encontradas atualmente na baía vizinha, mas, de acordo com o barômetro, a 100 metros acima do nível do mar. Em meio a essas conchas, cresciam grandes árvores florestais. Também cavalguei até Punta Huechucucuy. Meu guia conhecia a região bem demais, pois ele, de forma pertinaz, me dizia o nome indígena de cada pequeno ponto, riacho e enseada. Da mesma forma que na Terra do Fogo, a língua indígena parece singularmente bem-adaptada para dar nomes aos pontos mais triviais do território. Acho que cada um de nós se sentiu feliz em dizer adeus a Chiloé. No entanto, se fosse possível esquecer a escuridão e a chuva incessante do inverno, a ilha poderia ser descrita como encantadora. Há também algo muito atraente na simplicidade e na humilde cortesia de todos os seus pobres habitantes.

Seguimos para o norte ao longo da costa, mas, por causa do tempo ruim, não chegamos a Valdívia até a noite do dia 8 deste mês. As características externas de toda a costa da região eram as mesmas das partes centrais de Chiloé. A floresta não foi desmatada em nenhum lugar. Na costa do mar, aparecem pontos rochosos íngremes, porém, mais para o interior, as formações mais antigas estão cobertas por planícies pertencentes a períodos geológicos não muito antigos. No dia seguinte, depois de ancorar no belo porto de Valdívia, o barco seguiu para a cidade, que está a cerca de 16 quilômetros de distância. Seguimos o curso do rio, passando ocasionalmente por algumas choupanas e pequenas áreas desmatadas da floresta ininterrupta, encontrando, às vezes, uma canoa com uma família de indígenas. A cidade fica às margens baixas do rio e está tão completamente enterrada em uma floresta de macieiras que as ruas não são nada além de caminhos em um pomar.

Nunca vi uma região em que as macieiras parecessem prosperar tão bem como nesta parte úmida da América do Sul. Na beira das estradas, havia muitas árvores jovens que, evidentemente, cresceram ali de forma natural. Em Chiloé, os habitantes desenvolveram um método maravilhosamente curto para cultivar um pomar. Na extremidade inferior de quase todos os ramos, brotam pequenos pontos cônicos, castanhos e enrugados. Esses pontos estão prontos para se transformar em raízes a qualquer momento, como às vezes pode ser visto nos locais em que, acidentalmente, lama é espirrada contra a árvore. Um ramo tão grosso quanto a coxa de um homem é escolhido e cortado logo abaixo de um grupo desses pontos; todos os ramos menores são arrancados, e, depois, o ramo é colocado no solo a cerca de 60 centímetros de profundidade: a operação é realizada no início da primavera. No verão, o toco lança brotos muito longos e, às vezes, até dá frutos. Mostraram-me um que, embora incomum, havia produzido 23 maçãs. No verão seguinte, os brotos do primeiro ano lançam outros, e, no terceiro ano, o toco se transforma (como eu mesmo vi) em uma grande árvore, carregada de frutas. Entendo que há um tipo de macieira na Inglaterra que pode ser tratada de forma semelhante; acredito, contudo, que a rapidez de crescimento (e, ao mesmo tempo, a produção de frutas) é muito menor do que a das árvores de Chiloé. Perto de Valdívia, um senhor exemplificou seu lema, a saber, *necessidad es la madre del invención*, listando o que podia ser feito com as maçãs. Primeiro, ele faz cidra, depois, das sobras, extrai uma boa aguardente branca; por outro processo, obtém um melado doce que chamou de mel. Além disso, ele também nos mostrou um vinho feito da mesma fruta. As crianças e os porcos pareciam viver quase exclusivamente dos pomares durante essa época do ano.

11 DE FEVEREIRO — Acompanhado por um guia, fiz uma cavalgada curta, na qual, no entanto, consegui ver muito pouco dos habitantes e da geologia da região. Não há muita terra cultivada perto de Valdívia: depois de atravessarmos alguns quilômetros de rio, entramos na floresta e, então, antes de chegar ao nosso local de repouso noturno, passamos por apenas uma choupana miserável. A floresta aqui não se assemelha à de Chiloé por causa de uma pequena diferença de 240 quilômetros na latitude. Essa variação se deve a uma proporção ligeiramente diferente de espécies arbóreas. Aqui, as árvores de folhagem perene não são tão abundantes, o que se traduz em uma cor verde mais vibrante e viva. Da mesma forma que em Chiloé, as bases das árvores estão entrelaçadas por caniços. Aqui, outra espécie da mesma família, semelhante ao bambu do Brasil e com cerca de 20 metros de altura, cresce em aglomerados e enfeita lindamente as margens de alguns riachos. É com essa planta que os indígenas fazem seus *chuzos*, ou lanças longas. A casa em que passaríamos a noite estava tão suja que preferi dormir do lado de fora. Nessas viagens, a primeira noite costuma ser desconfortável, porque o corpo não está acostumado com a coceira e as mordidas das pulgas. Posso garantir-lhes que, de manhã, não havia lugar em minhas pernas que não tivesse uma marca vermelha (do tamanho de uma pequena moeda) indicando os pontos em que o inseto havia se alimentado.

12 DE FEVEREIRO — Continuamos a cavalgar pela floresta e apenas ocasionalmente encontrávamos um indígena a cavalo ou uma tropa de boas mulas carregando tábuas de alerce e grãos das planícies do sul. À tarde, um dos cavalos ficou exausto e, então, paramos no topo de uma montanha que nos oferecia uma bela vista dos Llanos.[339] A visão dessas planícies

---

339. Los Llanos, isto é, as planícies, em espanhol, é o nome histórico do vale central do Chile entre Valdívia e Osorno. (N.T.)

abertas foi bastante revigorante depois de termos sido cercados (e quase enterrados) por um mundo selvagem de árvores. A uniformidade da floresta logo se torna muito cansativa. Esta costa oeste me faz pensar com prazer nas planícies abertas e sem limites da Patagônia; e, ainda assim, mesmo de forma contraditória, não tenho como esquecer o silêncio sublime da selva. Os Llanos são as partes mais férteis e densamente povoadas da região, pois têm a imensa vantagem de quase não ter árvores. Antes de deixarmos a floresta, atravessamos algumas pequenas áreas planas e gramadas com árvores individuais espalhadas, semelhantes a um parque inglês. É curioso notar que as planícies parecem ser frequentemente hostis ao crescimento de árvores. Humboldt encontrou muita dificuldade em explicar sua presença em certas partes da América do Sul e sua ausência em outras. Para mim, parece que a planicidade do terreno, muitas vezes, desempenha um papel significativo na determinação do crescimento das árvores, embora eu não tenha certeza da causa específica. No caso da Terra do Fogo, a falta de árvores no solo horizontalizado se deve provavelmente ao acúmulo de muita umidade em tais locais. Mas, ao norte de Maldonado, na Banda Oriental, onde encontramos uma bela região desnivelada, com correntes de água (que também são margeadas por florestas), a circunstância me parece muito difícil de explicar, conforme já mencionado.

Por conta da exaustão do cavalo, resolvi parar por perto, na missão de Cudico, pois eu tinha uma carta de apresentação para o clérigo do local. Cudico é um distrito intermediário entre a floresta e os Llanos. Há muitas cabanas com plantações de grãos e batatas, quase todas pertencentes aos indígenas. As tribos locais, que dependem de Valdívia, são de *reducidos y cristianos* [isto é, foram convertidos e vivem em locais estabelecidos pelos espanhóis]. Os indígenas mais ao norte, em torno de Arauco e Imperial, ainda são muito selvagens e não foram convertidos; mas há muito intercâmbio entre todos eles e os espanhóis. O padre disse-me que os indígenas cristãos não gostavam muito de ir à missa, mas que, por outro lado, respeitam a religião. A maior dificuldade é fazê-los observar as cerimônias de casamento. Esses indígenas selvagens tomam o máximo de esposas que podem alimentar. Desse modo, um cacique poderá chegar a ter mais de dez. Ao entrar na casa de um deles, é possível saber o número de esposas pela quantidade de fogueiras separadas umas das outras. Esse deve ser um bom plano para evitar brigas. Cada esposa passa uma semana com o cacique, mas todas tecem ponchos e outros itens para o marido. Ser esposa de um cacique é uma honra muito desejada pelas mulheres indígenas.

Os homens de todas as tribos usam um poncho de lã; os do sul de Valdívia, no entanto, vestem-se com calças curtas; e aqueles ao norte, com uma anágua, como o chiripá dos gaúchos. Todos têm seus cabelos longos amarrados por uma faixa em torno de suas cabeças; fora isso, ficavam descobertos. Esses indígenas são pessoas bem-constituídas; sua maçã do rosto é bastante proeminente e, em sua aparência geral, eles se assemelham à grande família americana à qual pertencem; mas sua fisionomia me pareceu um pouco diferente da de outras tribos que eu já conhecia. A expressão de seu rosto é geralmente séria, austera, e sugere muito caráter, e isso pode dar a impressão tanto de honestidade direta quanto de força de vontade orgulhosa. Os cabelos longos e pretos, o rosto grave e profundamente sulcado e a tez escura me fizeram lembrar de antigos retratos de Jaime I, uma semelhança que, provavelmente, só pode fazer parte da minha imaginação. Na estrada, não encontramos aquela delicadeza humilde que é tão comum em Chiloé. Alguns diziam *"mari mari"* (bom dia) com rapidez, mas a maioria não parecia inclinada a nos saudar. Essa forma independente de boas maneiras é provavelmente consequência de suas longas guerras e das vitórias repetidas que somente eles, entre todas as tribos na América, conquistaram sobre os espanhóis.

Passei a noite em agradável conversa com o clérigo. Ele demonstrou imensa gentileza e hospitalidade, e, tendo vindo de Santiago, havia se cercado de alguns poucos confortos. Por ser um homem com alguma educação, reclamou amargamente da total falta de amigos. Sem nenhum zelo particular pela religião, sem negócios ou objetivos, que desperdício deve ser a vida desse homem! Como não encontrei nada que pudesse ter me permitido ficar ou viajar, iniciamos nosso retorno pela floresta no dia seguinte. Na estrada, encontramos sete indígenas muito selvagens. Entre eles estavam alguns caciques, que vinham recebendo um subsídio anual pago àqueles que permaneciam fiéis. Eram homens bonitos e cavalgavam uns atrás dos outros com rostos muito sombrios. Um velho cacique que os chefiava parecia, suponho, estar mais bêbado do que os demais, pois se mostrava extremamente sério e muito aborrecido. Pouco antes disso, dois indígenas se juntaram a nós; vindos de uma missão distante, viajavam para Valdívia para tratar de algum processo judicial. Um deles era um velho bem-humorado e que mais parecia uma velha senhora por causa de seu rosto enrugado e sem barba. Muitas vezes eu lhes dava charutos, e, embora sempre os aceitassem prontamente, e até com o que parecia ser gratidão, eles nunca me agradeciam. Em Chiloé, um indígena teria tirado o chapéu e dito *"Dios le pague!"* (Deus te pague). Viajar era muito tedioso, tanto por causa das estradas ruins quanto pelo número de grandes árvores caídas que tinham de ser saltadas ou evitadas através de longos desvios. Dormimos na estrada e chegamos a Valdívia na manhã seguinte, onde eu embarquei no navio.

Alguns dias depois, atravessei a baía com um grupo de oficiais e desembarquei perto de um forte chamado Niebla. Os edifícios apresentavam um estado muito degradado, e não havia carros de arma (suporte dos canhões) que não estivessem completamente apodrecidos. Após um único tiro, se despedaçariam, de acordo com o que o senhor Wickham[340] disse ao comandante. O pobre homem, contudo, respondeu seriamente: "Não, senhor, eles certamente aguentariam dois tiros!". Os espanhóis devem ter tido a intenção de tornar esse lugar inexpugnável. Há uma pequena montanha de argamassa no meio do pátio que é tão dura quanto a rocha sobre a qual se encontra! Foi trazida do Chile e custou 7 mil dólares. A eclosão da revolução, entretanto, impediu que fosse utilizada para qualquer propósito. E, agora, representa um monumento à queda da grandeza espanhola.

Eu quis ir até uma casa que ficava a cerca de 2,5 quilômetros de distância, mas meu guia me disse que seria completamente impossível atravessar a floresta em linha reta. Ele ofereceu guiar-me pelo caminho mais curto, seguindo por obscuras trilhas de gado; a caminhada, no entanto, levou nada menos do que três horas! O trabalho desse homem é caçar gado perdido e, ainda que ele conheça bem a floresta, há algum tempo

---

340. John Clements Wikham (1798-1864), oficial da Marinha Britânica. O tenente Wickham exerceu a função de segundo comandante do *HMS Beagle* durante a expedição de 1831-1836 em que Darwin estava presente. (N.T.)

perdeu-se por dois dias sem nada para comer. Esses fatos transmitem uma boa ideia da impraticabilidade das florestas desses países. Uma questão costuma percorrer minha mente: por quanto tempo os vestígios de uma árvore caída subsistem? Este homem me mostrou uma que foi cortada há quatorze anos por um grupo de monarquistas fugitivos. Então, tomando isso como critério, acredito que, em trinta anos, um tronco de meio metro de diâmetro se tornaria um amontoado de mofo.

20 DE FEVEREIRO — Este dia é importante nos anais de Valdívia por causa do terremoto[341] mais violento já sentido por seus habitantes mais antigos. Eu estava em terra e tinha ido descansar na floresta quando ele se manifestou de repente e durou dois minutos, mas a sensação era de que fora bem mais longo. A oscilação do solo era muito palpável. As vibrações pareciam, para meu companheiro e para mim, vir diretamente do leste, enquanto outros acreditavam que vinham do sudoeste, o que serve de exemplo, em qualquer caso, de como é complicado perceber de onde vêm essas vibrações. Ficar em pé não era difícil, mas a movimentação quase me deixou tonto. Posso compará-la ao chacoalhar de um barco submetido a uma pequena ondulação cruzada ou dizer que é mais semelhante ainda ao que sente uma pessoa patinando sobre gelo fino que se dobra sob o peso de seu corpo.

Um terrível terremoto destrói repentinamente nossas associações mais remotas: a terra, o verdadeiro símbolo de tudo que é sólido, moveu-se sob nossos pés, como uma crosta fina sobre um fluido; um único segundo produziu na mente um sentimento estranho de insegurança que não teria sido criado nem por horas de reflexão. Na floresta, conforme a brisa movia as árvores, senti apenas a terra tremer e não vi nenhum outro efeito. O capitão FitzRoy e alguns oficiais estavam na cidade durante o terremoto, e lá a cena foi ainda mais marcante: embora as casas, construídas de madeira, não tivessem tombado, ainda assim foram tão violentamente abaladas que as suas tábuas rangiam e chiavam. As pessoas corriam alarmadas para fora de suas casas. Não tenho dúvidas de que são esses fenômenos que instilam um sentimento de pavor em relação

---

341. A região foi afetada por um terremoto de magnitude 8,5 na época. (N.T.)

aos terremotos, uma experiência compartilhada por qualquer pessoa que tenha testemunhado e sentido seu impacto em primeira mão. Na floresta, o fenômeno foi muito interessante, mas nada assustador. As marés foram afetadas de maneira bastante curiosa. O grande choque ocorreu no momento da maré baixa, e uma senhora idosa que estava na praia disse-me que a água chegou à marca da maré alta muito rapidamente, mas não em grandes surtos, e depois voltou ao seu nível normal com a mesma velocidade; e a linha de areia molhada na praia tornava isso muito evidente. Esse mesmo tipo de movimento repentino mas silencioso da maré se deu alguns anos mais tarde em Chiloé, como circunstância associada a um pequeno terremoto que criou muito alarme sem causa. Durante a noite, ocorreram vários tremores menores, e todos eles pareceram criar correntes complexas e, em alguns casos, poderosas dentro do porto.

22 DE FEVEREIRO — Zarpamos de Valdívia e entramos no porto de Concepción no dia 4 de março. Enquanto o navio seguia em direção ao ancoradouro, que está a vários quilômetros de distância, desembarquei na Ilha Quiriquina. O administrador da propriedade veio rapidamente nos contar a terrível notícia do grande terremoto do dia 20. Disse-nos que nenhuma casa em Concepción ou em Talcahuano (a cidade portuária) estava em pé; que setenta aldeias tinham sido destruídas; e que uma grande onda quase havia arrastado as ruínas de Talcahuano. Logo vimos muitas provas da verdade deste último fato; toda a costa estava repleta de madeira e móveis, como se mil grandes navios tivessem naufragado. Além de cadeiras, mesas, estantes, etc., havia vários telhados de casas que haviam sido arrancados quase inteiros. Os armazéns de Talcahuano haviam sido destruídos, e grandes sacos de algodão, *yerba* e outros bens valiosos estavam espalhados pela costa. Durante minha caminhada pela ilha, notei numerosos fragmentos de rocha que haviam sido lançados na praia e que, a julgar pelos produtos marinhos aderidos a eles, devem ter estado recentemente em águas profundas. Um deles era uma peça de 180 por 90 centímetros e cerca de 60 centímetros de espessura.

A própria ilha mostrava a força avassaladora do terremoto de forma tão clara quanto a praia mostrou o poder do grande surto [tsunami] que se seguiu. O solo fragmentou-se em muitos lugares em uma direção de norte a sul, e essa direção foi talvez causada pelo desmoronamento dos lados paralelos e íngremes da ilha estreita. Algumas das fendas próximas às falésias mediam quase um metro de largura; muitas massas imensas já haviam caído na praia, e os habitantes acreditavam que, com o início da estação chuvosa, ocorreriam deslizamentos de terra ainda maiores. O efeito do choque sobre o duro xisto primário, que forma a fundação da ilha, foi ainda mais curioso: as partes superficiais de algumas bordas estreitas das montanhas foram completamente estilhaçadas, como se explodidas com pólvora. Esse efeito, bastante claro nas fraturas frescas e no solo deslocado, deve, durante os terremotos, estar mais confinado à superfície, pois, caso contrário, nenhuma rocha sólida seria encontrada em todo o Chile. Essa ação limitada não é improvável, pois é certo que a superfície de qualquer corpo, ao vibrar, se encontra em uma condição diferente da de suas partes centrais. Talvez seja pela mesma razão que os terremotos não causem tanta devastação em minas profundas como se deveria esperar. Acredito que esse choque fez mais para reduzir o tamanho da Ilha Quiriquina do que a erosão habitual da atmosfera e do mar ao longo de um século inteiro.

No dia seguinte, desembarquei em Talcahuano e, depois, cavalguei até Concepción. O capitão FitzRoy fez um relato tão detalhado e preciso do terremoto que é quase inútil dizer algo a mais sobre o assunto; extrairei, entretanto, algumas passagens do meu diário. Ambas as cidades encenavam o espetáculo mais sinistro e interessante que já vi. Para quem conhecera esses lugares, a impressão poderia ter sido ainda mais impactante, pois as ruínas se fundiam de tal maneira e toda a paisagem tinha tão poucos vestígios de um lugar habitável que era difícil imaginar sua aparência ou suas condições anteriores. O terremoto começou às onze e meia da manhã. Se tivesse ocorrido no meio da noite, um maior número de habitantes[342] (em vez de menos de uma centena) teria perecido. Em Concepción, cada casa ou fileira de casas se mostrava como uma pilha ou uma sequência de ruínas por si só; mas, em Talcahuano, como resultado das grandes ondas, nada mais podia ser visto exceto uma camada

---

342. Miers estima-os em 40 mil, mas as cidades em algumas das outras províncias também foram devastadas. (N.A.)

de tijolos, telhas e madeira. Desse modo, Concepción, embora não tão completamente devastada, exibia um cenário mais terrível e, se me é permitido dizê-lo, pitoresco. A primeira onda foi muito repentina. A prática comum entre os moradores dessas províncias, a saber, sair de casa ao primeiro tremor de terra, foi o que os salvou. O administrador de Quiriquina disse-me que percebeu o terremoto ao se dar conta de que rolava com seu cavalo no chão, e, ao se levantar, sofreu outra queda. Também me falou de algumas vacas que estavam nos pontos íngremes da ilha e foram jogadas ao mar. A grande onda, no entanto, causara muito mais destruição nesse aspecto: em uma ilha baixa, perto da cabeceira da baía, arrastou setenta animais, que se afogaram. Acredita-se que esse tenha sido o pior terremoto já registrado no Chile; mas, como os intervalos entre os mais potentes são muito longos, isso não pode ser facilmente determinado. De fato, nem um choque muito mais forte faria grande diferença neste momento, pois a destruição já havia sido completa.

Depois de ver Concepción, mal consigo entender como a maior parte dos habitantes escapou ilesa. As casas desmoronaram em muitos lugares, formando pequenos arcos de alvenaria e lixo no meio das ruas. O cônsul inglês, o senhor Rous, estava tomando café da manhã quando o primeiro movimento o fez deixar a casa; mal tinha chegado ao meio do pátio quando um lado de sua casa caiu, gerando um estrondo. Ele manteve a presença de espírito para se lembrar de que estaria seguro se conseguisse chegar à parte que já havia caído. Como Rous não conseguia ficar em pé por causa do movimento do solo, ele engatinhou até a pequena elevação e viu o outro lado da casa desabar, e grandes vigas passaram rente à sua cabeça. Cegado pela nuvem de poeira que escureceu o céu e engasgado, ele, por fim, chegou à rua. Em poucos minutos, uma onda seguiu-se a outra, e ninguém ousou se aproximar das ruínas; nem sabiam se seus amigos e parentes estavam morrendo por falta de ajuda. Os telhados de palha caíram sobre as fogueiras, e as chamas irrompiam em todas as partes. Centenas de pessoas se viram arruinadas, e poucas conseguiram alimento para o dia. Será possível imaginar uma cena mais terrível e miserável?

Os terremotos, por si sós, já são suficientes para arrasar a prosperidade de qualquer região. Se, por exemplo, na Inglaterra, as forças adormecidas e subterrâneas exercessem a atividade que já foi certamente posta em movimento em épocas geológicas anteriores, isso modificaria toda a natureza do país! O que aconteceria com as casas altivas, as cidades densamente povoadas, as grandes manufaturas e os belos edifícios públicos e privados? E se a nova época de atividades subterrâneas começasse primeiro com um grande terremoto no silêncio da noite? Quão terrível seria a ruína! A Inglaterra faliria de repente; todos os papéis, os arquivos e contas ficariam para sempre perdidos em um só golpe. O governo seria incapaz de recolher impostos e de manter sua autoridade: haveria descontrole sobre a violência e os roubos. A fome assolaria todas as grandes cidades: a pestilência e a morte seguiriam seus passos.

O capitão FitzRoy descreveu a grande onda que, do mar, avançou sobre Talcahuano. Do meio da baía, era vista como uma onda ininterrupta de água, mas, de cada lado, sempre que encontrava resistência, ela ganhava volume, destruindo casas e árvores conforme avançava com força esmagadora. Na cabeceira da baía, é fácil imaginar a terrível série de ondas que por três vezes avançou sobre a cidade e quase suprimiu as ruínas da cidade antiga. Ainda havia piscinas de água salgada nas ruas, e as crianças, fazendo barcos com mesas e cadeiras velhas, pareciam tão alegres quanto seus pais estavam infelizes. Foi, no entanto, extremamente interessante observar como todos pareciam alegres e de bom ânimo após esse grande infortúnio. Foi comentado com muita razão que, devido à devastação geral, nenhum indivíduo foi mais humilhado do que o outro ou poderia reclamar de frieza de seus amigos — este último efeito talvez seja o mais grave na perda de riqueza. O senhor Rous, junto a um grande grupo que ele gentilmente resolveu proteger, passou a primeira semana em um jardim, sob algumas macieiras. No início, estavam muito alegres, como se estivessem em um piquenique, mas logo um temporal tornou tudo bastante desconfortável, pois não havia teto para que pudessem se abrigar.

O capitão FitzRoy relata, em seu ensaio, que duas erupções, uma como uma coluna de fumaça e a outra como o sopro de uma grande baleia, foram vistas na Baía de Concepción. A água também parecia ferver em todos os lugares e "tornou-se negra, exalando um cheiro de enxofre extremamente desagradável". O senhor Alison disse-me que essas últimas circunstâncias também ocorreram durante o terremoto de 1822 na Baía de Valparaíso. As duas grandes explosões no primeiro caso devem, sem dúvida, estar ligadas a mudanças profundas; porém, a água borbulhante, sua cor preta e seu cheiro fétido, que costumam acompanhar um terremoto violento, podem, acredito, ser atribuídos à perturbação da lama, que contém matéria orgânica em decomposição. Na Baía de Callao, durante um dia calmo, notei que, enquanto o navio arrastava seu cabo pelo leito, uma linha de bolhas marcou seu curso.

As classes baixas de Talcahuano acreditavam que o terremoto havia sido causado por algumas indígenas que, ofendidas, haviam fechado o vulcão Antuco dois anos atrás. Essa crença tola desperta interesse porque mostra que a experiência os ensinou a observar a correlação constante entre a supressão da atividade dos vulcões e os tremores de terra. Era necessário aplicar a bruxaria ao ponto em que o conhecimento deixava de existir, a saber, ao fechamento da abertura vulcânica. A crença é ainda mais estranha neste caso em particular porque a investigação do capitão FitzRoy mostrou que o Antuco não foi afetado de forma alguma (independentemente do que pode ter ocorrido aos vulcões mais ao norte).

A cidade de Concepción foi construída da maneira espanhola usual: todas as suas ruas correm em ângulos retos umas com as outras. Um conjunto delas ia de sudoeste para nordeste, e as outras, de noroeste para sudeste. As paredes da primeira direção tinham resistido melhor que as da segunda. O capitão FitzRoy[343] também notou que a maioria dos tijolos havia caído em direção ao nordeste, o que está de acordo com a ideia geral de que as ondulações vinham do sudoeste. Ruídos subterrâneos também foram ouvidos algumas vezes dessa direção. Se a suposição estiver correta, então as paredes orientadas a noroeste e sudeste, que quase coincidiam com a linha de ondulação ou as cristas de ondas sucessivas, estavam mais propensas a colapsar do que aquelas cujas extremidades enfrentavam a direção da qual a vibração se originava. Isso porque, no primeiro caso, toda a parede seria simultaneamente retirada de sua posição vertical. Tal fato pode ser ilustrado da seguinte forma: se colocarmos livros sobre um tapete com as costas umas contra as outras e, então, fizermos movimentos da maneira sugerida por Michell, imitando

---

343. Capitão FitzRoy, "Sketch of Surveying Voyages of Adventure and Beagle", *Journal of the Royal Geographical Society*, vol. VI, p. 320. (N.A.)

as ondulações de um terremoto, perceberemos que eles cairão com mais ou menos facilidade de acordo com sua direção. As fissuras no solo, embora não uniformes, geralmente tinham uma direção sudeste e noroeste[344] e, portanto, correspondiam às principais linhas de inflexão. Tendo em mente todas essas circunstâncias, que tão claramente apontam para o sudoeste como o foco principal da perturbação, é interessante notar que a Ilha de Santa Maria,[345] situada nessa região, foi elevada quase três vezes mais do que qualquer outra parte da costa durante a elevação geral da terra (assunto que retomarei mais a frente).

A catedral proporcionou uma boa ilustração de como as paredes ofereciam níveis variáveis de resistência, dependendo de sua orientação. O lado voltado para nordeste formava uma grande pilha de escombros sobre as portas e grandes estruturas de madeira que pareciam estar flutuando em um riacho. Alguns dos blocos de tijolos eram de grandes dimensões e haviam rolado bastante na praça plana, como se fossem fragmentos de rocha ao redor da base de uma montanha alta. Embora as paredes laterais estivessem extremamente fraturadas, elas continuavam de pé; já os grandes contrafortes (em ângulos retos e, portanto, paralelos às paredes que caíram) foram, em muitos casos, cortados, como se por um cinzel, e arremessados ao solo.

Durante o terremoto, alguns ornamentos quadrados nas paredes deslocaram-se diagonalmente. Isso também foi observado em outras estruturas, como os contrafortes da igreja de La Merced em Valparaíso e móveis pesados dos salões pelo choque de 1822.[346] O senhor Lyell[347] também nos ofereceu um desenho de um obelisco na Calábria cujas pedras individuais foram parcialmente reviradas. Nesses exemplos, o deslocamento, a princípio, parece ter ocorrido devido a um movimento giratório sob cada um dos pontos afetados, porém, isso não aconteceu isso. A causa não seria, então, a tendência de cada pedra para se manter em alguma posição especial em relação às linhas de vibração (talvez de forma similar a alfinetes sobre um pedaço de papel ou sobre uma tábua quando ela é sacudida)?

---

344. Ditto, p. 327, *et passim*. (N.A.)
345. Ibidem. (N.A.)
346. Miers, *Chile*, vol. I, p. 392. (N.A.)
347. Lyell, *Principles of Geology*, livro II, cap. XV. (N.A.)

Normalmente, as portas ou janelas arqueadas são mais resistentes do que outros tipos de construções durante o terremoto. Entretanto, apesar disso, um pobre homem idoso, coxo e acostumado a rastejar até uma porta específica durante pequenos tremores morreu esmagado, infelizmente, durante este terremoto.

Não ofereço uma descrição detalhada da aparência de Concepción, pois acredito ser totalmente impossível transmitir as emoções mistas que surgem quando testemunhamos esse tipo de cena. Ainda que vários oficiais já tivessem visitado o local antes de mim, sua linguagem mais forte não era capaz de expressar adequadamente a extensão total da devastação. Observar a destruição imediata de estruturas que exigiram tempo e esforço para serem construídas é uma experiência angustiante e humilhante. Mesmo que possamos sentir compaixão pelas pessoas afetadas, nossa atenção é rapidamente atraída para o estado de coisas que resultou de um evento que normalmente levaria séculos para se completar. Em minha opinião, não passamos, desde que saímos da Inglaterra, por nenhum outro momento tão profundamente marcante.

Em quase todos os terremotos violentos já descritos, temos o relato sobre a grande agitação das águas marítimas das redondezas. A perturbação parece, em geral, como no caso de Concepción, ter sido de dois tipos: primeiro, no instante do choque, a água avança pela praia com um movimento suave e, depois, da mesma forma, recua silenciosamente; e, segundo, pouco tempo depois, todo o mar se retira da costa e, então, retorna em ondas enormes e de força avassaladora. O primeiro (e menos regular) movimento parece ser consequência direta do terremoto e tende a afetar sólidos e líquidos de maneira diversa, de modo que seus respectivos níveis ficam ligeiramente alterados. Entretanto, o segundo movimento, que é mais significativo, é menos simples de explicar. Quando lemos os relatos de terremotos, e especialmente os ocorridos na costa oeste da América, como aqueles compilados pelo senhor W. Parish,[348,349] é certo que o primeiro grande movimento das águas é seu recuo. Várias hipóteses[350]

---

348. O senhor W. Parish teve a bondade de me emprestar o manuscrito original, que foi lido na *Geological Society* [Sociedade Geológica] em 5 de março de 1835. (N.A.)
349. Woodbine Parish (1796-1882), diplomata e cientista britânico. (N.T.)
350. Lyell, *Principles of Geology*, livro II, cap. XVI. (N.A.)

foram criadas para explicar o fato. Acreditava-se que isso ocorria devido a uma oscilação vertical na terra, enquanto a água mantinha seu nível, mas este não pode ser o mesmo caso em uma costa moderadamente rasa, pois a água próxima à terra seria afetada pelo movimento do fundo. Além disso, como explicou o senhor Lyell, os movimentos no mar não podem ser explicados apenas por uma mudança no nível da terra, como evidenciado pela perturbação na Madeira durante o terremoto de Lisboa. Um evento semelhante ocorreu no Arquipélago Juan Fernandez, onde o mar foi perturbado de maneira semelhante à da costa do Chile.

O fenômeno, segundo me parece, é o resultado de uma ondulação comum na água causada por uma linha ou um ponto de perturbação localizado a alguma distância. Se as ondas desencadeadas pelas pás de um navio a vapor forem observadas quebrando na costa inclinada de um rio parado, a água primeiro retrocederá até um metro e, depois, retornará em pequenas ondas, análogas àquelas desencadeadas por um terremoto. Devido à direção oblíqua em que as ondas são lançadas pelas pás, o navio avança uma boa distância antes de as ondulações chegarem à costa; e, portanto, fica claro que esse movimento não tem relação com o deslocamento real do fluido devido à massa do navio. Realmente, parece ser um fato geral que, em todos os casos em que o equilíbrio de um movimento de onda é assim perturbado, a água se retira da superfície de resistência para formar uma onda progressiva.[351] Considerando, então, uma onda produzida por um terremoto como uma ondulação comum procedendo de algum ponto ou linha em mar aberto, podemos entender por que ela ocorre algum tempo após o choque, por que ela afeta as margens do continente e ilhotas remotas uniformemente com a água primeiro se retirando e, depois, retornando em uma onda gigantesca, e por que seu tamanho é modificado pela forma da costa vizinha. Por exemplo, Talcahuano e Callao estão na cabeceira de grandes baías rasas e sempre sofreram com o fenômeno, enquanto a cidade de Valparaíso, que fica muito perto de um oceano profundo, embora tenha sido abalada pelos terremotos mais violentos, nunca foi devastada por uma dessas terríveis enchentes. De acordo

---

351. Estou em dívida com o senhor Whewell por me explicar os prováveis movimentos costeiros de uma ondulação cujo equilíbrio foi quebrado. (N.A.)

com essa visão, no caso de Concepción, precisamos imaginar um ponto de perturbação no fundo do mar localizado a sudoeste de onde as ondas foram observadas para se propagar. Nesse ponto, a terra foi elevada a uma altura maior do que em qualquer outra parte: o fenômeno, assim, encontra sua explicação.

É provável que, próximo a qualquer linha costeira, a linha principal de perturbação esteja situada em mar aberto no ponto em que o fluido mais agitado (por estar perto do solo mais raso próximo da terra) se une à parte que cobre a profundidade (ligeiramente movida) do oceano. Em todas as partes distantes da costa, as pequenas oscilações do mar, tanto no momento do grande choque quanto durante os menores que se seguem, seriam confundidas com a ondulação propagada desde o foco da perturbação e, portanto, a série de movimentos seria indistinguível.

O efeito mais notável (ou, talvez, mais corretamente, a causa) desse terremoto foi a elevação permanente da terra. O capitão FitzRoy, que já visitou duas vezes a Ilha de Santa Maria para examinar detalhadamente cada circunstância, apresentou um conjunto de evidências sobre essa elevação de peso muito maior do que aquele a que os geólogos dão crédito incondicional na maioria dos outros casos. O fenômeno interessante em um grau incomum, pois essa parte específica da costa do Chile já foi, no passado, palco dos mais terríveis terremotos. É quase certo, se julgarmos pelas profundidades ou baías alteradas perto de Penco, bem como pela circunstância de que o solo consiste em uma pedra dura, que a elevação, desde o famoso terremoto de 1751, tenha sido de 4 braças. Com esse novo exemplo, podemos assumir como provável, de acordo com os princípios estabelecidos pelo senhor Lyell,[352] outras pequenas elevações sucessivas, resolvendo assim, sem medo, o problema das conchas elevadas,[353] conforme relatado por Ulloa.

Algumas das consequências que podem ser deduzidas dos fenômenos ligados a esse terremoto são muito importantes do ponto de vista geológico; entretanto, no presente trabalho, nada mais posso fazer senão simplesmente me referir aos resultados. Embora se saiba que terremotos

---

352. Lyell, *Principles of Geology*, livro II, cap. XVI. (N.A.)
353. Vi essas conchas em grandes quantidades nos flancos da Ilha Quiriquina. (N.A.)

foram sentidos sobre uma área enorme, e que também se ouviram sons estranhos e subterrâneos sobre áreas quase iguais, ainda assim há poucos casos registrados de vulcões muito distantes um do outro que tenham entrado em erupção ao mesmo tempo. Neste caso, porém, na mesma hora em que toda a região ao redor de Concepción foi permanentemente elevada, uma série de vulcões situados nos Andes, em frente a Chiloé, instantaneamente emitiu uma coluna escura de fumaça, e, durante o ano seguinte, continuou a manter uma atividade incomum. É, além disso, muito interessante notar que os terremotos pareciam aliviar o tremor nas imediações dos vulcões, enquanto a Ilha de Chiloé, visível dos vulcões, foi fortemente afetada. Mais ao norte, um vulcão entrou em erupção no fundo do mar ao lado da Ilha Juan Fernández, e várias das grandes chaminés da cordilheira do centro do Chile iniciaram um novo período de atividade. Vemos, assim, uma elevação permanente da terra, atividade renovada por meio de aberturas habituais e uma erupção submarina, formando partes de um grande fenômeno. A área da terra em que as forças subterrâneas se manifestaram de forma tão inequívoca mede 700 milhas geográficas [1.298 quilômetros] de comprimento por 400 milhas geográficas [742 quilômetros] de largura. Após várias observações, sobre as quais não posso entrar em detalhes aqui, especialmente pelo número de lugares de onde a matéria líquida foi expulso, devo chegar à terrível conclusão de que um imenso lago de massa derretida, duas vezes maior que o tamanho do Mar Negro, está situado sob uma camada fina de terra sólida.

 A elevação da terra durante esses terremotos a poucos metros parece ser um movimento convulsivo em uma série de movimentos menores e até imperceptíveis, por meio do qual toda a costa oeste da América do Sul foi elevada acima do nível do mar. Da mesma forma, a erupção mais violenta de qualquer vulcão é meramente uma em uma sucessão de erupções menores, e vimos que estes dois fenômenos, relacionados de tantas maneiras, são meramente partes de uma ação comum, modificada apenas pelas circunstâncias locais. Com relação à causa da vibração paroxística em pontos particulares da grande superfície que é afetada ao mesmo tempo, é bastante provável que seja a consequência do desmoronamento dos estratos superiores (e esse desmoronamento é provavelmente consequência da tensão da elevação geral) e seu posterior preenchimento por rocha fluida — um dos passos para a formação de uma cadeia de montanhas. De acordo com essa perspectiva, podemos inferir que a massa sólida que forma o centro de uma cadeia de montanhas foi injetada em estado fluido por múltiplos terremotos, com cada tremor indicando uma nova fratura e uma inserção da rocha fluida. Em Concepción, por exemplo, durante os poucos meses que se seguiram ao grande tremor, mais de trezentos tremores de terra foram sentidos, cada um indicando uma nova fratura e uma inserção na rocha fluida. É um caso precisamente semelhante ao que acontece em todas as erupções, que são invariavelmente seguidas por uma série de erupções menores; a diferença é que, no vulcão, a lava é ejetada, enquanto, na formação de uma cadeia montanhosa, é injetada. Essa visão da elevação extremamente gradual de uma linha de montanhas explica por si só a dificuldade (que, até onde sei, nunca se tentou resolver) do eixo constituído por rochas que se tornaram sólidas sob o peso dos estratos sobrepostos, enquanto esses mesmos estratos, em suas posições atuais inclinadas e verticais, não cobrem mais do que uma pequena porção desse eixo.

CAPÍTULO XVII

VALPARAÍSO — PASSAGEM DOS ANDES PELO PASSO DE PORTILLO — SAGACIDADE DAS MULAS — RIOS DE MONTANHA — DESCOBERTA DAS MINAS — ALÚVIO MARINHO EM VALES — EFEITO DA NEVE NA SUPERFÍCIE — GEOLOGIA, CONCHAS FÓSSEIS, CADEIAS DUPLAS, DOIS PERÍODOS DE ELEVAÇÃO — NEVE VERMELHA — VENTOS NO CUME — NEVE DESCONGELANDO NOS CUMES — ATMOSFERA SECA E CLARA — ELETRICIDADE — PAMPAS — ZOOLOGIA DE LADOS OPOSTOS DOS ANDES — UNIFORMIDADE DA PATAGÔNIA — GAFANHOTOS — GRANDES INSETOS — MENDOZA — USPALLATA — ÁRVORES SILICIFICADAS EM POSIÇÃO VERTICAL — RUÍNAS INDÍGENAS — MUDANÇA DO CLIMA — TERREMOTO ARQUEANDO O LEITO DO RIO — CUMBRE — VALPARAÍSO

PASSAGEM DA CORDILHEIRA

7 DE MARÇO DE 1835 — Ficamos apenas três dias em Concepción e, depois, navegamos para Valparaíso. Por causa do vento norte, chegamos à foz do porto de Concepción apenas antes de escurecer. Já que estávamos muito perto da terra e chegava uma neblina, lançamos a âncora. Logo depois, um baleeiro americano chegou muito perto de nós, ouvimos o ianque xingando seus homens para que ficassem quietos, enquanto tentava escutar de que lado as ondas estavam quebrando. O capitão FitzRoy saudou-o em voz alta e clara, para que ancorasse onde estava. O pobre homem deve ter pensado que a voz vinha da costa. Uma Babel de gritos foi ouvida do navio — todos gritando: "Solte a âncora! Mais corda! Levantem as velas!". Foi a coisa mais ridícula que já ouvi.

Se todos os marinheiros da tripulação fossem capitães, nem assim ouviríamos tal alvoroço de ordens desencontradas. Mais tarde, descobrimos que o suboficial gaguejava. Suponho que todos os outros marinheiros o estavam ajudando a dar ordens.

No dia 11, ancoramos em Valparaíso, e, dois dias depois, saí em excursão para atravessar a cordilheira. Fui a Santiago, onde o senhor Caldcleugh[354] gentilmente me ajudou de todas as maneiras possíveis a fazer os pequenos preparativos necessários. Nessa parte do Chile há duas passagens pelos Andes que levam a Mendoza e às planícies do lado oriental. A mais comumente utilizada, ou seja, a do Aconcágua, ou Uspallata, está situada um pouco ao norte da capital; a outra chama-se Portillo, fica ao sul e um tanto mais próxima. Esta última, porém, é um pouco mais alta e mais perigosa durante uma tempestade de neve por causa da dupla cadeia de montanhas e, por isso, é pouco utilizada, especialmente nesta época do ano.

18 DE MARÇO — Partimos para o passo de Portillo. Depois de sairmos de Santiago, atravessamos a grande planície queimada em que a cidade está situada e, à tarde, chegamos ao Maipo, um dos principais rios do Chile. O vale, no ponto em que entra na cordilheira, delimita-se de ambos os lados por montanhas altas e desoladas; e, embora não seja largo, é muito fértil. Inúmeras casas estavam rodeadas por videiras e jardins com macieiras, nectarineiras e pessegueiros; os galhos destes últimos quase se quebravam sob o peso das belas frutas maduras.

À noite, passamos pela alfândega, onde nossa bagagem foi examinada. A fronteira do Chile está mais bem protegida pela cordilheira do que pelas águas do mar. Há muitos poucos vales que levam aos cumes internos, e, com exceção destes, as montanhas são muito íngremes e altas demais para que um animal de carga consiga passar. Os oficiais da alfândega foram muito educados, possivelmente graças ao passaporte que o presidente da república me deu, mas é preciso expressar minha admiração

---

354. Alexander Caldcleugh (1795-1858), botânico e mineralogista nascido em Londres que esteve na América do Sul entre 1819 e 1821. Em 1825, publicou o seu *Travels in South America*. (N.T.)

em relação à cortesia natural de quase todo chileno. A esse respeito, o contraste com a mesma classe de pessoas da maioria dos outros países é muito evidente. Relatarei um fato que me deixou muito feliz na época. Perto de Mendoza, conhecemos uma mulher negra pequena e muito gorda que, com as pernas bem afastadas, montava uma mula. Ela tinha um bócio tão enorme que dificilmente se poderia evitar olhar para ele por um momento; mas meus dois companheiros, quase imediatamente, por assim dizer, a título de desculpas, cumprimentaram a mulher da maneira habitual, tirando seus chapéus. Onde, na Europa, alguém da classe baixa teria mostrado tanta cortesia para com um pobre e infeliz membro de uma casta rejeitada?

Dormimos em uma cabana naquela noite. Nossa maneira de viajar era deliciosamente independente. Nas partes habitadas, compramos lenha, alugamos pastagens para os animais e acampamos com eles em um canto do mesmo campo. Carregávamos uma panela de ferro, cozinhávamos e comíamos nosso jantar sob o céu sem nuvens e não tínhamos problemas. Meus companheiros eram Mariano Gonzales, que anteriormente me acompanhou, e um *arriero*, com suas dez mulas e uma *madrina*.

A *madrina* (ou madrinha) é uma personalidade muito importante. Trata-se de uma égua velha e confiável com um sininho no pescoço, e as mulas a seguem como boas crianças para onde quer que ela vá. Se várias tropas numerosas são deixadas em um campo para pastar, o condutor, pela manhã, deve apenas separar as *madrinas* e tilintar seus sinos; e, embora haja duzentas ou trezentas mulas, cada uma delas é capaz de reconhecer imediatamente o sino de seu próprio grupo e, assim, se separa do resto. O afeto desses animais por suas *madrinas* poupa muito trabalho. É quase impossível perder uma mula velha; pois, caso tenha sido retida por várias horas à força, ela irá, como um cão, seguir o rastro de suas companheiras, ou melhor, da *madrina*, por seu olfato, pois, de acordo com o condutor de mulas, ela é o objeto de afeição dos animais. O sentimento, no entanto, não é de natureza individual, pois acredito estar certo quando digo que qualquer animal com um sino poderia servir como *madrina*. Cada animal da tropa carrega, em uma estrada plana, 190 quilogramas (mais de 29 pedras) de carga; mas, em uma região montanhosa, 45 quilos a menos.[355] E, ainda assim, esses animais, com suas pernas magras e esbeltas, levam uma carga tão grande sem possuir músculos proporcionais! A mula sempre me pareceu um animal surpreendente. Que um híbrido tenha mais inteligência, memória, obstinação, afeto social e resistência muscular do que qualquer um de seus pais parece indicar que a arte superou a natureza. Dentre nossos dez animais, seis se destinavam à montaria, e quatro, ao transporte de carga, revezando-se. Carregamos uma boa quantidade de comida, para o caso de ficarmos presos pela neve, pois atravessaríamos o Portillo em uma hora mais avançada.

19 DE MARÇO — Viajamos durante todo o dia até chegarmos à casa mais alta do vale. Embora o número de habitantes se tornasse escasso, a terra se mantinha muito fértil onde quer que houvesse acesso à água. Os vales da cordilheira compartilham uma estrutura geológica semelhante. Uma massa irregularmente estratificada de rochas bem arredondadas, com alguma lama e areia, preenche o leito a uma profundidade de várias centenas de metros. Essa formação segue o curso do vale e sobe com uma inclinação muito gradual e suave. Os rios erodiram uma porção significativa do centro, resultando em um terraço de altura uniforme, mas de largura variável em cada lado. A única área adequada para o cultivo é este espaço estreito entre a margem do leito do rio e o sopé da montanha, onde também está construída a estrada.

Os vales são caracterizados por rios, como o Maipo, que são descritos com mais precisão como rios de montanha graças à sua inclinação íngreme e à cor barrenta de suas águas. O rugido do Maipo ao correr sobre fragmentos grandes e arredondados era comparável ao do mar. Em meio ao barulho do correr das águas, o barulho das pedras, que batiam umas nas outras, podia ser ouvido claramente a distância. O som do chocalhar pode ser ouvido noite e dia ao longo de todo o curso do rio e ressoa eloquentemente nos ouvidos do geólogo. O som repetitivo e monótono de milhares de pedras que colidiam umas com as outras

---

355. Em todo o Chile, exceto entre Santiago e Valparaíso, todo o transporte é feito por mulas. Esse é um método caro de transporte, entretanto, inevitável sem boas estradas e melhores carros. Em uma tropa de mulas, em geral, há um condutor para cada seis animais. (N.A.)

enquanto corriam em uma direção única transmitia uma mensagem cheia de significados. É como a passagem do tempo: o minuto que se foi se torna irrecuperável. Isso também vale para essas pedras; o oceano é sua eternidade, e cada nota dessa música selvagem fala de um passo adiante em direção ao seu destino.

A mente humana não consegue compreender facilmente o impacto de uma causa que se repete tantas vezes que seu efeito se torna imensurável. O multiplicador perde seu significado claro e se torna tão vago quanto quando um selvagem aponta para os cabelos em sua cabeça para indicar a quantidade. Por mais que eu tenha visto leitos de lama, areia e pedregulho acumulados em espessuras de muitas centenas de metros, fico inclinado a exclamar que certas causas, como os rios e as praias atuais, nunca seriam capazes de triturar essas enormes massas. Mas, por outro lado, ao ouvir o barulho desses rios e imaginar que raças inteiras de animais desapareceram do mundo durante todo o período em que, noite e dia, essas pedras vêm, em seu caminho adiante, se batendo umas contra as outras, pensei comigo mesmo: será que alguma montanha ou continente é capaz de suportar tamanha ruína?

As montanhas que flanqueiam esta área do vale têm uma altura que varia de aproximadamente 900 a 2.400 metros e apresentam uma forma lisa e curva com declives íngremes e áridos. A rocha, aqui, tem geralmente uma tonalidade roxa fosca, com camadas perceptíveis e bem-definidas. Embora a paisagem possa não ser considerada tradicionalmente bela, é, no entanto, notável e impressionante em sua grandeza. Encontramos, durante o dia, vários rebanhos de gado que estavam sendo conduzidos para baixo dos vales mais altos da cordilheira. Esse era um sinal claro de que o inverno se aproximava, e isso nos levou a acelerar nosso ritmo mais do que era ideal para nossas investigações geológicas. A casa onde dormimos ficava ao pé de uma montanha em cujo cume estavam as minas de San Pedro de Nolasko.

O senhor F. Head se questionou sobre como poderiam ter sido descobertas minas em uma localização tão extraordinária, como as do pico desolado da montanha de San Pedro de Nolasko. Em primeiro lugar, os veios metálicos dessa região são geralmente mais duros do que os estratos circundantes: portanto, durante a erosão gradual das colinas, eles se projetam acima da superfície do solo. Em segundo lugar, quase todos os trabalhadores, especialmente no norte do Chile, conhecem um pouco a aparência dos minérios. Nas grandes províncias de mineração de Coquimbo e Copiapó, a lenha é muito escassa, e os homens as trazem de todas as colinas e vales; e, dessa forma, foram descobrindo quase todas as minas mais ricas. Chanuncillo, onde em poucos anos foram retiradas milhões de libras de prata, foi encontrada desse modo. Um homem lançou uma pedra em seu burro já carregado; mais tarde, notou que a pedra era muito pesada e, ao pegá-la novamente, percebeu que estava toda incrustada de prata pura. O veio não se distanciava tanto e se destacava como uma cunha de prata. Os mineiros, munidos de um pé de cabra, costumam sair aos domingos em busca desses achados. Na parte sul do Chile, a detecção geralmente é feita por pessoas que conduzem gado para a cordilheira e visitam cada desfiladeiro onde há algum pasto.

20 DE MARÇO — À medida que subíamos o vale, a vegetação, com exceção de algumas belas flores alpinas, tornava-se extremamente escassa; e quase não víamos pássaros, animais ou insetos. As altas montanhas, algumas das quais tinham manchas de neve em seus cumes, estavam amplamente espaçadas umas das outras; havia imensas camadas de aluvião estratificadas que enchiam os vales entre elas. Posso mencionar brevemente, sem entrar nos detalhes do raciocínio por trás, que é altamente provável que essa aluvião tenha sido depositada no fundo de enseadas do mar profundo que se estendem das bacias interiores e atingem o eixo da cordilheira. Isso é provavelmente semelhante ao que está acontecendo agora na parte sul da mesma cordilheira. Esse fato é, em si mesmo, muito curioso, pois preserva para nós um documento de um estado de coisas muito antigo, mas também desperta um grande interesse teórico quando considerado em relação à natureza da elevação pela qual estas montanhas atingiram sua grande altitude recente.

O que mais me impressionou nos Andes, em comparação com as poucas outras cordilheiras que conheço, foram os terraços planos, que, às vezes, se estendem por planícies estreitas de cada lado dos vales — as cores brilhantes, principalmente vermelhas e roxas, das colinas totalmente nuas e íngremes, os diques, grandes e contínuos, semelhantes a muralhas, os estratos muito bem-definidos que, quando quase verticais, formam esporões rochosos bastante pitorescos e selvagens, mas, nas partes menos íngremes, formam montanhas grandes e maciças; estas últimas ocupam os arredores da cordilheira; a primeira, as partes mais elevadas e centrais. Por fim, as estacas cônicas e lisas de belos detritos coloridos, que se erguem em um ângulo agudo dos flancos das montanhas até seus pés: algumas das pilhas chegam a ter 600 metros de altura.

Tenho observado com frequência, tanto na Terra do Fogo quanto nos Andes, que, em áreas onde a rocha está coberta de neve durante a maior parte do ano, ela se estilhaça em pequenos fragmentos angulares de forma muito extraordinária. Scoresby[356] observou o mesmo fato em Spitsbergen: ele diz que "o estado invariavelmente quebradiço das rochas parece ocorrer como efeito do gelo. O resultado é esperado nas rochas calcárias, algumas das quais permitem a passagem de umidade, mas o modo como o gelo opera no quartzo não é algo bem compreendido". O fenômeno todo me parece bastante obscuro, já que a parte da montanha que permanece coberta de neve durante o maior período parece ser a mais afetada pelo tremor das rochas. Seria de se esperar que ela fosse menos propensa a flutuações bruscas e extremas de temperatura em comparação com outras partes da montanha. Cheguei a imaginar que terra e fragmentos de pedra sobre a superfície seriam, talvez, removidos com menos eficácia pela infiltração lenta da água da neve[357] do que pela água da chuva, e que, portanto, a degradação aparentemente mais rápida da rocha sólida pode ser enganosa. Seja qual for a causa, a quantidade de pedregulhos quebrados na cordilheira é muito alta. Por vezes, durante a primavera, grandes volumes desse material deslizam pelas montanhas, cobrindo os bancos de neve dos vales e, desse modo, formam frigoríficos naturais. Passamos por um cuja elevação estava muito abaixo da linha de congelamento perene.

---

356. Scoresby, *Arctic Regions*, vol. I, p. 122. (N.A.)
357. Ouvi dizer em Shropshire que, quando as ovelhas importadas em navios, embora saudáveis, são colocadas em um cercado com outras, estas últimas ficam doentes. As inundações também, no caso anterior, são consideradas mais destrutivas para a terra. D'Orbigny (vol. 1, p. 184.), em sua explicação sobre as diferentes cores dos rios da América do Sul, observa que aqueles com água azul ou clara têm sua nascente nas Cordilheiras, onde a neve derrete. (N.A.)

Ao anoitecer, chegamos ao Vale do Yeso. Esta é uma bacia muito curiosa, que deve ter sido um lago muito profundo e extenso no passado: fecha-se por uma enorme montanha de sedimentos, e de um lado dela o rio escavou uma garganta profunda. A planície é coberta por pastagens um tanto áridas, e, no deserto rochoso ao redor, ficamos encantados com a visão de um rebanho de gado. O vale leva seu nome, Yeso, de um grande depósito de gesso branco e em alguns lugares bastante puro, com pelo menos 600 metros de espessura. Passamos a noite com um grupo de trabalhadores que estavam envolvidos no carregamento de mulas com esse material, que é utilizado na produção de vinho.

21 DE MARÇO — Partimos de manhã cedo e seguimos o curso do rio, que agora se tornara pequeno, até chegar ao sopé do cume da montanha que forma a bacia hidrográfica das águas que correm para os oceanos Pacífico e Atlântico. A estrada, que tinha sido boa até então, subindo de forma consistente e muito gradualmente, transformou-se em um caminho íngreme que ziguezagueava para cima. As cordilheiras nesta parte consistem em duas cadeias principais, sobre as quais as passagens atingem uma altitude de 4.026 e 4.378 metros. A primeira grande linha, que, naturalmente, é formada por algumas cadeias subordinadas, chama-se Piuquenes. Divide as águas e, portanto, também as repúblicas do Chile e de Mendoza. A leste, há uma área alta e montanhosa que funciona como uma barreira entre o primeira linha de montanhas (Piuquenes) e a segunda (Portillo), que tem vista para os Pampas. Os rios que fluem pela área intermediária cortam um caminho um pouco para o sul através desta segunda linha de montanhas.[358]

Farei agora uma breve descrição da estrutura geológica dessas montanhas: primeiro, de Piuquenes, ou cordilheira ocidental; pois a formação das duas cordilheiras é completamente diferente. A rocha estratificada mais baixa é um pórfiro vermelho-escuro ou roxo em camadas, em muitas variedades, alternando com conglomerados e brechas compostas de partes de uma massa semelhante; essa formação atinge uma espessura

---

358. Medições realizadas pelo doutor Gillies; *The Edinburgh Journal of Natural and Geographical Science*, agosto de 1830. (N.A.)

de mais de 1,6 quilômetro. Acima dela há uma grande massa de gesso que se alterna, passa por dentro e é substituída por arenito vermelho, conglomerados e xisto calcário preto. Mal me atrevo a dar um palpite sobre a espessura dessa segunda secção, mas já reparei que alguns leitos de gesso, sozinhos, têm uma espessura de pelo menos 600 metros. Mesmo na própria crista de Piuquenes, na altura de 4.026 metros ou mais, o xisto argiloso negro continha inúmeros moluscos marinhos, entre os quais o *Gryphaea* é o mais comum, mas também há turritelas, terebratulas e amonitas. É uma história antiga, mas não menos maravilhosa, ouvir falar de moluscos que antes rastejavam no fundo do mar e que agora são encontrados a quase 4.200 metros acima dele. A formação tem provavelmente a idade das partes centrais das séries secundárias da Europa.

Essas grandes formações de estratos foram penetradas, erguidas e reviradas de uma forma incrivelmente incomum graças às massas de rocha injetada que são tão grandes quanto as montanhas. As encostas nuas das montanhas exibem um emaranhado de passagens e cunhas de pórfiro de várias cores e outros tipos de rochas que atravessam os estratos em todas as formas e direções possíveis. Suas interseções demonstram que houve múltiplos episódios de agitação e violência ao longo do tempo. A rocha que forma a parte central dessas linhas significativas de deslocamento parece semelhante ao granito a distância, mas, após um exame mais atento, constata-se que tem pouco ou nenhum quartzo e, em vez do feldspato típico, contém albita.

A ação metamórfica tem sido muito grande, como seria de esperar pela proximidade dessas imensas massas de rocha, que foram injetadas quando ainda estavam liquefeitas pelo calor. Quando se sabe, a princípio, que os pórfiros estratificados, que fluíam como fluxos de lava sob imensa pressão, e os leitos mecânicos que os separavam, originados de explosões das mesmas crateras submarinas, estavam sujeitos a níveis tão altos de calor e pressão, e que, em segundo lugar, a parte inferior de toda a massa se fundiu em uma rocha sólida pela ação metamórfica, tornando as linhas divisórias difíceis de discernir, e que, em terceiro lugar, as massas de pórfiro, que não podem ser diferenciadas por suas características mineralógicas dos dois primeiros tipos, foram posteriormente injetadas, facilmente se entenderá a extrema complexidade desse sistema.

Chegamos agora à segunda cadeia de montanhas, que é ainda mais alta que a primeira. Seu núcleo, na seção vista durante a travessia do passo do Portillo, consiste em magníficos cumes de granito vermelho grosseiramente cristalizado. No flanco oriental, alguns trechos de micaxisto ainda aderem à massa não estratificada; e, na base, um fluxo de lava basáltica irrompeu em algum período remoto, talvez quando o mar ainda cobria a vasta superfície dos Pampas. No lado ocidental do eixo, entre as duas cadeias, o arenito fino e laminado foi perfurado por imensos veios graníticos que procedem da massa central e, assim, foi convertido em rocha de quartzo granular. A camada de arenito é sobreposta por outros depósitos sedimentares, que, por sua vez, são cobertos por um conglomerado grosseiro que é tão espesso que me abstenho de estimar o seu tamanho. Todas essas camadas mecânicas grosseiras descem do granito vermelho diretamente para a faixa de Piuquenes, como se passassem abaixo dela, mesmo que não seja esse o caso. Quando examinei as rochas que compõem o conglomerado, que, para meu espanto, não mostravam vestígios de atividade metamórfica, encontrei massas perfeitamente arredondadas de xisto argiloso negro com restos orgânicos, a mesma rocha que havia acabado de encontrar *in situ* em Piuquenes. Esses fenômenos nos obrigam a chegar às seguintes conclusões: que a cadeia de Piuquenes já existia como terra seca muito antes da formação da segunda cadeia, e que, durante esse período, imensas quantidades de pedregulhos foram acumuladas em seu flanco submarino. Então, uma força perturbadora começou a agir. Os depósitos mais recentes foram injetados por veios, alterados pelo calor e inclinados para o eixo de onde, na forma de sedimentos e pedras, havia originalmente procedido. Isso fez com que os depósitos mais jovens, a princípio, parecessem mais velhos que seus genitores. Essa segunda, grande, e subsequente linha de elevação corre paralela à primeira e mais antiga.

Quero fazer outra observação geológica. A cadeia de Portillo é ligeiramente mais alta que a de Piuquenes nas proximidades do passo, e, ainda assim, as águas da área intermediária abriram caminho através dela. Isso pode ser explicado se supusermos que a segunda linha elevou-se gradualmente com o tempo. A princípio, uma cadeia de pequenas ilhas apareceria, e, à medida que continuassem a subir, as marés se aprofundariam e ampliariam constantemente os canais entre elas. Atualmente, mesmo nos canais mais afastados da costa sul, as correntes nas passagens transversais que ligam os canais longitudinais são tão fortes que há relatos de pequenas embarcações a vela sendo giradas em círculos.

O senhor Pentland,[359] ao descrever um fenômeno hidrográfico de um tipo muito semelhante que, embora em uma escala infinitamente maior, ocorre na Bolívia, diz: "Este fato muito curioso de rios penetrando através de uma imensa massa montanhosa como a cordilheira da Bolívia é, talvez, um dos pontos mais importantes da geografia física daquela parte dos Andes e, por isso, merece uma investigação mais aprofundada". Seria insensato dizer com certeza que a cadeia oriental da Bolívia é mais jovem que a cadeia ocidental do centro do Chile ou que está mais próxima do Pacífico. Entretanto, o fato de que os rios de uma cadeia de elevação inferior podem fluir por uma cadeia muito mais alta parece inconcebível, a menos que consideremos a explicação fornecida anteriormente.

Por volta do meio-dia, começamos a escalada tediosa do Piuquenes, e, então, pela primeira vez, sentimos alguma pequena dificuldade para respirar. As mulas paravam a cada 50 metros e, em seguida, os pobres animais seguiam por vontade própria após alguns segundos. A falta de ar causada pela atmosfera rarefeita é chamada pelos chilenos de *puna*, e eles têm ideias bastante tolas sobre sua origem. Alguns dizem: "todas as águas aqui têm *puna*"; outros, que há *puna* onde há neve, e isso é, sem dúvida, verdade. É considerada como um tipo de doença e, assim, me mostraram as cruzes sobre os túmulos de alguns que tinham morrido de *puna*. Exceto talvez no caso de uma pessoa que sofre de alguma doença orgânica do coração ou tórax, acredito que chegaram a uma conclusão errada. Alguém que está próximo da morte provavelmente terá mais dificuldade para respirar nessa altitude do que outras pessoas, e é por isso que o efeito foi considerado como sendo a causa. Eu senti apenas uma leve pressão sobre a cabeça e o peito; sensação que pode ser experimentada quando saímos de uma sala quente em um dia gelado e corremos de forma rápida. Mesmo nisso havia muita imaginação, porque, quando encontrei conchas fósseis no cume mais alto, me esqueci completamente do *puna* em minha alegria. Certamente o esforço de caminhar era penoso, e

---

359. *Journal of the Royal Geographical Society* de 1835. (N.A.)

a respiração tornava-se profunda e trabalhosa. Ainda não consigo entender como Humboldt e outros foram capazes de chegar a uma altura de 5.790 metros. Sem dúvida, uma estadia de alguns meses na elevada região de Quito prepararia o corpo para esse esforço; no entanto, disseram-me que, em Potosí (a cerca de 3.960 pés), os estranhos precisam de um ano inteiro para se acostumar com a atmosfera. Todos os habitantes recomendam cebolas para combater o *puna*; como esse vegetal é usado algumas vezes na Europa para problemas torácicos, é possível que sejam realmente úteis — de minha parte, não me afetou tanto quanto as conchas fósseis!

Na metade do caminho, encontramos uma grande caravana com setenta mulas carregadas. Foi interessante ouvir os gritos selvagens dos tropeiros e assistir à longa fila descendente; todos pareciam muito pequenos, pois não havia nada além das montanhas sombrias com as quais compará-los. Quando estávamos perto do cume, o vento, como geralmente acontece lá, era forte e extremamente frio. Em cada lado do cume tivemos de passar por grandes áreas de neve, que lá permaneciam perpetuamente e que estariam, em breve, cobertas com uma camada de neve fresca. Quando chegamos à crista e olhamos para trás, a paisagem era magnífica: a atmosfera, resplandecentemente clara; o céu, de um azul intenso; os vales profundos, as formas selvagens e rasgadas; os montes de detritos, empilhados ao longo das eras; as rochas de cor viva, em contraste com as montanhas silenciosas de neve; esses elementos juntos produziam uma cena que eu nunca poderia ter imaginado. Nem planta nem pássaro, exceto alguns condores que pairavam em torno dos cumes mais altos, distraíam a atenção daquela massa inanimada. Eu me sentia feliz por estar sozinho; era como assistir a uma trovoada ou ao coro do Messias[360] com uma orquestra completa.

Em várias partes da neve eterna, encontrei o *Protococcus nivalis*,[361] ou neve vermelha, tão conhecida pelos relatos dos navegadores do Ártico. Chamou minha atenção as pegadas das mulas manchadas de vermelho pálido, como se seus cascos tivessem um sangramento leve. No início,

---

360. O Messias (Messiah) (HWV 56, 1741): oratório do compositor alemão Georg Friedrich Händel. (N.T.)
361. Alga encontrada em áreas de neve eterna. (N.T.)

pensei que se devia à poeira vinda das montanhas de pórfiro vermelho da vizinhança, pois o poder de ampliação dos cristais de neve fazia com que os grupos dessas plantas minúsculas parecessem grandes partículas. A neve era colorida apenas onde havia descongelado muito rapidamente ou havia sido prensada por acidente. Uma pequena porção dela esfregada no papel o tingia com um leve tom de rosa, misturado com um pouco de vermelho-tijolo. Coloquei um pouco da neve entre as folhas do meu caderno de bolso e, um mês depois, examinei com cuidado as manchas de cor pálida no papel. Os espécimes, quando raspados, apresentavam uma forma esférica e um diâmetro de 1 milésimo de polegada [0,00254 milímetros]. A parte central consiste em uma substância vermelho-sangue envolvida por uma casca incolor. Quando estão na neve, são coletados em grupos, muitos deles próximos uns dos outros; não vi, no entanto, a camada fina de matéria gelatinosa em que supostamente deveriam estar.[362] Quando os espécimes secos eram colocados em qualquer líquido, como água, aguardente de vinho ou ácido sulfúrico diluído, produziam duas ações diferentes: às vezes, uma expansão, em outras, uma contração. A parte central sempre aparece após a exposição, como uma gota de um líquido vermelho e oleoso contendo alguns grânulos muito pequenos, os quais são provavelmente os germes de novos indivíduos.

Comentei anteriormente que o vento na crista de Piuquenes é geralmente forte e muito frio. Diz-se que sopra constantemente do oeste ou do Pacífico: uma circunstância que também é mencionada pelo doutor Gillies.[363] Como essas observações se aplicam principalmente ao verão (quando os passos são frequentados), devemos considerar esse vento como uma corrente superior e de retorno. O Pico de Tenerife, com uma altitude inferior e situado a 28° de latitude, cai de forma semelhante dentro da corrente de retorno. À primeira vista, parece estranho que os ventos alíseos das partes norte do Chile e da costa do Peru soprem em uma direção tão meridional, mas, quando ponderamos que a cordilheira corre em uma linha de norte a sul e intercepta, como uma grande parede, toda a altura da corrente inferior de ar, compreendemos facilmente que os ventos alíseos

---

362. Greville, *Scottish Cryptogam*, Flora, vol. IV, p. 231. (N.A.)
363. *The Edinburg Journal of Natural and Geographical Science*, ago. 1830. (N.A.)

devem ser puxados para o norte, seguindo a direção das montanhas, em direção às regiões equatoriais, e, assim, perdem parte do movimento de leste que, de outra forma, teria adquirido por meio da rotação da Terra. Em Mendoza, no sopé oriental dos Andes, diz-se que o clima está sujeito a ventos calmos persistentes e a frequentes, embora enganosos, fenômenos de tempestades e chuvas crescentes: podemos imaginar que o vento, vindo do leste e quebrado dessa forma pela cadeia montanhosa, fica estagnado e irregular em seus movimentos.

Depois de atravessarmos o Piuquenes, descemos até a região montanhosa que se punha entre as duas cordilheiras e acampamos para passar a noite. A altitude provavelmente não estava muito abaixo de 3.300 metros, e a vegetação, portanto, extremamente escassa. A raiz de uma pequena planta arbustiva serviu como combustível, mas nos oferecia um fogo minguado em meio a um vento gelado. Como eu estava cansado do meu dia de trabalho, preparei minha cama o mais rápido que pude e fui dormir. Por volta da meia-noite, notei que o céu ficou nublado de repente: eu despertei o *arriero* para saber se havia algum perigo de mau tempo; ele, contudo, disse-me que, sem trovões e relâmpagos, não havia risco de uma forte tempestade de neve. O perigo é grande, e a fuga, muito difícil quando se é surpreendido com o mau tempo entre as duas cristas. O único lugar de refúgio é oferecido por uma certa caverna: o senhor Caldcleugh, que cruzou o passo neste mesmo dia do mês, ficou detido aqui por algum tempo por uma forte nevasca, conforme relatado em suas viagens. *Casuchas*, ou casas de refúgio, ainda não foram construídas aqui, diferentemente do que ocorre no passo de Uspallata, e, portanto, o Portillo é pouco frequentado durante o outono. Devo observar que, na cadeia de montanhas principal, a chuva nunca cai, pois, durante o verão, não há nuvens no céu, e as tempestades de neve ocorrem apenas no inverno.

No local em que dormimos, a água, devido à pressão reduzida do ar, fervia a uma temperatura mais baixa do que em uma região de menor altitude; aqui vemos o reverso de uma marmita de Papin.[364] Em consequência disso, as batatas, depois de permanecerem por algumas horas em

---

364. Artefato (inventado por Denis Papin) utilizado para aquecer a água acima de seu ponto de ebulição. (N.T.)

água fervente, continuavam tão duras como antes. A panela foi deixada no fogo a noite toda e, na manhã seguinte, ferveu-se a água com as batatas novamente, mas, ainda assim, elas não cozinharam. Descobri isso ao ouvir meus dois companheiros discutindo a causa do ocorrido; eles chegaram à simples conclusão de que "a panela amaldiçoada (que era nova) quis ferver as batatas".

22 DE MARÇO — Depois de nosso café da manhã sem batatas, viajamos pela área intermediária até o sopé de Portillo. Em meados do verão, o gado é trazido aqui para pastar; no momento, entretanto, não havia gado. Mesmo a maioria dos guanacos havia deixado o campo, sabendo bem, que, se fossem surpreendidos por uma tempestade de neve, seriam pegos em uma armadilha. Tínhamos uma bela vista de um grupo de montanhas chamado Tupungato, completamente coberto de neve ininterrupta. Meu *arriero* disse-me que, certa vez, havia visto fumaça saindo de um dos picos, então, logo imaginei ver a forma de uma grande cratera. Nos mapas, Tupungato se apresenta como uma montanha única; esse método chileno de dar um nome único a um grupo de montanhas é uma grande fonte de erros. Na área nevada havia uma mancha azul, que, sem dúvida, era uma geleira; um fenômeno, segundo diziam, raro nessas montanhas.

Agora começou uma escalada árdua e longa, semelhante à realizada em Piuquenes. De ambos os lados se erguem montanhas íngremes e cônicas de granito vermelho; e, nos vales, há vários campos largos de neve eterna. Essas massas congeladas, durante o processo de descongelamento, tinham assumido a forma de pináculos ou colunas em algumas partes, que, por serem altas e próximas umas das outras, causaram alguma dificuldade às mulas de carga. Essa estrutura de neve congelada foi há muito observada por Scoresby nos *icebergs* perto de Spitsbergen, e, mais recentemente, com mais cuidado, pelo coronel Jackson[365] em Neva.

---

365. *Journal of the Royal Geographical Society*, vol. I, p. 12. O senhor Lyell (vol. IV, p. 360) comparou as fissuras, pelas quais a estrutura colunar parece ser determinada, com as articulações que atravessam quase todas as rochas, mas que são observadas melhor nas massas não estratificadas. Gostaria também de registrar que, no que diz respeito à neve congelada, a formação colunar deve ser o resultado de uma atividade "metamórfica", e não de um processo que ocorre durante a *deposição*. (N.A.)

Um cavalo congelado foi encontrado em uma coluna de gelo, com suas patas traseiras retas no ar como se ele estivesse em pé sobre um pedestal. Para explicar essa posição estranha, presumo que o animal deve ter caído em um buraco com a cabeça para baixo quando a neve estava ainda grossa, e, mais tarde, quando o gelo começou a derreter, as partes ao redor foram removidas.

Quando estávamos perto da crista do Portillo, nos vimos envoltos em uma nuvem descendente em forma de agulhas de gelo muito pequenas. Isso foi muito lamentável, pois durou o dia todo e delimitou muito nossa visão. O passo recebe seu nome Portillo de uma estreita fenda ou portal no cume mais alto por onde passa a estrada. A partir desse ponto, em um dia claro, podem-se ver aquelas imensas planícies que se estendem ininterruptamente até o Oceano Atlântico. Descemos até o limite superior da vegetação e encontramos um bom lugar para passar a noite abrigados sob grandes rochas. Encontramos alguns outros viajantes que se preocupavam com as condições da estrada. Pouco depois de escurecer, as nuvens, de repente, se dissiparam, e o efeito foi bastante surpreendente. As grandes montanhas, brilhando à luz da lua cheia, pareciam pairar sobre nós de todos os lados, como se estivessem sobre um desfiladeiro profundo. Certa manhã, muito cedo, testemunhei o mesmo efeito marcante. Assim que as nuvens se dispersaram, fez um frio congelante. No entanto, como não havia vento, dormimos de modo bastante confortável.

O brilho crescente da lua e das estrelas a esta altitude, como resultado da perfeita transparência da atmosfera, era muito curioso. Os viajantes que notaram a dificuldade de julgar alturas e distâncias em meio a altas montanhas geralmente a atribuem à ausência de objetos de comparação. A mim, isso parece ser uma consequência, em parte, da transparência do ar, que funde objetos de diferentes distâncias uns com os outros, e, em parte, da nova sensação de se sentir cansado a um grau inabitual após um pequeno esforço, de modo que, aqui, a habituação se opõe ao testemunho dos sentidos. Estou convencido de que essa extraordinária clareza do ar confere à paisagem um caráter peculiar; parece que todos os objetos foram postos em um plano único, como em um desenho ou um panorama. A transparência é, suponho, uma consequência do nível uniforme e muito alto de secura atmosférica. Essa secura se mostra pela forma como todo artefato de madeira acaba murchando (como logo aprendi pelos problemas causados ao meu martelo de geólogo), pelo fato de que alimentos, como pão e açúcar, se tornaram extremamente duros e, também, pela preservação da pele e de partes da carne de animais que haviam morrido na estrada. À mesma causa devemos atribuir a peculiar facilidade com que a eletricidade é estimulada. Meu colete de flanela, quando era esfregado no escuro, parecia ter sido lavado com fósforo; todos os pelos das costas de um cão crepitavam; até mesmo os lençóis de linho e as alças de couro da sela, quando manuseados, soltavam faíscas.

23 DE MARÇO — A descida no lado leste da cordilheira é muito mais curta ou mais íngreme do que a do lado do Pacífico; em outras palavras, as montanhas se elevam mais abruptamente nas planícies do que na região alpina do Chile. Um mar branco, plano e brilhante de nuvens se espalhava sob nossos pés e nos impedia de ver os Pampas igualmente planos. Logo entramos no aglomerado de nuvens e não saímos mais dele naquele dia. Por volta do meio-dia, encontramos pasto para os animais e arbustos para lenha em uma parte do vale chamada Los Arenales, e, então, resolvemos parar ali para a noite. Estávamos perto do limite superior dos arbustos, e suponho que nossa altitude era de 2.100 a 2.400 metros.

Fiquei muito impressionado com a diferença marcante entre a vegetação desses vales orientais e a do lado oposto. O clima e o tipo de solo, no entanto, são quase idênticos; e a diferença de longitude é muito insignificante. A mesma observação se aplica aos mamíferos e, em menor grau, às aves e aos insetos. É preciso excluir todas aquelas espécies que, constante ou ocasionalmente, visitam as montanhas altas; também certas aves que se distribuem para o sul até o Estreito de Magalhães. Esse fato está em perfeito acordo com a história geológica dos Andes, pois essas montanhas têm se mantido como uma grande barreira desde épocas tão remotas que espécies inteiras de animais já devem ter sido extintas nesse período. Portanto, a menos que assumamos que espécies idênticas foram criadas em duas regiões distintas, não devemos antecipar nenhuma semelhança mais forte entre os organismos vivos em flancos opostos dos Andes e os que se encontram em costas divididas por um amplo estreito oceânico. Em ambas as situações, precisamos desconsiderar aqueles tipos que foram capazes de atravessar o obstáculo, seja por água do mar ou por terra firme.[366]

Muitas plantas e animais são absolutamente iguais aos da Patagônia, ou parentes extremamente próximos. Aqui, encontramos marás, *bizcachas*, três espécies de tatu, avestruzes, certos tipos de perdizes e outras aves, animais que nunca são vistos no Chile, pois são característicos das planícies do deserto da Patagônia. Temos, da mesma forma, muitos dos mesmos (aos olhos de alguém que não é botânico) arbustos espinhosos, das gramíneas atrofiadas e das plantas anãs. Mesmo os lentos e rastejantes besouros pretos são muito semelhantes, e alguns, após examiná-los de forma mais rigorosa, absolutamente idênticos. Sempre foi um tema pesaroso o fato de termos sido obrigados a desistir de subir o Rio Santa Cruz para chegar às montanhas. Eu havia alimentado uma esperança secreta de encontrar alguma grande mudança nas características da região; mas, agora, tenho certeza de que isso só ocorreria se subíssemos as planícies da Patagônia.

24 DE MARÇO — No início da manhã, subi uma montanha de um lado do vale e desfrutei uma paisagem muito extensa dos Pampas. Sempre aguardei com interesse por esse espetáculo, porém, me decepcionei. À primeira vista, a cena era muito semelhante à do distante oceano, mas, ao norte, algumas irregularidades da superfície logo se tornaram aparentes. A característica mais marcante do cenário eram os rios que, de frente para o sol nascente, brilhavam como fios de prata até se perderem na imensa distância.

No meio do dia, descemos o vale e chegamos a uma choupana. Um oficial e três soldados haviam sido enviados para lá a fim de examinar nossos passaportes. Um desses homens era um indígena dos Pampas, usado como uma espécie de cão de caça para rastrear qualquer um que passasse escondido a pé ou a cavalo. Alguns anos atrás, um viajante tentou

---

366. Esta é apenas uma ilustração das leis admiráveis enunciadas inicialmente pelo senhor Lyell sobre a distribuição geográfica dos animais, influenciada pelas mudanças geológicas. Todo o raciocínio, é claro, tem como base a suposição da imutabilidade das espécies; caso contrário, a diferença poderia ser considerada como um fenômeno induzido por circunstâncias diferentes nas duas regiões durante um longo período de tempo. (N.A.)

passar sem ser descoberto, fazendo um longo desvio sobre uma montanha vizinha. O indígena, contudo, tendo encontrado sua pista por acaso, seguiu-a durante todo o dia sobre as montanhas secas e muito pedregosas até que, por fim, encontrou sua presa escondida em um barranco. Ouvimos dizer que as nuvens prateadas, que admiramos no alto da montanha, haviam derramado torrentes de chuva. O vale, deste ponto, se abria gradualmente, e as montanhas passavam a ser meras colinas erodidas pela água quando comparadas às gigantescas montanhas ao fundo. Em seguida, se estenderam em uma planície de pedregulhos suavemente inclinada, coberta por árvores baixas e arbustos. Essa escarpa, embora não parecesse muito ampla, deve ter quase 16 quilômetros de largura, antes de fundir-se aos Pampas, que aparentavam ser completamente planos. Já tínhamos passado pela única casa do local, a Estância de Chaquaio, e, ao pôr do sol, paramos no primeiro canto confortável e ali acampamos.

25 DE MARÇO — Lembrei-me dos Pampas de Buenos Aires, quando admirei o disco do sol nascente em um horizonte tão plano quanto o do oceano. Um orvalho pesado havia caído durante a noite, algo que nunca havíamos visto dentro das cordilheiras. A estrada seguia para o leste através de um pântano baixo e, assim que encontrava a planície seca, continuava para o norte, em direção a Mendoza. A distância é de dois dias muito longos de viagem. No primeiro, avançamos cerca de 68 quilômetros até Estacado, e no segundo, mais uns 82 quilômetros até Luján de Cuyo,[367] perto de Mendoza. Toda a distância é percorrida sobre uma área muito plana e árida, na qual não há mais do que duas ou três casas. O sol estava extremamente forte, e a viagem, desprovida de qualquer interesse. Há pouquíssima água nessa "travessia", e, durante nosso segundo dia de viagem, encontramos apenas um pequeno reservatório. A água que flui das montanhas é pouca, e o solo seco e poroso logo a absorve; de modo que, embora tenhamos viajado a uma distância de apenas 24 quilômetros da cadeia externa, não cruzamos um único rio. Em muitas partes, o chão estava coberto por uma crosta de sal, então, estávamos vendo as mesmas

---

367. Darwin grafa como "Luxan". (N.T.)

plantas salinas que são comuns nas proximidades de Bahía Blanca. A paisagem, desde o Estreito de Magalhães ao longo de toda a costa leste da Patagônia até o Rio Colorado, tem a mesma característica, e parece que o mesmo tipo de terreno se estende para o norte em uma linha longa e abrangente até San Luis, e talvez vá até mais longe. Ao leste da linha fica a bacia das planícies relativamente úmidas e verdes de Buenos Aires. A primeira região, incluindo as *travessias* estéreis de Mendoza e da Patagônia, consiste em um leito de pedregulhos desgastados de forma suave e acumulados pelas ondas de um antigo mar; por outro lado, a formação dos Pampas (planícies cobertas por cardos, trevos e relva) se deve à lama estuarina do Prata, depositada sob circunstâncias diferentes.

Depois de nossa jornada tediosa de dois dias, foi refrescante ver a distância as fileiras de álamo e salgueiros crescendo ao redor da vila e do Rio Luján. Pouco antes de chegarmos lá, observamos ao sul uma nuvem irregular de cor marrom-avermelhada e escura. Por algum tempo não duvidamos de que a fumaça espessa vinha de um grande incêndio nas planícies. Logo depois descobrimos que se tratava de uma praga de gafanhotos.[368] Os insetos nos ultrapassaram enquanto voavam para o norte com a ajuda de uma brisa leve, a uma velocidade, suponho, de 15 ou 25 quilômetros por hora. A parte principal do enxame encheu o ar desde uma altura de 6 metros até, conforme parecia, 600 ou 900 metros acima do solo. O som de sua aproximação era semelhante ao do vento forte[369] passando pelo cordame de um navio. Embora o céu visto através do enxame frontal parecesse uma gravura em *mezzotinto*, seu corpo principal era opaco à visão; eles não estavam, no entanto, tão próximos uns dos outros, pois eram capazes de escapar de uma vara quando a agitávamos para trás e para a frente. Quando pousaram, eram mais numerosos do que as folhas de um campo que perdeu sua cor verde e passou a uma mais avermelhada. Assim que desceram, os indivíduos ficaram voando para todos os lados, sem nenhuma direção específica. Os gafanhotos não são uma praga incomum na região: naquela mesma estação do ano,

---

368. A espécie é a mesma, ou pelo menos muito parecida, com o famoso *Gryllus migratorius* dos países orientais. (N.A.)
369. "E o som de suas asas era como o som de carruagens de muitos cavalos que corriam para a batalha." *Apocalipse* 9,9. (N.A.)

vários enxames menores já haviam surgido das planícies áridas[370] do sul; e muitas árvores tinham perdido todas as suas folhas. Esses enxames não podem, é claro, ser comparados aos do Oriente; e, ainda assim, são suficientes para entendermos as descrições já bem conhecidas de suas devastações. Talvez eu tenha omitido a parte mais marcante do espetáculo, ou seja, as tentativas fúteis, empregadas pelos pobres moradores da região, de tentar desviar a direção do enxame. Muitos acenderam fogueiras na tentativa de afastar o ataque com fumaça, com gritos e galhos que agitavam no ar.

Passamos o Luján, que, embora seja um rio consideravelmente grande, sabíamos pouquíssimo sobre seu curso em direção ao litoral. Nem mesmo sabemos se, em seu curso sobre a planície, o rio evapora ou forma um tributário do Sucre ou do Colorado. Dormimos na vila, um lugar cercado por jardins que forma a parte cultivada mais ao sul da província de Mendoza; fica a cerca de 25 quilômetros da capital. Durante a noite, sofri um ataque (pois esse é o nome que deve ser dado ao fato) de *benchucas* (uma espécie de *Reduvídeo*), ou grande inseto preto dos Pampas.[371] É muito desagradável sentir insetos macios, sem asas, com cerca de um centímetro de comprimento, rastejando sobre seu corpo. Antes de sugarem, são bastante delgados, mas depois ficam redondos e cheios de sangue e, nesse estado, podem ser facilmente esmagados.

Também são encontrados no norte do Chile e no Peru. Em Iquique, capturei um que estava bem vazio. Quando o colocávamos sobre a mesa e estendíamos um dedo, o animal ousado já esticava instantaneamente sua probóscide para atacar; caso lhe fosse permitido, tiraria sangue. O ferimento não causava dor. Foi curioso observar seu corpo enquanto sugava: sua forma plana como um biscoito fino se torna arredondada em menos de dez minutos. Essa refeição única, que o *benchuca* deveria agradecer a um dos oficiais, o manteve gordo por quatro meses; contudo, após a primeira quinzena, já estava pronto para sugar novamente.

---

370. Enxames de gafanhotos, às vezes, invadem as planícies mais centrais do continente. Nesses casos, e da mesma forma que acontece em todas as partes do mundo, os gafanhotos são criados nas planícies do deserto e então migram para uma região mais fértil. (N.A.)
371. No Brasil, é chamado de barbeiro, que é o vetor do *Trypanosoma cruzi*, causador da doença de Chagas. (N.T.)

27 DE MARÇO — Cavalgamos até Mendoza. A terra, belamente cultivada, lembrava o Chile. Essa área é famosa por suas frutas, e certamente nada poderia ser mais florescente do que as vinhas e os campos repletos de figos, pêssegos e azeitonas. Compramos melancias (que tinham quase o dobro do tamanho da cabeça de um homem) deliciosamente frescas e saborosas por 0,5 penny o pedaço; e por 3 pence, meio carrinho de mão cheio de pêssegos. A parte cultivada e cercada da província é muito pequena; deve ser um pouco maior do que o percurso que cruzamos entre Luján e a capital. A terra, como no Chile, deve sua fertilidade inteiramente à irrigação artificial; é de fato maravilhoso o quão extraordinariamente produtiva se torna uma *travessia* estéril por esse método.

Ficamos no dia seguinte em Mendoza. A prosperidade desse lugar tem diminuído muito nos últimos anos. Os habitantes dizem que "é bom viver aqui, mas muito difícil ficar rico". As classes baixas têm os mesmos comportamentos indolentes e descuidados dos gaúchos dos Pampas; suas roupas, seu equipamento de equitação e seus costumes são quase os mesmos. A cidade causou em mim a impressão de um abandono entorpecido. Nem a elogiada Alameda nem a paisagem podem ser comparadas às de Santiago; no entanto, para quem acaba de chegar de Buenos Aires através dos Pampas monótonos, os jardins e as árvores frutíferas devem parecer encantadores. Sobre os habitantes, diz o capitão Head: "Eles fazem suas refeições e, como ainda está muito calor, vão dormir; que coisa melhor poderiam fazer?". Concordo plenamente com o capitão Head: a sina feliz do povo de Mendoza é comer, dormir e ficar à toa.

29 DE MARÇO — Iniciamos nosso retorno ao Chile pelo passo de Uspallata, ao norte de Mendoza. Tivemos de passar por uma longa e extremamente árida *travessia* de 72 quilômetros. O solo, em determinadas áreas, não era coberto de nenhuma forma, mas, em outros pontos, revestia-se de uma infinidade de cactos anões, com espinhos terríveis, chamados pelos habitantes de "leõezinhos". Havia também alguns arbustos baixos. Embora a planície esteja a cerca de 900 metros acima do mar, o sol muito forte e as nuvens de poeira muito fina tornavam a viagem extremamente difícil. Durante o dia, caminhamos de forma quase paralela às montanhas, mas fomos gradualmente nos aproximando delas. Antes do pôr do sol,

entramos em um dos grandes vales, ou melhor, das baías, que se abrem na planície, a qual logo se estreitou em uma ravina; um pouco mais acima ficava a casa da Villa Vicencio. Como cavalgamos o dia todo sem encontrar uma gota de água, nós e nossos animais estávamos com muita sede, esperávamos ansiosamente chegar logo ao córrego que descia o vale. Era curioso observar a água que surgia de forma gradual: o curso, que na planície era bastante seco, foi aos poucos se tornando mais úmido; em seguida, poças de água começaram a surgir; estas logo se ligaram umas às outras e, por fim, na Villa Vicencio, formaram um riozinho agradável.

30 DE MARÇO — A choupana solitária que carrega o imponente nome de Villa Vicencio, foi mencionada por todos os viajantes que cruzaram os Andes. Fiquei aqui e em algumas minas vizinhas durante os dois dias seguintes. A geologia do entorno é bastante curiosa. A cadeia de Uspallata separa-se da verdadeira cordilheira por uma planície, ou uma bacia estreita, como aquelas que costumam ser mencionadas no Chile, mas com uma altitude de 1.800 metros. A cadeia é formada por vários tipos de lava submarina, alternados com arenitos vulcânicos e outros depósitos sedimentares notáveis; e, assim, se assemelha muito com alguns leitos horizontais mais recentes das margens do Pacífico. Por causa dessa semelhança, eu esperava encontrar madeira silicificada, que é característica dessas formações. Fui gratificado de uma maneira surpreendente. Na parte central da cadeia, em uma altitude provavelmente de 2.100 metros, em uma encosta nua, notei a projeção de algumas colunas brancas como a neve. Eram árvores petrificadas, sendo onze delas silicificadas e de trinta a quarenta convertidas em calcário branco cristalizado de forma grosseira. Haviam se quebrado de modo abrupto; seus tocos verticais projetavam-se alguns metros acima do solo. Os troncos tinham de 1 a 1,5 metro de circunferência. Apesar de ficarem um pouco distantes uns dos outros, o conjunto formava um grupo distinto. O senhor Robert Brown fez a gentileza de examinar a madeira e disse-me que pertence a uma conífera e tem as características da família das araucárias (à qual pertence o abeto comum do sul do Chile), mas com alguns pontos curiosos de afinidade com o teixo. O arenito vulcânico em que essas árvores foram embutidas, e de cuja parte inferior devem ter brotado, havia se acumulado

em sucessivas camadas finas ao redor de seus troncos; e a pedra ainda mostrava a impressão da casca.

Foi necessário pouco treinamento em geologia para interpretar a história estranha que a cena nos contava, ainda que eu tenha de confessar que, a princípio, fiquei tão surpreso que mal conseguia acreditar nessa explicação tão simples dos fatos. Visitei o local em que um aglomerado de belas árvores já sacudiu seus galhos nas margens do Atlântico quando este oceano (que agora está a 1.100 quilômetros) estava próximo do sopé dos Andes. Notei que elas tinham crescido em um solo vulcânico que havia sido elevado acima do nível do mar e que esta terra seca, com suas árvores verticalizadas, havia afundado posteriormente até as profundezas do oceano. Naquele ponto, a terra estava coberta por matéria sedimentar e por enormes correntes de lava submarina — uma dessas camadas chegava a ter 300 metros de espessura; e esses dilúvios de rocha derretida e depósitos de água se repetiam alternadamente umas cinco vezes. O oceano que recebeu essa quantidade de matéria devia ser profundo, mas as forças subterrâneas se tornaram ativas novamente e, agora, eu podia admirar aquele mar onde se formava uma cadeia de montanhas com mais de 2.100 metros de altitude. Nem estiveram adormecidas as forças antagonistas, sempre ativas para erodir a superfície da terra a um só nível: as grandes pilhas de estratos tinham sido interceptadas por muitos vales largos; e as árvores, agora transformadas em sílex, foram expostas, projetando-se do solo vulcânico, que foi transformado em rocha, onde haviam, anteriormente, elevado suas altas copas verdejantes e cheias de vida. Agora, entretanto, tudo está completamente deserto; nem mesmo o líquen é capaz de aderir aos moldes rochosos das velhas árvores. Embora tais mudanças pareçam gigantescas e pouco compreensíveis, todas ocorreram em um período recente em relação à história da cordilheira; e a própria cordilheira é moderna se a compararmos com alguns outros estratos fossilíferos da América do Sul.

1º DE ABRIL — Cruzamos a cadeia de Uspallata e, à noite, dormimos na casa alfandegária; o único local habitado na planície. Pouco antes de deixarmos as montanhas, vimos uma cena extraordinária: rochas sedimentares vermelhas, roxas, verdes e quase brancas, alternadas com lava negra, fragmentadas e lançadas de forma desordenada por massas de pórfiro de todas as tonalidades, desde o marrom-escuro até o lilás mais vivo. Foi a primeira vez que vi algo que realmente se assemelhava às belas seções que os geólogos fazem do interior da Terra.

No dia seguinte, cruzamos a planície e seguimos o curso do mesmo rio de montanha que passa por Luján. Neste ponto, a corrente era furiosa, bastante intransitável e parecia maior do que na planície; o que também era o caso do riacho de Villa Vincencio. Na noite do dia seguinte, chegamos ao Rio Vacas, que é considerado o pior rio da cordilheira para se fazer a travessia. Como todos esses rios têm um curso rápido e curto e originam-se da neve derretida pelo calor do sol, seu volume varia muito de acordo com a hora do dia. À noite, o córrego está enlameado e cheio, mas, ao amanhecer, torna-se ao mesmo tempo mais claro e muito menos impetuoso. Descobrimos que esse era o caso do Rio Vacas, e, pela manhã, nós o cruzamos com pouca dificuldade.

Até este ponto, a paisagem é muito desinteressante em comparação com o passo do Portillo. Vê-se pouco além das paredes nuas de um grande vale raso, o qual é seguido pela estrada até o cume mais alto. O vale e as enormes montanhas rochosas são extremamente estéreis: durante as duas noites anteriores, as pobres mulas não tiveram absolutamente nada para comer, pois, com exceção de alguns pequenos arbustos resinosos, dificilmente se via uma planta. Durante esse dia, atravessamos alguns dos piores passos da cordilheira. O grau de exagero em relação aos seus perigos e dificuldades é muito alto. No Chile, disseram-me que eu ficaria tonto se quisesse caminhar, que não havia lugar para desmontar, etc.; mas não vi nenhum lugar em que não se pudesse caminhar por trás da mula ou apear dos dois lados dela. Atravessamos um dos passos ruins, chamado de Las Animas (as almas), e, no entanto, só fiquei sabendo de seus terríveis perigos no dia seguinte. Havia, sem dúvida, lugares em que, se a mula tropeçasse, o cavaleiro seria lançado em um grande precipício; mas há muito menos chance de ocorrer essa catástrofe montando um mula do que caminhando. Ouso dizer que, na primavera, são muito ruins as *laderas*, ou estradas que se formam novamente todos os anos pelas pilhas de detritos caídos; porém, pelo que vi, o perigo real não é nada, e o aparente, muito pequeno. Com as mulas de carga, o caso é bem diferente, pois as cargas se projetam tão longe que os animais ocasionalmente, correndo uns contra os outros ou contra uma ponta de rocha, perdem o equilíbrio e são jogados no precipício. No que diz respeito à travessia dos rios, acredito que há todos os graus de dificuldade, até a inviabilidade. Em nossa passagem, tivemos poucos problemas; creio, porém, que sejam muitos e difíceis no verão. Posso imaginar, conforme descreve o capitão Head, as diferentes expressões daqueles que *já haviam* passado pelo golfo e aqueles que *estavam* passando. Embora eu nunca tenha ouvido falar do afogamento de homens, o de mulas carregadas era muito comum. O *arriero* disse-me que devemos mostrar à mula a melhor trilha, e, em seguida, deixá-la seguir como quiser; a mula de carga pode escolher um caminho ruim e se perder.

4 DE ABRIL — Do Rio de las Vacas até a Puente del Inca, meio dia de viagem. Como havia pasto para as mulas e geologia para mim, acampamos ali durante a noite. Quando se ouve falar de uma ponte natural, imagina-se um desfiladeiro profundo e estreito sobre o qual caiu uma grande rocha, ou sobre o qual há um grande arco escavado, como a abóbada de uma caverna. Em vez disso, esta ponte inca consiste em uma crosta de pedregulhos em camadas cimentada pela precipitação das fontes termais vizinhas. Parece que o riacho esculpiu um canal de um lado, deixando uma saliência rochosa que por fim se uniu às pedras e a terra que havia caído dos penhascos opostos. Certamente, como costuma acontecer nesses casos, havia uma junção oblíqua bastante visível em um dos lados. A ponte dos incas não é, de forma alguma, digna dos grandes monarcas cujo nome ela carrega.

Por perto, havia algumas ruínas de edifícios indígenas. Estas existem em vários outros lugares; as mais perfeitas que vi são as ruínas de Tambillos. Trata-se de um amontoado de pequenas salas quadradas, todas construídas em grupos distintos. Algumas das portas ainda estavam de pé: eram formadas por uma laje de pedra deitada, com apenas cerca de 1 metro de altura. Ulloa, em seu *Notícias Americanas*, comenta sobre as portas baixas das antigas habitações peruanas. Essas casas, quando prontas, poderiam acomodar um número considerável de pessoas. A tradição diz que os incas, quando cruzavam as montanhas, usavam esses edifícios como pontos de parada. Foram descobertos vestígios de habitações indígenas em muitos locais da cordilheira, até mesmo onde não parece provável que tenham sido construídas como meros pontos de descanso ou, ainda, onde o terreno é completamente inadequado para qualquer tipo de cultivo, como nas ruínas de Tambillos ou na Puente del Inca. No passo do Portillo, vi um conjunto de ruínas desse tipo. Na ravina de Jahuel, perto do Aconcágua, onde não há passagem, ouvi falar de numerosas ruínas localizadas em uma altitude elevada, onde faz frio e a área é extremamente árida. No início, imaginei que as casas fossem locais de refúgio construídos pelos índios na época em que os espanhóis aqui chegaram, mas, posteriormente, comecei a especular sobre a possibilidade de uma pequena mudança climática.

No norte do Chile, na cordilheira do Copiapó, encontram-se antigas casas indígenas em muitas áreas: escavando entre as ruínas, é fácil descobrir partes de artigos de lã, instrumentos feitos de metais preciosos e espigas de milho *flint*. Eu também tinha uma ponta de flecha feita de ágata, cuja forma era exatamente igual às setas utilizadas atualmente na Terra do Fogo. Estou ciente de que os indígenas peruanos[372] costumam viver em locais mais altos e desolados; nestes casos, porém, homens que passaram suas vidas viajando pelos Andes me asseguraram que muitas (*muchisimas*) casas foram encontradas em altitudes tão elevadas que chegavam à fronteira da neve eterna, em lugares onde não há passagens, onde a terra não produz absolutamente nada e, o que é ainda mais extraordinário, onde não há água. Embora estejam muito perplexos com a circunstância, é opinião do povo desta região que, pela aparência das casas, os indígenas devem tê-las usado como residência. No Despoblado (vale desabitado), perto de Copiapó, em um local chamado Punta Gorda, vi os restos de sete ou oito pequenos cômodos quadrados, semelhantes aos de Tambillos, mas construídos principalmente com barro (cuja durabilidade os habitantes atuais não são capazes de imitar),[373] em vez de

---

[372]. O senhor Pentland chega a considerar que o amor aos lugares altos é uma característica deste povo. *Geographical Journal*. (N.A.)
[373]. Ulloa (*Notícias Americanas*, p. 302) observa a mesma circunstância no Peru. Ele acrescenta, ao falar sobre as pedras de adobe, "e isso nos faz acreditar que eles tinham algum método especial de trabalhá-las de modo que se tornavam duras sem rachar, um segredo que os habitantes atuais ignoram". (N.A.)

pedra. Estavam em uma posição bastante visível e indefesa, no fundo de um vale largo e plano. O reservatório de água mais próximo ficava a cerca de 15 a 20 quilômetros, e havia pouca água e sua qualidade era ruim: o solo era absolutamente árido; e, em vão, busquei até mesmo por um líquen preso à rocha. Atualmente, mesmo com a ajuda de animais de carga, uma mina, a menos que fosse muito produtiva, dificilmente poderia ser explorada com lucro em tais lugares. Ainda assim, no passado, os indígenas escolheram este lugar para morar! Se, hoje em dia, duas ou três chuvas caíssem anualmente, em vez de uma a cada dois ou três anos, como ocorre agora, um pequeno riacho certamente se formaria neste grande vale; e, então, pela irrigação (método muito bem conhecido pelos antigos indígenas), o solo poderia se tornar produtivo e ser capaz de alimentar algumas poucas famílias.

Tenho certas evidências de que esta parte do continente da América do Sul foi elevada, perto da costa, pelo menos de 120 a 150 metros, desde o início do período dos atuais moluscos; e, mais para o interior, o aumento pode ter sido ainda maior. Como o caráter peculiarmente seco do clima é uma consequência evidente da altura da grande cadeia de montanhas, podemos ter quase certeza de que, antes das últimas elevações, a atmosfera não estava tão completamente privada de umidade, como ocorre atualmente. Em uma era geológica remota, é provável que os Andes fossem uma cadeia de ilhas cobertas por florestas exuberantes; e, agora, muitas dessas árvores podem ser vistas transformadas em sílica, incrustadas nos conglomerados superiores. Medi uma delas e anotei uma circunferência de 4,5 metros. Da mesma forma que é quase certo que as montanhas se elevam lentamente, o clima também deve se deteriorar lentamente. Não deveríamos ficar muito surpresos se paredões de pedra e barro endurecido tiverem sobrevivido aqui por muitas eras quando nos lembramos dos montes druídicos que resistiram por muitos séculos e, até mesmo, ao clima da Inglaterra. A única questão em aberto é saber se a quantidade de alterações, desde a chegada do homem na América do Sul, foi suficiente para causar um efeito perceptível sobre a umidade atmosférica e, portanto, sobre a fertilidade dos vales nas cordilheiras mais altas. Pela extrema lentidão com que há razão para acreditar que o continente está subindo, a longevidade do homem como espécie, que devemos, no entanto, assumir para admitir uma mudança suficiente, é a objeção mais válida às especulações acima; pois, na costa oriental deste continente, sabemos que vários animais, pertencentes à mesma classe de mamíferos que a dos humanos, desapareceram, enquanto a mudança da diferença de altitude entre terra e água, pelo menos naquela área, é tão pequena que dificilmente pode ter causado qualquer diferença perceptível no clima. Acrescentarei, entretanto, que, em Lima, a elevação durante o período de existência do ser humano foi certamente de 21 a 24 metros.

Quando estive em Lima, conversei sobre esse assunto[374] com o senhor Gill, um engenheiro civil que já havia visitado muitas partes do interior do país. Disse-me que chegou a pensar na conjectura da mudança do clima; acreditava que a maior parte da terra (agora inadequada para o cultivo, porém coberta por ruínas indígenas) havia chegado a essa condição por negligência e por terremotos que destruíram os dutos de água construídos pelos antigos indígenas em uma escala tão maravilhosa. Preciso mencionar que essas pessoas realmente escavaram túneis através de colinas de rocha sólida sempre que a condução dos fluxos de irrigação dependia disso. O senhor Gill disse-me que havia sido contratado para examinar um deles; e ali encontrou uma passagem baixa, estreita, torta e de largura não uniforme, porém, de comprimento muito considerável. É maravilhoso saber que um povo realizou tais operações sem o auxílio do ferro ou da pólvora!

O senhor Gill me contou um caso muito interessante e, até onde sei, único sobre os distúrbios subterrâneos e seus efeitos na alteração do curso das águas de uma região. Viajando de Casma para Huaraz (não muito distante de Lima), ele encontrou uma planície coberta de ruínas e antigos sinais de cultivo, que agora estava bastante estéril. Nas proximidades havia o curso seco de um rio considerável, do qual se extraía, no passado, água para irrigação. Nada na aparência daquele leito indicava que um rio não havia fluido ali anteriormente: em alguns lugares, havia leitos de

---

374. Temple, em suas viagens pelo alto Peru ou Bolívia, indo de Potosí a Oruro, diz: "Vi muitas aldeias ou habitações indígenas em ruínas, até mesmo no topo das montanhas, atestando a existência de uma antiga população onde hoje há apenas o abandono". Ele faz observações semelhantes em outra passagem, mas não é possível julgar se essa desolação se deve apenas a uma população minguada ou a uma mudança na natureza da terra. (N.A.)

areia e cascalho espalhados e, em outros, a rocha sólida havia sido escavada pela erosão em um canal largo.[375] É claro que, ao seguir o curso de um rio, sempre subimos em uma inclinação menor ou maior. O senhor Gill ficou, portanto, muito surpreso ao subir o leito deste rio antigo e, de repente, perceber-se descendo a colina. Ele imaginou que a encosta tinha uma queda perpendicular de cerca de 12 ou 15 metros. Temos aqui a evidência mais inequívoca de que um cume ou uma cadeia de montanhas se ergueu exatamente na travessia do leito de um rio que deve ter corrido ali por muitos séculos. A partir do momento em que o curso do rio foi arqueado, a água seria necessariamente lançada para trás, e um novo canal seria formado de um lado mais acima. Naquele mesmo momento, também, a planície vizinha perderia seu rio fertilizador e se transformaria no deserto que é até hoje.

5 DE ABRIL — Foi longo o nosso dia de viagem pela cordilheira central, desde a Ponte dos Incas até os Ojos del Agua, que está situado perto da mais baixa *casucha* na encosta oeste. Essas *casuchas* são pequenas torres redondas, com degraus exteriores para se chegar ao piso interno, que está elevado alguns metros acima do solo para escapar dos bancos de neve. São oito edifícios; e, sob o governo espanhol, eram abastecidos durante o inverno com comida e carvão, e cada estafeta carregava uma chave-mestra de todos eles. Atualmente, servem apenas como cavernas ou masmorras. Situadas em uma pequena colina, no entanto, elas não destoam da paisagem árida do entorno. A subida em zigue-zague ao *Cumbre*, ou partição das águas, era muito íngreme e tediosa. A altura, de acordo com o senhor Pentland,[376] é de 3.975 metros (12.454 pés). Ainda que a estrada não atravessasse a neve eterna, em ambos os lados havia áreas em que estava presente. O vento no cume era extremamente frio, mas era impossível não parar alguns minutos para admirar, a todo momento, a cor dos céus e a transparência brilhante da atmosfera. A paisagem, aliás, é magnífica. Em direção ao oeste, há um belo caos de montanhas, cortadas por ravinas

---

375. O senhor Gill lembrou-se de uma parte que atravessava a rocha sólida e tinha cerca de 40 metros de largura e 2,5 metros de profundidade. Isso é suficiente para dar uma ideia do tamanho do antigo rio. (N.A.)
376. "Notice on Bolivian Cordillera". *Geographical Journal*, mar. 1835. (N.A.)

profundas. Normalmente há um pouco de neve antes dessa época do ano, e às vezes as cordilheiras já são completamente intransponíveis neste momento. Mas tivemos muita sorte. O céu, à noite e de dia, estava sem nuvens, exceto talvez por algumas massas redondas de vapor, que flutuavam sobre os pináculos mais altos. No céu, vejo com frequência essas ilhotas que marcam a posição da cordilheira, quando as próprias montanhas estavam escondidas sob o horizonte.

6 DE ABRIL — Pela manhã, descobrimos que algum ladrão havia roubado uma de nossas mulas e o sino da *madrina*. Por isso, cavalgamos apenas cerca de 4 ou 5 quilômetros vale abaixo e permanecemos por lá no dia seguinte, esperando encontrar a mula, já que o *arriero* acreditava que podia estar escondida em algum barranco. O cenário deste local apresentava características chilenas. As partes mais baixas das montanhas, pontilhadas com a pálida árvore quilaia (*Quillaja saponaria*) de folhas perenes e com o grande cacto-candelabro, são certamente mais atraentes do que os vales orientais nus. Não posso, contudo, concordar com a admiração exultante registrada por alguns viajantes. Acredito que o motivo principal dessa grande felicidade que sentiram seja a perspectiva de acender uma boa fogueira depois de escapar do frio das regiões mais altas, o que é algo que eu sinceramente também senti.

8 DE ABRIL — Saímos do vale do Rio Aconcágua, pelo qual tínhamos descido, e, à noite, chegamos a uma cabana perto da Vila de Santa Rosa. A fertilidade da planície era muito encantadora. O outono havia avançado, e as folhas estavam caindo de algumas árvores frutíferas; alguns trabalhadores secavam figos e pêssegos nos telhados de suas cabanas, outros colhiam uvas em seus vinhedos. Uma cena bonita; mas senti falta daquela quietude meditativa que faz do outono na Inglaterra o verdadeiro entardecer do ano.

No dia 10, chegamos a Santiago, onde fui recepcionado de maneira muito gentil e hospitaleira pelo senhor Caldcleugh. Minha viagem durara apenas 24 dias; nunca aproveitei tanto em um espaço de tempo tão curto. Alguns dias depois, voltei para a casa do senhor Corfield, em Valparaíso.

CAPÍTULO XVIII

Monte Campana (Bell) — Mineiros — Grandes cargas transportadas pelos *apires* — Coquimbo — Terremoto — Geologia — Terraços — Excursão até o vale — Estrada para Huasco — Região desértica — Vale do Copiapó — Chuva e terremotos, meteoritos — Hidrofobia — Copiapó — Excursão à cordilheira — Vale seco — Vendavais frios — Ruídos de uma colina — Iquique, deserto completo — Aluvião salino — Nitrato de soda — Lima — Região insalubre — Ruínas de Callao, causadas por terremoto — Conchas elevadas na Ilha de San Lorenzo — Planície com fragmentos de cerâmica

NORTE DO CHILE E PERU

27 DE ABRIL — Parti em viagem para Coquimbo e, dali, por Huasco até Copiapó, onde o capitão FitzRoy gentilmente se ofereceu para me buscar no *Beagle*. A distância em linha reta ao longo da costa para o norte é de apenas 675 quilômetros; contudo, devido ao meu meio de transporte, a viagem foi muito longa. Comprei quatro cavalos e duas mulas; estas últimas carregavam a carga em dias alternados. Os seis animais custaram apenas 25 libras esterlinas. Em Copiapó, eu os revendi por 23. Viajamos da mesma forma independente de antes, cozinhávamos nossas próprias refeições e dormíamos ao ar livre. Enquanto cavalgávamos em direção a Viña del Mar, me despedi da vista de Valparaíso e admirei sua aparência pitoresca. Para fins geológicos, fiz um desvio da estrada até o sopé do Monte Campana. Passamos por um distrito rico em ouro até chegarmos

às proximidades de Limache, onde dormimos. A região está coberta por muita aluvião, cujo material, ao lado de cada pequeno riacho, foi lavado e separado em busca de ouro. O garimpo sustenta os habitantes das numerosas choupanas por ali espalhadas; porém, assim como todos aqueles cujos rendimentos dependem da sorte, possuem hábitos nada frugais.

28 DE ABRIL — À tarde, chegamos a uma cabana ao pé do Monte Campana. Os habitantes eram proprietários de suas terras, o que não é muito comum no Chile. Subsistiam dos produtos de uma horta e um pequeno campo, mas eram muito pobres. O capital é tão escasso que as pessoas são forçadas a vender seus grãos enquanto ainda estão verdes no campo a fim de comprar os bens de primeira necessidade para o ano seguinte. Como resultado, o trigo era mais caro no local de sua produção do que em Valparaíso, onde vivem os comerciantes. No dia seguinte, voltamos à estrada principal para Coquimbo. À noite, caiu uma chuva muito leve: foram as primeiras gotas desde as fortes chuvas dos dias 11 e 12 de setembro, que me fizeram prisioneiro nas termas de Cauquenes. O intervalo foi de sete meses e meio; mas a chuva deste ano no Chile chegou um pouco mais tarde do que o habitual. Os distantes Andes estavam agora cobertos por uma espessa massa de neve e apresentavam uma vista magnífica.

2 DE MAIO — A estrada continuava a seguir a costa, a uma distância não muito grande do mar. As poucas árvores e arbustos que são comuns no Chile central diminuíam rapidamente em número e eram substituídas por uma planta alta com aparência similar à *yucca*. A superfície do terreno é, em pequena escala, singularmente irregular; e há pequenos picos rochosos que se erguem de pequenas planícies ou bacias. A costa recortada e o leito do mar vizinho, onde quebravam as ondas, apresentariam — se convertidos em terra seca — formas semelhantes; e tal conversão, sem dúvida, ocorreu na parte sobre a qual cavalgamos.

3 DE MAIO — De Quilimari a Conchalí. A região tornava-se cada vez mais estéril. Nos vales, quase não havia água suficiente para irrigação; e a terra entre eles estava completamente nua, de modo que nem mesmo as cabras podiam viver ali. Na primavera, após as chuvas de inverno, um

pasto fino brota rapidamente, e então o gado é trazido da cordilheira para pastar aqui por um curto período. É curioso observar como as sementes das gramíneas parecem saber, como se por um instinto adquirido, quanta chuva esperar. Uma única chuva muito ao norte, em Copiapó, produz um efeito tão grande na vegetação quanto duas em Huasco e três ou quatro neste distrito. Um inverno que, em Valparaíso, seria tão seco que prejudicaria significativamente as pastagens, produziria a mais incomum abundância em Huasco. Viajando para o norte, a quantidade de chuva não parece diminuir em estrita proporção a distância. Em Conchalí, que fica na metade do caminho entre Valparaíso e Coquimbo (107 quilômetros para o norte), a chuva não é esperada até o final de maio, enquanto, em Valparaíso, geralmente começa no início de abril. A quantidade anual também é pequena em relação ao atraso de sua estação.

4 DE MAIO — Ao notarmos que a estrada costeira era completamente desinteressante, nos voltamos para o interior em direção ao distrito minerador de Illapel. A cidade, que recebe o mesmo nome, é muito regular e bonita. A efervescência do local se deve a suas numerosas minas, principalmente de cobre, localizadas em suas proximidades. Este vale, como qualquer outro no Chile, é plano, largo e muito fértil: está delimitado de ambos os lados ou por rochedos de seixos em camadas ou por montanhas rochosas nuas. Acima da linha correspondente à vala de irrigação mais alta, tudo é marrom, como na estrada do campo, enquanto tudo abaixo é verde vivo, semelhante ao verdete [acetato de cobre], como resultado dos campos de alfafa, uma espécie de trevo.

Seguimos para Los Hornos, outro distrito minerador, onde a colina principal estava toda esburacada, perfurada como um grande ninho de formigas. Os mineiros do Chile são, em seu modo de vida, uma raça peculiar de homens. Como vivem por várias semanas nos lugares mais desolados, quando descem para as aldeias, nos dias de festa, se envolvem em todos os tipos de excesso ou extravagância. Às vezes, conseguem obter uma soma considerável e, assim como os marinheiros quando são premiados em dinheiro, tentam esbanjá-lo rapidamente. Bebem excessivamente, compram muitas roupas e, em poucos dias, retornam sem dinheiro para seus miseráveis locais de trabalho, onde laboram mais do que animais de carga. Essa falta de cuidado, como acontece com os marinheiros, é evidentemente o resultado de um modo semelhante de vida. Sua alimentação diária lhes é oferecida, e, assim, não adquirem o hábito de cuidar de suas provisões; além disso, tanto a tentação quanto os meios de satisfazê-la prontamente são colocados em suas mãos. Por outro lado, na Cornualha, e em algumas outras partes da Inglaterra, onde se segue o sistema de venda de parte do veio, os mineiros, por serem obrigados a agir por si mesmos e a pensar com clareza, são homens singularmente inteligentes e bem-comportados.

O traje do mineiro chileno é peculiar e bastante pitoresco. Ele veste uma camisa muito comprida de algum material de lã de cor escura com um avental de couro; o conjunto é preso em volta de sua cintura por um cinto de cores vivas. Suas calças são muito largas, e seu pequeno boné de tecido escarlate é costurado de forma a ficar bem preso à cabeça. Encontramos mineiros vestidos com o traje completo; um grupo deles levava o corpo de um dos companheiros para ser enterrado. Marchavam em um trote muito rápido, e quatro homens carregavam o cadáver. Estes, após correrem fortemente por cerca de 200 metros, foram substituídos por outros quatro, que os tinham passado à frente a cavalo. Assim seguiram, encorajando uns aos outros com gritos selvagens, e a cena toda criava um funeral muito estranho.

Continuamos viajando para o norte em zigue-zague, às vezes parando um dia para realizar observações geológicas. A região era tão pouco habitada, e a estrada tão escura, que muitas vezes tínhamos dificuldade para encontrar o caminho. No dia 12, visitei algumas minas. O minério aqui não era considerado particularmente bom, mas, por ser abundante, supõe-se que a mina poderia ser vendida por cerca de 30 ou 40 mil dólares (ou seja, 6 ou 8 mil libras esterlinas); no entanto, foi comprada por uma das empresas inglesas por uma onça de ouro (3 libras e 8 xelins). O minério é uma pirita amarela que, como já mencionado, antes da chegada dos ingleses, pensava-se que não continha um grão de cobre. Com quase os mesmos ganhos que no caso citado acima, foram comprados montes de escória que continham minúsculos glóbulos de cobre metálico; apesar dessas vantagens, as associações mineradoras, como é bem sabido, perderam imensas somas de dinheiro. A insensatez de grande parte dos administradores e acionistas beirava a obsessão. A saber, mil libras por ano gastos em alguns casos para entreter as autoridades (chilenas); bibliotecas inteiras de obras sobre geologia já encadernadas; mineiros trazidos para buscar metais especiais que não eram encontrados no Chile, como o estanho, por exemplo; contratos para fornecer leite aos mineiros em regiões onde não havia vacas; máquinas levadas para locais onde não podiam ser usadas; e uma centena de outros arranjos similares foram testemunhas desse absurdo que, ainda hoje, proporciona diversão aos nativos. E, no entanto, não pode haver dúvidas de que o mesmo capital, bem aplicado nessas minas, teria trazido um lucro imenso: um homem de negócios confiável, um minerador hábil e um ensaiador-fundidor teria sido suficiente.

O capitão Head descreveu a maravilhosa carga que os *apires*, verdadeiros animais de carga, trazem das minas profundas. Confesso que achei o relatório exagerado, por isso, fiquei feliz em ter a oportunidade de pesar uma dessas cargas, que escolhi por acaso. Foi necessário um esforço considerável da minha parte para levantá-la do chão, pois eu estava diretamente sobre ela. A carga foi considerada abaixo do peso normal, pois tinha 89 quilos. O *apire* escalou oitenta metros na vertical com essa carga, parte do caminho em uma passagem íngreme, mas a maior parte em degraus de estacas colocadas em zigue-zague no poço. De acordo com o regulamento geral, o *apire* não pode parar para tomar fôlego, exceto se a profundidade da mina tiver 182 metros. O peso médio de uma carga é estimado em pouco mais de 90 quilos, e me foi assegurado que, em uma experiência, uma carga de cerca de 142 quilos foi trazida da mina mais profunda! Neste momento, os *apires* estavam trazendo a carga comum doze vezes ao dia; ou seja, 1.088 quilos de 80 metros de profundidade; e, além disso, quebravam e colhiam minério nos intervalos.

Essas pessoas, exceto quando há acidentes, são saudáveis e parecem alegres. Seus corpos não são muito musculosos. Raramente comem carne uma vez por semana, nunca mais que isso, e, mesmo assim, apenas o charque duro e seco. Embora eu soubesse que o trabalho era inteiramente voluntário, considerei revoltante, no entanto, ver o estado em que esses homens chegavam à abertura da mina: seus corpos curvados, seus braços apoiados nos degraus, suas pernas dobradas, seus músculos tremendo, seus rostos e seu tórax escorrendo de suor, suas narinas bem abertas, os cantos da boca muito puxados para trás, e a respiração muito difícil. Por hábito, cada vez que respiravam, pronunciavam as sílabas "ai-ai"; o som termina em um ruído que vem do fundo do peito e é tão agudo quanto um assobio. Depois de seguirem trôpegos até a pilha de minérios, esvaziam a bolsa e, em dois ou três segundos, recuperam o fôlego, enxugam o suor de suas sobrancelhas e, aparentemente bastante renovados, descem novamente o poço da mina em um passo rápido. Isso me parece um exemplo maravilhoso da quantidade de trabalho que um homem é capaz de suportar por meio do hábito (pois não pode haver outra causa).

À noite, conversando com o administrador dessas minas sobre o número de estrangeiros agora espalhados por todo o país, ele me disse que, embora ainda fosse bastante jovem, se lembrava de que, certa vez, quando era garoto na escola em Coquimbo, um dia de feriado havia sido decretado para que todos pudessem ver o capitão de um navio inglês que tinha vindo à cidade para falar com o governador. Ele acredita que nada poderia ter levado qualquer menino da escola, inclusive ele mesmo, a se aproximar do inglês, pois neles foi profundamente inculcada a ideia de heresia, contaminação e maldade que o contato com tal pessoa lhes traria. Até hoje eles relatam as ações atrozes dos bucaneiros; e, especialmente, as de um homem que, após levar a imagem da Virgem Maria, voltou no ano seguinte para buscar a de São José, dizendo que Nossa Senhora estava muito solitária sem um marido. Ouvi também de uma velha senhora que, em um jantar em Coquimbo, comentou o quão maravilhosamente estranho era ter vivido para jantar na mesma sala com um inglês; pois se lembrava de duas ocasiões, quando ainda era menina, nas quais o mero grito de "*los ingleses!*" foi suficiente para que todos se agarrassem aos seus pertences de maior valor e os levassem para as montanhas.

14 DE MAIO — Chegamos a Coquimbo, onde ficamos alguns dias. A cidade é formidável apenas por sua extrema quietude. Segundo dizem, abriga entre 6 mil e 8 mil habitantes. Na manhã do dia 17, caiu uma chuva leve (a primeira do ano) por cerca de cinco horas. Os camponeses, que plantam seus grãos perto da costa, onde a atmosfera é mais úmida, aravam o chão após essa primeira chuva; com uma segunda, realizavam a semeadura; e, caso houvesse uma terceira, teriam uma boa colheita na

primavera. Foi interessante observar o efeito desse pequeno volume de água. Doze horas depois, o solo já estava tão seco quanto antes e, ainda assim, após dez dias, todas as colinas ficaram levemente tingidas de verde; a grama havia crescido em filamentos de 2,5 centímetros de comprimento e se espalhava de maneira escassa. Antes dessa chuva toda, a superfície estava tão nua como a terra batida de uma estrada movimentada.

Certa noite, o capitão FitzRoy e eu estávamos jantando com o senhor Edwards, um inglês cuja hospitalidade é bem conhecida por todos os visitantes de Coquimbo, quando ocorreu um violento terremoto. Eu ouvi o barulho que se aproximava, mas, por causa dos gritos das senhoras, da correria dos servos e da pressa que vários cavalheiros tinham para chegar até alguma porta, não consegui perceber a direção do movimento. Após o tremor, algumas mulheres choravam aterrorizadas; um homem disse que não conseguiria dormir a noite toda e, se o fizesse, certamente sonharia com o desmoronamento de casas. O pai desse cavalheiro havia perdido recentemente a propriedade que tinha em Talcahuano e, ele mesmo, em 1822, mal havia escapado da queda de um telhado em Valparaíso. Ele mencionou uma coincidência estranha: quando jogava cartas, um alemão que fazia parte do grupo levantou-se e disse que, naquele país, nunca se sentaria em uma sala cuja porta estivesse fechada, já que, quando o fez em Copiapó, quase perdeu a vida. Este homem abriu a porta e, logo que o fez, exclamou: "Aí vem mais um!". E o famoso tremor começou. Todo o grupo escapou. Durante um terremoto, o perigo não é o tempo que se perde para abrir a porta, mas a possibilidade de ficar preso dentro de casa por causa do movimento das paredes.

É impossível ficar muito surpreso com o medo que, durante os terremotos, aflige de modo geral os nativos e os antigos residentes, ainda que alguns deles sejam conhecidos como homens de grande autocontrole. No entanto, acredito que o excesso de pânico pode ser, em parte, atribuído ao hábito de não controlar esse medo; pois o comedimento costumeiro causado pela vergonha não existe aqui. De fato, os nativos não gostam de ver uma pessoa indiferente. Ouvi falar de dois ingleses que dormiram a céu aberto durante um violento tremor de terra, mas, sabendo que não havia perigo, não se levantaram. Os nativos gritaram indignados: "Vejam os hereges, sequer sairão de suas camas!".

Passei dois ou três dias examinando os terraços em degraus formados por pedregulhos e descritos pela primeira vez pelo capitão Basil Hall[377] em seu livro que descreve a costa oeste da América de forma bastante viva. Da narrativa, o senhor Lyell concluiu que os degraus devem ter sido formados pelo mar durante a elevação gradual do terreno. É realmente esse o caso: em alguns degraus encontrados dentro do vale, nos lados das colinas e de frente para a costa, há, na superfície, conchas de espécies ainda existentes que estão incrustadas em um calcário macio. Essa camada da época Terciária mais moderna passa por baixo de outra que contém algumas espécies ainda existentes e associadas a outras já extintas. Entre as últimas, podem ser mencionadas as conchas enormes do gênero *Perna* e uma ostra, bem como os dentes de um tubarão gigante, muito próximo ou idêntico ao *Carcharias megalodon* da Europa antiga, ou talvez seja de algum cetáceo, cujos ossos também estão presentes, fossilizados em sílica, em grande número. Em Huasco, o fenômeno dos terraços paralelos é muito marcante: nada menos que sete planícies perfeitamente planas, porém desigualmente largas, se elevam por degraus e ocorrem em um ou ambos os lados do vale. Tão notável é o contraste das sucessivas linhas horizontais — que em ambos os lados correspondem ao contorno irregular das montanhas vizinhas — que atrai a atenção até mesmo daqueles que não se interessam pelas causas que formaram a superfície do terreno. A origem dos terraços de Coquimbo é exatamente a mesma, segundo minha opinião, das planícies da Patagônia; a única diferença é que as planícies são mais largas que os terraços, e que elas estão em frente ao Oceano Atlântico, e não a um vale; este último, no entanto, era anteriormente ocupado por um braço de mar e, atualmente, por um rio de água doce. Em qualquer caso, é preciso lembrar que as sucessivas falésias não marcam uma variedade de elevações distintas, mas, pelo contrário, períodos de alguma calma durante a elevação gradual e talvez pouco perceptível no terreno. No Vale de Huasco, temos os registros de sete desses dias de descanso na atividade das forças subterrâneas.

---

377. Basil Hall (1788-1844), oficial da Marinha Britânica que, em 1820, comandou o navio *Conway* pela costa oeste da América do Sul e, em 1823, publicou seu diário de viagem. (N.T.)

21 DE MAIO — Parti em companhia de dom José Edwards para as minas de prata de Arqueros, e dali para o Vale de Elqui ou Coquimbo. Passamos por uma região montanhosa e chegamos ao anoitecer nas minas pertencentes ao senhor Edwards. Tive uma boa noite de descanso, cuja razão não será muito bem-compreendida na Inglaterra, a saber, a ausência de pulgas! Os quartos de Coquimbo estão cheios delas; entretanto, esses insetos não sobrevivem a 900 ou 1.200 metros de altura, mesmo que levados para lá, como ocorre de forma constante nestas minas. A causa que não permite o surgimento deles deve ser alguma outra que não a redução insignificante da temperatura. Passei grande parte do dia seguinte examinando as minas. Os veios ocorrem abundantemente, espalhados por vários quilômetros dessa região montanhosa; e, mesmo assim, foram descobertos há apenas alguns anos por um lenhador. As minas estão agora em mau estado, embora tenham rendido anteriormente cerca de 900 quilos de prata por ano. Dizem que "uma pessoa com uma mina de cobre irá ganhar; com uma de prata, poderá ganhar; mas, com uma de ouro, irá certamente perder". Isso não é verdade; todas as grandes fortunas chilenas foram adquiridas por meio de minas de metais preciosos. Há pouco tempo, um médico inglês voltou de Copiapó para a Inglaterra levando consigo 24 mil libras esterlinas como lucro de sua participação em uma mina de prata. Não há dúvida de que são certos os lucros de uma mina de cobre trabalhada com cuidado, enquanto as outras são jogos de azar ou loterias.

Os proprietários perdem grandes quantidades de minérios, pois não há precaução que evite os roubos. Ouvi falar de um homem que apostou com outro que um de seus homens conseguiria roubá-lo diante de seus olhos. Quando o minério é retirado da mina, ele é quebrado em pedaços, e o resto de rocha é jogado fora. Dois mineiros que foram contratados para esse fim jogaram fora, como se por acaso, dois fragmentos no mesmo momento e exclamaram: "Vamos ver qual rola mais longe". O proprietário, que estava de prontidão, apostou um charuto com seu amigo. O mineiro, dessa maneira, observou o ponto exato em que a pedra parou em meio aos descartes. À noite, ele a recuperou e levou ao seu chefe, mostrou-lhe uma rica massa de minério de prata e disse: "Esta é a pedra que lhe garantiu um charuto por ter rolado mais longe".

23 DE MAIO — Seguimos o vale fértil até chegarmos a uma fazenda pertencente a um parente de dom José, onde ficamos no dia seguinte. Depois cavalguei por mais um dia de viagem para encontrar algo que foi descrito como conchas e feijões fossilizados. Os primeiros objetos eram mesmo o que foi descrito; os últimos, contudo, eram pequenas pedras de quartzo. Passamos por várias aldeias pequenas; o vale era belamente cultivado, e toda a paisagem era muito grandiosa. Neste ponto, estávamos perto da cordilheira principal; e as colinas vizinhas eram muito altas. Em todo o norte do Chile, as árvores frutíferas produzem muito mais abundantemente em uma elevação considerável, perto dos Andes, do que nas áreas mais baixas. Os figos e as uvas dessa área são famosos por sua superioridade e cultivados em grandes quantidades. O vale é, talvez, o mais produtivo ao norte de Quillota; e, incluindo Coquimbo, tem provavelmente 25 mil habitantes. No dia seguinte, voltei para a fazenda e, de lá, com dom José, para Coquimbo.

2 DE JUNHO — Partimos para o Vale de Huasco e seguimos a estrada costeira, pois era considerada um pouco menos deserta que a outra. Nosso primeiro dia de cavalgada nos levou a uma casa solitária, chamada Yerba Buena, onde havia pasto para nossos cavalos. A chuva que havia caído há quinze dias só chegou a meio caminho de Huasco; tivemos, portanto, um verde muito moderado na primeira parte de nossa viagem, que logo desapareceu por completo. Mesmo onde era mais fresco, não era o suficiente para nos fazer lembrar dos gramados frescos e das flores que brotam durante a primavera em outros países. Enquanto viajávamos por estes desertos, senti-me como um prisioneiro trancado em um pátio escuro, desejando ver algo verde e sentir o cheiro de umidade no ar.

3 DE JUNHO — De Yerba Buena até Carrizal. Durante a primeira parte do dia, passamos por uma área montanhosa e rochosa, e, depois, por uma longa e profunda planície arenosa repleta de conchas marinhas partidas. Havia pouquíssima água, e a que havia era salgada; portanto, os escassos riachos eram bordejados de ambos os lados por crostas brancas com exuberantes plantas salinas que cresciam entre eles. Todo o país, desde a costa até a cordilheira, é desolado e desabitado. Vi traços de apenas um

animal vivo em abundância: o *Bulinus*, cujas conchas estavam amontoadas e foram coletadas em quantidades extraordinárias nos lugares mais secos. Na primavera, crescem de uma humilde planta algumas folhas que servem de alimento aos caracóis. Como são vistos apenas muito cedo pela manhã, quando o solo está ligeiramente úmido pelo orvalho, os *guasos* acreditam que surgem dele. Notei, em outros lugares, que as áreas muito secas e áridas, de solo calcário, são extremamente propícias à proliferação de caramujos terrestres. Em Carrizal, havia alguns casebres, um pouco de água salobra e traços de cultivo: mas tivemos dificuldade para comprar grãos e palha para nossos cavalos.

4 DE JUNHO — De Carrizal até Sauce. Continuamos a cavalgar por planícies áridas, habitadas por grandes rebanhos de guanacos. Também cruzamos o Vale de Chañaral; que, embora o mais fértil entre Huasco e Coquimbo, é muito estreito e produz tão pouco pasto que não conseguimos comprar nada para nossos cavalos. Em Sauce, encontramos um senhor idoso muito educado que administrava um forno de fundição de cobre. Como um favor especial, me permitiu comprar, a um preço alto, uma pequena quantidade de palha suja, que foi tudo o que os pobres cavalos receberam para comer após seu longo dia de viagem. Pouquíssimos fornos de fundição estão hoje em operação em qualquer parte do Chile; é considerado mais aconselhável embarcar o minério para Swansea devido à severa escassez de lenha e às perdas causadas pelo método chileno de redução.

No dia seguinte, atravessamos algumas montanhas até Freirina, no Vale de Huasco. Durante cada dia de viagem mais ao norte, a vegetação se tornava mais rarefeita; até mesmo o grande cacto-candelabro acaba sendo substituído por uma espécie diferente e muito menor. Durante os meses de inverno no norte do Chile e no Peru, uma camada uniforme de nuvens paira (em altitude não muito elevada) sobre o Pacífico. Das montanhas, tínhamos uma visão surpreendente dessa grande superfície branca e brilhante, que lançava seus braços aos vales, criando ilhas e promontórios da mesma forma que o faz o mar no Arquipélago de Chonos ou na costa oeste da Terra do Fogo.

Ficamos dois dias em Freirina. Há quatro cidades pequenas no Vale de Huasco. Na entrada, há o porto, que é um local completamente árido e sem qualquer água nas proximidades imediatas. Cerca de 25 mil metros acima fica Freirina, um vilarejo longo e isolado com casas decentes e caiadas. Cerca de 50 mil metros mais acima está Ballenar e, depois, Huasco Alto, um vilarejo famoso por suas frutas secas. Em um dia claro, a vista para o vale é muito bonita; a abertura estreita termina a uma grande distância, na cordilheira nevada; de ambos os lados há uma infinidade de linhas que se cruzam e se misturam em uma bela neblina. O primeiro plano é peculiar devido ao grande número de grandes terraços paralelos; há ali uma faixa de vale verde, com arbustos de salgueiro, que se destaca de ambos os lados contra as montanhas nuas. É fácil acreditar que o terreno circundante era extremamente árido quando se fica sabendo que não havia caído nem uma gota de chuva durante os últimos treze meses. Os habitantes ouviram falar da chuva em Coquimbo com muita inveja; e, pela aparência do céu, esperavam pela mesma boa sorte, a qual se materializou quinze dias depois. Eu já estava em Copiapó na época; e, lá, as pessoas falavam da chuva abundante em Huasco com igual inveja. Depois de dois ou três anos muito secos, com talvez não mais de uma chuva ao todo, geralmente segue-se um ano chuvoso; e isso causa ainda mais estragos do que até mesmo a seca. Os rios correm e cobrem com cascalho e areia os estreitos trechos de terra que por si só são adequados para o cultivo. As enchentes também danificam as valas de irrigação. Uma grande devastação foi, há três anos, causada dessa forma.

8 DE JUNHO — Cavalgamos até Ballenar. Como as montanhas rochosas de ambos os lados estavam envoltas em nuvens, as planícies em terraços davam ao vale um aspecto parecido com o de Santa Cruz, na Patagônia. Passei o dia seguinte na cidade, que é bem construída e tão grande quanto Coquimbo. Ela é bem nova, e deve sua prosperidade a algumas minas de prata. O nome Ballenar vem de Ballenagh, na Irlanda, berço dos membros da família O'Higgins, que, sob o governo espanhol, foram presidentes e generais no Chile.

10 DE JUNHO — Em vez de ir direto para a cidade de Copiapó, decidi seguir até uma parte mais alta do vale e mais próxima da cordilheira. Cavalgamos o dia todo por uma região desinteressante; estou cansado de repetir

os epítetos estéril e árido. Entretanto, essas palavras, da forma como são normalmente utilizadas, evocam uma comparação; sempre as apliquei às planícies da Patagônia; no entanto, a vegetação lá pode apresentar arbustos espinhosos e alguns tufos de grama, o que significa fertilidade absoluta em relação a qualquer coisa que possa ser vista aqui. Além disso, não há muitos espaços de 200 metros quadrados em que não se possa encontrar algum pequeno arbusto, cacto ou líquen por meio de um exame cuidadoso; e, no solo, as sementes estão dormentes, prontas para emergir durante o primeiro inverno chuvoso. No Peru, há verdadeiros desertos reais em grandes áreas do país. À noite, chegamos a um vale cujo leito estava úmido: seguindo-o mais acima, chegamos a uma água razoavelmente boa. Durante a noite, o córrego, antes de ser evaporado e absorvido, desce por até 5 quilômetros a mais do que durante o dia. Havia muitos gravetos para lenha, de modo que aquele era um bom lugar para acamparmos; porém, havia pouquíssimo alimento para oferecer aos animais.

11 DE JUNHO — Cavalgamos sem parar por doze horas até chegarmos a um velho forno de fundição onde havia água e lenha; mas nossos cavalos, mais uma vez, não tinham nada para comer e ficaram trancados em um velho pátio. A estrada era montanhosa, e a paisagem, distante e interessante por causa do clima esplêndido e das variadas cores das montanhas nuas. É uma pena ver o sol brilhando constantemente sobre uma região tão inútil; dias tão belos deveriam ser oferecidos à possibilidade de campos e belos jardins. No dia seguinte, chegamos ao Vale de Copiapó. Eu estava verdadeiramente feliz, pois a viagem toda havia sido uma fonte contínua de ansiedades; era muito desagradável ouvir nossos cavalos roendo os postes aos quais estavam amarrados enquanto fazíamos nossa própria refeição noturna e não tínhamos meios para aliviar-lhes a fome. De todo modo, no entanto, os animais pareciam bastante descansados, e não tinha como dizer que não haviam comido nada nas últimas 55 horas.

Eu tinha uma carta de apresentação ao senhor Bingley, que me recebeu muito gentilmente na Hacienda Potrero Seco. Essa propriedade tem entre 30 e 50 quilômetros de comprimento; é, contudo, muito estreita, tendo, em geral, a largura de apenas dois campos de pasto, um de cada lado do rio. Em algumas partes, a propriedade não tem muita amplidão, ou seja, a terra não pode ser irrigada e, portanto, é tão inútil quanto o deserto rochoso ao redor. Com relação às terras cultivadas em toda a extensão do vale, sua desvantagem principal é a pequena quantidade, e não tanto as desigualdades do nível de água ou a inadequação para irrigação. O rio estava estranhamente cheio este ano: nesta parte do vale, chegava até a barriga dos cavalos, tinha cerca de 15 metros de largura e suas águas moviam-se com velocidade. Seu volume diminui gradualmente até chegar ao mar. Isto, no entanto, acontece raramente; houve um período de trinta anos em que nem mesmo uma gota do rio chegou ao Pacífico. Os habitantes costumam observar com grande interesse uma tempestade na cordilheira, pois uma boa nevasca lhes fornece água para o ano seguinte. Isso é infinitamente mais importante do que as chuvas que caem nas partes mais baixas do país. A chuva, seja qual for a frequência ocorra, que é de cerca de uma vez a cada dois ou três anos, é uma grande vantagem, pois, algum tempo depois, o gado e as mulas terão pasto nas montanhas por um certo período. Mas a desolação se estenderá por todo o vale se não houver neve nos Andes. Há relatos de que, por três vezes, quase todos os habitantes foram obrigados a emigrar para o sul. Este ano houve muita água e todos irrigaram suas terras tanto quanto quiseram; no entanto, muitas vezes foi necessário colocar soldados nas comportas para que cada propriedade fosse irrigada apenas por um limite ajustado de horas durante a semana. Diz-se que o vale contém 12 mil almas, mas sua produção é suficiente apenas para três meses do ano; o resto da demanda é extraída de Valparaíso e do sul. Antes da descoberta das famosas minas de prata de Chanuncillo, Copiapó estava em rápido declínio; porém, agora está florescendo novamente, e a cidade, completamente destruída por um terremoto, foi reconstruída.

O Vale de Copiapó, formando uma mera faixa verde no deserto, segue bastante para o sul; de modo que tem um comprimento considerável até sua origem na cordilheira. Os Vales de Huasco e Copiapó podem ser vistos como longas ilhas estreitas separadas do restante do Chile por desertos rochosos, em vez de serem banhados por água salgada. Ao norte desses vales fica um outro muito miserável, chamado Paposo, e vivem cerca de duzentas pessoas nele. Dali em diante, se espalha o verdadeiro deserto do Atacama, uma barreira muito pior do que o oceano mais tempestuoso.

Depois de passarmos alguns dias em Potrero Seco, subi o vale até a casa de dom Benito Cruz, a quem levei uma carta de apresentação. Achei-o extremamente hospitaleiro; na verdade, é impossível elogiar demais a simpatia com que os viajantes são recebidos em quase toda a América do Sul. No dia seguinte, aluguei algumas mulas para ir até o barranco de Jolquera, na cordilheira central. Na segunda noite, o tempo parecia predizer uma tempestade de neve ou chuva, e, enquanto estávamos deitados em nossas camas, sentimos um terremoto leve. A conexão entre os terremotos e o clima tem sido frequentemente contestada: parece-me ser um tema de grande interesse, porém, pouco compreendido. Humboldt[378] notou que "seria difícil para quem tenha vivido por muito tempo na Nova Andaluzia, ou nas regiões baixas do Peru, negar que a estação mais temida pela frequência dos terremotos é a do início das chuvas, que, no entanto, é a temporada das tempestades de trovoadas. A atmosfera e o estado da superfície da terra parecem ter uma influência desconhecida sobre as mudanças produzidas nas grandes profundidades". No norte do Chile, onde a chuva ou mesmo um clima propício à chuva são extremamente raros, a probabilidade de coincidências acidentais entre os dois fenômenos torna-se necessariamente muito pequena; e, no entanto, os habitantes dessa área estão fortemente convencidos da existência de alguma conexão entre o estado da atmosfera e os tremores do solo. Fiquei muito surpreso quando disse a algumas pessoas em Copiapó que havia uma tempestade muito forte em Coquimbo e eles imediatamente exclamaram: "Oh, que sorte! Haverá muito pasto lá este ano". Na opinião deles, um terremoto anuncia chuva tão certamente quanto a chuva anuncia abundância de pastagens. Efetivamente, no mesmo dia do terremoto, caiu uma grande chuva que, conforme descrevi antes, produziu, dez dias depois, uma fina camada de grama.

O senhor Scrope[379] apresentou uma ideia engenhosa de que o período de perturbação subterrânea, onde a força está apenas em equilíbrio com a resistência, pode ser determinado por uma súbita diminuição da pressão

---

378. *Personal Narrative*, vol. IV, p. 11. No quarto capítulo do segundo volume, p. 217, Humboldt, no entanto, parece acreditar que tal conexão é fantasiosa. (N.A.)
379. George Julius Poulett Scrope (1797-1876), geólogo inglês. (N.T.)

atmosférica, que pode produzir um efeito considerável em uma longa distância de terra. De acordo com essa explicação, o terremoto ocorre em um determinado momento devido a uma condição atmosférica que costuma ser acompanhada de chuva. Mas há outra classe de fenômenos em que a condição atmosférica é consequência evidente (e não a causa determinante) do terremoto. Refiro-me a casos em que a chuva cai em um período do ano no qual não ocorreria, podendo ser considerada um prodígio maior do que o próprio terremoto. Por exemplo, as chuvas após o terremoto de novembro de 1822 em Valparaíso. É preciso estar um pouco familiarizado com estes climas para entender como é improvável que a chuva caia em tais estações do ano, exceto como consequência de alguma lei que não tenha nenhuma conexão com o curso normal das condições atmosféricas. No caso de grandes erupções vulcânicas, como as do Cosiguina, em que as torrentes de chuva caíram em uma estação do ano bastante incomum, e "quase sem precedentes na América Central",[380] não é difícil entender que o volume de neblina e nuvens de cinzas pode ter perturbado o equilíbrio atmosférico. Humboldt[381] estende essa ideia aos terremotos, mas, de minha parte, não consigo entender como é possível que a pequena quantidade de substâncias aeriformes que escapam das fissuras do solo em tais momentos possa produzir um efeito tão notável.

Humboldt[382] afirmou que, "nos dias em que a terra é sacudida por choques violentos, a regularidade das variações horárias do barômetro não é perturbada entre os trópicos. Confirmei essa observação em Cumaná, em Lima e em Riobamba; e merece ainda mais a atenção dos filósofos da natureza, pois há afirmações de que, em São Domingos, na cidade Cabo Francês,[383] um barômetro de água[384] caiu 6,35 centímetros imediatamente

---

380. Caldcleugh. *Philosophical Transactions*, 1835. (N.A.)
381. *Personal Narrative*, vol. II, p. 219. (N.A.)
382. Ibidem, p. 217. (N.A.)
383. Atual Cabo Haitiano, no Haiti. (N.T.)
384. Courrejolles, no *Journal de Phys.*, tomo LIV, p. 106. Essa pressão corresponde apenas a duas linhas de mercúrio. O barômetro permaneceu imóvel em Pignerol, em abril de 1808 (ibidem, t. LXVII, p. 292). (Posso acrescentar que o terremoto do qual Courrejolles fala na p. 106 foi acompanhado por uma "*très-violent coup de vent*" [lufada violenta de ar], que explica a queda do barômetro de água. Mais recentemente, o senhor Williams, em seu *Narrative of Missionary Enterprise* [p. 442], deu notícia de um furacão que devastou as Ilhas Austrais

antes do terremoto de 1770. Da mesma forma, diz-se que, durante a destruição de Orã (na Argélia), um boticário fugiu com toda a sua família porque, por acaso, notou alguns minutos antes do terremoto como o nível de mercúrio em seu barômetro havia baixado de forma extraordinária. Eu não sei se podemos dar crédito a essa afirmação". O senhor Alison,[385] em uma carta de Valparaíso, me informa que, pouco antes do terremoto de novembro de 1822, o mercúrio no tubo do barômetro de sua loja ficou abaixo da parte graduada. O tubo era curvo, tinha 19 polegadas [48,26 centímetros] expostas, e a divisão mais baixa correspondia a 26 polegadas inglesas. Com este terceiro caso, e especialmente considerando o fato indiscutível de que a chuva com tanta frequência provoca terremotos violentos, mesmo nas estações mais inusitadas, não posso chegar a outra conclusão senão a existência de alguma conexão (da qual nada sabemos até agora) entre os distúrbios subterrâneos e os atmosféricos.

O senhor Miers,[386,387] em seu relato sobre o terremoto de Valparaíso, em 19 de novembro de 1822, acrescentou mais um item à lista de coincidências: entre meteoros luminosos e terremotos. Segundo ele, "um de tamanho muito considerável, com tamanho aparente ao da lua, foi observado ao sul em uma elevação relativamente baixa. Passou por um arco considerável do céu, deixando uma longa faixa de luz atrás de si; e, quando desapareceu, parecia ter explodido, pois sumiu da mesma forma que aqueles que ejetam meteoritos, mas, neste caso não, se ouviu nenhum som nem se soube de nenhuma pedra que tivesse caído. Isso ocorreu por volta das duas e meia da manhã, após o terremoto". O terremoto em si ocorreu às 10h da manhã. O senhor Miers acrescenta, então, "que um de seus amigos fez uma viagem na noite de 4 de novembro, cerca de quinze dias antes do grande terremoto, e pouco depois das 11 horas no céu do norte viu um meteoro de grande brilho". É notável que neste mesmo dia, de acordo

---

[ao sudoeste do Arquipélago da Sociedade], e que, nas Ilhas Navegadoras, foi acompanhado por um terremoto). (N.A.)
385. Robert Edward Alison foi um autor inglês que morava em Valparaíso e, em 1835, enviou a Darwin uma carta com dados históricos para ilustrar a elevação moderna da costa da região. (N.T.)
386. Miers, *Travels*, vol. I, p. 395. (N.A.)
387. John Miers (1789-1879) foi um botânico e engenheiro inglês que, em 1826, publicou *Travels in Chile and La Plata*. (N.T.)

com o *Journal of Science*,[388] Copiapó foi visitada *ao norte* por um terremoto violento que, no quinto dia, foi seguido por um ainda pior. Molina[389] afirma que o primeiro choque que anunciou o grande terremoto à meia-noite de 24 de maio de 1751 "foi acompanhado por uma bola de fogo, que se precipitou dos Andes em direção ao mar". É dito, na *Enciclopaedia Metropolitana* (verbete *Meteorologia*): "Em Kingston, na Jamaica, em novembro de 1812, um grande meteoro apareceu alguns minutos antes de algumas convulsões violentas e ameaçadoras". Agüeros[390] observa sobre a autoridade de Ovalle que, na manhã de 14 de maio de 1633, Carelmapu (ao norte de Chiloé) foi atingida por um terremoto forte, acompanhado por um grande barulho, e que o povo, enquanto ponderava sobre a causa deste último, notou sobre uma colina alta perto da vila uma bola de fogo que lhes parecia anunciar o dia do Juízo Final. Ergueu-se e avançou lentamente até cair no mar, agitando a água nas proximidades. A isso, seguiram-se uma grande tempestade, uma escuridão e uma chuva de granizo, em que os pedaços de gelo eram tão grandes quanto balas de mosquete.

Fiz essas observações porque, sob qualquer ponto de vista, é estranho que nesta parte do mundo tenha havido uma coincidência tão marcante entre fenômenos que não ocorrem com frequência. Deve-se notar, no entanto, que a coincidência não foi totalmente precisa, pois, em alguns casos, os meteoros foram vistos um pouco antes, em outros, um pouco depois, do terremoto. Pelo relato de Agüeros de que as águas do mar ficaram agitadas e pelo de Miers, sobre uma aparente explosão, parece que esses meteoros eram os mesmos que acompanham a queda de meteoritos. Isso talvez seja a prova de que eles são companheiros acidentais do terremoto; pois a origem dos meteoritos não parece ser explicada de forma razoável por qualquer hipótese diretamente ligada à Terra. No entanto, é muito

---

388. Vol. XVII. (N.A.)
389. Molina (edição espanhola) vol. I, p. 33. Às 18h do dia 26 de maio do mesmo ano, cerca de 37 horas após o terremoto de Concepción, dois meteoritos caíram perto de Agram [antigo nome de Zagreb], na Croácia. Foram vistos vindo do oeste, ou seja, em direção oposta ao percurso do meteoro do Chile. Essa quase coincidência temporal foi, naturalmente, apenas um acidente. (N.A.)
390. *Descripción Historial de Chiloé*, p. 104. "*Vieron sobre un monte o cerro alto inmediato al pueblo, un globo de fuego que parecia amenezada la ultima desgracia. Elevó se y fué luego a caer al mar, alterando inmediatamente sus aguas.*" (N.A.)

curioso que todos os seus elementos sejam da mesma natureza que os encontrados na Terra, que seus metais sejam especialmente aqueles mais sujeitos à influência magnética, e que a olivina, um mineral[391] confinado exclusivamente a uma determinada classe de produtos vulcânicos, esteja tão frequentemente presente.

Voltamos ao Vale do Copiapó. Por não ter encontrado nada muito interessante nesta parte do desfiladeiro, voltamos para a casa de dom Benito, onde fiquei por dois dias coletando conchas fósseis e madeira silicificada. A madeira estava presente em muita quantidade: foi aqui que encontrei um tronco cilíndrico de 4,6 metros de circunferência projetando-se do lado de uma colina. Tivemos conversas divertidas sobre a natureza das conchas fósseis, a saber, se haviam sido criadas pela natureza daquela forma ou não; essas discussões foram empreendidas quase nos mesmos termos usados um século antes na Europa. O levantamento geológico que fiz do país surpreendeu os chilenos, que demoraram para realmente compreender que eu não estava ali em busca de minas. Isso, às vezes, me causava problemas. A melhor maneira de explicar meu trabalho foi perguntando-lhes se nunca haviam tido curiosidade em relação aos terremotos e vulcões, ou por que algumas nascentes eram quentes, e outras, frias, ou por que havia montanhas no Chile e nem mesmo alguns montes na região do Prata. Essas questões simples eram suficientes e satisfaziam à maioria; alguns, no entanto (como na Inglaterra há um século), acreditavam que todas essas investigações eram inúteis e profanas; e que era suficiente saber que Deus tinha feito as montanhas assim.

Uma ordem havia sido emitida recentemente para que todos os cães de rua fossem mortos, e vimos muitos de seus cadáveres na estrada. Um grande número havia sido infectado pela raiva (hidrofobia) e mordido várias pessoas que, como consequência, acabaram morrendo. Em outras ocasiões, a hidrofobia também já foi comum nesse vale. É notável ver uma

---

391. A olivina costuma ser encontrada no basalto, e não em fonólitos. De acordo com Gmelin, "o natrão [em mineralogia, é o carbonato de sódio hidratado] e a potassa caracterizam o fonólito; o ferro e o magnésio, o basalto. Magnésio e ferro mostram uma grande tendência a se combinarem entre si". Enquanto estas duas últimas substâncias são os principais constituintes dos meteoritos, os álcalis estão geralmente presentes em quantidades muito pequenas. Gmelin, em Clinkstone, *The Edinburgh New Philosophical Journal*, abr. 1829. (N.A.)

doença tão rara e terrível aparecer de tempos em tempos num mesmo ponto remoto. Observou-se que certas aldeias da Inglaterra estão igualmente mais sujeitas a essa praga do que outras. No lado oriental dos Andes, a raiva deve ser muito rara. Azara acreditava que era desconhecida na América, e Ulloa disse o mesmo em relação a Quito. Não ouvi falar de nenhum caso na Tasmânia ou na Austrália, e Burchell diz que, durante os cinco anos em que esteve no Cabo da Boa Esperança, não ouviu falar de nenhum caso. Webster[392] observou que a hidrofobia nunca apareceu nos Açores, e a mesma observação foi feita em relação às Ilhas Maurício e a Santa Helena.[393] É possível obter informações sobre essa doença tão estranha observando as circunstâncias sob as quais ela se forma em climas distantes.

À noite, um estranho chegou à casa de dom Benito e pediu permissão para dormir lá. Disse que havia perdido o rumo e andado pelas montanhas durante dezessete dias. Ele havia partido de Huasco e, estando familiarizado com as montanhas, pensou que não teria dificuldade em seguir o caminho até Copiapó; mas logo se perdeu em um labirinto de montanhas do qual não conseguia encontrar a saída. Algumas de suas mulas haviam caído nas encostas, e ele havia sofrido muito. Sua principal dificuldade, no entanto, veio do fato de não conseguir encontrar água nas terras baixas, de modo que precisou se manter próximo às cordilheiras centrais.

Voltamos pelo vale; e, no dia 22, chegamos à cidade de Copiapó. A parte inferior do vale é larga e forma uma bela planície como a do Aconcágua ou do Quillota. Embora a cidade cubra uma área considerável e cada casa tenha um jardim, é, contudo, um lugar desconfortável, e as casas são mal mobiliadas. Todos parecem empenhados no único objetivo de ganhar dinheiro e depois migrar de novo o mais rápido possível. Todos os habitantes estão mais ou menos diretamente envolvidos com as minas. Minas e minérios são os únicos assuntos de suas conversas. Todos os bens de primeira necessidade são muito caros, pois a distância da cidade

---

392. John White Webster (1793-1850), professor estadunidense de química e geologia que publicou *A Description of the Island of St. Michael*. (N.T.)
393. Azara, *Travels*, vol. I, p. 381; Ulloa, *Voyage*, vol. II, p. 28; Burchell, *Travels in Southern Africa*, vol. II, p. 524; Webster, *Description of the Azores*, p. 124; *Voyage à l'Isle de France par un Officier du Roi*, tomo I, p. 248; *Description of St. Helena*, p. 123. (N.A.)

até o porto é de cerca de 87 quilômetros, e o transporte terrestre também é muito caro. Uma galinha custa 5 ou 6 xelins; a carne é quase tão cara quanto na Inglaterra; os palitos, que é no que consiste a lenha, são trazidos em burros a uma distância de dois a três dias de viagem na cordilheira; e o pasto para os animais custa 1 xelim por dia; isso tudo, na América do Sul, se traduz em valores extraordinariamente exorbitantes.

26 DE JUNHO — Contratei um guia e oito mulas para que me levassem até a cordilheira por uma estrada diferente daquela de minha última expedição. Como a terra estava devastada, levamos conosco uma carga e meia de cevada com palha cortada. Cerca de 10 mil metros acima da cidade, um vale amplo, chamado Despoblado, ou "desabitado", se ramifica do vale que tínhamos descido. Embora seja muito grande e leve a uma passagem sobre a cordilheira, é completamente seco, exceto, talvez, por alguns dias durante um inverno muito chuvoso. O leito do vale principal era quase plano, e os lados das montanhas em ruínas eram apenas ligeiramente cortados por ravinas. Nenhum rio considerável jamais poderia ter derramado suas águas sobre o leito de pedregulhos sem esculpir um canal semelhante aos canais encontrados nos vales do sul. Não tenho dúvidas de que foi deixado no estado em que agora o vemos pelo recuo gradual do mar. Os vales secos mencionados pelos viajantes no Peru devem sua origem, provavelmente, a uma causa semelhante, e não às correntes de rios de um período anterior. Notei que, em um ponto onde uma ravina (que em outras montanhas teria sido chamada de grande vale) se juntava ao Despoblado, seu leito, embora fosse apenas de areia e cascalho, era mais alto do que o vale lateral. Um mero riacho de água, no curso de uma hora, teria cortado um canal para si mesmo; mas era evidente que séculos haviam passado e nenhum riacho havia corrido por esses grandes vales. Foi estranho, por assim dizer, ver aquela máquina (caso o termo possa ser utilizado) para drenagem de água, bastante perfeita em todos os sentidos, e ainda assim sem qualquer sinal de atividade. Todos devem ter notado como bancos de lama, abandonados pela maré vazante, imitam, em miniatura, uma terra com colinas e vales; e aqui encontramos um modelo, apenas em maior escala, criado pelas ondas de um oceano em recuo. Quando chove sobre um banco de lama, ela aprofunda os barrancos rasos enquanto seca; algo

semelhante também pode ser dito a respeito das chuvas de séculos sucessivos que caem sobre os bancos de rochas e a terra firme que chamamos de continentes.

Continuamos a cavalgar após o anoitecer até chegarmos a um desfiladeiro lateral, com um pequeno poço chamado "Água Amarga". A água merecia seu nome, pois, além de ser salgada, também era suja e amarga; e, assim, não podíamos beber nem chá nem mate. Suponho que a distância do rio de Copiapó até esse ponto era de pelo menos 40 ou 50 quilômetros; não foi encontrada uma única gota de água ao longo de todo o percurso: a região, por causa disso, quase merece ser chamada de deserto no sentido mais estrito da palavra. E, ainda assim, na metade do caminho, passamos pelas velhas ruínas indígenas perto de Punta Gorda, conforme já mencionado. Notei também, em frente a alguns dos vales que se ramificam do Despoblado, duas pilhas de pedras colocadas a uma pequena distância uma da outra, ambas posicionadas de modo a apontar para a entrada do pequeno vale. Meus companheiros nada sabiam sobre as pedras, e respondiam às minhas perguntas com um imperturbável "*Quién sabe?*".

27 DE JUNHO — Partimos no início da manhã e, ao meio-dia, chegamos à ravina do Paipote, onde há um pequeno curso de água com alguma vegetação e até mesmo algumas algarrobas (um tipo de mimosa). Como havia lenha, deduzimos que um forno havia sido construído ali no passado. Encontramos um homem solitário encarregado de cuidar do forno cuja única ocupação era a caça de guanacos. À noite, fez muito frio, mas tínhamos lenha suficiente para nossa fogueira e nos mantivemos aquecidos.

28 DE JUNHO — Continuamos subindo de forma gradual, seguindo o vale, que agora havia assumido as caraterísticas de uma ravina. Durante o dia, vimos vários guanacos, bem como a trilha de uma espécie aparentada, chamada vicunha. Este último animal tem hábitos predominantemente alpinos; raramente desce muito abaixo da linha de neve eterna e, portanto, frequenta altitudes ainda mais elevadas e áridas do que às que chega o guanaco. O único outro animal que vimos em grande número foi uma raposa pequena. Esta, suponho, se alimenta de ratos e outros pequenos roedores, que sobrevivem em número considerável em lugares bastante desolados

enquanto ainda houver um mínimo de vegetação. Na Patagônia, esses pequenos animais se aglomeram mesmo nas bordas das salinas, onde não se encontra nem mesmo uma gota de água doce. Ao lado dos lagartos, os ratos parecem ser capazes de sobreviver nas menores e mais secas regiões da Terra, até mesmo em ilhotas no meio de grandes oceanos. Logo se descobrirá que várias ilhas, onde não existem outros quadrúpedes de sangue quente, abrigam pequenos roedores só encontrados nelas.

Por todos os lados, a paisagem se mostra desolada, iluminada e distinta por um céu claro e sem nuvens. Entretanto, quando estamos acostumados a esse tipo de paisagem, ela perde seu senso de grandeza, e, sem esse sentimento, tais paisagens se tornam desinteressantes. Montamos acampamento na *primera línea*, isto é, na primeira linha de separação das águas. Os córregos do lado oriental, no entanto, não correm para o Atlântico, mas para uma área elevada, no meio da qual há uma grande salina ou um lago salgado, formando, assim, um pequeno Mar Cáspio a uma altitude, talvez, de 3 mil metros. No local em que dormimos, havia alguns pontos consideráveis de neve que, entretanto, não duram o ano todo. Os ventos seguem leis muito regulares a essa altitude; durante o dia, sopram bastante fortes pelo vale, e, à noite, uma a duas horas após o pôr do sol, o ar desce das regiões frias como se através de um funil. Naquela noite, soprou um vento forte, e a temperatura deve ter ficado consideravelmente abaixo de zero, pois a água se tornou um bloco de gelo em pouco tempo. Nenhuma roupa parecia servir de barreira para o ar; sofri muito com o frio, a ponto de não conseguir dormir. Pela manhã, ao me levantar, tinha o corpo dolorido e bastante entorpecido.

Na cordilheira, mais ao sul, as pessoas perdem a vida nas tempestades de neve; aqui, isso ocorre às vezes por outro motivo. Meu guia, quando era um menino de 14 anos, passou pela cordilheira no mês de maio com algumas outras pessoas. Enquanto estava nas áreas centrais, começou um vendaval furioso, e os homens mal podiam ficar em suas mulas. Pedras voavam pelo solo. O dia estava sem nuvens, e nem um grão de neve caiu, mas a temperatura estava baixa. É provável que o termômetro não estivesse muito abaixo de zero, entretanto, o efeito sobre seus corpos, mal protegidos por roupas, foi proporcional à velocidade da corrente de ar frio. A tempestade durou mais de um dia, os homens perderam gradualmente todas as forças, e as mulas não se moveram mais. O irmão do meu guia tentou voltar para trás, mas foi morto, e, dois anos depois, seu corpo foi encontrado deitado ao lado de sua mula perto da estrada; ele ainda tinha o freio na mão. Duas outras pessoas do grupo perderam os dedos das mãos e dos pés, e de duzentas mulas e trinta vacas, apenas quatorze mulas escaparam vivas. Há muitos anos, diz-se que uma grande caravana pereceu pela mesma causa, mas os corpos de seus componentes ainda não foram encontrados. A combinação de um céu sem nuvens, uma baixa temperatura e um vendaval violento deve ser rara em qualquer outra parte do mundo.

29 DE JUNHO — Voltamos felizes do vale para nossas acomodações noturnas da noite anterior, e, de lá, para as proximidades de Água Amarga. Em 1º de julho, chegamos ao Vale de Copiapó. Foi um verdadeiro prazer sentir o cheiro do trevo fresco após o ar inodoro do árido Despoblado. Durante minha estada na cidade, ouvi vários moradores locais falarem sobre uma colina próxima que eles chamavam de El Bramador (o rugidor, roncador). Não prestei atenção suficiente à história na época, mas ouvi dizer que a colina estava coberta de areia, e que o som de rugido ou ronco só era ouvido quando as pessoas movimentavam a areia enquanto caminhavam sobre ela. Entretanto, quando li um artigo no *Edinburgh Journal*,[394] fiquei surpreso ao descobrir que circunstâncias similares haviam sido descritas em detalhes por Seetzen e Ehrenbergh como a causa dos sons ouvidos por muitos viajantes no Monte Sinai, perto do Mar Vermelho. Uma pessoa com quem conversei tinha ouvido o som; o descreveu como muito surpreendente e afirmou com segurança que, embora não soubesse como se produzia, era necessário fazer a areia rolar pela encosta abaixo para ouvi-lo. Posso confirmar que há muita areia solta nas montanhas de granito nu nesta área. Pela posição da colina e pela descrição que me foi dada, o fenômeno certamente não parece estar relacionado a causas vulcânicas. Devo observar que um cavalo caminhando sobre areia seca e grossa faz um som peculiar do atrito entre os grãos: fato que já notei várias vezes na costa do Brasil.

---

394. *The Edinburgh New Philosophical Journal*, jan. 1830, p. 74. Além disso, outro artigo na edição de abril no mesmo ano, p. 258. Veja também Daubeny, *Volcanos*, p. 438. (N.A.)

Três dias depois, ouvi falar da chegada do *Beagle* ao porto, que fica a cerca de 87 quilômetros de distância. Há pouca terra cultivada abaixo da cidade. A grande extensão do vale alimenta uma grama miserável e grosseira que até mesmo os burros têm dificuldade para comer. A pobreza da vegetação se deve à quantidade de partículas de sal com as quais o solo está impregnado. Em alguns lugares, ocorrem camadas de carbonato e sulfato de sódio, mesmo com vários centímetros de espessura. O porto consiste em algumas pequenas cabanas miseráveis ao pé de planícies e colinas áridas. No momento, tendo em vista que o rio chegou ao mar, os habitantes têm desfrutado de água doce a uma distância de 2,4 quilômetros. Na praia havia grandes pilhas de mercadorias, e o lugarejo mantinha um ar de animação. À noite, despedi-me carinhosamente de meu companheiro Mariano González, com quem cavalguei muitas léguas pelo Chile. Na manhã seguinte, o *Beagle* navegou em direção a Iquique, na costa do Peru, na latitude 20°12' sul.

12 DE JULHO — Ancoramos no porto de Iquique. A cidade tem cerca de mil habitantes e fica em uma pequena planície arenosa ao pé de um grande paredão de rocha, com 610 metros de altura, formando a costa desta região. O conjunto se mostra bastante desolador. Aqui, cai uma chuva leve apenas uma vez a cada muitos anos; e, portanto, os desfiladeiros estão cheios de detritos, e os lados da montanha, cobertos por montes de areia branca e fina até a altitude de 300 metros. Durante esta estação do ano, uma espessa camada de nuvens se estende paralelamente ao oceano e raramente se eleva acima da parede rochosa da costa. O aspecto do lugar era bastante sombrio: o pequeno porto com seus poucos navios e o pequeno grupo de casas miseráveis pareciam perdidos e fora de lugar naquele cenário.

Os habitantes vivem como marujos a bordo de um navio; todos os seus bens de primeira necessidade são trazidos de locais distantes. A água é trazida em barcos chamados *pisaguas*, cerca de 64 quilômetros ao norte, e o barril de 18 galões é vendido a 9 reais (4 xelins e 6 pence); comprei uma garrafa de vinho cheia por 3 pence. Da mesma forma, também se importam a lenha e, claro, todo tipo de alimento. Pouquíssimos animais podem ser mantidos em um lugar assim: na manhã seguinte, eu contratei, com dificuldade e ao preço de 4 libras esterlinas, duas mulas e um guia que me levariam às minas de salitre. Atualmente, essa é a fonte de sustento de Iquique. Em um ano, houve a exportação de 100 mil libras esterlinas de salitre para a França e a Inglaterra. O mineral, no entanto, não merece ser assim chamado, pois é formado por nitrato de sódio (e não de potássio), e, portanto, tem valor muito menor. É usado principalmente para a fabricação de ácido nítrico. Devido à sua fluidez, não é adequado para a manufatura de pólvora. Antes, havia duas minas de prata extremamente fartas na região, cuja produção é hoje muito pequena.

Nossa chegada fora do porto causou alguma consternação. O Peru estava em um estado de grande anarquia; e, como cada partido exigia sua própria contribuição, a pobre cidade de Iquique estava atormentada, e os habitantes imaginavam que este seria seu fim. As pessoas também tinham seus problemas domésticos; pouco antes, três carpinteiros franceses haviam invadido, na mesma noite, as duas igrejas do local e roubado toda a prataria: um dos ladrões, no entanto, confessou o crime posteriormente, e recuperou-se a prataria. Os infratores foram enviados para Arequipa, que, embora seja a capital da província, fica a cerca de 965 quilômetros de distância. O governo de lá, entretanto, achou que não valia a pena punir trabalhadores tão úteis, que eram capazes de fazer todo tipo de mobiliário; e, por isso, os libertou. Desse modo, as igrejas foram novamente invadidas, mas a prataria, dessa vez, não foi recuperada. Os habitantes se enfureceram terrivelmente e, declarando que apenas hereges poderiam pecar assim "contra Deus Todo-Poderoso", passaram a torturar alguns ingleses com a intenção de matá-los mais tarde. Por fim, as autoridades intervieram e a paz foi restaurada.

13 DE JULHO — De manhã, parti para as minas de salitre que ficavam a 14 léguas [cerca de 67 quilômetros] de nossa localização. Depois de escalar as íngremes montanhas costeiras em um caminho de areia em zigue-zague, logo vimos as minas de Guantajaya e Santa Rosa, duas pequenas aldeias localizadas perto da entrada das minas. Se a cidade de Iquique parecia desolada, aquelas, empoleiradas sobre as colinas, tinham um aspecto ainda mais estranho. Só chegamos às minas depois do pôr do sol, após cavalgar o dia todo sobre uma região ondulada que, em todos os sentidos,

era completamente deserta. A estrada estava repleta de ossos e peles secas de muitos animais de carga que pereceram por exaustão. Com exceção do *Vultur aura*,[395] que se alimenta de cadáveres, não vi nenhum pássaro, mamífero, réptil ou inseto. Nas montanhas costeiras, em uma altitude de cerca de 610 metros onde, durante esta temporada, as nuvens costumam pairar, alguns poucos cactos cresciam nas fissuras das rochas; e a areia solta cobria-se de um líquen simples, que está bastante exposto na superfície. Essa planta pertence ao gênero *Cladonia* e se assemelha ligeiramente à espécie *Cladonia rangiferina*. Em alguns lugares, apresentava-se em quantidade suficiente para colorir a areia, de modo que ela parecia, de longe, amarelo-pálida. Mais para o interior, durante toda a viagem de 67 quilômetros, vi apenas um outro produto vegetal, a saber, um líquen amarelo muito pequeno que crescia sobre os ossos das mulas mortas. Este foi o primeiro deserto real que vi; no entanto, não me causou nenhuma grande impressão, o que ocorreu, provavelmente, porque, durante minha viagem de Valparaíso ao norte, passando por Coquimbo até Copiapó, eu tive de ir me acostumando gradualmente a tais paisagens. A aparência da região era notável, pois estava coberta por uma espessa crosta de sal comum e de um arenito salífero que realmente merece o nome de aluvião. O sal é branco, muito duro e compacto. Ocorre em nódulos desgastados pela água que se projetam a partir da areia aglutinada ou do arenito macio. A aparência dessa massa superficial era muito semelhante à de um terreno após uma tempestade de neve, antes de as últimas áreas sujas terem descongelado. As rochas que compõem as montanhas são salíferas; e imagino que a quantidade muito pequena de chuva que cai seja suficiente apenas para retirar o sal dos estratos mais altos, e esse sal, posteriormente, é depositado em nódulos e áreas do solo arenoso dos vales. Seja qual for sua origem, a existência de uma crosta de substância solúvel sobre toda a superfície do terreno mostra o quão extraordinariamente seco o clima deve ter sido por um longo período.

À noite, dormi na casa do dono de uma das minas de salitre. A terra aqui é tão improdutiva quanto aquela próxima à costa; a água, ainda que amarga e salobra, pode ser escavada. O poço da casa tinha 36 metros de

---

395. *Vultur aura* é o urubu-de-cabeça-vermelha. (N.T.)

profundidade. Como quase não há chuva, é evidente que a água não é derivada dessa fonte. De fato, se fosse, não deixaria de ser extremamente salobra, pois toda a região vizinha está permeada por várias substâncias salinas. Devemos, portanto, concluir que a água se infiltra de uma região mais distante e úmida, provavelmente das montanhas da cordilheira mais alta. Nessa direção, há algumas pequenas aldeias, como Tarapacá, onde os habitantes, tendo mais água, podem irrigar algumas terras e produzir feno para alimentar as mulas e os burros que são utilizados para o transporte de salitre.

O custo do nitrato de sódio é de 14 xelins por 100 libras quando vendido ao lado do navio. O principal custo envolvido é o transporte até a costa. A mina em si consiste em uma camada de 60 a 90 centímetros de espessura de sal duro e quase puro que se encontra logo abaixo da superfície. O estrato segue a borda de uma grande bacia ou planície que provavelmente já foi um lago ou mar interior. A elevação atual da mina é de cerca de 1.000 metros acima do nível do Pacífico. Em nosso retorno, fizemos um desvio pelas minas de Guantajaya. A vila é formada apenas pelas casas dos mineiros, e o local carece de todos os bens de primeira necessidade; até mesmo a água é trazida no lombo de animais de carga que viajam por 48 quilômetros. Hoje, as minas rendem pouco, embora já tenham sido muito produtivas no passado. Uma delas tem profundidade de 400 metros, e dela foi extraída uma prata tão pura que só precisava ser derretida para ser transformada em barras. Chegamos em Iquique depois do pôr do sol. Embarquei no *Beagle*, que levantou âncora e seguiu para Lima. Fiquei muito satisfeito por ter visitado o local, pois ouvi dizer que ele oferece uma boa imagem da maior parte da costa do Peru.

19 DE JULHO — Ancoramos na Baía de Callao, o porto de Lima, capital do Peru. Ficamos aqui por seis semanas, mas, por causa da situação política instável, pouco vi da região. Durante nossa estadia, o clima não era de forma alguma tão agradável como geralmente se supõe. Uma camada pesada e escura de nuvens pairava constantemente sobre o país, de modo que, durante os primeiros dezesseis dias, só vi uma vez as cordilheiras atrás de Lima. Essas montanhas, vistas aos poucos, uma acima da outra, através de aberturas nas nuvens, proporcionavam uma vista magnífica.

"A chuva nunca cai na parte inferior do Peru" é quase um ditado regional. No entanto, isso dificilmente pode ser considerado correto; pois, durante quase todos os dias de nossa visita, havia uma espessa névoa chuvosa, que era suficiente para deixar as ruas enlameadas, e as roupas, úmidas: isso é o que o povo chama orgulhosamente de orvalho do Peru. É certo, aliás, que não chove muito, pois as casas têm apenas telhados planos feitos de terra batida, e, no porto, carregamentos inteiros de trigo são empilhados, que muitas vezes ficam semanas sem abrigo.

Não posso dizer que gostei do pouco que vi do Peru: no verão, no entanto, dizem que o clima é muito mais agradável. Em todas as estações do ano, tanto os habitantes quanto os estrangeiros sofrem muito com febres intermitentes. A doença é comum em toda a costa do Peru, porém, não é conhecida no interior do país. As doenças causadas por miasmas[396] parecem sempre muito misteriosas. É tão difícil julgar se um país é ou não saudável apenas por seu aspecto que, se alguém precisasse escolher um local entre os trópicos que fosse mais propício à saúde, a pessoa teria provavelmente escolhido esta costa. A planície em torno de Callao está coberta de forma esparsa por uma grama grossa, e, em alguns lugares, há alguns reservatórios de água parada, mas são muito pequenos. O miasma é provavelmente causado pela água, pois a cidade de Arica estava na mesma situação e sua saúde melhorou muito com a drenagem. O miasma nem sempre é produzido por uma vegetação exuberante em clima quente, pois muitas partes do Brasil, mesmo onde há pântanos e vegetação exuberante, são muito mais saudáveis que a costa árida do Peru. As florestas mais densas em clima temperado, como em Chiloé, não parecem alterar minimamente a natureza saudável da atmosfera.

A Ilha de Santiago, em Cabo Verde, oferece outro exemplo fortemente marcado de um país que todos teriam pensado ser muito saudável; mas é exatamente o oposto. Já mencionei anteriormente como as planícies vazias e expostas têm apenas uma cobertura leve de vegetação que murcha

---

396. Miasma: este termo antigo era utilizado para descrever vapores ou gases prejudiciais que se acreditava serem responsáveis por doenças como malária, cólera e febre amarela. O conceito por trás dessa ideia era a crença de que as doenças eram causadas por um "ar poluído" que se originava de matéria orgânica em decomposição, pântanos ou outras fontes de odores desagradáveis. (N.T.)

e seca rapidamente após algumas semanas da estação chuvosa. Durante esse período, o ar pode se tornar prejudicial, e tanto os habitantes locais quanto os visitantes ficam suscetíveis a febres severas. Por outro lado, o Arquipélago de Galápagos, no Pacífico, que tem um solo comparável e passa por um ciclo de vegetação semelhante, permanece inteiramente saudável. Humboldt observou que, "na zona tórrida, os menores pântanos são os mais perigosos, porque, como em Vera Cruz e Cartagena, estão rodeados por um solo seco e arenoso que eleva a temperatura do ar ao redor".[397] Vale notar que a temperatura na costa do Peru não é excessivamente alta, e, assim, as febres intermitentes que ocorrem ali não são tão severas como em outros lugares.

Em todos os países insalubres corre-se o maior perigo quando se dorme na costa. Isso depende do estado do corpo durante o sono ou da maior quantidade de poluentes naquele momento. Certamente parece que aqueles que permanecem a bordo de um navio, mesmo que este esteja ancorado a uma distância muito curta da costa, geralmente sofrem menos do que aqueles que estão, de fato, em terra. Por outro lado, ouvi falar de um caso curioso em que uma febre eclodiu entre a tripulação de um navio de guerra a algumas centenas de quilômetros da costa da África, ao mesmo tempo que um dos períodos mais mortíferos teve início em Serra Leoa. Pode-se mencionar aqui que quase todas as doenças mais mortais, que estão evidentemente relacionadas ao clima e, por assim dizer, a um verdadeiro envenenamento, e que afetam tanto estrangeiros quanto nativos, têm origem nas regiões mais quentes da Terra. As evidências geológicas sugerem que o clima em períodos anteriores tinha um caráter extratropical, o que provavelmente aumentou a prevalência de doenças. Diante disso, é razoável supor que a recente chegada dos seres humanos é uma adaptação às condições atuais do mundo.

Nenhum país da América do Sul sofreu mais com a anarquia desde a declaração de independência do que o Peru. No momento de nossa visita, havia quatro senhores da guerra lutando pela supremacia no governo: quando um conseguia se tornar, por um tempo, muito poderoso, os outros se uniam contra ele; mas, assim que saíam vitoriosos, eles novamente se

---

397. *Political Essay on the Kingdom of New Spain*, vol. IV, p. 199. (N.A.)

separavam e passavam a hostilizar uns aos outros. Há algum tempo, no aniversário da independência, foi realizada uma missa solene, e o presidente participou do sacramento. Entretanto, em vez de cada regimento exibir a bandeira peruana durante o *Te Deum laudamus*, foi desfraldada uma bandeira negra com um crânio e ossos cruzados. Imagine um governo capaz de ordenar uma cena desse tipo em tal ocasião, como um sinal de que pretende lutar até a morte! A situação ocorreu em um momento muito inconveniente para mim, pois tive de limitar minhas excursões às proximidades das cidades. A árida Ilha de San Lorenzo, que forma o porto, era quase o único lugar onde se podia caminhar com segurança. Sua parte superior, que chega a 360 metros de altura, fica, durante esta estação do ano (inverno), no limite inferior das nuvens; e, como consequência, o cume cobre-se com uma abundante vegetação criptogâmica e algumas flores. Nas colinas perto de Lima, o terreno a uma altitude ligeiramente maior estava coberto com um tapete de musgo e belos lírios amarelos chamados *amancaes*. Isso indica um grau de umidade muito maior do que a uma altitude correspondente em Iquique. Mais ao norte, o clima se torna mais úmido até encontrarmos as florestas mais exuberantes às margens de Guayaquil, quase abaixo da linha do equador. A transição da costa árida do Peru para aquela terra fértil, no entanto, é descrita como bastante repentina na latitude de Cabo Blanco, dois graus ao sul de Guayaquil.

Callao é um porto marítimo sujo, mal construído e pequeno. Os habitantes, tanto lá quanto em Lima, apresentam todos os tons imagináveis de mistura entre europeus, negros e indígenas. Parecem ser um grupo de pessoas depravadas e bêbadas. A atmosfera estava sobrecarregada de um odor fétido, e o cheiro peculiar que se percebe em quase todas as cidades entre os trópicos era muito forte aqui. A fortaleza, que resistiu ao longo cerco do lorde Cochrane, tem uma aparência imponente. O próprio presidente, porém, começou a desmontar partes dela durante nossa estadia e também vendeu o armamento de bronze. A razão atribuída foi a falta de um funcionário a quem pudesse confiar essa tão importante atribuição. Ele próprio tinha boas razões para saber disso, pois ganhou a presidência ao se rebelar enquanto comandava a mesma fortaleza. Depois que saímos da América do Sul, ele pagou o que devia da maneira usual: foi vencido, feito prisioneiro e assassinado.

Lima fica na planície de um vale formado pela recessão gradual do mar. Está a 11 quilômetros de Callao e cerca de 150 metros acima; a inclinação, contudo, é muito gradual, e, por isso, a estrada parece absolutamente plana; de modo que, em Lima, é difícil acreditar que se subiu 150 metros. Humboldt comentou sobre essa estranha ilusão. Colinas íngremes e estéreis se elevam como ilhas na planície, que é dividida em grandes campos verdes por muros retos de barro. Nelas quase não cresce uma árvore, com exceção de alguns salgueiros; e somente a presença de alguns grupos de bananeiras e laranjeiras me fez lembrar que uma paisagem abaixo do paralelo 12° deveria ter uma vegetação muito mais bonita. A cidade de Lima está agora em um estado miserável de decadência: as ruas estão quase sem pavimentação e há pilhas de sujeira em todas as partes, onde os *gallinazos* pretos, domesticados como galinhas, escolhem pedaços de carniça. As casas costumam ter um pavimento superior e são construídas de madeira coberta com reboco por causa dos terremotos; no entanto, algumas das mais antigas, usadas por várias famílias, são imensas e poderiam competir em número de cômodos com as mais belas de quaisquer lugares do mundo. Lima, a Cidade dos Reis, deve ter sido magnífica no passado. O número extraordinário de igrejas, mesmo atualmente, lhe dá um caráter peculiar e imponente, sobretudo quando estas são vistas de uma curta distância.

Certo dia, saí com alguns comerciantes para caçar nas imediações da cidade. Embora não houvesse muita caça, tive a oportunidade de ver as ruínas de uma das antigas aldeias indígenas, com seu monte, semelhante a uma colina natural, no centro. Os restos de casas, campos cercados, obras de irrigação e montes funerários espalhados pela planície nos fazem imaginar as boas condições e a grande quantidade da população antiga. Quando levamos em conta sua cerâmica, suas roupas de lã, seus utensílios de formatos elegantes, feitos com as rochas mais duras, suas ferramentas de cobre, seus ornamentos de pedras preciosas, seus palácios e suas obras hidráulicas, é impossível não respeitar o considerável avanço feito por esse povo nas artes da civilização. Os montes funerários, chamados *Huacas*, são realmente estupendos; em alguns lugares, entretanto, são apenas montes naturais que foram usados e remodelados.

Há também uma outra (e muito diferente) classe de ruínas que desperta algum interesse, a saber, as da velha Callao, que foi destruída pelo grande terremoto de 1746 e pela grande onda que se seguiu. A destruição deve ter sido pior até mesmo que a de Concepción. Grandes quantidades de resíduos quase escondem as fundações das paredes, e enormes massas de alvenaria parecem ter sido arremessadas como se fossem pedregulhos pelas ondas que recuavam. Foi declarado que o terreno afundou durante esse impacto memorável: não encontrei nenhuma prova disso, porém, não me parece algo completamente improvável, pois a forma da costa certamente deve ter sofrido alguma alteração desde a fundação da cidade antiga, pois ninguém em seu perfeito juízo teria voluntariamente escolhido o estreito banco de cascalho, sobre o qual as ruínas agora se encontram, como um canteiro de obras. Na Ilha de San Lorenzo, há provas muito satisfatórias de uma elevação no período mais recente; isso, claro, não nos impede de acreditar que um leve afundamento do solo tenha ocorrido mais tarde. O lado da montanha que, naquela ilha, fica de frente para a baía, está erodido em três terraços indistintos, cobertos por toneladas de conchas de espécies que existem atualmente no litoral. Vários univalves tinham espécies do gênero *Serpula* e pequenos balanis presos em suas entranhas; provando que, após terem perecido, os animais devem ter ficado por um tempo no fundo do mar. Nesses casos, é certo que não foram carregados como alimento, conforme acreditam alguns, até as partes mais altas, seja por pássaros, seja por seres humanos.

Ao examinar os leitos de conchas, que foram elevados acima do nível do mar em outras partes da costa, muitas vezes fiquei curioso e quis traçar seu desaparecimento final por deterioração. Na Ilha de San Lorenzo, isso podia ser feito de maneira bastante satisfatória: a uma baixa altitude, as conchas eram perfeitas; em um terraço, 26 metros acima do nível do mar, elas estavam parcialmente decompostas e cobertas por uma substância macia e escamosa; no dobro dessa altitude, havia apenas uma fina camada de pó calcário sob o solo e sem qualquer vestígio de estruturas orgânicas. Essa gradação altamente curiosa e satisfatória das etapas de mudança só pode, naturalmente, ser traçada sob as condições peculiares deste clima, em que nunca há tanta chuva a ponto de levar embora as partículas das conchas em seu estágio final de decomposição. Achei muito interessante encontrar um pedaço de fio de algodão, juncos trançados, uma espiga de milho *flint* e algas incrustados na massa de conchas do leito situado a 26 metros. Acredito que esse fato, somado a outro que ainda será mencionado, prova que houve uma elevação de 26 metros desde a chegada do homem a esta parte do Peru. Na costa da Patagônia e das províncias do Prata, onde talvez os movimentos tenham sido mais lentos, há evidências, como vimos, de que vários mamíferos foram extintos durante uma menor mudança do nível da terra. Em Valparaíso, onde existem provas abundantes de elevação recente a uma altitude maior do que nesta parte do Peru, posso atestar que a maior mudança possível nos últimos 220 anos não excedeu a pequena medida de 30 centímetros.

No continente em frente a San Lorenzo, perto de Bellavista, há uma planície extensa e plana a uma altura de cerca de 30 metros. A seção da costa mostra que a parte inferior é formada por camadas alternadas de areia e argila impura, junto a algum cascalho; e a superfície, à profundidade de 1 a 2 metros, de uma greda avermelhada, contendo algumas poucas conchas e numerosos pequenos fragmentos vermelhos de cerâmica. A princípio, pensei na possibilidade de esse leito superficial ter sido depositado sob o mar, mas, depois, encontrei, em um lugar que ele cobria, um piso artificial de pedras arredondadas. A conclusão que parecia mais provável à época era que, em um período em que o terreno estava a uma altura menor, havia uma planície muito semelhante à que agora circunda Callao, e que, protegida por uma praia de cascalho, foi elevada, mas muito pouco, acima do nível do mar. Nessa planície, com seus leitos de argila, imagino que os indígenas tenham fabricado sua cerâmica; e que, durante algum terremoto violento, o mar invadiu a praia e transformou a planície em um lago temporário, assim como aconteceu em 1713[398] em torno de Callao. A água, então, depositou lama contendo os fragmentos de cerâmica feita em fornos ao lado das conchas do mar. Como essa camada de cerâmica fóssil ocorre aproximadamente no mesmo nível do terraço de San Lorenzo, isso confirma a quantidade de elevação que se acredita ter ocorrido durante o período humano.

---

398. Frezier, *Voyage*. (N.A.)

CAPÍTULO XIX

Ilhas vulcânicas — Muitas crateras — Arbustos sem folhas — Colônia na Ilha Charles [Floreana] — Ilha James [Santiago] — Lago salgado em uma cratera — Caráter da vegetação — Ornitologia, tentilhões curiosos — Grandes tartarugas, hábitos, caminhos até as nascentes — Lagarto marinho se alimenta de algas — Espécies terrestres, hábitos de escavação de tocas, herbívoros — Importância dos répteis no arquipélago — Poucos e pequenos insetos — Tipo americano de organização — Espécies confinadas a certas ilhas — Mansidão das aves — Ilhas Falkland — Medo de pessoas, um instinto adquirido

ARQUIPÉLAGO DE GALÁPAGOS

15 DE SETEMBRO — O *Beagle* chegou à ilha mais ao sul do conjunto. Este arquipélago é composto por dez ilhas, cinco das quais são muito maiores do que as outras. Situam-se ao sul da linha do equador e entre 800 e 960 quilômetros a oeste da costa da América. São todas de origem vulcânica. Com exceção de algumas poucas áreas de granito, estranhamente vitrificado e alterado pelo calor, tudo é feito de lava ou de um arenito produzido pela erosão desse material. As ilhas mais altas, que atingem alturas de 900 a 1.200 metros, geralmente têm uma ou mais crateras primárias em seus centros e aberturas menores em seus lados. Não tenho dados exatos para calcular, mas não hesito em afirmar que deve haver, em todas as ilhas do arquipélago, pelo menos duas mil crateras. Estas são de dois tipos, uma composta de cinzas e lava, como de costume, e a outra de arenito

vulcânico finamente estratificado. Na maioria dos casos, o arenito tem uma forma lindamente simétrica: sua origem se deve à ejeção de lama — ou seja, cinzas vulcânicas finas e água, sem a presença de lava.

Considerando que estas ilhas estão localizadas diretamente sob o equador, o clima não é particularmente quente, um fato que talvez decorra da temperatura muito baixa do mar circundante. Com exceção de um curto período de chuva, ela é pouca e, mesmo assim, não é regular: porém, comumente há incidência de nuvens baixas, e, por essa razão, as partes inferiores das ilhas são muito secas, enquanto os picos, a uma altitude de 300 metros, têm uma vegetação razoavelmente exuberante. Este é especialmente o caso do lado exposto ao vento, que primeiro recebe e condensa a umidade da atmosfera.

Na manhã de 17 de setembro, desembarcamos na Ilha Chatham [San Cristóbal], que, como as outras, se eleva em contornos pouco marcantes e arredondados, interrompidos apenas em alguns pontos por colinas dispersas (restos de antigas crateras). Nada poderia ser menos convidativo do que essa primeira visão. Um campo irregular de lava preta e basáltica está, em todas as partes, coberto por um arbusto anão, mostrando poucos sinais de vida. A superfície seca e esturricada aquecida pelo sol do meio-dia tornava o ar abafado, semelhante ao que existe no ambiente de um forno; até mesmo os arbustos davam a impressão de serem malcheirosos. Embora eu tentasse coletar o maior número possível de plantas, encontrei apenas dez espécies, e estas tinham uma aparência tão ruim que pareciam mais adequadas à flora dos círculos polares do que à do equador.

As florestas esparsas que, exceto onde a lava correu recentemente, cobrem as partes baixas de todas estas ilhas parecem, a uma curta distância, ter poucas folhas, como as árvores decíduas do Hemisfério Norte no inverno. Demorei algum tempo para perceber que não só todas as plantas apresentavam folhagem plena, mas também que a maioria delas estava em floração. Após o período de chuvas fortes, dizem que as ilhas devem ficar parcialmente verdes por um curto período. A única outra região onde vi uma vegetação com características similares está na vulcânica Ilha de Fernando de Noronha, cujas condições são, em alguns aspectos, as mesmas.

A história natural do arquipélago é muito notável: parece ser um pequeno mundo dentro de si; a maioria de seus habitantes, vegetais e animais, não é encontrada em nenhum outro lugar. Já que vou voltar a isso, quero apenas comentar uma característica interessante que notei ao desembarcar. Aqui, o homem ainda é um estranho para os pássaros. Eram tão mansos e confiantes que nem mesmo entendiam o significado das pedras atiradas neles. E, como não nos levam em consideração, chegavam tão perto que teria sido possível matar um grande número deles com um bastão.

O *Beagle* navegou ao redor da Ilha Chatham e ancorou em várias baías. Uma noite, dormi em terra, em uma parte da ilha onde alguns cones negros — as antigas chaminés dos líquidos aquecidos subterrâneos — eram extraordinariamente numerosos. De uma pequena colina, contei sessenta desses morretes truncados, todos eles com uma cratera mais ou menos perfeita no topo. O maior número consistia apenas em um anel de cinzas vermelhas ou escórias unidas: e sua altura acima da planície de lava não ultrapassava 15 a 30 metros. Devido à sua forma regular, davam à região a aparência de uma área cheia de *fábricas*, o que fez com que eu me lembrasse com muita intensidade daquela parte de Staffordshire onde estão concentradas as grandes fundições de ferro.

Marcava-se claramente a idade dos diversos leitos de lava pelo crescimento comparativo, ou pela ausência total, da vegetação. Nada pode ser imaginado mais irregular e horrível do que a superfície dos córregos mais modernos. Foram adequadamente comparados a um mar petrificado em seus momentos mais turbulentos; nenhum mar, no entanto, apresentaria ondulações tão irregulares ou seria atravessado por abismos tão profundos. Todas as crateras estão extintas, e, embora a idade dos vários fluxos de lava possa ser claramente distinguida, é provável que eles estejam nesse estado atual há muitos séculos. Nenhum dos antigos navegadores menciona um vulcão ativo nesta ilha, mas a vegetação deve ter aumentado um pouco desde os tempos de Dampier (1684), caso contrário, um observador tão próximo não teria dito que "quatro ou cinco das ilhas mais a leste são rochosas, áridas e montanhosas, e não produzem árvores, arbustos ou gramíneas, com exceção de alguns cactos na orla marítima".[399] Essa descrição é atualmente aplicável apenas às ilhas ocidentais, onde as forças vulcânicas permanecem ativas.

---

399. Dampier, *Voyage*, vol. I, p. 101. (N.A.)

Quando visitei as pequenas crateras, o tempo estava quente, e a escalada sobre a superfície áspera e através dos arbustos grossos foi muito cansativa, porém, fui amplamente recompensado por uma cena ciclópica. Durante minha caminhada, encontrei duas tartarugas grandes, cada uma devia pesar pelo menos 90 quilos. Uma comia um pedaço de cacto; quando me aproximei, ela olhou para mim e depois se afastou calmamente. A outra produziu um assobio profundo e retraiu a cabeça. Esses enormes répteis, cercados pela lava negra, pelos arbustos sem folhas e pelos grandes cactos, pareciam animais antediluvianos em minha imaginação.

23 DE SETEMBRO — O *Beagle* seguiu para a Ilha Charles [Floreana]. Este arquipélago tem sido visitado há muito tempo, primeiro por piratas e, ultimamente, por baleeiros, mas foi, contudo, apenas nos últimos seis anos que se estabeleceu uma pequena colônia aqui. A população está entre duzentas e trezentas pessoas, quase todas de cor, que foram banidas por crimes políticos da República do Equador (cuja capital é Quito), à qual pertencem as ilhas. O assentamento fica a cerca de 7 quilômetros no interior e a uma altitude provável de 300 metros. No início, passamos por matas sem folhas, como na Ilha Chatham. Mais acima, a madeira tornou-se gradualmente mais verde; e, logo após cruzarmos o cume da ilha, sentimos nossos corpos resfriados pelos ventos alíseos do sul, e nossos sentidos, refrescados pela visão de uma vegetação verde e exuberante. As casas estão espalhadas irregularmente por uma pequena planície onde se plantam batata-doce e banana. É difícil imaginar como a visão da lama preta nos foi agradável depois de estarmos, por tanto tempo, acostumados com o solo queimado do Peru e do Chile.

Embora os habitantes reclamem da pobreza, eles ganham a vida do solo fértil, sem muito trabalho. Nas florestas, há muitos porcos e cabras selvagens, mas o alimento principal é a tartaruga. Naturalmente, o número de tartarugas na ilha ficou muito reduzido como consequência dessa prática; o povo, no entanto, conta que uma caçada de dois dias lhes garante alimento para toda a semana. Diz-se que, no passado, uma única embarcação era capaz de carregar setecentos desses animais e que, certa vez, os marinheiros de uma fragata conseguiram, em apenas um dia, reunir duzentos deles na praia.

Ficamos quatro dias na ilha e, durante esse tempo, coletei muitas plantas e pássaros. Uma manhã, subi a colina mais alta, que tem quase 550 metros. O cume consiste em uma cratera desmoronada, densamente revestida com um grama grossa e um matagal. Ainda nesta ilha, contei 39 colinas; cada uma delas acabava em uma depressão circular mais ou menos perfeita.

29 DE SETEMBRO — Dobramos a extremidade sudoeste da Ilha Albemarle [Isabela] e, no dia seguinte, quase fomos atingidos por uma calmaria entre esta e a Ilha Narborough [Fernandina]. Ambas estão cobertas por imensos fluxos de lava nua e negra; que, após terem escorrido pelas bordas das grandes crateras ou irrompido das pequenas aberturas existentes nas laterais, se espalharam por quilômetros da costa marítima em sua descida. Nestas duas ilhas ainda ocorrem erupções de tempos em tempos, e, na Ilha Albemarle, vimos uma coluna de fumaça subindo do cume de uma das crateras mais altas. À noite, ancoramos na Baía Banks, na Ilha Albemarle.

Quando a manhã chegou, descobrimos que o porto em que estávamos ancorados era formado por uma cratera desmoronada, composta de arenito vulcânico. Depois do café da manhã, saí para caminhar. Ao sul desta primeira cratera, havia outra semelhante e lindamente simétrica. Tinha forma elíptica; o eixo mais longo media um pouco menos de 1,6 quilômetro de comprimento, e sua profundidade era de cerca de 150 metros. O leito era ocupado por um pequeno lago, e formava-se em seu centro uma pequena cratera. O dia estava muito quente, e o lago parecia limpo e azul. Eu corri pela encosta de cinzas e, sufocado pela poeira, tomei a água com muita ansiedade — para minha infelicidade, ela era extremamente salgada.

Nas rochas da costa, foram encontrados, em quantidade, grandes lagartos negros entre 90 e 120 centímetros de comprimento; e, nas colinas, havia outra espécie que era igualmente comum. Vimos vários desta última, alguns fugindo de maneira desajeitada, e outros se enterrando em suas tocas. Descreverei com mais detalhes os hábitos desses dois répteis.

3 DE OUTUBRO — Navegamos em torno do extremo norte da Ilha Albemarle. Quase todo este lado é coberto por fluxos recentes de lava escura. Acredito que seja muito difícil encontrar uma ilha na região intertropical

de qualquer lugar do mundo tão grande quanto esta (120 quilômetros de comprimento) e, ainda assim, tão árida e incapaz de sustentar seres vivos.

No dia 8, chegamos à Ilha James.[400] O capitão FitzRoy levou o senhor Bynoe, eu e outros três a terra, deixando conosco uma tenda e provisões; ali, deveríamos esperar até que o navio retornasse de sua busca por água. Esse plano foi excelente para a coleta de espécimes, pois tivemos uma semana inteira para trabalhar. Encontramos aqui um grupo de espanhóis, que tinham sido enviados da Ilha Charles para buscar peixes secos e carne de tartaruga salgada.

A uma distância de cerca de 10 quilômetros e à altura de quase 600 metros, os espanhóis haviam construído uma choupana na qual viviam dois homens que apanhavam tartarugas enquanto os outros pescavam na costa. Visitei esse grupo duas vezes e dormi lá em uma noite. Da mesma forma que nas outras ilhas, a região inferior está coberta por arbustos quase sem folhas, mas, aqui, muitos deles chegam ao tamanho de árvores. Medi alguns com 60 centímetros de diâmetro, e outros chegavam a 83 centímetros. A região superior, que está sempre úmida por causa das nuvens condensadas, suporta uma vegetação verde e exuberante. O solo era tão úmido que havia grandes trechos cobertos por um carex grosso, no qual vivia e crescia um grande número de pequenos frangos-d'água [*Rallus aquaticus*, Lineu, 1758]. Enquanto estávamos na região mais alta, vivíamos inteiramente de carne de tartaruga. Descobrimos que assar a couraça com a carne anexa, semelhante à maneira como os gaúchos preparam a *carne con cuero*, resulta em uma refeição saborosa. E as tartarugas jovens dão uma sopa excelente. O sabor da carne em si, contudo, é indiferente para o meu paladar.

Um dia, acompanhamos um grupo de espanhóis em seu baleeiro até uma *salina*, um lago de onde se retira o sal. Após o desembarque, fizemos uma caminhada muito ruim sobre um campo acidentado de lava recente, que quase circundava uma cratera de arenito, no fundo da qual ficava o lago de sal. A água tinha apenas 7 ou 10 centímetros de profundidade e repousava sobre uma camada de sal branco lindamente cristalizado. O lago

---

400. Os nomes das ilhas Charles e James homenageiam os Stuarts. Veja Cowley, *Voyage*, 1684. (N.A.)

era bastante circular e margeado por uma borda de suculentas muito verdes: as paredes precipitadas da cratera também estavam revestidas de árvores, de modo que a cena era, ao mesmo tempo, pitoresca e curiosa. Há alguns anos, os marinheiros de um navio de caça de focas assassinaram seu capitão neste local tranquilo; e vimos seu crânio entre os arbustos.

Durante a maior parte da nossa semana em terra, o céu estava limpo, e, sempre que os ventos alíseos deixavam de soprar por uma hora, o calor se tornava insuportável. Em dois dias específicos, o termômetro dentro de nossa tenda marcou 34 °C durante várias horas, mas, ao ar livre, ao vento e ao sol, ficava apenas em 29 °C. A areia estava extraordinariamente quente e, quando o termômetro foi colocado em uma areia de cor marrom, subiu imediatamente para 40,5 °C. O termômetro não foi calibrado para medir temperaturas acima desse número, por isso, não sabemos quanto mais alto teria ido. A areia *negra* parecia muito mais quente, de modo que, mesmo usando botas grossas, era desagradável caminhar sobre ela.

Farei algumas observações gerais sobre a história natural destas ilhas. Tentei coletar todos os exemplares possíveis com o tempo exíguo que tínhamos. As plantas ainda não foram examinadas, mas o professor Henslow, que gentilmente as descreveu, informou-me que há, provavelmente, muitas espécies novas e, talvez, até mesmo alguns novos gêneros. Todas elas apresentam características bastante daninhas e dificilmente se deve pensar que tenham crescido a uma altura irrelevante logo abaixo da linha do equador. Nas partes inferiores e áridas, o arbusto, cujas pequenas folhas marrons lhe dão uma aparência de não ter folhas, pertence às *Euphorbiaceae*. Na mesma região, uma acácia e um cacto (*Opuntia galapageia*),[401] com membros grandes, ovais e comprimidos, provenientes de um caule cilíndrico, são comuns em alguns lugares. Estas são as únicas árvores que oferecem alguma sombra nesta parte. Perto dos picos das várias ilhas, a vegetação tem características muito diferentes; samambaias e gramíneas grosseiras são abundantes; a árvore mais comum é a da família das *Compositae*. Não há samambaias arborescentes. Uma das características mais peculiares da flora, considerando a posição deste arquipélago, é a ausência de quaisquer tipos de palmeiras. Em contraste,

---

401. *Magazine of Zoology and Botany*, vol. I, p. 466. (N.A.)

a Ilha dos Cocos, que é a massa terrestre mais próxima, recebe seu nome por causa da abundância de coqueiros encontrada nela. A vegetação da ilha é mais similar à das Américas do que à de qualquer outra região, como evidenciado pela presença de *Opuntia* e outras espécies vegetais.

Entre os mamíferos, há um tipo grande de rato que forma uma espécie bem-definida. Por causa de suas orelhas grandes e finas e outras características, assemelha-se ao gênero restrito às áreas áridas da América do Sul. Há também um rato que o senhor Waterhouse considera como provavelmente diferente da espécie inglesa; acredito, entretanto, que seja a mesma, modificada apenas pela natureza específica de seu novo hábitat.

O senhor Gould acredita que a coleta que fiz nas ilhas resultou em 26 espécies diferentes de aves terrestres. Todas, exceto uma, são provavelmente espécies ainda não descritas, que existem somente nestas ilhas e em nenhuma outra parte do mundo. Entre as aves limícolas e as aves aquáticas, é mais difícil dizer quais espécies são novas sem uma comparação detalhada. O único tipo de gaivota encontrado entre estas ilhas também é uma espécie nova; uma circunstância muito estranha, considerando o comportamento migratório da espécie. A espécie mais próxima dela é originária do Estreito de Magalhães. Entre as outras aves aquáticas, as espécies parecem ser as mesmas que as conhecidas aves americanas.

A aparência geral da plumagem dessas aves é extremamente simples e, semelhante à flora, de não muita beleza. Embora as espécies sejam exclusivas ao arquipélago, quase toda a sua estrutura, hábitos, coloração das penas e até mesmo tom de voz são estritamente americanos. A pequena lista a seguir dará uma ideia de suas espécies. 1) Um abutre que tem algumas das características do *Polyborus* ou carcará, e, em seu modo de vida, não difere daquele gênero tipicamente americano; 2) duas corujas; 3) três espécies de tiranídeos papa-moscas — uma forma totalmente americana. Um deles parece idêntico a um tipo comum (*Muscicapa coronata* Lath.), cujo hábitat é muito extenso, desde a Argentina, passando por todo o Brasil e chegando ao México; 4) uma *Sylvicola*, uma forma americana e especialmente comum na parte norte do continente; 5) três espécies de mimídeos, um gênero comum a ambas as Américas; 6) um tentilhão, com uma cauda dura e uma longa garra em seu dedo do pé, parente próximo a um gênero norte-americano; 7) uma andorinha, pertencente à divisão americana desse gênero; 8) uma pomba, semelhante, porém distinta, da espécie chilena; 9) um grupo de tentilhões, os quais o senhor Gould considera serem de 13 espécies; que, por ele, foram distribuídas em quatro novos subgêneros. Estas aves são as mais singulares entre todas que existem no arquipélago. Todas elas compartilham muitas características, a saber, a estrutura única de seus bicos, as caudas curtas, a forma geral e a plumagem. As fêmeas são cinza ou marrons, mas os velhos machos são negros como os corvos. Todas as espécies, com exceção de duas, se alimentam em bandos no chão e têm hábitos muito semelhantes. É bastante notável que, dentro deste grupo particular de aves, há uma transição quase perfeita na estrutura do bico, variando de um tamanho maior que a dos *grosbeaks*[402] até uma que difere, mas pouco, da estrutura de um papa-moscas. Quanto às aves aquáticas, já mencionei anteriormente que algumas espécies são exclusivas deste grupo de ilhas, enquanto outras são encontradas tanto na América do Norte quanto na América do Sul.

A seguir, discutiremos o grupo de répteis, que é talvez o aspecto mais distinto da vida animal nestas ilhas. Embora o número de espécies não seja extenso, a grande quantidade de indivíduos para cada tipo é bastante notável. Há uma espécie de tartaruga marinha e outra terrestre, quatro tipos de lagartos e aproximadamente o mesmo número de espécies de cobras.

Primeiro vou descrever o modo de vida da tartaruga terrestre (*Testudo indica*, Schneider, 1783), que já mencionei. Esse animal é provavelmente encontrado em todas as ilhas do arquipélago; certamente em grande número. Ele prefere as partes altas e úmidas, mas também habita as áreas mais baixas e secas. Já mencionei[403] provas de sua possível grande quantidade quando falei do número de tartarugas que já foi retirado da ilha em apenas um dia. Alguns indivíduos atingem um tamanho extraordinário.

---

402. Os *grosbeaks* (bicos grossos) são um grupo de aves com grandes bicos que comem sementes. Pertencem à superfamília *Passeroidea*, mas não são um grupo natural, uma vez que consistem em pássaros canoros com parentesco distante. (N.T.)
403. Segundo Dampier, "as tartarugas terrestres são tão numerosas aqui que quinhentos ou seiscentos homens podem sobreviver por vários meses alimentando-se somente delas, sem qualquer outro tipo de provisão. Elas são tão extraordinariamente grandes e gordurosas, e tão palatáveis que nem mesmo um galeto é tão saboroso (vol. I, p. 110). (N.A.)

O senhor Lawson,[404] um inglês que estava no comando da colônia no momento de nossa visita, disse-nos que havia visto algumas tão grandes que eram necessários seis ou oito homens para erguê-las do chão; e que algumas tinham rendido até 90 quilos de carne. Enquanto os machos velhos são maiores, as fêmeas raramente atingem o tamanho deles. O macho pode facilmente ser distinguido da fêmea pelo maior comprimento de sua cauda. As tartarugas terrestres que vivem nas ilhas onde não há água, ou nas partes inferiores e áridas das outras, alimentam-se principalmente do cacto suculento. Aquelas que habitam as regiões mais altas e úmidas comem as folhas de várias árvores, uma espécie de baga (chamada *guayavita*) que é muito ácida, bem como um líquen verde-pálido que paira em tranças dos galhos das árvores.

A tartaruga gosta muito de água, ingere grandes quantidades dela e chafurda na lama. Somente as ilhas maiores têm nascentes, e estas estão sempre situadas nas partes centrais e em uma altura considerável. Assim, quando as tartarugas que vivem em áreas mais baixas estão com sede, elas são obrigadas a percorrer longas distâncias, o que, em consequência, cria caminhos amplos e já muito percorridos que correm em todas as direções, desde as nascentes até a costa; os espanhóis descobriram-nas subindo por esses caminhos. Quando desembarquei na Ilha Chatham, não consegui imaginar qual animal teria viajado de forma tão metódica por trilhas tão bem escolhidas. Foi um espetáculo curioso ver muitas dessas criaturas colossais perto das nascentes, algumas marchando avidamente adiante com o pescoço esticado à frente, enquanto outras, depois de terem bebido o suficiente, retornavam. Quando a tartaruga chega à nascente, ela mergulha a cabeça na água até os olhos, sem se preocupar com quem as mire, e engole avidamente cerca de dez bocadas em um minuto. Os habitantes dizem que os animais permanecem três ou quatro dias perto da água e, depois, retornam à região mais baixa; os relatos da população, contudo, diferem sobre a frequência dessas visitas. É provável que as tartarugas regulem essas jornadas de acordo com a natureza dos alimentos que venham a consumir.

---

404. Nicholas Oliver Lawson (1790-1851) nasceu na Noruega e foi vice-governador de Galápagos na República do Equador. (N.T.)

Entretanto, é certo que podem viver mesmo em ilhas onde a única água existente é aquela que cai durante alguns dias de chuva.

Está bem-estabelecido, acredito, que a bexiga de um sapo serve como um recipiente para a umidade necessária para sua existência. Esse também parece ser o caso da tartaruga. Por algum tempo depois de uma visita às nascentes, a bexiga desses animais expande-se com o líquido, que, segundo dizem, diminui gradualmente em volume e se torna menos puro. Os habitantes costumam usar essa circunstância a seu favor, pois, quando estão nas regiões mais baixas e são atacados pela sede violenta, eles matam uma tartaruga e, se a bexiga dela estiver bem cheia, bebem seu conteúdo. Em uma que vi morta, o fluido estava bastante límpido e tinha apenas um gosto *ligeiramente* amargo. Os habitantes, no entanto, sempre bebem primeiro a água do pericárdio, que dizem ser a melhor.

Quando as tartarugas migram para um determinado ponto, caminham dia e noite e chegam ao destino de sua viagem muito antes do que se deveria esperar. Os moradores da região, pelas observações de indivíduos marcados, consideram que sejam capazes de percorrer uma distância de cerca de 13 quilômetros em dois ou três dias. Uma tartaruga grande que acompanhei caminhou à velocidade de 54,86 metros em dez minutos, ou seja, 329,16 metros em uma hora, ou 6 quilômetros por dia, concedendo também um pouco de tempo para que o animal se alimente na estrada.

Durante a estação de reprodução, quando o macho e a fêmea estão juntos, o macho solta um guincho rouco ou um berro que pode ser ouvido a uma distância de mais de 100 metros. A fêmea nunca usa sua voz, e o macho, somente neste momento. Dessa forma, as pessoas sabem que estão juntos quando ouvem esse som. Naquela época do ano (outubro), direcionavam sua atenção à postura dos ovos. A fêmea os coloca juntos, nas áreas em que o solo é arenoso, e os cobre com areia; mas, onde o solo é rochoso, ela os deixa cair em um buraco ao acaso. O senhor Bynoe encontrou sete deles postos em fila em uma fenda. O ovo é branco e esférico; um que medi tinha 18,73 centímetros de circunferência. No momento em que saem dos ovos, os animais jovens são frequentemente alvos de abutres, cujos hábitos não diferem dos do carcará. As velhas tartarugas, por sua vez, parecem morrer quase sempre de forma acidental; por exemplo, caindo das encostas. Alguns habitantes disseram-me nunca haver encontrado morto nenhum desses animais que não tivesse sido vitimado por essas quedas.

Os habitantes locais acreditam que esses animais são completamente surdos, pois não parecem ouvir as pessoas andando muito próximas a eles. Sempre me divertia quando passava por uma dessas enormes criaturas enquanto ela caminhava silenciosamente, e via como, de repente, retraía a cabeça e as pernas, emitia um assobio profundo e caía no chão com um estrondo forte, como se estivesse morta. Às vezes, eu até subia em suas costas e dava algumas pancadas na parte de trás de seu casco, então, elas se levantavam e começavam a caminhar; achei, porém, muito difícil me manter equilibrado.

A carne desse animal é amplamente utilizada, tanto fresca quanto salgada; e um óleo muito claro é preparado com a gordura. Para verificar se a camada de gordura sob o casco da tartaruga é grossa, quando esta é capturada, corta-se um pedaço de sua pele perto da cauda e examina-se o seu interior por esse corte. Se a camada for fina, o animal é libertado e, segundo dizem, se recupera rapidamente dessa estranha operação. Para capturá-las, não basta virá-las de ponta-cabeça, como se faz com as tartarugas marinhas, pois elas conseguem voltar à sua posição original.

Foi afirmado com confiança que as tartarugas de diferentes ilhas do arquipélago tinham pequenas diferenças em sua forma, e que, em algumas ilhas, elas cresciam maiores do que em outras. O senhor Lawson afirmou que podia identificar a ilha de origem de qualquer tartaruga. Infelizmente, os espécimes que voltaram para a Inglaterra no *Beagle* eram muito pequenos para instituir qualquer comparação. Essa tartaruga, chamada de *Testudo indica*, também conhecida como a tartaruga do Oceano Índico, pode agora ser encontrada em muitas partes do mundo. Alguns especialistas em répteis, inclusive o senhor Bell, acreditam que é provável que todas essas tartarugas tenham vindo originalmente deste arquipélago. Quando se sabe que essas ilhas têm sido frequentadas já há muito tempo por piratas, e que eles costumam levar um grande número desses animais vivos, parece muito provável que os tenham distribuído por diferentes partes do mundo. Se essa tartaruga não fosse originária destas ilhas, seria uma exceção notável, já que quase todos os outros animais terrestres da região parecem ter evoluído ali.

Existem quatro espécies de lagartos: duas pertencem ao gênero sul-americano *Leiocephalus*, e as outras duas, ao gênero *Amblyrhynchus*. Esse gênero notável foi descrito pelo senhor Bell[405] com base em um espécime empalhado proveniente do México, mas que, sem dúvida, originalmente veio destas ilhas e foi transportado em um barco baleeiro. As duas espécies são bastante semelhantes na aparência, mas uma vive na água, e a outra, em terra. O senhor Bell conclui sua descrição da *Amblyrhynchus cristatus* da seguinte maneira: "Se compararmos este animal aos verdadeiros iguanas, a diferença mais marcante e importante está na forma da cabeça. Em vez do focinho longo, pontiagudo e estreito dessas espécies, temos aqui uma cabeça curta, obtusamente truncada, que é mais curta do que larga; a boca, portanto, tem uma abertura bastante pequena. Essas circunstâncias, somadas ao tamanho diminuto e igual dos dedos e à força e à curvatura das garras, indicam, evidentemente, alguma peculiaridade especial em sua alimentação e em seu modo de vida, sobre os quais, no entanto, na ausência de informações exatas, não oferecerei qualquer conjectura". Acredito que a seguinte descrição desses dois lagartos demonstrará a visão aguçada do senhor Bell sobre como as mudanças na estrutura física podem levar a variações de comportamento.

Primeiro, a espécie aquática (*Amblyrhynchus cristatus*).[406] Este lagarto é extremamente comum em todas as ilhas do arquipélago. Vive exclusivamente nas praias rochosas do mar e nunca é encontrado (pelo menos eu nunca o vi) a mais de dez metros da costa. É uma criatura de aparência horrível, de uma cor preta suja; é estúpida e lenta em seus movimentos. O comprimento normal de um adulto é de cerca de 1 metro, mas há alguns que chegam a 4 metros. Cheguei a ver um grande que pesava 9 quilos. Na Ilha Albemarle, eles parecem crescer mais do que em qualquer outra. Esses lagartos eram, às vezes, vistos nadando a algumas centenas de metros da costa; o capitão Colnett diz, em seu relato de viagem, que "eles saem ao mar em grupos para pescar". Creio, no entanto, que ele se equivoca quanto ao propósito; o fato em si, porém, não se pode pôr em dúvida. Quando está na água, este animal nada sem esforço e rapidamente,

---

405. *Zoological Journal*, jul. 1835. (N.A.)
406. Trata-se de um iguana marinho de Galápagos. (N.T.)

usando um movimento sinuoso de seu corpo e da cauda achatada enquanto mantém suas pernas sem movimento e perto da lateral de seu corpo. Um dos marinheiros afundou um ao amarrar nele um peso, imaginando que isso o mataria de forma instantânea; entretanto, uma hora depois, ao puxar a linha de volta, o lagarto continuava bem vivo. Seus membros e suas garras fortes são perfeitamente adequados para rastejar sobre as massas de lava rugosas e fissuradas que formam a costa. Nesses lugares, um grupo de seis ou sete desses répteis hediondos pode, muitas vezes, ser visto se aquecendo ao sol alguns metros acima da superfície, nas rochas negras, com suas pernas estendidas.

Examinei o estômago de vários desses animais e descobri que estavam cheios de algas marinhas picadas, que crescem em finas expansões foliáceas de uma cor verde brilhante ou de um vermelho baço. Não me lembro de ver essa alga em grandes quantidades nas rochas da maré, então acredito que ela cresça no fundo do mar, a alguma distância da costa. Isso explicaria por que esses animais, às vezes, saem para o mar. Os estômagos não continham nada além de algas, embora o senhor Bynoe tenha encontrado um pedaço de caranguejo em um deles, o qual, contudo, pode ter entrado ali acidentalmente (da mesma forma que achei, no estômago de uma tartaruga, uma lagarta em meio a alguns líquens). Os intestinos eram grandes como os de outros herbívoros.

A natureza do alimento desse lagarto, assim como a forma de sua cauda, e o fato certo de ter sido visto nadando voluntariamente no mar provam seus hábitos aquáticos; mas existe uma anomalia peculiar a esse respeito: ele não entra na água quando está assustado. Por esse motivo, é fácil levar esses lagartos até algum ponto próximo ao mar, onde os animais preferem ser agarrados pela cauda do que saltar para a água. Eles não parecem ter qualquer noção de como morder, mas, quando estão muito alarmados, esguicham um líquido de cada narina. Certo dia, levei um para uma piscina profunda deixada pela maré vazante e o joguei várias vezes o mais longe que pude. Voltava sempre em linha reta para o lugar onde eu estava. Nadava perto do fundo com um movimento muito gracioso e rápido; às vezes, ajudava a si mesmo com os pés no terreno irregular. Assim que chegava perto da margem, mantinha-se debaixo da água e tentava se esconder nos tufos das algas marinhas ou entrava em algum buraco. Quando o perigo parecia ter passado, rastejava até as rochas secas e se afastava o mais rápido que podia. Peguei várias vezes esse mesmo lagarto, o levei até um ponto e, embora seja capaz de mergulhar e nadar perfeitamente, nada o fazia entrar na água; e, por mais que eu o jogasse, ele sempre voltava da maneira descrita acima. Esse comportamento peculiar do réptil, que parece recuar para a costa mesmo quando em perigo, pode ser explicado pelo fato de não ter predadores naturais em terra. Entretanto, se estiver no mar, ele é frequentemente caçado e morto pelos muitos tubarões da região. Dessa forma, devido a um instinto forte e herdado, ele provavelmente procura refúgio na terra firme em qualquer situação de emergência, já que aprendeu que está mais seguro nesse local.

Durante nossa visita (em outubro), vi pouquíssimos indivíduos pequenos dessa espécie, e nenhum que me parecesse ter menos de um ano de vida. Parece-me, portanto, provável que a época de reprodução ainda não houvesse começado. Perguntei a vários dos habitantes se sabiam onde ele colocava seus ovos: disseram-me que conheciam bem os ovos das outras espécies, mas não tinham a menor ideia de como o lagarto marinho se reproduzia, um fato muito estranho quando se considera o quanto esse animal é comum.

Passemos agora à espécie terrestre (*Amblyrhyncus subcristatus* de Gray).[407] A espécie restringe-se às ilhas centrais do arquipélago, ou seja, Albemarle, James, Barrington [Santa Fé] e Indefatigable [Santa Cruz]. Não vi nem ouvi falar de nenhum desses lagartos nas ilhas do sul, isto é, em Charles, Hood [Espanhola] e Chatham, nem nas ilhas do norte, Towers [Genovesa], Bindloes [Marchena] e Abington [Pinta]. Desse modo, parece-me que essa espécie foi criada no centro do arquipélago e, de lá, se espalhou somente até uma certa distância.[408]

---

407. Iguana terrestre de Galápagos cujo nome científico atual é *Conolophus subcristatus* (Gray, 1831). (N.T.)
408. Brevemente caracterizado pelo senhor Gray em sua *Zoological Miscellany*, com base em um espécime mal empalhado, razão pela qual uma de suas características mais importantes (a cauda arredondada, em comparação à cauda achatada do iguana marinho) foi negligenciada. O capitão FitzRoy apresentou alguns bons espécimes de ambas as espécies ao Museu Britânico. Devo registrar aqui meus agradecimentos ao senhor Gray por oferecer-me todo tipo de assistência sempre que visitei o Museu Britânico. (N.A.)

Nas ilhas centrais, os iguanas habitam tanto as partes mais altas e úmidas quanto as partes mais baixas e áridas; são, no entanto, muito mais numerosos nestas últimas. Não há prova mais forte de sua quantidade do que dizer que, quando fomos deixados na Ilha James, demoramos um pouco para encontrar algum local livre de suas tocas para montar nossas tendas. Esses lagartos, como seus irmãos marinhos, são animais feios e têm uma fisionomia particularmente estúpida por causa de seu ângulo facial baixo. Também parecem ser um pouco menores que estes últimos; muitos deles, porém, pesavam entre 4 e 7 quilos. A cor de sua barriga, pernas dianteiras e cabeça (exceto pela crista quase branca) é de um amarelo-alaranjado sujo; o dorso, marrom-avermelhado, é mais escuro em indivíduos mais jovens. Seus movimentos são lentos e meio entorpecidos. Quando não estão assustados, se arrastam lentamente, rastejando suas caudas e barrigas no chão. Muitas vezes, ficam quietos e cochilam por um minuto com os olhos fechados e as patas traseiras estendidas sobre o solo ressequido.

Habitam tocas que, em algumas circunstâncias, escavam entre fragmentos de lava, mas é mais comum, contudo, que utilizem áreas planas de arenito vulcânico macio. As tocas não parecem ser muito profundas e adentram o solo em um ângulo pequeno, de modo que, quando se caminha sobre essa rede de buracos, o solo sempre cede, o que torna a caminhada muito cansativa. Quando escava sua toca, esse animal trabalha alternadamente com os lados opostos de seu corpo. Uma pata dianteira raspa o chão por um tempo e joga a terra para a pata traseira, que está bem posicionada para jogá-la para fora da abertura da toca. Quando um lado do corpo está cansado, o outro começa a trabalhar, e, assim, alternadamente. Assisti a um dos iguanas por um longo tempo, até que metade de seu corpo estivesse enterrado; em seguida, me aproximei e puxei-o pela cauda; ele ficou muito admirado com isso e logo se desenterrou para ver qual era o problema, depois me olhou fixamente no rosto como se dissesse: "Por que você puxou minha cauda?".

Alimentam-se durante o dia e não se afastam muito de suas tocas; e, quando assustados, correm em direção a elas com uma marcha muito desajeitada. Exceto quando correm ladeira abaixo, não conseguem se mover com muita rapidez, o que parece depender, principalmente, da posição lateral de suas pernas.

Esses animais não se assustam facilmente. Se alguém os observa com cuidado, eles respondem enrolando suas caudas e se levantam nas patas dianteiras enquanto acenam com a cabeça rapidamente, na tentativa de parecer intimidadores. Entretanto, na realidade, eles não são nada ferozes. Se alguém apenas pisar forte no solo, suas caudas já se abaixam e eles fogem às pressas. Tenho notado frequentemente, em pequenos lagartos comedores de moscas, que eles acenam com a cabeça da mesma maneira quando estão prestando atenção em alguma coisa, mas desconheço a causa disso. Quando seguramos esse *Amblyrhyncus* e o irritamos com uma vara, ele a morde ferozmente; entretanto, peguei alguns pela cauda e eles nunca tentaram me morder. Observei também que, quando dois deles foram colocados no chão e mantidos juntos, eles lutaram e morderam um ao outro até derramar sangue.

Os indivíduos que habitam as terras baixas, e que constituem o maior número, dificilmente conseguem beber uma gota de água durante todo o ano; mas consomem grande parte das suculentas (cactos) cujos galhos são ocasionalmente quebrados pelo vento. Quando joguei um pedaço de cacto para um grupo de dois ou três indivíduos, diverti-me vendo cada um tentando agarrá-lo e carregá-lo na boca, de forma semelhante àquela com que cães famintos disputariam um osso. Eles comem bem, mas não mastigam seu alimento. Os pequenos pássaros sabem que essas criaturas são inofensivas. Eu vi um dos tentilhões de bico grosso bicando uma das extremidades de um pedaço de cacto (que é procurado por todos os animais da região baixa) enquanto um lagarto comia a outra; e, depois, a ave pulou com grande indiferença nas costas do réptil.

Abri os estômagos de vários e os encontrei cheios de fibras vegetais e folhas de várias árvores diferentes, especialmente de uma espécie de acácia. Na região mais alta, eles vivem principalmente das bagas ácidas e adstringentes da *guayavita*, e sob essas árvores eu vi esses lagartos e as enormes tartarugas se alimentando juntos. Para pegar as folhas de acácia, os lagartos sobem as árvores curtas e atrofiadas, e é comum ver um ou dois deles pastando calmamente enquanto empoleirados em um galho, vários metros acima da terra.

A carne cozida desses animais é branca e considerada uma refeição muito boa por aqueles cujos estômagos estão acima de preconceitos.

Humboldt observa que, na América entre os trópicos, todos os lagartos que habitam regiões *secas* são considerados iguarias. Os habitantes dizem que aqueles que habitam as regiões úmidas bebem água, mas que, diferentemente das tartarugas, os outros não migram da região árida para matar a sede. No momento da nossa visita, as fêmeas guardavam em seus corpos numerosos ovos grandes e alongados. Elas os põem em suas tocas, e os habitantes procuram-nos como alimento.

Essas duas espécies de *Amblyrhyncus* são, como já dito, muito semelhantes em sua estrutura geral e em alguns de seus comportamentos. Nenhum deles tem aquele movimento rápido que é tão característico das espécies dos gêneros *Lacerta* e *Iguana*. Ambos são herbívoros, embora o tipo de vegetação consumida em cada caso seja muito diferente. O nome dado ao gênero pelo senhor Bell se deve ao focinho curto: a forma da boca pode, de fato, ser comparada com a da tartaruga. Ficamos tentados a supor que a forma é uma adaptação aos seus apetites herbívoros. É muito interessante encontrar um gênero tão bem-definido que conte com uma espécie dependente da terra e outra vinculada à água, e que está confinado apenas em uma parte tão limitada do mundo. A espécie anterior é, de longe, a mais notável, pois é o único réptil do clado *Sauria* [Macartney, 1802] existente que pode ser adequadamente chamado de animal marinho. Talvez eu devesse ter mencionado anteriormente que, em todo o arquipélago, apenas um fluxo de água doce chega à costa, e, ainda assim, esses répteis habitam apenas as praias costeiras e nenhuma outra parte das ilhas. Além disso, tanto quanto sei, não há nenhum lagarto vivo, com exceção desse *Amblyrhyncus*, que viva exclusivamente de produtos aquáticos. Mas, se voltarmos a épocas já muito distantes, encontraremos os mesmos hábitos em vários animais gigantes da raça dos *Sauria*.

Para finalizar a ordem dos répteis: existem várias espécies de cobras, mas todas são inofensivas. Não há sapos ou rãs, e fiquei surpreso com isso ao considerar o quão adequados os bosques temperados e úmidos das partes mais altas pareciam ser para esses animais. O fato me fez lembrar da afirmação singular feita por Bory St. Vincent[409] de que nenhuma espécie dessa família pode ser encontrada em ilhas vulcânicas nos grandes oceanos.

---

409. *Voyage aux quatre Iles d'Afrique*. (N.A.)

Pode haver alguma verdade nessa observação, especialmente quando comparada ao caso dos lagartos, que geralmente estão entre os primeiros animais a colonizar pequenas ilhotas. Pode-se inquirir se isso não se deve às diferentes facilidades de transporte através da água salgada dos ovos destes últimos, os quais estão protegidos por uma cobertura calcária e à desova viscosa dos outros animais.

Conforme observei inicialmente, essas ilhas não são tão notáveis pelo número de espécies de répteis quanto pelo número de indivíduos; quando nos lembramos dos caminhos bastante percorridos por muitas centenas de grandes tartarugas, das redes de tocas do *Amblyrhyncus* terrestre e dos grupos das espécies aquáticas que se aquecem nas rochas costeiras, devemos admitir que não há outra parte do mundo onde esta ordem substitua os mamíferos herbívoros de forma tão extraordinária. O geólogo (que provavelmente pensará no Período Secundário, quando o clado *Sauria* chegou a dimensões que atualmente podem ser comparadas apenas às de mamíferos cetáceos) deve observar que este arquipélago, em vez de apresentar um clima úmido e uma vegetação exuberante, não pode ser considerado senão extremamente árido e, para uma região equatorial, estranhamente temperado.

Para encerrar a zoologia: me esforcei muito para coletar os insetos, mas fiquei surpreso ao descobrir que, mesmo na região alta e úmida, existem em quantidade muito pequena. As florestas da Terra do Fogo são certamente muito mais estéreis; mas, com essa exceção, não encontrei outra região tão pobre em insetos. Na terra baixa e árida, peguei sete espécies de *Heteromera* e alguns outros insetos; mas, nas lindas e luxuriantes florestas em direção ao centro das ilhas, peguei apenas algumas espécies menores de *Diptera* e *Hymenoptera,* embora eu tenha examinado cuidadosamente sob os arbustos em todos os tipos de clima. Devido a essa falta de insetos, quase todas as aves vivem nas terras baixas, e a parte que se pensava ser a mais propícia para elas é visitada apenas por alguns poucos tiranídeos papa-moscas. Não acredito que um único pássaro, salvo o frango-d'água [*Rallus aquaticus*], esteja confinado à região úmida. O senhor Waterhouse informou-me que quase todos os insetos pertencem a formas europeias e que não têm nenhum caráter equatorial. Não capturei um único inseto grande ou de cores vivas. Esta última observação se aplica igualmente aos pássaros e às flores. É digno de observação que a única ave terrestre com cores vivas seja a espécie de tiranídeo papa-moscas que parece migrar do continente. Os moluscos terrestres são abundantes, todos confinados, creio eu, a este arquipélago. Mesmo entre as espécies marinhas, um grande número ainda era desconhecido antes que a coleção feita pelo senhor Cuming[410] nestas ilhas fosse levada para a Inglaterra.

Não tentarei chegar a conclusões definitivas, uma vez que as espécies não foram examinadas com precisão; mas podemos inferir que, à parte alguns migrantes, os seres orgânicos encontrados neste arquipélago são exclusivos a ele, ainda que, em sua forma geral, compartilhem decididamente as características americanas. Seria impossível, a qualquer um acostumado às aves do Chile e das províncias do Prata, ser colocado nestas ilhas e não se sentir convencido de que estava, no que diz respeito ao mundo orgânico, em solo americano. A semelhança entre ilhas distantes e continentes em termos de seus tipos ecológicos, apesar de terem espécies diferentes, não vem sendo suficientemente reconhecida. A circunstância seria explicada, segundo a opinião de alguns autores, dizendo que o poder criativo agiu de acordo com a mesma lei sobre uma grande área.

Foi mencionado que os habitantes podem distinguir as tartarugas de acordo com as ilhas de onde são trazidas. Ouvi também dos habitantes que muitas das ilhas têm árvores e plantas que não são encontradas em outras. Por exemplo, a árvore de bagas, chamada *guayavita*, que é comum na Ilha James, certamente não é encontrada na Ilha Charles, embora seja igualmente adequada a ela. Infelizmente, não percebi esses fatos até quase concluir minha coleta: em nenhum momento imaginei que a fauna e a flora de ilhas a apenas alguns quilômetros de distância, e colocadas sob as mesmas condições físicas, seriam diferentes. Por isso, não tentei produzir séries de espécimes separadas por ilhas. Essa é a sina de todo viajante: ao descobrir quais itens de um determinado local merecem sua atenção especial, ele tem de se apressar. No caso dos mimídeos, sei com certeza (e trouxe os exemplares para casa) que uma espécie (*Orpheus trifasciatus*, Gould) está na Ilha Charles, uma segunda (*Orpheus parvulus*), em

---

410. Hugh Cuming (1791-1865), colecionador inglês que se interessava por história natural e foi chamado de "príncipe dos colecionadores". (N.T.)

Albemarle, e uma terceira (*Orpheus melanotus*) é comum às ilhas James e Chatham. As duas últimas espécies são parentes muito próximas, mas a primeira seria considerada bastante diferente pelos naturalistas. Durante minha exploração de várias ilhas, examinei de perto inúmeros espécimes e descobri que cada ilha abrigava sua própria espécie particular. Essas aves são geralmente iguais em plumagem, estrutura e modo de vida, de modo que se substituem umas às outras no desenvolvimento das diferentes ilhas. As espécies não são caracterizadas apenas pela plumagem, mas também pelo tamanho e pela forma do bico e por outras diferenças. Descobri que, entre as treze espécies de tentilhões terrestres, havia uma gradação quase perfeita de um bico excepcionalmente grosso para um tão fino quanto o de um papa-moscas. Suspeito que certos membros da série estejam confinados a certas ilhas; portanto, se a coleta tivesse sido feita em apenas *uma* ilha, provavelmente não teríamos uma série gradativa tão perfeita. Se várias ilhas tiverem suas próprias espécies únicas de um mesmo gênero, essas espécies apresentarão uma ampla gama de características quando forem colocadas juntas. Mas não há aqui espaço para discutirmos esse tema bastante curioso.

Antes de concluir meu relato sobre a zoologia destas ilhas, devo descrever com mais detalhes a docilidade das aves. Essa característica é comum a todas as espécies terrestres; a saber, mimídeos, tentilhões, *Sylvicolae*, tiranídeos papa-moscas, pombas e falcões. Todas elas acabam se aproximando o bastante para que sejam abatidas com uma vara e, às vezes, como eu mesmo tentei, com um boné ou chapéu. Espingardas são quase supérfluas aqui, pois, com a boca do cano de uma, consegui derrubar uma ave de rapina que estava no galho de uma árvore. Um dia, um mimídeo pousou na borda de uma tigela (feita da carapaça de uma tartaruga) que eu, deitado no chão, segurava em minha mão. Começou muito calmamente a beber água e me deixou levantá-lo do chão junto com a tigela. Tentei muitas vezes (e quase consegui) pegar essas aves pelas pernas. Parece que, no passado, elas eram ainda mais dóceis do que hoje. Cowley[411] (em 1684) disse que "as rolas-comuns (*Streptopelia turtur*) eram tão mansas que, em diversas ocasiões, pousavam sobre nossos

---

411. Cowley, *Voyage*, p. 10, na Coleção de Viagens de Dampier. (N.A.)

chapéus e braços, de modo que podíamos capturá-las vivas: não temeram o homem até que algumas pessoas de nosso grupo atirassem nelas, e neste momento tornaram-se mais cautelosas". Dampier[412] (no mesmo ano) também disse que alguém em uma caminhada matinal seria capaz de matar seis ou sete dúzias de aves. Atualmente, embora ainda sejam certamente muito mansas, essas aves não pousam mais nos braços das pessoas nem se deixam matar em grandes quantidades. É surpreendente que a mudança não tenha sido maior, pois estas ilhas, durante os últimos 150 anos, têm sido frequentemente visitadas por piratas e baleeiros; e os marinheiros, vagando pela floresta em busca de tartarugas, sempre se divertem com a caça de pequenas aves.

Esses pássaros, embora muito perseguidos, não se tornaram selvagens em pouco tempo: na Ilha Charles, que havia sido colonizada há cerca de seis anos, vi um menino sentado ao lado de uma fonte com uma vara na mão; ele estava matando pombas e tentilhões quando eles pousavam para beber. Já tinha abatido uma pequena pilha de aves para o seu almoço e disse que tinha o hábito de ficar ali com esse mesmo objetivo. Parece que as aves deste arquipélago, que ainda não aprenderam que o homem é um animal mais perigoso do que a tartaruga ou o *Amblyrhyncus*, o desconsideraram completamente, da mesma forma que, na Inglaterra, a ave pega-rabuda não dá atenção às vacas e aos cavalos que pastam nos campos.

As Falkland oferecem um segundo exemplo de aves com disposição semelhante. A extraordinária docilidade do *Furnarius* de cor escura foi comentada por Pernety, Lesson e outros viajantes. Essa característica, no entanto, não é peculiar a esta ave: o carcará, a narceja, o ganso das terras altas e baixas, o tordo, as aves do gênero *Emberiza* e até mesmo alguns falcões verdadeiros são todos mais ou menos mansos. Tanto falcões quanto raposas estão presentes; e, como os pássaros são muito mansos, podemos inferir que a ausência de predadores nas Galápagos não é, ali, a causa de sua docilidade. O ganso das Falkland prova, pela cautela com que constrói seu ninho nas pequenas ilhas periféricas, que está bem ciente do perigo representado pelas raposas; apesar disso, não se tornou selvagem em

---

412. Dampier, *Voyage*, vol. I, p. 103. (N.A.)

relação ao ser humano. Essa docilidade das aves, especialmente das aves aquáticas, contrasta diretamente com os hábitos da mesma espécie na Terra do Fogo, onde são perseguidas pelos habitantes selvagens há centenas de anos. Nas Falkland, o caçador pode, às vezes, matar mais gansos do interior em um dia do que é capaz de levar para casa; por outro lado, na Terra do Fogo é quase tão difícil matar um ganso selvagem comum quanto o é na Inglaterra.

Parece que, na época de Pernety[413] (1763), todos os pássaros eram muito mais dóceis do que são hoje. Pernety afirma que o *Furnarius* chegava a quase se empoleirar em seu dedo; e que, com uma vara, ele matou dez em meia hora. Naquela época, as aves deviam ser tão mansas quanto o são hoje em Galápagos. Parecem ter desenvolvido cautela mais rapidamente nas Falkland do que nas Galápagos, com meios proporcionais de experiência; pois, além das visitas frequentes de navios, as ilhas vêm sendo colonizadas de forma intervalar durante todo o período.

Mesmo no passado, quando todas as aves ainda eram muito mansas, não se podia, segundo o relato de Pernety, matar os cisnes-de-pescoço-preto, isso era impossível. É um fato interessante notar que esta é uma ave migratória e, portanto, traz consigo a sabedoria aprendida em terras estrangeiras.

Não me deparei com nenhum relato sobre a mansidão de aves *terrestres* em algum outro ponto do mundo, como nas ilhas Galápagos e Malvinas. Além disso, é preciso observar que, entre os poucos arquipélagos (grandes ou pequenos) que passaram a ser habitados por humanos logo após sua descoberta, estes dois estão entre os mais importantes. Com base nas afirmações feitas acima, podemos concluir duas coisas: primeiramente, a cautela das aves em relação aos humanos é um instinto específico dirigido aos *humanos* e não depende de qualquer grau geral de cautela decorrente de outras fontes de perigo; em segundo lugar, elas não adquirem essa característica em pouco tempo, mesmo quando são muito perseguidas, mas o instinto se torna hereditário ao longo de várias gerações sucessivas. No que diz respeito aos animais domesticados, estamos acostumados a ver instintos que se tornam hereditários; mas, entre

---

413. Pernety, *Voyage aux Iles Malouines*, vol. II, p. 20. (N.A.)

aqueles em estado de natureza, é mais raro encontrar casos desse conhecimento adquirido. Em relação à ferocidade das aves contra os homens, não há outra maneira de ser explicada. Na Inglaterra, poucas aves jovens são feridas pelo homem, mas todas têm medo dele: muitos indivíduos, por outro lado, tanto nas Galápagos quanto nas Falkland, foram feridos e, ainda assim, não aprenderam esse medo salutar. Podemos inferir destes fatos a extensão do dano que a introdução de qualquer novo predador pode causar em uma região antes que os instintos das espécies nativas possam se adaptar às táticas ou à força do predador.

CAPÍTULO XX

TAITI — ASPECTO — VEGETAÇÃO NA ENCOSTA DAS MONTANHAS — VISTA DE EIMEO — EXCURSÃO AO INTERIOR — RAVINAS PROFUNDAS — SUCESSÃO DE CACHOEIRAS — MUITAS PLANTAS ÚTEIS E SILVESTRES — TEMPERANÇA DOS HABITANTES — ESTADO MORAL — PARLAMENTO CONVOCADO — NOVA ZELÂNDIA — BAÍA DAS ILHAS — *HIPPAHS* — AUSÊNCIA DE GOVERNO — EXCURSÃO A WAIMATE — COLÔNIA MISSIONÁRIA — PLANTAS INGLESAS AGORA SELVAGENS — WAIOMIO — FUNERAL — PARTIDA DA NOVA ZELÂNDIA

TAITI E NOVA ZELÂNDIA

20 DE OUTUBRO — Após a conclusão do levantamento topográfico do Arquipélago de Galápagos, seguimos para o Taiti em uma longa viagem de 5.150 quilômetros. Em alguns poucos dias, saímos da região sombria e nublada que, durante o inverno, se estende até uma grande distância da costa da América do Sul. Em seguida, desfrutamos de um clima claro e brilhante, enquanto navegávamos agradavelmente a uma velocidade de 240 ou 260 quilômetros por dia ante ventos alíseos constantes. A temperatura nesta parte mais central do Oceano Pacífico é mais alta que aquela perto da costa americana. O termômetro na cabine traseira, tanto à noite quanto de dia, variava entre 26,6 °C e 28,3 °C, o que, para mim, era bastante agradável — um ou dois graus a mais que isso e o calor já se torna opressivo. Passamos pelo Arquipélago Perigoso, ou Ilhas Baixas,[414] e

---

414. Atualmente chamado de Arquipélago de Tuamotu. (N.T.)

vimos vários dos mais estranhos anéis de terra, salientes e logo acima do nível da água, que foram chamados de ilhas-lagoas. Uma longa e brilhante praia branca está coberta por uma faixa de vegetação verde, e esta faixa parece que, a distância, fica rapidamente mais estreita e logo mergulha no horizonte. Do topo do mastro é possível ver uma grande extensão de águas tranquilas dentro do anel de terra. Estas ilhas baixas são completamente desproporcionais ao vasto oceano do qual emergem de forma abrupta; e parece maravilhoso que essas intrusas tão fracas não tenham sido atacadas pelas ondas poderosas e incansáveis daquele grande mar, chamado erroneamente de Pacífico.

15 DE NOVEMBRO — Ao amanhecer, vimos o Taiti, uma ilha que deve permanecer eternamente clássica para os viajantes dos mares do sul. A essa distância, não parecia muito convidativa. A vegetação exuberante das partes inferiores estava indistinguível e, à medida que as nuvens passavam, os picos mais selvagens e íngremes se mostravam em direção ao centro da ilha. Assim que ancoramos na Baía de Matavai, fomos cercados por canoas. Ainda estávamos no domingo, porém já era segunda-feira no Taiti; se fosse ao contrário, não teríamos recebido uma única visita; pois a ordem de não lançar as canoas aos domingos é estritamente obedecida. Depois do almoço, desembarcamos para usufruir todas as delícias que as primeiras impressões de uma nova região evocam: a região era o adorável Taiti. Uma multidão de homens, mulheres e crianças se reuniu no memorável Venus Point [Ponto de Vênus], prontos para nos receber com risos e rostos alegres. O grupo nos acompanhou até a casa do senhor Wilson, o missionário do distrito, que nos encontrou no caminho e nos recebeu muito amigavelmente. Depois de uma curta visita a sua casa, nos separamos para caminhar, mas retornamos à noite.

A terra cultivável é um pouco mais do que apenas uma franja de terra baixa de aluvião acumulada no sopé das montanhas, e é protegida das ondas do mar por um recife de corais que circunda toda a costa a uma certa distância. O recife foi quebrado em várias partes para que os navios pudessem passar. O lago de águas tranquilas dentro dele proporciona, assim, um porto seguro, bem como um canal para as canoas nativas. As planícies costeiras, compostas de areia coralina, são adornadas com uma vegetação deslumbrante das regiões intertropicais. Em meio a bananeiras, laranjeiras, castanheiras e árvores-do-pão, algumas parcelas de terra são desmatadas para cultivo de inhame, batata-doce, cana-de-açúcar e abacaxi. Até mesmo os arbustos são árvores frutíferas, a saber, a goiaba, que por sua abundância é tão nociva quanto uma erva daninha. No Brasil, sempre admirei o contraste da beleza variada das bananeiras, palmeiras e laranjeiras: aqui ainda temos a árvore-do-pão, que é muito chamativa com suas folhas grandes, brilhantes e profundamente divididas. A visão de árvores com ramos tão robustos quanto os de um carvalho-inglês, adornados com frutos abundantes e nutritivos, é verdadeiramente majestosa. Embora o prazer que temos com as belas paisagens seja muitas vezes difícil de explicar em termos de utilidade, sem dúvida, contribui para nosso prazer geral. Seguimos caminhos sinuosos, sombreados pelos bosques, para chegar às casas dispersas, onde os proprietários nos cumprimentaram de forma calorosa e extremamente hospitaleira em todos os lugares por onde passamos.

Nada me agradou mais que os habitantes. Na expressão de seus rostos há uma suavidade que afasta de pronto a ideia de um selvagem; e uma inteligência que mostra que estão no caminho da civilização. Sua vestimenta é ainda incongruente; nenhum traje nacional chegou a substituir o vestuário antigo. Porém, mesmo em seu estado atual, está longe de ser tão ridícula quanto descrita por outros viajantes. Aqueles que podem usam uma camisa branca e, às vezes, uma jaqueta com um pedaço de pano colorido ao redor dos quadris, que forma um saiote curto como o chiripá dos gaúchos. Essa vestimenta é tão comum entre os chefes que provavelmente se tornará o traje nacional. Ninguém, nem mesmo a rainha, usa sapatos ou meias, e somente os chefes usam um chapéu de palha. As pessoas comuns têm as partes superiores de seus corpos descobertas quando trabalham; e, dessa forma, é possível observar melhor os taitianos. São muito altos, de ombros largos, atléticos e com membros bem-proporcionados. Alguém comentou que requer pouco costume para que a cor de pele mais escura se torne mais agradável e natural aos olhos de um europeu do que sua própria cor. Se você vê um homem branco tomando banho com um taitiano, ele se parece com uma planta branqueada pela técnica do jardineiro, não como uma que tenha crescido em campo aberto. A maioria dos homens é tatuada, e os ornamentos seguem a curvatura do corpo tão graciosamente que criam um efeito muito agradável e elegante. Uma figura comum, que varia apenas em alguns detalhes, origina-se, como se fosse uma coroa de folhas de palmeira,[415] da linha central da espinha dorsal e se curva para ambos os lados. O símile pode ser fantasioso, mas eu imaginava que o corpo de um homem assim ornamentado seria como o tronco de uma árvore nobre abraçada por uma delicada trepadeira.

Muitos dos idosos tinham os pés repletos de pequenas figuras que os cobriam como se fossem meias. Essa moda desapareceu parcialmente, no entanto, e deu lugar a outras. Aqui, a moda está longe de ser imutável, mas todo homem acaba aceitando aquela que foi predominante em sua juventude. Um homem velho tem a idade estampada em seu corpo para sempre dessa maneira, não sendo capaz de assumir a aparência de um jovem dândi. As mulheres também são tatuadas da mesma forma que os homens, e, com muita frequência, em seus dedos. Uma moda imprópria em um aspecto está se tornando universal neste momento, a saber, cortar o cabelo do topo da cabeça em uma peça redonda, ou melhor, raspá-lo de modo que sobre apenas um anel externo dele. Os missionários tentaram persuadir as pessoas a mudar esse hábito: mas é a moda. E essa resposta é boa o bastante tanto no Taiti quanto em Paris. Fiquei muito decepcionado com a aparência pessoal das mulheres; elas, em todos os aspectos, são muito inferiores aos homens. O costume de usar uma flor na parte de trás da cabeça, ou em um pequeno buraco em cada orelha, é bonito; ela costuma ser branca ou escarlate, semelhante à camélia (*Camellia japonica*, Lineu, 1753). Usam também uma espécie de coroa de folhas de coco tecidas, que serve para fazer sombra em seus olhos. Ainda mais do que os homens, as mulheres parecem precisar de um traje adequado.

Quase todos entendem um pouco de inglês, ou seja, sabem os nomes das coisas comuns; com essa ajuda, mais os gestos, conseguimos conversar de forma rudimentar. No caminho de volta para o barco, à noite, nos deparamos com uma cena encantadora. Numerosas crianças brincavam na praia cercadas pelo brilho quente das fogueiras que iluminavam o

---

415. A semelhança não é maior que aquela entre o capitel de uma coluna coríntia e o topo do Acanto. (N.A.)

mar tranquilo e as árvores próximas. Outros cantavam versos taitianos enquanto permaneciam sentados em círculo; juntamo-nos a eles. As canções eram improvisadas e, acredito, relacionavam-se com a nossa chegada: uma garotinha cantou um verso que foi separado em vozes, formando, desse modo, um coro muito bonito. Toda a experiência não nos deixou dúvidas de que estávamos, de fato, sentados às margens de uma ilha no Mar do Sul.

17 DE NOVEMBRO — Este dia está no diário de bordo como terça-feira, dia 17, em vez de segunda-feira, dia 16, devido aos nossos, até agora bem-sucedidos, cálculos solares. Antes do café da manhã, o navio foi cercado por uma flotilha de canoas, e os nativos foram autorizados a subir a bordo; suponho que não fossem menos de duzentas pessoas. Todos nós acreditávamos que teria sido difícil deixar subir o mesmo número de pessoas de quaisquer outros grupos sem ter alguns problemas a bordo. Todos trouxeram algo para vender: as conchas eram o principal item comercial. Atualmente, os taitianos entendem completamente o valor do dinheiro e preferem-no a roupas velhas ou outros artigos. No entanto, as diferentes denominações das moedas inglesas e espanholas os intrigam; além disso, não consideram as pequenas moedas de prata seguras até que sejam transformadas em dólares. Alguns chefes acumularam quantias consideráveis de dinheiro. Um deles, não faz muito tempo, ofereceu 800 dólares (160 libras esterlinas) por um pequeno navio; e, muitas vezes, compram barcos baleeiros e cavalos por valores entre 50 e 100 dólares.

Depois do café da manhã, fui à margem e subi a encosta da montanha seguinte até uma altura entre 600 e 900 metros. A topografia do território é bastante singular e pode ser entendida por meio de suas origens hipotéticas. Acredito que as montanhas interiores outrora se apresentavam como uma ilha menor no mar, e que, ao redor de seus lados íngremes, foram se acumularam fluxos de lava e leitos de sedimentos sob a água em uma massa em forma cônica. Depois de ter sido elevada, foi cortada por inúmeras ravinas profundas, todas partindo de um centro comum; as cristas intermediárias são planas e têm a mesma inclinação. Após cruzar a estreita faixa de terras habitada e fértil, segui uma dessas cristas que tinha vales muito íngremes e suaves de ambos os lados. A vegetação é interessante e composta quase exclusivamente de pequenas samambaias anãs que, mais acima, misturam-se à grama grossa. A paisagem não era muito diferente daquela das colinas do País de Gales; surpreendente era vê-la tão próxima do pomar de plantas tropicais na costa. No ponto mais alto a que cheguei, começaram a aparecer árvores novamente. Dessas três zonas de exuberância comparativa, a mais baixa deve sua umidade e, portanto, fertilidade, à sua extrema planicidade; como quase não se eleva acima do nível do mar, a água, que recebe da terra mais alta, flui de maneira bastante lenta. A zona superior se estende para um clima mais úmido, enquanto a parte intermediária é estéril por não desfrutar de nenhuma dessas vantagens. A floresta da parte superior era muito bonita; ali, as samambaias arbóreas substituem os coqueiros da costa. Não se deve, no entanto, supor que essas florestas sejam iguais às florestas do Brasil. De uma ilha não se pode esperar a grande quantidade de produtos que caracteriza um continente.

Cheguei em um local com uma boa vista da distante Ilha de Eimeo [atual Ilha Moorea], sujeita ao mesmo governante do Taiti. Nos altos cumes irregulares, havia nuvens brancas que formavam uma ilha no céu azul, como a própria Eimeo no meio do oceano azul. A ilha, exceto por uma pequena abertura, está completamente cercada por um recife. A essa distância, apenas uma linha estreita e bem-definida de branco brilhante era visível no ponto em que as ondas encontravam, pela primeira vez, a parede de corais. A água vítrea da lagoa estava dentro dessa linha; e, dela, as montanhas subiam abruptamente. O efeito era muito bonito e podia ser comparado a de uma pintura emoldurada: a moldura representava as ondas; o papel das margens, a lagoa; e o desenho, a própria ilha. Quando, à noite, desci da montanha, fui recebido por um homem a quem eu havia agradado com um presente insignificante. Ele me trouxe bananas fritas quentes, um abacaxi e cocos. Depois de caminhar sob um sol ardente, nada é mais delicioso do que a água do coco verde. Os abacaxis são tão abundantes aqui que as pessoas os comem da mesma forma displicente com qual os ingleses comem os nabos. Eles têm um sabor delicioso, talvez até melhor do que daqueles cultivados na Inglaterra, e este é, provavelmente, o maior elogio que se pode fazer a uma fruta ou mesmo a qualquer outra coisa. Antes de embarcar, fui ver o senhor Wilson, nosso tradutor, a quem sugeri, pela atenção dedicada a mim, que me acompanhasse — ele e outro homem — em uma pequena excursão pelas montanhas.

18 DE NOVEMBRO — Pela manhã, cheguei cedo à praia e trouxe comigo algumas provisões em um saco e dois cobertores, um para mim e outro para meu ajudante. Eu os amarrei às extremidades de uma trave, e assim foram carregados por meus companheiros taitianos: esses homens estão acostumados a caminhar um dia inteiro carregando até 22 quilos em cada extremidade. Eu disse aos meus guias para se abastecerem de alimentos e roupas; em relação às vestimentas, disseram que suas peles eram suficientes e, quanto às provisões, havia muita comida nas montanhas. Seguimos para o Vale de Tia-auru, no qual corre o rio que deságua no mar em Venus Point. Este é um dos maiores riachos da ilha, e sua nascente está no sopé dos picos mais altos das montanhas, que atingem uma altura de cerca de 2.100 metros. A ilha toda pode ser considerada um grupo de montanhas, de modo que a única maneira de penetrar seu interior é seguindo os vales. Nossa estrada, a princípio, atravessa a floresta que margeia o rio de ambos os lados; e os vislumbres dos elevados picos centrais que, como uma avenida, se abriam com coqueiros esparsos que se balançavam de cada lado, são excepcionalmente pitorescos. O vale logo começou a se estreitar; suas laterais foram se elevando e se tornando mais íngremes. Após uma marcha de três a quatro horas, vimos que a largura da ravina mal excedia a do leito do rio. As paredes, dos dois lados, eram quase verticais; ainda assim, pela natureza macia dos estratos vulcânicos, árvores e uma vegetação exuberante surgiram de todas as saliências proeminentes. Estes precipícios devem ter tido algumas centenas de metros de altura, e o conjunto formava um desfiladeiro muito mais magnífico do que qualquer coisa que eu já tenha visto. Até o sol do meio-dia se posicionar na vertical sobre o desfiladeiro, o ar estava fresco e úmido; mas, depois, tornava-se opressivo e abafado. Sombreados por um afloramento rochoso sob uma fachada de lava colunar, almoçamos. Meus guias já haviam pegado um prato de peixes pequenos e camarões de água doce. Eles traziam uma pequena rede esticada em um aro; e, onde havia água profunda e em redemoinhos, eles mergulhavam e, como lontras, seguiam visualmente os peixes até buracos e cantos, e então os capturavam.

Os taitianos têm a destreza dos anfíbios na água. Ellis[416] relata um incidente que destaca seu conforto nela. Em 1817, um cavalo estava sendo desembarcado para Pomare,[417] e as cordas que o seguravam arrebentaram, fazendo com que ele caísse na água. Os nativos saltaram imediatamente atrás dele, e, com seus gritos e suas tentativas fúteis de assistência, quase afogaram o animal. Entretanto, assim que o cavalo chegou à praia, toda a população fugiu e tentou se esconder do "porco-que-carrega-homem", nome dado por eles ao cavalo.

Um pouco mais acima, o rio se dividia em três pequenos córregos. Os dois do norte eram inviáveis, devido a uma série de cachoeiras que descem do cume irregular da montanha mais alta; o outro, para todos os efeitos, também parecia inacessível, porém, conseguimos subi-lo por uma estrada bastante extraordinária. Os flancos do vale eram quase verticais aqui; mas, como costuma ser o caso das rochas estratificadas, era possível encontrar pequenas projeções que estavam densamente cobertas por bananeiras selvagens, plantas da família *Liliaceae* e outros produtos exuberantes dos trópicos. Os taitianos, subindo por entre essas bordas em busca de frutas, descobriram uma trilha pela qual era possível escalar todo o precipício. A primeira subida do vale foi muito perigosa, pois era necessário passar por cima da rocha nua com a ajuda de cordas que trouxemos conosco. Não faço ideia de como alguém conseguiu descobrir que este local formidável era o único ponto em que se podia escalar a montanha. Então, caminhamos cautelosamente ao longo de uma das bordas até chegar ao córrego já aludido. Esta borda formava uma área plana, acima da qual uma bela cachoeira de cerca de 30 metros derramava suas águas; e, sob ela, outra cachoeira alta lançava-se no córrego principal. Fizemos um desvio deste recesso frio e sombreado para evitar a borda da cachoeira. Como antes, seguimos as pequenas bordas rochosas salientes; o perigo mais claro do caminho estava parcialmente escondido pela vegetação densa. Ao passarmos de uma das bordas para outra, havia uma parede de rocha vertical. Um dos taitianos, um homem bastante ativo, colocou o tronco de uma árvore contra o paredão, escalou-o e, então, buscou pequenas fendas onde

---

416. William Ellis (1794-1872) foi um missionário britânico. (N.T.)
417. Pomare II foi rei do Taiti entre 1782 e 1821. (N.T.)

se agarrar para chegar ao cume. Ele fixou as cordas em um ponto saliente e as desceu até nós; em seguida, içou um cão que nos acompanhava e, por último, nossa bagagem. Sob a borda em que a árvore morta foi colocada, o precipício devia ter entre 150 e 180 metros de profundidade; e, se o abismo não estivesse parcialmente escondido por samambaias e lírios pendentes, eu sentiria vertigem e nada faria com que eu o atravessasse. Continuamos a subir, às vezes, ao longo de bordas e, às vezes, ao longo de cumes estreitos como pontas de facas, com um abismo profundo de cada lado. Na cordilheira, vi montanhas em uma escala muito maior; mas, no que diz respeito à inclinação, nada se compara às montanhas daqui. À noite, chegamos a um pequeno ponto plano nas margens do mesmo riacho que tínhamos seguido constantemente e que desce em uma série de quedas d'água. Passamos a noite aqui. Em cada lado da ravina havia grandes campos de *feyé*, ou bananeiras-da-montanha, carregadas com frutas maduras. Muitas dessas plantas tinham entre 6 e 7 metros de altura e entre 1 e 1,5 metro de circunferência. Usando tiras de casca em vez de cordas, troncos de bambu em vez de vigas e grandes folhas de bananeira em vez de colmo, os taitianos construíram uma excelente casa em poucos minutos para nós e fizeram camas macias com as folhas murchas.

Em seguida, acenderam uma fogueira e cozinharam nossa refeição noturna. Produziram fogo ao esfregar uma vara de ponta seca em um pequeno buraco feito em outra vara, como se tivessem a intenção de aumentar o buraco, até que, finalmente, o pó foi inflamado pelo atrito. Uma madeira muito branca e leve, o *Hibiscus tiliaceus*, é usada somente para esse fim; é a mesma utilizada como trave para o carregamento de qualquer carga e como suporte de flutuação (*outrigger*) para manter a canoa estabilizada. O fogo foi produzido em poucos segundos, porém, para uma pessoa que não conhece a técnica, isso requer um grande esforço, conforme descobri antes de, finalmente e para o meu grande orgulho, conseguir transformar a poeira em fogo. O gaúcho nos Pampas usa um método diferente: ele pega uma vara elástica de cerca de 45 centímetros de comprimento, pressiona uma extremidade em seu peito, e a outra (que é pontuda), no buraco de um pedaço de madeira; em seguida, faz girar rapidamente a parte curva, como se fosse a broca de um carpinteiro. Os taitianos, após prepararem uma pequena fogueira de gravetos, colocaram vinte pedras, do tamanho de bolas de críquete, sobre a madeira em chamas. Em cerca de dez minutos, a madeira foi consumida e as pedras estavam aquecidas. Anteriormente, eles haviam embrulhado, em pequenos pacotes de folhas, pedaços de carne bovina, peixes, bananas maduras e verdes e as partes superiores do arum[418] selvagem. Esses pacotes verdes foram postos entre duas camadas de pedras quentes e cobertos com terra para que nenhuma fumaça e nenhum vapor pudessem escapar. Em cerca de um quarto de hora, tudo já estava deliciosamente cozido. Os pacotes verdes foram então colocados sobre um pano feito de folhas de bananeira, bebemos a água fresca do riacho com uma casca de coco e desfrutamos nossa refeição rústica.

Eu não conseguia olhar para as plantas ao redor sem admiração. De ambos os lados havia florestas de bananas, cujos frutos apodreciam em pilhas inteiras no chão, embora servissem como alimento de muitas maneiras. À nossa frente crescia um grande arbusto de cana-de-açúcar selvagem, e o riacho estava sombreado pelo tronco verde escuro e nodoso da *ava*,[419] tão famoso em dias passados por seus poderosos efeitos intoxicantes. Eu mastiguei um pedaço e descobri que tinha um gosto azedo e desagradável, o que levaria qualquer um a classificá-la prontamente como venenosa. Graças aos missionários, essa planta agora só cresce nessas ravinas profundas e, portanto, são inofensivas para todos. Ali por perto, vi o arum selvagem, cujas raízes, quando bem assadas, são boas para comer, e cujas folhas verdes são mais gostosas que as do espinafre. Havia o inhame selvagem e uma planta da família dos lírios chamada *Ti*, que cresce em abundância e tem uma raiz marrom macia; sua forma e seu tamanho se assemelham aos de um enorme tronco de madeira. Isso nos serviu de sobremesa, pois era tão doce quanto o melado, e de sabor agradável. Havia, além disso, várias outras frutas silvestres e plantas úteis. O pequeno córrego, além de por sua água fria, era povoado por enguias e lagostins. Eu realmente achei o cenário admirável quando comparado ao de uma área não cultivada das zonas temperadas. Senti a força da observação de que o homem, pelo menos o selvagem, cujos poderes de julgamento estão apenas parcialmente desenvolvidos, é o filho dos trópicos.

---

418. Arum é um gênero botânico, também conhecido como lírio-de-arum. (N.T.)
419. *Piper methysticum* (G. Forster), também conhecida como *kava*. (N.T.)

Quando a noite chegou ao fim, subi o curso do córrego sob a sombra escura das bananeiras. Minha caminhada foi logo interrompida por uma cachoeira de 60 a 90 metros de altura; e, mais uma vez, acima dela havia outra. Menciono todas essas cachoeiras para dar uma ideia geral do declive do terreno. O pequeno recesso onde a água caía parecia nunca ter permitido a entrada de nem mesmo um único sopro de vento. As folhas das bananeiras, úmidas pelo borrifo, eram formadas por uma borda ininterrupta, em vez de estarem rasgadas em mil pedaços, como costuma acontecer. Dali onde tínhamos visão, suspensos quase no flanco da montanha, tivemos esparsamente vislumbres das profundezas dos vales vizinhos. Os altos picos das montanhas mais internas, que chegavam a 60 graus do zênite, escondiam metade do céu noturno. Observando deste ponto de vista, foi uma experiência de tirar o fôlego testemunhar a escuridão que gradualmente envolvia os picos mais altos.

Antes de nos deitarmos para dormir, o ancião taitiano caiu de joelhos e fez uma longa oração em sua língua com os olhos fechados. Orou como faria um cristão, com reverência adequada e sem o medo do ridículo ou de qualquer ostentação de piedade. Em nossas refeições, nenhum dos homens tocava em seu alimento sem antes realizar um breve agradecimento. Os viajantes que acreditam que o taitiano só reza quando os olhos do missionário estão sobre ele deveriam ter passado aquela noite conosco na montanha. Antes do amanhecer, choveu muito, mas a grossa cobertura de folhas das bananeiras nos manteve secos.

19 DE NOVEMBRO — Ao amanhecer, após suas orações matinais, meus amigos prepararam um bom café da manhã, da mesma forma que à noite. Eles mesmos certamente consumiram grande parte dele; na verdade, eu nunca vi pessoas comerem tanto. Esses estômagos grandes devem ser o resultado do fato de que uma grande parte de sua dieta consiste em frutas e vegetais, que, em uma determinada porção, contêm relativamente poucos componentes nutritivos. Involuntariamente, eu era o culpado por meus companheiros infringirem (como fiquei sabendo mais tarde) uma de suas próprias leis e resoluções. Levei comigo um frasco de bebida alcoólica, que eles não conseguiam decidir se recusavam ou não; mas, sempre que bebiam um pouco, colocavam os dedos diante da boca e pronunciavam a

palavra "missionário". Cerca de dois anos atrás, embora o uso da *ava* fosse proibido, a embriaguez era muito prevalente devido à introdução de bebidas alcoólicas. Os missionários conseguiram convencer um punhado de cidadãos preocupados, que reconheceram o rápido declínio de sua nação, a colaborar com eles no estabelecimento de uma associação pela moderação. Por bom senso ou vergonha, todos os chefes e a rainha foram finalmente persuadidos a se juntar a essa associação. Imediatamente após, foi aprovada uma lei para que nenhuma bebida alcoólica tivesse autorização para entrar na ilha e para que aquele que vendesse ou comprasse o artigo proibido fosse punido com multa. Por uma justiça curiosa, foi concedido um certo período para que o estoque em mãos pudesse ser vendido antes da entrada em vigor da lei. Mas, quando isso aconteceu, foi realizada uma busca geral, na qual até mesmo as casas dos missionários não ficaram isentas. Toda a *ava* (como os nativos chamam as aguardentes) encontrada foi derramada. Se refletirmos sobre o efeito da falta de moderação sobre os aborígenes das duas Américas, acredito que todo simpatizante do Taiti terá uma dívida de gratidão para com os missionários. Enquanto a pequena Ilha de Santa Helena esteve sob o governo da Companhia das Índias Orientais, as bebidas alcoólicas, devido ao grande dano que haviam produzido, não podiam ser importadas; apesar disso, trazia-se vinho da região do Cabo da Boa Esperança. É um fato bastante impressionante, e não muito gratificante, que, no mesmo ano em que as bebidas alcoólicas foram autorizadas a ser vendidas naquela ilha, seu uso foi banido do Taiti pelo livre-arbítrio do povo.

    Após o café da manhã, continuamos nossa viagem. Como eu só queria ver algo do interior do país, voltamos por outro caminho que descia até o vale principal mais abaixo. Por certa distância, tomamos um caminho muito intrincado ao longo do flanco da montanha que formava o vale. Nas partes menos íngremes, passamos por extensos bosques de bananeiras silvestres. Os taitianos, com seus corpos nus e tatuados e suas cabeças ornamentadas com flores, teriam feito uma imagem magnífica dos seres humanos que habitam uma floresta antiga, particularmente quando vistos sob as sombras das árvores. Ao descermos, seguimos a linha dos cumes; estes eram extremamente estreitos e, por distâncias consideráveis, íngremes como uma escada; mas todos estavam cobertos por vegetação.

O extremo cuidado necessário para equilibrar cada passo tornava a caminhada muito cansativa. Não me canso de expressar meu espanto perante essas ravinas e esses precipícios: as montanhas podem quase ser descritas como rasgadas por uma infinidade de fendas. Ao observar a terra de uma destas cristas estreitas, o ponto de apoio era tão pequeno que o efeito devia ser semelhante a olhar a terra de um balão. Durante a descida, utilizamos as cordas apenas uma vez, no ponto em que reentramos no vale principal. Dormimos sob a mesma saliência de rochas onde havíamos almoçado no dia anterior; a noite estava linda, mas extremamente escura por causa da profundidade e da estreiteza da garganta.

Antes de realmente ter visto esta região, eu achava difícil entender dois fatos mencionados por Ellis, a saber, que, após as batalhas assassinas de tempos anteriores, os sobreviventes do lado derrotado recuavam para as montanhas, onde um punhado de homens era capaz de resistir a uma grande multidão. Certamente, no local onde o taitiano havia suspendido a velha árvore, meia dúzia de homens conseguiria ter facilmente repelido milhares. O segundo fato é que, após a introdução do cristianismo, havia selvagens que viviam nas montanhas cujas moradas afastadas eram desconhecidas dos habitantes mais civilizados.

20 DE NOVEMBRO — Partimos cedo pela manhã e chegamos a Matavai ao meio-dia. No caminho, encontramos uma multidão de homens nobres e atléticos em busca de bananas selvagens. Descobri que, por causa da dificuldade com o abastecimento de água, o navio tinha ido para o Porto de Papava, para onde parti imediatamente. Este é um local muito bonito. A enseada está cercada por recifes, e as águas são tão calmas quanto as de um lago. Os campos cultivados, com seus belos produtos, bem como os chalés, descem até a beira da água.

Depois das várias descrições que li antes de chegar a estas ilhas, desejei formar um juízo, com base em minha própria observação, sobre o seu estado moral — ainda que esse juízo fosse necessariamente muito imperfeito. As primeiras impressões sempre dependem das ideias recebidas anteriormente. Minhas noções foram extraídas das *Polynesian Researches* [Investigações Polinésias] de Ellis — um livro admirável e muito interessante que, naturalmente, aprecia tudo sob um ponto de vista favorável — e das viagens de Beechey e de Kotzebue, obras que se opõem fortemente a todo o sistema missionário. A comparação desses três relatos entre si, creio eu, nos oferece uma ideia toleravelmente correta das condições atuais do Taiti. Uma das impressões que adquiri dos relatos das duas últimas autoridades estava decididamente incorreta, a saber, que os taitianos tinham se tornado uma raça triste e que vivia com medo dos missionários. Desse último sentimento não vi vestígios, a menos que, de fato, medo e respeito se confundam sob um só nome. Além de não notar o descontentamento como um sentimento comum, seria difícil encontrar, na Europa, algum grupo de pessoas com rostos que indicassem metade da alegria e da felicidade vista aqui. A proibição da flauta e da dança é considerada injusta e tola; a celebração do *sabbath*, ainda mais séria do que a dos presbiterianos, é considerada de maneira semelhante. Sobre esses pontos não ousarei dar nenhuma opinião contrária à opinião das pessoas que vivem na ilha há tantos anos, pois eu estava lá havia apenas alguns dias.

De modo geral, a moralidade e a religiosidade dos habitantes parecem merecer todo o reconhecimento. Há muitos que atacam, ainda mais amargamente do que Kotzebue, tanto os missionários quanto todo o seu sistema e os efeitos produzidos por ele. As pessoas que usam essa lógica nunca comparam o estado atual da ilha com o de apenas vinte anos atrás, nem mesmo com o da Europa de hoje; eles o comparam apenas com o alto padrão de perfeição evangélica e esperam que os missionários consigam fazer o que nem mesmo os próprios apóstolos conseguiram. Na medida em que a condição do povo fica aquém dessa ordem elevada, atribuem a culpa ao missionário e não reconhecem com gratidão o que este último conseguiu realizar. Esquecem ou não querem se lembrar de que o sacrifício de humanos, a onipotência de um sacerdócio idólatra (um sistema de lascividade sem paralelo em todas as partes do mundo, e o infanticídio como consequência desse sistema) e as guerras sangrentas em que os vencedores não poupam mulheres nem crianças foram abolidos e eliminados, e que a desonestidade, a falta de moderação e a libertinagem foram consideravelmente reduzidas pela introdução do cristianismo. Para um viajante, esquecer-se dessas coisas seria uma ingratidão ultrajante; pois, caso naufragasse em alguma costa desconhecida, ele oraria devotamente para que as lições do missionário tivessem chegado até as bandas de seu acidente.

No que diz respeito à moralidade, tem sido dito que a virtude da mulher está bastante exposta a possíveis objeções, mas, antes de serem severamente censuradas, talvez valha a pena recordar as cenas descritas pelo capitão Cook e pelo senhor Banks nas quais as avós e as mães da geração atual desempenharam um papel importante. Os mais severos deveriam considerar quanto da moralidade das mulheres na Europa é consequência do sistema que, desde cedo, é imposto às filhas pelas mães e, em cada caso individual, consequência dos preceitos da religião. Mas é inútil argumentar contra aqueles que usam essa lógica: creio que, desapontados por não encontrar o campo da libertinagem tão aberto como antes, não querem reconhecer uma moralidade que eles próprios não desejam praticar, ou uma religião que subestimam, ou, pior, que desprezam.

DOMINGO, 22 DE NOVEMBRO — O Porto de Papete, que pode ser considerado a capital da ilha, está a cerca de 12 quilômetros de distância de Matavai, para o qual o *Beagle* havia retornado. A rainha[420] reside ali; o local, além de ser a sede do governo, também é a principal ponto de navegação. O capitão FitzRoy levou parte da tripulação até lá neste dia para a realização do culto, primeiro na língua local e depois em inglês. O senhor Pritchard, o chefe missionário da ilha, realizou o culto, que foi um espetáculo muito interessante. A capela consistia em uma grande e bem arejada estrutura de madeira; e estava excessivamente cheia de pessoas arrumadas e limpas de todas as idades e de ambos os sexos. Fiquei bastante desapontado com o aparente grau de atenção, mas acredito que minhas expectativas eram muito altas. De qualquer forma, parecia muito semelhante às capelas de uma igreja do interior da Inglaterra. O canto dos hinos era decididamente muito agradável, mas o fraseado do púlpito, embora realizado de forma fluente, não soava muito bom. Uma repetição constante de palavras, como *"tata ta, mata mai"*, o tornava monótono. Após o culto em inglês, um grupo retornou a pé para Matavai. Foi uma caminhada agradável, às vezes, ao longo da praia e, outras, sob a sombra de muitas árvores belas.

---

420. Pomare IV (1813-1877), rainha do Taiti entre 1827 e 1877. (N.T.)

Cerca de dois anos atrás, uma pequena embarcação de bandeira inglesa foi saqueada pelos habitantes das ilhas baixas, que, na época, estavam sob o domínio da rainha do Taiti. Acreditava-se que os malfeitores haviam sido incitados a este ato por algumas leis indiscretas promulgadas por Sua Majestade. O governo inglês exigiu satisfação, que foi concedida, e concordou em pagar uma quantia de quase 3 mil dólares no dia 1º de setembro passado. O comodoro em Lima instruiu o capitão FitzRoy a fazer perguntas sobre essa dívida e a exigir satisfação, caso ela ainda não tivesse sido saldada. O capitão FitzRoy solicitou uma audiência com a rainha; para considerar a questão, criou-se um parlamento no qual se reuniram todos os principais chefes da ilha e a rainha. Após o interessante relatório feito pelo capitão FitzRoy, não tentarei descrever novamente o que aconteceu aqui. O valor, ao que parece, não havia sido pago. As razões alegadas talvez fossem bastante ambíguas; além disso, nunca é demais expressar como ficamos impressionados com o bom senso extremado, a lógica, a moderação, a abertura e a rapidez decisória demonstrados por todos os envolvidos. Creio que todos nós saímos da reunião com uma opinião muito diferente daquela que tínhamos sobre os taitianos quando entramos. Os chefes e o povo decidiram subscrever e completar a soma perdida. O capitão FitzRoy salientou o quão problemático era ver a propriedade privada ser sacrificada pelos crimes dos habitantes de outras ilhas. Responderam que estavam gratos por sua consideração, mas que Pomare era sua rainha, e eles estavam determinados a ajudá-la nessa situação difícil. A resolução (bem como sua pronta execução, pois um livro foi aberto no início da manhã seguinte) ofereceu uma conclusão perfeitamente digna a essa cena muito estranha de lealdade e decência.

Quando a discussão principal foi encerrada, vários chefes aproveitaram a oportunidade para fazer ao capitão FitzRoy muitas perguntas inteligentes sobre costumes e leis internacionais relacionadas ao tratamento de navios e a estrangeiros. Em alguns pontos, assim que a decisão foi tomada, a lei foi emitida verbalmente no local. Esse parlamento taitiano durou várias horas, e, quando acabou, o capitão FitzRoy convidou a rainha para fazer uma visita ao *Beagle*.

26 DE NOVEMBRO — À medida que a noite se aproximava e uma brisa suave da terra se instalava, traçamos um rumo em direção à Nova Zelândia, despedindo-nos das montanhas do Taiti enquanto o sol descia no horizonte: a ilha para a qual todo viajante prestou sua homenagem de admiração.

19 DE DEZEMBRO — No final da tarde, vimos a Nova Zelândia ao longe. Podemos agora dizer que quase atravessamos o Oceano Pacífico. É preciso ter navegado através deste grande oceano para compreender sua vasta extensão. Avançando rapidamente semana após semana, nada se vê além do mesmo oceano azul e infinitamente profundo. Mesmo nos arquipélagos, as ilhas são meros pontos muito distantes uns dos outros. Acostumados a olhar para mapas desenhados em pequena escala, onde pontos, sombreamentos e nomes estão todos amontoados, não temos um julgamento correto de quão infinitamente pequena é a proporção entre terra seca e as águas desse grande mar. O Meridiano das Antípodas também já havia sido atravessado, e agora estávamos felizes em poder dizer a nós mesmos que, a cada metro adicional de viagem, estávamos um metro mais próximos da Inglaterra. Essas Antípodas nos remetem a velhas lembranças de dúvidas e maravilhas da infância. Ainda outro dia, eu ansiava ultrapassar essa barreira de ar como um ponto reconhecível em nosso caminho para casa; no entanto, agora percebo que todos esses pontos de tranquilidade para a imaginação são como sombras que um homem que se move adiante é incapaz de capturar. Um vendaval que durou alguns dias nos deu tempo e disposição para mensurar os estágios futuros de nossa longa viagem e para desejar muito sinceramente o seu término.

21 DE DEZEMBRO — Entramos na Baía das Ilhas de manhã cedo; entretanto, como ficamos parados perto da foz por várias horas, não chegamos ao ancoradouro até o meio-dia. A região é montanhosa, com um contorno suave, e profundamente entrecortada por numerosos braços de mar que se estendem da baía. A superfície parece, a distância, estar revestida por um pasto grosso que, na verdade, são apenas samambaias. Nas montanhas mais distantes, bem como em partes dos vales, há uma grande quantidade de bosques. A tonalidade geral da paisagem não é um

verde vivo, semelhante o da área ao sul de Concepción, no Chile. Em várias partes da baía, pequenas aldeias de casas quadradas e de boa aparência espalhavam-se perto da beira da água. Três navios baleeiros estavam ancorados; porém, com exceção destes e de algumas canoas que, de vez em quando, cruzavam de uma margem para a outra, reinava um ar de extrema quietude sobre todo o distrito. Apenas uma única canoa encostou no navio. Esse fato e o aspecto de todo o cenário proporcionaram um contraste notável, e não muito agradável, com a nossa recepção alegre e barulhenta no Taiti.

À tarde, desembarcamos em um dos maiores grupos de casas, que, ainda assim, mal merecia o nome de aldeia. Chamava-se Paihia; ali fica a residência dos missionários e, com exceção de seus empregados e trabalhadores, não há residentes nativos. Nas imediações da Baía das Ilhas, o número de ingleses, incluindo as suas famílias, chega a duzentos ou trezentos. Todas as cabanas, muitas das quais são caiadas de branco e parecem, como eu já disse, muito limpas, pertencem aos ingleses. Os casebres dos nativos são tão pequenos e insignificantes que mal podem ser notados a qualquer distância. Em Paihia, era muito agradável contemplar as flores inglesas nos jardins diante das casas; havia rosas de vários tipos, madressilvas, jasmim, goivo e sebes inteiras de rosas silvestres [*Rosa rubiginosa*].

22 DE DEZEMBRO — Saí para caminhar pela manhã e logo descobri que a região era muito inacessível. Todas as montanhas são densamente cobertas por samambaias altas e um arbusto baixo que cresce como um cipreste; além disso, há poucos terrenos desmatados e cultivados nesta vizinhança. Tentei, então, caminhar ao longo da praia; porém, apesar de tentar seguir pelos dois lados, meu caminho logo foi bloqueado por enseadas e riachos profundos de água doce. A comunicação entre os habitantes das diferentes partes da baía é (como em Chiloé) realizada quase inteiramente por intermédio de barcos. Fiquei surpreso ao descobrir que quase todas as colinas que escalei tinham sido, em algum momento do passado, fortificadas em maior ou menor grau. Os picos haviam sido cortados em degraus ou terraços sucessivos e estavam frequentemente protegidos por trincheiras profundas. Notei, mais tarde, que as montanhas mais importantes do

interior também apresentavam o contorno artificialmente modificado. Estes são os *Pas*, que o capitão Cook tantas vezes mencionou sob o nome "*Hippah*"; a diferença no som é apenas uma consequência do fato de que, neste último caso, o artigo é prefixado.

O fato de os *Pas* terem sido muito usados no passado estava evidente pelas pilhas de conchas e pelos fossos nos quais, como me disseram, as batatas-doces eram guardadas como provisão de reserva. Como não havia água nessas montanhas, não serviam para um longo cerco, mas apenas para um ataque rápido de saqueadores, contra o qual os sucessivos terraços teriam oferecido uma boa proteção. A introdução geral das armas de fogo mudou todo o sistema de guerra; assim, uma situação exposta no topo de uma colina seria atualmente pior do que inútil. O *Pas*, por causa disso, é atualmente sempre construído sobre um terreno plano. É formado por uma paliçada dupla de postes grossos e altos colocados em uma linha em zigue-zague, para que todas as partes possam ser cobertas. Dentro das fileiras de paliçadas, é lançado um monte de terra atrás do qual os defensores podem descansar em segurança ou sobre o qual podem usar suas armas de fogo. No nível do chão, pequenos arcos, às vezes, passam por essa fortificação, através dos quais os defensores podem rastejar até a paliçada para fazer o reconhecimento de seus inimigos. O reverendo W. Williams, que me fez este relato, acrescentou que, em um dos *Pas*, ele havia notado paredes transversais ou contrafortes projetando-se do interior do monte de terra. Ao perguntar ao chefe sobre o uso deles, ele respondeu que, se dois ou três de seus homens fossem baleados, seus vizinhos não veriam os corpos e, portanto, não desanimariam.

Esses *Pas* são considerados pelos neozelandeses como meios de defesa muito perfeitos, pois a força atacante nunca é tão bem disciplinada a ponto de penetrar nas paliçadas em conjunto, cortá-las e ganhar passagem. Quando uma tribo vai para a guerra, o chefe não pode ordenar que uma parte vá para cá, e outra, para lá; cada homem luta da maneira que melhor lhe agrada; assim, a aproximação individual a uma paliçada defendida por armas de fogo é vista como morte certa. É possível crer que em nenhuma outra parte do mundo haja uma raça de nativos mais guerreira do que a dos neozelandeses. Sua conduta, ao ver um navio pela primeira vez, como descrito pelo capitão Cook, ilustra muito bem isso: o ato de atirar saraivadas de pedras em um objeto tão grande e novo e sua declaração de que "venham a terra e nós mataremos e comeremos todos vocês" mostram uma ousadia incomum. Esse espírito guerreiro é evidente em muitos de seus hábitos, mesmo em suas ações mais insignificantes. Se um neozelandês é atingido, mesmo que de brincadeira, o golpe deve ser devolvido; caso que vi ocorrer com um de nossos oficiais.

Como resultado do progresso da civilização, há muito menos guerras nos dias atuais. Quando os europeus começaram a realizar suas trocas por aqui, os valores de mosquetes e munições excediam muito o de qualquer outro artigo; atualmente, a procura por eles é pequena e, de fato, são frequentemente oferecidos para venda. Entre algumas tribos do sul, no entanto, ainda há muita hostilidade. Ouvi uma anedota característica do que havia acontecido no sul há algum tempo. Um missionário encontrou um chefe e sua tribo em preparação para a guerra, seus mosquetes limpos e brilhantes e suas munições prontas. Ele conversou com eles por muito tempo sobre a inutilidade da guerra e sobre as poucas provocações tomadas como pretexto para ela. O chefe ficou consideravelmente abalado em sua decisão e parecia estar em dúvida sobre o que fazer; finalmente, ocorreu a ele que um barril de sua pólvora estava em mau estado e não poderia ser guardado por muito mais tempo. Isso foi apresentado como prova irrefutável da necessidade de declarar guerra imediatamente: a ideia de permitir que tanta pólvora boa estragasse estava fora de questão, e isso decidiu o assunto.

Foi-me dito pelos missionários que, durante a vida de Hongi,[421] o chefe que visitou a Inglaterra, o amor pela guerra era o único e permanente motivo de suas ações. A tribo da qual ele era um dos principais chefes havia sido severamente oprimida por outra tribo do Rio Tâmisa.[422] Então, os homens tiveram de fazer um juramento solene de que, quando seus filhos tivessem crescido e ganhado força suficiente, jamais perdoariam e esqueceriam essa injustiça. O cumprimento desse juramento parece ter sido o principal motivo para a ida de Hongi à Inglaterra; e, quando estava lá, este

---

421. Hongi Hika (cerca de 1772-1828) foi um chefe maori do grupo chamado Ngapuhi. Ele esteve na Inglaterra em 1820 e conheceu o rei Jorge IV e outros líderes. (N.T.)
422. Atual Rio Waihou. (N.T.)

era seu único tema. Os presentes eram valorizados somente de acordo com a forma como podiam ser convertidos em armas; das artes, somente aquelas relacionadas à fabricação de armas o interessavam. Quando estava em Sydney, Hongi, por uma estranha coincidência, encontrou o chefe hostil do Rio Tâmisa na casa do senhor Marsden:[423] ambos comportaram-se de forma muito educada, mas Hongi lhe disse que, uma vez de volta à Nova Zelândia, ele nunca deixaria de declarar guerra ao seu país. O desafio foi aceito, e Hongi, em seu retorno, cumpriu a ameaça ao pé da letra. A tribo do Rio Tamisa foi completamente dominada, e o próprio chefe a quem havia sido feita a declaração de guerra foi morto. Embora abrigasse sentimentos tão profundos de ódio e vingança, Hongi é descrito como uma pessoa de boa índole.

À noite, saí com o capitão FitzRoy e o senhor Baker, um dos missionários, para fazer uma visita a Kororadika.[424] Essa é a maior aldeia, e um dia, sem dúvida, aumentará até se tornar a capital: além de uma população nativa considerável, há muitos residentes ingleses. Estes últimos são homens de caráter bastante vil e, entre eles, há muitos condenados e fugitivos de Nova Gales do Sul. As bebidas alcoólicas são vendidas em muitos locais; toda a população se embriaga com frequência e cede a todo tipo de vício. Sendo esta a capital, é fácil formar uma opinião sobre os neozelandeses com o que se vê aqui; mas, neste caso, a estimativa estaria bastante errada. Essa pequena vila é a própria fortaleza do vício. Ainda que muitas tribos de outras regiões tenham abraçado o cristianismo, a maior parte, aqui, ainda permanece pagã. Nesses lugares, os missionários são pouco estimados; entretanto, queixam-se muito mais da conduta de seus compatriotas do que da dos nativos. É estranho, mas ouvi homens dignos dizerem que a única proteção confiável e de que precisam é a dos chefes nativos contra os ingleses.

Andamos pela aldeia, vimos muitas pessoas e conversamos com muitos homens, mulheres e crianças. Se olharmos para o neozelandês, naturalmente o comparamos ao taitiano: ambos pertencem à mesma família de pessoas. A comparação, entretanto, é muito desvantajosa para

---

423 Samuel Marsden (1765- 1838), missionário inglês. (N.T.)
424. A cidade é atualmente chamada de Kororareka ou Russell. (N.T.)

o neozelandês. Este último talvez seja superior em energia; em todos os outros aspectos, entretanto, seu caráter é de um tipo muito inferior. Um olhar para suas respectivas expressões impõe imediatamente a convicção de que um é um selvagem e o outro, uma pessoa civilizada. Seria inútil procurar, em toda a Nova Zelândia, uma pessoa com o rosto e a expressão do velho chefe taitiano Utamme. Sem dúvida, a maneira extraordinária com que a tatuagem é aqui praticada oferece uma expressão desagradável aos seus semblantes. As figuras complicadas, mas simétricas, que cobrem todo o rosto intrigam e enganam um olho não acostumado. Além disso, é provável que as incisões profundas, que destroem a forma dos músculos superficiais, deem a eles um ar de inflexibilidade rígida. Também trazem um brilho no olhar que não pode sugerir nada a não ser desvio e ferocidade. São altos e corpulentos, e, em elegância, sua aparência não é comparável com a das classes trabalhadoras do Taiti.

Tanto suas pessoas quanto suas casas são imundas e nojentas: a ideia de lavar seus corpos ou suas roupas nunca parece ocorrer a eles. Vi um chefe vestindo uma camisa preta e de feltro com sujeira; e, quando lhe perguntaram por que estava tão suja, ele respondeu com surpresa: "Você não percebeu que é uma camisa velha?". Alguns dos homens vestem camisas, mas a vestimenta comum consiste em um ou dois grandes cobertores de lã, geralmente pretos e sujos, que ficam jogados sobre os ombros de uma maneira muito desconfortável e desajeitada. Alguns dos principais chefes possuem ternos decentes de pano inglês, mas estes só são usados em ocasiões importantes.

Considerando o número de estrangeiros residentes na Nova Zelândia e a quantidade de comércio que lá se realiza, a condição de governo do país é bastante notável. É, entretanto, incorreto usar o termo governo em um local onde isto simplesmente não existe. O território está bem dividido entre várias tribos independentes umas das outras. As tribos são formadas por homens livres e escravos capturados nas guerras, e a terra é comum a todos os nascidos livres, ou seja, cada um pode ocupar e cultivar qualquer parte do território que esteja livre. Desse modo, em uma venda de terras, todas essas pessoas devem receber parte do pagamento. Entre os homens livres, sempre haverá alguém que, por suas riquezas, por seus talentos ou por descender de alguma personalidade famosa, assumirá a liderança e, com isso, poderá ser considerado chefe. Mas, se a tribo toda fosse reunida e questionada sobre seu chefe, ninguém seria reconhecido como tal. Sem dúvida, em muitos casos, certos indivíduos são muito influentes; mas, pelo que pude entender do sistema, seu poder não é legítimo. Tampouco a autoridade de um senhor sobre seu escravo ou de um pai sobre seu filho parece ser regulada por algum tipo de costume comum. É claro que não existem leis da forma como as conhecemos: certas linhas de ação são geralmente consideradas corretas, e outras, erradas: quando esses costumes são infringidos, a pessoa lesada e sua tribo, caso tenham poder, buscam por algum tipo de retribuição, caso contrário, elas guardam a lembrança do mal sofrido para que possam se vingar no futuro. Se, em uma escala de governo, pusermos os fueguinos na posição zero, a Nova Zelândia estará alguns graus acima; e o Taiti, mesmo antes da chegada dos europeus, ocuparia um ponto alto e respeitável.

23 DE DEZEMBRO — Em um lugar chamado Waimate, a cerca de 24 quilômetros da Baía das Ilhas e a meio caminho entre as costas leste e oeste, os missionários compraram algumas terras para fins agrícolas. Fui apresentado ao reverendo W. Williams, que, após eu ter expressado o desejo, me convidou para lhe fazer uma visita. O senhor Bushby, o residente inglês, se ofereceu para me levar em seu barco por uma pequena enseada onde eu veria uma bela cachoeira e, assim, encurtaria minha caminhada. Ele também me providenciou um guia. Quando ele pediu a um chefe vizinho para lhe recomendar um homem, o próprio chefe se ofereceu, mas sua ignorância sobre o valor do dinheiro era tão completa que ele primeiro perguntou quantas libras eu lhe daria; mais tarde, porém, ele ficou bastante satisfeito com 2 dólares. Quando mostrei ao chefe um pacote muito pequeno que precisava ser carregado por alguém, ele considerou absolutamente necessário levar um escravo para esse fim. Estes sentimentos de orgulho começam agora a desaparecer, mas, em tempos passados, um homem de influência teria preferido morrer a ter de enfrentar a degradação de carregar até mesmo um pequeno pacote. Meu companheiro era um homem leve e ativo, vestido com um cobertor sujo e com o rosto completamente tatuado. Ele já

havia sido um grande guerreiro. Parecia estar em termos muito amigáveis com o senhor Bushby, mas tiveram, em vários momentos, brigas violentas. O senhor Bushby afirmou que um pouco de ironia silenciosa muitas vezes silenciaria qualquer um desses nativos em seus momentos mais ruidosos. Certa feita, o chefe foi até o senhor Bushby e o reprimiu, dizendo-lhe de forma intimidante: "Um grande chefe, um grande homem, um amigo meu, veio me visitar, você deve lhe dar algo bom para comer, alguns presentes bonitos, etc.". O senhor Bushby deixou que ele terminasse de falar e depois, calmamente, lhe respondeu: "O que mais seu escravo pode fazer por você?". O homem, então, de imediato, cessou sua fanfarronice com uma expressão muito cômica.

Há algum tempo, o senhor Bushby teve de suportar um ataque muito mais sério. Um chefe e um grupo de homens tentaram invadir sua casa no meio da noite; percebendo que isso não seria algo tão fácil, eles rapidamente começaram a atirar com suas espingardas. O senhor Bushby ficou levemente ferido, mas o grupo foi finalmente expulso. Pouco tempo depois, o culpado apareceu e foi convocada uma reunião geral dos chefes para resolver o assunto. Foi considerado muito indigno pelos neozelandeses, pois foi um ataque noturno e a senhora Bushby estava doente em casa: de forma bastante honrada, esta última circunstância é considerada protetora em todos os casos. Os chefes concordaram em confiscar as terras do agressor para o rei da Inglaterra. Todo o processo, no entanto, desde o julgamento até a punição de um chefe, era inteiramente sem precedentes. Além disso, o culpado perdeu a estima de seus pares, e isso os ingleses consideraram mais significativo do que o confisco de suas terras.

Quando o barco estava se afastando, entrou nele um segundo chefe, que só queria desfrutar da diversão de uma viagem de barco para cima e para baixo na pequena enseada. Nunca vi expressão mais horrível e feroz do que a daquele homem. Lembrei-me imediatamente de que devo ter visto a imagem dele em algum lugar; ela pode ser encontrada nos esboços de Retzsch[425] para a balada de *Fridolin*, de Schiller,[426] em que

---

425. Friedrich August Moritz Retzsch (1779-1857), pintor alemão. (N.T.)
426. Friedrich Schiller (1759-1805) foi poeta, historiador, médico e um dos precursores do romantismo alemão. Publicou, em 1824, a balada *Fridolin*, baseada em um conto tradicional. Na balada de Schiller, Robert é um caçador que fica com inveja da atenção que a condessa

dois homens estão empurrando Robert para jogá-lo no alto-forno. Trata-se do homem que está com o braço no peito de Robert. A fisionomia aqui falava a verdade: este chefe tinha sido um notório assassino e, além disso, era um covarde bem-conhecido. No ponto em que desembarcamos, o senhor Bushby me acompanhou por algumas centenas de metros. Não pude deixar de admirar a fria insolência do velho canalha, que, deitado no barco, gritou para o senhor Bushby: "Não demore, ficarei cansado de esperar aqui".

Começamos agora nossa caminhada. A estrada ficava ao longo de um caminho bem trilhado, delimitado de cada lado pela samambaia alta que cobre toda a região. Depois de caminhar alguns quilômetros, chegamos a um pequeno vilarejo rural onde havia algumas choupanas próximas umas das outras e algumas áreas de terra plantadas com batatas. A introdução da batata foi um dos benefícios mais importantes para a ilha; atualmente, é muito mais utilizada do que qualquer outra cultura nativa. A Nova Zelândia tem a grande vantagem natural de os nativos não terem como morrer de fome. A região inteira está coberta de samambaias, e as raízes dessa planta, embora não muito palatáveis, contêm muitos nutrientes. Um nativo pode sempre viver delas, assim como dos mariscos, que são abundantes em toda a área litorânea. Os vilarejos se destacam principalmente por suas plataformas, erguidas sobre quatro postes, de 3 a 3,5 metros acima do solo, e sobre as quais os produtos dos campos ficam protegidos contra quaisquer acidentes.

Ao nos aproximarmos de uma das cabanas, me divertiu muito ver a cerimônia de esfregar ou, como deveria ser chamada mais apropriadamente, apertar os narizes realizada de forma adequada. Assim que chegamos mais perto, as mulheres começaram a murmurar algo em uma voz muito melancólica, depois, se agacharam e mantiveram seus rostos levantados; meus companheiros, de pé diante delas, colocaram seus narizes em ângulo reto com os delas e começaram a pressionar. No geral, isso levou um pouco mais de tempo do que um aperto de mão sincero entre nós; e, assim como variamos a força com que apertamos

---

dedica a Fridolin e tenta semear a dúvida e a suspeita na mente do conde sobre a fidelidade de sua esposa, mas sem sucesso. (N.T.)

as mãos, eles também o fazem ao pressionar o nariz. Durante todo o processo, eles deixam sair um grunhido suave, quase da mesma forma que dois porcos fazem quando se esfregam um no outro. Notei que o escravo também pressionou seu nariz com todos os que conheceu, sem distinção se o fez antes ou depois de seu amo, o chefe. Embora, entre esses selvagens, o chefe tenha poder absoluto sobre a vida e a morte de seu escravo, há uma completa falta de cerimônia entre eles. O senhor Burchell observou a mesma coisa entre os bachapins selvagens na África do Sul. Nos lugares em que a civilização avançou até certo ponto, como no Taiti, certas formalidades logo aparecem entre os diferentes níveis da sociedade. Por exemplo, antigamente, na ilha citada, todos eram obrigados a se despir até a cintura na presença do rei.

Depois que a cerimônia de pressionar os narizes foi realizada com todos os presentes, sentamo-nos em círculo em frente a uma das casas e descansamos por cerca de meia hora. Todas as cabanas têm quase as mesmas formas e dimensões e são muito sujas. Assemelham-se a um estábulo com uma das extremidades aberta; um pouco mais para dentro há uma divisória com um buraco quadrado nela que, assim, separa uma parte e cria um pequeno cômodo escuro. Os habitantes guardam nessa parte interna todas as suas propriedades, e ali dormem quando está frio. Entretanto, se alimentam e passam o tempo na parte aberta da frente.

Após meus guias terem terminado de fumar seus cachimbos, continuamos nossa marcha. O caminho nos conduziu novamente através da mesma terra ondulada que estava coberta de samambaias de maneira uniforme. À nossa direita, tínhamos um rio serpenteante, margeado por árvores e, aqui e ali, nas encostas das montanhas, havia bosques isolados. Toda a paisagem, apesar de sua coloração verde, apresentava uma aparência desolada. A abundância de samambaias pode dar a impressão de esterilidade, mas isto não é totalmente exato, pois, onde quer que as samambaias cresçam espessas e altas, a terra se torna fértil por meio do cultivo. Alguns dos ingleses que vivem aqui acreditam que toda essa vasta região aberta estava originalmente coberta por uma floresta que foi, posteriormente, desmatada pelo fogo. Diz-se que, quando escavamos as partes mais áridas, é comum encontrar pedaços do tipo de resina que flui do pinheiro *kauri*. Os nativos tinham um motivo evidente para derrubar as árvores da área, pois a samambaia, que havia sido parte de sua alimentação básica, floresce melhor em uma região assim. A ausência quase total de gramíneas gregárias, uma característica tão peculiar da vegetação desta ilha, pode ser explicada pela probabilidade de os espaços abertos terem sido criados pela atividade humana, enquanto o estado natural da terra se destinava a ser florestada.

O solo é vulcânico; em vários lugares encontramos lavas porosas e com escórias, e em várias das montanhas mais próximas observamos formas distintas de crateras. Embora a paisagem não seja muito bela, com exceções de um ou outro ponto, eu apreciei a caminhada. O passeio teria sido melhor se meu companheiro, o chefe, não tivesse uma capacidade tão extraordinária de conversação. Como eu só conhecia três palavras — "bom", "mau" e "sim" —, respondi a cada comentário dele usando-as, mas sem realmente compreender o que ele dizia. Isso, no entanto, foi suficiente. Fui um bom ouvinte, e ele, uma pessoa agradável, que não deixou de falar comigo nem por um instante.

Finalmente chegamos a Waimate. Depois de percorrer tantos quilômetros de uma terra desabitada e inútil, foi extremamente bom ver o súbito aparecimento de uma fazenda inglesa e seus campos bem-cuidados, que pareciam ter sido todos colocados ali pelos encantos de uma varinha mágica. Como o senhor Williams não estava em casa, encontrei uma recepção calorosa na casa do senhor Davies. Depois de tomarmos chá na companhia de sua família, demos um passeio por sua fazenda. Em Waimate, há três grandes casas onde vivem os missionários, os senhores Williams, Davies e Clarke; perto delas estão as cabanas dos operários nativos. Em uma encosta adjacente, havia belos campos de cevada e trigo já crescidos, e, em outra parte, campos de batatas e trevos. Não vou tentar descrever tudo o que vi aqui; havia grandes jardins com todas as frutas e verduras que a Inglaterra produz e, também, muitas que se desenvolvem em um clima mais quente. Por exemplo, espargos, feijões, pepinos, ruibarbo, maçãs, peras, figos, pêssegos, damascos, uvas, azeitonas, groselhas, lúpulo, vassouras, tojos e carvalhos ingleses, assim como muitos tipos de flores. Ao redor do pátio da fazenda havia estábulos, um celeiro com sua debulhadeira, uma forja de ferreiro e, no chão, lâminas de arado e outras ferramentas: no meio havia aquela mistura feliz de porcos e aves, todos deitados confortavelmente lado a lado, como em uma fazenda inglesa. A uma distância de algumas centenas de metros, onde a água de um pequeno riacho havia sido represada em uma lagoa, construiu-se um grande moinho.

Tudo isso é muito surpreendente quando se considera que, há cinco anos, aqui não florescia nada exceto samambaias. Além disso, a mão de obra nativa, ensinada pelos missionários, efetuou essa mudança: a lição do missionário é a própria varinha mágica. A construção das casas, o emolduramento das janelas, a aragem dos campos e até mesmo o enxerto das árvores, tudo foi realizado pelos neozelandeses. No moinho, vimos um desses homens que, como seu irmão moleiro na Inglaterra, estava todo polvilhado de farinha branca. Quando observei essa cena inteira, achei-a admirável. Não foi apenas o fato de a Inglaterra ter sido trazida vividamente à minha mente, ainda que os sons nativos do cair da noite, os campos de grãos, o campo ondulante lá fora com suas árvores pudessem ser facilmente confundidos com alguma parte dela; tampouco foi a sensação triunfante de ver o que os ingleses podiam produzir. Foi algo muito maior: o objetivo para o qual esse trabalho havia sido realizado, isto é, o efeito moral sobre os aborígenes deste belo país.

O sistema missionário aqui me parece diferente daquele do Taiti, onde se dá muito mais atenção à instrução religiosa e à melhoria direta da mente; aqui, ele está mais voltado para as artes da civilização. Não duvido de que, em ambos os casos, o mesmo objeto seja mantido em vista. A julgar apenas pelo sucesso, eu deveria inclinar-me para o lado do Taiti; provavelmente, no entanto, cada sistema deve ser adaptado ao país onde é implementado. O espírito do taitiano é certamente de ordem superior; e, por outro lado, o neozelandês, que não tem à sua disposição as frutas (banana e fruta-pão) em árvores que sombreiem sua casa, naturalmente precisou voltar sua atenção para as artes. Ao comparar o estado da Nova Zelândia com o do Taiti, deve-se sempre lembrar que, devido às respectivas formas de governo dos dois países, os missionários, aqui, tiveram uma tarefa significativamente mais árdua. O revisor das viagens do senhor Earle no *Quarterly Journal*, ao apontar uma linha de conduta mais vantajosa para os missionários, considera que, proporcionalmente a outros temas, se tem dado muita atenção à instrução religiosa. Como essa opinião difere da minha, qualquer terceira pessoa que ouça os dois lados provavelmente concluirá que os missionários talvez tenham sido os melhores juízes sobre o tema e escolhido a opção mais correta.

Alguns jovens que estavam empregados na fazenda foram educados pelos missionários e salvos da escravidão por eles. Eles vestiam camisa, jaqueta e calças e tinham uma aparência respeitável. A julgar por uma pequena anedota, imagino que são jovens honestos. Ao caminhar pelos campos, um jovem trabalhador aproximou-se do senhor Davies e lhe entregou uma faca e brocas, dizendo-lhe que as tinha encontrado na estrada e que não sabia a quem pertenciam! Esses jovens e meninos pareciam muito felizes e bem-humorados. À noite, vi um grupo deles jogando críquete: quando pensei na seriedade sombria de que os missionários foram acusados, fiquei feliz ao ver um de seus próprios filhos participando tão ativamente dos jogos. Uma mudança mais decidida e agradável se manifestou nas moças, que agiam como trabalhadoras domésticas. Sua aparência limpa, arrumada e saudável, como a das empregadas leiteiras na Inglaterra, formava um contraste maravilhoso com as mulheres das choupanas imundas de Kororadika (Russell). As esposas dos missionários tentaram persuadi-las a não se tatuar, mas, como um famoso tatuador havia chegado do sul, elas disseram: "Na verdade, faremos apenas algumas linhas em nossos lábios, senão, quando envelhecermos, eles murcharão e ficaremos muito feias".

A tatuagem não é tão praticada quanto antigamente, mas como é um sinal de distinção entre o chefe e o escravo, e é possível que não caia em desuso por agora. É tão fácil nos acostumarmos com um conjunto de ideias que, mesmo aos olhos dos missionários, segundo eles mesmos, um rosto limpo já não lhes parecia tão bom como o de um cavalheiro neozelandês.

No final da tarde, fui à casa do senhor Williams, onde passei a noite. Encontrei ali um grupo muito grande de crianças reunido para o dia de Natal. Todas estavam sentadas à volta de uma mesa de chá. Nunca vi um grupo mais simpático ou mais alegre: e pensar que isso estava ocorrendo no centro da terra do canibalismo, do assassinato e de todos os crimes atrozes! A cordialidade e a felicidade tão claramente retratadas nos rostos do pequeno círculo pareciam ser igualmente sentidas pelas pessoas mais velhas da missão.

24 DE DEZEMBRO — Pela manhã, foram lidas as orações na língua nativa para toda a família. Depois do café da manhã, divaguei pelos jardins e pela fazenda. Este era um dia de feira, no qual os nativos das aldeias vizinhas trazem suas batatas, milho ou porcos para trocar por cobertores de lã, tabaco e, às vezes, pelo convencimento dos missionários, sabão. O filho mais velho do senhor Davies, que administra uma fazenda própria, é o homem de negócios no mercado. Os filhos dos missionários, que vieram quando jovens para a ilha, entendem a língua melhor que seus pais e conseguem que tudo seja feito mais rapidamente pelos nativos.

Um pouco antes do meio-dia, os senhores Williams e Davies foram comigo a uma parte da floresta próxima para me mostrar o famoso pinheiro *kauri*. Eu medi uma dessas árvores nobres, em uma parte que não estava alargada perto das raízes, e descobri que tinha 9,5 metros de circunferência. Havia outra, que não vi, com cerca de 10, e ouvi falar de uma com nada menos que 12 metros. Essas árvores são particularmente notáveis por causa de seus troncos cilíndricos lisos (e sem galhos) que, com um diâmetro quase igual, se elevam a uma altura de 18 a 27 metros. A copa dessa árvore, com suas ramificações irregulares, é pequena e desproporcional em relação ao tronco, e a folhagem é igualmente diminuta em comparação com os ramos. A floresta, aqui, consistia quase inteiramente em árvores *kauri*, e as maiores árvores, devido ao paralelismo de seus lados, se erguiam como colunas de madeira gigantes. A madeira dessa árvore é o produto mais valioso da ilha; além disso, há uma grande quantidade de resina escorrendo de sua casca, coletada e vendida aos americanos a 1 centavo cada 450 gramas, mas seu uso é mantido em segredo.

Nos arredores da floresta, vi o linho da Nova Zelândia que crescia nos pântanos: este é seu segundo produto de exportação mais importante. A planta se assemelha, de certa forma (mas não botanicamente), à *Iris*; a superfície inferior da folha é revestida por uma camada de fibras fortes e sedosas; a parte superior é formada por uma matéria vegetal verde que pode ser raspada com uma concha quebrada; e o cânhamo permanece nas mãos da trabalhadora. Há várias outras árvores bonitas na floresta além do *kauri*. Vi um número de belas samambaias e também ouvi falar de palmeiras. Algumas das florestas da Nova Zelândia devem ser extraordinariamente densas. O senhor Matthews disse-me que, apesar de a floresta que separa dois distritos habitados ter apenas 55 quilômetros de largura, só recentemente havia sido atravessada pela primeira vez. Ele e outro missionário, cada um com um grupo de cerca de cinquenta homens, comprometeram-se a abrir uma estrada: mas isso custou-lhes mais de quinze dias de trabalho! Na floresta, vi pouquíssimos pássaros. No que diz respeito aos animais, é um fato muito notável que uma ilha tão grande — estendendo-se por mais de 1.120 quilômetros de latitude e com 145 quilômetros de largura em muitos lugares — com hábitats variados, um belo clima e todo tipo de elevação (que chega a 4.250 metros) não tenha, com exceção de um pequeno rato, espécies nativas. Afirma-se, também, que o rato norueguês comum destruiu, no curto espaço de dois anos, as espécies da Nova Zelândia nesta extremidade norte da ilha. Em muitos lugares, notei vários tipos de ervas daninhas que, como os ratos, fui forçado a ver como conterrâneas. Uma espécie de alho-poró, no entanto, que agora cobre distritos inteiros e ainda será muito problemático, foi importado recentemente de um navio francês. A azedinha [*Rumex acetosa* L.] está amplamente difundida, e receio que para sempre será uma prova da malandragem de um inglês que vendeu suas sementes como se fossem de tabaco.

Ao voltar para casa de nossa agradável caminhada, jantei com o senhor Williams. Depois, me emprestaram um cavalo e voltei para a Baía das Ilhas. Deixei os missionários, agradecido por sua amável recepção e cheio de respeito por sua natureza honrada, prestativa e sincera. Acredito que seria difícil encontrar um grupo de homens mais adequado para a importante função que exercem.

DIA DE NATAL — Dentro de alguns dias, completaremos quatro anos fora da Inglaterra. Nosso primeiro Natal passamos em Plymouth; o segundo, na Baía de Saint Martin, perto do Cabo Horn; o terceiro, em Puerto Deseado, na Patagônia; o quarto, ancorado em um porto acidentado na Península de Três Montes; o quinto, aqui; e o próximo, se tudo der certo, será na Inglaterra. Assistimos à missa na capela de Paihia; parte do serviço foi lida em inglês e parte na língua neozelandesa.

Tanto quanto pude entender, a maioria das pessoas do norte da ilha professa o cristianismo. É curioso notar que mesmo a religião daqueles que não professam o cristianismo tenha sido modificada e agora seja em parte cristã e, em parte, pagã. Além disso, a fé cristã é tão excelente que, segundo dizem, a conduta exterior, mesmo dos incrédulos, foi certamente aprimorada pela propagação de suas doutrinas. É indubitável, no entanto, que ainda existe muita imoralidade, que há muita gente que não hesitaria em matar um escravo por uma ofensa insignificante e que a poligamia ainda é comum, na verdade, acredito, generalizada.

Não ouvimos falar de nenhum ato recente de canibalismo; o senhor Stokes, contudo, encontrou ossos humanos queimados, espalhados ao redor de uma antiga fogueira, em uma pequena ilha perto do ancoradouro: esses restos de algum banquete tranquilo podem, de fato, estar lá há vários anos. Não obstante os fatos acima, é provável que o estado moral do povo melhore rapidamente. O senhor Bushby mencionou uma anedota agradável como prova da sinceridade de alguns, pelo menos daqueles que professam o cristianismo. Um de seus rapazes, que estava acostumado a ler orações para o resto dos servos, o havia deixado. Várias semanas mais tarde, quando, por acaso, passou por uma casa periférica no final da noite, ele viu e ouviu um de seus homens lendo a Bíblia para os outros com dificuldade pela luz da fogueira. Depois disso, o grupo se ajoelhou e orou: em suas orações, eles mencionaram o senhor Bushby e sua família, bem como os missionários, cada um separadamente em seu respectivo distrito.

26 DE DEZEMBRO — O senhor Bushby se ofereceu para levar a mim e ao senhor Sulivan em seu barco alguns quilômetros rio acima até Kawakawa e, depois, propôs que caminhássemos até a aldeia de Waiomio, onde há algumas rochas curiosas. Seguindo um dos braços da baía, pudemos desfrutar da agradável remada por belas paisagens até chegarmos a um vilarejo além do qual o barco não podia continuar. Deste lugar, um chefe e um grupo de homens se ofereceram para caminhar conosco até Waiomio, que estava a uma distância de 6,5 quilômetros. O chefe era, nessa época, bastante conhecido por ter enforcado recentemente, por adultério, uma de suas esposas e um escravo. Quando um dos missionários o reprovou, ele pareceu muito surpreso e disse que acreditava ter seguido exatamente o método inglês. O velho Hongi, que, por acaso, estava na

Inglaterra durante o julgamento da rainha,[427] expressou grande desaprovação com todo o processo: ele disse que tinha cinco esposas e que preferia cortar a cabeça de todas elas do que ficar muito preocupado com uma delas. Saindo desta aldeia, cruzamos para outra, que estava situada na encosta de uma montanha a uma curta distância. A filha de um chefe, que ainda era pagão, havia morrido aqui cinco dias antes. A choupana em que ela havia morrido tinha sido queimada até o chão: seu corpo foi fechado entre duas pequenas canoas, colocado de pé no chão e protegido por uma cerca com imagens de madeira de seus deuses; por fim, o conjunto foi pintado de vermelho vivo para que ficasse visível de longe. Seu vestido foi preso ao caixão, e seu cabelo, após cortado, foi colocado aos seus pés. Os parentes da família haviam rasgado a carne de seus braços, corpos e rostos, de modo que estavam cobertos de sangue coagulado; e as velhas pareciam objetos extremamente imundos e nojentos. No dia seguinte, alguns dos oficiais visitaram o local e encontraram as mulheres ainda chorando e se cortando.

Continuamos nossa caminhada e logo chegamos a Waiomio. Encontrei aqui algumas massas singulares de calcário que se assemelham a castelos em ruínas. Essas rochas, há muito, servem como locais de sepultamento e, em consequência, são consideradas sagradas. Um dos rapazes gritou "sejamos todos corajosos" e correu adiante. Mas, quando eles estavam a uns cem metros de distância, todo o grupo mudou de ideia e parou repentinamente. Enquanto isso, eles nos deixam examinar todo o local com total indiferença. Nesta vila descansamos por algumas horas, durante as quais houve uma longa discussão com o senhor Bushby a respeito do direito de venda de certas terras. Um senhor velho, que parecia um perfeito genealogista, fez uma representação dos vários proprietários sucessivos por meio de gravetos fincados no chão. Antes de sairmos de casa, cada um de nós recebeu uma pequena cesta cheia de batatas-doces assadas e, de acordo com o costume, as levamos conosco para comer no caminho. Notei que havia um escravo entre as mulheres empregadas como cozinheiras: deve ser muito humilhante ser homem neste país guerreiro e realizar o trabalho que é considerado o mais degradante para

---

427. Julgamento da rainha Caroline (1768-1821), esposa de Jorge IV, em 1820. (N.T.)

uma mulher. Não é permitido aos escravos ir à guerra, mas isso mal pode ser considerado uma dificuldade. Ouvi falar de um pobre miserável que, durante as hostilidades, fugiu para o grupo oposto; sendo recebido por dois homens, ele foi imediatamente apreendido; como não concordavam sobre a quem ele deveria pertencer, cada um deles ficou sobre o escravo com uma machadinha de pedra, e pareciam determinados a que o outro, pelo menos, não o levasse vivo. O pobre homem, meio morto de medo e ansiedade, foi salvo apenas pela persuasão da esposa de um chefe. Depois, desfrutamos de uma agradável caminhada de volta ao barco, mas não chegamos ao navio até tarde da noite.

30 DE DEZEMBRO — À tarde, saímos da Baía das Ilhas em direção a Sydney. Acho que todos nós ficamos felizes em deixar a Nova Zelândia. Não é um lugar agradável. Entre os nativos, não existe aquela simplicidade encantadora que se encontra no Taiti; e a maioria dos ingleses é o próprio lixo da sociedade. Nem o país, em si, é atraente. Só vejo um ponto brilhante quando olho para trás, que é Waimate e seus habitantes cristãos.

CAPÍTULO XXI

Sydney — Prosperidade — Excursão a Bathurst — Aspecto das florestas — Grupo de nativos — Extinção gradual dos aborígenes — Montanhas azuis — Tábua de revestimento — Vista de um grande vale semelhante a um golfo — Fazenda de ovelhas — Formiga-leão — Bathurst, civilidade geral das camadas inferiores — Estado da sociedade — Terra de Van Diemen [Tasmânia] — Cidade de Hobart — Aborígenes, todos banidos — Monte Wellington — Estreito do Rei Jorge — Aparência alegre do país — *Bald Head*, moldes calcários como galhos de árvores — Grupo de nativos — Partida da Austrália

AUSTRÁLIA

12 DE JANEIRO DE 1836 — No início da manhã, um vento leve nos levou à entrada de *Port Jackson* [atual Baía de Sydney]. No entanto, em vez de uma exuberante paisagem rural salpicada de casas elegantes, fomos recebidos por uma linha reta de falésias amareladas que nos fazia lembrar da costa da Patagônia. Apenas um farol solitário, construído com pedras brancas, nos indicava que estávamos perto de uma cidade grande e populosa. Uma vez dentro do porto, fomos recebidos com uma visão espaçosa e impressionante. No entanto, o terreno plano ao longo das margens do penhasco exibia estratos de arenito nus e horizontais cobertos de árvores finas e arbustivas que indicavam uma esterilidade inútil. Prosseguindo mais para o interior, a paisagem melhorou, e encontramos vilas encantadoras e aconchegantes casas de campo espalhadas ao longo da praia. Ao longe, os

edifícios de pedra de dois e três andares de altura e os moinhos de vento na margem da encosta sinalizavam a proximidade da capital australiana.

Finalmente ancoramos na Baía de Sydney. A pequena bacia estava ocupada por muitos navios grandes e cercada por armazéns. À noite, caminhei pela cidade e voltei cheio de admiração por tudo que vi. O local é um testemunho magnífico da força da nação britânica. Aqui, em uma região menos promissora, algumas décadas fizeram mais do que o mesmo número de séculos na América do Sul. Meu primeiro sentimento foi o de me congratular por ser inglês. Mais tarde, ao ver mais da cidade, talvez minha admiração tenha diminuído um pouco, mas, ainda assim, a cidade continua sendo bonita: as ruas são regulares, largas, limpas e mantidas em excelente ordem, as casas são de um tamanho justo, e as lojas, bem supridas. Pode ser fielmente comparada aos grandes subúrbios, que se estendem de Londres e algumas outras grandes cidades da Inglaterra: mas nem mesmo perto de Londres ou Birmingham há uma aparência de crescimento tão rápido. O número de casas grandes recém-construídas e outras em construção era verdadeiramente surpreendente; no entanto, todos se queixavam dos aluguéis muito caros e da dificuldade em adquirir uma casa. Nas ruas havia *gigs* [carruagens descobertas de duas rodas], fáetons [pequenas carruagens de quatro rodas, altas e descobertas] e carruagens com servos uniformizados; e, entre estas últimas, muitas estavam extremamente bem-equipadas. Tendo vindo da América do Sul, onde cada indivíduo rico das cidades é conhecido, nada me surpreendeu mais do que não ser capaz de identificar o dono de uma determinada carruagem.

Muitos dos moradores mais antigos dizem que costumavam conhecer todos os rostos da colônia; atualmente, no entanto, será uma sorte encontrar um rosto conhecido durante um passeio matinal. Sydney tem uma população de 23 mil habitantes que está aumentando rapidamente: a cidade deve ter muitas riquezas. Parece que um homem de negócios dificilmente deixa de fazer uma grande fortuna. Por todos os lados, vi belas casas: uma construída a partir dos lucros obtidos com os navios a vapor, outra, dos advindos da construção civil, e assim por diante. Dizem que um leiloeiro, ex-prisioneiro, pretendia voltar para casa com 100 mil libras. Outro tem uma renda tão grande que quase ninguém se aventura a adivinhar a quantidade — o menor valor informado foi de 15 mil por ano.

Mas os dois fatos mais importantes são: primeiro, que a receita pública aumentou 60 mil libras durante este último ano; e, segundo, que menos de um acre de terra dentro da cidade de Sydney foi vendido por 8 mil libras esterlinas.

Alistei os serviços de um homem e seus dois cavalos para que me oferecessem suporte até Bathurst, um vilarejo localizado a aproximadamente 190 quilômetros, no interior, centro de uma vasta região pastoral. Eu esperava que essa viagem me proporcionasse uma compreensão abrangente da paisagem. No dia 16 de janeiro pela manhã, embarquei nessa expedição. A primeira parada nos levou até Paramatta, uma pequena cidade do interior quase tão importante quanto Sydney. As estradas eram excelentes e foram construídas de acordo com o princípio de MacAdam;[428] para esse fim, foram trazidas pedras basálticas de uma distância de vários quilômetros. A estrada parecia bastante frequentada por todos os tipos de carruagens; cheguei a ver duas diligências. Em todos esses aspectos, havia uma grande semelhança com a Inglaterra; aqui, entretanto, parece haver um maior número de bares. Os acorrentados, ou grupos de condenados, que aqui cometeram algum delito insignificante, pouco pareciam com os da Inglaterra: trabalhavam acorrentados e vigiados por guardas armados. O poder que, por meio do trabalho forçado, o governo detém de abrir rapidamente boas estradas em todo o país tem sido, acredito, uma das principais causas da prosperidade inicial da colônia.

Passei a noite em uma pousada muito confortável próxima à balsa Emu, a 56 quilômetros de Sydney e perto da subida das Montanhas Azuis. Essa estrada é a mais usada, e seu entorno está habitado há mais tempo do que quaisquer outras áreas da colônia. Todo o terreno é cercado por altas paliçadas, pois os fazendeiros não conseguiram criar cercas-vivas. Há muitas casas grandes e bons chalés em seu entorno, e, embora existam grandes áreas cultivadas, a maior parte ainda continua intocada. Com exceção das partes cultivadas, a região aqui se assemelha a tudo que vi durante os dez dias seguintes.

---

428. O engenheiro John Loudon MacAdam (1756-1836) desenvolveu um tipo de pavimento para estradas que, em sua homenagem, ficou conhecido como macadame. O processo recebeu o nome de macadamização. (N.T.)

A extrema uniformidade da vegetação é a característica mais notável da paisagem de grande parte da Nova Gales do Sul. Em todos os lugares, temos uma floresta aberta, e o solo está parcialmente coberto por uma pastagem muito rala. As árvores pertencem quase todas a uma mesma família, e a superfície de suas folhas permanece, em sua maioria, na posição vertical, em vez, como na Europa, horizontal. A folhagem é escassa e de uma tonalidade verde peculiar e pálida, sem qualquer brilho. Por isso, as florestas parecem claras e sem sombras; isso, embora diminua o conforto do viajante que recebe os raios escaldantes do verão, é importante para o agricultor, pois permite que a grama cresça onde, de outra forma, seria impossível. As folhas não caem periodicamente: essa característica parece comum a todo o Hemisfério Sul, ou seja, à América do Sul, à Austrália e ao Cabo da Boa Esperança. Os habitantes deste hemisfério e das regiões intertropicais perdem, assim, talvez um dos mais gloriosos, embora, aos nossos olhos, comuns, espetáculos do mundo, o primeiro estouro de folhagem das árvores sem folhas. Podem, no entanto, dizer-nos que pagamos caro por nosso espetáculo, e que, por muitos meses, deixa a terra coberta de meros esqueletos nus. Isso é uma grande verdade; nossos sentidos, contudo, adquirem, assim, um prazer aguçado com o verde requintado da primavera, que os olhos daqueles que vivem entre os trópicos nunca poderão experimentar, pois, durante o longo ano, já foram saciados pelas lindas produções daqueles climas brilhantes. A maior parte das árvores, com exceção de uma espécie de eucalipto [*Eucalyptus globulus* (Labillardière)], não fica muito larga; porém, elas se tornam altas, razoavelmente retas e ficam bem separadas uma das outras. As cascas de algumas delas caem anualmente ou pendem em longas tiras que balançam ao vento; e, portanto, os bosques têm uma aparência desolada e desorganizada. Não há, aqui, uma aparência de verdor, mas, sim, de esterilidade árida. Não posso imaginar um contraste mais completo em todos os aspectos do que entre as florestas de Valdívia, ou Chiloé, e as florestas da Austrália.

Embora esta colônia seja tão excepcionalmente próspera, a aparência de esterilidade é, em certa medida, real. O solo é, sem dúvida, bom, mas há tanta falta de chuva e de água corrente que não é capaz de produzir muito. Estima-se que as culturas agrícolas, e muitas vezes as que estão nos pomares, sejam perdidas uma vez a cada três anos. Esta perda, no entanto, já aconteceu até mesmo em anos sucessivos. É por isso que a colônia não é capaz de fornecer o pão e os vegetais de que seus habitantes precisam. É uma região essencialmente pastoral, principalmente para as ovelhas (não para os quadrúpedes maiores). A terra aluvial perto da balsa *Emu* era uma das mais bem cultivadas que vi, e certamente o cenário nas margens do Nepean, delimitado a oeste pelas Montanhas Azuis, era agradável até mesmo aos olhos de quem estivesse com saudades da Inglaterra.

Quando o sol estava se pondo, cerca de vinte aborígenes negros nos passaram, cada um deles, de acordo com seu costume, carregava um feixe de lanças e outras armas. Ao dar 1 xelim a um jovem que os liderava, consegui que parassem e, para me entreter, que atirassem suas lanças. Estavam todos parcialmente vestidos, e vários sabiam falar um pouco de inglês; seus semblantes eram bem-humorados e agradáveis: estavam todos bem longe daquela forma degradada com que são geralmente representados. Em suas próprias artes, eles são admiráveis: conseguiram trespassar um boné a 30 metros de distância com uma lança arremessada com a velocidade de uma flecha atirada por um arqueiro habilidoso. Ao rastrearem animais ou homens, eles mostram uma sagacidade extraordinária, e ouvi falar que suas observações demonstram uma considerável acuidade mental. Eles, contudo, não desejam cultivar o solo ou construir casas para se fixar em um só lugar, nem mesmo se dar ao trabalho de cuidar de um rebanho de ovelhas se este lhes for dado. De modo geral, na escala da civilização, eles me parecem estar alguns graus acima dos fueguinos.

Ainda assim, é muito curioso ver, em meio a um povo civilizado, um grupo de selvagens inofensivos que vaga sem saber onde irá passar a noite e que sobrevive da caça na floresta. Em seu avanço, o homem branco se espalhou pelas terras pertencentes a várias tribos. Estas, apesar de cercadas por um povo comum, mantêm suas antigas distinções e, às vezes, entram em guerra. Em um confronto recente, as duas partes escolheram o centro do vilarejo de Bathurst como campo de batalha. Isso foi vantajoso para o lado derrotado, pois os guerreiros que escaparam se refugiaram no quartel.

O número de aborígenes está diminuindo muito rapidamente. Em todo o meu passeio, com exceção de alguns meninos criados nas casas, vi apenas um outro grupo: muito mais numeroso do que o primeiro e com jovens não tão bem-vestidos. Essa diminuição, sem dúvida, deve-se, em parte, à introdução das bebidas alcoólicas, às doenças europeias (mesmo as mais suaves, como o sarampo,[429] revelam-se muito destrutivas) e à extinção gradual dos animais selvagens. Diz-se que muitos de seus filhos perecem invariavelmente na primeira infância como resultado de sua vida errante. À medida que a dificuldade de obter alimentos aumenta, o mesmo acontece com seus hábitos errantes, e, portanto, a população sem nenhuma morte causada aparentemente pela fome é dizimada de uma maneira extremamente repentina quando o fato é comparado com o que acontece nos países civilizados, onde o pai pode aumentar sua carga de trabalho sem destruir sua prole.

Além dessas várias causas evidentes de aniquilação, parece, em geral, haver alguma influência mais misteriosa em ação. Tem-se a impressão de que, onde quer que os europeus pisem, a morte vai ao encalço dos aborígenes. Podemos voltar nossos olhos para a América, para a Polinésia, para o Cabo da Boa Esperança e para a Austrália; em todos os lugares, veremos o mesmo resultado. Tampouco é apenas o homem branco que age como aniquilador; o polinésio de descendência malaia tem, em partes do Arquipélago das Índias Orientais, feito o mesmo com os nativos de cor escura. As variedades de homem parecem agir umas sobre as outras da mesma forma que o fazem as diferentes espécies de animais — os mais fortes sempre extirpando os mais fracos. Foi melancólico ouvir os belos e enérgicos nativos da Nova Zelândia dizerem que sabiam que a terra não permaneceria propriedade de seus filhos. Todos já ouviram falar da inexplicável diminuição da população na bela e saudável Ilha do Taiti desde a viagem do capitão Cook, embora, neste caso, esperássemos exatamente o contrário, pois o infanticídio, que antes prevalecia em grau tão extraordinário, cessou, e as guerras assassinas se tornaram menos frequentes.

---

429. É notável como a mesma doença se modifica em diferentes climas. Na pequena Ilha de Santa Helena, o aparecimento da escarlatina é temido como uma praga. Em alguns países, estrangeiros e nativos são afetados diferentemente por certas doenças contagiosas, como se fossem animais diferentes. Há exemplos disso no Chile e, segundo Humboldt, no México. (*Political Essay on the Kingdom of New Spain*, vol. IV). (N.A.)

O reverendo J. Williams, em seu interessante trabalho,[430] diz que o primeiro contato entre nativos e europeus "é sempre acompanhado pela introdução de febre, disenteria ou outras doenças, que acabam levando a vida de um grande número de pessoas". Afirma também que "é certamente um fato que não pode ser contestado que a maioria das doenças que assolaram as ilhas durante minha estada lá foram introduzidas por navios;[431] e o que torna esse fato estranho é que a tripulação do navio que traz essa destruição continua aparentemente saudável". A afirmação não é excepcional, como parece à primeira vista; há o registro de surtos de febres muito malignas cujos agentes causadores não foram afetados. No início do reinado de Jorge III, um prisioneiro que havia sido confinado a uma masmorra foi transportado até um juiz por quatro policiais em um coche; e, embora o próprio homem não estivesse doente, os quatro policiais morreram de uma febre pútrida e rápida; o contágio, entretanto, não se estendeu a mais ninguém. Tendo em vista esses fatos, quase parece que a exalação de um grupo de homens que fiquem fechados por algum tempo em um mesmo lugar é venenosa quando inalada por outros (e, talvez mais ainda, caso as pessoas pertençam a raças diferentes). Por mais misteriosa que essa circunstância pareça ser, não é mais surpreendente do que quando o corpo de um de nossos companheiros, logo após a morte e antes do início da putrefação, muitas vezes, se torna tão decadente que a mera punção feita em alguém com um instrumento utilizado em sua dissecação pode acabar sendo fatal.

---

430. *Narrative of Missionary Enterprise*, p. 282. (N.A.)
431. O capitão Beechey (cap. IV, vol. I) diz que os habitantes de Pitcairn estão resolutamente convencidos de que sofrem de erupções cutâneas e outras doenças após a chegada de qualquer navio. Ele atribui isso à mudança da alimentação durante o momento da visita. O doutor Macculloch (*Western Isles*, vol. II, p. 32) diz: "Afirma-se que, na chegada de um estranho em Santa Kilda, todos os habitantes, em dizeres comuns, pegam um resfriado". O doutor Macculloch acha a narrativa ridícula, por mais que ela já tenha sido comentada anteriormente com tanta frequência. Ele acrescenta, no entanto, que "a questão foi colocada por nós aos habitantes que concordaram unanimemente com a história". Em *Vancouver's Voyage*, há uma afirmação ligeiramente semelhante em relação ao Taiti: esses casos (eu acredito) tampouco são os únicos. Humboldt (*Political Essay on the Kingdom of New Spain*, vol. IV) diz que as grandes epidemias no Panamá e em Callao são "marcadas" pela chegada de navios do Chile, porque as pessoas daquela região temperada sentem pela primeira vez os efeitos fatais das zonas tórridas. Posso acrescentar que ouvi dizer, em Shropshire, que, quando as ovelhas importadas em navios, ainda que em boas condições de saúde, são colocadas junto a outras, frequentemente produzem doenças no rebanho. (N.A.)

17 DE JANEIRO — No início da manhã, passamos pelo Nepean em uma balsa. Embora o rio seja largo e profundo neste ponto, ele tinha um pequeno volume de água corrente. Depois de passarmos por algumas terras baixas no lado oposto, chegamos ao pé das Montanhas Azuis. A subida não é íngreme, pois a estrada foi esculpida com muito cuidado ao longo da beira de um penhasco de arenito. Uma planície quase horizontal se estende a uma altitude moderada; elevando-se imperceptivelmente para o oeste, alcança, por fim, uma altitude de mais de 900 metros. Por seu nome tão grandioso, Montanhas Azuis, e por sua altitude absoluta, eu esperava ter visto uma cadeia íngreme de montanhas que cruzasse a região; mas, em vez disso, uma planície inclinada apresenta uma mera fronteira insignificante com as terras baixas da costa. Desta primeira encosta, a vista da vasta floresta a leste era impressionante, e as árvores próximas cresciam altas e imponentes. Uma vez no platô de arenito, porém, a paisagem torna-se muito monótona; cada lado da estrada está delimitado por árvores arbustivas da família sempre presente dos eucaliptos, e, a não ser por duas ou três pequenas pousadas, não há casas ou terras cultivadas. As estradas, além disso, são solitárias; nelas, é mais comum encontrar carros de bois carregados com fardos de lã.

No meio do dia, alimentamos nossos cavalos em uma pequena pousada chamada Weatherboard. A região se encontra a 853 metros acima do nível mar. A cerca de 2 quilômetros daqui, há uma vista que vale muito a pena visitar. Ao se seguir um pequeno vale e seu pequeno curso de água, um imenso golfo é inesperadamente visto através das árvores que margeiam o caminho, com uma possível profundidade de 460 metros. Depois de caminhar alguns metros, chega-se à borda de um enorme precipício, que se sobrepõe a uma magnífica baía ou golfo (não consigo pensar em um nome mais apropriado), envolta em uma floresta densa. O mirante está situado como se estivesse no topo de uma baía, com a linha de penhascos se estendendo para fora de cada lado, revelando cabeceiras sobre cabeceiras, como em uma costa escarpada. Estes penhascos consistem em camadas horizontais de arenito esbranquiçado e são tão perfeitamente verticais que, em muitos lugares, se jogarmos uma pedra da beirada, a veremos atingir as árvores no fim daquele abismo. A série de penhascos é tão ininterrupta que, segundo dizem, para se chegar ao pé da cachoeira formada por esse pequeno riacho, é necessário percorrer uma distância de 25 quilômetros. Aproximadamente 8 quilômetros adiante, outra linha de penhascos se estende, criando o que parece ser um círculo completo ao redor do vale. Esta grande depressão, semelhante a um anfiteatro, merece, portanto, o nome de baía. Se imaginarmos um porto sinuoso, com suas águas profundas cercadas por costas íngremes semelhantes a penhascos, e se, depois, deixássemos que o porto secasse e de seu fundo arenoso surgisse uma floresta, entenderíamos, então, a aparência e a estrutura aqui exibidas. Para mim, esse tipo de paisagem era bastante novo e magnífico.

À noite, chegamos a Blackheath. O platô de arenito chega aqui a 1.040 metros e está coberto, como antes, pela mesma vegetação arbustiva. Da estrada, tivemos vislumbres ocasionais de um vale profundo, semelhante ao já descrito; mas, devido à inclinação e à profundidade de seus lados, o solo quase nunca era visível. Blackheath é uma pousada muito confortável, mantida por um velho soldado, e me lembrou das pequenas pousadas no norte do País de Gales. Fiquei surpreso ao descobrir que, aqui, a uma distância de mais de 100 quilômetros de Sydney, havia quinze camas para os viajantes.

18 DE JANEIRO — Muito cedo pela manhã, parti e caminhei cerca de cinco quilômetros para ver Govetts Leap, uma paisagem com características semelhantes às de Weatherboard, mas talvez ainda mais fantástica. Durante as primeiras horas do dia, o abismo estava envolto em uma fina névoa azul que, embora destruísse o efeito geral, parecia aumentar a profundidade aparente da floresta abaixo da área em que estávamos. Logo depois de sair de Blackheath, descemos da planície de arenito pela passagem do Monte Victoria. Para criar essa passagem, foi cortada uma enorme quantidade de pedra; o projeto e sua maneira de execução são comparáveis aos de quaisquer estradas da Inglaterra, mesmo as de Holyhead. Estávamos, agora, em uma região quase 300 metros mais baixa e constituída de granito. Com a mudança do tipo de rocha, a vegetação melhorou, as árvores se tornaram mais belas e mais afastadas umas das outras; além disso, o pasto entre elas era um pouco mais verde e abundante.

Nas Muralhas de Hassan, deixei a estrada principal e fiz um pequeno desvio até uma fazenda chamada Walerawang. Levei ao administrador desta uma carta de apresentação escrita pelo proprietário que estava em

Sydney. O senhor Browne teve a gentileza de me pedir para passar o dia seguinte ali, o que fiz com prazer. O local é um exemplo de uma das maiores fazendas de criação, ou melhor, de pastoreio de ovelhas da colônia. Gado e cavalos eram um pouco mais numerosos aqui do que de costume, devido ao fato de que alguns dos vales são pantanosos e produzem pastagens mais grosseiras. A propriedade tinha 15 mil ovelhas, das quais a maior parte estava se alimentando, sob os cuidados de diferentes pastores, em terras desocupadas, a uma distância de mais de 160 quilômetros e além dos limites da colônia. O senhor Browne acabara de tosquiar 7 mil ovelhas hoje; as demais foram tosquiadas em outro lugar. Creio que o valor da lã de 15 mil ovelhas seja, em média, mais de 5 mil libras esterlinas. Perto da casa, havia duas ou três porções de terra plana desmatadas e cultivadas com cereais; estavam agora sendo colhidos; ocorre que não se semeia mais trigo do que o suficiente para o consumo anual dos trabalhadores empregados na fazenda. O número habitual de prisioneiros autorizados a trabalhar aqui é cerca de quarenta, mas, no momento, atingia um número maior. Embora a fazenda tivesse tudo o que era necessário, havia uma aparente falta de comodidades; além disso, não vivia aqui uma única mulher. O pôr do sol de um belo dia geralmente lança uma atmosfera de contentamento a qualquer cenário; mas, aqui, nesta casa de fazenda isolada, as tonalidades mais brilhantes da floresta circundante não conseguiam me fazer esquecer que quarenta homens brutos e perdulários estavam terminando seus trabalhos diários de forma semelhante à dos escravizados da África, porém, sem contar com o direito justo à compaixão.

No início da manhã seguinte, o senhor Archer, o coadministrador, teve a gentileza de me levar para caçar cangurus. Continuamos cavalgando a maior parte do dia, mas não vimos nenhum, nem mesmo um cachorro selvagem. Os galgos perseguiram um roedor (chamado de rato-canguru) até uma árvore oca, da qual o arrastamos: o animal é grande como um coelho, mas tem a forma de um canguru. Há alguns anos, o país estava cheio de animais selvagens, mas, agora, o emu foi deslocado para locais bem distantes, e o canguru se tornou raro; para ambos, o galgo inglês é fatal ao extremo. Pode levar muito tempo até que aqueles animais sejam completamente erradicados, mas seu destino é previsível. Os nativos estão sempre ansiosos para tomar emprestado os cães das fazendas, assim como receber miudezas de animais abatidos e leite das vacas, que são ofertas de paz estendidas pelos colonos que continuam a penetrar mais profundamente no interior. O aborígene desatento, cegado por essas vantagens insignificantes, fica encantado com a aproximação do homem branco, que parece predestinado a herdar o país de seus filhos.

Apesar da caçada ruim, nosso passeio foi agradável. A floresta costuma ser tão aberta que se pode galopar através dela. É intersectada por alguns poucos vales de fundo plano, verdes e sem árvores: nesses lugares, a paisagem era como a de um parque, e de grande beleza. Em todo o país, mal havia uma área sem os vestígios de incêndio; quer estes fossem recentes ou não, quer os tocos estivessem muito ou pouco enegrecidos, essa era a maior mudança que ocorria naquela monotonia tão cansativa aos olhos do viajante. Nestas florestas não há muitas aves; vi, no entanto, alguns grandes bandos de cacatuas brancas se alimentando em um milharal e alguns papagaios muito bonitos; corvos semelhantes a nossas gralhas não eram incomuns, assim como outra ave um pouco parecida com as pegas da família *Corvidae*. Os ingleses deram aos produtos da Austrália nomes muito arbitrários: árvores de um gênero (*Casuarina*) são chamadas de carvalhos por nenhuma razão conhecida, já que não há semelhança entre as duas. Alguns quadrúpedes são chamados de tigres e hienas simplesmente porque são carnívoros, e assim por diante em muitos outros casos.

Ao anoitecer, caminhei ao longo de uma série de lagoas que representam o curso de um rio desta terra árida e tive a sorte de ver alguns dos famosos ornitorrincos (*Ornithorynchus paradoxus*). Estavam mergulhando e brincando na água, mas mostraram tão pouco de seus corpos que poderiam facilmente ter sido confundidos com ratos-d'água. O senhor Browne atirou em um deles; são certamente animais extraordinários. Os espécimes empalhados não dão uma boa ideia da aparência de sua cabeça e de seu bico, pois este último se torna rígido e encolhe.

Pouco tempo antes, eu estava deitado em uma encosta ensolarada pensando nas estranhas características dos animais deste país em comparação com as daqueles do restante do mundo. Um incrédulo em tudo além de sua própria razão poderia exclamar: "Isso deve ser obra de dois criadores distintos, cujo propósito, no entanto, é o mesmo e certamente completo nos dois casos!". Enquanto pensava assim, observei o poço em forma de cone da formiga-leão: primeiro, uma mosca caiu na borda traiçoeira e desapareceu imediatamente, então, apareceu uma formiga grande e descuidada; sua luta para escapar da formiga-leão foi muito violenta, aqueles curiosos pequenos jatos de areia — que Kirby[432] diz serem lançados pela cauda dos insetos — foram imediatamente dirigidos contra a vítima. Mas o destino da formiga acabou sendo melhor que o da mosca, pois aquela escapou das mandíbulas letais que estavam escondidas na base do poço em forma de cone. Não há dúvida de que essa larva predadora pertence ao mesmo gênero da europeia, embora seja uma espécie diferente. O que os céticos diriam sobre isso? Dois artesãos quaisquer teriam idealizado um mecanismo tão belo, simples e, no entanto, tão artificial? Não se pode pensar assim: uma Mão única certamente criou todo o universo.

20 DE JANEIRO — Um longo dia de cavalgada até Bathurst. Antes de chegarmos à estrada principal, seguimos uma pequena trilha através da floresta; e a região, exceto por algumas cabanas de posseiros, era muito erma. O *squatter* [posseiro] é um homem já livre ou em liberdade condicional que constrói uma cabana de casca de árvore em terra não ocupada, compra ou rouba algumas cabeças de gado, vende bebidas alcoólicas sem licença, aceita mercadorias roubadas até que, por fim, se torna um fazendeiro rico; ele é o terror de todos os seus vizinhos honestos. O *crawler* [rastejador] é o prisioneiro condenado que foge e vive como pode, do trabalho e de pequenos furtos. O *bushranger* [foragido] é um bandido que vive do roubo e da pilhagem nas estradas: geralmente ele está desesperado e prefere ser morto do que capturado vivo. Na região, é importante conhecer esses três termos, pois eles são de uso comum.

Hoje presenciamos o vento da Austrália, que é semelhante ao siroco, que vem dos desertos secos do interior. Nuvens de poeira voaram em todas as direções, e o vento parecia ter passado por cima de uma fogueira. Mais tarde, disseram-me que o termômetro marcava 48 °C do lado de fora e 35 °C no cômodo de uma casa fechada. À tarde, já víamos a relva de Bathurst. Essas planícies ondulantes, mas quase horizontais, são muito

---

432. Kirby, *Entomology*, vol. I, p. 425. O poço australiano tem apenas cerca de metade do tamanho daquele construído pelas espécies europeias. (N.A.)

curiosas por serem absolutamente destituídas de árvores. Ali cresce apenas uma pastagem marrom muito fina. Percorremos alguns quilômetros através desse tipo de terreno e, em seguida, chegamos à cidade de Bathurst, que fica no meio do que pode ser chamado de um vale muito amplo ou uma planície estreita.

Bathurst tem uma aparência peculiar e pouco convidativa. Grupos de casas pequenas e algumas grandes estão espalhadas de forma bastante densa por 3 ou 5 quilômetros de terra nua, dividida em numerosos campos por mourões de madeira e linhas de arame. Um bom número de cavalheiros vive na vizinhança, e alguns possuem casas muito confortáveis. Uma igrejinha feia de tijolos vermelhos fica isolada em uma colina; quartéis e edifícios governamentais ocupam o centro da cidade. Disseram-me para não formar uma opinião muito ruim sobre a região, julgando-a pelo que se via na beira da estrada, nem uma opinião boa demais sobre Bathurst; senti, porém, que não havia perigo neste último aspecto. Entretanto, o ano havia sido muito seco, e o aspecto da terra não era muito bom, mas entendo que tinha sido muito pior há dois ou três meses. O segredo do rápido crescimento de Bathurst é que seu pasto marrom, que parece tão ruim aos olhos dos estrangeiros, é excelente para ovelhas.

A cidade fica às margens do Macquarie: este é um dos rios cujas águas correm para o vasto e pouco conhecido interior. A bacia hidrográfica que separa os cursos d'água do interior dos cursos da costa tem uma elevação de cerca de 900 metros (Bathurst está a 670 metros de altura) e corre na direção norte-sul a uma distância de cerca de 130 ou 160 quilômetros do litoral. O Macquarie figura nos mapas como um rio respeitável, e é o maior entre aqueles que correm nesta parte da encosta interior. No entanto, para minha surpresa, encontrei apenas uma sequência de lagos separados uns dos outros por espaços quase secos. Tipicamente, um pequeno riacho flui e, ocasionalmente, há fortes enchentes. O abastecimento de água nesta região já é escasso, e torna-se ainda mais difícil encontrá-la à medida que se avança para o interior.

22 DE JANEIRO — Comecei a retornar e segui uma nova estrada, chamada de Caminho de Lockyer, na qual a região se torna um pouco mais montanhosa e pitoresca. Fizemos uma longa viagem, e a casa onde eu

queria dormir estava longe da estrada e não era fácil de encontrar. Aqui, como em todos os outros lugares na Austrália, deparei-me com uma delicadeza muito geral entre as classes mais baixas que dificilmente se poderia esperar, considerando o que são e o que eram. A fazenda onde passei a noite pertencia a dois jovens que haviam chegado recentemente e iniciado a vida de colono: a ausência de quase todo conforto não era atraente, mas o futuro e certa prosperidade manifestavam-se diante de seus olhos, um porvir não muito distante.

No dia seguinte, passamos por extensas terras em chamas; e grandes nuvens de fumaça ganhavam a estrada. Antes do meio-dia, alcançamos nossa rota anterior e escalamos o Monte Victoria. Dormi em Weatherboard e, antes de escurecer, fiz outra caminhada até o anfiteatro. Na estrada para Sydney, passei uma tarde aprazível com o capitão King em Dunheved: e assim terminei minha pequena excursão na colônia de Nova Gales do Sul.

Antes de chegar aqui, as três coisas que mais me interessavam eram: o estado da sociedade entre as classes mais altas, a condição dos prisioneiros condenados e o grau de atração que a colônia poderia gerar nos possíveis emigrantes. É claro que, depois de uma visita tão curta, minha opinião vale pouquíssimo, mas não expressá-la é tão difícil quanto apresentar um julgamento correto. No geral, pelo que ouvi, mais do que por aquilo que vi, fiquei desapontado com o estado da sociedade. A comunidade está rancorosamente dividida em quase todos os assuntos. Aqueles que, por sua posição na vida, deveriam ser os melhores, vivem em uma prodigalidade tão aberta que as pessoas respeitáveis não se associam a eles. Há muita inveja entre os filhos dos emancipacionistas ricos e os dos colonos livres; os primeiros consideram as pessoas honestas como intrusas. Toda a população, rica e pobre, não tem nada em mente a não ser o dinheiro; entre as classes superiores, a lã e as ovelhas são o objeto constante das conversas. O baixo refluxo da literatura é exibido, de forma contundente, pelo vazio das livrarias, pois são ainda piores que aquelas das cidades menores do interior da Inglaterra.

Existem muitos obstáculos sérios à felicidade familiar, sendo o primeiro deles, talvez, o fato de que todos os criados são criminosos condenados. Quão repugnante a toda sensibilidade é ser servido por um homem que pode ter sido açoitado no dia anterior por alguma contravenção insignificante. As criadas são naturalmente ainda piores; daí as crianças aprenderem expressões extremamente vis e, quem sabe, ideias péssimas.

Por outro lado, o capital aqui empregado por alguém lhe traz três vezes mais lucro que na Inglaterra; e, assim, sem esforço e com cuidado, ficará certamente rico. Os artigos de luxos são abundantes e quase nada mais caros; já a maioria dos alimentos é mais barata que na Inglaterra. O clima é esplêndido e bastante saudável; mas, a meu ver, seus encantos se perdem pelo aspecto pouco convidativo da região. Os colonos acham muito vantajoso que seus filhos, ainda muito jovens, possam ajudá-los. Portanto, com a idade de 16 a 20 anos, os jovens costumam se encarregar de distantes rebanhos de ovelhas, mas isso ocorre com certo prejuízo: seus filhos passam a estar totalmente ligados aos empregados ex-criminosos. O tom social não tem qualquer caráter específico; por causa dos hábitos e pela falta de ocupações mentais, provavelmente não deixará de deteriorar-se. Em minha opinião, nada além de uma forte necessidade poderia me induzir a emigrar para cá.

O rápido progresso e as perspectivas futuras desta colônia são, para mim, que não compreendo esses assuntos, um pouco obscuros. Os dois principais produtos de exportação são a lã e o óleo de baleia, para os quais existe um limite. O país é, em sua totalidade, impróprio para a construção de vias de ligação, portanto, há um limite não muito distante além do qual o frete terrestre da lã já não reembolsa mais as despesas de tosquia e da criação de ovelhas. O pasto é tão minguado que os colonos já avançaram para o interior, e, além disso, as regiões mais para o interior vão se tornando cada vez mais pobres. Já disse anteriormente que a agricultura nunca será bem-sucedida em grande escala; portanto, em minha opinião, o crescimento da Austrália, em última análise, dependerá de o país se tornar o centro do comércio do Hemisfério Sul e, talvez, também de suas futuras fábricas. Já que possui carvão, o país também detém força motriz. Será certamente uma nação marítima, pois a terra é habitável perto da costa, e sua população descende de ingleses. Eu costumava acreditar que a Austrália seria tão grande e poderosa quanto a América do Norte, mas, agora, essa grandeza futura me parece muito problemática.

Com relação à condição dos criminosos condenados, tive ainda menos oportunidades de julgar. A primeira questão é saber se sua condição reflete, de alguma forma, uma punição: pois não há como sustentar que seja severa. Isso, no entanto, suponho que seja de pouca importância, desde que, na Inglaterra, continue a ser motivo de pavor para os criminosos. As necessidades físicas dos condenados são toleravelmente bem-supridas; sua perspectiva de liberdade e conforto futuros não está muito distante, e é certa se tiverem um bom comportamento. A liberdade condicional, que torna um homem livre de suspeitas e crimes dentro de uma determinada área, é dada por bom comportamento após um certo tempo e de forma proporcional ao tempo de condenação. No caso da prisão perpétua, o tempo para se obter liberdade condicional é de oito anos; para uma pena de sete anos, quatro, e assim por diante. No entanto, com tudo isso e ignorando o encarceramento e a viagem anteriores, acredito que esses anos são passados com descontentamento e infelicidade. Como me disse um homem inteligente, os condenados não conhecem nenhum prazer a não ser o sensual, e isso não lhes é oferecido. A enorme força de persuasão que o governo pode deter ao oferecer perdões e o profundo horror às colônias penais isoladas destroem a confiança entre os condenados e, assim, previnem o crime. Quanto à vergonha, esse sentimento não parece ser conhecido, conforme certas peculiaridades que testemunhei. Embora seja um fato curioso, foi-me dito por todos que a característica da população de criminosos condenados é a covardia total: não raro, alguns entram em desespero e se tornam bastante indiferentes à vida, mas é raro que realizem algum plano que requeira coragem fria ou perseverante. A pior característica disso tudo é que, embora exista algo que pode ser chamado de reforma legal, e a prática de fatos ilegais seja pouca, ainda assim a reforma moral parece ser algo completamente fora de questão. Pessoas bem-informadas me asseguraram que um homem não poderia melhorar enquanto vivesse com outros servos de sua mesma espécie, sua vida estaria sujeita a miséria e perseguição insuportáveis. Também não se deve esquecer da contaminação dos navios e das prisões dos condenados, tanto aqui quanto na Inglaterra. No geral, mesmo sendo um local de punição, quase nunca se cumpre esse objetivo. Como um verdadeiro sistema de reforma, fracassou, e pode ser que o mesmo viesse a ocorrer com quaisquer outros planos; mas, como um meio de tornar os homens exteriormente honestos, ou seja, como forma de converter os mais inúteis de um hemisfério em cidadãos ativos de outro e, assim, dar origem a um novo e esplêndido país, um grande centro da civilização, obteve-se êxito de um jeito talvez nunca visto na história.

TERRA DE VAN DIEMEN [TASMÂNIA]

30 DE JANEIRO — O *Beagle* navegou para a cidade de Hobart, na Terra de Van Diemen. No dia 5 de fevereiro, após seis dias de travessia, dos quais os primeiros foram muito bons, e os últimos, muito frios e tempestuosos, entramos na foz de Storm Bay [Baía da Tempestade], cujo nome terrível foi justificado pelo clima. A baía deveria antes ser chamada de estuário, pois recebe em sua cabeceira as águas do Rio Derwent. Perto da foz, existem algumas extensas plataformas basálticas, mas, mais acima, a terra torna-se montanhosa e está coberta por uma floresta esparsa. As partes mais baixas das colinas que contornam a baía são cultivadas, e os campos amarelo-claros de cereais e os verde-escuros de batatas pareciam muito exuberantes. No final da noite, ancoramos no pequeno e confortável porto em cujas margens fica a capital da Tasmânia, como é chamada a Terra de Van Diemen. A própria cidade é, à primeira vista, muito menos atraente do que Sidney e mais parecida com uma cidade de província.

Pela manhã, fui à costa. As ruas são bonitas e largas, mas as casas, bastante dispersas; as lojas tinham um bom aspecto. A cidade fica ao pé do Monte Wellington — uma montanha de 945 metros, mas de pouquíssima beleza pitoresca —, cujas nascentes fornecem grande quantidade de água. Ao redor do porto estão alguns belos armazéns, e há um pequeno forte em um dos lados. Quando se vem das colônias espanholas, onde se tem tanto cuidado com os meios de defesa, estranha-se que, aqui, estes últimos parecem ser muito desprezados. Comparando a cidade com Sydney, fiquei particularmente impressionado com o pequeno número de casas grandes que já foram construídas ou que estão em construção; isso indica menos pessoas ganhando grandes fortunas. Há, no entanto, um crescimento significativo do número de casas pequenas; e a profusão de pequenas habitações de tijolos vermelhos espalhadas na colina atrás da cidade, infelizmente, destrói sua aparência peculiar. Hobart Town, pelo censo deste ano, abrigava 13.826 habitantes, e, toda a Tasmânia, 36.505.

Os aborígenes foram levados, todos, da Terra de Van Diemen para uma ilha no Estreito de Bass, de modo que, aqui, se tem a grande vantagem de estar livre da população nativa. Essa medida cruel parece ter sido bastante inevitável como o único meio de deter uma terrível série de roubos, incêndios e assassinatos cometidos por eles, que, mais cedo ou mais tarde, teriam terminado em sua destruição total. Não tenho dúvidas de que este mal e suas consequências foram causados pelo comportamento vergonhoso de alguns de nossos compatriotas. Trinta anos é um período curto para banir o último aborígene de sua ilha natal; ilha que é quase tão grande quanto a Irlanda. Não conheço um exemplo mais marcante da velocidade de crescimento de um povo civilizado sobre um selvagem.

A correspondência trocada entre o governo inglês e o da Terra de Van Diemen sobre a necessidade dessa medida é muito interessante; ela foi publicada em um anexo à *Sketch of the History of Van Diemen's Land* [História da Terra de Van Diemen] de Bischoff. Embora vários nativos tenham sido baleados e capturados nas escaramuças periódicas que ocorreram durante vários anos, nada parece ter lhes dado a ideia de nosso poder esmagador até 1830, quando toda a ilha foi colocada sob lei marcial e, por proclamação, a população foi chamada para ajudar em uma grande tentativa de prender toda a raça. O plano adotado foi quase semelhante ao das grandes caçadas na Índia: formou-se uma linha que se estendia por toda a ilha com a intenção de levar os nativos a um beco sem saída na Península da Tasmânia. A tentativa fracassou; os nativos amarraram os cães e fugiram, atravessando as linhas à noite. Isso está longe de ser surpreendente, considerando seus sentidos apurados e sua forma de rastejar atrás de animais selvagens. Foi-me garantido que eles podem se esconder de uma maneira quase inacreditável em um terreno bastante aberto. A região está coberta de tocos de árvores enegrecidas por toda parte, e os nativos escuros são facilmente confundidos com elas. Ouvi falar de um experimento entre alguns ingleses e um nativo que estava em plena vista ao lado de uma colina nua. Quando os ingleses fechavam os olhos por pouco mais de um segundo, o nativo se agachava e os primeiros não conseguiam mais distinguir o homem dos tocos ao redor. Voltemos à caça. Os nativos, que conheciam esse tipo de guerra, ficaram aterrorizados, pois perceberam imediatamente o poder e a quantidade dos brancos.

Pouco depois, chegou um grupo de treze pessoas pertencentes a duas tribos; e, em desespero e conscientes de sua condição indefesa, se renderam aos ingleses. Mais tarde, com os grandes esforços do senhor Robinson, um homem ativo e benevolente que, de modo destemido, visitou os mais hostis entre os nativos, todos estavam determinados a agir de maneira semelhante. Eles foram, então, removidos para a Ilha Gun Carriage (ou Ilha Vansittart), onde lhes foram fornecidos alimentos e roupas. Pelo que ouvi em Hobart Town, porém, eles não estão nada satisfeitos, e alguns até acreditam que a raça será extinta em breve.

O *Beagle* ficou aqui por dez dias, durante os quais fiz várias pequenas excursões agradáveis com o objetivo principal de examinar a estrutura geológica da vizinhança imediata. Os principais pontos de interesse consistem, em primeiro lugar, na presença de certas rochas basálticas que evidentemente fluíram como lava; em segundo lugar, em algumas grandes massas não estratificadas de pedra verde; em terceiro lugar, nas provas de uma elevação extremamente pequena do território; em quarto lugar, em alguns antigos estratos fossilíferos, provavelmente da época do sistema siluriano da Europa; e, por fim, em uma mancha solitária e superficial de uma rocha calcária amarelada ou travertino, que contém inúmeras impressões de folhas de árvores e plantas já extintas. Não é improvável que essa mesma pequena pedreira contenha a única evidência remanescente da vegetação da Terra de Van Diemen durante uma época anterior.

O senhor Frankland, o inspetor-geral, teve a gentileza de me dar muitas informações interessantes e de me levar a várias excursões prazerosas. O clima aqui é mais úmido que em Nova Gales do Sul, e, portanto, a terra é mais fértil. A agricultura está em um estado florescente aqui, os campos cultivados têm uma boa aparência e as hortas estão cheias de legumes, verduras e árvores frutíferas. Algumas das casas de fazenda, situadas em locais afastados, aparentavam ser bastante convidativas. O caráter da vegetação é semelhante ao da Austrália, talvez um pouco mais verde e alegre, e o pasto entre as árvores, um pouco mais denso. Certo dia, fiz uma longa caminhada pelo lado da baía em frente à cidade. Atravessei em um barco a vapor, dois deles fazem essa travessia a todo momento. O maquinário de um desses barcos foi construído inteiramente nesta colônia, que, desde a sua fundação, contava naquele momento com apenas 33 anos! Se eu fosse obrigado a emigrar, acho que escolheria este lugar em vez de Sydney; o clima e a paisagem do país, por si sós, quase me levam a isso. Além disso, suspeito que, aqui, a sociedade desfruta de uma posição mais atraente; por certo, está livre da contaminação de ex-condenados ricos e das dissensões devidas à existência de duas classes de residentes ricos. A colônia parecia extremamente bem governada; as ruas, à noite, guardavam muito mais ordem do que as de uma cidade inglesa.

Outro dia, escalei o Monte Wellington. Levei comigo um guia, pois fracassei em uma primeira tentativa por causa da floresta muito fechada, no entanto, ele era um sujeito estúpido e nos conduziu para o lado sul e úmido da montanha, onde a vegetação era muito exuberante, e o esforço de escalada, tendo em vista a grande quantidade de troncos podres, era quase tão grande quanto em uma montanha na Terra do Fogo ou em Chiloé. Levamos cinco horas e meia de escalada difícil para chegar ao cume. Uma majestosa floresta de eucaliptos cresceu a alturas impressionantes em muitas áreas. Em alguns dos desfiladeiros mais úmidos, samambaias-arbóreas floresciam de maneira extraordinária; vi uma que devia ter pelo menos 6 metros de altura até a base das frondes, e circunferência exata de 1,83 metro. A folhagem dessas árvores, que formava guarda-sóis extremamente elegantes, criava uma sombra escura, como aquela da primeira hora da noite. O cume da montanha, largo e plano, é formado por blocos maciços e angulares de pedra verde: está a 945 metros acima do nível do mar. Tivemos uma vista panorâmica espetacular proporcionada pelo tempo claro. Ao norte, a região surgia como uma massa de montanhas arborizadas, mais ou menos da mesma altura e de contorno leve, como aquele em que estávamos. Ao sul, o contorno da terra acidentada e da água, formando muitas baías intrincadas, se mostrava com clareza diante de nós. Ficamos no cume por algumas horas e, depois, encontramos um caminho melhor para descer, mas só chegamos ao *Beagle* às oito horas, depois de um dia difícil de muito esforço.

17 DE FEVEREIRO — O *Beagle* deixou a Tasmânia e, no dia 6 do mês seguinte, chegou à Baía King George, que fica perto da ponta sudoeste da Austrália. Ficamos aqui oito dias, e não me lembro, desde que deixei a Inglaterra, de dias mais monótonos e desinteressantes. A região, vista

de algum ponto alto, se mostra como uma planície arborizada, com colinas de granito arredondadas e parcialmente nuas aqui e ali. Um dia, caminhei muitos quilômetros com um grupo esperando ver uma caça ao canguru. O solo era arenoso em toda parte e muito pobre, produzindo ou uma vegetação grosseira de arbustos finos e grama dura ou uma floresta de árvores atrofiadas. O cenário se assemelhava ao de um platô de arenito das Montanhas Azuis; a casuarina (uma árvore que lembra o pinheiro-escocês) é mais numerosa aqui do que os eucaliptos. Nas partes abertas, havia muitas *grass-trees* [árvores do gênero *Xanthorrhoea*], as quais, na aparência, têm alguma semelhança com a palmeira, mas, em vez de ter uma coroa de grandes frondes no topo, apresenta apenas um tufo de grama grosseira. A cor verde geral dos arbustos e outras plantas, vista de longe, parecia indicar fertilidade. Uma única caminhada, no entanto, destrói essa ilusão, e nunca mais se deseja caminhar em uma região tão pouco convidativa.

Um dia acompanhei o capitão FitzRoy até Bald Head, um lugar amplamente referenciado por navegadores que relataram ter visto ali corais ou árvores petrificadas. Observei que, na verdade, a rocha era constituída de areia calcária amontoada pelo vento. Durante esse processo, galhos, raízes de árvores e cascas de terra tornaram-se fechados, e a massa, mais tarde, se tornou sólida pela infiltração da água da chuva. Após a decomposição da madeira, a cal é levada para as cavidades cilíndricas e torna-se dura, às vezes tão dura quanto uma estalactite. A rocha mais macia está agora em erosão devido às intempéries, fazendo com que as raízes e os galhos se projetem sobre a superfície. Sua semelhança com os tocos de um arbusto morto é tão perfeita que, antes de tocá-los, às vezes ficávamos sem saber quais eram de madeira e quais compunham-se de matéria calcária.

Uma grande tribo de nativos, chamada de povo da cacatua branca, visitou por acaso a cidade enquanto estávamos lá. Esses homens, assim como os da tribo pertencente à Baía King George, seduzidos pela oferta de alguns potes de arroz e açúcar, foram persuadidos a realizar uma *corroboree*, ou uma celebração com danças. Assim que escureceu, pequenas fogueiras foram acesas, e os homens começaram a se arrumar, isto é, pintar-se de branco com manchas e linhas. Quando tudo estava pronto, grandes fogueiras foram mantidas acesas, e, em torno delas, mulheres e crianças se reuniam como espectadoras; os povos cacatua e da Baía King George formavam dois grupos distintos e, em geral, dançavam em resposta um ao outro. A dança consistia em correr lateralmente ou em fila em um espaço aberto e em bater os pés no chão com grande força enquanto marchavam juntos. Seus passos pesados eram acompanhados por uma espécie de grunhido, pela batida de seus porretes e armas e por várias outras gesticulações, tais como esticar seus braços e torcer seus corpos. Foi uma cena muito rude, bárbara e, de acordo com nossas ideias, sem qualquer tipo de significado; mas notamos que as mulheres e as crianças assistiam a todo o processo com muito prazer. Talvez as danças representassem originalmente algumas cenas do passado, como guerras e vitórias; uma delas era chamada a dança da Emu, na qual todos esticavam o braço de forma curvada, imitando o pescoço daquela ave. Em outra dança, um homem imitou os movimentos de um canguru pastando na floresta, enquanto outro rastejava até o animal e fingia atingi-lo com uma lança. Quando ambas as tribos se misturaram na dança, o chão tremeu com o peso de seus passos, e o ar ressoou com seus gritos selvagens. Todos pareciam muito felizes; o grupo de figuras quase nuas, visto pela luz dos fogos brilhantes, que se movia em uma terrível harmonia, oferecia uma representação perfeita de um festival entre os mais baixos bárbaros. Na Terra do Fogo, vimos muitas cenas curiosas da vida selvagem, mas nunca, acredito, uma em que os nativos estivessem tão felizes e tão perfeitamente à vontade. Assim que a dança terminou, todo o grupo formou um grande círculo no chão: o arroz cozido e o açúcar foram distribuídos para deleite de todos.

Após inúmeros contratempos frustrantes devido ao tempo nublado, partimos alegremente da Baía King George em 14 de março, a caminho das Ilhas Cocos (Keeling). Adeus, Austrália! És uma criança em crescimento e, sem dúvida, um dia serás uma grande rainha do sul; és, porém, grande e ambiciosa demais para ser amada, mas não suficientemente grande para ser respeitada. Deixo teu litoral sem tristeza nem arrependimento.

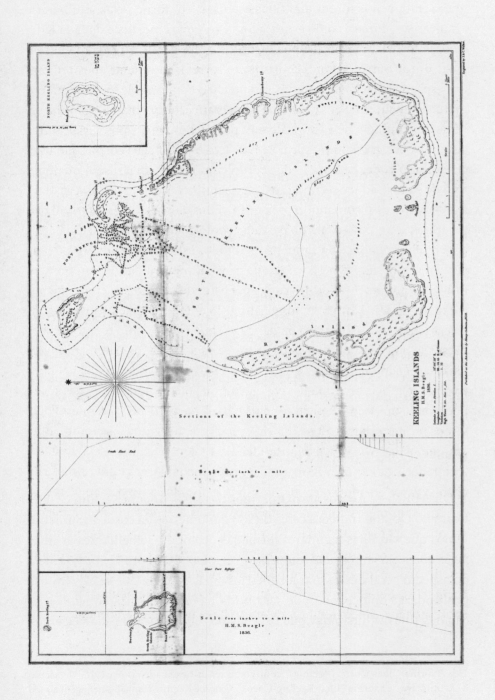

CAPÍTULO XXII

Ilhas Cocos (Keeling) — Aparência singular — Flora escassa — Transporte de sementes — Pássaros e insetos — Nascentes que fluem e refluem — Formações de corais que resistem à força do oceano — Campos de corais mortos — Pedras transportadas por raízes de árvores — Grande caranguejo — Corais pungentes — Estrutura das ilhas lagunares [atóis] — Recifes circundantes e barreira de corais — Provas gerais da subsidência no Pacífico — Teoria das ilhas lagunares causadas pela subsidência da terra — Oceanos Pacífico e Índico divididos em áreas alternativas de elevação e subsidência — Os pontos de erupção encontram-se dentro das áreas de elevação

FORMAÇÕES DE CORAIS

1º DE ABRIL — Ao nos aproximarmos das Ilhas Cocos (Keeling),[433] que ficam no Oceano Índico, a cerca de 960 quilômetros da costa de Sumatra, vimos que são ilhas lagunares formadas de corais, semelhantes às ilhas pelas quais passamos no Arquipélago Perigoso [Tuamotu]. Uma boa ideia do aspecto geral desses extraordinários anéis de terra que se elevam das profundezas do oceano pode ser obtida na caracterização e na descrição das Ilhas Whitsunday que Beechey pôs em prática em sua viagem.

---

433. A forma "Ilhas Cocos (Keeling)" começou a ser utilizada apenas em 1916. No século XIX, utilizava-se a forma "Ilhas Keeling-Cocos". O nome Keeling é uma homenagem ao seu "descobridor" (1609), William Keeling. (N.T.)

Quando o navio estava no canal de entrada, o senhor Liesk, um morador inglês, aproximou-se de nós em seu barco. A história dos habitantes deste lugar é, em poucas palavras, a seguinte: há cerca de nove anos, um certo senhor Hare, um mau-caráter, trouxe do Arquipélago das Índias Orientais alguns escravos malaios que, incluindo-se as crianças, agora somam mais de uma centena de pessoas. Pouco depois, o capitão Ross,[434] que antes visitara essas ilhas em seu navio mercante, chegou da Inglaterra trazendo consigo sua família e seus bens para o assentamento. Ao mesmo tempo, veio com ele o senhor Liesk, que fora suboficial em seu navio. Os escravos malaios logo fugiram da ilha em que o senhor Hare estava estabelecido e se juntaram ao grupo do capitão Ross. O senhor Hare foi, por fim, obrigado a deixar estas ilhas.

Os malaios experimentam a liberdade em seus nomes e no que diz respeito ao seu tratamento pessoal, mas, em todas as outras esferas da vida, são considerados escravos. O assentamento não prospera muito bem, em consequência do descontentamento dessas pessoas com sua transferência constante de um lugar para outro e, possivelmente, por causa da má administração. O porco é o único quadrúpede nesta ilha, e nela não há nenhum produto vegetal além do coco. Destes últimos depende toda a prosperidade da ilha. As únicas exportações são de óleo de castanha e do próprio coco,[435] que é, também, praticamente o único alimento dos porcos. Eles engordam muito com essa dieta, e o mesmo ocorre com as galinhas e os patos. Mesmo um enorme caranguejo terrestre é dotado pela natureza de um curioso instinto e da forma de suas pernas para abrir e se alimentar desse mesmo fruto.

Há pequenas ilhotas na maior parte do recife em forma de anel desta ilha lagunar. No lado norte ou sotavento há uma abertura através da

---

434. John Clunies-Ross (1786-1854) foi um comerciante nascido nas Ilhas Shetland. Capitaneou o brigue *Olivia* e teria explorado pela primeira vez as águas das Ilhas Cocos (Keeling), então desabitadas, em 1825, antes de transferir sua família para uma das ilhas em 1827. Em 1823, Alexander Hare (1775-1834), um aventureiro inglês, instalou-se em uma das ilhas com um grupo de escravos fugitivos. Hare acabou partindo, e Clunies-Ross ganhou direitos permanentes para viver na ilha por meio da colonização. (N.T.)
435. As castanhas são transportadas para Singapura e para as Ilhas Maurício; a parte branca é moída em uma polpa e usada para fazer caril (*curry*), que, segundo dizem, a melhora muito. (N.A.)

qual os navios chegam ao ancoradouro. Quando se entra, a vista é muito curiosa e bastante bonita, mas sua beleza depende quase inteiramente do brilho das cores circundantes. As águas rasas, claras e calmas da lagoa, cujo fundo é quase todo de areia branca, exibem, quando iluminadas pelos raios de um sol perpendicular, uma cor verde muito viva. Esta extensão brilhante, de vários quilômetros de largura, está em todos os lados separada da água escura e agitada do oceano por uma linha de quebra-mares brancos como a neve, ou da abóbada azul do céu pelas faixas de terra, coroadas a uma altura igual pelos topos dos coqueiros. Da mesma forma que uma nuvem branca aqui e ali proporciona um contraste agradável com o céu azul, na lagoa aparecem faixas escuras de corais vivos através da água verde-esmeralda.

Na manhã seguinte, depois de ancorarmos, desembarquei na Ilha Direction. A faixa de terra seca tem apenas algumas centenas de metros de largura; do lado da lagoa há uma praia calcária branca cuja radiação, naquele clima, é muito opressiva; e, na costa externa, há uma sólida e larga extensão de rocha coralina, que serve para quebrar a violência do mar aberto. A terra é inteiramente composta de fragmentos arredondados de coral, com a exceção de perto da lagoa, onda há alguma areia. Em um solo tão solto, seco e pedregoso, somente o clima dos trópicos poderia produzir uma vegetação exuberante. Em algumas das ilhotas menores, nada poderia ser mais elegante do que a maneira pela qual os coqueiros jovens e adultos se uniram para formar uma floresta sem destruir sua simetria mútua. Uma praia de areia branca e brilhante bordejava esses pontos mágicos.

Farei um esboço da história natural destas ilhas, que, é particularmente interessante por causa de sua pobreza. À primeira vista, o coqueiro parece formar toda a floresta, mas existem cinco ou seis outras espécies. Uma delas cresce até ficar muito alta, mas é inútil por causa da grande maciez de sua madeira; outra espécie oferece boa madeira para a construção naval. Além das árvores, o número de plantas é extremamente limitado e consiste em ervas daninhas insignificantes. Minha coleção, que provavelmente contém toda a flora, compreende vinte espécies e, além delas, um musgo, um líquen e um fungo. Às plantas se somam duas árvores; uma delas não estava em flor, e, da outra, só ouvi falar. Esta última é a única árvore de seu tipo em todo o grupo e cresce perto da praia, para onde, sem dúvida, foi levada pelas ondas sua semente única. Não incluo, na lista acima, a cana-de-açúcar, a banana, alguns outros vegetais, árvores frutíferas e gramíneas importadas. Devido ao fato de que estas ilhas são compostas inteiramente de corais e certa vez já foram apenas um recife banhado pelo mar, todas as espécies vivas atualmente encontradas ali devem ter sido transportadas pelas ondas do oceano. Assim, a flora dessas ilhas compõe um santuário para várias espécies vegetais. As ilhas têm uma característica única e marcante. O professor Henslow informou-me que, das vinte espécies, dezenove são de gêneros distintos, e esses gêneros podem ser ainda categorizados em dezesseis ordens diferentes.

Nas viagens de Holman,[436] há um relato feito pelo senhor A. S. Keating, que residiu doze meses nestas ilhas, sobre as várias sementes e outros corpos trazidos a terra. "Sementes e plantas de Sumatra e Java foram lançadas pelas ondas no lado do barlavento das ilhas. Entre eles foram encontrados os *kimiri*, nativos de Sumatra e da Península de Malaca; o coco de Balci, conhecido por sua forma e seu tamanho; o *Dadass*, que os malaios plantam junto com a videira da pimenta porque esta se enrosca em seu tronco e se agarra a ele com seus espinhos; a árvore-sabão [*Alphitonia excelsa* (Fenzl) Benth.]; a mamona; troncos da palmeira-sagu e vários tipos de sementes desconhecidas para os malaios que vivem nas ilhas. Supõe-se que todas elas foram levadas até a costa da Nova Holanda [Austrália] pelas monções do noroeste e, então, para estas ilhas pelos ventos alísios do sudeste. Grandes massas de teca [*Tectona grandis* (L.f.)] da Ilha de Java e de árvores de *yellow wood* [tronco amarelo] também foram encontradas, além de imensas árvores de cedro-vermelho e branco e a *blue gum-wood* [eucaliptos] da Nova Holanda, todas em perfeito estado de conservação. As sementes de casca dura, como as das trepadeiras, mantêm seu poder germinativo, porém, as mais macias, entre as quais a mangostina, são destruídas durante seu transporte. Canoas de pesca, vindas aparentemente de Java, são, às vezes, trazidas a terra." É interessante, portanto, descobrir quão numerosas são as sementes, que, vindas de vários países, estão à deriva sobre o vasto oceano. O professor Henslow acredita, segundo me

---

436. *Holman's Travels*, vol. IV, p. 378. (N.A.)

diz, que quase todas as plantas que coletei na ilha são de espécies litorâneas comuns no Arquipélago das Índias Orientais. Entretanto, pela direção dos ventos e das correntes, parece quase impossível que elas tenham chegado aqui em linha reta. Se, conforme sugere o senhor Keating, elas foram levadas primeiro para a costa da Nova Holanda e, de lá, boiaram novamente para trás junto com os produtos daquele país, essas sementes devem ter germinado após uma viagem entre 2.900 e 3.800 quilômetros.

Chamisso,[437] ao descrever o Arquipélago de Radack, situado na parte central do Pacífico Ocidental, afirma que "o mar traz para estas ilhas as sementes e os frutos de muitas árvores, a maioria dos quais ainda não cresceu aqui. A maior parte dessas sementes parece ainda não ter perdido sua capacidade de germinar". Diz-se também que chegam à costa troncos de abetos, os quais devem ter flutuado até aqui de uma distância imensa. Esses fatos são extremamente interessantes. Não há dúvida de que, se houvessem aves terrestres para colher as sementes que chegassem ao litoral, e se houvesse um solo mais adequado para o crescimento delas do que estes blocos de corais soltos, esta ilha, apesar de seu isolamento, logo teria uma flora mais rica.

O catálogo de animais terrestres é ainda mais pobre do que o das plantas. Algumas das ilhotas são habitadas por ratos, e sua origem é conhecida: um navio vindo das Ilhas Maurício que naufragou aqui. Esses ratos têm uma aparência bastante diferente da do tipo inglês; são menores e muito mais coloridos. Não há pássaros terrestres propriamente ditos, pois ainda que a narceja e o ralídeo (*Rallus philippensis*) vivam inteiramente entre as ervas secas, pertencem à ordem de aves limícolas. Relata-se que aves dessa ordem ocorrem em várias das ilhas baixas do Pacífico. Na Ilha Ascensão, um ralídeo (do gênero *Porfirio*?) foi morto perto do cume da montanha; era, evidentemente, um retardatário solitário. Com base nesses fatos, acredito que os limícolas sejam, depois das inúmeras espécies de pés palmados, os primeiros colonos de qualquer ilha. Devo acrescentar que todos os pássaros não pelágicos que vi muito distantes no mar pertenciam sempre a essa ordem; portanto, é natural que se tornem os primeiros colonos de quaisquer pontos distantes.

---

437. *Kotzebue's First Voyage*, vol. III, p. 155. (N.A.)

Entre os répteis, vi apenas um pequeno lagarto. Entre os insetos, me esforcei para coletar todos os tipos. Excluindo-se as aranhas, que eram muitas, encontrei apenas treze espécies.[438] Entre estas, apenas um besouro. Uma pequena espécie de formiga, aos milhares sob os blocos secos e soltos de coral, era o único inseto verdadeiro que existia em abundância. Embora os produtos da terra sejam, portanto, escassos, se olharmos para as águas do mar circundante, o número de seres orgânicos é, de fato, infinito.

Chamisso[439] descreveu a história natural de Romanzoff, uma ilha lagunar no Arquipélago de Radack que é muito semelhante no que diz respeito à quantidade e aos tipos de organismos encontrados aqui. Durante minha visita, observei um pequeno lagarto e numerosas aves limícolas (*Numenius* e *Scolopax*), que eram muito mansas. Entre as plantas, ele afirma ter encontrado dezenove espécies (incluindo uma samambaia); e algumas delas são das mesmas espécies que coletei aqui, embora a ilha esteja situada em um oceano diferente.

Essas faixas de terra são elevadas apenas até a altura em que a ressaca é capaz de lançar fragmentos e o vento pode amontoar areia. São ilhotas protegidas pelo recife, que cresce para fora e para o lado externo, onde quebram as ondas. O aspecto e a natureza destas pequenas ilhas evocam imediatamente a ideia de que, aqui, a terra e o oceano lutam pelo domínio; e, ainda que a terra firme tenha conquistado uma base, os habitantes do outro elemento acreditam que suas reivindicações são, no mínimo, igualmente válidas. Por todos os lados há caranguejos-eremitas de mais de uma espécie,[440] carregando nas costas as casas que roubaram na praia vizinha. No alto, as árvores estão ocupadas por inúmeros gansos, fragatas e andorinhas-do-mar. Pela grande quantidade de ninhos e

---

438. As treze espécies pertencem às seguintes ordens: *Coleoptera*, uma espécie de um pequeno besouro elaterídeo; *Orthoptera*, uma espécie de grilo e uma de *Blatta*; *Hemiptera*, uma espécie; homópteros, duas; *Neuroptera*, uma *Chrysopa*; *Hymenoptera*, duas espécies de formigas; *Lepidoptera Nocturna*, uma *Diopaea* e um *Pterophorus* (?). *Diptera*, duas espécies. (N.A.)
439. *Kotzebue's First Voyage*, vol. III, p. 222. (N.A.)
440. As grandes garras ou pinças de alguns desses caranguejos estão muito bem-dispostas e, quando puxadas para trás, formam um opérculo para a concha que é quase tão perfeito quanto aquele que pertencia ao molusco original. Foi-me assegurado — e confirmei pela observação — que existem certos tipos de eremitas que sempre usam os mesmos tipos de conchas velhas. (N.A.)

pelo cheiro da atmosfera, podemos chamar o local de viveiro marítimo. Os gansos, sentados em seus ninhos grosseiros, observam o intruso com um ar estúpido, mas irritado. As *noddies*,[441] como o próprio nome indica, são pequenas criaturas bobas. Mas há uma ave encantadora: uma pequena andorinha extremamente branca, que paira suavemente à distância de um braço de nossas cabeças e, com seus olhos grandes e pretos, nos observa com uma curiosidade calma. Com um pouco de criatividade, podemos imaginar que o espírito de uma fada errante habita esse pequeno corpo leve e delicado.

DOMINGO, 3 DE ABRIL — Após a missa, acompanhei o capitão FitzRoy até o assentamento, situado a uma distância de alguns quilômetros, em um ponto densamente guardado por coqueiros altos. O capitão Ross e o senhor Liesk vivem em uma grande casa, semelhante a um celeiro, aberta em ambas as extremidades e forrada com esteiras tecidas com cascas dos troncos. As casas dos malaios ficam à beira da lagoa. O local tinha um aspecto bastante triste, pois não havia jardins que demonstrassem sinais de cuidado e cultivo. Os nativos pertencem a diferentes ilhas do Arquipélago das Índias Orientais, mas todos falam a mesma língua: vimos habitantes de Bornéu, Celebes, Java e Sumatra. Na cor de sua pele, eles se assemelham aos taitianos, com os quais também se parecem de outras formas. Algumas das mulheres, no entanto, pareciam carregar muitas características chinesas. Gostei tanto de seus rostos quanto do som de suas vozes. Pareciam pobres e suas casas não tinham móveis, mas a gordurinha avolumada dos bebês era prova de que tanto o coco quanto a tartaruga não oferecem um mau sustento.

Nesta ilha ficam os poços em que os navios vão buscar água. À primeira vista, pode parecer estranho que o nível de água doce nesses poços suba e desça de acordo com as marés.[442] Entretanto, é provável que

---

441. Aves do gênero *Anous* (Stephens, 1826); seu nome em inglês significa bobo, pateta. (N.T.)
442. Esses poços de fluxo e refluxo são comuns em algumas partes das Índias Ocidentais. Há um fato simples que parece ter sido negligenciado: em ilhas baixas de pequena extensão e compostas por materiais porosos, a água da chuva não tende a ficar abaixo do nível do mar circundante e, portanto, acumula-se perto da superfície; assim, foi assumido que a areia é capaz de filtrar o sal contido na água do mar. (N.A.)

a areia comprimida ou a rocha de coral porosa se comportem como uma esponja, e que a água da chuva que cai no solo, cujo peso específico é menor que o da água salgada, flutue nessa superfície e fique sujeita aos mesmos movimentos. Não há atração real entre a água salgada e a doce, e, além disso, a textura esponjosa talvez tenda a evitar que toda a mistura sofra pequenos distúrbios. Por outro lado, quando o solo é formado apenas por fragmentos soltos, sempre que um poço é cavado, nele entra água salgada ou salobra; vimos, nesta mesma ilha, um exemplo disso.

Depois do jantar, ficamos para assistir a uma interpretação semissupersticiosa encenada pelas mulheres malaias. Uma grande colher de madeira é vestida com roupas pelos moradores locais, que, depois, a levam para o túmulo de um indivíduo falecido. Em seguida, dizem que, inspirada pela lua cheia, a colher dançará e pulará. Após os preparativos adequados, a colher segurada por duas mulheres começa a convulsionar e a dançar ao som do canto das crianças e das mulheres do entorno. Embora o espetáculo pareça uma tolice, o senhor Liesk afirma que muitos malaios acreditam no movimento espiritual da colher. A dança só começava após o surgimento da lua no céu, e valeu a pena permanecer para contemplar o globo brilhante cujos raios tão silenciosamente atravessavam os longos braços dos coqueiros, que se movimentavam com a brisa do anoitecer. Essas cenas dos trópicos são, em si, tão deliciosas que quase se igualam àquelas mais caras que evocam os melhores sentimentos de nossos corações.

No dia seguinte, empenhei-me em examinar a estrutura e a origem muito interessantes, mas simples, destas ilhas. As águas estavam extraordinariamente tranquilas, por isso caminhei até os montes de corais vivos, onde quebram as ondas do mar aberto. Em algumas das ravinas e em alguns buracos, havia belos peixes verdes e de outras cores, e as formas e tonalidades de muitos dos zoófitos eram incríveis. É desculpável entusiasmar-se com o número infinito de seres orgânicos com os quais o mar dos trópicos, tão pródigo de vida, fervilha, no entanto, devo confessar que vejo, naqueles naturalistas que descreveram em palavras bem-conhecidas as grutas submarinas com mil belezas, uma entrega a uma linguagem muito exacerbada.

6 DE ABRIL — Acompanhei o capitão FitzRoy a uma ilha na cabeceira da lagoa: o canal era extremamente intrincado, serpenteando em meio a campos de corais delicadamente ramificados. Vimos várias tartarugas e dois barcos que estavam ocupados em sua captura. O método é bastante curioso: a água é tão clara e rasa que, embora, a princípio, uma tartaruga mergulhe rapidamente para longe da vista, seus perseguidores, em uma canoa ou num barco a vela, logo a alcançam após uma perseguição não muito longa. Um homem, de pé e pronto na proa, escorrega sobre as costas da tartaruga e, em seguida, agarra-se ao casco do pescoço dela com as duas mãos; o animal é, então, arrastado até a exaustão para que possa ser capturado. Interessei-me muito pela perseguição: dois barcos cruzando-se e os homens se jogando na água sobre suas presas.

Quando chegamos à cabeceira da lagoa, atravessamos uma ilhota estreita e encontramos uma grande ondulação quebrando na margem de barlavento. Mal posso explicar a causa, mas, para mim, há uma grandeza especial nas praias externas dessas ilhas lagunares. Nessa praia, há uma simplicidade semelhante à de uma represa: na margem de arbustos verdes e coqueiros altos, na sólida extensão de rocha coralina, espalhada em grandes fragmentos, e na linha de ondas furiosas que rolam por todos os lados. Quando o oceano lança suas águas sobre o largo recife, parece um inimigo invencível e todo-poderoso e, no entanto, vemos que é combatido e derrotado por meios que, à primeira vista, parecem muito fracos e ineficientes.

O oceano não poupa a rocha coralina, como evidenciado pelos grandes fragmentos espalhados pelo recife e empilhados na praia onde crescem os imponentes coqueiros. Tampouco são concedidos períodos de pausa. O poder implacável das ondas é claro. A longa ondulação, causada pela ação suave, mas constante, dos ventos alísios, sempre soprando em uma única direção sobre uma ampla área, cria ondas que excedem em violência aquelas de nossas regiões temperadas e que nunca deixam de se enfurecer. É impossível contemplar essas ondas sem concluir que uma ilha, mesmo que construída com a rocha mais dura — seja ela o pórfiro, o granito ou o quartzo —, não resistiria e acabaria arruinada por essas forças tão irresistíveis. No entanto, essas pequenas ilhas de corais, baixas e insignificantes, mantêm-se firmes e vitoriosas. Pois aqui há outra força que participa da batalha como antagonista da primeira. As forças orgânicas separam, um a um, os átomos de carbonato de cálcio das ondas espumantes e os unem em uma estrutura simétrica. Mesmo que um furacão produza milhares de fragmentos enormes, ele ainda seria uma força pálida em comparação com os esforços cumulativos de inúmeros arquitetos trabalhando noite e dia, mês após mês. Assim, vemos aqui que o corpo macio e gelatinoso de um pólipo, por meio da ação das leis da vida, derrota a grande força mecânica das ondas de um oceano, à qual nem as técnicas humanas nem as obras inanimadas da natureza seriam capazes de resistir com sucesso.

Não voltamos a bordo até tarde da noite, pois ficamos algum tempo na lagoa coletando espécimes de mariscos gigantes do gênero *Chama* e observando os campos de corais. Perto da cabeceira da lagoa, fiquei muito surpreso ao encontrar uma grande área, com mais de 2 quilômetros quadrados em tamanho, coberta por uma floresta de corais ramificados, que, embora em pé, estavam todos mortos e decompostos. No início, não entendi a causa; depois, ocorreu-me que a combinação das seguintes circunstâncias bastante estranhas causara isso. Deve-se, no entanto, primeiro afirmar que os corais não são capazes de sobreviver, mesmo por uma curta exposição, fora da água sob os raios solares, de modo que seu limite ascendente de crescimento é determinado pelo nível mais baixo das marés que ocorre durante a primavera. Alguns mapas antigos mostram que a longa ilha a barlavento estava anteriormente dividida em várias ilhotas por canais largos; este fato também é confirmado pela juventude das árvores em certas partes. Sob essa antiga condição do recife, um vento forte que jogasse mais água sobre a barreira tenderia a elevar o nível da lagoa. Agora, funciona exatamente da maneira oposta, porque a água da lagoa, além de não aumentar por meio de correntes externas, também é impulsionada para fora pela força do vento. Dessa forma, observa-se que as marés próximas à cabeceira da lagoa não se elevam muito nem nos momentos de ventos fortes nem nos de ventos tranquilos. Essa diferença de nível, embora seja, sem dúvida, muito pequena, causou, creio eu, a morte daquelas florestas de corais que anteriormente haviam atingido o limite máximo possível de crescimento ascendente.

A poucos quilômetros ao norte de Keeling, há outra pequena ilha lagunar, cujo centro está quase cheio. O capitão Ross encontrou, no conglomerado da costa externa, um fragmento bem arredondado de pedra verde um pouco maior do que a cabeça de um homem; o capitão e os homens que estavam com ele ficaram tão impressionados que apanharam uma amostra e a guardaram como uma curiosidade. A ocorrência dessa pedra, em um local em que todas as outras partículas de matéria são calcárias, certamente é muito intrigante. A ilha quase nunca foi visitada, nem é provável que algum navio tenha naufragado ali. Por falta de uma explicação melhor, cheguei à conclusão de que ela deve ter chegado ali emaranhada nas raízes de alguma árvore grande: porém, quase me envergonhei ao imaginar um meio de transporte tão improvável quando considerei a grande distância da terra mais próxima, a combinação de coincidências para que uma pedra ficasse emaranhada dessa forma, para que a árvore fosse arrastada pelo mar, atingisse um ponto tão longínquo e chegasse à ilha em segurança e, por fim, quando imaginei que a pedra deveria estar tão bem emaranhada a ponto de permitir que fosse descoberta. Li, portanto, com muito interesse, o texto de Chamisso,[443] o naturalista justamente afamado que acompanhou Kotzebue, afirmando que os habitantes do Arquipélago de Radack, um grupo de ilhas lagunares no meio do Pacífico, obtiveram pedras para afiar seus instrumentos quando examinaram as raízes das árvores que chegavam à praia. É evidente que isso deve ter acontecido várias vezes, uma vez que foram estabelecidas leis para que essas pedras pertencessem ao chefe, e para que fossem punidas quaisquer pessoas que infringissem a regra. Considerando a posição isolada dessas pequenas ilhas no meio de um vasto oceano, sua grande distância de quaisquer terras não formadas por corais — um fato bem atestado pelo valor que os habitantes, marinheiros bastante ousados, atribuem a uma pedra de qualquer tipo[444] —, bem como a lentidão das correntes do mar aberto, a ocorrência de seixos assim transportados parece

---

443. *Kotzebue's First Voyage*, vol. III, p. 155. Ali é dito que "o mar lança sobre os recifes de Radack os troncos dos pinheiros do norte (!) e árvores da zona quente (palmeiras, bambus). Os habitantes obtêm, assim, não só madeira para seus barcos, mas também, dos destroços de navios europeus, o ferro de que necessitam. Recebem, de maneira semelhante, outro tesouro: pedras duras para afiar. Eles as buscam nas raízes e cavidades das árvores trazidas pelo mar". (N.A.)

444. Alguns nativos que Kotzebue havia levado para Kamchatka coletaram pedras, além de outros artigos valiosos, para levar de volta para casa. (N.A.)

maravilhosa. As pedras, aliás, podem, muitas vezes, ser transportadas por esse meio, e, se a ilha na qual encalharam fosse feita de qualquer outro material que não fosse coral, dificilmente chamariam a atenção e nunca pensaríamos sobre a origem delas. Além disso, esse modo de locomoção pode demorar muito para ser percebido, pois é provável que as árvores, especialmente aquelas carregadas com pedras, flutuem sob a superfície. Nos canais da Terra do Fogo, grandes quantidades de madeira à deriva chegam às praias, porém, é extremamente raro encontrar uma árvore flutuando sobre a água. É fácil imaginar que a madeira encharcada flutua bem perto dos leitos dos canais e, ocasionalmente, até mesmo chega a tocá-los. O conhecimento de um resultado que (com tempo suficiente) possa ser produzido por causas, mesmo que pareçam altamente improváveis, é valioso para o geólogo, pois, em sua profissão, ele trabalha com os séculos e os milhares de anos da mesma forma que as outras profissões trabalham com os minutos. Se algumas pedras isoladas forem encontradas em uma massa de estratos sedimentares finos, não poderemos, após os fatos acima elucidados, considerar muito improvável que tenham flutuado até ali em troncos de uma época anterior.

Outro dia, visitei as ilhas Horsburgh e West. Nesta última, a vegetação era, talvez, mais exuberante do que em qualquer outra parte. Os coqueiros costumam crescer separados, mas, aqui, as árvores jovens florescem sob seus pais e formam grandes sombras com suas frondes longas e curvas. Só quem já experimentou sabe como é delicioso sentar-se à sombra e beber a saborosa e refrescante água do coco, que fica pendurado em grandes cachos logo acima de nossas cabeças. Nesta ilha há uma grande baía, ou pequena lagoa, composta pela mais fina areia branca: é bastante plana e só se cobre de água durante a maré alta; desta grande baía, braços menores penetraram na floresta ao redor. A paisagem era única e muito bonita: um campo de areia brilhante (em vez de água) ao redor do qual os coqueiros estendiam seus troncos altos e ondulantes.

Tratarei aqui, brevemente, de algumas observações zoológicas que fiz durante nossa estada nestas ilhas. Já mencionei anteriormente um caranguejo que se alimenta de cocos; é muito comum em todas as partes da terra seca e cresce até atingir um tamanho monstruoso. É parente próximo do *Birgos latro* (caranguejo-dos-coqueiros), ou mesmo idêntico a ele.

Esse caranguejo tem um par frontal de patas terminadas em garras muito fortes e pesadas; o último par também termina em garras, porém, estas são estreitas e fracas. A princípio, seria considerado totalmente impossível para um caranguejo abrir um coco forte coberto com sua casca, mas o senhor Liesk me garante que viu essa operação ser realizada repetidas vezes. O caranguejo começa rasgando a casca, uma fibra após a outra, e sempre pela extremidade sob a qual se encontram três orifícios oculares. Concluída essa etapa, o caranguejo começa a martelar com suas garras pesadas em um desses orifícios oculares, até que uma abertura seja feita. Em seguida, girando em torno de seu corpo, com a ajuda de seu par posterior e estreito de garras, extrai a substância albuminosa branca. Esse parece-me ser o caso de instinto mais curioso de que já ouvi falar, bem como de adaptação estrutural entre dois objetos aparentemente muito remotos um do outro no esquema da natureza como um caranguejo e um coqueiro. Os *Birgos* são diurnos em seus hábitos, mas diz-se que visitam o mar todas as noites, sem dúvida com o propósito de umedecer suas brânquias. Os filhotes também são eclodidos e vivem por algum tempo nas praias. Esses caranguejos habitam tocas profundas, que escavam sob as raízes das árvores; e, ali, acumulam quantidades surpreendentes de fibras tiradas da casca do coco, sobre as quais repousam como numa cama. Os malaios, às vezes, se aproveitam desse trabalho e coletam a substância fibrosa para utilizá-la como estopa. Esses caranguejos são muito apetitosos; além disso, sob a cauda dos maiores, há um grande volume de gordura que, quando derretido, pode chegar a produzir um litro de óleo límpido. Alguns autores afirmam que o *Birgos latro* sobe nos coqueiros para roubar seus frutos: duvido muito dessa possibilidade; mas, com o *Pandanus*,[445] a tarefa seria muito mais fácil. Soube pelo senhor Liesk que, nestas ilhas, os *Birgos* vivem apenas dos frutos que caem no chão.

Para meu espanto, encontrei duas espécies de corais do gênero *Millepora*, que tinham a capacidade de urtigar. Quando são recém-retirados da água, os ramos pedregosos parecem ásperos e não são viscosos; ainda assim, exalam um odor forte e desagradável. A propriedade de urtigar parece variar dentro de certos limites em diferentes espécimes: quando um pedaço

---

445. Ver *Proceedings of Zoological Society*, 1832, p. 17. (N.A.)

é pressionado ou esfregado na pele macia do rosto ou do braço, em geral surge uma sensação de ardência que se faz sentir após o intervalo de um segundo e dura apenas um curto período de tempo. Certo dia, no entanto, o simples toque de um dos ramos em meu rosto causou uma dor instantânea que, como de costume, aumentou depois de alguns segundos, permaneceu forte por alguns minutos e, meia hora depois, eu ainda a sentia. A reação era tão ruim quanto aquela à urtiga, mas mais parecida com a causada pela caravela-portuguesa (*Physalia*). Na pele macia do braço foram produzidas pequenas manchas vermelhas que pareciam querer formar bolhas de água, mas isso não aconteceu. As causas dessa propriedade de urtigar não são novas, embora tenham sido pouco comentadas. O senhor M. Quoy[446, 447] a menciona, e ouvi falar de corais urtigantes nas Índias Ocidentais. No mar das Índias Orientais, também pode ser encontrada uma alga marinha que causa queimaduras.

Havia outro tipo bastante distinto de coral, notável pela mudança de cor ocorrida logo após a sua morte; quando vivo era amarelo-mel, porém, algumas horas depois de ser retirado da água, tornava-se profundamente negro. Quero notar neste ponto, já que a informação está parcialmente relacionada com os assuntos acima, que existem aqui duas espécies de peixes do gênero *Sparus* que se alimentam exclusivamente de corais. Ambos são de uma magnífica cor verde-azulada; um vive sempre na lagoa, e o outro, nas ondas do lado externo. O senhor Liesk assegurou-nos que, por diversas vezes, viu cardumes inteiros cruzando pelo topo dos galhos dos corais com suas fortes mandíbulas ósseas.[448] Abri os intestinos de vários, e os encontrei distendidos com uma matéria calcária e amarelada. Esses peixes, juntamente aos moluscos litófagos e às nereidas, que perfuram cada bloco de coral morto, devem ser agentes muito eficientes para a produção do melhor tipo de lama, que, quando derivada de tais materiais, parece ser bastante idêntica ao calcário.

---

446. *Freycinet's Voyage*, vol. I, p. 597. (N.A.)
447. Jean René Constant Quoy (1790- 1869) foi um médico e zoólogo francês que desempenhou as funções de naturalista e cirurgião a bordo do *Uranie*, sob o comando de Louis de Freyciet, de 1817 a 1820. Além disso, também serviu no *Astrolabe* (de 1826 a 1829), sob o comando de Jules Dumont d'Urville. (N.T.)
448. Tem-se pensado, às vezes (ver Quoy, no livro *Freycinet's Voyage*), que os peixes comedores de corais são venenosos; isso, certamente, não foi o caso com esses *Spari*. (N.A.)

12 DE ABRIL — Pela manhã, saímos da lagoa. Estou feliz por ter visitado estas ilhas, pois as formações daqui, sem dúvida, estão entre as maravilhas deste mundo. Não é uma maravilha que, de imediato, se prostra diante de nossa visão, e é somente após reflexão que se pode admirá-la com os olhos da razão. Ficamos espantados quando os viajantes fazem relatos da grande extensão de certas ruínas antigas; porém, as maiores delas se tornam muito insignificantes quando comparadas à pilha de pedras aqui acumuladas pelo trabalho de vários animais minúsculos. Ao longo de todo o arquipélago, cada átomo,[449] desde a menor partícula até os grandes fragmentos de rocha, tem a marca de ter sido submetido às forças do arranjo orgânico. O capitão FitzRoy, a pouco mais de um quilômetro da costa, lançou uma sonda e deu-lhe 2.200 metros de linha: ela não chegou ao fundo. A ilha é, portanto, uma alta montanha submarina com inclinação maior do que as de origem vulcânica que existem em terra. Oferecerei agora um esboço[450] dos resultados gerais a que cheguei, respeitando a origem das várias classes de recifes que se espalham por grandes áreas dos mares intertropicais.

O fator inicial a se abordar é que todas as observações sugerem que os corais lameliformes, os principais contribuintes para a formação de recifes, não podem sobreviver a profundidades significativas. Na medida em que presenciei o fato, cheguei à conclusão analisando minuciosamente as impressões das sondagens feitas pelo capitão FitzRoy nas Ilhas Cocos (Keeling), no mar um pouco antes do ponto em que as ondas quebram, e de algumas outras que fiz nas Ilhas Maurício. A uma profundidade inferior a dez braças, o equipamento voltava limpo à superfície como se tivesse caído em um tapete de grama grossa; mas, à medida que a profundidade aumentava, as partículas de areia trazidas à tona se tornavam cada vez mais numerosas, até que, por fim, ficou evidente que o fundo era formado por uma camada lisa de areia calcária, interrompida apenas por algumas camadas compostas provavelmente de corais mortos. Para

---

449. Excluo, naturalmente, o solo que foi trazido para cá em embarcações de Malaca e Java, bem como os pequenos fragmentos de pedra-pomes que flutuaram até aqui juntamente com as sementes de plantas das Índias Orientais. Além disso, há que se excluir o único bloco de pedra verde da Lagoa do Norte. (N.A.)
450. Esse esboço foi lido perante a Sociedade Geológica em maio de 1837. (N.A.)

manter a analogia, as folhas de grama foram ficando cada vez mais finas, até que, finalmente, o solo se tornou tão estéril que nada mais surgiu dele.

Enquanto nenhum fato, além daqueles relacionados à estrutura das ilhas lagunares, era conhecido para que se pudesse estabelecer alguma teoria mais abrangente, a crença de que os corais construíam suas habitações (ou, de maneira mais correta, seus esqueletos) nas cristas circulares de crateras submarinas era uma hipótese engenhosa e muito plausível. No entanto, a margem sinuosa de alguns deles, como nas Ilhas Radack de Kotzebue, uma das quais com 83 quilômetros de comprimento por 32 de largura, e a estreiteza de outros, como na Ilha Bow (da qual existe um mapa em grande escala que faz parte dos admiráveis trabalhos do capitão Beechey), devem ter impressionado todos os que pensaram sobre o tema.

O espanto geral de todos aqueles que já viram ilhas lagunares talvez tenha sido a principal razão pela qual outros recifes de natureza igualmente estranha foram negligenciados:[451] a saber, os circundantes. Tomaremos como exemplo Vanikoro, ilha conhecida pelo naufrágio de La Perouse.[452] Ali, o recife corre a uma distância de quase 3 quilômetros da costa, e, em alguns lugares, até 5 quilômetros, e está separado dela por um canal com profundidades entre aproximadamente 54 a 73 metros, e, em certo ponto, com não menos de 90 metros de profundidade. Na parte externa, o recife se eleva de um oceano extremamente profundo. Será que há algo mais estranho do que essa estrutura? É análoga à de uma lagoa, mas com uma ilha no meio, como uma pintura em sua moldura. Uma franja de terra baixa e aluvial costuma circundar o sopé das montanhas nesses casos; esta se cobre dos mais belos produtos de uma terra tropical; há montanhas íngremes atrás dela e, na frente, um lago de águas tranquilas, e, por fim, está separada das ondas negras do oceano apenas por uma linha

---

451. O senhor De la Beche, no entanto, parecia bastante ciente da dificuldade. Ele diz: "Há certos lugares onde os recifes de coral correm como se estivessem alinhados à costa, mas estão separados dela por águas profundas, e que, ao que parece, exigem uma explicação diferente". *Geological Manual* [Manual geológico], p. 142. (N.A.)

452. A expedição *La Perouse* foi iniciada pelo rei Luís XVI, da França, em 1785, com o objetivo de explorar o Oceano Pacífico de forma semelhante a James Cook e possivelmente completar uma circum-navegação do globo. A expedição foi liderada por Jean-François de La Perouse com dois navios. Entretanto, os navios naufragaram em Vanikoro em 1788, o que pôs fim à expedição. (N.T.)

de ondas; esses são os elementos da bela paisagem do Taiti, justamente chamada de Rainha das Ilhas. Não devemos supor que esses recifes circundantes em forma de anéis se encontrem em uma cratera externa, pois a massa no centro é, às vezes, de rocha primária ou depósitos sedimentares, pois os recifes seguem sem distinção a própria ilha ou sua extensão submarina. Na Nova Caledônia, temos um grande exemplo deste último caso, na medida em que os recifes se estendem a não menos que 225 quilômetros para além da ilha.

A grande barreira que fica de frente para a costa norte da Austrália forma uma terceira classe de recifes. Flinders diz que mede quase 1.600 quilômetros de comprimento, que corre paralelamente à costa a uma distância de 30 a 50 quilômetros dela, em alguns pontos, até mesmo de 80 quilômetros. O grande braço do mar assim criado tem uma profundidade média entre 18 e 36 metros, a qual aumenta em direção às extremidades para cerca de 73 e 110 metros, respectivamente. Este é, provavelmente, o maior e mais extraordinário recife existente hoje em todo o mundo.

É preciso notar que as três classes de recife — lagoa ou atol, em forma de anel (circundante) e barreira — caracterizam-se pela mesma estrutura, inclusive nos mínimos detalhes, mas não tenho espaço neste livro nem mesmo para fazer uma alusão a esses fatos. A diferença reside inteiramente na ausência ou presença de terras vizinhas e na posição relativa que os recifes têm em relação a ela. Dos dois últimos casos mencionados, é preciso apontar que há uma dificuldade em explicar sua origem. Desde a época de Dampier, tem sido observado que as terras altas e os mares profundos ocorrem juntos. Agora, quando vemos uma série de ilhas montanhosas que se lançam subitamente para a costa do mar, supomos que os estratos que as compõem mantêm quase a mesma inclinação sob as águas. Nos casos, porém, em que o recife está a vários quilômetros da costa, é evidente, com um pouco de reflexão, que uma linha traçada perpendicularmente desde sua borda externa até a rocha sobre a qual o recife deve estar repousado excede em muito o pequeno limite em que a vida dos corais lameliformes é possível.

Em algumas partes do mar, como mencionaremos a seguir, ocorrem recifes que margeiam (em franja) as ilhas em vez de cercá-las (em forma de anel): a distância da costa é tão pequena e a inclinação da terra é tão grande que não há dificuldade em explicar o crescimento dos corais. Mesmo esses recifes "em franja", como os chamarei em contraposição aos "em forma de anel" (circundantes), não estão muito ligados à costa. Isso parece ser o resultado de duas causas: em primeiro lugar, a água imediatamente adjacente à praia se torna turva pelas ondas e, portanto, prejudicial a todos os zoófitos; e, em segundo lugar, os tipos maiores e mais eficientes só crescem na borda externa, em meio às ondas do mar aberto. O espaço raso entre o recife e a costa apresenta, no entanto, um caráter muito diferente daquele do canal profundo e está em posição similar à dos recifes em anel.

Tendo assim especificado os vários tipos de recifes, que diferem em suas formas e posição relativa à terra vizinha, mas que são muito semelhantes em todos os outros aspectos (como eu poderia demonstrar se tivesse espaço), me parece seguro dizer que nenhuma explicação que não abarque toda a série será suficiente. Minha teoria é de que a terra, com os recifes ligados a ela, afunda muito gradualmente pela ação de causas subterrâneas, e que os pólipos coralíferos logo elevam suas massas sólidas novamente ao nível da água, mas o mesmo não acontece com a terra; cada centímetro perdido desaparece irremediavelmente; conforme o todo afunda gradualmente, assim a água se sobrepõe lentamente à terra desde a margem, até que o último e mais alto pico esteja finalmente submerso.

Antes de detalhar mais esses pontos de vista, farei algumas considerações que tornam não improváveis essas mudanças de nível. O simples fato de que uma grande parte do continente da América do Sul ainda está se elevando sob nossos olhos e apresenta muitas evidências de elevações semelhantes, em uma escala muito maior, durante a última época, afasta quaisquer grandes improbabilidades de um movimento de caráter similar, embora na direção oposta. O senhor Lyell, que foi o primeiro a propor o conceito de subsidência geral em relação aos recifes de coral, observou que a presença de uma quantidade tão pequena de terra no Pacífico, onde vários fatores como água e fogo contribuem para sua criação, faz com que seja provável a subsidência da fundação. Outra prova, muito mais forte, pode ser retirada da profundidade insignificante em que crescem os corais. Vemos grandes extensões de oceano, mais de 1.600 quilômetros em uma direção e várias centenas em outra, com ilhas esparramadas, das quais nenhuma se eleva a uma altura maior do que aquela a que as ondas conseguem lançar detritos, ou o vento, amontoar areia. Agora, se deixarmos de fora a questão da subsidência, a fundação sobre a qual esses recifes são construídos deve, de qualquer forma, vir à superfície dentro daquele pequeno limite (podemos dizer 20 braças, ou 36,5 metros) no qual os corais conseguem viver. Essa conclusão é tão improvável a ponto de poder ser rejeitada de pronto: pois, em que região é possível encontrar uma cadeia tão ampla e grandiosa de montanhas da mesma altura, encontrada a uma distância de 36 metros? Mas, se contarmos com a subsidência, o caso fica bem claro: à medida que um ponto após o outro afundava, de acordo com sua altura, o coral crescia para cima até formar as muitas ilhotas que agora se encontram em um mesmo nível.

Depois de tentar demonstrar que a crença em uma subsidência geral não é altamente improvável, e, de fato, necessária para explicar a existência de numerosos recifes em um nível consistente, examinemos agora como esse conceito se aplica às características distintivas em cada uma das diferentes classes de recifes. Se imaginarmos uma ilha com recifes em franja que se estende a uma curta distância da costa, sua estrutura será de fácil compreensão. Agora deixemos a ilha afundar por uma série de movimentos muito lentos e deixemos os corais crescerem até a superfície em cada um dos espaços intervenientes. Sem a ajuda de cortes transversais, não é fácil acompanhar o resultado; mas uma pequena reflexão mostrará a produção de um recife que, de acordo com a quantidade de afundamento, circundará a costa a uma distância maior ou menor. Se assumirmos a continuidade do afundamento, a ilha circundada deverá ser transformada em uma ilha lagunar pela submersão da terra no centro ou pelo crescimento ascendente do anel coralino. Se tomarmos uma seção da ilha circundada em sua verdadeira escala, como as Ilhas Gambier, tão bem descritas pelo capitão Beechey, não encontraremos o grande movimento necessário para transformar um recife circundante característico em uma ilha lagunar igualmente característica.

Agora está claro que um recife de coral em franja próximo da costa de um continente irá, da mesma forma, se elevar à superfície após cada afundamento (subsidência); a água, no entanto, invadirá cada vez mais a terra. Não será, de forma obrigatória, criada uma barreira de recife semelhante àquela que corre paralelamente à costa da Austrália? De fato, se trata apenas do desenrolar de um daqueles recifes que, a distância, circundam muitas ilhas.

Dessa forma, as três principais classes de recifes, a saber, lagunares (atóis), em forma de anel (circundante) e de barreira, estão ligadas por uma única teoria. Poderia ser objetado que, se esse fosse o caso, deveriam existir muitas formas intermediárias entre um recife em forma de anel completo e uma ilha lagunar. Essas formas, de fato, ocorrem em muitas partes do oceano: temos uma, duas ou mais ilhas fechadas por um recife, e, entre elas, algumas são de tamanho relativamente pequeno em comparação à área fechada pela formação de corais, de modo que seria possível criar uma série de gráficos mostrando uma gradação nas características das duas classes. Na Nova Caledônia, onde a linha dupla de recifes se estende por 225 quilômetros além da ilha, vemos, digamos assim, essa mudança em ação. Na extremidade norte ocorrem os recifes, alguns são em forma de anel (circundante) e outros têm quase as características de verdadeiras ilhas lagunares. O recife que cobre quase toda a costa oeste desta grande ilha foi chamado por alguns de barreira. Tem 643 quilômetros de comprimento e, portanto, forma, por assim dizer, um estágio intermediário entre o recife em anel (circundante) comum e a grande barreira de corais da Austrália.

Talvez eu devesse ter considerado anteriormente uma aparente dificuldade sobre a origem das ilhas lagunares. Pode-se dizer que, assumindo que a teoria da subsidência esteja correta, apenas um disco redondo de coral seria formado, e não uma massa em forma de copo. Primeiro, os corais, mesmo nos recifes que margeiam a terra (como já observado), não crescem na própria margem, mas formam um canal raso. Em segundo lugar, as espécies fortes e vigorosas que, sozinhas, constroem um recife sólido nunca são encontradas dentro da lagoa: elas prosperam apenas na espuma das incansáveis ondas. No entanto, os corais mais delicados, embora inibidos por várias causas, como marés fortes e depósitos de areia, tendem, de forma constante, a encher a lagoa. O processo, no entanto, costuma se tornar cada vez mais lento, já que a água de uma vastidão rasa está sujeita a impurezas aleatórias. Um exemplo curioso desse tipo ocorreu nas Ilhas Cocos (Keeling), onde uma violenta tempestade tropical matou quase todos os peixes. Quando o coral finalmente enche a lagoa até o nível das águas mais baixas — o que ocorre durante as marés da primavera e que é o limite mais alto possível —, como concluir o processo após essa etapa? Não há terra elevada que possa fornecer sedimentos para a ilha da lagoa, e o tom azul-escuro do oceano indica sua pureza. O único agente que pode transformar a ilha da lagoa em terra firme é o vento, que carrega a poeira calcária da costa externa. Entretanto, esse processo deve ser incrivelmente lento!

A subsidência da terra é sempre muito difícil de se detectar, exceto em países há muito civilizados, pois o afundamento em si tende a encobrir todas as evidências desse movimento. No entanto, traços suficientes de tal movimento podem ser percebidos nas Ilhas Cocos (Keeling). Em todos os lados da lagoa, nos quais a água é tão calma quanto nos lagos mais protegidos, os antigos coqueiros enfraqueceram e caíram. Na praia, o capitão FitzRoy chamou minha atenção para os pilares da fundação de um armazém, que, de acordo com o testemunho dos habitantes, sete anos atrás estavam colocados logo acima da marca da maré alta, mas que, atualmente, eram banhados diariamente pelas águas do mar. Quando perguntei às pessoas se haviam sentido algum terremoto, disseram-me que a ilha havia sido atingida recentemente por um muito ruim, e que se lembravam de outros dois nos últimos dez anos. Eu não tinha mais dúvidas sobre a causa que levou à queda das árvores e à invasão da maré diária que atingia o armazém.

Em Vanikoro, a ilha em forma de anel já mencionada, entendi, pelo relato do capitão Dillon, que as terras aluviais no sopé das montanhas são escassas, que o canal é muito profundo e que as ilhotas existentes no próprio recife, decorrentes do acúmulo gradual de detritos, são raras; tudo isso, com a estrutura em forma de parede do recife, tanto por dentro quanto por fora, me convenceu de que, sem dúvida, os movimentos de subsidência neste último período devem ter sido muito rápidos. No final do capítulo, ele afirma que esta ilha está vulnerável a terremotos de extrema violência.

Mencionarei mais uma circunstância que, a meu ver, teve o mesmo peso positivo, ainda que se relacione a outra parte da questão. O senhor

Quoy discute, em termos gerais, a natureza dos recifes de coral e oferece uma descrição aplicável apenas àqueles que *franjeiam* a costa e não exigem nenhuma fundação a uma profundidade maior do que aquela em que os pólipos, construtores de coral, são capazes de crescer. A princípio fiquei surpreso com isso: sabendo que ele havia passado pelos oceanos Pacífico e Índico, logo imaginei que devia ter visto a classe dos grandes recifes em anel fechado (circundantes) que indica a subsidência de um pedaço de terra. Em seguida, ele menciona várias ilhas como exemplos de sua descrição da estrutura geral: mas, por uma coincidência peculiar, em suas próprias palavras e em várias partes de sua narrativa, afirma a possibilidade de demonstrar que a elevação do todo era recente. O que, portanto, parecia tão contrário à teoria tornou-se um elemento igualmente forte para sua confirmação.

Elevações continentais, como as observadas na América do Sul e em outros países, parecem atuar sobre amplas áreas com uma força muito uniforme; podemos, portanto, supor que as subsidências de continentes ocorrem de maneira quase similar. Por essa suposição, e aceitando, por um lado, que ilhas lagunares, recifes em forma de anel (circundantes) e de barreira sejam indicações de subsidência e, por outro lado, que moluscos e corais erguidos juntamente com meros recifes em franja sejam nossa evidência da elevação, podemos testar a verdade da teoria — a saber, segundo a qual a configuração deles é determinada pela natureza dos movimentos subterrâneos — observando a possibilidade da obtenção de resultados uniformes. Acredito que seja possível demonstrar que este é, em grande parte, o caso, e que, pela investigação, se deduzem certas leis muito mais importantes do que a mera explicação da origem dos recifes em forma de anel ou de outros tipos de recifes.

Se houvesse espaço, eu deveria ter feito algumas observações gerais antes de entrar em quaisquer detalhes. Noto, no entanto, que os pólipos construtores de recifes se ausentam completamente de longos trechos nos mares dos trópicos, por exemplo, ao longo de toda a costa oeste da América e, acredito, da África (?) e ao redor das ilhas orientais do Atlântico. Embora certas espécies de zoófitos lameliformes sejam encontradas nas costas das últimas ilhas, e embora a matéria calcária seja abundante, recifes nunca são formados. Parece que as espécies com potencial impacto sobre o meio ambiente não se encontram ali. No entanto, não há explicação para que isso aconteça, assim como não está claro o motivo de certas plantas, como a vegetação xerófita, não existirem no Novo Mundo, apesar de serem tão comuns no Velho.

Sem entrar em detalhes geográficos minuciosos, devo observar que a direção usual dos grupos de ilhas nas partes centrais do Pacífico é noroeste e sudeste. Isso deve ser notado porque é sabido que os distúrbios subterrâneos seguem as linhas costeiras do terreno. Se começarmos pela costa da América, teremos provas esmagadoras de que a maior parte foi levantada em uma época mais recente, mas, como os recifes de coral não ocorrem lá, isso não está diretamente ligado ao assunto em tela. Imediatamente adjacente ao continente, há um vasto oceano estranhamente sem ilhas, onde, naturalmente, não existe nenhuma indicação possível de qualquer mudança de nível. Depois chegamos a uma linha de noroeste a oeste que separa o mar aberto de um pontilhado de ilhas lagunares e envolve os dois belos grupos de ilhas aneladas por recifes: o Arquipélago da Sociedade e as Ilhas Georgianas. Essa grande faixa, que tem mais de 6.400 quilômetros de comprimento e 960 quilômetros de largura, deve, em minha opinião, ser uma área de subsidência. Por conveniência, passarei para a área de oceano vizinha e seguirei para a cadeia de ilhas que incluem as Novas Hébridas [atual Vanuatu], Ilhas Salomão e Nova Irlanda. Qualquer um que examine mapas maiores e individuais das ilhas do Pacífico ficará impressionado com a ausência de quaisquer recifes mais afastados ou circundantes em torno desses grupos: e, ainda assim, sabe-se que, próximo à costa, há uma grande abundância de corais. Não temos aqui, portanto, segundo a teoria, nenhuma evidência de subsidência da terra, e, de acordo com isso, sempre encontramos nos trabalhos de Forster, Lesson, Labillardière, Quoy e Bennet muitas alusões às massas de corais elevados. Essas ilhas, portanto, formam uma faixa de elevação bem-definida; entre elas e a grande área de subsidência mencionada pela primeira vez encontra-se uma ampla área de mar irregularmente pontilhada de ilhas de todas as classes, algumas com evidências de elevação moderna e meramente franjeadas por recifes, outras, com recifes em anel e algumas ilhas lagunares. Destas últimas, uma foi descrita pelo capitão Cook como um grande anel de ondas sem um único ponto de terra; aqui podemos supor que ali havia uma ilha lagunar comum que havia submergido recentemente. Por outro lado, há evidências de ilhas lagunares que foram elevadas a vários metros acima do nível do mar e que ainda continham uma piscina de água salgada em seu centro. Esses fatos indicam uma atividade irregular das forças subterrâneas; e, quando consideramos que o espaço fica diretamente entre a área bem-definida de elevação e a imensa área de subsidência, então, um movimento alternado e irregular é algo quase provável.

A oeste da linha de elevação das Novas Hébridas, temos a Nova Caledônia e a área existente entre ela e a barreira da Austrália, para a qual Flinders, por causa do grande número de recifes, sugeriu o nome Mar de Coral. É delimitada de ambos os lados pelos maiores e mais extraordinários recifes do mundo e, ao norte, pela costa das Lusíadas, que é extremamente perigosa por causa de seus recifes distantes. Esta, então, de acordo com a nossa teoria, é uma área de subsidência. Devo observar que, como a barreira de recife deve ser produzida pela subsidência da costa da terra principal, deveríamos esperar que algumas das ilhas em frente a ela formassem ilhas lagunares. Bligh e outros dizem expressamente que algumas das ilhas são bastante semelhantes às conhecidas ilhas lagunares do Oceano Pacífico; há também ilhas fechadas em um anel, de modo que todas as três classes que supomos terem sido produzidas pelo mesmo movimento são encontradas ali, uma circunstância que também ocorre, embora de forma menos distinta, na Nova Caledônia e nas ilhas do Arquipélago da Sociedade.

Pode-se observar que a linha de ilhas das Novas Hébridas se dobra abruptamente na Nova Bretanha e passa quase a correr de leste e oeste; e, por fim, retoma a sua antiga direção noroeste em Sumatra e na Península de Malaca. A figura pode ser comparada a um S oblíquo, mas a linha é, muitas vezes, dupla. Já demonstramos que a parte sul até o norte da Nova Irlanda apresenta evidências de elevação, e o mesmo acontece com o resto. Desde a época de Bougainville, todo viajante menciona um novo exemplo dessas mudanças em grande parte do Arquipélago das Índias Orientais: menciono aqui Nova Guiné, Waigeo, Ceram, Timor, Java e Sumatra. Na maior parte desses mares, os recifes de coral são comuns, mas só circundam as margens. Da mesma forma que traçamos a linha curva de elevação, podemos traçar a linha de subsidência. Já mencionei que existem provas desse último movimento nas Ilhas Cocos (Keeling), e é uma circunstância muito curiosa que, durante o último terremoto que afetou a ilha, Sumatra, embora a uma distância de quase 960 quilômetros, foi violentamente abalada. Considerando que as evidências da elevação moderna são encontradas na costa desta última região, ficamos fortemente tentados a acreditar que, à medida que uma ponta da alavanca sobe, a outra deveria descer, e que, à medida que o Arquipélago das Índias Orientais subisse, o leito do mar vizinho deveria afundar, levando consigo as Ilhas Cocos (Keeling), que há muito já estariam enterradas nas profundezas do oceano se o maravilhoso trabalho dos pólipos construtores de recifes não tivesse impedido esse movimento.

Como observei, as ilhas deste grande arquipélago são apenas contornadas por recifes; e depreende-se das declarações daqueles que as visitaram, bem como de um exame dos mapas, que ali inexistem ilhas lagunares. Isso, por si só, já é notável, mas torna-se muito mais quando se sabe que, de acordo com todos os relatos (e conforme claramente declarado pelo senhor De la Beche),[453] elas também não existem no mar das Índias Ocidentais, onde os corais são mais abundantes: agora, na maior parte do arquipélago, todos estão cientes das numerosas provas de elevação recente. Ehrenberg também observou que não há ilhas lagunares no Mar Vermelho; no *Geology* de Lyell e no *Geographical Journal* há provas de elevação recente nas margens de uma grande parte desse mar. Exceto pela teoria de que a forma dos recifes é determinada pelo tipo de movimento ao qual eles foram submetidos, é uma circunstância muito estranha, e ainda inexplicável, que a estrutura lagunar seja universal e considerada como característica em certas partes do oceano, mas, por outro lado, não ocorra em outras partes de igual extensão.

Recordarei aqui os casos de contornos de recifes em franjas mencionados pelo senhor Quoy, aos quais vários outros em que haja evidências de elevação podem ser adicionados. Deve haver alguma lei geral que determine a diferença acentuada entre os recifes que apenas margeiam a costa e aqueles que se erguem de um oceano profundo na forma de anéis. Tenho

---

453. *Geological Manual*, p. 141. (N.A.)

me esforçado para mostrar que, por meio de um movimento de subsidência, a primeira classe de recifes mais simples deve necessariamente passar para a segunda classe, a mais deslumbrante.

Prossigamos com nosso exame: a oeste do prolongamento da linha de subsidência, da qual as Ilhas Cocos (Keeling) é a escala de comparação, temos uma área de elevação. Pois no extremo norte do Ceilão e nas costas orientais da Índia foram observados conchas e corais elevados, iguais aos que existem atualmente no mar vizinho. Além disso, no meio do Oceano Índico, a linha de atóis ou lagoas das ilhas Laquedivas, Falkland e Chagos mostram uma linha de subsidência. As mais bem caracterizadas delas, as Ilhas Falkland, se estendem por 772 quilômetros de comprimento e uma largura média de 100 quilômetros. Esses atóis, na maioria de seus aspectos, são semelhantes às lagoas do Oceano Pacífico, mas diferem no fato de que muitos deles estão próximos uns dos outros e de que tais pequenos grupos estão separados de outros grupos por canais extremamente profundos. Agora, se observarmos em um mapa o prolongamento do recife em direção ao extremo norte da Nova Caledônia e, em seguida, completarmos o trabalho da subsidência para continuar a produzir os mesmos resultados, quebraríamos o recife original em vários pedaços; cada um deles tenderia a assumir uma forma arredondada, devido ao crescimento vigoroso dos corais no lado externo. Qualquer separação acidental no contexto da primeira linha produziria um novo círculo. No caso do Arquipélago Perigoso, no Pacífico, portanto, acredito que as ilhas lagunares foram formadas ao redor de várias ilhas diferentes; mas, no caso das Falkland, creio que uma ilha montanhosa, delimitada por recifes, e quase com a mesma forma e extensão da Nova Caledônia, ocupava anteriormente esta parte do oceano.

Por fim, no extremo oeste, a costa da África está densamente cercada por recifes de corais em franja e, de acordo com os fatos declarados na viagem do capitão Owen, foi provavelmente elevada em um período mais recente. A mesma observação é aplicável à parte norte de Madagascar, e, a julgar pelos recifes, também às Seychelles, que se encontram no prolongamento submarino daquela grande ilha. Entre estas duas linhas de elevação nor-nordeste e su-sudoeste, algumas lagoas e ilhas fechadas por um largo anel de corais indicam uma faixa de subsidência.

Se considerarmos a ausência de recifes circundantes e de ilhas lagunares nos vários arquipélagos e amplos espaços em que há evidência de elevação, e, por outro lado, o caso inverso da ausência dessas evidências em locais onde os recifes desse gênero ocorrem, aliada à coexistência das diferentes espécies produzidas por movimentos da mesma ordem e à simetria do todo, então será difícil (independentemente da explicação que o fato oferece sobre a formação de cada classe) negar a grande probabilidade de essa teoria estar correta. Se estiver, sua importância é óbvia: pois, num só relance, obtemos um panorama do sistema pelo qual a superfície da Terra foi se separando de forma mais ou menos similar, embora menos perfeitamente do que aquela que um geólogo perceberia caso tivesse vivido 10 mil anos e mantido um registro das mudanças ocorridas. Aqui vemos uma lei quase provada de que as superfícies, em grande parte, sofrem movimentos de uma uniformidade surpreendente, e que as faixas de elevação e subsidência se alternam. Esses fenômenos nos fazem imaginar um fluido que é impulsionado muito gradualmente de uma parte interna da crosta terrestre para outra.

Vou apenas abordar brevemente alguns dos resultados que podem ser obtidos com essas opiniões. Se examinarmos os pontos de erupções vulcânicas nos oceanos Pacífico e Índico, descobriremos que todos os *vulcões ativos* ocorrem dentro das *áreas de elevação* (a faixa asiática deve ser excluída, pois não detemos nenhuma informação sobre a região). Por outro lado, nada ocorre nos grandes espaços que deveriam supostamente estar sofrendo o processo de subsidência, entre os arquipélagos de Radack e de Tuamotu, no Mar de Coral, e entre os atóis ao largo da costa oeste da Índia. Se considerarmos as mudanças de nível como consequência do movimento do fluido sob a crosta terrestre, conforme foi sugerido anteriormente, pode-se supor que a superfície para a qual a força é direcionada cede mais prontamente do que aquela de onde se afasta gradualmente. Estou bastante convencido da verdade dessa lei porque, quase sempre, quando verificamos outras partes do mundo, encontramos evidências de uma elevação recente onde há vulcões ativos. Como exemplo, podemos citar as Índias Ocidentais, as Ilhas de Cabo Verde, as Ilhas Canárias, o sul da Itália, a Sicília e outros lugares. Contra isso, os geólogos que — a julgar pela história dos montes vulcânicos isolados da Europa — acreditavam haver no plano do solo uma constante oscilação para cima e para baixo poderiam afirmar que nessas mesmas superfícies os montantes de subsidência e de elevação do terreno eram iguais, porém, não tínhamos como saber disso. Acredito que, ao eliminar essa fonte de incerteza, as faixas alternadas de movimento oposto, conforme deduzido da formação dos recifes, estão diretamente relacionadas a essa lei. Devo apenas afirmar que obtemos, dessa forma (se a hipótese estiver correta) um meio para formar algum julgamento sobre os movimentos predominantes durante a formação das séries (até mesmo das mais antigas) em que há rochas vulcânicas interestratificadas com depósitos sedimentares.

Qualquer coisa que lance luz sobre os movimentos da crosta terrestre é digna de consideração; e a história dos recifes de coral pode, de outra forma, ser responsável por tais mudanças nas formações mais antigas. Como temos todos os motivos para crer que os corais lameliformes são abundantes apenas em uma pequena profundidade, podemos estar certos de que, sempre que encontrarmos calcário coral em grande espessura, os recifes sobre os quais os zoófitos prosperaram devem estar afundando. Até que possamos, de alguma forma, julgar os movimentos predominantes de diferentes épocas, dificilmente será possível especular com alguma certeza sobre as circunstâncias em que foram acumuladas as complicadas formações europeias, compostas de materiais muito variados e em estados também muito diferentes.

Também não posso aqui passar por cima da probabilidade de que os pontos de vista indicados expliquem estas maravilhosas leis explicitadas primeiramente pelo senhor Lyell, a saber, que a distribuição geográfica de plantas e animais se deve às mudanças geológicas. O senhor Lesson apontou a grande uniformidade da flora indo-polinésia existente na imensa extensão do Oceano Pacífico, onde a dispersão das formas ocorreu no sentido contrário ao dos ventos alísios. Se supusermos que as ilhas lagunares — aqueles monumentos elevados por uma miríade de pequenos arquitetos — indicam a existência anterior de um arquipélago ou continente na parte central da Polinésia, de onde os germes poderiam se espalhar, então o problema ficará muito mais inteligível. Além disso, caso a lei fique muito bem-estabelecida a ponto de nos permitir classificar certas áreas como de elevação ou de subsidência, ela poderá lançar luz sobre duas questões muito obscuras: se a série de seres orgânicos, típica de algum ponto isolado, deve ser considerada como a última de remanescentes de uma população anterior ou como a das primeiras criaturas de uma população récem-nascida.[454]

Vamos rever brevemente o que foi dito. Primeiro, os recifes são formados ao redor de ilhas ou na costa de alguma terra principal (ou de um continente) a uma profundidade limitada onde as classes efetivas de zoófitos são capazes de sobreviver, e onde o mar é raso; também existe a possibilidade da produção de faixas irregulares. Então, pelos efeitos de uma série de pequenas subsidências, os recifes circundantes, as grandes barreiras ou as ilhas lagunares passam a ser meras modificações de um resultado necessário. Em segundo lugar, é provável que o oceano intertropical, abrangendo mais de um hemisfério, pode ser dividido em faixas lineares e paralelas, das quais as alternadas passaram, em um período geológico recente, por movimentos opostos de elevação e de subsidência. Em terceiro lugar, que os pontos de erupções vulcânicas são invariavelmente encontrados em áreas sujeitas a movimentos de propulsão vindos de baixo. O viajante que for testemunha ocular de um grande e terrível terremoto abandonará todas as noções anteriores de que a terra é um tipo de sólido constante. Isso também vale para o geólogo; caso acredite nas oscilações da superfície da terra (cujas formas e extensão significativa traem sua origem profunda), talvez fique ainda mais impressionado pela variabilidade incessante da crosta de nosso mundo.

---

454. Talvez isso tenha sido dito com demasiada força, mas o senhor M. Lesson, é claro, tinha motivos para sua afirmação. (N.A.)

CAPÍTULO XXIII

Ilhas Maurício, bela aparência — Hindus — Cabo da Boa Esperança — Santa Helena — Geologia — História das mudanças da vegetação, provável causa da extinção dos moluscos terrestres — Ascensão — Montanha Verde — Curiosas incrustações de formações calcárias sobre rochas lavadas pela maré — Bahia — Brasil — Esplendor da paisagem tropical — Pernambuco — Recife estranho — Açores — Suposta cratera — Dicas aos colecionadores — Revisão das partes mais impressionantes da viagem

DAS ILHAS MAURÍCIO À INGLATERRA

29 DE ABRIL — De manhã, navegamos em torno da extremidade norte da Ilha de França [Ilhas Maurício]. Deste ponto de vista, o aspecto da ilha correspondia às expectativas despertadas pelas muitas descrições conhecidas de sua bela paisagem. A planície inclinada do distrito das Pamplemousses, sarapintada de casas e com um verde vibrante dos grandes campos de cana-de-açúcar, formava o primeiro plano. A vivacidade do verde era bastante estranha, pois esta é uma cor que geralmente só é visível a uma distância muito curta. Em direção ao centro da ilha, grupos de montanhas florestadas surgiam nessa planície bem-cultivada; seus picos, como costuma ocorrer com rochas vulcânicas antigas, formavam pontas muito afiadas. As massas brancas de nuvens se reuniam em volta de seus cumes, como se quisessem agradar aos olhos do estrangeiro. Toda a ilha, com sua praia inclinada e suas montanhas centrais, tinha a aparência de uma elegância perfeita, e a paisagem causava uma impressão harmoniosa nos sentidos.

Passei a maior parte do dia seguinte caminhando pela cidade e visitando pessoas diferentes. A cidade é de tamanho considerável, e diz-se que abriga 20 mil habitantes; as ruas são muito limpas e regulares. Embora a ilha tenha estado tantos anos sob o poder do governo inglês, o aspecto geral do lugar é inteiramente francês. Os ingleses falam com seus empregados em francês; todas as lojas são mantidas por franceses; de fato, acredito que Calais ou Boulogne sejam muito mais inglesas. Há um pequeno teatro muito bonito, no qual são apresentadas boas óperas, que os habitantes preferem às peças de teatro. Também vimos livrarias grandes e bem abastecidas; música e leitura indicam a proximidade da parte civilizatória do Velho Mundo, pois a Austrália e a América podem, de fato, ser consideradas como novos mundos.

Um dos espetáculos mais interessantes em Port Louis [nas Ilhas Maurício] é a visão dos vários tipos humanos que se encontram nas ruas. Os criminosos da Índia são exilados para cá para toda a vida, há cerca de oitocentos deles agora, e são empregados em várias obras públicas. Antes de ver essas pessoas, eu não fazia ideia de que os habitantes da Índia eram figuras com aspecto tão enobrecido. Têm a pele extremamente escura, e muitos dos homens mais velhos mantêm bigodes e barbas grandes e brancos como a neve; tudo isso, aliado ao fulgor de suas expressões, lhes oferece um aspecto bastante imponente. A maioria deles foi banida por assassinato e outros crimes graves; outros, por causas que dificilmente podem ser consideradas ofensas morais, por exemplo, o desrespeito às leis inglesas por motivos supersticiosos. Esses homens costumam ser quietos e bem-comportados; por sua conduta exterior, limpeza e fiel observância a seus costumes religiosos peculiares, eles dificilmente podem ser comparados aos nossos miseráveis criminosos que residem em Nova Gales do Sul. Além desses prisioneiros, muitas pessoas livres são trazidas anualmente da Índia, pois os fazendeiros temiam que os negros emancipados não viessem a trabalhar para eles. Por essas razões, a população indiana aqui é bastante considerável.

1º DE MAIO — DOMINGO. Fiz uma caminhada tranquila ao longo da orla do mar ao norte da cidade. A planície nesta parte não é cultivada e consiste em um campo de lava preta, suavizada por uma grama grossa e arbustos, especialmente de mimosas. Antes de chegarmos aqui, o capitão FitzRoy acreditava que a ilha deveria ter características intermediárias entre Galápagos e o Taiti. Essa é uma comparação muito precisa, mas dará a poucos uma ideia definitiva, exceto àqueles que estavam a bordo do *Beagle*. É uma região muito agradável, mas não tem os encantos do Taiti ou a grandiosidade de uma paisagem brasileira.

No dia seguinte, escalei La Pouce, uma montanha assim chamada por causa de uma projeção semelhante a um polegar [*le pouce*, em francês] que, perto da cidade, se eleva a uma altura de 790 metros. O senhor Lesson, na viagem do *Coquille*, afirmou que a planície central da ilha parecia a bacia de uma grande cratera, e que La Pouce e as outras montanhas eram, no passado, partes de um único paredão. De nossa posição elevada, tínhamos uma excelente vista dessa grande massa de matéria vulcânica. A terra parece ser bastante bem-cultivada neste lado da ilha, dividida em campos e coberta por casas de fazenda. No entanto, foi-me assegurado que apenas metade de toda a terra está em estado produtivo: se isso for verdade, e levando-se em conta a grande exportação atual de açúcar, a ilha passará a ter grande valor quando estiver mais bem povoada. Desde que a Inglaterra tomou posse dela, um período de apenas 25 anos, diz-se que a exportação de açúcar aumentou 75 vezes.

Uma das causas mais importantes dessa prosperidade são as boas estradas e os meios de comunicação existentes em toda a ilha. As estradas da ilha vizinha, Bourbon [atual Ilha Reunião], ainda dominadas pelos franceses, estão atualmente no mesmo estado deplorável que as das Ilhas Maurício se encontravam há apenas alguns anos. A técnica de MacAdam [o processo de pavimentação que ficou conhecido como *macadamização*] talvez tenha trazido mais benefícios para as colônias do que para a pátria-mãe. Embora os habitantes franceses tenham obtido grandes benefícios com a crescente prosperidade de sua ilha, ainda assim o governo inglês está longe de ser popular. É triste que haja pouca comunhão entre ingleses e franceses das classes superiores.

3 DE MAIO — À noite, o capitão Lloyd, o topógrafo-geral, tão conhecido pelo levantamento que fez do Istmo do Panamá, convidou o senhor Stokes e a mim para sua casa de campo, que está situada à beira das

planícies Wilheim e a cerca de 10 quilômetros do porto. Ficamos dois dias nesse lugar encantador, que fica a quase 240 metros acima do nível do mar, e, por esse motivo, o ar é agradavelmente fresco e, por toda parte, há caminhadas maravilhosas a serem feitas. Perto, está um desfiladeiro magnífico, que segue até a profundidade de 150 metros, através dos fluxos de lava suavemente inclinados que desceram do planalto central.

5 DE MAIO — O capitão Lloyd nos levou ao Rivière Noire, que fica vários quilômetros mais ao sul, a fim de que eu pudesse examinar algumas rochas elevadas de corais. Passamos por belos jardins, e belos campos de cana-de-açúcar estavam entre enormes blocos de lava. As estradas estavam bordejadas por cercas de mimosas e, próximo de muitas casas, encontrávamos avenidas de manguezais. Algumas paisagens, principalmente aquelas em que se viam juntas as colinas pontiagudas e as fazendas, eram muito pitorescas; e exclamávamos constantemente: "Ah, como seria bom passar a vida em um lugar tão tranquilo!".

O capitão Lloyd era dono de um elefante; ele o fez seguir conosco até metade do caminho para que pudéssemos experimentar uma viagem à moda indiana. Entretanto, acho que, e dizem que esse é o caso, o exercício deve ser cansativo para uma longa jornada. O que mais me surpreendeu foi seu passo bastante silencioso; um passeio naquele animal tão maravilhoso foi muito interessante. Esse é o único elefante presente na ilha, mas dizem que outros serão trazidos.

9 DE MAIO — Zarpamos de Port Louis e seguimos em direção ao Cabo da Boa Esperança; na noite do dia 31, ancoramos na Baía de Simon [em Simon's Town, na África do Sul]. A pequena cidade tem uma aparência melancólica aos olhos do estrangeiro. Cerca de duzentas casas quadradas, caiadas de branco, quase sem nenhuma árvore na vizinhança, e com pouquíssimos jardins, estão espalhadas pela costa, aos pés de um alto paredão íngreme e nu de arenito estratificado horizontalmente.

No dia seguinte, parti para a Cidade do Cabo, que fica a 30 quilômetros de distância. Ambas as cidades se encontram dentro do promontório, mas em extremos opostos de uma cadeia de montanhas que corre paralela ao continente e está ligada a ele por uma planície arenosa baixa. A estrada percorre o pé dessas montanhas: nos primeiros 22 quilômetros, a região é muito estéril e, com exceção do prazer sempre proporcionado pela visão de uma vegetação totalmente nova, havia pouca coisa interessante. A vista, no entanto, das montanhas do lado oposto da planície, iluminada pelo sol poente, era bela. A 11 quilômetros da Cidade do Cabo, na vizinhança de Wynberg, a região se torna muito melhor, e aqui se encontram as casas de campo dos habitantes mais ricos da capital. As numerosas florestas de pinheiros-escoceses e carvalhos irregulares são as principais atrações da região. Há, de fato, um grande encanto nos espaços sombreados e afastados, depois de testemunharmos a desolação indisfarçável de um país tão aberto como este. As casas e plantações têm como plano de fundo uma grande parede de montanhas, algo que oferece à paisagem um grau incomum de beleza. Cheguei à Cidade do Cabo no final da noite e tive grande dificuldade para encontrar alojamento. Naquela mesma manhã, vários navios vindos da Índia haviam chegado a essa grande pousada, localizada na grande estrada das nações; os barcos depositaram uma multidão de passageiros, todos desejosos de desfrutar os prazeres de um clima temperado. Há apenas um hotel bom, e, por isso, os estrangeiros costumam se hospedar em pensões: um meio que considerei muito desconfortável, com o qual, no entanto, fui obrigado a me conformar; ainda assim, tive sorte na escolha de alojamento.

Pela manhã, caminhei até uma colina vizinha para avistar a cidade do alto, a qual está disposta na forma retangular exata de uma cidade espanhola. As ruas estão em boa ordem e pavimentadas (macadamizadas), e algumas delas têm filas de árvores de cada lado; as casas são todas caiadas de branco e parecem limpas. Em vários detalhes triviais, a cidade tinha uma aparência estrangeira, mas está diariamente se tornando cada vez mais inglesa. Não há quase nenhum habitante que não fale um pouco de inglês, exceto os das classes mais baixas. É nessa facilidade em se tornar mais inglesa que se encontra a grande diferença entre esta colônia e as Ilhas Maurício. Isso, entretanto, não se dá devido à popularidade dos ingleses; pois os holandeses, assim como os franceses, odeiam nossa nação, embora a supremacia inglesa tenha sido de grande benefício para ambos.

Todos os fragmentos do mundo civilizado que visitamos no Hemisfério Sul parecem estar florescendo: pequenas inglaterras embrionárias estão ganhando vida em muitos lugares. Embora a colônia do Cabo possua apenas uma área moderadamente fértil, ela parece estar em uma condição muito próspera. Em um aspecto sofre, assim como a Nova Gales do Sul, com a falta de qualquer comunicação por água e pela separação do interior e da costa por uma alta cadeia de montanhas. A região não tem carvão, e também não há madeira, exceto a uma distância considerável. O couro, o sebo e o vinho são os principais artigos de exportação e, ultimamente, uma quantidade considerável de milho. Os agricultores também estão começando a prestar atenção ao pastoreio de ovelhas, uma dica recebida da Austrália. É um grande triunfo para a Tasmânia, que existe há apenas 33 anos, exportar ovelhas para uma colônia (Cidade do Cabo) que foi fundada em 1651.

Na Cidade do Cabo, dizem que a população atual gira em torno de 15 mil habitantes e, em toda a colônia, incluindo pessoas de cor, 200 mil. Muitas nações diferentes estão aqui misturadas; os europeus consistem em holandeses, franceses, ingleses e algumas poucas pessoas de outras partes. Os malaios, descendentes de escravos trazidos do Arquipélago das Índias Orientais, formam um grande grupo. São pessoas bonitas e podem sempre se distinguir pelo chapéu cônico, semelhante a um telhado circular de palha, ou pelo pano vermelho que amarram em torno de suas cabeças. O número de negros não é muito grande, e os hotentotes[455] [povo *Khoisan*], os aborígenes maltratados do país, estão, penso eu, numa proporção ainda menor. O primeiro fator da Cidade do Cabo que chama a atenção do estrangeiro é o número de carros de boi. Várias vezes, vi carros com 18 bois e ouvi dizer que, às vezes, há 24 bois atrelados a um único carro. Além destes, carros com quatro, seis e oito cavalos são vistos nas ruas. Eu ainda não mencionei a conhecida Table Mountain [Montanha da Mesa]. Essa grande massa de arenito estratificado horizontalmente se eleva bem perto da cidade até uma altura de 1.066 metros; sua parte superior forma uma parede íngreme que muitas vezes chega às nuvens. Uma montanha tão alta como essa, que não faz parte de um extenso

---

455. Darwin emprega aqui e no capítulo II o termo "hotentote" para se referir ao povo *khoisan* (ou coisã). Em geral, o termo era empregado na época de Darwin, mas hoje é considerado ofensivo. (N.T.)

planalto e ainda assim é formada por camadas horizontais, deve ser rara. No entanto, ela certamente oferece à paisagem um caráter muito peculiar e, de alguns pontos de vista, magnífico.

4 DE JUNHO — Parti em uma pequena excursão para ver a região vizinha; mas vi tão pouco que quase não tenho nada a dizer sobre a visita. Contratei dois cavalos e um jovem *khoisan* que me acompanhou como guia. Ele falava muito bem inglês e estava muito bem-vestido; usava um casaco comprido, um chapéu de castor e luvas brancas! Os *khoisan*, ou Hodmadodes, como os chama o velho Dampier, parecem-me negros parcialmente descoloridos. São de pequena estatura e têm cabeças e rostos muito estranhamente formados; as têmporas e as maçãs do rosto sobressaem tanto que o rosto inteiro acaba se perdendo quando olhamos para eles de um mesmo ângulo que, em um europeu, ainda conseguiríamos ver partes das características deste último. Têm cabelos curtos e encaracolados.

Em nosso primeiro dia de viagem, fomos até a Vila de Paarl, que fica entre 50 e 60 quilômetros a nordeste da Cidade do Cabo. Depois de deixarmos as cercanias da cidade, onde a maioria das casas brancas parecem ter sido tiradas de uma rua e depois largadas ao acaso em um campo aberto, nos deparamos com uma ampla planície arenosa, completamente imprópria para o cultivo. Esperando-se encontrar materiais duros para construir uma estrada, a areia havia sido perfurada ao longo de todo o caminho até uma profundidade de 12 metros, mas sem sucesso. Deixando a planície, nos deparamos com um terreno pouco ondulado e coberto por vegetação verde fina. Não era a estação das flores, mas, mesmo nesta época do ano, havia algumas espécies muito bonitas de plantas dos gêneros *Oxalis* e *Mesembryanthemum*, e, em pontos arenosos, belos arbustos de urze. Havia também vários pássaros pequenos e bonitos; aqueles que não gostam da observação de animais e plantas não teriam muito o que fazer durante todo o dia: só aqui e ali passamos por uma fazenda solitária.

Após chegar em Paarl, escalei um estranho grupo de colinas arredondadas de granito que se elevava por trás da aldeia. Do topo delas obtive uma bela vista da cordilheira que eu cruzaria na manhã seguinte. Suas cores eram o cinza ou, em parte, um vermelho-ferrugem, seus contornos eram irregulares, mas de forma alguma pitorescas: a região mais baixa ostentava, em geral, um marrom-esverdeado pálido e não se avistava nenhuma floresta. As montanhas nuas, vistas através de uma atmosfera muito clara, me lembraram o norte do Chile, cujas rochas, ao menos, apresentam uma cor mais viva. Logo no sopé da colina se estende a longa aldeia de Paarl; todas as casas estavam caiadas de branco, pareciam muito confortáveis e, além disso, não havia uma única choupana. Cada casa tinha seu jardim e algumas árvores plantadas em filas retas; havia muitos vinhedos de tamanho considerável, mas nesta estação eles estavam sem folha alguma. Toda a aldeia tinha um folheado de conforto tranquilo e respeitável.[456]

5 DE JUNHO — Depois de cavalgar cerca de três horas, chegamos perto do passo de French Hoek ["borda francesa", em africâner]. O local é chamado assim porque alguns emigrantes, protestantes franceses, haviam se estabelecido em um vale pouco profundo no sopé da montanha; é um dos lugares mais bonitos que vi em minha excursão. O passo, uma estrada inclinada escavada ao longo do lado íngreme da montanha, é uma obra considerável: forma uma das principais estradas que seguem das terras baixas da costa até as montanhas e as grandes planícies no interior. Chegamos ao pé das montanhas no lado oposto, ou sudeste, do desfiladeiro um pouco depois do meio-dia; aqui, na alfândega, encontramos acomodações confortáveis para passar a noite. As montanhas vizinhas não tinham árvores nem arbustos, mas uma vegetação rala de um verde um pouco mais vivo do que o normal. Entretanto, a quantidade de arenito branco e silicioso, que por toda parte vinha à tona, dava uma aparência desolada e sombria à região.

6 DE JUNHO — Minha intenção era retornar pelo passo Sir Lowry Cole, sobre a mesma cadeia de montanhas de antes, mas um pouco mais ao sul. Seguindo caminhos pouco frequentados, atravessamos uma área

---

456. Quando a parte mais ao sul da África foi colonizada pela primeira vez, o rinoceronte (conforme informou-me o doutor Andrew Smith) era muito comum em toda essa área, e, especialmente, nos vales arborizados no sopé da Montanha da Mesa, onde se encontra agora a Cidade do Cabo. Menciono isso para confirmar a afirmação (capítulo 5) de que a vegetação exuberante não é, de forma alguma, necessária para a existência dos quadrúpedes maiores. Tendo eu mesmo visitado esse distrito, anteriormente frequentado pelo grande rinoceronte, fiquei ainda mais convencido da verdade daqueles pontos de vista. (N.A.)

montanhosa e irregular até chegar a outra estrada. Durante todo o longo dia eu mal vi uma única pessoa; havia muito poucos lugares habitados e gado em pequena quantidade. Alguns cervos pastavam nas encostas das colinas, e alguns abutres brancos sujos, como os condores da América, circulavam lentamente sobre as colinas, onde provavelmente jazia a carcaça de algum animal. Não havia sequer uma árvore para quebrar a uniformidade monótona das colinas de arenito: nunca vi uma região menos interessante. Naquela noite, dormimos na casa de um fazendeiro inglês, e, no dia seguinte, descemos cedo pelo Paço Sir Lowry Cole, que, como o de French Hoek, foi construído com custos consideráveis na encosta de uma montanha íngreme. Do cume tivemos uma bela vista de toda a Baía Falsa e da Montanha da Mesa e, imediatamente abaixo de nós, da região cultivada chamada de Hottentots Holland. Aqui de cima, a planície coberta de dunas de areia não parecia ter o comprimento tedioso que descobrimos ter antes de chegarmos novamente à Cidade do Cabo, à noite.

18 DE JUNHO — Navegamos e cruzamos o trópico de capricórnio pela sexta e última vez no dia 29. No dia 8 de julho, estávamos próximos à Ilha de Santa Helena. Essa ilha, cuja visão proibitiva tem sido tão frequentemente descrita, ergue-se do oceano como um grande castelo. Um poderoso paredão formado por correntes sucessivas de lava negra, cria uma costa íngreme ao redor de toda a sua circunferência. Perto da cidade, pequenos fortes com canhões foram construídos em todos os lugares e se misturam com as rochas acidentadas. A cidade se estende por um vale raso e muito estreito; as casas são de aparência respeitável, e algumas poucas árvores estão espalhadas entre elas. Aproximando-se do ancoradouro, há uma visão impressionante: um castelo irregular acomodado no topo de uma colina alta, cercado por alguns pinheiros, projeta-se impetuosamente contra o céu.

No dia seguinte, obtive alojamento a poucos passos do túmulo de Napoleão.[457] Confesso, entretanto, que isso me atraiu pouco, mas era um

---

457. Considerando a grande quantidade de discurso que já foi dedicada a esse assunto, pode ser arriscado até mesmo mencionar o túmulo. Na verdade, um viajante moderno é capaz de atribuir várias designações à modesta ilha em apenas doze linhas, chamando-a de lugar de descanso final, sepultura, pirâmide, campo santo, cripta, ossário, caixão, torre e grande mausoléu. (N.A.)

bom ponto central de partida para se fazer excursões para quaisquer direções. Durante nossa estada de quatro dias, vaguei pela ilha desde manhã até a noite e examinei sua composição geológica. A casa estava a cerca de 600 metros de altura; fazia frio e o tempo estava muito turbulento, com chuvas constantes, e, de vez em quando, toda a paisagem se envolvia em nuvens densas.

Perto da costa, a lava áspera é totalmente destituída de vegetação: nas partes central e mais altas, formou-se um solo argiloso pelo clima severo de uma série diferente de tipos de rochas, que, onde não está coberta de vegetação, mostra largas faixas de muitas cores brilhantes. Nesta época do ano, a terra, devido às constantes chuvas, produz uma vegetação verde particularmente brilhante, que gradualmente vai se tornando mais rarefeita no sentido descendente até finalmente desaparecer por completo. No paralelo 16 e na baixa altitude de 460 metros, é surpreendente encontrar uma vegetação com um caráter tão profundamente inglês. As colinas estão cobertas de plantações irregulares de pinheiros escoceses, e nas encostas há matagais de tojo, com suas flores amarelas brilhantes. Salgueiros-chorões são comuns ao longo do curso dos riachos, e as sebes são feitas de amoreiras, produzindo seu bem-conhecido fruto. Quando consideramos que o número de espécies de plantas atualmente encontradas na ilha é 746, e que, entre essas, apenas 52 são espécies nativas (sendo que o restante são espécies importadas, a maioria da Inglaterra), esse caráter inglês da vegetação é facilmente compreendido. As numerosas espécies introduzidas tão recentemente devem ter exterminado algumas espécies nativas. Creio que não foi feita uma descrição precisa do estado da vegetação na época em que a ilha estava coberta de árvores; isso daria origem às mais curiosas comparações com a atual condição de esterilidade e de flora limitada da ilha. Muitas plantas inglesas parecem prosperar melhor aqui do que em sua terra natal; algumas da Austrália também se deram muito bem. Somente nos cumes mais altos e íngremes é que a flora nativa ainda predomina.

O aspecto inglês ou, melhor, galês da paisagem também se expressa nas numerosas cabanas e pequenas casas brancas: algumas delas estão situadas no fundo dos vales mais profundos, e outras, nas cristas das altas colinas. Algumas das vistas são muito características, por exemplo, aquela perto da casa do senhor W. Doveton, onde o pico íngreme chamado de Lott é visto acima de uma floresta escura de pinheiros e tem, atrás dela, as montanhas vermelhas, erodidas pelas águas, da costa sul.

Se observarmos a ilha de uma certa altura, a primeira coisa que chama a atenção é o grande número de estradas e fortificações: o trabalho realizado em obras públicas, deixando de lado seu caráter de prisão, parece completamente desproporcional à sua extensão ou ao seu valor. Há tão pouca terra plana ou útil que parece espantoso como tantas pessoas, cerca de 5 mil, possam viver aqui. As classes mais baixas, ou escravos libertos, são muito pobres e reclamam de falta de trabalho, um fato evidenciado pelos baixíssimos salários. Já que o número de funcionários públicos foi reduzido quando a ilha foi cedida pela Companhia das Índias Orientais, e com a consequente emigração dos mais ricos, há probabilidade de que a pobreza aumente. O principal alimento da classe trabalhadora é o arroz e um pouco de carne salgada; como nenhum desses artigos é produzido na ilha e deve ser comprado com dinheiro, os baixos salários pesam muito sobre a população pobre. Os bons tempos, como meu velho guia os chamava, da época de "Bony" [Napoleão Bonaparte], nunca mais voltarão. Agora que as pessoas são livres, um direito que elas apreciam em todo o seu valor, parece provável que seu número cresça rapidamente: mas, nesse caso, o que será do pequeno Estado de Santa Helena?

Meu guia era um homem idoso que tinha trabalhado como pastor de cabras quando menino e, assim, conhecia todos os caminhos entre as rochas. Ele era de uma raça que foi muitas vezes misturada e, embora de tez marrom, não tinha a expressão desagradável de um mestiço [Darwin usa o termo "mulato"]. Ele era um senhor muito educado e quieto, e essa parece ser a característica de grande parte das pessoas das classes mais baixas. Soava estranho ouvir um homem quase branco e bem-vestido falar de forma indiferente sobre os tempos em que era escravo. Todos os dias eu fazia longas caminhadas com meu companheiro; ele carregava nossa comida e um chifre com água, o qual foi bastante necessário, pois tudo nos vales inferiores é salgado.

Abaixo do círculo elevado e verde da parte central, os vales selvagens são bastante áridos e desabitados. Aqui há cenários mais interessantes para o geólogo que mostram as mudanças graduais e os distúrbios intrincados que ocorreram em épocas passadas. Na minha opinião, Santa Helena existe como uma ilha desde um período muito remoto: no entanto, ainda há algumas poucas evidências da antiga elevação da terra. Acredito que os picos mais altos do centro da ilha são partes da borda de uma grande cratera, cuja metade sul foi destruída pelas ondas do mar. Há também uma borda externa de rochas vulcânicas negras que pertencem a um antigo estado de coisas. Estas foram deslocadas e quebradas pelas forças que atuam das profundezas, de modo que a confusão entre as estruturas dessas várias causas é muito grande. Nas partes mais altas das ilhas, há muitas conchas incrustadas no solo, que sempre foram tomadas por conchas do mar; e este fato foi aduzido como prova do recuo do mar. O molusco é, na verdade, um *Bulimus*, que é uma espécie terrestre. No entanto, é muito curioso que nem essa espécie nem qualquer outra que ocorra com ela seja agora encontrada em estado vivo; uma circunstância que, muito provavelmente, pode ser atribuída à destruição total das florestas e à consequente perda de alimento e abrigo ocorrida no início do século passado.

A história das mudanças que as planícies elevadas de Longwood e Deadwood sofreram, conforme relatado pelo general Beatson, é extremamente curiosa. Antigamente, dizia-se que as planícies estavam cobertas de floresta e, portanto, eram chamadas de a Grande Floresta. Em 1716, ainda havia muitas árvores; em 1724, contudo, a maioria das árvores velhas caiu; e, como as cabras e os porcos viviam soltos naquela época, todas as árvores jovens foram devoradas. Parece, pelos registros oficiais, que as árvores foram inesperadamente substituídas alguns anos mais tarde por uma grama grosseira que, agora, se espalha por todo o território. E, então, ele acrescenta que "esses são fatos curiosos, pois traçam as mudanças sofridas pela ilha, pois essa planície, após ter ficado nua por causa da queda das árvores, está atualmente coberta por uma bela relva que se tornou o melhor pasto da ilha". A área florestada de um período anterior é estimada em 2 mil acres; hoje em dia, mal se encontra ali uma única árvore. Em 1709, muitas árvores mortas teriam sido encontradas em Sandy Bay [Baía Arenosa]: este lugar, agora, está tão deserto que nada, senão uma narrativa muito confiável como essa, poderia me fazer acreditar que já existiram árvores ali. Os fatos de que as cabras e os porcos destruíram todas as árvores jovens à medida que surgiam e que, no decorrer do tempo, as velhas, que estavam a salvo de seus ataques, pereceram com a idade, parecem bem atestados. As cabras foram introduzidas em 1502; sabe-se que, no tempo de Cavendish, 86 anos mais tarde, eram extremamente numerosas. Mais de um século depois, em 1731, quando o mal já estava feito e não havia mais como remediá-lo, foi publicada uma ordem para que todos os animais que não estivessem em cativeiro fossem mortos.[458]

Quando estive em Valparaíso, foi afirmado a mim que a árvore de sândalo já havia existido em números consideráveis na Ilha de Juan Fernández, mas que todas, sem exceção, estavam atualmente mortas. Na época, vi o fato como um caso misterioso de morte natural de uma espécie, mas, considerando que as cabras são comuns na ilha já há muitos anos, parece provável que elas impediram o crescimento das árvores jovens, e que as mais velhas pereceram com a idade. É muito interessante observar que a chegada de animais a Santa Helena em 1501 não só causou mudanças nas características gerais da ilha após um período de 220 anos: elas foram introduzidas em 1502 e, em 1724, dizem que "a maioria das árvores velhas havia caído". Não há dúvida de que essa mudança afetou não apenas as espécies do gênero *Bulimus* e provavelmente alguns outros moluscos terrestres (dos quais obtive espécimes do mesmo leito), mas também uma infinidade de insetos.

Santa Helena, tão distante de qualquer continente, situada no meio de um grande oceano e com flora própria, é um pequeno mundo em si que estimula nossa mais viva curiosidade. Aves e insetos,[459] como seria de se

---

458. *Beatson's St. Helena*, Introdução, p. IV. (N.A.)
459. Entre estes poucos insetos, fiquei surpreso ao encontrar um pequeno *Aphodius* (uma nova espécie) e um *Oryctes,* ambos muito comuns entre o esterco. Quando a ilha foi descoberta, não tinha nenhum animal quadrúpede, exceto, *talvez,* um camundongo; será, portanto, difícil determinar se esses insetos comedores de esterco foram introduzidos acidentalmente desde então, ou, no caso de serem nativos, saber que tipo de alimento os sustentava. Nas margens do Prata, onde, por causa do grande número de bovinos e equinos, as planícies de relva são ricamente adubadas, é inútil procurar os muitos tipos de besouros que se alimentam de esterco e que ocorrem tão abundantemente na Europa. Notei apenas um *Orycte* (os insetos deste gênero na Europa geralmente se alimentam de matéria vegetal em decomposição) e duas espécies de *Phanaeus*, que são comuns em tais lugares. No lado oposto da cordilheira, em Chiloé, outra espécie desse gênero é extremamente abundante; ela faz

esperar, são muito poucos; na verdade, creio que todas as aves foram introduzidas nos últimos anos. Perdizes e faisões são toleravelmente abundantes: a ilha é muito inglesa para não estar sujeita a leis de caça rígidas. De fato, as pessoas fizeram mais sacrifícios injustos a tais ordens do que na Inglaterra. Anteriormente, o povo pobre costumava queimar uma planta que cresce nas rochas e exportar o sódio, mas a Inglaterra publicou uma lei proibindo estritamente isso, e a razão dada foi que as perdizes não teriam onde se desenvolver!

Em minhas caminhadas, atravessei mais de uma vez a planície gramada, margeada por profundos vales, sobre os quais repousa Longwood. Visto de não muito longe, parece uma propriedade rural inglesa. Em frente, há alguns campos cultivados, e, atrás deles, a colina de rochas coloridas chamada Flagstaff e a massa negra e quadrada chamada de The Barn [Celeiro]. No geral, a vista é bastante sombria e desinteressante.

No passado, a costa deve ter sido guardada com uma severidade extraordinária: há casas de guarda, armas de guarda e estações de guarda em todos os picos. Fiquei muito impressionado com o número de fortes e casas de guarda no caminho que leva até Prosperous Bay [Baía Próspera]. Alguém poderia supor que a descida, ao menos, seria fácil: no entanto, vi apenas um caminho de cabras, e, em um ponto, o uso de cordas, que foram fixadas em anéis no penhasco, era quase indispensável. Atualmente,

---

grandes bolas com esterco de gado e as enterra sob o solo. Há razões para se acreditar que o gênero *Phanaeus*, antes da introdução do gado, atuava como necrófago de restos humanos. Na Inglaterra, os besouros que se alimentam de substâncias que já contribuíram para a vida de outros animais maiores são tão numerosos que acredito que existam pelo menos uma centena de espécies diferentes. Considerando isso, e observando a quantidade de comida que se perde nas planícies do Prata, pensei ter diante de mim um exemplo no qual o homem quebrou aquela cadeia pela qual, em seu país de origem, muitos animais estão ligados uns aos outros. A essa visão, no entanto, a Tasmânia forma uma exceção, da mesma forma que a Ilha de Santa Helena em menor grau, pois encontrei ali quatro espécies de *Onthophagus*, duas de *Aphodius* e uma de um terceiro gênero muito comum entre o esterco das vacas; e, ainda assim, estes últimos animais só foram introduzidos há 33 anos. Antes dessa época, o canguru e alguns outros pequenos animais eram os únicos quadrúpedes; e seu esterco é de uma qualidade muito diferente da de seus sucessores introduzidos pelo homem. Na Inglaterra, o maior número de besouros comedores de esterco é limitado em seu apetite, ou seja, eles não comem o esterco de nenhum quadrúpede. A mudança nos hábitos que deve ter ocorrido na Tasmânia é, portanto, ainda mais notável. (Estou em dívida com o reverendo F. W. Hope, que, espero, me permita chamá-lo de meu mestre em entomologia, pelas informações sobre o acima exposto e sobre outros insetos). (N.A.)

dois homens de artilharia são mantidos lá; porém, não é fácil imaginar o seu motivo. A Baía Próspera, embora tenha um nome promissor, não apresenta nada mais atraente do que uma costa marítima selvagem e rochas negras estéreis. O único desconforto em minhas caminhadas foram os ventos fortes. Um dia, observei uma circunstância estranha. Eu estava à beira de uma planície que terminava em um grande penhasco de cerca de 300 metros de altura e vi, a poucos metros do lado de barlavento, uma andorinha lutando contra um vendaval muito forte, enquanto no ponto em que eu me encontrava quase não havia vento. Aproximei-me do abismo e estiquei meu braço, que instantaneamente sentiu toda a força do vento: uma divisória invisível de dois metros de largura separava uma atmosfera violentamente em movimento de uma atmosfera perfeitamente calma. A corrente que veio contra o penhasco deve ter sido refletida para cima em um certo ângulo em um plano em que, necessariamente, deve haver um turbilhão ou nada.

As caminhadas entre as rochas e as montanhas de Santa Helena foram tão boas que quase me senti triste por ter de voltar à cidade na manhã do dia 14. Antes do meio-dia eu estava a bordo, e o *Beagle* zarpou para a Ilha Ascensão.

Chegamos ao ancoradouro da ilha na noite de 19 de julho. Aqueles que já viram uma ilha vulcânica em um clima árido serão capazes de imaginar as características de Ascensão. Eles pensarão em colinas cônicas lisas de uma cor vermelha brilhante, com cumes geralmente truncados, que se elevam de uma superfície plana de lava negra e acidentada. Um dos cones principais no centro da ilha parece ser o pai dos menores. É chamado de Green Hill [Monte Verde] e toma seu nome da tonalidade mais tênue daquela cor, que mal era visível do ancoradouro. Para completar esta cena desolada, as rochas negras da costa são açoitadas por um mar selvagem e turbulento.

O assentamento fica perto da praia; é composto por várias casas e quartéis espalhados de forma irregular, mas bem construídos com arenito branco. Os únicos habitantes são fuzileiros navais e alguns negros libertos de navios negreiros, que são pagos e alimentados pelo governo. Não há pessoas privadas na ilha. Muitos dos fuzileiros navais pareciam bem-satisfeitos com sua situação; eles acham que é melhor servir seus 21 anos em terra, seja como for, do que em um navio: escolha que eu certamente abraçaria se fosse um fuzileiro naval.

Na manhã seguinte, subi o Monte Verde e, de lá, caminhei através da ilha até o lado de barlavento. Uma boa estrada de carroças leva do assentamento da costa até as casas, os jardins e os campos que ficam próximos ao topo da montanha central. Na beira da estrada há marcos e cisternas para que os transeuntes sedentos possam beber um pouco de água boa. Cuidado semelhante existe em cada parte do assentamento, e especialmente no manejo das nascentes para que nenhuma única gota de água seja perdida: de fato, toda a ilha pode ser comparada a um enorme navio mantido em ótima ordem. Ao admirar a diligência ativa que produziu tais efeitos com esses meios, não pude deixar de, ao mesmo tempo, lamentar que tenha sido desperdiçada para um fim tão pobre e insignificante. O senhor Lesson observou com justiça que somente os ingleses teriam pensado em transformar a Ilha Ascensão em um local produtivo; qualquer outro povo a teria mantido, sem nenhuma outra intenção, como uma mera fortaleza no oceano.

Perto da costa nada cresce; um pouco mais para o interior, uma planta verde de mamona e alguns gafanhotos (os verdadeiros amigos do deserto) são encontrados em alguns lugares. A grama escassa cobre a superfície da região central elevada, e o conjunto é muito parecido com as piores partes das montanhas galesas. Contudo, por mais escassa que pareça a pastagem, ela alimenta bastante bem cerca de seiscentas ovelhas, muitos caprinos, bem como algumas vacas e cavalos. Quanto aos animais nativos, há muitos ratos e caranguejos terrestres; não há aves nativas, mas a galinha-d'angola, importada das ilhas de Cabo Verde, é abundante, e a galinha comum também se tornou selvagem. Alguns gatos, trazidos a princípio para acabar com os ratos e os camundongos, se multiplicaram a ponto de se tornarem uma grande praga. A ilha está inteiramente destituída de árvores, de modo que, nesse aspecto, e em todos os outros, está muito atrás de Santa Helena. O senhor Dring disse-me que o povo espirituoso de Santa Helena costuma dizer: "Sabemos que vivemos sobre uma rocha, mas o povo pobre da Ilha Ascensão vive sobre um monte de cinzas". E essa distinção está mesmo muito correta.

Nos dias seguintes, fiz longas caminhadas e examinei alguns pontos bastante curiosos na composição mineralógica de algumas rochas vulcânicas; o tenente Evans teve a bondade de ser meu guia. Sobre as massas basálticas, que são diariamente tomadas pela maré, foram depositadas algumas incrustações calcárias muito curiosas. Em sua forma, se assemelham a certas plantas criptogâmicas, principalmente as plantas do gênero *Marchantia*; sua superfície é perfeitamente lisa e brilhante; sua cor é preta, o que parece ser devido à matéria animal. Mostrei essas incrustações a vários geólogos, e nenhum foi capaz de adivinhar sua verdadeira origem. Qualquer um diria que são produto do fogo, e não o resultado de um depósito de matéria calcária, que agora sofre um ciclo constante de decadência e renovação pela ação das marés. Perto do assentamento onde esses depósitos ocorrem, há uma longa praia de areia calcária composta inteiramente de fragmentos esmagados e arredondados de conchas e corais. Sua camada inferior, pela passagem de água contendo matéria calcária dissolvida, logo se torna sólida e é usada como pedra de construção; algumas camadas, entretanto, são muito duras para esse fim e, quando se bate nelas com um martelo, soam como seixos.

A linha principal da praia situa-se na direção nordeste e sudoeste; o tenente Evans disse-me que, durante os seis meses que vão do dia 1º de abril ao dia 1º de outubro, a areia se acumula no extremo nordeste, e que, durante os outros seis meses, ela retorna ao extremo sudoeste. Esse movimento periódico se deve a uma mudança na direção das ondas, que é determinada pela direção geral dos ventos alísios durante esses dois períodos do ano. O tenente Evans também me disse que, durante os seis anos em que reside na ilha, ele sempre notou que, durante os meses de outubro e novembro, quando a areia segue para o sudoeste, as rochas que se encontram naquela extremidade da longa praia ficam cobertas por uma camada de calcário branco, espesso e muito duro. Eu vi pedaços desse curioso depósito que havia sido protegido por um acúmulo de areia. Em 1831, estava muito mais espesso do que em qualquer outro período. Parece que a água, carregada de matéria calcária pela perturbação de uma vasta massa de partículas calcárias, que estão apenas parcialmente unidas, deposita essa substância nas primeiras rochas que encontra no caminho. Mas o mais estranho é que, no decorrer de dois meses, a camada ou é erodida ou dissolvida novamente, de modo que, após esse período, ela desaparece por completo. É curioso, portanto, descobrir que a origem das formações de crostas periódicas em certas rochas isoladas está ligada ao movimento da Terra em torno do Sol, pois o movimento de translação determina as correntes atmosféricas que dão direção às ondas do oceano, e isso, por sua vez, afeta a quantidade de massa calcária dissolvida nas águas do mar adjacente.

Uma das minhas excursões levou-me ao extremo sudoeste da ilha. O dia estava claro e quente, e não vi a ilha sorrindo com sua beleza; ela me encarava com pura fealdade. Os fluxos de lava estão cobertos de montículos e são de tal forma rugosos que, geologicamente falando, não são de explicação fácil. Os espaços intermediários estão escondidos sob camadas de pedras-pomes, cinzas e tufos vulcânicos. Em alguns lugares são encontradas "bombas" vulcânicas arredondadas na superfície, que devem ter assumido essa forma quando foram ejetadas ainda extremamente quentes da cratera. Ao passar de barco por esta ponta da ilha, não consegui imaginar qual seria a natureza das manchas brancas que pontilhavam toda a planície; agora, descobri que eram aves marinhas dormindo tão mansamente que podiam ser capturadas mesmo de dia. Essas aves foram os únicos seres vivos que vi durante o dia. Na praia, mesmo com ventos leves, grandes ondas batiam contra os blocos quebrados de lava.

Saindo de Ascensão, a proa do navio foi direcionada para a costa da América do Sul e, em 1º de agosto, ancoramos em Salvador, na Bahia. Ficamos quatro dias ancorados, e aproveitei para realizar longas caminhadas. Fiquei feliz em descobrir que meu prazer pela paisagem tropical não havia diminuído minimamente por causa do hábito. Os elementos da paisagem são tão simples que vale a pena mencioná-los, como prova de que a beleza natural requintada depende de circunstâncias bastante insignificantes.

Trata-se de uma planície bastante plana, cerca de 100 metros acima do nível do mar, que se erodiu por todos os lados em vales rasos. Essa é uma estrutura curiosa para uma região granítica, mas é quase universal em todas aquelas formações mais suaves que costumam compor as planícies. A superfície está completamente coberta por vários tipos de árvores imponentes, intercaladas com faixas de solo cultivado, nas quais surgem casas, conventos e capelas. É preciso lembrar que, entre os trópicos, a exuberância selvagem da natureza não se perde mesmo nas proximidades de cidades maiores, pois o crescimento natural das plantas nas sebes e nas encostas das colinas supera, em seu efeito pitoresco, as obras artificiais dos homens. Por essa razão, existem apenas alguns poucos lugares onde o solo vermelho vivo oferece um forte contraste com a cobertura verde geral. Das bordas da planície é possível entrever a distância o oceano ou a baía envolta por margens baixas e arborizadas, onde inúmeros barcos e barcaças mostram suas velas brancas. Além dessas exceções, o campo de visão é bastante restrito. Ao longo dos caminhos planos, só é possível vislumbrar ocasionalmente os vales florestados abaixo, alternando em ambos os lados. Finalmente, devo acrescentar que as casas e, especialmente, os edifícios sagrados são construídos em um estilo peculiar e bastante fantástico de arquitetura. Todos são caiados de branco; desse modo, quando são iluminados pelo sol do meio-dia e vistos contra o céu azul claro do horizonte, se assemelham mais a sombras que a edifícios reais.

Tais são os elementos da paisagem, mas é um empreendimento fútil tentar pintar os efeitos provocados por eles. Naturalistas eruditos descrevem as paisagens dos trópicos nomeando uma infinidade de objetos e mencionando algumas características de cada um. Para um viajante erudito, as descrições podem comunicar algumas ideias bem-definidas: mas quem mais, ao ver uma planta em um herbário, é capaz de imaginar sua aparência em seu solo nativo? Quem, ao ver plantas selecionadas em uma estufa, é capaz de imaginá-las magnificadas nas dimensões de árvores florestais e aglomerada com outras em uma selva emaranhada? Quem, ao examinar vistosas borboletas exóticas e cigarras estranhas no escritório de um entomologista, será capaz de associar esses seres à música incessante e estridente desta última e ao voo lânguido da primeira — acompanhamentos certos de um meio-dia tranquilo e brilhante em terras tropicais? Esses cenários devem ser contemplados quando o sol atinge o zênite: então, a folhagem densa e esplêndida da mangueira esconde o solo com sua sombra mais escura, enquanto os ramos superiores ganham um verde extremamente brilhante pela abundância de luz. Nas zonas temperadas, creio que o caso é diferente; ali, a vegetação não é tão escura ou tão rica, e, portanto, os raios vermelhos, roxos ou amarelos do sol poente multiplicam ainda mais as belezas da paisagem daqueles climas.

Ao caminharmos silenciosamente pelos caminhos sombreados e admirar cada novo cenário, desejamos encontrar uma linguagem para expressar nossas ideias. Os adjetivos que emergem parecem insuficientes para descrever a sensação de prazer que toma nossas mentes às pessoas que nunca estiveram nas regiões tropicais. Embora, conforme observei, as plantas de uma estufa não ofereçam uma ideia real da vegetação, ainda assim devo recorrer a elas. O território é uma grande estufa selvagem, desarrumada e exuberante, que a natureza criou para a sua fauna; o homem, contudo, tomou posse dela e a cravejou de casas vistosas e jardins clássicos. O desejo dos admiradores da natureza de ver outro planeta, se isso fosse possível, seria intenso; e, ainda assim, na verdade, todo europeu pode ter certeza de que, a apenas alguns graus de distância de seu solo nativo, há maravilhas de outro mundo disponíveis para os seus olhos. Durante minha última caminhada, não pude deixar de contemplar essas belezas, e me esforcei para registrar em minha mente uma impressão que, mais cedo ou mais tarde, desaparecerá. As figuras da laranjeira, do coqueiro, da palmeira, da mangueira, da samambaia arbórea, da bananeira permanecerão claras e separadas; mas as mil belezas que unem todas elas em uma paisagem completa devem se esvaecer: e, ainda assim, como um conto de fadas ouvido na infância, deixarão atrás de si um quadro cheio de figuras indistintas, mas muito bonitas.

6 DE AGOSTO — À tarde, partimos novamente para navegar diretamente até as ilhas de Cabo Verde. Os ventos adversos, entretanto, nos atrasaram e, no dia 12, entramos em Pernambuco: uma grande cidade na costa do Brasil a 8° de latitude sul. Ancoramos antes dos recifes; mas, em pouco tempo, um piloto veio a bordo e nos guiou até o porto interior, onde ficamos perto da cidade.

Pernambuco está construída sobre alguns bancos de areia estreitos e baixos, que estão separados uns dos outros por canais de água salgada. As três partes da cidade estão ligadas por duas longas pontes construídas sobre pilares de madeira. A cidade é desagradável em toda parte; as ruas são estreitas, mal pavimentadas e cobertas de excrementos. As casas são muito altas e sombrias. O número de brancos que se vê nas ruas no decorrer de uma manhã apresenta aproximadamente a mesma proporção que os estrangeiros encontrados em qualquer outra nação; os demais são negros ou de cor escura. É muito difícil antecipar tanto a aparência destes últimos como a dos brasileiros. Os pobres negros são sempre alegres, faladores e barulhentos. Nada, em toda a cidade, seja pela vista, cheiro ou som, me causou uma impressão agradável.

A estação das fortes chuvas mal tinha terminado e, portanto, a região circundante, que está muito pouco acima do nível do mar, ficou inundada. Não consegui fazer mais nenhuma caminhada longa. Pude, no entanto, observar que muitas das casas de campo da periferia tinham, como nas da Bahia, uma aparência vistosa, que se harmonizava bem com o caráter exuberante da vegetação.

A terra plana e pantanosa em que Pernambuco se encontra está cercada à distância de alguns quilômetros por um semicírculo de colinas baixas, ou melhor, pela fronteira de uma região que talvez esteja a uns 60 metros acima do mar. A cidade velha de Olinda fica em uma extremidade dessa cadeia. Certo dia, peguei uma barcaça e subi um dos canais para visitá-la; a cidade velha, por sua localização, é mais bem cheirosa e limpa do que Pernambuco. Devo aqui comemorar algo que aconteceu pela primeira vez durante os quatro anos e meio em que andamos vagando, a saber, a falta de polidez: me foi recusada a passagem pelo jardim em duas casas diferentes a fim de subir uma colina para poder ver a região do alto, e só com dificuldade obtive permissão em uma terceira casa. Sinto-me muito feliz por isso ter acontecido na terra da "Brava Gente", pois não gosto deles — além disso, é uma terra de escravidão e, portanto, de degradação moral. Um espanhol teria se envergonhado com a simples ideia de recusar tal pedido ou de tratar um estranho com rudeza. O canal pelo qual fomos e voltamos de Olinda era margeado por manguezais, que brotavam como uma floresta em miniatura dos bancos de lama oleosos. O verde vivo desses arbustos sempre me lembrou o gramado exuberante dos cemitérios das igrejas: ambos são nutridos por exalações pútridas; um fala da morte que já foi, e o outro, muitas vezes, das mortes que virão.

A coisa mais curiosa que vi na região foi o recife que forma o porto. Ele segue por vários quilômetros em uma linha perfeitamente reta paralela à costa e não muito longe dela. Sua largura varia entre 30 e 60 metros, fica seco durante a maré baixa, tem uma superfície plana e lisa e é composto de arenito duro e estratificado de forma obscura. Portanto, é difícil acreditar, à primeira vista, que se trata de obra da natureza, e não de arte.

Sua utilidade é grande; perto da parede interna há uma boa profundidade de água, e os navios ficam ancorados a canhões antigos que estão fixados nele. Há um farol em uma extremidade, e, ao redor dele, o mar quebra com força. Ao entrar no porto, um navio passa a 30 metros desse ponto, em meio à espuma das ondas; as ondas também quebram perto do outro lado e, assim, formam um portal estreito. É quase assustador contemplar um navio seguindo, como parece, em direção a tais perigos.

Quanto à origem do recife, acredito que, anteriormente, existia um banco de areia e detritos sob as águas (uma circunstância provável) quando a planície, em que se encontra atualmente a cidade, foi ocupada por uma grande baía; em seguida, esse banco primeiro se tornou sólido e, depois, foi elevado. Esses dois processos são de ocorrência tão frequente na América do Sul que não pode haver objeção a usá-los para explicar quaisquer estruturas estranhas na região. Há outra explicação ligeiramente diferente que possui igual probabilidade, a saber, que uma longa restinga de areia, como algumas que agora correm em paralelo em vários pontos da costa, em sua parte central se tornou sólida e, em seguida, por uma ligeira mudança das correntes do mar, o elemento solto foi removido e, assim, restou apenas o núcleo duro. Embora as ondas do mar aberto se quebrem fortemente na parte externa dessa linha estreita e insignificante de recife, ainda assim não há nenhum registro sobre sua erosão. Essa durabilidade é o fato mais curioso de sua história. A proteção parece depender, principalmente, de uma camada de massa calcária formada pelo crescimento constante de várias espécies de seres orgânicos, especialmente as *Serpulas*, *Balanis* e *Nulliporas*, mas nenhum coral propriamente dito. É um processo bastante semelhante ao da formação da turfa; e, como essa substância, impede a degradação da matéria sobre a qual se apoia. Nos verdadeiros recifes de coral, quando as extremidades superiores da massa viva são mortas pelos raios solares, elas são envoltas e protegidas por um processo muito semelhante. É provável que, se um quebra-mar como o de Plymouth fosse construído nesses mares tropicais, seria imperecível; isto é, tão imperecível quanto qualquer parte da terra sólida que sempre passa por processos de erosão e renovação.

No dia 17, tiramos nossa última licença da costa da América do Sul, e, no último dia do mês, ancoramos em Porto da Praia. Lá ficamos por apenas cinco dias e, no dia 5 de setembro, seguimos para os Açores. No dia 19, ancoramos ao largo da cidade de Angra, a capital da Ilha Terceira.

Essa ilha é razoavelmente alta e tem forma arredondada com colinas cônicas simples, que são obviamente de origem vulcânica. A terra é bem cultivada e está dividida por muros de pedra em uma infinidade de campos retangulares que se estendem da praia até o alto das montanhas centrais. Há poucas ou nenhuma árvore, e a terra amarelada pelo restolho dá à paisagem um ar desagradável de secura nesta época do ano. Por toda parte há pequenas aldeias e casas caiadas de branco. À noite, vários de nós fomos à costa: a cidade nos pareceu bastante organizada e limpa, com uma população de cerca de 10 mil habitantes, que é quase a quarta parte da população da ilha. A ilha não tem boas lojas e, exceto pelo chiado desagradável de um carro de boi, parece haver pouca atividade. As igrejas são bastante imponentes e, antigamente, existiam muitos conventos, mas dom Pedro destruiu vários. Ele derrubou três conventos e declarou que as freiras poderiam se casar; e, exceto pelas senhoras muito velhas, a permissão foi recebida de bom grado.

Angra havia sido a capital de todo o arquipélago, mas, agora, apenas uma parte está sob seu domínio, e a cidade perdeu sua glória. Ela é defendida por um forte situado no Monte Brasil e por uma série de baterias que circundam a base deste vulcão extinto que domina a cidade. A Ilha Terceira foi o primeiro lugar a receber dom Pedro; e, então, conquistou as outras ilhas e, por fim, Portugal. Um empréstimo de nada menos que 400 mil dólares foi angariado nesta ilha, dos quais nem mesmo um centavo foi pago a esses primeiros apoiadores da atual família verdadeiramente real e honrada.

No dia seguinte, o cônsul gentilmente me emprestou seu cavalo e me forneceu guias que me levariam a um local no centro da ilha, que diziam ser uma cratera ativa. Subindo por passagens profundas, bordejadas de cada lado por altos muros de pedra, passamos por muitas casas e muitos jardins nos cinco primeiros quilômetros. Entramos, então, em uma região muito irregular, constituída de fluxos mais recentes de lava basáltica acidentada. As rochas estão cobertas, em alguns lugares, por um arbusto grosso de cerca de 1 metro de altura, e, em outros, por urze, samambaias e uma pastagem curta: algumas antigas paredes de pedra desmoronadas completam a semelhança com as montanhas do País de Gales. Entre os insetos, além disso, vi alguns velhos amigos ingleses, e, entre as aves, vi o estorninho, o *Motacilla alba yarrellii*, o tentilhão (*Fringilla coelebs*) e o melro-preto (*Turdus merula*). Não há casas nesta parte alta e interior da ilha, e o solo é usado apenas para o pasto dos gados bovino e caprino. Em todos os lados, além dos pedaços de lava mais antiga, há cones de vários tamanhos, alguns dos quais ainda tinham seus cumes em forma de crateras e, quando destruído, víamos que continham pilhas de cinzas, como aquelas encontradas nas fundições.

Quando chegamos à dita cratera, descobri que era uma leve depressão, ou melhor, um pequeno vale que terminava contra um cume mais alto e sem qualquer saída. No leito desse vale havia várias fendas grandes de onde saíam pequenas colunas de vapor em muitos lugares, como se fosse a caldeira de uma máquina a vapor. O vapor das aberturas irregulares estava muito quente para que a mão o pudesse suportar. Tinha apenas pouco odor, mas escurecia tudo o que era de ferro e comunicava uma certa sensação suave à mão; portanto, não pode ser puro. Acredito que contenha um pouco de ácido clorídrico. O efeito sobre a lava traquítica do entorno era peculiar; a rocha sólida foi inteiramente transformada em uma porcelana, branca como a neve, ou passou a ter um tipo de vermelho extremamente vivo, ou se tornou uma mistura de ambas as cores. O vapor tem sido emitido dessa forma por muitos anos; além disso, dizem que chamas já foram emitidas das fissuras. Durante as chuvas, a água dos bancos deve correr até essas fissuras, e é provável que a mesma água, gotejando próximo a alguma lava subterrânea aquecida, produza os efeitos acima mencionados. Em toda a ilha, as forças subterrâneas estiveram excepcionalmente ativas durante o último ano; vários pequenos tremores de terra foram sentidos e, durante alguns dias, um jato de vapor saiu de um alto penhasco logo acima do mar, que faz parte do Monte Brasil e não está longe da cidade de Angra do Heroísmo.

Gostei do passeio do dia, ainda que não tenha encontrado nada que valesse a pena ver. Foi agradável conhecer os camponeses; não me lembro de alguma vez ter visto um grupo de jovens tão bonitos e com fisionomias tão amigáveis. A maioria deles estava ocupada coletando lenha nas montanhas para as lareiras. Vimos famílias inteiras, desde o pai até o filho mais jovem, cada um carregando na cabeça seu fardo para vender na cidade. Esses fardos eram muito pesados; esse trabalho duro e suas roupas rasgadas traíam sua pobreza; ainda assim, disseram-me que não lhes falta comida, apenas quase todos os luxos, assim como em Chiloé. Assim, embora toda a terra não seja cultivada, muitos deles estão emigrando para o Brasil, onde são contratados para um trabalho que difere pouco da escravidão. É uma grande pena que uma população tão bela seja obrigada a deixar uma terra de farturas, onde os bens de primeira necessidade — carne, legumes e frutas — são muito baratos e abundantes: porém, o trabalhador saber que seu trabalho também é barato e pouco valorizado.

Outro dia, parti de manhã cedo para a cidade de Praia, que fica no extremo nordeste da ilha. A distância é de cerca de 25 quilômetros; a estrada não está longe da costa na maior parte do caminho. A região é inteiramente cultivada e pontilhada por casas e pequenas aldeias. Notei, em vários lugares, que a lava sólida, que em parte formava a estrada, estava desgastada em sulcos de profundidade de 30 centímetros por causa do antigo tráfego de carros de boi. Essa circunstância foi vista com surpresa no antigo pavimento de Pompeia, pois não ocorre em nenhuma das atuais cidades da Itália. Os vagões, aqui, têm um aro com pregos de ferro excepcionalmente grandes; talvez as velhas rodas romanas fossem construídas da mesma forma. A região, durante a parte matinal de nosso passeio, não apresentou nada de interessante, exceto quando animado pela visão do belo povo do campo. A colheita havia acabado recentemente e, perto das casas, as belas espigas amarelas de milho *flint* estavam penduradas em grandes feixes para secar nos choupos; e aquelas, vistas a distância, pareciam carregadas de algum belo fruto — um verdadeiro emblema da fertilidade.

Uma parte da estrada atravessava um amplo fluxo de lava, que, por sua superfície rochosa e negra, parecia ser de origem comparativamente recente: de fato, a cratera, de onde havia fluido, podia ser vista. Os habitantes industriosos transformaram este espaço em vinhedos; mas, para esse fim, era necessário limpar os fragmentos soltos e amontoá-los em uma infinidade de muros, que cercam pequenos trechos de terra de alguns poucos metros quadrados, cobrindo, assim, a região com uma rede de linhas negras.

A cidade de Praia é um lugar tranquilo, esquecido e pequeno: há muitos anos, uma grande cidade foi aqui destruída por um terremoto. Diz-se que a terra afundou naquela época, e o muro de um mosteiro, agora coberto pelo mar, é mostrado como prova disso: o fato é provável, mas a prova não é suficiente. Voltei por outra rota, que me levou primeiro pela costa norte e depois atravessou a parte interna da ilha. A extremidade nordeste é particularmente bem cultivada e produz uma grande quantidade de um bom trigo. Os campos abertos quadrados e os pequenos vilarejos com igrejas caiadas de branco faziam o cenário, conforme visto do alto, assemelhar-se aos pontos menos pitorescos do interior da Inglaterra. Logo alcançamos a região das nuvens, que ficou muito baixa durante toda a nossa visita, envolta nos cumes das montanhas. Em duas horas, tínhamos passado por esta parte interior e alta da ilha, que é desabitada e tem uma aparência desolada. Quando descemos da região das nuvens para a cidade, ouvi a boa notícia de que observações astronômicas haviam sido feitas e que deveríamos voltar a navegar naquela mesma noite.

No dia 25, paramos na Ilha de São Miguel para receber cartas e, depois, seguimos diretamente para a Inglaterra. No dia 2 de outubro, o *Beagle* ancorou em Falmouth, onde eu o deixei após ter vivido a bordo do pequeno navio por quase cinco anos.

CONSELHOS AOS COLECIONADORES

Como este livro poderá chegar às mãos de alguém prestes a empreender uma expedição semelhante, oferecerei alguns conselhos; segui alguns deles com grande sucesso, mas, outros, negligenciei e paguei o preço por os ter desconsiderado. Que o lema do colecionador seja "Não confie nada à memória!", pois a memória se torna um guardião nada confiável quando um objeto interessante é sucedido por outro ainda mais interessante. Para evitar ansiedades futuras, recomenda-se manter um registro das datas em que cada caixa de espécimes ou carta é enviada para a Inglaterra e quando foi recebida, anotando o nome do navio utilizado para o embarque. Ter essas informações prontamente disponíveis se revelará muito útil. Atribua um número único a cada espécime e a cada fragmento de espécime e, simultaneamente, registre-o no catálogo. Isso garantirá que, caso a origem de um espécime seja questionada no futuro, o coletor possa afirmar com veracidade: "Cada espécime em minha posse foi rotulado no momento da coleta!". É aconselhável colocar um número no exterior de qualquer item que esteja embrulhado em papel ou colocado em uma caixa separada (com exceção, talvez, de espécimes geológicos). É *especialmente* importante anexar o mesmo número diretamente ao próprio espécime, dentro do invólucro ou da caixa. É aconselhável imprimir uma série de pequenos números de 0 a 5.000, marcando os números que podem ser lidos de cabeça para baixo (tais como 699 ou 86). Isso facilitará a leitura e o acompanhamento dos números. Além disso, é prático imprimir cada milhar em uma cor de papel diferente. Isso permitirá que o coletor, durante o processo de desempacotamento, determine rapidamente o número aproximado pelo simples olhar.

Para espécimes preservados em soluções alcoólicas, a seguinte abordagem se mostrou bastante eficaz: obtenha um conjunto de carimbos de aço numerados de 0 a 9, uma pequena perfuradora e algumas folhas de estanho de grossura tripla. Os números podem ser estampados em uma linha a qualquer momento, faz-se um furo na frente de cada um e, depois, devem ser recortados conforme necessário com uma tesoura. Esses rótulos não dão trabalho para serem confeccionados e *não corroem*. Espécimes embebidas devem ser enroladas (uma a uma) frouxamente em gaze *muito* aberta ou em material similar. O fio que amarra as pontas também pode ser usado para fixar o número. Use apenas frascos de vidro, lembrando que, independentemente do tamanho, são difíceis de ser encontrados fora da Europa. Frascos de barro e barris de madeira vazam ou permitem a evaporação. Quando são utilizados, esses materiais não permitem saber se os frascos estão muito cheios (uma falha muito comum) e também não permitem que tomemos conhecimento do estado do álcool, o qual, pelo vidro, pode ser inspecionado de acordo com sua cor. Tenha em mente que, quando os espécimes estragam, 9 em cada 10 vezes isso ocorre devido ao álcool ser muito fraco. Os frascos devem ser fechados com uma rolha coberta por bexiga, duas camadas de folha de estanho comum e mais uma bexiga; deixe a bexiga de molho até ficar semipútrida. Essa abordagem se mostrou bem-sucedida e valeu o esforço empreendido.

Somente quem já viajou de navio conhece o quão inconveniente é a falta de espaço, pois quase tudo depende disso; assim, se for possível, tenha sempre três ou quatro garrafas abertas ao mesmo tempo, para que uma possa servir para os crustáceos, outra, para animais para dissecação, outra, para espécimes minúsculos e mais uma para peixes, sempre colocando estes últimos na solução alcoólica mais forte. De qualquer forma, é absolutamente necessário manter umas duas garrafas receptoras nas quais quaisquer coisas possam ser inicialmente guardadas para serem posteriormente transferidas para os frascos permanentes preparados com uma *solução alcoólica nova*. Sem a assistência do governo e sem muito espaço, é muito desanimador tentar transportar muitos espécimes preservados em álcool, embora sejam em tal estado, sem dúvida, extremamente mais valiosos. A qualquer pessoa em situação semelhante à minha, eu sugiro preservar apenas as peles de peixes e de répteis grandes. Contudo, caso tenha espaço e meios, o colecionador não deve impor nenhum limite ao número de frascos de vidro.

No que diz respeito aos catálogos, é inconveniente ter muitos; mas deve haver pelo menos dois, um para os rótulos de estanho ou espécimes preservados em álcool e outro para os papéis numerados, que devem ser aplicados indiscriminadamente a todo tipo de espécime. Caso o observador tenha um ramo específico ao qual dedique muita atenção, é desejável que abra um terceiro catálogo, exclusivo para esses espécimes: possuo um terceiro catálogo para espécimes geológicos e fósseis. Da mesma forma, as anotações devem ser, na medida do possível, simples: eu mantive dois cadernos de anotações, um para as geológicas e outro para as zoológicas e demais observações. É melhor fazer observações sobre diferentes espécimes em páginas separadas, pois isso economizará tempo de ter de copiar informações várias vezes. Também mantive um diário separado dos outros assuntos. Essa organização foi muito útil; quem estiver viajando por terra pode precisar adotar uma abordagem ainda mais simples.

Use sabão de arsênico[460] para todas as peles, mas não deixe de escovar as pernas e o bico com uma solução de *sublimado corrosivo* (cloreto de mercúrio). Da mesma forma, escove ligeiramente todas as plantas secas com a solução. Para coletar insetos, use uma rede de varredura simples e forte e, exceto os lepidópteros, embale todas as ordens de espécimes entre camadas de pano em caixas para pílulas, colocando no fundo um pouco de cânfora; isso *quase* não dá trabalho, e os milhares de pequenos insetos desconhecidos ficam preservados em um excelente estado até o final da viagem. Consiga um bom estoque de caixas de pílulas, um microscópio simples e forte, como aquele descrito há muito tempo por Ellis, um bom estoque de agulhas de bordar, tubos de vidro e cera de vedação para fazer instrumentos de dissecação. Também são necessárias pequenas garrafas de coleta cobertas com couro, caixas de estanho, tesoura para dissecação, maçarico de fole, bússolas, barômetro de montanha, etc. Recomendo ter uma espécie de caixa de trabalho para guardar vidros de relógio, micrômetros de vidro, pinos, barbante, números impressos, etc.; além disso, um pequeno gabinete com gavetas, algumas forradas com cortiça, e outras,

---

460. As sementes não devem ser transportadas no mesmo contêiner em que há peles preparadas com veneno, cânfora ou óleos essenciais; quase nenhuma das minhas sementes germinou; o professor Henslow acredita que foram destruídas pelo método de transporte. (N.A.)

com divisórias transversais, também é útil como espaço de armazenamento temporário.

Para um transporte seguro, *cada* tipo de espécime deve ser embalado em caixas forradas com placas de estanho e *seladas* com segurança; se o contêiner for grande, devem ser usadas caixas adicionais leves feitas de papelão ou material similar, pois uma pressão prolongada pode danificar até mesmo a pele de animais quadrúpedes. Nunca coloque garrafas com álcool, não importa o quão bem embaladas estejam, no mesmo contêiner de outros espécimes, pois uma garrafa quebrada poderá destruir os espécimes próximos a ela, conforme aprendi por experiência pessoal.

Quando confrontado com limitações de tempo, finanças ou espaço, o coletor não deve amontoar muitos espécimes em um único recipiente ou em apenas uma caixa. Pois ele deve estar *constantemente* ciente deste segundo lema: "É melhor ter algumas coisas bem-conservadas do que muitas em más condições!". Desde que sejam tomadas as devidas providências para que a coleta não se estrague, não desanime, pois o coletor estará, muitas vezes, trabalhando sozinho; trabalhe de forma árdua da manhã até a noite, pois todas as horas e os dias passados em uma terra estrangeira são valiosos; e sua diligência será, um dia, certamente recompensada com satisfação pessoal.

CONCLUSÃO

Com a conclusão de nossa jornada, quero dedicar um momento para refletir sobre os altos e baixos, as dificuldades e alegrias, de nossas perambulações em cinco anos. Se alguém me pedisse conselhos antes de embarcar numa longa viagem, minha resposta dependeria do interesse de alguém em um campo de estudo específico que deseje aprimorar. Embora seja agradável, sem dúvida, ver terras diferentes e várias culturas, os benefícios dessas experiências não compensam os inconvenientes. É importante ter um objetivo em mente, mesmo que muito distante, e trabalhar para colher uma recompensa futura, algum resultado positivo.

Muitas das dificuldades experimentadas durante uma longa viagem são facilmente reconhecíveis, tais como estar separado de amigos e familiares e lugares que guardam memórias tão queridas. Essas perdas, porém, são, em parte, atenuadas pela alegria inesgotável com que se aguarda pelo dia do retorno. Se, como dizem os poetas, a vida é um sonho, tenho certeza de que, em uma viagem, essas visões servem para que a longa noite passe rapidamente. Outras dificuldades talvez não sejam percebidas de imediato, mas podem pesar muito com o tempo, tais como a falta de espaço e a privacidade pessoal, o estresse da atividade constante, a ausência de pequenos luxos e confortos, a ausência de conexões domésticas e sociais e, por fim, até mesmo a saudade da música e de outros prazeres da imaginação. Quando essas questões são mencionadas, fica evidente que as queixas reais (exceto as fundadas em acidentes) da vida no mar estão no fim. Nos últimos sessenta anos houve uma notável melhoria em relação às viagens de longa distância por mar. Mesmo na época de Cook, um homem que deixava o conforto de sua casa para expedição semelhante tinha de suportar grandes privações. Hoje, é possível dar a volta ao mundo em um luxuoso iate equipado com todo o conforto do lar. Além dos avanços na construção e na tecnologia navais, a costa ocidental da América foi aberta, e a Austrália se tornou a metrópole de um continente em ascensão. As circunstâncias enfrentadas por um náufrago no Pacífico hoje são vastamente diferentes do que eram durante a época de Cook! Desde sua viagem, um hemisfério inteiro se tornou parte do mundo civilizado.

Se uma pessoa é altamente suscetível ao enjoo, ela deve considerar esse fato antes de tomar qualquer decisão. Falo por experiência própria, pois não é um mal menor que pode ser curado em apenas uma semana. Por outro lado, caso goste de táticas navais, certamente encontrará oportunidades para satisfazer esse interesse. Entretanto, é importante ter em mente que uma grande parte do tempo gasto em uma longa viagem é no mar, em comparação com os dias passados no porto. E quais são as glórias alardeadas do oceano sem fim? Uma extensão tediosa, um deserto de água, conforme dizem os árabes. Sem dúvida, há alguns cenários lindos: uma noite lunar com céu claro, o mar escuro e cintilante e as velas brancas tomadas pelo ar tranquilo de uma brisa soprada pelos ventos alísios; uma calma infindável, onde apenas a superfície lisa do mar se eleva, e tudo está parado, exceto o bater ocasional das velas. A contemplação de uma tempestade com seu arco ascendente e fúria vindoura ou o forte vendaval com ondas imponentes. Confesso, no entanto, que minha imaginação havia pintado uma tempestade instalada como algo mais grandioso e mais fantástico. A cena, quando observada da costa, proporciona uma experiência muito mais emocionante, pois tudo grita a luta sem freio dos elementos: as árvores ondulantes, o voo selvagem dos pássaros, as sombras negras e as luzes brilhantes, o rugido das correntes. No mar, o albatroz e o petrel voam como se a tempestade fizesse parte de seu hábitat; a água sobe e desce como se cumprisse sua tarefa habitual, apenas o navio e seus habitantes parecem ser objetos de alguma ira. Em uma costa deserta e castigada pelo tempo, a cena é, de fato, diferente, mas os sentimentos participam mais do horror do que do deleite selvagem.

Vejamos agora o lado positivo. A maior e mais constante fonte de prazer durante toda a viagem foi, com certeza, a beleza e as características únicas dos diferentes países visitados. É provável que a beleza pitoresca de muitas partes da Europa exceda qualquer coisa que tenhamos visto, entretanto, é um prazer cada vez maior comparar as características da paisagem dos diferentes países, o que, até certo ponto, se mostra muito diferente de simplesmente admirar sua beleza. Isso requer uma compreensão mais profunda dos componentes individuais que formam cada paisagem. Estou muito inclinado a acreditar que, assim como uma pessoa com um gosto adequado que entende cada nota na música será capaz de desfrutar mais do todo, também é verdade que alguém que examine cada minúcia de uma bela paisagem terá impressões mais completas dela. Um viajante deve, portanto, ser um botânico, pois as plantas formam os principais ornamentos em todos os pontos de vista. Agrupe massas de rocha nua, mesmo nas formas mais selvagens, e elas podem, por um tempo, proporcionar um espetáculo sublime, mas logo se tornarão monótonas. Pinte-as com cores brilhantes e variadas e se tornarão fantásticas; cubra-as com vegetação e formarão, no mínimo, uma imagem decente e, até mesmo, uma paisagem extremamente bonita.

Quando afirmei que as paisagens da Europa eram provavelmente superiores a quaisquer outras que tenhamos visto, excetuei, como classe diversa, os cenários das regiões intertropicais. As duas classes não podem ser comparadas entre si, mas tenho falado com frequência da magnificência desses climas. Como a força das impressões geralmente depende de opiniões preconcebidas, observarei que as minhas foram todas tiradas das descrições encontradas em Humboldt na sua *Personal Narrative*, que superam em mérito tudo o que li sobre o assunto. E, ainda assim, com todas essas ideias de alto nível, eu não fiquei desapontado em meu primeiro desembarque no litoral brasileiro.

Entre os cenários que me deixaram sua mais profunda impressão, nenhum ultrapassa em sublimidade os das florestas primitivas e intocadas pelas mãos do homem, sejam as do Brasil, onde predomina a força da vida, sejam as da Terra do Fogo, reino da morte e da decadência. Ambas são templos preenchidos com as múltiplas produções do Deus da natureza; não há como ficar imóvel nessa solidão sem sentir que há mais no homem do que a mera respiração de seu corpo. Quando me lembro das imagens do passado, descubro que as planícies da Patagônia, muitas vezes, passam diante dos meus olhos: e, ainda assim, essas planícies foram condenadas por todos como as mais abomináveis e inúteis. Caracterizam-se apenas por qualidades negativas; não têm moradias, não têm água, não têm montanhas; ali crescem apenas algumas plantas anãs. Por que, então, os desertos estéreis causam uma impressão tão forte em nossa memória? Por que os Pampas, ainda mais planos, mais verdes e mais férteis e tão úteis para a humanidade, não produziram a mesma impressão? Não consigo analisar esses sentimentos, mas talvez se devam, em parte, à liberdade dada à imaginação. As planícies da Patagônia não têm limites e é difícil acessá-las. São, portanto, desconhecidas; e, além disso, existem desde um tempo inimaginável e continuarão a existir por muito tempo. Se, como supunham os antigos, a terra plana estivesse rodeada por uma imensurável extensão de água, ou por desertos insuportavelmente ardentes, quem não veria essas últimas fronteiras do conhecimento humano com sentimentos profundos, porém indefinidos?

Finalmente, as vistas das montanhas, embora certamente não sejam bonitas em certo aspecto, são muito memoráveis. Do alto das cordilheiras mais elevadas, a mente, afastada dos pequenos detalhes, se enche com a imensidão das massas circundantes.

A visão de um verdadeiro bárbaro, um humano em seu estado mais primitivo e incivilizado, provavelmente gerará muito espanto, especialmente quando testemunhado pela primeira vez em seu ambiente natural. Conforme a mente reflete sobre os séculos que se foram, pode se perguntar se nossos ancestrais se assemelhavam a esses indivíduos. Homens cujos sinais e maneirismos são ainda mais difíceis de entender do que os dos animais domesticados; homens que não possuem os instintos desses animais e não parecem deter o raciocínio humano nem as habilidades que acompanham tal raciocínio. Não creio que seja possível descrever ou pintar a diferença entre o homem selvagem e o homem civilizado. É a diferença entre um animal selvagem e um animal domesticado; e o fascínio de ver um bárbaro é semelhante à curiosidade de testemunhar um leão em seu hábitat natural, um tigre caçando sua presa na selva, um rinoceronte vagando pelas vastas planícies ou um hipopótamo banhando-se na lama de um rio africano.

Testemunhamos várias paisagens dignas de nota, incluindo as estrelas do Hemisfério Sul, uma tromba d'água, uma geleira que lança seu fluxo de gelo azul em um precipício sobre o mar, uma ilha lagunar elevada por pólipos formadores de coral, um vulcão ativo e as devastadoras consequências de um forte terremoto. Os três últimos eventos podem ser de particular interesse para mim graças à sua estreita associação com a composição geológica do planeta. O terremoto, no entanto, talvez seja um evento impressionante para todos: a terra, considerada desde a nossa mais tenra infância como o protótipo da solidez, oscila como uma crosta fina sob nossos pés; e, quando vemos as obras mais belas e laboriosas do homem derrubadas repentinamente, sentimos a insignificância do poder do qual se gaba.

Algumas pessoas argumentam que o amor pela caça é um prazer inato dos humanos, o remanescente de um desejo instintivo. Se isso é verdade, então a alegria de viver ao ar livre, com o céu como teto e o chão como mesa, também faz parte desse sentimento: é o selvagem retornando aos seus hábitos silvestres e nativos. Sempre me lembro das minhas viagens de barco e por terra, especialmente para regiões inexploradas, com uma grande sensação de prazer que nenhuma paisagem civilizada poderia ter criado. Acredito que todo viajante deve se lembrar de ter experimentado uma grande sensação de felicidade por apenas respirar em uma terra estrangeira em que o homem civilizado raramente chegou ou jamais esteve.

Há vários outros aspectos gratificantes de uma longa viagem que talvez sejam mais estimulantes no âmbito intelectual. O mapa do mundo deixa de ser uma tela em branco e agora é um quadro dinâmico cheio de características diversas e animadas. Cada região assume seu tamanho real: os continentes não são vistos como ilhas, e aquelas ilhas consideradas meras partículas são, na verdade, maiores do que muitos reinos europeus. A África ou a América do Norte e do Sul são nomes sonoros e fáceis de serem ditos. Entretanto, somente após ter percorrido durante várias semanas determinados segmentos de suas costas que se compreende verdadeiramente a vastidão de nosso colossal planeta, que está implícita naqueles nomes.

Observando a situação atual, não se pode deixar de sentir otimismo quanto ao progresso futuro de quase todo um hemisfério. O impacto da introdução do cristianismo no Pacífico Sul levou a uma marcha inigualável de melhorias, o que, provavelmente, é um fenômeno único na história. É ainda notável quando imaginamos que apenas sessenta anos atrás, Cook, conhecido por seu excelente julgamento, ainda não era capaz de antecipar essa transformação. Estas mudanças são o resultado do espírito filantrópico da nação britânica.

Na mesma região do mundo, a Austrália está emergindo, ou pode-se dizer que já surgiu, como um grande centro da civilização que, em algum período não muito distante, reinará como uma imperatriz sobre o Hemisfério Sul. É impossível para o inglês olhar essas colônias distantes sem um sentimento de grande orgulho e satisfação. Içar a bandeira britânica parece trazer consigo uma certa consequência: riqueza, prosperidade e civilização.

Em conclusão, parece-me que nada pode ser mais benéfico a um jovem naturalista do que uma viagem a países distantes. Tal viagem pode aguçar suas habilidades e pacificar uma sensação de insatisfação que até mesmo uma pessoa satisfeita é capaz de experimentar, como observa Sir J. Herschel.[461] A emoção de encontrar coisas novas e a possibilidade de alcançar o sucesso podem motivá-lo a ser mais ativo. Além disso, como uma série de fatos isolados logo se torna desinteressante, o hábito da comparação leva à generalização. Por outro lado, tendo em vista que o viajante passa pouco tempo em cada local, suas descrições devem, em geral, ser meros esboços (em vez de observações detalhadas). Isso resulta em uma tendência (como já experimentei em primeira mão) a preencher as grandes lacunas do conhecimento com hipóteses imprecisas e superficiais.

Eu, entretanto, gostei muito da viagem e recomendo que qualquer naturalista aproveite todas as oportunidades — ainda que não seja afortunado como eu que encontrei bons companheiros — para partir em viagens longas por terra, ou, se necessário, por mar. O naturalista pode estar seguro de que as dificuldades e os perigos que encontrará não são tão graves quanto o esperado, exceto em casos raros. De uma perspectiva moral, essa experiência pode instilar qualidades como a paciência, a abnegação, a autossuficiência e a capacidade de fazer o melhor em qualquer situação ou, em outras palavras, pode lhe instilar o contentamento. Em resumo, é provável que adquira os atributos típicos dos marinheiros. Viajar também pode ensiná-lo a ser desconfiado, porém, ao mesmo tempo, pode expô-lo a muitas pessoas bondosas com as quais ele talvez não tenha interagido antes (ou nunca interagirá de novo) e que, ainda assim, estão prontas para lhe oferecer uma ajuda altruísta.

---

461. *Discourse on the Study of Natural Philosophy.* (N.A.)

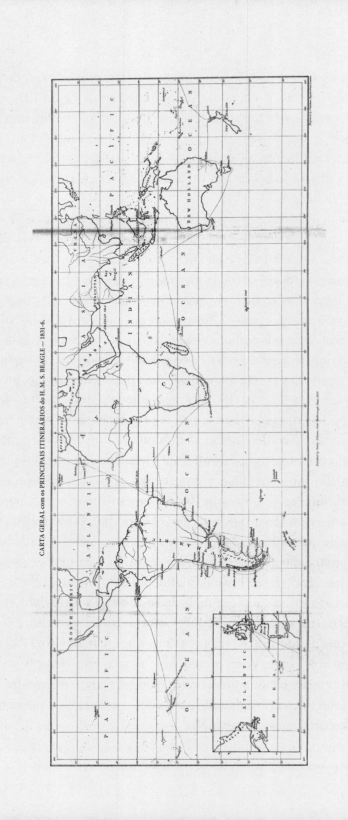

ANEXO

Capítulo IV, p. 112

Mencionei anteriormente que existem cristais de sulfato de magnésio, conhecidos como *madre del sal* pelos locais espanhóis, localizados ao longo das bordas das salinas na Patagônia. No entanto, devido a um erro, a garrafa errada foi analisada, e agora foi descoberto que os cristais são, na verdade, sulfato de sódio. No entanto, parece que algum sulfato de magnésio está presente na lama desagradável sob a superfície.

Capítulo V, p. 130

Ao listar os fósseis que recolhi na Bahía Blanca, incluí uma presa parecida com a de um javali e alguns trituradores extremamente planos. Entretanto, desde então, foi determinado que estes realmente pertenciam à mandíbula inferior do *Toxodon platensis* (toxodonte). Para uma representação soberba dessa notável criatura, bem como do notável fóssil (*Macrauchenia patachonica*), mencionado na página 238, que compartilha certas semelhanças com a *Camelidae*, recomendo que busquem a seção inicial da *Zoologia da viagem do Beagle* do senhor Owen.

Capítulo V, p. 131

Relata-se que os fósseis acima mencionados foram misturados com as espécies de conchas atualmente existentes. Entretanto, é importante notar que essa declaração requer alguns esclarecimentos, e mais detalhes podem ser encontrados em minha introdução geológica à descrição do senhor Owen sobre o mamífero fóssil mencionado anteriormente.

Capítulo VII, p. 183

Como disse antes, ossos de cavalos e mastodontes foram trazidos várias vezes da América do Norte para este país (Inglaterra). No relatório do senhor Rogers à Associação Britânica (vol. III, p. 24), ele sugere que é possível acrescentar cavalos à lista de animais originários da América. Está claro, por uma passagem anterior, que os ossos de cavalos encontrados ali são fossilizados. Além disso, o senhor Rogers observa que os restos de duas espécies de elefantes e três espécies de bois também foram descobertos, junto com partes do megatério em duas ocasiões distintas. Em Big Bone Lick,[462] onde há uma concentração excepcionalmente grande de restos de elefantes, mastodontes e bois, o *Megalonyx* (gênero de preguiças-gigantes) também foi descoberto. Isso se assemelha à descoberta contemporânea no Hemisfério Sul do mastodonte, do cavalo, do megatério e de outros *Edentata* (xenartros). Ao contemplar a distribuição geográfica desses mamíferos colossais no Velho e no Novo Mundo durante o período anterior ao presente, em conjunto com as faunas atuais da América do Norte e do Sul, que agora são tão marcadamente distintas umas das outras, o caso torna-se cada vez mais intrigante. Não tenho conhecimento de nenhum outro caso em que possamos observar claramente o período da divisão de uma região significativa em duas províncias zoológicas distintas. Com relação ao hábitat histórico do gênero *Equus*, posso acrescentar às minhas declarações anteriores que seus restos mortais foram descobertos desde a Inglaterra no Ocidente até o Himalaia no Oriente (ver *Reliquiae Diluvianae*, de Buckland, p. 222). Além disso, foram encontrados desde a costa ocidental da América do Norte até as planícies orientais da América no Hemisfério Sul. Assim, podemos suspeitar que, com um pouco de investigação, poderíamos descobrir os restos de cavalos incrustados no solo congelado de Kamchatka, junto com os de bois e elefantes fossilizados, fornecendo, assim, provas conclusivas da antiga, mas talvez temporária, linha de conexão entre a fauna do que agora chamamos de Novo Mundo e a do Velho Mundo. Entretanto, não tenho dúvidas de que cumes cobertos de neve do Chimborazo, do Illimani

---

462. O parque estadual Big Bone Lick fica no condado de Boone, no estado do Kentucky, nos Estados Unidos. (N.T.)

e do Aconcágua viram tantas, se não mais, estranhas e extintas formas animais do que os picos dos Alpes e dos Himalaias.

Capítulo XIII, p. 295

Se eu comparasse as produções agrícolas da costa oriental da América do Sul com as da costa ocidental e as latitudes correspondentes na Europa, eu incluiria o pêssego e a nectarina (ambos frutos-padrão), além da uva e do figo, que florescem na latitude 41°. Outras culturas cultivadas na região são melancias, melão-almiscarado, batata-doce (*Convolvulus batatas*), azeitonas e laranjas, que foram uma introdução recente, mas mostraram grande potencial de sucesso.

Capítulo XIII, p. 299

Mencionei as baixas latitudes em que se encontram formas tropicais de vegetação no Hemisfério Sul, e também alguns mamíferos e aves. Além das espécies de papagaios encontradas no Estreito de Magalhães, a Ilha Macquarrie, na latitude 55° sul e na longitude 160° leste também tem uma espécie semelhante. Entretanto, eu gostaria de fazer uma observação mais significativa que se relaciona diretamente às evidências usadas pelos geólogos para entender o clima da Europa antiga, a saber, a vida marinha do Hemisfério Sul. Em meu diário, observei que os mares do sul são ricos em biodiversidade e suportam uma variedade de formas de vida. Essa observação é confirmada pelos relatos dos primeiros exploradores que relataram grandes grupos de focas desajeitadas cobrindo as costas da Patagônia, as Ilhas Falkland e as Ilhas Antárticas. Após discutir esses fatos com o senhor George B. Sowerby,[463] ele me informou que os moluscos encontrados na parte sul do Hemisfério Sul compartilham algumas semelhanças em suas características gerais com aqueles encontrados nos mares intertropicais. Entretanto, elas são geralmente maiores e apresentam um crescimento mais

---

463. George Brettingham Sowerby II (1812-1884) foi um naturalista e ilustrador britânico que publicou, com seu pai (George B. Sowerby [1788-1854]), o *Thesaurus Conchyliorum* e outras obras sobre moluscos. (N.T.)

vigoroso do que suas contrapartidas nas zonas correspondentes do Hemisfério Norte (com exceção dos quítons da Califórnia). Isso pode ser visto no enorme tamanho dos *Patellae, Fissurellae, Chitons* e cirripédios encontrados no Estreito de Magalhães, bem como no tamanho maior das *Patellae* encontradas no Cabo da Boa Esperança. Na costa leste da América do Sul, na latitude 39°, os bancos de lama de Bahía Blanca abrigam três espécies de *Oliva* (uma das quais é grande em tamanho), uma de *Voluta* (e possivelmente uma segunda espécie) e uma de *Terebra*, todas elas estão entre as conchas *mais comumente encontradas* na área. Outra espécie de *Voluta* pode ser encontrada até 45° ao sul, e há evidências que sugerem que ela pode existir ainda mais ao sul. *Oliva*, *Voluta* e *Terebra* são formas tropicais características, o que significa que tanto os indivíduos quanto as espécies desses gêneros são extremamente abundantes nos mares intertropicais, enquanto são extremamente raros ou ausentes nas margens das regiões temperadas. Há até mesmo dúvidas se uma única espécie pequena desses três gêneros, uma *Oliva*, existe na costa sul da Europa. Em contraste, na costa da América do Sul, em latitudes mais elevadas, espécies dos três gêneros são os tipos mais *abundantes* de conchas.

Na Bahía Blanca, muitas dessas conchas são encontradas incrustadas em cascalho e foram erguidas acima do nível do mar. Imaginemos que o clima da América do Sul e dos mares que a circundam sofresse uma mudança que o tornasse semelhante em todos os aspectos ao da Europa. Parece altamente provável que as conchas dos gêneros acima mencionados se extinguiriam lentamente e seriam substituídas por outras espécies mais adequadas ao novo clima. Suponha que um geólogo tivesse as opiniões comumente aceitas sobre a distribuição dos seres orgânicos com base em nosso conhecimento do Hemisfério Norte (ou de ambos os hemisférios, neste cenário hipotético). O que concluiriam ao descobrir leitos de cascalho ricos em *Olivas*, *Volutas* e *Terebras*? Tais conchas não existem ali. Podemos também supor que ele tenha descoberto que os limites das formas mais tropicais, tanto animais quanto vegetais, das produções da terra, tinham se estendido da mesma forma durante este período anterior mais ao sul: o que, então, ele diria? Será que ele não deduziria imediatamente, com a aparência mais forte da verdade, que o clima antes tinha um caráter mais tropical, propriamente dito, e, portanto, tinha uma temperatura média anual mais alta do que a atual? No entanto, sabemos agora que tal inferência seria completamente imprecisa. Para ilustrar esse ponto de maneira diferente, se um geólogo descobrisse um depósito terciário rico em *Olivas, Volutas* e *Terebras* na costa da Espanha, a 39° de latitude, ou outro depósito contendo uma grande *Voluta* e numerosos *Patellae, Fissurellae, Chitons* e *Balani* maiores e mais fortes que as espécies atuais, a 45° de latitude na costa da França, ele se justificaria em concluir, com base no conhecimento atual, que o clima já foi mais quente com uma temperatura média mais alta? Acredito que ele não teria justificativas para fazer tal afirmação e, em vez disso, seria obrigado a procurar provas adicionais. Em relação à Europa, temos informações adicionais que são relevantes para essa discussão (como será explicado em uma nota subsequente),[464] a saber, o nível mais baixo da linha de neve em tempos anteriores. Isso é deduzido pela ocorrência de geleiras em altitudes mais baixas no passado, onde agora existem apenas em altitudes mais elevadas, e também do congelamento do solo em latitudes mais baixas durante o mesmo período. Essa nova informação, acredito, fornece a solução para o problema, isto é, que antigamente o clima da Europa era mais consistente durante todo o ano, mas, em vez de ser estritamente mais tropical, sua temperatura média anual era provavelmente ainda mais baixa do que a atual. É importante notar que minha declaração anterior *somente* se aplica aos Períodos Terciários posteriores. Nas épocas anteriores, fica claro, com várias analogias, que o clima era equatorial. Entretanto, não há evidências que sugiram que a linha de neve tenha descido muito durante esses períodos anteriores. Essa distinção é crucial para entender as mudanças climáticas durante diferentes períodos.

Capítulo XIII, p. 307

Em suas instruções para a viagem dos navios *Astrolabe* e *Zélée*, Cordier[465] fez uma declaração a respeito do transporte de fragmentos de rocha por gelo nas regiões antárticas, dizendo o seguinte (*L'Institut*, 1837, p. 283): "As

---

464. Como estou anexando estas notas ao *Diário*, tem sido um desafio categorizá-las com precisão. Em uma das notas, apresento o conceito de níveis mais baixos das geleiras na Europa durante períodos anteriores, ao qual me refiro nesta nota. (N.A.)
465. Pierre Louis Antoine Cordier (1777-1861), geólogo e mineralogista francês. (N.T.)

relações da expedição anglo-americana de descoberta realizada em 1830 revelaram que as praias das Ilhas Shetland do Sul estão cobertas por grandes blocos erráticos de granito, que são de natureza diferente da de outras rochas do país. O naturalista da expedição, James Eights,[466] afirma que esses blocos foram trazidos pelo gelo que encalha e derrete anualmente nas praias em questão, e que eles são indicadores de terras desconhecidas mais próximas do polo do que a Ilha da Trindade".[467] Não consegui encontrar nenhum relato dessa expedição. O tenente Kendall descreve (*Geographical Journal*, 1830) pináculos de sienito na Ilha Smith, um dos grupos das Shetland do Sul; portanto, as inferências em relação às distâncias das quais se supõe que os blocos originaram são provavelmente errôneas.

Ao discutir o clima severo da Ilha Decepção em Shetland do Sul, na página 299, eu poderia ter notado que, de acordo com o tenente Kendall (*Geographical Journal*, 1830, p. 66), em 8 de março, "tomamos a dica do congelamento da enseada (latitude 62°55') e efetuamos nosso retiro". Isso é equivalente ao Porto de Christiansund, na Noruega, congelar no dia 8 de setembro no Hemisfério Norte!

Capítulo XIII, p. 311

Anteriormente, forneci informações sobre o tamanho de uma grande geleira que lança um braço até Kelly Harbour, e outro, até um pântano plano na latitude 46°50'. Entretanto, o capitão FitzRoy me informou que ela provavelmente se conecta com os canais e as baías localizados ao norte, atrás da Península de Três Montes. Segundo Agüeros, que documentou uma expedição missionária (em *Descripción Historial de la Provincia y Archipielago de Chiloé*, p. 227), o grupo encontrou "muitos *icebergs*" (*muchos*

---

466. James Eights (1798-1882) foi um médico e cientista norte-americano, membro da iniciativa privada Companhia de Peles do Mar do Sul e Expedição de Exploração de 1829, organizada por Jeremiah N. Reynolds. (N.T.)
467. *Les relations de l'expédition anglo-américaine de découverte exécutée en 1830, nous ont fait connaître que les plages des Nouvelles-Shetland sont couvertes de grands blocs erratiques formés de granite, et par conséquent d'une nature différente des autres roches du pays. M. James Eights, naturaliste de l'expédition, n'hésite pas à considérer ces blocs comme ayant été apportés par les glaces, qui viennent annuellement s'échouer et se fondre sur les plages dont il s'agit et comme étant les indices de terres inconnues situées plus près du pôle que la terre la Trinité.* Em francês no original. (N.T.)

farallones de nieve), alguns grandes, alguns pequenos e outros de tamanho médio" em 22 de novembro de 1778, na região da Laguna de San Rafael (latitude 46°33' a 46°48'). Segundo o capitão FitzRoy, há outro relato de viagem missionária mencionando que os barcos encontraram dificuldades para passar pelo Caño de Perdon devido às ilhas de gelo que conectam a Laguna de San Rafael às outras baías atrás de Três Montes. Se imaginarmos transpor os lugares do Hemisfério Sul para os correspondentes na Europa, esses fatos seriam semelhantes a um barco que se encontrasse com tantos *icebergs*, e de tais tamanhos, em um canal do mar que se estende do Mediterrâneo, entre os Alpes e o Jura, na latitude do lago de Genebra, no dia 22 de junho (mas não apenas uma vez), que o historiador da viagem os descreveria como sendo "uns grandes, outros pequenos, e outros de tamanho médio"!

Nesta seção de minha revista, enfatizei o fato de que é no Hemisfério Sul que as formas tropicais penetram nas zonas temperadas e onde extensas geleiras fluem para o mar em baixas latitudes. Vale ressaltar que é também nesse hemisfério que os *icebergs*, originários das regiões polares, são levados para o mais longe de seu local de origem. De acordo com o relato de Horsburgh[468] nas *Transações filosóficas* de 1830, vários grandes *icebergs* foram observados por um navio a caminho da Índia a 35°50' S, que fica consideravelmente mais ao norte do que a latitude onde crescem samambaias e gramíneas arborescentes, orquídeas parasíticas e até mesmo palmeiras. Esses *icebergs* estavam a apenas 96 quilômetros da costa, onde rinocerontes, elefantes, hipopótamos, leões e hienas são comumente encontrados.

Capítulo XIII, p. 314

Recentemente, aprendi que há informações suficientes disponíveis para discutir com algum grau de precisão os limites sul dos blocos erráticos no Hemisfério Norte. Bayfield, Bigsby, Hitchcock[469] e outros descreveram numerosos fragmentos dispersos de rochas no Canadá e na região norte dos

---

468. James Horsburgh (1762- 1836), geógrafo hidrógrafo escocês. (N.T.)
469. Henry Wolsey Bayfield (1795-1885), oficial da Marinha Britânica; John Jeremiah Bigsby (1792-1881), médico e geólogo inglês; Edward Hitchcock (1793-1864), geólogo norte-americano. (N.T.)

Estados Unidos. De acordo com o relatório do professor Hitchcock sobre a geologia de Massachusetts [*Reports on the Geology of Massachusetts* (1833, 1835, 1838, 1841)], as rochas parecem estar espalhadas por toda a região. Indo mais ao sul, o relatório do senhor Rogers para a Associação Britânica observa que as rochas são predominantes no grande vale que cruza Pensilvânia, Maryland e Virgínia (lat. 36°30' a 42°), bem como nos estados de Ohio, Kentucky e Indiana, que estão localizados quase na mesma latitude. Depois de descrever alguns blocos de arenito em Washington e no Susquehanna que provavelmente tiveram origem no norte, o senhor Rogers relata que Drake observou grandes massas de granito em Cincinnati (39°10') que estavam repousando sobre o *diluvium*[470] comum. O granito mais próximo ao norte está a mais de 100 léguas [cerca de 480 quilômetros] de distância, e não há rocha primária ao sul ou leste dentro de uma faixa ainda maior. Isso faz lembrar os blocos dispersos encontrados no norte da Europa, que se acredita terem sido transportados para lá por gelo flutuante. A exploração do Alabama (30° a 35°) pelo senhor Conrad não produziu nenhuma rocha na superfície, levando à conclusão de que o limite sul de dispersão de blocos erráticos nos Estados Unidos está em torno de 36°30' e acreditando-se que os blocos tenham sido originados do norte. Portanto, é improvável que o gelo em que se pensa que os blocos foram embutidos tenha sido formado em uma latitude tão baixa. Atualmente, os *icebergs* no Hemisfério Sul se deslocam para latitudes mais próximas aos trópicos do que 36°30', mesmo que não tenham sido formados nessas latitudes. Na Europa, não encontrei nenhuma evidência de blocos erráticos mais ao sul do que as encostas sul dos Alpes, na latitude de 45°. Segundo Humboldt, eles não ocorrem na Lombardia (como citado na *Theory of Earth* [Teoria da Terra] de Cuvier, traduzida pelo professor Jameson, p. 346). É importante notar que o fenômeno dos grandes blocos *angulares* deve ser distinguido do fenômeno dos blocos arredondados, que podem ser produzidos pelo poder das torrentes e das ondas do mar durante sua lenta oscilação de nível. A latitude mais baixa da América do Sul na qual encontrei grandes fragmentos

---

470. *Diluvium* é um termo arcaico aplicado durante o século XIX a depósitos superficiais de sedimentos que não podiam ser explicados pela ação histórica dos rios e mares. (N.T.)

angulares, que devem ter sido transportados pelo gelo ali formado, ou por algum meio desconhecido, estava na latitude 41°. Como não explorei a região diretamente ao norte, não posso afirmar com segurança que este seja o ponto mais distante de seu território. Entretanto, na região entre a latitude 27° e 33°, não observei nenhum sinal, em nenhum dos lados da cordilheira, de uma força capaz de carregar rochas a distância. Assim, pode-se observar que seu limite de distribuição é quase idêntico em ambas as Américas, com a ressalva de que eles habitam regiões relativamente mais quentes na parte norte do continente do que na parte sul. Essa tendência é, possivelmente, mais pronunciada nas Américas do que na Europa.

Em minha nota anterior, discuti os aparentes desvios da regra, a saber, de que as rochas erráticas estão ausentes das regiões intertropicais. Em relação ao caso de Macau, expressei dúvidas sobre sua validade e, desde então, descobri que o senhor Chevalier[471] confirmou que os blocos arredondados são o resultado da erosão gradual da rocha subjacente (*L'Institut*, 1838, p. 151 — *Analysis of the Voyage of La Bonite*). Vale notar que o senhor Puillon Boblaye[472] relatou, em sua descrição de Bona e Constantina, na costa norte da África (*L'Institut*, 1838, p. 248), que não havia observado nenhuma evidência de rochas erráticas ("*je n'ai rien vu que pût indiquer le phénomène des blocs erratiques*"). Além disso, o major Mitchell confirmou, pelas suas expedições repetidas em grande parte da divisão sudeste da Austrália, que minha afirmação a respeito da ausência de rochas erráticas na Austrália é precisa. Com base nas evidências apresentadas em meu diário (p. 314) e minha nota, estou confiante de que a lei de distribuição de blocos erráticos está correta. É desnecessário enfatizar a importância significativa, se não conclusiva, dessa lei para a teoria dos meios de transporte, uma questão antiga que tem deixado os geólogos perplexos.

---

471. Yves Eugène Chevalier (1809-1870) publicou *Voyage autour du monde exécuté pendant les années 1836 et 1837 sur la corvette La Bonite* [Viagem ao redor do mundo realizada durante os anos de 1836 e 1837 no navio *La Bonite*]. (N.T.)
472. Émile Le Puillon de Boblaye ou Émile Puillon Boblaye (1792-1843) foi um militar, geógrafo e geólogo francês. Em 1838, participou da expedição científica em Bona e Constantina, na Argélia. (N.T.)

Capítulo XIII, p. 318

Em minha análise do clima no Hemisfério Sul, demonstrei que a baixa altitude da linha de neve eterna, que resulta na descida das geleiras para o nível do mar em latitudes relativamente mais baixas do que no Hemisfério Norte, e o congelamento perene do solo ligeiramente abaixo da superfície em regiões fora da zona frígida são consequências de um clima propício à propagação de formas tropicais além de seus limites naturais e ao crescimento de vegetação nativa robusta. Esse clima caracteriza-se por uma natureza equitativa, e isso é, provavelmente, uma consequência da significativa área oceânica em comparação com a massa terrestre no Hemisfério Sul. Em contraste, evidências do passado sugerem que a flora e a fauna, tanto da terra quanto da água, no Hemisfério Norte tinham mais características tropicais do que atualmente, e também é provável que a proporção de área de água tenha sido muito maior.

Com base na analogia do Hemisfério Sul, a conclusão inicial que podemos tirar desses fatos é que a temperatura da Europa costumava ser mais uniforme, embora possa ter tido uma temperatura média mais baixa do que a atual. Para testar essa inferência, podemos perguntar se a linha de neve costumava ser mais baixa e se o solo estava congelado em uma latitude baixa. Como outro teste da inferência, pode-se perguntar se o solo em baixas latitudes foi congelado sob a superfície no passado. As carcaças congeladas dos grandes paquidermes da Sibéria respondem à segunda pergunta; e, no meu diário, considerei indiretamente a primeira como respondida, pelo fato de muitas rochas erráticas da Europa terem viajado das montanhas, situadas em regiões onde grandes corpos de gelo não chegam atualmente ao nível do mar. Com base na teoria de que os *icebergs* transportavam essas rochas das geleiras que costumavam descer até o mar em latitudes onde atualmente não se encontra neve eterna, ou apenas encontrada em grandes alturas, o problema é facilmente resolvido. Com esses dados de apoio, presumi com confiança que a linha de neve na Europa costumava descer muito mais abaixo do que chega atualmente. Se eu tivesse estudado o assunto com mais atenção, eu poderia ter assumido uma posição mais elevada. Em minhas notas, mencionei que, segundo o professor Esmark, é certo que as geleiras da Noruega antigamente desciam a um nível mais baixo. Além disso, descobri recentemente que os senhores Venetz e Charpentier,[473] e, mais recentemente, o senhor Agassiz, demonstraram incontestavelmente que enormes corpos de gelo desceram até as fronteiras até mesmo do Lago de Genebra, nos Alpes, pela presença de diques glaciais ou morenas, e pela superfície polida e arranhada das rochas. Portanto, esses corpos de gelo estavam muito mais abaixo do menor nível atual.[474] Com base nessas várias evidências, pode-se sugerir com confiança que o clima da Europa no passado era semelhante ao do atual Hemisfério Sul. Consequentemente, como sabemos que o mar, no final do Período Terciário, estava em um nível mais elevado em grande parte do continente europeu, poderia ter sido afirmado — se não houvesse registro da existência de blocos erráticos neste lado do globo — que seria uma anomalia, difícil de explicar, caso não fossem encontrados ao redor dos terrenos elevados da Europa central e setentrional grandes fragmentos expostos, espalhados a longas distâncias de suas fontes originais e, muitas vezes, separados por vales profundos.

O senhor Agassiz escreveu recentemente sobre o tema das geleiras e rochas dos Alpes em seu discurso para a Sociedade Helvética em julho de 1837, que foi traduzido no *Jameson's New Philosophical Journal* e em várias comunicações no periódico francês *L'Institut*. Na minha opinião, ele prova claramente que a presença de rochas no Jura não pode ser explicada por nenhuma inundação, nem pelo poder das antigas geleiras que as precederam ou pela subsequente elevação da superfície sobre a qual as rochas agora se encontram. O senhor Agassiz também nega que as rochas eram transportadas por gelo flutuante, mas ele não explica completamente suas objeções à teoria. Agassiz não argumenta contra a teoria de que as rochas são transportadas por gelo flutuante ao apontar a aparente contradição da descida das geleiras a níveis baixos e a crença geralmente aceita de que os períodos anteriores tinham um caráter mais tropical. Essa crença foi

---

473. Ignaz Venetz (1788-1859), naturalista suíço; Johann von Charpentier (1786-1855), geólogo germano-suíço. (N.T.)
474. É verdade que, se houvesse mais neve no passado, as geleiras teriam se estendido a altitudes mais baixas. Entretanto, dado que a Europa tem atualmente um clima moderadamente úmido, é muito improvável que isso, por si só, pudesse ter causado o rebaixamento significativo das antigas geleiras dos Alpes. Portanto, somos obrigados a atribuir a diferença a uma mudança de temperatura de algum tipo. (N.A.)

considerada filosófica até que os efeitos de um clima temperado e uniforme fossem levados em conta. Em contraste, sua crença é que, durante o resfriamento gradual da terra, houve períodos de refrigeração excessiva. Entretanto, é importante notar que essa hipótese carece de qualquer evidência factual, a menos que se considere como evidência o *suposto* ressurgimento súbito da vida na superfície da Terra durante períodos sucessivos. De acordo com esse cenário hipotético, acredita-se que uma vasta camada de gelo tenha coberto não apenas os Alpes, mas também uma porção significativa da Europa e da Ásia durante o *suposto* período de refrigeração excessiva. Também se supõe que, durante a elevação repentina dos Alpes, fragmentos de rochas foram impulsionados sobre a superfície congelada e, mais tarde, caíram no chão onde permanecem hoje. O senhor Agassiz considera que essa ideia explica as rochas existentes nos cumes e sua ausência nos vales. Confesso que deveria ter imaginado, pela curvatura e pela elevação do gelo, que estas teriam sido as situações menos prováveis: mas nem esse nem alguns outros fatos (p. 381) me são bastante inteligíveis pela brevidade a que são aludidos. Na página 375, Agassiz afirma que "os blocos erráticos encontrados na região do Jura descansam sobre superfícies polidas. Isso é verdade para todos os blocos que não foram levados para além da crista da montanha ou caíram no fundo dos vales longitudinais, como observado nos vales do *Creux du Vent*. Entretanto, esses blocos não descansam diretamente sobre as superfícies polidas. Nos casos em que os seixos arredondados que acompanham os blocos grandes não foram removidos por eventos subsequentes, nota-se que blocos pequenos ou seixos de tamanhos variados formam uma camada de vários centímetros a muitos metros de espessura sobre a qual repousam os blocos grandes e angulares. Além disso, os seixos são extremamente arredondados, polidos de forma uniforme e estão dispostos de maneira que os maiores estejam em cima dos menores. Muitas vezes, os menores transitam para uma fina camada de areia que está situada diretamente acima das superfícies polidas. Essa ordem de superposição, que é constante, opõe-se a toda a ideia de um transporte por correntes; pois, nesse último caso, a ordem da superposição dos seixos teria sido precisamente invertida". Mais adiante (p. 379), ele observa que a ação das geleiras é imensa. "Como essas massas de gelo se movem e moem continuamente umas às outras e as superfícies, elas esmagam e pulem qualquer coisa que seja móvel, enquanto simultaneamente empurram qualquer coisa que encontrem com uma força irresistível. A invulgar sobreposição de seixos rolados e da areia nas superfícies polidas é atribuída aos movimentos da maciça camada de gelo. Acredita-se que a areia que repousa sobre essas superfícies tenha sido moída contra elas devido ao movimento do gelo, resultando na criação de linhas finas na superfície. Essas linhas, antes comparadas a riscos feitos por um diamante sobre vidro, não teriam existido se a areia tivesse sido afetada por uma corrente de água. Pode-se perguntar como a ação violenta da massa de gelo poderia rearranjar os grandes pedregulhos em cima dos menores, com uma camada de areia embaixo deles. O fato me parece totalmente inexplicável por tal hipótese. Além disso, observa-se que a superfície da rocha apresenta sulcos, cristas e arranhões que não seguem a encosta da montanha, mas correm obliquamente e longitudinalmente, paralelamente à direção da montanha e, portanto, quase na horizontal. Essa direção de erosão exclui a possibilidade de um riacho de água ser responsável por essas marcas." A explicação oferecida para essas marcas é que "elas foram causadas pela massa de gelo se expandindo mais facilmente na direção do grande vale suíço do que em uma direção transversal, pois foi constrangida pelo Jura e pelos Alpes. Como resultado, o gelo foi capaz de exercer mais pressão e força na direção paralela ao vale, criando os sulcos e arranhões observados".[475]

Tentarei agora demonstrar como a teoria do gelo flutuante pode explicar as notáveis observações feitas por Agassiz. Se essa teoria for aplicável a este caso, ela também pode resolver um problema que apresenta dificuldades muito maiores do que qualquer outro de seu tipo na Europa. Primeiro devo fazer duas *suposições*, e, se estas forem rejeitadas, a teoria não pode ser aplicada ao caso dos blocos erráticos dos Alpes. A primeira suposição é que um braço de mar se estendia entre o Jura e os Alpes durante um período em que, como demonstrei anteriormente, é provável que

---

475. O senhor Charpentier, em seu relatório sobre a pesquisa do senhor Venetz sobre as geleiras de Valais, publicado no *The Edinburgh New Philosophical Journal* (vol. XXI, p. 215), estava bem ciente desse problema. Ele sugeriu que a explicação para a diferença do nível das geleiras nos Alpes se devia a uma suposta flutuação enorme no nível dos Alpes, mas essa hipótese carece de provas e não é aplicável à Europa como um todo. (N.A.)

a proporção de água na Europa fosse maior, e é certo que a fauna e a flora terrestres e aquáticas tinham um caráter mais tropical enquanto a linha de neve era mais baixa. A idade do molasso, que está localizado entre o Jura e os Alpes, não foi determinada com precisão, mas acredita-se que seja do Mioceno. Ele contém folhas do *Chamaerops*, que é um gênero de palmeiras encontradas mais longe do equador do que qualquer outro tipo. Não é, no entanto, evidente que o molasso tenha sido depositado pelo mar durante o último período, quando ocupava um limite confinado entre os Alpes e o Jura. Mesmo que fosse depositado pelo mar, seria insensato para qualquer um concluir com confiança que as geleiras não poderiam ter alcançado as margens do mar onde o *Chamaerops* cresceu, pois sabemos que as geleiras do Hemisfério Sul chegaram muito perto das linhas limítrofes de várias formas tropicais.

Minha segunda *suposição* sugere que a elevação da Suíça, independentemente do período em que tenha ocorrido, foi um processo gradual e constante. Essa teoria é corroborada por fortes analogias encontradas na América do Sul, na Escandinávia e em outras regiões do mundo. Por outro lado, não há evidências factuais na natureza que sustentem a *suposição* de que a elevação tenha acontecido de repente. Pode-se inferir que o movimento dos *icebergs* das geleiras dos Alpes, localizados na mesma latitude e em condições comparáveis, teria seguido um padrão semelhante aos das massas de gelo que caem das geleiras na cabeceira dos estuários na costa sul-americana. Como observado, essas massas de gelo são gradualmente levadas para fora devido ao influxo de água doce dos pés das geleiras e, depois, sofrem a influência dos ventos e das correntes em canais mais abertos. É provável que esses *icebergs* seriam levados para alguma parte da costa circundante, mas, devido à sua natureza flutuante profunda, eles acabariam a uma curta distância da praia. Uma vez parados, se tornariam compactados e começariam a se mover para frente e para trás, sendo influenciados pela mudança dos ventos e movimentos das marés. Não poderiam, de maneira semelhante a uma geleira em terra, mas em menor grau, esmagar e moer quaisquer objetos em seu caminho e gradualmente polir a superfície sólida sobre a qual estão? Nas corredeiras dos rios norte-americanos, onde grandes massas de gelo carregando seixos e fragmentos de rocha são arrastadas, é relatado pelo doutor Richardson que as rochas primitivas são escavadas e têm suas superfícies polidas e brilhantes. O doutor Richardson, no entanto, não está preparado para dizer se isso é causado pela passagem do gelo ou pelos seixos transportados por elas.[476] Embora os *icebergs* possam flutuar de um lado do estuário para o outro, se eles se movem depois de encalhados, será apenas ao longo da costa, devido à direção da corrente ou do vento, e possivelmente ligeiramente para cima e para baixo, devido às variações da maré. O resultado desse movimento seria provavelmente arranhões longitudinais com algumas irregularidades ou arranhões oblíquos devido ao efeito dos movimentos da maré, formados pela grade de areia entre as rochas e o fundo dos *icebergs*. E, à medida que as montanhas fossem surgindo lentamente durante séculos, cada parte sofreria essa ação; e, consequentemente, toda a superfície seria marcada por arranhões longitudinais.

Na costa sul-americana, os *icebergs* são conhecidos por carregar fragmentos de rocha angular por longas distâncias para longe das geleiras das quais se romperam. Como os ventos e as correntes na área são geralmente constantes o suficiente para levar rapidamente qualquer objeto flutuante à costa (como é o caso de barcos virados, barris flutuantes ou carcaças), esses blocos de rocha seriam *normalmente*[477] depositados nas

---

476. Recorde-se que estou aqui considerando o efeito dos *icebergs* em estuários fechados. De acordo com o doutor Richardson, os enormes *icebergs* do Mar Ártico são fortemente comprimidos e exercem tal pressão sobre a costa que deslocam cada pedregulho e rocha e os elevam a vários metros de altura. Como resultado, as bordas rochosas submarinas permanecem completamente nuas. É incontestável que, se algum fragmento ficasse alojado sob uma dessas enormes montanhas de gelo e fosse impulsionado para cima com imensa força, a superfície de rocha sólida abaixo dela ficaria profundamente marcada. Como é um fato conhecido que os pedregulhos das praias tendem a ser movidos em uma única direção, o mesmo pode ser presumido em relação ao movimento dos *icebergs*. Portanto, podemos especular que os sulcos normalmente estariam em um ligeiro ângulo com a costa e correriam paralelamente uns aos outros. (N.A.)

477. Poderíamos esperar que eles, *às vezes, fossem* lançados ao abismo durante a sua passagem. O senhor Charpentier (*The Edinburgh New Philosophical Journal*, vol. XXI, p. 217) observou que "essa teoria também é inadequada para explicar a posição peculiar de enormes blocos solitários que podem ser encontrados verticalmente no chão em *vales* ou nos lados de montanhas, que são divididos em fragmentos de cima para baixo. Esse fenômeno nos forçaria a acreditar que esses blocos podem ter caído diretamente de uma certa altura sobre sua localização atual e, posteriormente, se estilhaçado em vários fragmentos após o impacto". Charpentier atribui esse fenômeno ao fato de que os blocos caíram através de fendas nas enormes geleiras, que ele acredita terem se estendido desde os Alpes, através do Lago Genebra, até as montanhas do Jura. A explicação proposta acima é pelo menos tão simples quanto esta. (N.A.)

margens dos canais entre as cordilheiras alpinas, e não nos espaços entre elas. Caso uma rocha pontiaguda se aproximasse da superfície e uma massa flutuante de gelo carregando detritos fosse aterrada sobre ela, o bloco de rocha permaneceria lá depois que o gelo tivesse derretido. Poderíamos nos perguntar se os blocos seriam tipicamente depositados na superfície exposta do fundo marinho rochoso próximo à costa ou em uma camada intermediária de cascalho ou sedimento. Com base em minhas observações realizadas quando navegamos pelos canais da Terra do Fogo e pelas frequentes análises dos prumos de chumbo usados nas sondas, estou quase certo de que as rochas submarinas completamente nuas são algo pouco comum. Além disso, quando a matéria é depositada perto de uma costa, as partículas mais finas tendem a ser levadas para mais longe: observei pessoalmente esse fenômeno ao me aproximar de uma costa e tracei *cada etapa da progressão*, desde a areia mais fina até os grandes seixos. Entretanto, já que o terreno continua se elevando gradualmente, as mesmas forças que levavam os grandes seixos a uma certa distância da praia, e os menores, para ainda mais longe, irão, após cada elevação incremental, levá-los um pouco mais longe, resultando em uma camada de pequenos seixos cobrindo a areia e uma camada de seixos maiores cobrindo os menores. Portanto, quando a área próxima à costa se torna terra seca, uma seção do fundo do mar inevitavelmente irá revelar rochas sólidas cobertas por areia, depois, por pequenos seixos, e, estes últimos, por seixos maiores, aumentando gradualmente de tamanho. Portanto, deduzo que os depósitos sublitorâneos dos Alpes durante sua suposta elevação gradual devem ter sido de natureza semelhante. Para resumir, acredito que a lenta elevação dos depósitos sublitorâneos nos Alpes teria tornado improvável que grandes *icebergs* ficassem encalhados na praia de um corpo de água protegido do mar aberto. Como resultado, quaisquer rochas transportadas por esses *icebergs* teriam sido depositadas fora da área protegida. Mais tarde, quando a região foi erguida, essas rochas seriam encontradas descansando em leitos que preservavam sua ordem original de sobreposição, exceto em lugares onde o material solto havia sido removido ao longo do tempo.

Tal é a explicação que eu sugeriria em relação aos fatos muito curiosos observados por Agassiz. Baseio meu argumento em fortes analogias e raciocínios, e não faço nenhuma suposição sem essas premissas. O fundamento de minha teoria é uma mudança no clima que pode ser demonstrada como provável mesmo sem a existência de blocos erráticos. Deixo para que o leitor decida se a teoria do senhor Agassiz é capaz de ser sustentada no mesmo grau.

Depois de discutir as rochas arranhadas dos Alpes, sinto-me obrigado a comentar sobre as rochas da Escócia que James Hall[478,479] descreveu em seu renomado artigo (*Edinburgh Philosophical Transactions*, vol. VII) sobre *On the Revolutions of the Earths's Surface* [Revoluções da superfície da Terra]. Na minha opinião, esse é o exemplo mais convincente apoiando a noção de que uma inundação catastrófica varreu as colinas e os vales da Escócia. As ranhuras e marcas nessa região seguem um padrão paralelo, indicando que foram feitas na mesma direção. Por exemplo, nas proximidades de Edimburgo, elas formam uma linha que corre ligeiramente ao norte do oeste, e ao sul, do leste, paralela ao vale do estuário. Entretanto, à medida que se avança em direção a leste ou oeste, elas se afastam dessa linha em mais de 90°. Além disso, na região sudoeste da Escócia, elas não exibem uma orientação uniforme. Por outro lado, no norte da Escócia, especificamente em torno de Brora, o senhor Murchison[480] (*Geological Transactions*, série 2, vol. II, p. 357) descobriu que as colinas continham linhas paralelas que correm na direção noroeste-sudeste. Os sulcos e as marcas ao redor de Edimburgo tendem a seguir superfícies mais planas, mas, de acordo com o senhor James, "a face perpendicular e outras áreas estão cobertas de linhas horizontais ou quase horizontais". O caso parece ser bastante semelhante ao dos Alpes

---

478. O senhor James Hall acredita que pedregulhos erráticos foram transportados por inundações quando estavam presos no gelo. Ele parece ter sido levado a essa opinião por uma clara percepção da dificuldade de supor a existência de geleiras nos Alpes e em outras regiões da Europa Central, exceto em grandes altitudes; e, tendo em vista tais situações, uma inundação era absolutamente necessária para transportar fragmentos no gelo. O senhor James rejeita a crença de Wrede [Erhard Wrede (1766-1826)] (dada sob a autoridade de De Luc) de que as pedras do Báltico podem ter sido levadas para o lugar em que se encontram atualmente pelo gelo, agindo durante uma mudança constante e lenta do nível do oceano. Assim, parece que Wrede foi quem primeiro propôs a teoria defendida neste livro; e a Suécia foi um país muito adequado para que tal teoria se originasse. (N.A.)
479. James Hall (1761-1832), geólogo escocês. (N.T.)
480. Roderick Impey Murchison (1792-1871), geólogo escocês. (N.T.)

nesses aspectos, mas as rochas não estão polidas.[481] Isso poderia ser devido à sua composição, que é de arenito e basalto preto, e não devido a qualquer diferença na causa. O doutor Richardson mencionou que, nos rios da América do Norte, onde as rochas graníticas são altamente polidas, as rochas calcárias laminadas não são polidas de forma alguma. Perto de Edimburgo, onde as linhas se estendem em direção a oeste e leste, a principal característica das colinas é sua encosta oeste, que inclui o ponto mais alto a 143 metros acima do nível do mar. Do outro lado, que se afasta dos ventos predominantes, há um longo trecho do que é conhecido como *diluvium*, composto principalmente de argila azul com numerosas rochas de tamanho considerável espalhadas por toda parte. Segundo o senhor James Hall e o senhor Smith of Jordanhill,[482] as rochas são caracterizadas por linhas paralelas que são orientadas em uma única direção, o que sugere que elas permaneceram imóveis enquanto eram transportadas através da terra, em vez de serem roladas e giradas como pedras em um rio. Há um consenso de que os sulcos presentes na rocha sólida foram criados pelos rochedos que passaram por cima dela. Enquanto as pequenas variações na superfície do terreno parecem não ter desempenhado nenhum papel na criação dos arranhões, parece que as características maiores, tais como a orientação dos grandes vales, influenciaram sua direção. De acordo com o senhor James, as escavações e os sulcos apresentam exatamente a forma que a ação prolongada de torrentes tende a produzir em rochas sólidas. No entanto, ele acrescenta, e eu concordo, que a superfície sulcada produzida por tais meios é lisa e não tão profundamente esculpida e arranhada como a que encontramos aqui. É verdadeiramente inconcebível que grandes pedras possam ser carregadas por meios normais como se fossem "independentes de sua gravidade" e com velocidade suficiente para criar linhas horizontais na face vertical de uma rocha. Com base na presença de grandes rochas erráticas, na inclinação de um lado das colinas sulcadas e na linha de sedimentos que se estende do outro lado, o senhor James Hall inferiu

---

481. De acordo com o livro *Reliquiae Diluvianae* do professor Buckland, página 202, o coronel Imrie descobriu superfícies de rochas basálticas na região sul de Stirlingshire, "que eram altamente polidas e muitas vezes tinham arranhões longos e lineares". (N.A.)
482. James Smith of Jordanhill (1782-1867), geólogo escocês. (N.T.)

que um grande dilúvio tomou a região vindo do oeste, considerando os casos documentados de grandes ondas induzidas por terremotos.

O senhor Brongniar[483] e, recentemente, o senhor Sefström[484] (*L'Institut*, 22 de fevereiro de 1837) descreveram fenômenos na Suécia quase idênticos aos da Escócia. As rochas na Suécia, até a altura de 457 metros, exibem sulcos e arranhões que correm paralelamente aos vales do Báltico e do Golfo de Bótnia na direção norte-sul. Entretanto, essas ranhuras e esses arranhões são afetados pelas irregularidades maiores da superfície. Os sulcos e arranhões das rochas são mais pronunciados no lado norte das colinas, enquanto, no lado sul, há longas cristas conhecidas como *oasars* compostas de areia e materiais desgastados pela água. Essas cristas têm uma semelhança impressionante, mas em uma escala muito maior, com os rastros ou as linhas de *diluvium* encontrados na Escócia. Na Suécia, no entanto, os blocos erráticos sempre se encontram na superfície desses cumes e não estão embutidos dentro deles. O senhor Sefström, no entanto, diz que, no momento em que os sulcos foram formados, enormes massas de rocha foram arrancadas das montanhas. Nos Estados Unidos, o fenômeno das rochas ranhuradas parece ter se desenvolvido de uma maneira extraordinária. O professor Hitchcock (*Report on the Geology of Massachusetts*, p. 167) descreve um trecho de cerca de 320 quilômetros de largura sobre o qual quase toda a rocha nua das colinas, até a altura de 915 metros, está marcada por linhas paralelas. Em algumas partes, rochedos de 50 e 100 toneladas ainda estão sobre as superfícies que carregam as marcas de sua passagem. Sefström e Hitchcock explicam os sulcos em seus respectivos países (Suécia e parte oriental de Nova York e parte ocidental de Massachusetts, respectivamente) como sendo causados pelo mesmo fator sugerido por James Hall na Escócia. Os sulcos na Suécia são geralmente orientados um pouco a oeste do norte, enquanto, nas áreas mencionadas dos Estados Unidos, eles se estendem em uma linha noroeste-sudeste, e, em uma parte, até mesmo a 20° para o norte da direção oeste.[485]

---

483. Alexandre Brongniart (1770-1847), geólogo e zoólogo francês. (N.T.)
484. Nils Gabriel Sefström (1787-1845), químico sueco. (N.T.)
485. Além disso, o senhor Lyell relata, nas *Philosophical Transactions* de 1835 (p. 18), que as rochas de *gnaisse* na praia perto de Oregrund, na Suécia, "são tão suaves e polidas que é um

A teoria de que uma grande inundação ou um dilúvio tenha ocorrido nesses casos é sustentada pela presença simultânea de rochas erráticas, cristas de materiais desgastados pela água formando caudas em colinas íngremes e sulcos e arranhões paralelos na superfície das rochas. Esse é o primeiro ponto de evidência. Com relação às rochas, não há necessidade de reafirmar as evidências que sustentam a noção de seu transporte por gelo, e isso seria especialmente desnecessário na Suécia, como sabemos pelo trabalho de Lyell sobre a elevação da terra na Suécia (*Rising of the Land in Sweden, Philosophical Transactions*, 1835), onde o gelo carrega blocos anualmente. Segundo ponto. Bancos lineares são formados atrás de qualquer obstáculo em estuários ou canais com fortes marés, como observado por qualquer pessoa que tenha examinado tais corpos de água. Portanto, é possível que os rastros de *diluvium* tenham sido criados, pelo menos em termos de sua aparência externa, por processos comuns. Entretanto, em relação à sua estrutura interna, que parece altamente irregular e sem qualquer estratificação, pode ser um desafio fazer afirmações definitivas até que tenhamos uma melhor compreensão de como o gelo transporta grandes fragmentos e como as correntes tranquilas de água transportam sedimentos finos. Lyell forneceu provas convincentes, em seu artigo publicado no *Philosophical Transactions* de 1835 (p. 15), para apoiar o argumento de que os *oasars* não poderiam ter sido criados por uma inundação repentina. Como essas margens lineares se formavam de um lado das colinas, o outro lado, ou a frente exposta, ficaria naturalmente corroído, criando encostas íngremes (escarpas). Esse é o terceiro ponto. James Hall admitiu que os sulcos e as ranhuras são semelhantes aos criados pela ação gradual da água corrente. Portanto, os arranhões são o único aspecto do fenômeno que ainda carece de uma explicação satisfatória.

Nos Alpes, dizem-nos que os arranhões são formados nas rochas por geleiras que as desgastam. A presença de blocos erráticos perto de Edimburgo

---

desafio caminhar sobre elas". Mais adiante (p. 21), ele explica a formação de grandes corpos de gelo que são acumulados anualmente na costa até 5,5 metros de espessura. Aqui podemos observar os mesmos fenômenos que nos Alpes, com a presença de *icebergs* em movimento em vez de geleiras sólidas. Mais recentemente, Berzelius enviou amostras dessas rochas a Paris, acompanhadas de uma carta ao senhor Elie de Beaumont. As rochas foram descritas como sendo "polidas como se por esmeril em uma direção retilínea constante" (*The Edinburgh New Philosophical Journal*, vol. l, p. 313). (N.A.)

fornece provas, de acordo com a teoria do gelo flutuante, de que o gelo estava anteriormente presente ali. Além disso, dadas as analogias apresentadas neste livro, é plausível que este tenha sido realmente o caso, uma vez que o local em questão está situado dois graus mais próximo do Polo Norte do que a Geórgia, uma área no oceano do sul que está "quase completamente coberta de neve perpétua". Qual seria, então, o efeito das marés e dos ventos fortes impulsionando *icebergs* adensados através de canais e sobre os baixios rochosos e com cada parte da superfície sendo exposta a essa ação por séculos, à medida que a região era elevada? Os fragmentos de rocha incrustados no gelo não raspariam em um caminho direto sobre a superfície, independentemente de pequenas desigualdades? Será que os fragmentos não seriam também riscados e marcados em uma única direção? Será possível imaginar que blocos de rocha, estejam eles na água ou em lama espessa, possam se deslocar com uma velocidade tão grande sobre uma superfície acidentada ou ao longo de uma face perpendicular de rocha sólida, marcando e arranhando a superfície com suas pontas, e mesmo assim não rolar como uma pedra descendo uma montanha, mas, sim, sendo marcados com linhas paralelas de abrasão, tão igualmente quanto a massa fixa subjacente? Na minha opinião, não podemos fazer tal admissão. Viajantes nas regiões árticas nos dizem que o gelo à deriva, com sua incrível força, pode criar montes de cascalho e areia (ver *Geographical Journal*, vol. VIII, p. 221). Pode também levar grandes rochedos, navios e massas de gelo para a praia. O que aconteceria se houvesse alguns seixos ou um único fragmento entre tais massas de gelo e uma parede de rocha íngreme na costa? Não seriam criados arranhões "horizontais ou quase, indicando que as pedras ou detritos que estavam incrustados no gelo foram pressionados contra a rocha, como se não tivessem sido afetados pela gravidade", conforme diz o senhor James Hall?

Essa explicação apresenta apenas causas verdadeiras e fornece razões para se acreditar que essas causas têm sido ativas nessas áreas. Ainda não foi demonstrado que as rochas podem ser esculpidas e ranhuradas, ou colinas esculpidas, pela teoria das inundações catastróficas. No entanto, não afirmo que seja impossível, e é provável que elas sejam arranhadas. Em relação à Suécia, onde a terra está atualmente passando por uma elevação e onde o gelo ainda está envolvido no transporte, certamente é responsabilidade dos geólogos fazer todo o esforço para explicar os fenômenos observados por meio desses mecanismos reais, por uma investigação diligente e extensa. Em minha opinião, propor a hipótese, antes de ser apoiada por evidências concretas, de que uma inundação catastrófica de lama e pedras, com profundidades extremas de 460 metros na Suécia ou 915 metros na América do Norte, que tenha moldado as colinas e deixado sulcos oblíquos em seus flancos orientais e ocidentais contraria os princípios da filosofia indutiva.

Capítulo XIII, p. 321

No que se refere à incorporação dos animais siberianos com a sua carne, mencionei, numa nota, o caso do gelo descrito como emergindo do fundo do mar, ao largo da costa da Groenlândia. Os senhores Dease e Simpson,[486] durante sua memorável jornada ao longo das margens do Oceano Ártico (*Geographical Journal*, vol. VIII., p. 218), dizem: "O gelo estava muito mais denso aqui; e numerosas massas estavam presas ao leito sob a água, o que nos obrigou a procurar por uma saída da costa". Mais adiante (p. 220) eles dizem que "em nenhum lugar o degelo penetrou mais de dois centímetros abaixo da superfície (da terra), enquanto sob a água ao longo da costa, o leito ainda estava *impenetravelmente congelado*". Isso ocorreu no dia 2 de agosto. Deve-se, no entanto, observar, que o mar ao longo desta parte da costa americana é extremamente raso.

Capítulo XIV, p. 343

Afirmei anteriormente que acreditava que o terremoto de 1822 havia alterado permanentemente a temperatura das nascentes minerais de Cauquenes. Entretanto, essa crença é incorreta, pois Schmidtmeyer,[487] em seu

---

486. Peter Warren Dease (1788-1863) e Thomas Simpson (1804-1840) foram comerciantes de peles e exploradores do Ártico. Entre 1836 e 1839, participaram de uma expedição para cartografar a costa ártica do Canadá. (N.T.)
487. Peter Schmidtmeyer (1772-1829) foi um viajante e filantropo inglês de ascendência suíça. Esteve no Chile entre 1820 e 1821. Em 1824, publicou, em Londres, o seu *Travels into Chile, over the Andes, in the Years 1820 and 1821*. (N.T.)

livro *Travels in Chile*, relatou temperaturas de 28 °C, 39 °C, 41 °C, 44 °C, 47 °C e 47,7 °C para as diferentes nascentes em 1820 e 1821. Além disso, o senhor Caldcleugh observou que a temperatura havia caído de 47,7 °C para 33 °C após o terremoto de fevereiro de 1835. Portanto, antes desse choque, elas tinham recuperado a temperatura de 1820.

Capítulo XVI, p. 396

Na época em que compartilhei minha opinião sobre o motivo da ocorrência de enormes ondas após terremotos em certas áreas costeiras, não estava familiarizado com o artigo de James Hall sobre esse assunto no sétimo volume do *Edinburgh Royal Transactions*, p. 154. Entretanto, não acredito que um aumento súbito do fundo do mar seja necessário para criar os resultados observados, como proposto pelo estimado cientista. Depois de ler o resumo do artigo do senhor Russell sobre a resistência da água (*Notice on the Resistance of Water*), percebi que o tema é muito mais complicado do que eu imaginava inicialmente.

Capítulo XVI, p. 400

Afirmei anteriormente que mais de trezentos tremores foram sentidos nos *poucos meses* seguintes ao grande terremoto de fevereiro de 1835 em Concepción. Entretanto, preciso esclarecer que esse número de tremores ocorreu dentro de um período de *doze dias* (*Geographical Journal*, vol. VI, p. 322. *Sketch of Surveying Voyage of the Adventure and Beagle*, do capitão FitzRoy). Após terminar o capítulo I, encontrei informações adicionais indicando que a série de eventos vulcânicos que ocorreram após o terremoto acima mencionado afetou uma região maior do que se pensava anteriormente. A área afetada foi de aproximadamente 1.100 por 640 quilômetros. Essa nova informação reforça ainda mais o argumento de que a América do Sul é meramente uma crosta que repousa sobre uma camada de rocha líquida e apoia a generalização de que a atividade vulcânica e a elevação permanente da terra, incluindo as cadeias montanhosas, são fenômenos interligados que se originam da mesma causa.

Capítulo XIX, p. 459

Na época em que compilei meus comentários limitados e deficientes sobre o tema *Miasmas*, eu não tinha conhecimento da excepcional dissertação do doutor Ferguson. O trabalho foi o resultado de sua extensa pesquisa na Holanda, na Espanha, em Portugal e nas Índias Ocidentais e estava focado na natureza e na história do veneno dos pântanos. Essa dissertação notável foi publicada no *Edinburgh Royal Transactions*, volume IX, p. 273. Em seu texto, ele demonstra efetivamente o fato surpreendente de que as regiões mais secas, que são tipicamente consideradas as mais saudáveis, podem, na verdade, ser o exato oposto disso. Em sua conclusão, Ferguson (p. 290) enfatiza que "a única condição essencial para a geração do veneno do pântano em todas as superfícies absorventes é a falta de água em áreas onde, anterior ou recentemente, a água era *abundante*. Esse princípio se aplica universalmente, mesmo em regiões com temperaturas elevadas. Assim, podemos razoavelmente concluir que o veneno do pântano só é gerado quando o *processo de secagem* atingiu um estágio altamente avançado". E, com base nesses fatos anteriormente declarados, parece que, mesmo em países montanhosos estéreis, as margens das torrentes das montanhas, que haviam sido transbordadas, às vezes se tornavam extremamente insalubres. O doutor Ferguson afirma, ainda, "que o veneno sempre tem origem nas bordas secas ou parcialmente secas dos lagos e pântanos, e nunca no corpo principal de água. Ele também sugere que a água, desde que mantenha a forma de suas partículas na superfície, não é prejudicial, e que primeiro deve ser absorvida pelo solo e tornar-se invisível antes que possa causar qualquer efeito maléfico. Quem, em países infectados pela malária, esperar pelas evidências de putrefação, terá esperado demais em todos os lugares mais perigosos. Assim pode testemunhar quem viu a peste fervilhar, até a paralisação de exércitos — desde as areias áridas do Alentejo, em Portugal, às planícies queimadas da Estremadura, na Espanha, e as recentemente inundadas terras de mesa de Barbados". Humboldt mencionou um fato notável que não posso deixar de citar, embora ele o tenha interpretado de maneira diferente. Em referência às febres intermitentes comumente encontradas perto das grandes cachoeiras, ou *raudales*, do Orinoco, ele afirma (*Personal Narrative*, vol. V, p. 17) que as causas "incluem calor intenso, combinado com umidade excessiva do ar, má nutrição e, de acordo com os habitantes locais e missionários, os vapores prejudiciais emitidos pelas rochas nuas dos *raudales*". Mais adiante em seu trabalho (p. 85), Humbold menciona que há muitos exemplos de indivíduos que passaram a noite nessas rochas nuas e escuras e, na manhã seguinte, acordaram com um surto grave de febre. Segundo Humboldt, esses casos podem ser explicados pelo efeito da alta temperatura. As rochas negras, revestidas com uma camada de óxidos de manganês e ferro, retêm calor durante a noite, o que pode produzir um efeito no corpo. A relação entre o fato mencionado por Humboldt e os descritos pelo doutor Ferguson, nos quais a secagem de rocha quase nua na Espanha e uma fina camada de terra sobre rocha de coral seca nas Índias Ocidentais produziu gases altamente nocivos, parece muito significativa para ser explicada apenas pelo efeito das altas temperaturas sobre o corpo.

Capítulo XIX, p. 473

O senhor Gould descobriu que a sexta ave mencionada como habitante das Galápagos não é específica dessas ilhas, mas, na verdade, é uma espécie de *Ammodramus*, encontrada na América do Norte.

Capítulo XIX, p. 477

Expliquei por que acredito que a *Testudo*, erroneamente referida como *indica*, é uma espécie nativa das Galápagos. Descobri (*Voyages* de Kerr, vol. X, p. 373)[488] que Woodes Rogers e Stephen Courtney,[489] que circum-navegaram o globo em 1708, mencionaram as tartarugas dessas ilhas. Eles relataram que os espanhóis acreditavam que não havia outras tartarugas nessas águas além daquelas encontradas nas Galápagos. Entretanto,

---

488. Kerr, Robert. *A General History and Collection of Voyages and Travels*, 1811. (N.A.)
489. Woodes Rogers (1679-1732), capitão do navio *Duke*, e Stephen Courtney, capitão do *Duchess*, circum-navegaram o mundo entre 1708 e 1711. (N.T.)

eles também observaram que as tartarugas eram comuns no Brasil, um provável erro, porque duas espécies distintas não eram reconhecidas naquela época. Há relatos de que os ossos da *Testudo indica*, juntamente a alguns fragmentos de ossos de dodô, foram descobertos em quantidades significativas nas Ilhas Maurício. Entretanto, Bibron,[490] que é considerado um dos maiores especialistas em répteis da Europa, sugeriu que outra espécie pode ter sido erroneamente identificada com o mesmo nome.

Na mesma página, observa-se que há fortes evidências que sugerem que várias ilhas têm suas próprias variedades ou espécies distintas de tartaruga. No entanto, os espécimes em mãos eram muito pequenos para confirmar definitivamente essa hipótese. O senhor Bibron me informou ter visto animais plenamente maduros desse arquipélago que ele acredita serem espécies inconfundivelmente distintas. Na página 478, afirmei que os espécimes de *Amblyrhynchus cristatus*, um incomum lagarto herbívoro marinho, eram maiores em Albemarle em comparação com os das outras ilhas do arquipélago. O senhor Bibron me deu a informação de que identificou duas espécies distintas do *Amblyrhynchus* aquático, além das espécies terrestres. É provável que cada ilha do arquipélago tenha suas próprias variações distintas de *Amblyrhynchus*, semelhantes às variações encontradas em certas espécies de aves e tartarugas. Com relação às plantas desse arquipélago, o professor Henslow me comunicou que, embora ainda não as tenha estudado de perto, notou "vários exemplos de espécies únicas dentro do mesmo gênero que só foram coletadas de uma única ilha. Isso significa que, enquanto o gênero pode estar presente em duas ou três ilhas, as espécies podem diferir de uma ilha para outra. Em alguns casos, as espécies parecem ser parentes muito próximos, mas são, acredito, *diferentes*". Deve-se notar que, devido à minha falta de conhecimento em botânica, coletei espécimes de plantas sem muita discriminação, em comparação com o que realizei em outras áreas da história natural. Portanto, não era minha *intenção* coletar espécimes de diferentes ilhas que pertencessem a espécies diferentes. Nos casos em que eu tenha notado uma semelhança entre as diferentes espécies, posso ter coletado involuntariamente exemplares duplicados da primeira espécie, confundindo-as

---

490. Gabriel Bibron (1805-1848), zoólogo francês. (N.T.)

com a segunda ou terceira espécie. Não vou repetir meus lamentos por não ter obtido uma coleção completa de espécimes de todas as ordens da natureza em cada uma das ilhas. Minha justificativa para essa falha é a novidade da descoberta de que as ilhas localizadas nas proximidades umas das outras podem encerrar grupos distintos de fauna. Em vez de me deter a meus lamentos, talvez seja mais apropriado considerar-me feliz em ter conseguido obter materiais suficientes para estabelecer a notável descoberta de uma fauna distinta entre ilhas localizadas nas proximidades umas das outras, mesmo que as amostras sejam insuficientes para determinar a extensão total desse fenômeno.

Capítulo XIX, p. 487

Aos dois casos de aves terrestres que se tornaram extremamente mansas em ilhas habitadas recentemente pelo homem, eu poderia ter acrescentado o Arquipélago de Tristão da Cunha. O capitão D. Carmichael,[491] em seu artigo publicado na *Linnean Transactions* (vol. XII, p. 496), menciona que os tordos e as aves do gênero *Emberiza*, os únicos verdadeiros pássaros terrestres encontrados ali, são "tão mansos que voam ao redor do assentamento militar e podem até ser pegos usando uma rede de mão".

Capítulo XXII, p. 559

O gênero *Millepora* inclui duas espécies que são conhecidas por sua capacidade de causar uma sensação de ardência. Uma delas é a *M. complanata*, e a outra é, segundo meu conhecimento, a *M. alcicornis*. De acordo com o *Voyage of the Astrolabe* (vol. IV, p. 19), foi relatado que um *Actinia* tinha essa característica e poderia até contaminar a água com o veneno que esguicha de sua boca. Além disso, durante observações na Nova Irlanda (p. 337), verificou-se que uma coralina flexível, parente da *Sertularia*, tinha a mesma capacidade de causar ardência.

---

491. Dugald Carmichael (1772-1827), botânico escocês. (N.T.)

Este livro foi impresso pelo Lar Anália Franco (Grafilar)
em fonte Minion Pro sobre papel Pólen Soft 70 g/m²
para a Edipro no verão de 2024.